FAO統計シリーズ
第163号

FAO Statistics Series
No. 163

Collection FAO:
Statistiques N° 163

Colección FAO:
Estadística N° 163

国際連合
食　糧
農業機関
2002年、ローマ

**FOOD
AND AGRICULTURE
ORGANIZATION
OF THE
UNITED NATIONS
Rome, 2002**

**ORGANISATION
DES NATIONS UNIES
POUR
L'ALIMENTATION
ET L'AGRICULTURE
Rome, 2002**

**ORGANIZACIÓN
DE LAS
NACIONES UNIDAS
PARA
LA AGRICULTURA
Y LA ALIMENTACIÓN
Roma, 2002**

FAO
年報
yearbook
annuaire
anuario

生産

Production

Production

Producción

2002年版
FAO農業生産年報
(1998-2000)

Published by arrangement with the
Food and Agriculture Organization of the United Nations
by
Japan FAO Association

本書において、使用の呼称および資料の表示は、いかなる国、領土、市もしくは地域、またはその関係当局の法的地位に関する、またはその国境もしくは境界の決定に関する、国際連合食糧農業機関のいかなる見解の表明をも意味するものではない。

FAO農業統計は下記ウェブサイトにて入手可能：
www.fao.org

本年報は、FAO経済社会局統計部により、2002年4月28日現在において利用可能な情報に基づき、作成されたものである。技術的内容に関する質問・照会は下記宛に：

Basic Data Branch, Statistics Division
FAO, Viale delle Terme di Caracalla
00100 Rome Italy

E-mail: ESS-Registry@fao.org
Fax: (+39) 06 57055615

本書の翻訳の責任は、㈳国際食糧農業協会にあり、翻訳の正確さに関しFAOは一切の責任を負わない。

© FAO 2002 English version
© Japan FAO Association 2002 Japanese version

まえがき

　本書の出版に際し、FAO統計部は、世界中の統計専門家並びに統計・データ処理技術者、とりわけ各国の統計局および農業省、国際機関および国際非政府組織などの関係者の方々の多大のご努力に感謝申し上げたい。実際、こうしたご努力があって始めて、本書の出版が可能となったのである。これら関係機関並びにその職員各位の果たされた重要な役割は、75カ国に駐在するFAO事務所の職員ともども、充分に称賛されるべきものである。

　FAO統計部職員は、農業生産、貿易、食料供給、人口、労働力、土地利用、価格、農業投資とマクロ経済全体に関連する標準統計シリーズの資料を集積してきている。FAOが新しいデータを接受したときには、これらのデータは、世界最大の農業データベースに入力され、かくしてこのシステムは、新しい情報によって絶えず更新されるのである。このデータの信頼性については、その最高水準の資質と無謬性とを維持するために、厳密なチェックがなされる。データが利用不能なところにあっては、統計専門家は、当該国の非公式資料、FAO調査団報告、あるいは他の文献などに基づいて、専門的な推算を行う。これらの情報の出典並びに算定の方法は、補助的情報データベースに保管されるのである。

　これらのデータは、産業並びに資本市場の専門家と同様、研究者、経済学者、政策立案者、意思決定者などの必要性に役立つように、インターネット、CD、並びにFAO年報などを通じて、広く普及が図られる。政府並びに民間産業、国際機関、非営利民間団体並びに大学学術機関が、それぞれの機関の統計、経済研究、商品報告書などを準備する中でこのデータが使われる。これらのデータは、また、FAOの内外で、国別ないしは世界的な農業並びに食料に関する諸研究を行う際に用いられるのである。

　FAOの農業生産と貿易に関する時系列統計に加えて、供給・利用集計表が、全ての国々に関して構築されている。このような供給・利用集計表から作られた「食料需給表」は、食料の利用可能性の評価に広く使われている。すなわち、この精緻な情報が、食料供給の類型と傾向の検討および世界の栄養不足人口の推計に用いられる。更に、FAO統計専門家は、食料需給表の準備と利用のためのガイドラインを開発し、また、加盟国に対して、国際ワークショップを通じて、供給・利用集計表および食料需給表についての当該国の制度の改善のための支援を行うのである。

　本書記載のデータは、2002年4月28日現在利用可能なデータベースから抽出されたものである。FAO統計部により蓄積され利用可能とされているデータの全体像については、ウェブサイト（www.fao.org）によられたい。

　本文献は、基礎データ課の統計専門官 Orio Tampieri 氏の主たる支援および同課の全スタッフの貴重な貢献を受け、Edward Gillin 氏の全般的な指導監督の下で作成されたものである。スタッフ各位のご努力および本書の刊行に際しての関係者各位のご支援に、深く感謝申し上げたい。

Haluk Kasnakoglu
FAO統計部長

目　次

	ページ
序　文	vii
表中の符号	vii
解　説	vii
国名および品目名	vii
対象期間	vii
作物面積	vii
ヘクタールあたり収量	vii
合計数字	viii
表についての注記および国についての注記	viii
表についての注記	viii
土　地	viii
人　口	viii
FAO農業生産指数	ix
世界および大陸別の農業生産の統計要約	x
作　物	x
家畜頭羽数および畜産物	xiii
食料供給	xiv
生産手段	xiv
国についての注記	xiv
国々の分類	xv
国名および大陸名の一覧表	xvi

Ⅰ－土　地
1. 土地利用（国別の総面積、土地面積、耕作地および永年作物地、永年牧草地、森林および林地、その他の土地） 3
2. 灌　漑 14

Ⅱ－人　口
3. 総人口、農業人口および経済活動人口 19

Ⅲ－FAO農業生産指数
4. 食料総生産 35
5. 農業総生産 38
6. 作物総生産 41
7. 畜産物総生産 44
8. 穀物総生産 47
9. 1人当り食料生産 50
10. 1人当り農業生産 53
11. 1人当り作物生産 56
12. 1人当り畜産物生産 59
13. 1人当り穀物生産 62

Ⅳ－統計要約
14. 世界および大陸別の農業生産統計要約 67

Ⅴ－作　物

穀　物
15. 穀物合計 71
16. 小　麦 74
17. 米（もみ） 76
18. 粗粒穀物 78
19. 大　麦 81
20. とうもろこし 83
21. ライ麦 86
22. えん麦 87
23. ミレット 89
24. ソルガム 91

いも類作物 (Root and tuber crops)
25. いも類合計 93
26. ばれいしょ 96
27. かんしょ 99
28. キャッサバ 101
29. ヤ　ム 103
30. タ　ロ 104

豆類作物 (Pulses)
31. 豆類合計 105
32. 乾燥豆（DRY BEANS） 108
33. 乾燥そら豆（Broad beans, dry） 110
34. 乾燥えんどう（Peas, dry） 111
35. ひよこ豆（Chick-peas） 113
36. ひら豆（Lentils） 114

油料種子、油料堅果および油料果核 (Oilseeds, oil nuts and oil kernels)
37. 大　豆 115
38. 落花生（から付き） 117
39. ひ　ま 119
40. ひまわり種子 120
41. 菜　種 122
42. ご　ま 123
43. 亜麻仁 124
44. サフラワー種子 125
45. 種子付綿花（Seed cotton） 126
46. 綿実、オリーブ、オリーブ油合計 128
47. ココナッツ、コプラ、桐油 130
48. パーム核、パーム油、大麻種子 132

野菜およびメロン (Vegetables and melons)
49. 野菜、果実およびベリー類、木の実類の全生産 133
50. キャベツ 136
51. アーティチョーク 138
52. トマト 139
53. カリフラワー 142
54. カボチャおよびヒョウタン類 144
55. キュウリおよび小キュウリ 146
56. な　す 148

57. 生鮮とうがらし類 150
58. たまねぎ（乾燥） 152
59. にんにく 154
60. 生緑豆 156
61. グリーンピース 158
62. にんじん 160
63. すいか 162
64. カンタロープおよびその他のメロン 164

ぶどうおよびぶどう酒（Grapes and wine）
65. ぶどう 166
66. ぶどう酒、干しぶどう、なつめやしの実 168

砂糖キビ、甜菜および砂糖（Sugar cane, sugar beets and sugar）
67. 砂糖キビ 170
68. 甜菜 172
69. 分蜜糖（粗糖換算）、含蜜糖、りんご 173

果実およびベリー類（りんごを除く）
70. なし、桃およびネクタリン、プラム 176
71. オレンジ、タンジェリン、マンダリン、クレメンタインおよびサツマ、レモンおよびライム 178
72. グレープフルーツおよびポメロ、他に非特掲の柑橘類、アプリコット 180
73. アボカド、マンゴー、パイナップル 182
74. バナナ、プランタン、パパイヤ 184
75. いちご、ラズベリー、カラント 186
76. アーモンド、ピスタチオ、はしばみの実 188
77. カシューナッツ、くり、くるみ 189

飲料その他の産品（Beverages and other products）
78. コーヒー（生豆） 191
79. カカオ豆 193
80. 茶 194
81. ホップ 195
82. 葉タバコ 196

繊維作物および天然ゴム（Fibre crops and natural rubber）
83. 亜麻繊維およびくず 198
84. 大麻繊維およびくず 199
85. ジュートおよび類似繊維 200
86. サイザル 201
87. コットンリント、他に非特掲の繊維作物、天然ゴム 202

Ⅵ－家畜頭羽数および畜産物

家畜飼養頭羽数
88. 馬、らば、ろば 207
89. 牛、水牛、らくだ 210
90. 豚、羊、山羊 213
91. 鶏、あひる、七面鳥 217

畜産物
屠殺頭数、平均枝肉重量および屠殺動物から得られる産肉量
92. 牛肉および子牛肉 220
93. 水牛肉 223
94. 羊肉および子羊肉 224
95. 山羊肉 227
96. 豚肉 229
97. 馬肉、家禽肉、食肉合計 232

国内産動物からの食肉生産
98. 牛肉および水牛肉、羊肉および山羊肉、豚肉 235

牛乳、チーズおよびその他の畜産物
99. 牛乳（全乳、生鮮）（搾乳牛、搾乳量および牛乳生産量） 238
100. 水牛乳、羊乳、山羊乳 241
101. チーズ（全種類）、バターおよびギー（ghee）、練乳および濃縮乳 243
102. 全脂粉乳、脱脂粉乳およびバターミルク粉、ホエー粉 245
103. 鶏卵、鶏卵以外の鳥卵、蜂蜜 247
104. 生糸およびくず、羊毛（脂付き）、羊毛（洗毛済み） 250
105. 牛および水牛の皮（原皮）、羊皮（原皮）、山羊皮（原皮） 252

Ⅶ－生産資材

農業機械
106. 農業用トラクター合計、収穫機/脱穀機、搾乳機 257

FAO農業生産年報

序　文

　本書は、**FAO農業生産年報**第54版である。この年報には、作物の面積、収量および生産と、家畜の頭羽数および畜産物生産、人口、土地利用、灌漑および農業機械のデータが、1998－2000年にかけて、時系列的に示されている。また、1989－2000年における、すべての国々および大陸別の食料および農業生産の動向を明示する総生産指数と1人当り生産指数が表示されている。本書の対象項目と内容は、概ね昨年版に準じている。

　作物および家畜の統計データのうち、本年報に掲載されていないもの、および改訂済みの長期データなどは、FAO 統計部で入手可能である。

　従前年と同様に、本書においても、主要作物の面積および生産並びに家畜頭羽数および畜産物に関して、当該関係諸国からの公式・半公式の数字が得られなかった場合には、FAOによる多くの推計値が用いられている。これらの推計値を発表することによって、関係諸国はこれらの数値を検討する機会があたえられ、ひいてはこれらの国々が将来FAOに対してより信頼しうる数字を提供するようになることが望まれるのである。

　ほとんどすべての品目表において、表示されている最も新しい年次は、本年報の表紙に掲げる年、すなわち2000年である。しかしながら、当該年の数字のうちの若干のものは、非公式情報に基づくFAOの推計値であり、従って暫定数字である。

　これまでの生産年報と同様に、この年報の発刊が可能となったのは、毎年のFAOの質問書に対する回答という形でほとんどの情報を提供してきた各国政府の協力によるものである。また、国際的数字の提示についての同一性を確保すべく、各種国際機関と協力関係を保ってきた。これら各国政府および諸機関の支援に対して深甚な謝意を表する。

表中の符号

*	非公式数字
F	FAOによる推計値
…	データ入手不可
HA	ヘクタール
KG	キログラム
KG/AN	家畜1頭当リキログラム
KG/HA	ヘクタール当リキログラム
MT	メトリック・トン
NES	他に特掲・包含されていない

　ほとんどの表中において、空白の箇所は、上記符号「…」の定義に同じ。

　作物収量、家畜枝肉重量および全ての大陸合計数値については、これらが派生数字であるため、「F」あるいは「*」印は附されていない。

　小数点には、ピリオド（.）が用いられている。

解　説

国名および品目名

　表中の国名の表示は、ローマ字12文字以内となっている。ローマ字12文字以内の国名表記については、不明確な場合もあるので、読者各位は、表に出てくる順序に従って、英略名と英語および日本語のフルネームを併記した「国および大陸名一覧表」（xvi頁）を参照されたい。なお、品目名については表中表記は目次とほぼ同じとなっている。

対象期間

　作物の面積および生産統計の対象期間は暦年となっている。すなわち、どの作物のデータも、その収穫の全部または大部分が行われた当該暦年に係るものとして表示されている。しかしながらこのことは、ある特定品目について、必ずしも生産データが1月から12月まで月ごとに累計されていることを意味しているとは限らない。（もっとも、茶、サイザル、パーム核、パーム油、ゴム、ココナッツ等の作物ならびに年間を通じてほぼ均一的に収穫される国の砂糖キビおよびバナナについては、上記が当て嵌まるが。）しかしながら、その他の作物の収穫は、一般に、2－3月、時には2－3週の間に限られている。これらの作物の生産は、関係諸国から、暦年、農業年度、市場年度など、国によって異なった方式で報告されている。面積および生産のデータを表示するため用いられている各国の統計期間の如何に拘わらず、これらのデータは、品目ごとに、その収穫の全部または大部分が行われた当該暦年に係るものとして取り扱われている。あきらかに、ある作物が暦年の終わりに収穫される場合は、その作物の大部分は、生産数字が表中に示されている暦年の次の年に利用されるのである。

　暦年表示期間制度を採用することによって、多くの場合において、関係国により特定非暦年度に属するものとされている作物が、本年報の表中においては、2つの異なった暦年に属するものとして表示される事例がでることは不可避的となることに注意されたい。

　家畜頭羽数は、表に記載されている年の9月30日に終わる12ヶ月間のものである。例えば、ある国の10月1日から翌年の9月30日までの期間中の総家畜頭羽数は、翌年の頭数として示されている。

　畜産生産物について、肉、牛乳および乳製品のデータは、「表についての注記」に述べてある少数の例外を除き、暦年の数字となっている。年間のうち一定期間内に限って生産される動物生産品、例えば、はちみつおよび羊毛などのデータは、作物の場合と同様の方針の下で、暦年の数字として示されている。

　トラクターおよびその他の農業機械のデータは、できる限り、表示された年の末または翌年の最初の四半期の使用台数となっている。

　FAOの農業生産指数は、暦年を対象期間として計算されている。

作物面積

　作物面積の数字は、一般に、収穫面積を指す。ただし、永年作物のデータにあっては、全植付け面積を指すこともあろう。

ヘクタール当り収量

　個々の国々、大陸合計、および世界合計などのヘクタール当りの収量は、すべて、キログラムで表示されている。全ての場合にあって、これらは、ヘクタールとトン表示の詳細な面積と生産のデータから計算されたものである。永年作物の収量に関するデータは、単年性作物の収量ほどには信頼性が高くない。これは、ぶどうの場合のように、面積に関する情報が植付け面積に相応するものであったり、あるいは、ココアやコーヒーの場合のように、関係国から報告される面積に関する数字があまりなかったり信頼性に欠けていたりしているからである。

合計数字

大陸合計および世界合計数字は、搾乳機以外の全品目について示されている。

合計数字には、当該表中の表側記載の国々のデータのみが含まれる。時系列の一貫性のために、「アジア（旧）」と「ヨーロッパ（旧）」の合計には、旧ソ連の独立共和国の推定値は含まれていないが、しかしながらこれらは、世界計には含まれている。

アジアの合計には、アルメニア、アゼルバイジャン、グルジア、カザフスタン、タジキスタン、トルクメニスタン、ウズベキスタンについての推計値が、ヨーロッパの合計には、ベラルーシ、エストニア、ラトビア、リトアニア、モルドバ共和国、ロシア、ウクライナについての推計値が、それぞれ含まれている。（(xv) ページの「国々の分類」の項を参照のこと。）

国別の個々の数字および合計そのものの切上げ/切捨てのため、国別の個々の数字を累計していっても、表中に記載する合計数字とは一致しない場合も出てこよう。これらの合計数値は、若干の野菜、果実および畜産物を除いて、一般に、これらの合計数値が関与しているところの当該地理的地域の状況を、十分に反映している。更なる詳細については、「表についての注記」に記載してある。

表についての注記および国についての注記

一般論として、本年報のデータは、現在の既成事実としての国境線によってその範囲が特定される当該国に関するところのものである。国名および大陸のグループ分けは、通常、国際連合統計部局が使用している分類呼称法に準拠している。

多くの表および国々についての掲載数字に関しては、より詳細な説明と前提条件が必要であるが、ここでそれを行うことは適当でない。必要とされる詳細事項ならびに領土の範囲の変更等に関する情報などは、下記の「表についての注記」、「国についての注記」および「国の分類」に記載されている。

表についての注記

土　地

関係諸表は、全世界にわたっての、土地利用（land cover）と灌漑地に関する入手可能なすべてのデータの集計を企図している。

表1（土地利用）は、「1996年版 FAO農業生産年報」より始まって、国別データにつき、土地に関する項目の減少を行っている。これについては、次のような理由によっている。特定の土地区分についてデータの報告がないこと。不完全な対象範囲（永年採草放牧地および焼畑農耕地の土地のデータは、ほとんど利用不可能である）。世界中で使用されている土地利用の概念と定義の標準化の困難性およびFAO統計部と森林資源部が用いている森林地域の定義が相異なっていること（このことは、一般の統計ユーザーに若干混乱をもたらしている恐れがある）。森林地域関係のデータは、FAO森林資源部から得られる。

土地利用（land cover）

土地利用については、その報告国が使用している定義に大きな相違があり、同一の範疇に分類されている項目が、大きく違った種類の土地を指している場合が多いことに注意する必要がある。土地利用（land-cover）範疇の定義は、次の通りとなっている。

1　「総面積」とは、内水面を含む当該国の全面積をいう。このデータは、主としてニューヨーク所在の国連統計部から得られる。データに変動があるとすれば、国別データについての最新数字への更新または修正によるものが多いと見られ、必ずしも面積の変化を示すものではない。

2　「土地面積」とは、内水面を除く当該国の全面積をいう。内水面の定義としては、一般的に主要河川および湖沼が含まれる。

3　「耕作地」とは、単年性作物作付地（二毛作地は、1回として計算）、採草または放牧用の単年牧草地、市場用菜園および家庭用菜園の用地、並びに一次的（5年以下）休閑地をいう。焼畑農業あとの放棄された土地は、この定義には含まれない。「耕作地」のデータは、潜在的な耕作可能地の面積を示すものではない。

4　「永年作物地」とは、ココア、コーヒーおよびゴムなどのように長期間土地を使用し、毎収穫後に再種付を必要としない作物を耕作する土地をいう。永年作物地には、花潅木地、果樹地、堅果樹地、蔓樹地などが含まれるが、材木・製材用の樹木地は含まれない。

5　「非耕作地および非永年作物地」とは、項目3、4で特掲されなかった土地である。これらは、永年採草・放牧地、森林地、林木地、造成地域、道路、荒廃地等を示している。

以下は、土地利用（land cover）に関する特定国の注釈である。

オーストラリア：耕作地には、約2,700万ヘクタールの栽培草地を含む。
グリーンランド：総面積は、氷のない面積をいう。
モーリシャス：総面積は、属領を除く。
ロシア連邦：総面積は、白海およびアゾフ海の一部の土地を除く。
スイス：1992年以降のデータは、「総面積」を除き、当該国における新しい統計方法の適用により、以前のデータとは対比できない。
ウクライナ：総面積は、アゾフ海の一部の土地を除く。
旧ソ連：総面積は、白海（900万ヘクタール）およびアゾフ海（373万ヘクタール）を含む。耕作地、永年作物地は、農業企業体および農家の利用地を指し、国の保有地および非農業企業体に属する土地を除く。

灌　漑

灌漑に関するデータは、水を作物へ供給する施設を備えた地域を指す。これらは、全面的および部分的な管理灌漑、洪水灌漑地域、有施設の湿地または谷間盆地などを含む。

以下は、灌漑に関する特定国の注釈である。

中国：灌漑地域に関するデータは、農地のみを対象としている（果樹園地と牧場は除外されている）。
キューバ：データは、国有部門に限られる。
日本、韓国、スリランカ：データは、灌漑稲作に限られる。

人　口

第3表は、1990年、1995年および1999年における総人口および農業人口並びに就業人口（全体と農業）についての国別推計値を示している。

「国連人口統計年報」には、総人口についての時系列の推計値が掲載されている。これらのデータは、通常各国から提供されるものであるが、国連統計局は、時として、入手済みの推計値を調整したり、新しい推計値を作成している。しかし、多くの開発途上国については、データにある程度の合理的な整合性を保たせるためには、利用可能な推計値に更なる調整を行うことが必要となる。不整合性は、時として、一群の各年の推計値それら自体の問題なのである。何故なら、これらの推計値は、

移民などでは説明できないような変動をしているからである。また、時として、これら推計値は、主として人口センサスや出生・死亡登録統計などの外部的データと不整合なことがある。また、時系列推計値は、補填さるべき欠落部分があったりする。それ故に国連人口局は、各国について、相当長期間にわたっての完全な時系列推計値統計を作成している。この表記載のデータは、これらの時系列推計値統計に基づくものである。データは、一般に、現在の地理的境界内における当該地域内現存人口についてのものである。

農業人口とは、その生計を農業に依存しているすべての人々と定義される。これらの人々は、すべての農業従事者および彼らの非就業被扶養者からなる。

経済活動人口とは、雇用者、自己勘定職業者、有給被雇用者あるいは家族農場・営業無給従事者のいずれかを問わず、経済活動に、現に従事しているか若しくは職を求めているすべての人々、と定義される。

農業・経済活動人口には、主として農業、林業、狩猟業または漁業に従事するすべての経済活動人口が含まれる。

経済活動人口とその産業別または職業別の内訳に関する情報は、各国の人口センサスまたは労働力調査の結果から得ることができる。しかしながら、例えば無給の家族労働者、特に主婦の場合などの特定のカテゴリーについては、統計上の取扱いが国ごとに異なっているために、諸データの比較可能性は限られたものとなっている。さらに、ある国々は、すべての年齢の人々の経済活動に関する情報を報告しており、また、他の国々は、特定の年齢層、例えば14才以上の人々についてのみの情報を報告している。国際労働機関（ILO）は、これらの情報を系統的に分析検討し、これを国際的に通用する標準概念に合致するよう調整し、分野別（農業、工業およびサービス業）内訳を伴った経済活動人口の推計値を準備するとともに、全経済活動人口の将来予測を作成している。

各国の人口センサスまたは人口調査から得られる農業人口に関する情報は、ごく少ない。本表記載の農業人口に関する推計値および予測値を算定するにあたって、FAOは、主として、農業・経済活動人口の全経済活動人口に対する比率（EAPA/TEAP）と、農業人口の全人口に対する比率（AP/TP）との間の密接な関係を利用した。大多数の国について、この2つの比率は一般に等しいと仮定されたので、農業人口は、EAPA/TEAPの値と総人口の積として得られる。

時系列的総人口は、国連によって定期的に改定されていて、この表に掲載の総人口時系列は、最も新しい推定作業結果（2000年改訂）[1] に基づいている。これに対応する経済活動人口および農業人口の部分の推計値も、ILOによる最も新しい推定作業結果[2] に基づいている。しかしながら、ILOによる推計値は、10年ごとにのみ行われるものである。したがって、この年報の目的に照らして、経済活動人口につき、1995年および1999年の推計値が、1990年推計値と2000年予測値とをベースとする内挿法により得られている。農業人口分野については、対応する時系列数値が、過去の傾向値（1950-1990年）より外挿法的に求められた。

経済活動人口および農業人口の推計値が大きく概数的であるため、小人口の国々（一般的に1990年において全人口が20万人以下のもの）については、これらのデータは、別掲されていない。さらに、ヨルダンのデータについては、ヨルダン川東岸部だけのものとなっている。しかしながら、ヨルダンのヨルダン川西岸部のデータは、大陸合計、世界合計のなかには、それぞれ含まれている。

FAO農業生産指数

この指数は、基準期間（1989-91年）との対比においての当該各年の農業生産の総体量の相対的水準を示している。これらの指数は、生産された各種農産物価格による加重平均数量の合計から種子および飼料に使用された量（価格加重平均数量）を差し引いた量に基づいている。従って、この総体量は、種子および飼料を除くすべての用途に向けられる可処分生産を現しているのである。

国、地域および世界のそれぞれのレベルにおけるすべての指数は、ラスパイレス算式により算出されている。各産品の生産数量は、1989-91年平均の国際商品価格によって加重平均されて、各年ごとに総集計される。特定年の指数を得るには、当該年の総集計を基準期間（1989-91年）平均の総集計で除するのである。

FAO指数は、あたかも「農業部門が一つの企業体である」という考え方に立脚しているために、生産データから種子と飼料の使用量を差し引くことによって、生産データの計算と種子・飼料から生産された作物・家畜のもう1計算という種子・飼料の二重計算を避けることとしている。種子用（卵の場合は孵化用）、家畜・家禽飼料用の差引きは、国内生産物および輸入産品のいずれについても行われる。これらの産品は、主要農産物（例えば、とうもろこし、ばれいしょなど）に及ぶ。

農業、食料および非食料の生産指数を計算するに当たって、農業を起源とする中間投入財が差し引かれていることに留意する必要がある。しかし、その他の商品グループの指数については、同じグループ内からの投入財のみが差し引かれる。かくして、「作物」グループおよび穀物、油糧作物などのすべての作物小グループからは、種子のみが除外され、「畜産物」グループからは、畜産部門内から発生する飼料と種子（例えば、子牛用乳、孵化用卵）が除外される。主要な2つの畜産小グループ、すなわち、食肉と乳については、それぞれの小グループを起源とする飼料のみが除外される。

「国際商品価格」は、大陸および世界の集計にあたって為替レートの使用を避けるために、また国レベルでの生産性の国際比較分析の改良と促進を図るために、用いられている。この「国際価格」は、いわゆる「国際ドル」で表示され、農業部門について Geary-Khamis 方式を用いて得られたものである。この方法は、各産品につき単一の「価格」を設定する。例えば、小麦1トンは、それが生産された国に関係なく、同一の価格を持つ。諸価格が表示される通貨単位は、公表される指数に影響を及ぼさない。

農業生産指数の算出に関与している産品は、当該各国において産出された全ての作物および畜産物である。飼料作物を大きな例外として、事実上、すべての生産物が対象となっている。食料生産のカテゴリーには、食用に適し栄養分を含有する産品が含まれる。従って、コーヒーおよび茶は、食用に適してはいても事実上まったく栄養分を持たないので、食用不適産品とともに、除外されている。

食肉生産指数は、輸出生体動物の食肉換算量を含み輸入生体動物の食肉換算量を除く、当該国内産動物からの食肉生産データに基づいて算出される。指数の目的のため、家畜および家禽の頭羽数またはそれらの平均生体重の経年変化は、考慮に入れられていない。

指数は、暦年をベースとして提出された生産データから算出されている。

本生産年報の1995年版以降現在版までの年報掲載の指数は、

---

[1] 国際連合世界人口予測 1950-2050: 2000年改訂版, New York, 2001.
[2] ILO, 経済活動人口 1950-2010, 4次改訂版, Geneva, 1996.

過去に用いられたアプローチとは異なる新しい方法論に基づいて算出されている。主要な相違点としては、基準年次を1979－81年から1989－91年に変更したこと、従って生産者価格も1989－91年のものであること、すべての国および国のグループについて Geary-Khamis 方式に基づく商品価格の単一組合せが用いられていること、Geary-Khamis 方式について、生産指数に用いられる網の概念に沿った修正が行われていること、そして、ふすま、油かす、ミールおよび糖蜜などの加工、半加工の飼料品目は、すべての段階の計算から完全に除かれていること、である。

FAOの指数は、生産の概念、対象範囲、衡量単位、データの対象期間および計算方式などが異なるため、各国がそれぞれ作成している指数とは、異なることがある。

世界および大陸別の農業生産の統計要約

油糧作物、または含油作物、とは、主として料理用または工業用の油（精油（essential oil）を除く）の抽出に用いられる種子、堅果または果実を産出する作物をいう。この表にあっては、油糧作物のデータは、当該表示に係る年に収穫され、油換算および油かす／ミール換算で示されている油糧種子、油糧堅果および油糧果実の全生産を表わしている。換言すれば、これらの数字は、実際の植物油および油かす／ミールの生産を示すのではなく、すべての油糧作物の全生産量が、生産された年に、その生産国で、油と油かす／ミールに加工されたとした場合の潜在生産量である。当然のことながら、作物ごとに異なるとはいえ、油糧作物の相当大量が、種子、飼料および食料に用いられているため、油糧作物の全生産量が、その全体として、油に加工されることはない。しかしながら、油と油かす／ミールの抽出率は、国によって異なるが、この表では、各々の作物について、同じ抽出率を全部の国に適用している。さらに、年の後半に収穫された作物は、その翌年に油に加工されることが一般であることに留意する必要がある。対象範囲、抽出率、対象期間などにおけるこのような諸欠陥にもかかわらず、ここに報告されているデータは、全油糧作物生産量の年々の変化を正確に示しているため、まことに有用である。

世界における実際の植物油生産は、ここに記載されている生産の約80％である。さらに、上述の作物以外のものから、毎年約200万トンの植物油が生産されている。これらの油のうちで最も重要なものは、とうもろこし胚芽（maize-germ）油および米ぬか油である。油糧作物から得られる実際の油かす／ミールの世界生産も、表に示されている生産の約80％である。

食肉の生産数字は、原産国に関係なく、各国において屠殺された動物からの全生産量である。

作　物

穀　類

穀類の面積および生産のデータは、乾燥穀粒（dry grain）のみの収穫のための作物に関するものである。従って、乾草の収穫のための、または食料、飼料もしくはサイレージ用として未熟の収穫のための、または放牧用に使用される、穀類作物は、除外されている。面積のデータは、収穫面積についてのものである。若干の国々は、播種または栽培面積のみを報告しているが、これらの国々の播種または栽培面積は、全播種面積において事実上収穫が行われるか、または、面積調査が収穫期近くに行われるため、通常年では実際の収穫面積と大きくは変わらない。

穀類合計

このカテゴリーは、混合穀物、そばなど、この生産年報に特掲されなくなった他の穀類を含んでいる。

小　麦

スペルト小麦（spelt）についての利用可能なデータは、旧ソ連の15共和国を除き、小麦のそれに含まれている。

ミレットおよびソルガム

ミレットおよびソルガムは、ヨーロッパおよび北米では主として家畜および家禽の飼料用に作付けされているが、アジア、アフリカおよび旧ソ連諸国においては、食用としての用途が多い。可能な限りにおいて、ミレットとソルガムとを別々の統計として別掲してあるが、いくつかの国々、特にアフリカにあっては、その報告中で両者を分けておらない。このような場合には、ミレットの欄に合計数字を掲載している。

根茎作物

塊根・塊茎（roots and tubers）合計

この表には、もはや生産年報に掲載されなくなったヤウティア（yautia）、アロールートなどのその他の塊根類を含む。飼料用カブ（turnips）、マンゲルス（mangels）、スウェーズ（swedes）などの主として飼料用に栽培される根菜類は含まない。

キャッサバ

キャッサバ（*Manihot esculenta* Crantz）は、通常、苦味および甘味キャッサバの2種類に分けられる塊根類で、時として、*Manihot utilissima* および *Manihot dulcis*（後者は aipi としても知られる）という名称を持つ2つの異なった品種と考えられることがある。本表では、苦味および甘味の区別なく、一緒に表示されている。

ヤ　ム

ヤム（*Dioscorea* spp.）は、熱帯および亜熱帯の諸国において、生存維持上の重要塊根類である。

タ　ロ

タロ（*Colocasia esculenta*）は、cocoyam、dasheen、eddo、malanga などともよばれ、熱帯特に太平洋地域において広く栽培されている生存維持的塊茎作物である。

豆類（Pulses）

豆類合計

この表は、ササゲ、ソラマメなど、生産年報に特掲されなくなったその他の豆類を含む。関係諸表には、食用、飼料用を問わず、乾燥粒（確認し得る限り）としてのみ収穫された作物の生産を示している。

乾燥豆（DRY BEANS）

この表にあっては、すべての種類のインゲン豆（*Phaseolus*）を含み、またインドなど若干の国では、*Vigna* 種も含まれている。また、ある国々では、相当量の乾燥豆が他の作物と混栽されているため、栽培面積の値はあきらかに過大で、このため、ヘクタール当りの収量は、低めとなっている。

油糧種子、油糧堅果および油糧果核

菜　種

スウェーデンの生産は、水分含有量を18％として計算されている。インドおよびパキスタンなど若干の国の数字には、からし菜の種子を含む。

亜麻仁

旧ソ連および若干の小生産国の面積データは、種子および繊

維の双方の用途の作物に関するものである。

綿実

世界生産の約60％を占める諸国からは、綿実の生産数字そのものが報告されているが、その他の国のデータは、これらの国々または同様の条件下の国々の従前年より得られた比率に従って、繰り綿花生産から計算されたものである。

オリーブ油

少数の例外を除き、データは、オリーブかすから搾油されたものを含む全オリーブ油生産量である。

ココナツ

データは、ココナツ全生産を指し、成熟、未成熟を問わず、また、生鮮のまま消費されるかコプラまたは乾燥ココナツに加工されるかを問わない。生産は、繊維質の外皮のみを除くココナツ全体の重量で示されている。

パーム核

ブラジルの数字は、ババスヤシ核の数字である。

野菜およびメロン

表中のデータは、主として人間の消費用に栽培される野菜に関するものである。従って、キャベツ、かぼちゃ、にんじんなどで、あきらかに動物飼料用に栽培されている場合は、含まれていない。野菜の統計は入手できない国が多く、また報告されたデータの対象範囲も、国によって異なっている。一般的に、推計数字は、主として販売用として圃場および市場用菜園に作付けされた作物についてのもので、従って、主に家庭消費用として台所菜園または小規模家庭菜園に栽培される作物は除かれているように見受けられる。例えば、オーストラリアにあっては、報告されたデータは、圃場作物のみのものであり、キューバの場合は、国営および私有の農場からの調達されたものを指している。家庭・小規模菜園からの生産は、現行の統計調査に含まれておらず、従って、この年報の諸表に含まれていないが、国によっては全推計生産量の重要な部分を占めているのである。例えば、オーストラリア、フランスおよびドイツでは約40％、イタリアでは約20％、アメリカでは10％を占めている。

上記の理由で、大陸および世界計は、各種野菜の総面積および総生産とは大きく違っている。第49表に示されている生産量データには、本年報中の関係諸表掲載の野菜のほかに、その他の全部の種類の野菜のデータが含まれている。さらに、このデータには、報告のなかった国の推計値と、そして販売用生産のみを報告している国にあっても、利用可能の場合には、販売用でない野菜の生産も含めてある。

キャベツ

キャベツの表に包含されている主要品種は、red、white、savay の各キャベツ、白菜、Brussels sprouts、green kaleおよびsprouting broccoliである。

トマト

若干の国々、特に中欧、北欧諸国のデータは、大部分または全部が温室栽培によるものである。これらの国々でヘクタール当り収量が高いのは、このためである。

カリフラワー

可能な場合には、ブロッコリーの若芽の数字も含む。

きゅうりおよび小きゅうり

特にヨーロッパの数ヶ国では、一部または全部が温室栽培である。ヘクタール当り収量が高いのは、このためである。

生緑豆

データは、未熟のまま収穫する生緑豆（*Phaseolus* および *Dolichos* の2種のみ）の数字である。これらの数字には、サヤエンドウ/サヤインゲンなどは除かれている（少なくとも、緑皮豆とサヤエンドウとを別の統計で発表しているフランスやアメリカなどの国々についてそうである）。当初2～3の国々からさやを除いた重量で報告されていた加工用の生緑豆のデータは、約2倍の計算でさや付き重量に換算してある。

グリーンピース

データは、生緑で収穫されるえんどう（*Pisum sativum* と *Pisum arvense*）の数字である。さやを除いた重量で報告されている2～3の国のデータは、225～250％の計算でさや付き重量に換算されている。

すいか

アルジェリア、ブルガリア、トルコおよび旧ユーゴスラビア5ヶ国のデータはメロンを含む。旧ソ連邦の15の共和国のデータは、メロン（約18％）とカボチャ/トウナス（約30％）を含む。

カンタループおよびその他のメロン

ルーマニアのデータは、すいかを含む。

ぶどう及びぶどう酒

ぶどう

アルジェリア、オーストリア、チリ、フランスおよびドイツなど若干の重要生産諸国は、ぶどうの総生産量に関するデータを公表していない。ここでの表に示してあるこれらの諸国についての推計値は、生食ぶどう、干しぶどうおよびぶどう酒の生産に関して入手可能の資料に基づいている。イタリアの面積数字は、他作物と混合して作付けされているぶどうの面積を含んでいる（混合作付け面積の23.5％がぶどうの総面積に含まれている）。

ぶどう酒

大抵の主要ぶどう酒生産国では、ぶどう酒生産は、収穫期に圧搾されたぶどうの量から推定されている。従って、それは、同じ作物年度の「ぶどう酒用ぶどう」の総産出高に対応するものであり、また、最終的にぶどう酒、酢または蒸留用原料として消費されたかを問わず、ぶどう圧搾による総生産量を示す。残念ながら、すべての国からこの方法による統計を集め得ておらないので、そのギャップは、酒税申告額や取引推計を用いて補正が行われている。

若干の国々では、ぶどう酒生産の統計を公表していないか、または信頼性の低いデータが存するのみとなっている。それは、統計データにぶどう酒総生産が含まれておらないか、または統計データがぶどう酒と果汁の混合物を包含しているからである。これらの国々のぶどう酒生産については、当該関係情報が入手し得た際、ぶどう酒のため搾られたぶどうの量を基礎として推計が行われてきている。

砂糖キビ、甜菜および砂糖

砂糖キビおよび甜菜

砂糖キビおよび甜菜の面積と生産のデータは、一般的に、あきらかに飼料用として栽培されているものを除く収穫された全

作物を対象としている。砂糖キビおよび甜菜のほとんどは、分蜜糖および含蜜糖の生産に用いられる。しかしながら、若干の国々では、砂糖キビの大きな部分が、種子、飼料、生食用、アルコール製造、その他の用途などにも用いられ、さらに、甜菜生産の若干量が飼料およびアルコールに向けられている。

分蜜糖

データは、砂糖キビおよび甜菜の双方からの砂糖を含み、できる限り各国から報告された粗糖量で示してある。しかし、すべての国が、FAOの質問表で要請している96％糖度で粗糖量を報告しているかどうかは、確実ではない。例えばオーストラリアは、砂糖生産を94度の純濃度（net titre）で報告している。ハイチおよびインドネシアの2ヶ国の数字は、在姿総合計、すなわち生産された全分蜜糖の実際の物理的重量で示してある。精製糖として報告した国々のデータは、108.7％の割合で粗糖ベースに換算してある。

含蜜糖

この表は、砂糖キビから生産された砂糖で遠心分離機にかけないすべてのものを含んでいる。実際、すべての非遠心分離糖は、地方消費に充てられている。

果実およびベリー類

データは、それらが、直接、食用もしくは飼料用として最終消費に向けられようと、または乾燥果実、ジュース、ジャム、アルコールなどの種々の他産品に加工されようとを問わず、生鮮果実の総生産を示す。

多くの国々において、果実、特に熱帯産果実、の統計は、入手が困難で、また報告があった場合でも、関係統計はしばしば統一性に欠けている。一般的に言って、生産データは、主として販売用のプランテーション作物または果樹園作物に関するものである。散在している果樹から生産され、主として家庭用の消費に充てられるものについてのデータは、通常、収集されていない。野生の樹木からの生産、特にベリー類は、特定の国々で若干の重要性をもってはいるのだが、一般的に国の統計関係当局からは無視されている。従って、この年報に記載されている種々の果実およびベリーに関する数字は、特にヨーロッパ、北米、オーストラリアおよびニュージーランド以外の地域については、かなり不完全なものである。

しかしながら、大部分の表では、合計数字は、表示されている限られた国々に関するものではあるが、それにもかかわらず、これらの作物が外国貿易に影響する限りにおいては、信頼し得るデータを提供するものと考えられる。いずれにせよ合計数字は、当該作物の各年の収穫量の変動の良き指標となるのである。

第49表の生産データは、個々の果実およびベリーの表に示されているデータとともに、すべての他種の果実およびベリーのデータをも包含している。総果実の数字には、ナツメヤシの実、プランタン（料理用バナナ）およびぶどう全体も含まれているが、オリーブは除かれている。この表の数字は、単一産品について示されているものよりも、より完全である。なぜなら、大抵の未報告の国々についての推計値とともに、種類を明示せず単一の数字で果実の総生産を報告している国々のデータも含まれているからである。

オレンジ

ギニア、シエラレオネ、スワジランド、グルジアおよびその他数ヶ国の少量生産国におけるデータは、全柑橘類生産を示している。その他の数ヶ国のデータには、タンジェリンも含まれていよう。

タンジェリン、マンダリン、クレメンタインおよびサツマ

アメリカの数字は、タンジェロ（タンジェリンとグレープフルーツの交雑種）およびテンプル（スイートオレンジとタンジェリンの交雑種）を含む。

レモンおよびライム

ボリビアの数字は、グレープフルーツを含む。

その他の柑橘

日本の数字は、レモンを含む。他の諸国の数字は、一般的に、すべてのまたは未特定の柑橘の生産を示している。

バナナおよびプランタン

バナナの数字は、できる限り、プランタンとして知られている *M. paradisiaca* を除いて、食用の果実をつける *Musa* 属のすべての種類のものを示している。残念ながら、数ヶ国は、その統計でバナナとプランタンとを区別しておらず、全体の推計値のみを公表している。このような場合に、報告されたデータが主としてバナナを示しているとの何らかの指向・推定がある時は、そのデータは表の中に取り入れた。表から除外された国々の中に重要な輸出国はない。種々の国々から報告されたバナナとプランタンの生産データの比較も、多数の国々が、一般的に茎がその重量の中に含まれている房を単位として報告しているため、困難である。

ラズベリー

ラズベリー（*Rubus idaeus*）に関する若干のデータは、黒いちご、ローガンベリーおよびデューベリーのような *Rubus* 属の他のベリーをも含むものとみられる。

カラント

カラントのデータは、*Ribes rubnjm*、*Ribes album*、*Ribes nigrum* を含む。

ナッツ

ナッツ（栗を含む）の生産は、殻・莢つきのナッツを示す。統計は、非常に乏しく、また一般的に販売用に栽培されたもののみを示す。第76、77表に示されている6種類のナッツに加えるに、第49表の生産データには、ブラジル・ナッツ、ピリ・ナッツ、サプカイア・ナッツおよびマカデミア・ナッツのような、主としてデザートまたは食卓用ナッツとして用いられる他のすべてのナッツが含まれている。アレカ/ベテル・ナッツ、コーラ・ナッツ、イリペ・ナッツ、カリテ・ナッツ、ココナッツ、桐の実、油やしナッツなど、主として飲料の風味添加用のナッツ、咀嚼用や刺激性のナッツ、主として油またはバター抽出に用いられるナッツなどは、表から除かれている。

飲料その他の産品

コーヒー

コーヒーの生産数字は、生豆（green beans）のものである。コーヒーの原実（cherries）または皮つき豆のベースで報告している若干の国々のデータは、妥当な換算率を用いて、クリーンコーヒー（clean coffee）に換算した。コーヒーの面積についての公式統計が入手可能なのは特定国に限られ、またそれらの信頼性は、必ずしも高いものではない。従って、ヘクタール当りの収量は、あまり意味のあるものではない。ブラジルのコーヒーについての生産データは、ブラジル統計年報で公表された公式数字である。乾燥した実のベースで報告されているデータは、50％でコーヒー生豆（green coffee）に換算してある。

ココア

　ココアの生産データは、発酵・乾燥したココア豆のベースのものである。ココアの面積についての公式統計が入手可能なのは特定国に限られ、またそれらの信頼性は、必ずしも高いものではない。従って、ヘクタール当たりの収量は、あまり意味のあるものではない。

茶

　茶に関しては、生産数字は「製造茶」のものである。しかしながら、インドネシアについては、生産の約3分の1が生の葉の重量で示されている。ミャンマーは、毎年約45,000トンの茶の葉を生産しているが、生産物のほとんどが野菜として生のまま消費されているため、表には含まれていない。

ホップ

　生産データは、乾燥した毬毛(cone)の重量である。ただし、スペインのデータは、生の重量である。

タバコ

　生産数字は、確認しうる限り農家の販売重量のものである。従って、乾燥重量ベースで入手可能なデータは、約90対100の割合で農家販売重量に換算してある。

繊維作物および天然ゴム

亜麻繊維およびくず

　記載されているデータは、一般的に、打切細した亜麻(scutched and hackled flax)を示し、亜麻屑(tow)を含む。

大麻繊維(hemp fibre)およびくず

　大麻のデータは、亜麻の場合同様、打細した繊維を示し、大麻屑を含む。バングラデシュ、インドおよびパキスタンの数字は、sunn 大麻(Crotalaria juncea)についてのもので、その他の国のデータは、真正の大麻(Cannabis sativa)についてのものである。

ジュートおよびジュート類似繊維

　ジュート繊維は、Corchorus capsularis と Corchorus olitorius からとったものである。ジュート類似繊維は、多くのジュート代替品を含むが、主なものとしては、ケナフ(またはmesta)およびroselle(Hibiscus spp.)並びにコンゴ・ジュート(またはpaka(Urena lobata)などがある。

サイザル

　サイザルのデータは、Agave sisalana の繊維および屑から成っている。面積についてのデータは、公式のものの場合にあっても、通常、おおまかな推計値である。メキシコの数字には、ヘニケンが含まれている。

コットンリント

　コットンリントの表は、「国際綿花諮問委員会」の協力をえて作成したものである。ほとんどの国々について、生産数字は、リントとして公式に報告されたもので、コットンリンターは含まない。生産が未繰綿の綿花で報告されている場合であってリントへの特定の換算割合が示されていない場合には、リント換算は、3分の1とした。

その他の繊維作物

　この表に示されている主要植物繊維は、モーリシャス繊維(Furcraea gigantea)、ニュージーランド亜麻(Phormium tenax)、fique(Furcraea macrophylla)、caroa(Neoglazovia variegata)、istle(Samuela camerosana)、ramieおよびrhea(Boehmeria spp.)、カポック(Ceiba pentandra)並びにcoir(ココナッツの殻の中に含まれている繊維)などである。

　Agave繊維およびabacaは、含まれていない。

天然ゴム

　天然ゴムの表は、「国際ゴム調査グループ」の協力をえて作成したものである。同グループは、天然ゴム(Hevea spp.)を、乳樹脂(latex)の乾燥内容物重量を含むもの、と定義している。balata、gutta-percha およびすべてのゴム類似の弾性物並びに屑ゴムは、それらの用途が天然ゴムのそれとは全く異なっているため、除かれている。

家畜頭羽数および畜産物

家畜頭羽数

　この年報に示した家畜頭羽数のデータは、すべての家畜を、その年齢およびその飼育の場所または目的に関係なく、等しく対象とすることを意図したものである。報告のない国々、不完全な報告の国々については、推計がなされている。しかしながら、特定の国々にあっては、なお、鶏、あひるおよび七面鳥のデータが、これらのすべての飼養羽数を現しているようには見られない。

　また他の特定の国々では、すべての家禽について、単一の数字をあげている。これら諸国のデータは、「鶏」の所に示してある。

畜産物

食　肉

　表92から表96までは、主要な種類について、屠殺頭羽数、調整枝肉(dressed carcass)平均重量およびこれに相応する食肉の生産量を示している。これらの表のデータは、その原産地に関係なく、それぞれの国内で屠殺された家畜に関するものである。同様に、表97に示されている馬肉、家禽肉および食肉合計は、家畜の原産地に関係なく、当該国において屠殺された家畜に関するものである。

　表98に掲げてある肉の生産量の概念は、上記とは異なっている。ここにあっては、生産数字は、国内産家畜についてのものである。すなわち、それらは、輸出生体家畜に相当する肉を含み、輸入生体家畜に相当する肉を除いてある。

　記載されている全データは、総食肉生産量―すなわち商業的屠殺と農家屠殺の双方による生産量―を示している。データは、内臓と屠体の脂肪を除いた調製枝肉重量で示されている。牛肉と水牛肉の生産量には子牛肉が含まれ、羊肉と山羊肉の生産量には子羊と子山羊の肉が含まれ、また、豚肉の生産量には生肉換算のベーコンとハムが含まれている。

　家禽肉は、すべての飼い慣らされた鳥類の肉を含み、可能な限り、調理用調整済み重量で示されている。各国の統計関係当局から報告されている家禽肉の生産データは、生体重量、内臓抜き重量、調理用調整済み重量あるいは調製重量のいずれかで示されている。調理用調整済み重量以外のベースで報告している国々のデータは、調理用調整済み重量に換算してある。最大の家禽肉生産国であるアメリカのデータは、調理用調整済み重量ベースで示され、可食臓物も含む。しかしながら、調理用調整済み重量で報告しているほとんどの国々は、可食臓物が含まれているか除外されているかを明示していない。全食肉生産(表97)は、表92から表96に掲げられているもの(その原産地に関係なく、当該国で屠殺された家畜の肉)を含み、また、馬肉、家禽肉、更には、らくだ、うさぎ、となかい、猟獣など、他のすべての家畜または野生動物の肉から成っている。

ほとんどの国々は、データを暦年ベースで報告しているが、若干の例外もある。例えば、イスラエルとニュージーランドは、データを9月30日で終わる年度のものとして報告しており、また、オーストラリアは、6月30日で終わる年度のものとしている。

牛乳、乳牛、搾乳量および牛乳生産量

牛乳生産のデータは、全生鮮生乳の総生産量を示している（子牛の吸った乳を除くが、家畜に給餌した牛乳は含む）。しかしながら、オーストリア、チェコ共和国、イタリアおよびスロバキアは、子牛の吸った乳を含めて報告している。重要な牛乳生産国のほとんどについて、牛乳生産量の公式統計が入手可能である。入手可能でない場合にあっては、食料消費調査およびその他の指標に基づく推計値が用いられている。乳牛統計の入手可能でない数ヶ国にあっては、表のデータは、牛乳の生産量と乳牛1頭当り搾乳量（実際の、または推定の）に基づく推計値である。表に示してある乳牛1頭当り搾乳量は、牛乳生産量を乳牛頭数で除して算出したものである。

オーストラリアの牛乳生産データは、6月30日で終わる年度のものであり、ニュージーランドについては、5月31日に終わる年度のものとなっている。他のいくつかの小生産国も、暦年以外の年度で報告している。

水牛、羊および山羊の乳

この表に掲げてある生産の概念は、牛乳のそれと同じであるが、対象範囲は、牛乳の場合ほどは妥当ではないであろう。

乳製品

このグループの産品について示されているデータは、一般的に、乳製品工場または農場のいずれかを問わず製造された総生産を示している。若干の国々については、データが入手可能でなく、また報告されている他の国々のデータも、過少に見積もられているかもしれない。農場生産については、特にこのことがいえる。その結果、大陸、および世界の合計は、限られた対象範囲のデータを示している。

この年報記載のチーズについてのデータは、生産されたすべての種類のチーズに関するものである。すなわち、全脂チーズから脱脂チーズ、固いチーズと軟らかいチーズ、熟したチーズと生チーズ、コテッジチーズとカード（curd）などなどである。バターの生産データは、煮沸して透明化した液体バターのギー（ghee）を含む。

卵

いくつかの国々にあっては、卵の生産統計が存しない。従って、鶏または総家禽数および報告されまたは想定される産卵率のような関連データから推計値を算定せざるを得なかった。

卵の生産統計を有する国々のほとんどは、総生産重量かあるいは総生産個数のいずれかで報告してきている。生産個数に関するデータは、可能な限り公式の換算率を使って重量に換算した。データは、一般的に、孵化用卵をふくめ、農業および非農業部門の双方における生産全体を現している。

蜂蜜

表に示されているデータは、特にアフリカおよびアジアの国々に関して、必ずしも完全なものではない。

生糸

いくつかの生産国のデータが欠落してはいるが、表に掲げられている国々のデータでもって世界の総生産を十分に表わしている。

羊毛

羊毛の生産統計は、一般的に、30〜65％の不純物を含む原毛（greasy wool）をベースとしている。データを比較可能とするため、脂抜き（洗毛済み）ベースのデータも示した。

皮類

すべての数字は、皮類の生の重量で示されている。皮類生産を枚数や乾燥または塩蔵重量などで報告している国々のデータは、妥当な換算係数を用いて生の重量に換算してある。公式データがおよそ入手不可能な場合には、屠殺その他の情報に基づく推計値が示されている。

食料供給

「食料需給表」に関するデータについては、現在、検討・更新中であり、将来的には、生産年報に掲載の予定である。

生産手段

農業機械

トラクター

データは、一般的に、農業に使用されるすべての車輪型および匍匐型トラクター（庭園用トラクターを除く）を示す。

刈入れ・脱穀機

データは、刈入れ・脱穀を同時に行なう自動機械を示す。

搾乳機

データは、搾乳缶（pail）、拍動器（pulsator）、4つのティートカップ（teat cup）およびライナー（liner）の群を1つの単位として、その数単位からなる施設の数を示している。オーストラリアのデータは、このような単位（cow capacity）の数を示す。

以下は、農業機械に関しての、国別の注記である。

クロアチア：データは、公共部門のみ。
ハンガリー：1961年から1990年までの間、トラクターおよび刈入れ・脱穀機のデータは、協同農場におけるもののみ。1991年以降のデータは、法人や個人農場で使用されるトラクターおよび刈入れ・脱穀機を含む（出所：*Food and agricultural statistics 1997*, Budapest, 1998）。
カザフスタン：使用農業機械のデータは、農業企業についてのもののみ。個人農場は、含まれていない。（出所：*1994−1997 Statistical yearbook of Kazakhstan*, Almaty, 1998）

国についての注記

アングイラ

アングイラのデータは、セントキッツ・ネイビスのデータに含まれている。

中　国

中国のデータは、一般に、台湾のデータを含む。

キプロス

キプロスにおける現在の状況のため、データがキプロス全土にわたる表1の全土地面積と表3（人口）とを除き、その他のデータは、政府支配地域のみについてのものである。

チェコ共和国、スロバキア

上記2共和国（旧チェコスロバキア）は、1993年より、別々

に分けて示されている。

東チモール

近年のほとんどのデータは、インドネシアのデータに含まれている。

エリトリア、エチオピア

旧エチオピア人民民主主義共和国であったエリトリアとエチオピアとは、1993年より、別々に分けて示されている。

旧ソ連邦独立共和国

1992年以降、アルメニア、アゼルバイジャン、グルジア、カザフスタン、キルギスタン、タジキスタン、トルクメニスタンおよびウズベキスタンは、アジアの欄にそれぞれ分別表示され、ベラルーシ、エストニア、ラトビア、リトアニア、モルドバ、ロシア連邦およびウクライナは、ヨーロッパの欄にそれぞれ分別表示されている。1992年以前のデータは、ソ連邦（USSR）に含まれる。

旧ユーゴスラビア社会主義連邦共和国の独立共和国

1992年以降、独立共和国ボスニア・ヘルツェゴビナ、クロアチア、マケドニア旧ユーゴスラビア共和国、スロベニアおよびユーゴスラビア連邦共和国（セルビアとモンテネグロ）は、それぞれ分別表示されている。1992年以前の各年のデータは、ユーゴスラビア社会主義連邦共和国に含まれている。

インドとパキスタン

その最終的地位がいまだ決定されていないカシミール・ジャムに関するデータは、一般的に、インドの数字に含まれ、パキスタンの数字からは除かれている。シッキムのデータは、インドのそれに含まれている。

太平洋諸島

この「太平洋諸島」の欄には、マーシャル諸島共和国、北部マリアナ諸島連邦、ミクロネシア連邦、パラオ共和国などの国々のデータが掲げてある。

セントヘレナ

セントヘレナのデータには、アッセンション島およびトリスタンダクーナ諸島の資料が含まれている。

イエメン

イエメンのデータは、旧イエメンアラブ共和国と旧イエメン民主主義国の資料を合計したものである。

国々の分類

時系列上の一貫性を担保するため、旧USSRの独立共和国諸国の推計値は、「アジア（旧）」および「ヨーロッパ（旧）」のそれぞれの合計には含まれてはいないが、しかしながら、世界計には含まれている。アジアの合計は、アルメニア、アゼルバイジャン、グルジア、カザフスタン、キルギス、タジキスタン、トルクメニスタンおよびウズベキスタンのそれぞれの推計値を含んでいる。他方、ヨーロッパの合計は、ベラルーシ、エストニア、ラトビア、リトアニア、モルドバ共和国、ロシア連邦およびウクライナのそれぞれについての推計値を含んでいる（(viii)ページの「解説－合計数字」参照）。

国名および大陸名の一覧表

英略名	英語名	日本語名
WORLD	WORLD	世　界
AFRICA	AFRICA	アフリカ
ALGERIA	Algeria	アルジェリア民主人民共和国
ANGOLA	Angola	アンゴラ共和国
BENIN	Benin	ベナン共和国
BOTSWANA	Botswana	ボツワナ共和国
BR INC OC TR	British Indian Ocean Territory	英領インド洋地域
BURKINA FASO	Burkina Faso	ブルキナファソ
BURUNDI	Burundi	ブルンジ共和国
CAMEROON	Cameroon	カメルーン共和国
CAPE VERDE	Cape Verde	カーボベルデ共和国
CENTAFR REP	Central African Republic	中央アフリカ共和国
CHAD	Chad	チャド共和国
COMOROS	Comoros	コモロ・イスラム連邦共和国
CONGO, DEM R	Congo, Democratic Republic of the	コンゴ民主共和国
CONGO, REP	Congo, Republic of the	コンゴ共和国
COTE DIVOIRE	Côte d'Ivoire	コートジボアール共和国
DJIBOUTI	Djibouti	ジブチ共和国
EGYPT	Egypt	エジプト・アラブ共和国
EQ GUINEA	Equatorial Guinea	赤道ギニア共和国
ERITREA	Eritrea	エリトリア国
ETHIOPIA	Ethiopia	エチオピア
ETHIOPIA PDR	former People's Democratic Republic of Ethiopia	エチオピア連邦民主共和国
GABON	Gabon	ガボン共和国
GAMBIA	Gambia	ガンビア共和国
GHANA	Ghana	ガーナ共和国
GUINEA	Guinea	ギニア共和国
GUINEABISSAU	Guinea-Bissau	ギニアビサウ共和国
KENYA	Kenya	ケニア共和国
LESOTHO	Lesotho	レソト王国
LIBERIA	Liberia	リベリア共和国
LIBYA	Libyan Arab Jamahiriya	社会主義人民リビア・アラブ国
MADAGASCAR	Madagascar	マダガスカル共和国
MALAWI	Malawi	マラウイ共和国
MALI	Mali	マリ共和国
MAURITANIA	Mauritania	モーリタニア・イスラム共和国
MAURITIUS	Mauritius	モーリシャス共和国
MOROCCO	Morocco	モロッコ王国
MOZAMBIQUE	Mozambique	モザンビーク共和国
NAMIBIA	Namibia	ナミビア共和国
NIGER	Niger	ニジェール共和国
NIGERIA	Nigeria	ナイジェリア連邦共和国
REUNION	Reunion	レユニオン
RWANDA	Rwanda	ルワンダ共和国
ST HELENA	Saint Helena	セントヘレナ島
SAO TOME PRN	Sao Tome and Principe	サントメ・プリンシペ民主共和国
SENEGAL	Senegal	セネガル共和国
SEYCHELLES	Seychelles	セイシェル共和国
SIERRA LEONE	Sierra Leone	シエラレオネ共和国
SOMALIA	Somalia	ソマリア民主共和国
SOUTH AFRICA	South Africa	南アフリカ共和国

英略名	英語名	日本語名
SUDAN	Sudan	スーダン共和国
SWAZILAND	Swaziland	スワジランド王国
TANZANIA	Tanzania, United Republic of	タンザニア連合共和国
TOGO	Togo	トーゴ共和国
TUNISIA	Tunisia	チュニジア共和国
UGANDA	Uganda	ウガンダ共和国
WESTN SAHARA	Western Sahara	西サハラ
ZAMBIA	Zambia	ザンビア共和国
ZIMBABWE	Zimbabwe	ジンバブエ共和国
N C AMERICA	NORTH AND CENTRAL AMERICA	北および中央アメリカ
ANGUILLA	Anguilla	アンギラ
ANTIGUA BARB	Antigua and Barbuda	アンティグア・バーブーダ
ARUBA	Aruba	アルバ
BAHAMAS	Bahamas	バハマ国
BARBADOS	Barbados	バルバドス
BELIZE	Belize	ベリーズ
BERMUDA	Bermuda	バミューダ諸島
BR VIRGIN IS	British Virgin Islands	英領バージン諸島
CANADA	Canada	カナダ
CAYMAN IS	Cayman Islands	ケイマン諸島
COSTA RICA	Costa Rica	コスタリカ共和国
CUBA	Cuba	キューバ共和国
DOMINICA	Dominica	ドミニカ国
DOMINICAN RP	Dominican Republic	ドミニカ共和国
EL SALVADOR	El Salvador	エルサルバドル共和国
GREENLAND	Greenland	グリーンランド
GRENADA	Grenada	グレナダ
GUADELOUPE	Guadeloupe	グアドループ島
GUATEMALA	Guatemala	グアテマラ共和国
HAITI	Haiti	ハイチ共和国
HONDURAS	Honduras	ホンジュラス共和国
JAMAICA	Jamaica	ジャマイカ
MARTINIQUE	Martinique	マルチニーク島
MEXICO	Mexico	メキシコ合衆国
MONTSERRAT	Montserrat	モンセラット
NETH ANTILLE	Netherlands Antilles	オランダ領アンティル
NICARAGUA	Nicaragua	ニカラグア共和国
PANAMA	Panama	パナマ共和国
PUERTO RICO	Puerto Rico	プエルトリコ
ST KITTS NEV	Saint Kills and Nevis	セントクリストファー・ネイビス
SAINT LUCIA	Saint Lucia	セントルシア
ST PIER MIQU	Saint Pierre and Miquelon	サンピエール島・ミクロン島
ST VINCENT	Saint Vincent and the Grenadines	セントビンセント及びグレナディーン諸島
TRINIDAD TOB	Trinidad and Tobago	トリニダード・ドバコ共和国
TURKS CAICOS	Turks and Caicos Islands	タークス諸島・カイコス諸島
USA	United States	アメリカ合衆国
US VIRGIN IS	United States Virgin Islands	米領バージン諸島
SOUTH AMERIC	SOUTH AMERICA	南アメリカ
ARGENTINA	Argentina	アルゼンチン共和国
BOLIVIA	Bolivia	ボリビア共和国

英略名	英語名	日本語名
BRAZIL	Brazil	ブラジル連邦共和国
CHILE	Chile	チリ共和国
COLOMBIA	Colombia	コロンビア共和国
ECUADOR	Ecuador	エクアドル共和国
FALKLAND IS	Falkland Islands (Malvinas)	フォークランド諸島
FR GUIANA	French Guiana	仏領ギアナ
GUYANA	Guyana	ガイアナ協同共和国
PARAGUAY	Paraguay	パラグアイ共和国
PERU	Peru	ペルー共和国
SURINAME	Suriname	スリナム共和国
URUGUAY	Uruguay	ウルグアイ東方共和国
VENEZUELA	Bolivarian Republic of Venezuela	ベネズエラ・ボリバル共和国
ASIA (fmr)[1]	former ASIA	旧アジア
ASIA	ASIA	アジア
AFGHANISTAN	Afghanistan	アフガニスタン・イスラム国
ARMENIA	Armenia	アルメニア共和国
AZERBAIJAN	Azerbaijan	アゼルバイジャン共和国
BAHRAIN	Bahrain	バーレーン王国
BANGLADESH	Bangladesh	バングラデシュ人民共和国
BHUTAN	Bhutan	ブータン王国
BRUNEI DARSM	Brunei Darussalam	ブルネイ・ダルサラーム国
CAMBODIA	Cambodia	カンボジア王国
CHINA	China	中　国
CHINA, H KONG	China, Hong Kong Special Administrative Region	香港特別行政区（中国）
CHINA, MACAO	China, Macao Special Administrative Region	マカオ特別行政区(中国)
CYPRUS	Cyprus	キプロス共和国
EAST TIMOR	East Timor	東チモール
GAZA STRIP	Gaza Strip (Palestine)	ガザ回廊地帯（パレスチナ）
GEORGIA	Georgia	グルジア共和国
INDIA	India	インド
INDONESIA	Indonesia	インドネシア共和国
IRAN	Iran, Islamic Republic of	イラン・イスラム共和国
IRAQ	Iraq	イラク共和国
ISRAEL	Israel	イスラエル国
JAPAN	Japan	日本国
JORDAN	Jordan	ヨルダン・ハシミテ王国
KAZAKHSTAN	Kazakhstan	カザフスタン共和国
KOREA D P RP	Korea, Democratic People's Republic of	朝鮮民主主義人民共和国
KOREA REP	Korea, Republic of	大韓民国
KUWAIT	Kuwait	クウェート国
KYRGYZSTAN	Kyrgyzstan	キルギス共和国
LAOS	Lao People's Democratic Republic	ラオス人民民主共和国
LEBANON	Lebanon	レバノン共和国
MALAYSIA	Malaysia	マレーシア
MALDIVES	Maldives	モルディヴ共和国
MONGOLIA	Mongolia	モンゴル国
MYANMAR	Myanmar	ミャンマー連邦
NEPAL	Nepal	ネパール王国
OMAN	Oman	オマーン国
PAKISTAN	Pakistan	パキスタン・イスラム共和国
PHILIPPINES	Philippines	フィリピン共和国
QATAR	Qatar	カタール国
SAUDI ARABIA	Saudi Arabia	サウジアラビア王国
SINGAPORE	Singapore	シンガポール共和国

英略名	英語名	日本語名
SRI LANKA	Sri Lanka	スリランカ民主社会主義共和国
SYRIA	Syrian Arab Republic	シリア・アラブ共和国
TAJIKISTAN	Tajikistan	タジキスタン共和国
THAILAND	Thailand	タイ王国
TURKEY	Turkey	トルコ共和国
TURKMENISTAN	Turkmenistan	トルクメニスタン
UNTD ARAB EM	United Arab Emirates	アラブ首長国連邦
UZBEKISTAN	Uzbekistan	ウズベキスタン共和国
VIET NAM	Viet Nam	ベトナム社会主義共和国
YEMEN	Yemen	イエメン共和国
EUROPE (fmr)[1]	former EUROPE	旧ヨーロッパ
EUROPE	EUROPE	ヨーロッパ
ALBANIA	Albania	アルバニア共和国
ANDORRA	Andorra	アンドラ公国
AUSTRIA	Austria	オーストリア共和国
BELARUS	Belarus	ベラルーシ共和国
BEL-LUX	Belgium-Luxembourg	ベルギー王国・ルクセンブルグ大公国
BOSNIA HERZG	Bosnia and Herzegovina	ボスニア・ヘルツェゴビナ
BULGARIA	Bulgaria	ブルガリア共和国
CROATIA	Croatia	クロアチア共和国
CZECHOSLOVAK	former Czechoslovakia	チェコスロバキア
CZECH REP	Czech Republic	チェコ共和国
DENMARK	Denmark	デンマーク王国
ESTONIA	Estonia	エストニア共和国
FAEROE IS	Faeroe Islands	フェロー諸島
FINLAND	Finland	フィンランド共和国
FRANCE	France	フランス共和国
GERMANY	Germany	ドイツ連邦共和国
GIBRALTAR	Gibraltar	ジブラルタル
GREECE	Greece	ギリシャ共和国
HOLY SEE	Holy See	バチカン市国
HUNGARY	Hungary	ハンガリー共和国
ICELAND	Iceland	アイスランド共和国
IRELAND	Ireland	アイルランド
ITALY	Italy	イタリア共和国
LATVIA	Latvia	ラトビア共和国
LIECHTENSTEN	Liechtenstein	リヒテンシュタイン公国
LITHUANIA	Lithuania	リトアニア共和国
MACEDONIA	The Former Yugoslav Republic of Macedonia	マケドニア旧ユーゴスラビア共和国
MALTA	Malta	マルタ共和国
MOLDOVA REP	Moldova, Republic of	モルドバ共和国
MONACO	Monaco	モナコ公国
NETHERLANDS	Netherlands	オランダ王国
NORWAY	Norway	ノルウェー王国
POLAND	Poland	ポーランド共和国
PORTUGAL	Portugal	ポルトガル共和国
ROMANIA	Romania	ルーマニア
RUSSIAN FED	Russian Federation	ロシア連邦
SAN MARINO	San Marine	サンマリノ共和国
SLOVAKIA	Slovakia	スロバキア共和国
SLOVENIA	Slovenia	スロベニア共和国
SPAIN	Spain	スペイン
SWEDEN	Sweden	スウェーデン王国
SWITZERLAND	Switzerland	スイス連邦

英略名	英語名	日本語名
UKRAINE	Ukraine	ウクライナ
UK	United Kingdom	英　国
YUGOSLAVIA	Yugoslavia	ユーゴスラビア連邦共和国
YUGOSLAV SFR	former Socialist Federal Republic of Yugoslavia	旧ユーゴスラビア社会主義連邦共和国
OCEANIA	OCEANIA	オセアニア
AMER SAMOA	American Samoa	米領サモア
AUSTRALIA	Australia	オーストラリア
CANTON IS	Canton and Enderbury Islands	カントン・エンダベリ諸島
CHRISTMAS IS	Christmas island (Australia)	クリスマス島
COCOS ISL	Cocos (Keeling) Islands	ココス諸島
COOK IS	Cook Islands	クック諸島
FIJI	Fiji	フィジー諸島共和国
FR POLYNESIA	French Polynesia	仏領ポリネシア
GUAM	Guam	グァム
JOHNSTON IS	Johnston Island	ジョンストン島
KIRIBATI	Kiribati	キリバス共和国
MIDWAY IS	Midway Islands	ミッドウェー諸島
NAURU	Nauru	ナウル共和国
NEW CALEDONIA	New Caledonia	ニューカレドニア
NEW ZEALAND	New Zealand	ニュージーランド
NIUE	Niue	ニウエ
NORFOLK IS	Norfolk Island	ノーフォーク島
PACIFIC ISL	Pacific Islands	太平洋諸島
MARSHALL IS	Marshall Islands	マーシャル諸島共和国
MICRONESIA	Micronesia, Federated States of	ミクロネシア連邦
N MARIANAS	Northern Mariana Islands	北マリアナ諸島
PALAU	Palau	パラオ共和国
PAPUA N GUIN	Papua New Guinea	パプアニューギニア
PITCAIRN	Pitcairn	ピトケアン島
SAMOA	Samoa	サモア
SOLOMON IS	Solomon Islands	ソロモン諸島
TOKELAU	Tokelau	トケラウ諸島
TONGA	Tonga	トンガ王国
TUVALU	Tuvalu	ツバル
VANUATU	Vanuatu	バヌアツ共和国
WAKE ISLAND	Wake Island	ウェーク島
WALLIS FUT I	Wallis and Futuna Islands	ワリス・フテュナ諸島
USSR	former Union of Soviet Socialist Republics	旧ソ連

1　(viii) ページの「表についての注記および国についての注記」を参照のこと

LAND

TERRES

TIERRAS

土 地

الأراضي

表　1

土地利用

1000 HA

	1985	1990	1995	1999		1985	1990	1995	1999
WORLD					**CENT AFR REP**				
TOTAL AREA	13426030	13426030	13414225	13414225	TOTAL AREA	62298	62298	62298	62298
LAND AREA	13042882	13042872	13050526	13050516	LAND AREA	62298	62298	62298	62298
ARAB&PERM CR	1478067	1502448	1507618	1501452	ARAB&PERM CR	1983F	2006F	2020F	2020F
ARABLE LAND	1372750	1383456	1378180	1369110	ARABLE LAND	1900F	1920F	1930F	1930F
PERM CROPS	105317	118992	129438	132405	PERM CROPS	83F	86F	90F	90F
NONARAB&NPERM	11564815	11540424	11542908	11549064	NONARAB&NPERM	60315F	60292F	60278F	60278F
AFRICA					**CHAD**				
TOTAL AREA	3031169	3031169	3031169	3031169	TOTAL AREA	128400	128400	128400	128400
LAND AREA	2963313	2963313	2963313	2963313	LAND AREA	125920	125920	125920	125920
ARAB&PERM CR	184306	191209	200408	201784	ARAB&PERM CR	3155F	3300F	3450F	3550F
ARABLE LAND	162836	168442	176578	177251	ARABLE LAND	3130F	3273F	3420F	3520F
PERM CROPS	21470	22767	23830	24596	PERM CROPS	25F	27F	30F	30F
NONARAB&NPERM	2779007	2772104	2762905	2761529	NONARAB&NPERM	122765F	122620F	122470F	122370F
ALGERIA					**COMOROS**				
TOTAL AREA	238174	238174	238174	238174	TOTAL AREA	223	223	223	223
LAND AREA	238174	238174	238174	238174	LAND AREA	223	223	223	223
ARAB&PERM CR	7511	7635	8029	8215F	ARAB&PERM CR	106F	113F	118F	118F
ARABLE LAND	6910	7081	7519	7700F	ARABLE LAND	76F	78F	78F	78F
PERM CROPS	601	554	510	515F	PERM CROPS	30F	35F	40F	40F
NONARAB&NPERM	230663F	230539F	230145F	229959F	NONARAB&NPERM	117F	110F	105F	105F
ANGOLA					**CONGO, DEM R**				
TOTAL AREA	124670	124670	124670	124670	TOTAL AREA	234486	234486	234486	234486
LAND AREA	124670	124670	124670	124670	LAND AREA	226705	226705	226705	226705
ARAB&PERM CR	3400F	3400	3500F	3500F	ARAB&PERM CR	7800F	7860F	7900F	7880F
ARABLE LAND	2900F	2900	3000F	3000F	ARABLE LAND	6700F	6670F	6700F	6700F
PERM CROPS	500F	500	500F	500F	PERM CROPS	1100F	1190F	1200F	1180F
NONARAB&NPERM	121270F	121270F	121170F	121170F	NONARAB&NPERM	218905F	218845F	218805F	218825F
BENIN					**CONGO, REP**				
TOTAL AREA	11262	11262	11262	11262	TOTAL AREA	34200	34200	34200	34200
LAND AREA	11062	11062	11062	11062	LAND AREA	34150	34150	34150	34150
ARAB&PERM CR	1680F	1720F	1810F	1850F	ARAB&PERM CR	186F	196F	210F	220F
ARABLE LAND	1580F	1615F	1670F	1700F	ARABLE LAND	146F	154F	165F	175F
PERM CROPS	100F	105F	140F	150F	PERM CROPS	40F	42F	45F	45F
NONARAB&NPERM	9382F	9342F	9252F	9212F	NONARAB&NPERM	33964F	33954F	33940F	33930F
BOTSWANA					**CÔTE DIVOIRE**				
TOTAL AREA	58173	58173	58173	58173	TOTAL AREA	32246	32246	32246	32246
LAND AREA	56673	56673	56673	56673	LAND AREA	31800	31800	31800	31800
ARAB&PERM CR	408F	421	346	346F	ARAB&PERM CR	5180F	5930F	7020F	7350F
ARABLE LAND	406F	418F	343F	343F	ARABLE LAND	2380F	2430F	2920F	2950F
PERM CROPS	2F	3F	3F	3F	PERM CROPS	2800F	3500F	4100F	4400F
NONARAB&NPERM	56265F	56252F	56327F	56327F	NONARAB&NPERM	26620F	25870F	24780F	24450F
BR IND OC TR					**DJIBOUTI**				
TOTAL AREA	8	8	8	8	TOTAL AREA	2320	2320	2320	2320
LAND AREA	8	8	8	8	LAND AREA	2318	2318	2318	2318
NONARAB&NPERM	8F	8F	8F	8F	NONARAB&NPERM	2318F	2318F	2318F	2318F
BURKINA FASO					**EGYPT**				
TOTAL AREA	27400	27400	27400	27400	TOTAL AREA	100145	100145	100145	100145
LAND AREA	27360	27360	27360	27360	LAND AREA	99545	99545	99545	99545
ARAB&PERM CR	3035F	3575F	3450F	3450F	ARAB&PERM CR	2497	2648	3283	3300F
ARABLE LAND	2955F	3520F	3400F	3400F	ARABLE LAND	2305	2284	2817	2834F
PERM CROPS	80F	55F	50F	50F	PERM CROPS	192	364	466	466F
NONARAB&NPERM	24325F	23785F	23910F	23910F	NONARAB&NPERM	97048F	96897F	96262F	96245F
BURUNDI					**EQ GUINEA**				
TOTAL AREA	2783	2783	2783	2783	TOTAL AREA	2805	2805	2805	2805
LAND AREA	2568	2568	2568	2568	LAND AREA	2805	2805	2805	2805
ARAB&PERM CR	1180F	1150F	1100F	1100F	ARAB&PERM CR	230F	230F	230F	230F
ARABLE LAND	890F	810F	770F	770F	ARABLE LAND	130F	130F	130F	130F
PERM CROPS	290F	340F	330F	330F	PERM CROPS	100F	100F	100F	100F
NONARAB&NPERM	1388F	1418F	1468F	1468F	NONARAB&NPERM	2575F	2575F	2575F	2575F
CAMEROON					**ETHIOPIA PDR**				
TOTAL AREA	47544	47544	47544	47544	TOTAL AREA	122190	122190		
LAND AREA	46540	46540	46540	46540	LAND AREA	110100	110100		
ARAB&PERM CR	7160F	7170F	7160F	7160F	ARAB&PERM CR	13930F	13930F		
ARABLE LAND	5910F	5940F	5960F	5960F	ARABLE LAND	13200F	13200F		
PERM CROPS	1250F	1230F	1200F	1200F	PERM CROPS	730F	730F		
NONARAB&NPERM	39380F	39370F	39380F	39380F	NONARAB&NPERM	96170F	96170F		
CAPE VERDE					**ERITREA**				
TOTAL AREA	403	403	403	403	TOTAL AREA			11760	11760
LAND AREA	403	403	403	403	LAND AREA			10100	10100
ARAB&PERM CR	40	43	41F	41F	ARAB&PERM CR			440	500F
ARABLE LAND	38	41	39F	39F	ARABLE LAND			438F	498F
PERM CROPS	2	2	2F	2F	PERM CROPS			2F	2F
NONARAB&NPERM	363F	360F	362F	362F	NONARAB&NPERM			9660F	9600F

表 1

土地利用

1000 HA

	1985	1990	1995	1999		1985	1990	1995	1999
ETHIOPIA					**MALAWI**				
TOTAL AREA			110430	110430	TOTAL AREA	11848	11848	11848	11848
LAND AREA			100000	100000	LAND AREA	9408	9408	9408	9408
ARAB&PERM CR			10500F	10728F	ARAB&PERM CR	1860F	1930F	2000F	2000F
ARABLE LAND			9850F	10000F	ARABLE LAND	1765F	1815F	1875F	1875F
PERM CROPS			650F	728F	PERM CROPS	95F	115F	125F	125F
NONARAB&NPERM			89500F	89272F	NONARAB&NPERM	7548F	7478F	7408F	7408F
GABON					**MALI**				
TOTAL AREA	26767	26767	26767	26767	TOTAL AREA	124019	124019	124019	124019
LAND AREA	25767	25767	25767	25767	LAND AREA	122019	122019	122019	122019
ARAB&PERM CR	452F	457F	495	495F	ARAB&PERM CR	2073F	2093F	3419	4650F
ARABLE LAND	290F	295F	325	325F	ARABLE LAND	2033F	2053F	3379F	4606F
PERM CROPS	162F	162F	170	170F	PERM CROPS	40F	40F	40F	44F
NONARAB&NPERM	25315F	25310F	25272F	25272F	NONARAB&NPERM	119946F	119926F	118600F	117369F
GAMBIA					**MAURITANIA**				
TOTAL AREA	1130	1130	1130	1130	TOTAL AREA	102552	102552	102552	102552
LAND AREA	1000	1000	1000	1000	LAND AREA	102522	102522	102522	102522
ARAB&PERM CR	169	187	185	200F	ARAB&PERM CR	305	406F	510F	500F
ARABLE LAND	165	182	180	195F	ARABLE LAND	300F	400F	498F	488F
PERM CROPS	4F	5F	5F	5F	PERM CROPS	5F	6F	12F	12F
NONARAB&NPERM	831F	813F	815F	800F	NONARAB&NPERM	102217F	102116F	102012F	102022F
GHANA					**MAURITIUS**				
TOTAL AREA	23854	23854	23854	23854	TOTAL AREA	204	204	204	204
LAND AREA	22754	22754	22754	22754	LAND AREA	203	203	203	203
ARAB&PERM CR	4000F	4200F	4500F	5300F	ARAB&PERM CR	107	106F	106F	106F
ARABLE LAND	2400F	2700F	2800F	3600F	ARABLE LAND	100	100F	100F	100F
PERM CROPS	1600F	1500F	1700F	1700F	PERM CROPS	7	6F	6F	6F
NONARAB&NPERM	18754F	18554F	18254F	17454F	NONARAB&NPERM	96F	97F	97F	97F
GUINEA					**MOROCCO**				
TOTAL AREA	24586	24586	24586	24586	TOTAL AREA	44655	44655	44655	44655
LAND AREA	24572	24572	24572	24572	LAND AREA	44630	44630	44630	44630
ARAB&PERM CR	1195F	1228F	1483F	1485F	ARAB&PERM CR	8498F	9443	9749	9445F
ARABLE LAND	725F	728	883	885F	ARABLE LAND	7878	8707	8921	8500F
PERM CROPS	470F	500F	600F	600F	PERM CROPS	620F	736	828	945F
NONARAB&NPERM	23377F	23344F	23089F	23087F	NONARAB&NPERM	36132F	35187F	34881F	35185F
GUINEABISSAU					**MOZAMBIQUE**				
TOTAL AREA	3612	3612	3612	3612	TOTAL AREA	80159	80159	80159	80159
LAND AREA	2812	2812	2812	2812	LAND AREA	78409	78409	78409	78409
ARAB&PERM CR	320F	340	345F	350F	ARAB&PERM CR	3150F	3300F	3350F	3350F
ARABLE LAND	290F	300	300F	300F	ARABLE LAND	2920F	3070F	3120F	3120F
PERM CROPS	30F	40	45F	50F	PERM CROPS	230F	230F	230F	230F
NONARAB&NPERM	2492F	2472F	2467F	2462F	NONARAB&NPERM	75259F	75109F	75059F	75059F
KENYA					**NAMIBIA**				
TOTAL AREA	58037	58037	58037	58037	TOTAL AREA	82429	82429	82429	82429
LAND AREA	56914	56914	56914	56914	LAND AREA	82329	82329	82329	82329
ARAB&PERM CR	4490F	4500F	4520F	4520F	ARAB&PERM CR	662F	662F	820	820F
ARABLE LAND	4000F	4000F	4000F	4000F	ARABLE LAND	660F	660F	816F	816F
PERM CROPS	490F	500F	520F	520F	PERM CROPS	2F	2F	4F	4F
NONARAB&NPERM	52424F	52414F	52394F	52394F	NONARAB&NPERM	81667F	81667F	81509F	81509F
LESOTHO					**NIGER**				
TOTAL AREA	3035	3035	3035	3035	TOTAL AREA	126700	126700	126700	126700
LAND AREA	3035	3035	3035	3035	LAND AREA	126670	126670	126670	126670
ARAB&PERM CR	304	317	320	325F	ARAB&PERM CR	3530	3605	5000F	5000F
ARABLE LAND	304	317	320	325F	ARABLE LAND	3527F	3600F	4994F	4994F
NONARAB&NPERM	2731F	2718F	2715F	2710F	PERM CROPS	3F	5F	6F	6F
LIBERIA					NONARAB&NPERM	123140F	123065F	121670F	121670F
TOTAL AREA	11137	11137	11137	11137	**NIGERIA**				
LAND AREA	9632	9632	9632	9632	TOTAL AREA	92377	92377	92377	92377
ARAB&PERM CR	390F	400F	390F	327F	LAND AREA	91077	91077	91077	91077
ARABLE LAND	145F	170F	190F	190F	ARAB&PERM CR	31035	32074	32909	30738F
PERM CROPS	245F	230F	200F	200F	ARABLE LAND	28500	29539	30371	28200F
NONARAB&NPERM	9242F	9232F	9242F	9305F	PERM CROPS	2535	2535	2538	2538F
LIBYA					NONARAB&NPERM	60042F	59003F	58168F	60339F
TOTAL AREA	175954	175954	175954	175954	**RÉUNION**				
LAND AREA	175954	175954	175954	175954	TOTAL AREA	251	251	251	251
ARAB&PERM CR	2127	2155F	2215F	2150F	LAND AREA	250	250	250	250
ARABLE LAND	1787	1805F	1870*	1815F	ARAB&PERM CR	55	52	37	35
PERM CROPS	340	350F	345*	335F	ARABLE LAND	51	47	33*	32
NONARAB&NPERM	173827F	173799F	173739F	173804F	PERM CROPS	4	5	4	3
MADAGASCAR					NONARAB&NPERM	195F	198F	213F	215F
TOTAL AREA	58704	58704	58704	58704	**RWANDA**				
LAND AREA	58154	58154	58154	58154	TOTAL AREA	2634	2634	2634	2634
ARAB&PERM CR	3040F	3102F	3105F	3108F	LAND AREA	2467	2467	2467	2467
ARABLE LAND	2495F	2502F	2565F	2565F	ARAB&PERM CR	1119F	1185F	940F	1116
PERM CROPS	545F	600F	540F	543F	ARABLE LAND	827F	880F	700F	866
NONARAB&NPERM	55114F	55052F	55049F	55046F	PERM CROPS	292F	305F	240F	250

表　1

土地利用

1000 HA

	1985	1990	1995	1999		1985	1990	1995	1999
RWANDA					TOGO				
NONARAB&NPERM	1348F	1282F	1527F	1351F	ARABLE LAND	2000F	2100F	2200F	2200F
ST HELENA					PERM CROPS	90F	90F	100F	100F
TOTAL AREA	31	31	31	31	NONARAB&NPERM	3349F	3249F	3139F	3139F
LAND AREA	31	31	31	31	TUNISIA				
ARAB&PERM CR	2F	2F	4	4F	TOTAL AREA	16361	16361	16361	16361
ARABLE LAND	2F	2F	4	4F	LAND AREA	15536	15536	15536	15536
NONARAB&NPERM	29F	29F	27F	27F	ARAB&PERM CR	4938F	4851	4878	5100F
SAO TOME PRN					ARABLE LAND	3070F	2909F	2842	2850F
TOTAL AREA	96	96	96	96	PERM CROPS	1868	1942	2036	2250F
LAND AREA	96	96	96	96	NONARAB&NPERM	10598F	10685F	10658F	10436F
ARAB&PERM CR	37F	42	41F	41F	UGANDA				
ARABLE LAND	2F	2F	2F	2F	TOTAL AREA	24104	24104	24104	24104
PERM CROPS	35F	40F	39F	39F	LAND AREA	19710	19710	19710	19710
NONARAB&NPERM	59F	54F	55F	55F	ARAB&PERM CR	6600F	6710F	6800F	6810F
SENEGAL					ARABLE LAND	4900F	5000F	5060F	5060F
TOTAL AREA	19672	19672	19672	19672	PERM CROPS	1700F	1710F	1740F	1750F
LAND AREA	19253	19253	19253	19253	NONARAB&NPERM	13110F	13000F	12910F	12900F
ARAB&PERM CR	2350F	2350F	2265	2266F					
ARABLE LAND	2336F	2325F	2230F	2230F	ZAMBIA				
PERM CROPS	14F	25F	35F	36F	TOTAL AREA	75261	75261	75261	75261
NONARAB&NPERM	16903F	16903F	16988F	16987F	LAND AREA	74339	74339	74339	74339
					ARAB&PERM CR	5188F	5268F	5279F	5279F
SEYCHELLES					ARABLE LAND	5171F	5249F	5260F	5260F
TOTAL AREA	45	45	45	45	PERM CROPS	17F	19F	19F	19F
LAND AREA	45	45	45	45	NONARAB&NPERM	69151F	69071F	69060F	69060F
ARAB&PERM CR	6	6F	7F	7F	ZIMBABWE				
ARABLE LAND	1F	1F	1F	1F	TOTAL AREA	39076	39076	39076	39076
PERM CROPS	5F	5F	6F	6F	LAND AREA	38685	38685	38685	38685
NONARAB&NPERM	39F	39F	38F	38F	ARAB&PERM CR	2805F	3010F	3210	3350F
SIERRA LEONE					ARABLE LAND	2695F	2890F	3080F	3220F
TOTAL AREA	7174	7174	7174	7174	PERM CROPS	110F	120*	130F	130F
LAND AREA	7162	7162	7162	7162	NONARAB&NPERM	35880F	35675F	35475F	35335F
ARAB&PERM CR	528F	540	541F	540	N C AMERICA				
ARABLE LAND	475F	486	485F	484	TOTAL AREA	2265619	2265619	2265619	2265619
PERM CROPS	53F	54	56F	56	LAND AREA	2137027	2137027	2137027	2137027
NONARAB&NPERM	6634F	6622F	6621F	6622F	ARAB&PERM CR	274639	274582	268212	268131
SOMALIA					ARABLE LAND	267533	267017	260054	259589
TOTAL AREA	63766	63766	63766	63766	PERM CROPS	7106	7565	8158	8542
LAND AREA	62734	62734	62734	62734	NONARAB&NPERM	1862388	1862445	1868815	1868896
ARAB&PERM CR	1025F	1042F	1056F	1065F	ANTIGUA BARB				
ARABLE LAND	1009F	1022F	1035F	1043F	TOTAL AREA	44	44	44	44
PERM CROPS	16F	20F	21F	22F	LAND AREA	44	44	44	44
NONARAB&NPERM	61709F	61692F	61678F	61669F	ARAB&PERM CR	8F	8F	8F	8F
SOUTH AFRICA					ARABLE LAND	8F	8F	8F	8F
TOTAL AREA	122104	122104	122104	122104	NONARAB&NPERM	36F	36F	36F	36F
LAND AREA	122104	122104	122104	122104	ARUBA				
ARAB&PERM CR	13169	14300F	15825	15712	TOTAL AREA	19	19	19	19
ARABLE LAND	12355	13440F	14915F	14753	LAND AREA	19	19	19	19
PERM CROPS	814	860F	910F	959	ARAB&PERM CR	2F	2	2F	2F
NONARAB&NPERM	108935F	107804F	106279F	106392F	ARABLE LAND	2F	2	2F	2F
					NONARAB&NPERM	17F	17F	17F	17F
SUDAN									
TOTAL AREA	250581	250581	250581	250581	BAHAMAS				
LAND AREA	237600	237600	237600	237600	TOTAL AREA	1388	1388	1388	1388
ARAB&PERM CR	12790F	13235F	16367F	16900F	LAND AREA	1001	1001	1001	1001
ARABLE LAND	12600F	13000F	16157	16700F	ARAB&PERM CR	10F	10F	10	10
PERM CROPS	190F	235F	210	200F	ARABLE LAND	8F	8F	6	6
NONARAB&NPERM	224810F	224365F	221233F	220700F	PERM CROPS	2F	2F	4	4
SWAZILAND					NONARAB&NPERM	991F	991F	991F	991F
TOTAL AREA	1736	1736	1736	1736	BARBADOS				
LAND AREA	1720	1720	1720	1720	TOTAL AREA	43	43	43	43
ARAB&PERM CR	164F	192	180F	180F	LAND AREA	43	43	43	43
ARABLE LAND	150F	180F	168F	168F	ARAB&PERM CR	17F	17F	17F	17F
PERM CROPS	14F	12F	12F	12F	ARABLE LAND	16F	16F	16F	16F
NONARAB&NPERM	1556F	1528F	1540F	1540F	PERM CROPS	1F	1F	1F	1F
TANZANIA					NONARAB&NPERM	26F	26F	26F	26F
TOTAL AREA	94509	94509	94509	94509	BELIZE				
LAND AREA	88359	88359	88359	88359	TOTAL AREA	2296	2296	2296	2296
ARAB&PERM CR	4250F	4400F	4648F	4650F	LAND AREA	2280	2280	2280	2280
ARABLE LAND	3350F	3500F	3748	3750	ARAB&PERM CR	53	68F	85F	89F
PERM CROPS	900F	900F	900F	900F	ARABLE LAND	43	50F	60F	64F
NONARAB&NPERM	84109F	83959F	83711F	83709F	PERM CROPS	10	18F	25F	25F
TOGO					NONARAB&NPERM	2227F	2212F	2195F	2191F
TOTAL AREA	5679	5679	5679	5679	BERMUDA				
LAND AREA	5439	5439	5439	5439	TOTAL AREA	5	5	5	5
ARAB&PERM CR	2090F	2190F	2300F	2300F	LAND AREA	5	5	5	5

表　1

土地利用

1000 HA

	1985	1990	1995	1999		1985	1990	1995	1999
BERMUDA					GUATEMALA				
NONARAB&NPERM	5F	5F	5F	5F	TOTAL AREA	10889	10889	10889	10889
BR VIRGIN IS					LAND AREA	10843	10843	10843	10843
TOTAL AREA	15	15	15	15	ARAB&PERM CR	1785F	1785F	1910	1905F
LAND AREA	15	15	15	15	ARABLE LAND	1300F	1300F	1355	1360F
ARAB&PERM CR	4F	4F	4F	4F	PERM CROPS	485F	485F	555	545F
ARABLE LAND	3F	3F	3F	3F	NONARAB&NPERM	9058F	9058F	8933F	8938F
PERM CROPS	1F	1F	1F	1F	HAITI				
NONARAB&NPERM	11F	11F	11F	11F	TOTAL AREA	2775	2775	2775	2775
CANADA					LAND AREA	2756	2756	2756	2756
TOTAL AREA	997061	997061	997061	997061	ARAB&PERM CR	903F	905F	910	910F
LAND AREA	922097	922097	922097	922097	ARABLE LAND	553F	555F	560F	560F
ARAB&PERM CR	46030F	45950F	45600F	45700F	PERM CROPS	350F	350F	350F	350F
ARABLE LAND	45900F	45820F	45460F	45560F	NONARAB&NPERM	1853F	1851F	1846F	1846F
PERM CROPS	130F	130F	140F	140F	HONDURAS				
NONARAB&NPERM	876067F	876147F	876497F	876397F	TOTAL AREA	11209	11209	11209	11209
CAYMAN IS					LAND AREA	11189	11189	11189	11189
TOTAL AREA	26	26	26	26	ARAB&PERM CR	1778	1820	1950	1827F
LAND AREA	26	26	26	26	ARABLE LAND	1575F	1610F	1600F	1468F
NONARAB&NPERM	26F	26F	26F	26F	PERM CROPS	203F	210F	350F	359F
COSTA RICA					NONARAB&NPERM	9411F	9369F	9239F	9362F
TOTAL AREA	5110	5110	5110	5110	JAMAICA				
LAND AREA	5106	5106	5106	5106	TOTAL AREA	1099	1099	1099	1099
ARAB&PERM CR	523F	510F	515F	505F	LAND AREA	1083	1083	1083	1083
ARABLE LAND	285F	260F	225F	225F	ARAB&PERM CR	220F	219	274F	274F
PERM CROPS	238F	250F	290F	280F	ARABLE LAND	115F	119F	174F	174F
NONARAB&NPERM	4583F	4596F	4591F	4601F	PERM CROPS	105F	100F	100F	100F
CUBA					NONARAB&NPERM	863F	864F	809F	809F
TOTAL AREA	11086	11086	11086	11086	MARTINIQUE				
LAND AREA	10982	10982	10982	10982	TOTAL AREA	110	110	110	110
ARAB&PERM CR	3568F	4060F	4520F	4465F	LAND AREA	106	106	106	106
ARABLE LAND	2850F	3250F	3700F	3630F	ARAB&PERM CR	19	20	20	23
PERM CROPS	718	810F	820F	835F	ARABLE LAND	12	10	8	10
NONARAB&NPERM	7414F	6922F	6462F	6517F	PERM CROPS	7	10	12	13
DOMINICA					NONARAB&NPERM	87F	86F	86F	83F
TOTAL AREA	75	75	75	75	MEXICO				
LAND AREA	75	75	75	75	TOTAL AREA	195820	195820	195820	195820
ARAB&PERM CR	17F	16F	15	15F	LAND AREA	190869	190869	190869	190869
ARABLE LAND	6F	5F	3	3F	ARAB&PERM CR	25000F	25900F	27300	27300F
PERM CROPS	11F	11F	12	12F	ARABLE LAND	23300F	24000F	25200F	24800F
NONARAB&NPERM	58F	59F	60F	60F	PERM CROPS	1700F	1900F	2100F	2500F
DOMINICAN RP					NONARAB&NPERM	165869F	164969F	163569F	163569F
TOTAL AREA	4873	4873	4873	4873	MONTSERRAT				
LAND AREA	4838	4838	4838	4838	TOTAL AREA	10	10	10	10
ARAB&PERM CR	1430F	1500F	1520F	1571F	LAND AREA	10	10	10	10
ARABLE LAND	1075F	1050F	1020F	1071F	ARAB&PERM CR	2F	2F	2F	2F
PERM CROPS	355F	450F	500F	500F	ARABLE LAND	2F	2F	2F	2F
NONARAB&NPERM	3408F	3338F	3318F	3267F	NONARAB&NPERM	8F	8F	8F	8F
EL SALVADOR					NETHANTILLES				
TOTAL AREA	2104	2104	2104	2104	TOTAL AREA	80	80	80	80
LAND AREA	2072	2072	2072	2072	LAND AREA	80	80	80	80
ARAB&PERM CR	757F	810F	855	810F	ARAB&PERM CR	8F	8F	8F	8F
ARABLE LAND	500F	550F	582	560F	ARABLE LAND	8F	8F	8F	8F
PERM CROPS	257F	260F	273	250F	NONARAB&NPERM	72F	72F	72F	72F
NONARAB&NPERM	1315F	1262F	1217F	1262F	NICARAGUA				
GREENLAND					TOTAL AREA	13000	13000	13000	13000
TOTAL AREA	34170	34170	34170	34170	LAND AREA	12140	12140	12140	12140
LAND AREA	34170	34170	34170	34170	ARAB&PERM CR	1772F	2214F	2746	2746F
NONARAB&NPERM	34170F	34170F	34170F	34170F	ARABLE LAND	1556F	1963F	2457	2457F
GRENADA					PERM CROPS	216F	251F	289	289F
TOTAL AREA	34	34	34	34	NONARAB&NPERM	10368F	9926F	9394F	9394F
LAND AREA	34	34	34	34	PANAMA				
ARAB&PERM CR	13F	12F	11F	11	TOTAL AREA	7552	7552	7552	7552
ARABLE LAND	3F	2F	2F	1	LAND AREA	7443	7443	7443	7443
PERM CROPS	10F	10F	9F	10	ARAB&PERM CR	595F	654	655F	655F
NONARAB&NPERM	21F	22F	23F	23F	ARABLE LAND	465F	499	500F	500F
GUADELOUPE					PERM CROPS	130F	155	155	155F
TOTAL AREA	171	171	171	171	NONARAB&NPERM	6848F	6789F	6788F	6788F
LAND AREA	169	169	169	169	PUERTO RICO				
ARAB&PERM CR	31	29	28	26	TOTAL AREA	895	895	895	895
ARABLE LAND	22	21	21	19	LAND AREA	887	887	887	887
PERM CROPS	9	8	7	7	ARAB&PERM CR	128	115F	78F	81F
NONARAB&NPERM	138F	140F	141F	143F	ARABLE LAND	63F	65F	33F	35F
					PERM CROPS	65F	50F	45F	46F
					NONARAB&NPERM	759F	772F	809F	806F

表　1

土地利用

1000 HA

	1985	1990	1995	1999		1985	1990	1995	1999
ST KITTS NEV					BRAZIL				
TOTAL AREA	36	36	36	36	TOTAL AREA	854740	854740	854740	854740
LAND AREA	36	36	36	36	LAND AREA	845651	845651	845651	845651
ARAB&PERM CR	12F	10F	8F	8	ARAB&PERM CR	52281	56600F	65500	65200F
ARABLE LAND	8F	8F	7F	7	ARABLE LAND	42428	45600F	53500	53200F
PERM CROPS	4F	2F	1F	1	PERM CROPS	9853	11000F	12000	12000F
NONARAB&NPERM	24F	26F	28F	28F	NONARAB&NPERM	793370F	789051F	780151F	780451F
ST LUCIA					CHILE				
TOTAL AREA	62	62	62	62	TOTAL AREA	75663	75663	75663	75663
LAND AREA	61	61	61	61	LAND AREA	74880	74880	74880	74880
ARAB&PERM CR	17F	18F	19	17F	ARAB&PERM CR	3672	3049F	2400F	2294F
ARABLE LAND	5F	5F	5	3F	ARABLE LAND	3444F	2802F	2120F	1979F
PERM CROPS	12F	13F	14	14F	PERM CROPS	228	247	280F	315F
NONARAB&NPERM	44F	43F	42F	44F	NONARAB&NPERM	71208F	71831F	72480F	72586F
ST PIER MQ					COLOMBIA				
TOTAL AREA	24	24	24	24	TOTAL AREA	113891	113891	113891	113891
LAND AREA	23	23	23	23	LAND AREA	103870	103870	103870	103870
ARAB&PERM CR	3F	3F	3F	3F	ARAB&PERM CR	5280F	5000F	4430	4364
ARABLE LAND	3F	3F	3F	3F	ARABLE LAND	3790F	3000F	1929	2088
NONARAB&NPERM	20F	20F	20F	20F	PERM CROPS	1490F	2000F	2501	2276
					NONARAB&NPERM	98590F	98870F	99440F	99506F
ST VINCENT					ECUADOR				
TOTAL AREA	39	39	39	39	TOTAL AREA	28356	28356	28356	28356
LAND AREA	39	39	39	39	LAND AREA	27684	27684	27684	27684
ARAB&PERM CR	10F	11F	11F	11F	ARAB&PERM CR	2530F	2925	3001	3001F
ARABLE LAND	4F	4F	4F	4F	ARABLE LAND	1590F	1604	1574	1574F
PERM CROPS	6F	7F	7F	7F	PERM CROPS	940F	1321	1427	1427F
NONARAB&NPERM	29F	28F	28F	28F	NONARAB&NPERM	25154F	24759F	24683F	24683F
TRINIDAD TOB					FALKLAND IS				
TOTAL AREA	513	513	513	513	TOTAL AREA	1217	1217	1217	1217
LAND AREA	513	513	513	513	LAND AREA	1217	1217	1217	1217
ARAB&PERM CR	118F	120F	122F	122F	NONARAB&NPERM	1217F	1217F	1217F	1217F
ARABLE LAND	72F	74F	75F	75F	FR GUIANA				
PERM CROPS	46F	46F	47F	47F	TOTAL AREA	9000	9000	9000	9000
NONARAB&NPERM	395F	393F	391F	391F	LAND AREA	8815	8815	8815	8815
TURKS CAICOS					ARAB&PERM CR	5	12	13	12
TOTAL AREA	43	43	43	43	ARABLE LAND	4	10	10	9
LAND AREA	43	43	43	43	PERM CROPS	1	2	3	3
ARAB&PERM CR	1F	1F	1F	1F	NONARAB&NPERM	8810F	8803F	8802F	8803F
ARABLE LAND	1F	1F	1F	1F	GUYANA				
NONARAB&NPERM	42F	42F	42F	42F	TOTAL AREA	21497	21497	21497	21497
US VIRGIN IS					LAND AREA	19685	19685	19685	19685
TOTAL AREA	34	34	34	34	ARAB&PERM CR	495F	495F	496F	496F
LAND AREA	34	34	34	34	ARABLE LAND	480F	480F	480F	480F
ARAB&PERM CR	6F	5F	5F	5F	PERM CROPS	15F	15F	16F	16F
ARABLE LAND	5F	4F	4F	4F	NONARAB&NPERM	19190F	19190F	19189F	19189F
PERM CROPS	1F	1F	1F	1F	PARAGUAY				
NONARAB&NPERM	28F	29F	29F	29F	TOTAL AREA	40675	40675	40675	40675
USA					LAND AREA	39730	39730	39730	39730
TOTAL AREA	962909	962909	962909	962909	ARAB&PERM CR	2004F	2199F	2285F	2285F
LAND AREA	915896	915896	915896	915896	ARABLE LAND	1900F	2110F	2200F	2200F
ARAB&PERM CR	189799	187776F	179000F	179000F	PERM CROPS	104F	89F	85F	85F
ARABLE LAND	187765	185742F	176950F	176950F	NONARAB&NPERM	37726F	37531F	37445F	37445F
PERM CROPS	2034	2034F	2050F	2050F	PERU				
NONARAB&NPERM	726097F	728120F	736896F	736896F	TOTAL AREA	128522	128522	128522	128522
SOUTHAMERICA					LAND AREA	128000	128000	128000	128000
TOTAL AREA	1786613	1786613	1786613	1786613	ARAB&PERM CR	3736F	3920F	4074F	4210F
LAND AREA	1752946	1752946	1752946	1752946	ARABLE LAND	3376F	3500F	3610F	3700F
ARAB&PERM CR	104578	108789	116152	116131	PERM CROPS	360F	420F	464	510F
ARABLE LAND	88244	90303	96040	96142	NONARAB&NPERM	124264F	124080F	123926F	123790F
PERM CROPS	16334	18486	20112	19989	SURINAME				
NONARAB&NPERM	1648368	1644157	1636794	1636815	TOTAL AREA	16327	16327	16327	16327
ARGENTINA					LAND AREA	15600	15600	15600	15600
TOTAL AREA	278040	278040	278040	278040	ARAB&PERM CR	62F	68F	68	67F
LAND AREA	273669	273669	273669	273669	ARABLE LAND	52F	57F	57	57F
ARAB&PERM CR	27200F	27200F	27200F	27200F	PERM CROPS	10	11F	11	10F
ARABLE LAND	25000F	25000*	25000F	25000F	NONARAB&NPERM	15538F	15532F	15532F	15533F
PERM CROPS	2200F	2200F	2200F	2200F	URUGUAY				
NONARAB&NPERM	246469F	246469F	246469F	246469F	TOTAL AREA	17622	17622	17622	17622
BOLIVIA					LAND AREA	17502	17502	17502	17502
TOTAL AREA	109858	109858	109858	109858	ARAB&PERM CR	1326F	1305F	1305F	1307F
LAND AREA	108438	108438	108438	108438	ARABLE LAND	1280*	1260F	1260F	1260F
ARAB&PERM CR	2197F	2121F	1830	2205F	PERM CROPS	46F	45	45F	47F
ARABLE LAND	2000F	1900F	1600F	1955F	NONARAB&NPERM	16176F	16197F	16197F	16195F
PERM CROPS	197F	221	230F	250F					
NONARAB&NPERM	106241F	106317F	106608F	106233F					

表 1

土地利用

1000 HA

	1985	1990	1995	1999		1985	1990	1995	1999
VENEZUELA					**CAMBODIA**				
TOTAL AREA	91205	91205	91205	91205	NONARAB&NPERM	15282F	13857F	13845F	13845F
LAND AREA	88205	88205	88205	88205	**CHINA**				
ARAB&PERM CR	3790F	3895F	3550F	3490F	TOTAL AREA	959805	959805	959805	959805
ARABLE LAND	2900F	2980F	2700F	2640F	LAND AREA	932742	932742	932742	932742
PERM CROPS	890F	915F	850F	850F	ARAB&PERM CR	125896	131397F	134700F	135361F
NONARAB&NPERM	84415F	84310F	84655F	84715F	ARABLE LAND	120805F	123678F	124059F	124140F
ASIA (FMR)					PERM CROPS	5091F	7719F	10641	11221F
TOTAL AREA	2756762	2756762	2756762	2756762	NONARAB&NPERM	806846F	801345F	798042F	797381F
LAND AREA	2677042	2677042	2677042	2677032	**CYPRUS**				
ARAB&PERM CR	490481	507071	511683	511727	TOTAL AREA	925	925	925	925
ARABLE LAND	451085	457854	455701	453826	LAND AREA	924	924	924	924
PERM CROPS	39396	49217	55982	57901	ARAB&PERM CR	158	157	143	143
NONARAB&NPERM	2186561	2169971	2165359	2165305	ARABLE LAND	103	106	100	101
ASIA					PERM CROPS	55	51	43	42
TOTAL AREA	2756762	2756762	3175712	3175712	NONARAB&NPERM	766F	767F	781F	781F
LAND AREA	2677042	2677042	3087109	3087109	**EAST TIMOR**				
ARAB&PERM CR	490481	507071	556128	554308	TOTAL AREA	1487	1487	1487	1487
ARABLE LAND	451085	457854	498646	495039	LAND AREA	1487	1487	1487	1487
PERM CROPS	39396	49217	57482	59269	ARAB&PERM CR	80F	80F	80F	80F
NONARAB&NPERM	2186561	2169971	2530991	2532801	ARABLE LAND	70F	70F	70F	70F
AFGHANISTAN					PERM CROPS	10F	10F	10F	10F
TOTAL AREA	65209	65209	65209	65209	NONARAB&NPERM	1407F	1407F	1407F	1407F
LAND AREA	65209	65209	65209	65209	**GAZA STRIP**				
ARAB&PERM CR	8054	8054F	8054F	8054F	TOTAL AREA	38	38	38	38
ARABLE LAND	7910	7910F	7910F	7910F	LAND AREA	38	38	38	38
PERM CROPS	144	144F	144F	144F	ARAB&PERM CR	24F	24F	25F	25F
NONARAB&NPERM	57155F	57155F	57155F	57155F	ARABLE LAND	9F	9F	10F	10F
ARMENIA					PERM CROPS	15F	15F	15F	15F
TOTAL AREA			2980	2980	NONARAB&NPERM	14F	14F	13F	13F
LAND AREA			2820	2820	**GEORGIA**				
ARAB&PERM CR			567*	560F	TOTAL AREA			6970	6970
ARABLE LAND			492F	495F	LAND AREA			6970	6970
PERM CROPS			75F	65F	ARAB&PERM CR			1105	1063F
NONARAB&NPERM			2253F	2260F	ARABLE LAND			777	795F
AZERBAIJAN					PERM CROPS			328	268F
TOTAL AREA			8660	8660	NONARAB&NPERM			5865F	5907F
LAND AREA			8660	8660	**INDIA**				
ARAB&PERM CR			1950F	1983F	TOTAL AREA	328726	328726	328726	328726
ARABLE LAND			1640F	1720F	LAND AREA	297319	297319	297319	297319
PERM CROPS			310F	263F	ARAB&PERM CR	169015	169438	169750	169700F
NONARAB&NPERM			6710F	6677F	ARABLE LAND	163215F	163138F	162250F	161750F
BAHRAIN					PERM CROPS	5800F	6300F	7500F	7950F
TOTAL AREA	69	69	69	69	NONARAB&NPERM	128304F	127881F	127569F	127619F
LAND AREA	69	69	69	69	**INDONESIA**				
ARAB&PERM CR	4F	4F	5F	6F	TOTAL AREA	190457	190457	190457	190457
ARABLE LAND	2F	2F	2F	3F	LAND AREA	181157	181157	181157	181157
PERM CROPS	2F	2F	3F	3F	ARAB&PERM CR	27500F	31973	30180F	30987F
NONARAB&NPERM	65F	65F	64F	63F	ARABLE LAND	19500F	20253	17130F	17941F
BANGLADESH					PERM CROPS	8000F	11720	13050F	13046F
TOTAL AREA	14400	14400	14400	14400	NONARAB&NPERM	153657F	149184F	150977F	150170F
LAND AREA	13017	13017	13017	13017	**IRAN**				
ARAB&PERM CR	9135	9437	8148	8440	TOTAL AREA	163319	163319	163319	163319
ARABLE LAND	8860	9137F	7823F	8100F	LAND AREA	162200	162200	162200	162200
PERM CROPS	275F	300F	325F	340F	ARAB&PERM CR	15870F	16500F	19018F	19265F
NONARAB&NPERM	3882F	3580F	4869F	4577F	ARABLE LAND	14900F	15190F	17388F	17300F
BHUTAN					PERM CROPS	970F	1310F	1630F	1965F
TOTAL AREA	4700	4700	4700	4700	NONARAB&NPERM	146330F	145700F	143182F	142935F
LAND AREA	4700	4700	4700	4700	**IRAQ**				
ARAB&PERM CR	129F	132F	150F	160F	TOTAL AREA	43832	43832	43832	43832
ARABLE LAND	110F	113F	130F	140F	LAND AREA	43737	43737	43737	43737
PERM CROPS	19F	19F	20F	20F	ARAB&PERM CR	5510F	5590F	5540F	5540F
NONARAB&NPERM	4571F	4568F	4550F	4540F	ARABLE LAND	5250F	5300F	5200F	5200F
BRUNEI DARSM					PERM CROPS	260F	290F	340F	340F
TOTAL AREA	577	577	577	577	NONARAB&NPERM	38227F	38147F	38197F	38197F
LAND AREA	527	527	527	527	**ISRAEL**				
ARAB&PERM CR	7F	7F	7F	7F	TOTAL AREA	2106	2106	2106	2106
ARABLE LAND	3F	3F	3F	3F	LAND AREA	2062	2062	2062	2062
PERM CROPS	4F	4F	4F	4F	ARAB&PERM CR	420	436	437	440F
NONARAB&NPERM	520F	520F	520F	520F	ARABLE LAND	327	348	351	351F
CAMBODIA					PERM CROPS	93	88	86	89F
TOTAL AREA	18104	18104	18104	18104	NONARAB&NPERM	1642F	1626F	1625F	1622F
LAND AREA	17652	17652	17652	17652	**JAPAN**				
ARAB&PERM CR	2370F	3795F	3807F	3807F	TOTAL AREA	37780	37780	37780	37780
ARABLE LAND	2300F	3695F	3700F	3700F	LAND AREA	36460	36460	36460	36450
PERM CROPS	70F	100F	107F	107F					

表　1

土地利用

1000 HA

	1985	1990	1995	1999		1985	1990	1995	1999
JAPAN					**MONGOLIA**				
ARAB&PERM CR	5379	5243	5038	4866	TOTAL AREA	156650	156650	156650	156650
ARABLE LAND	4830	4768	4630	4503	LAND AREA	156650	156650	156650	156650
PERM CROPS	549	475	408	363	ARAB&PERM CR	1355	1371	1322	1322F
NONARAB&NPERM	31081F	31217F	31422F	31584F	ARABLE LAND	1354	1370F	1321F	1321F
JORDAN					PERM CROPS	1	1F	1	1F
TOTAL AREA	8921	8921	8921	8921	NONARAB&NPERM	155295F	155279F	155328F	155328F
LAND AREA	8893	8893	8893	8893	**MYANMAR**				
ARAB&PERM CR	354F	380F	382	387F	TOTAL AREA	67658	67658	67658	67658
ARABLE LAND	304F	290F	255	244F	LAND AREA	65755	65755	65755	65755
PERM CROPS	50	90F	127	143F	ARAB&PERM CR	10067	10069	10110	10142.9961F
NONARAB&NPERM	8539F	8513F	8511F	8506F	ARABLE LAND	9593	9567	9540	9548F
KAZAKHSTAN					PERM CROPS	474	502	570	595F
TOTAL AREA			272490	272490	NONARAB&NPERM	55688F	55686F	55645F	55612.0039F
LAND AREA			269970	269970	**NEPAL**				
ARAB&PERM CR			32030	30135F	TOTAL AREA	14718	14718	14718	14718
ARABLE LAND			31886	30000F	LAND AREA	14300	14300	14300	14300
PERM CROPS			144	135F	ARAB&PERM CR	2335F	2350F	2968	2968F
NONARAB&NPERM			237940F	239835F	ARABLE LAND	2280F	2286F	2898F	2898F
KOREA D P RP					PERM CROPS	55F	64F	70F	70F
TOTAL AREA	12054	12054	12054	12054	NONARAB&NPERM	11965F	11950F	11332F	11332F
LAND AREA	12041	12041	12041	12041	**OMAN**				
ARAB&PERM CR	1955F	2000F	2000F	2000F	TOTAL AREA	21246	21246	21246	21246
ARABLE LAND	1660F	1700F	1700F	1700F	LAND AREA	21246	21246	21246	21246
PERM CROPS	295F	300F	300F	300F	ARAB&PERM CR	47F	61F	66F	77F
NONARAB&NPERM	10086F	10041F	10041F	10041F	ARABLE LAND	15F	16F	16F	16F
KOREA REP					PERM CROPS	32	45	50F	61F
TOTAL AREA	9926	9926	9926	9926	NONARAB&NPERM	21199F	21185F	21180F	21169F
LAND AREA	9873	9873	9873	9873	**PAKISTAN**				
ARAB&PERM CR	2144	2109	1985	1899	TOTAL AREA	79610	79610	79610	79610
ARABLE LAND	2009	1953	1783	1699	LAND AREA	77088	77088	77088	77088
PERM CROPS	135	156	202	200	ARAB&PERM CR	20610	20940	21550	21880
NONARAB&NPERM	7729F	7764F	7888F	7974F	ARABLE LAND	20202	20484	20984F	21234
KUWAIT					PERM CROPS	408	456	566	646
TOTAL AREA	1782	1782	1782	1782	NONARAB&NPERM	56478F	56148F	55538F	55208F
LAND AREA	1782	1782	1782	1782	**PHILIPPINES**				
ARAB&PERM CR	3	5F	6F	7F	TOTAL AREA	30000	30000	30000	30000
ARABLE LAND	3	4F	5F	6F	LAND AREA	29817	29817	29817	29817
PERM CROPS		1F	1	1F	ARAB&PERM CR	9750F	9880F	9900F	10050F
NONARAB&NPERM	1779F	1777F	1776F	1775F	ARABLE LAND	5350F	5480F	5500F	5550F
KYRGYZSTAN					PERM CROPS	4400F	4400F	4400F	4500F
TOTAL AREA			19990	19990	NONARAB&NPERM	20067F	19937F	19917F	19767F
LAND AREA			19180	19180	**QATAR**				
ARAB&PERM CR			1326	1435	TOTAL AREA	1100	1100	1100	1100
ARABLE LAND			1253F	1368	LAND AREA	1100	1100	1100	1100
PERM CROPS			73F	67	ARAB&PERM CR	9F	11	17*	21F
NONARAB&NPERM			17854F	17745F	ARABLE LAND	8F	10	15F	18F
LAOS					PERM CROPS	1	1	2*	3
TOTAL AREA	23680	23680	23680	23680	NONARAB&NPERM	1091F	1089F	1083F	1079F
LAND AREA	23080	23080	23080	23080	**SAUDI ARABIA**				
ARAB&PERM CR	835F	860F	900F	955F	TOTAL AREA	214969	214969	214969	214969
ARABLE LAND	792F	799F	828F	875F	LAND AREA	214969	214969	214969	214969
PERM CROPS	43F	61F	72F	80F	ARAB&PERM CR	2625F	3481	3785F	3785F
NONARAB&NPERM	22245F	22220F	22180F	22125F	ARABLE LAND	2550F	3390	3655F	3594F
LEBANON					PERM CROPS	75	91	130	191
TOTAL AREA	1040	1040	1040	1040	NONARAB&NPERM	212344F	211488F	211184F	211184F
LAND AREA	1023	1023	1023	1023	**SINGAPORE**				
ARAB&PERM CR	299F	305F	307F	308F	TOTAL AREA	62	62	62	62
ARABLE LAND	204F	183F	180F	180F	LAND AREA	61	61	61	61
PERM CROPS	95F	122F	127F	128F	ARAB&PERM CR	5	1	1	1F
NONARAB&NPERM	724F	718F	716F	715F	ARABLE LAND	2F	1	1	1F
MALAYSIA					PERM CROPS	3F			
TOTAL AREA	32975	32975	32975	32975	NONARAB&NPERM	56F	60F	60F	60F
LAND AREA	32855	32855	32855	32855	**SRI LANKA**				
ARAB&PERM CR	5530F	6900F	7604	7605F	TOTAL AREA	6561	6561	6561	6561
ARABLE LAND	1280F	1700F	1820	1820F	LAND AREA	6463	6463	6463	6463
PERM CROPS	4250F	5200F	5784	5785F	ARAB&PERM CR	1876	1900	1886	1900F
NONARAB&NPERM	27325F	25955F	25251F	25250F	ARABLE LAND	846F	875F	866F	880F
MALDIVES					PERM CROPS	1030F	1025F	1020F	1020F
TOTAL AREA	30	30	30	30	NONARAB&NPERM	4587F	4563F	4577F	4563F
LAND AREA	30	30	30	30	**SYRIA**				
ARAB&PERM CR	3F	3F	3F	3F	TOTAL AREA	18518	18518	18518	18518
ARABLE LAND	1F	1F	1F	1F	LAND AREA	18378	18378	18378	18378
PERM CROPS	2F	2F	2F	2F	ARAB&PERM CR	5623	5626	5502	5502
NONARAB&NPERM	27F	27F	27F	27F	ARABLE LAND	5038	4885	4799	4701
					PERM CROPS	585	741	703	801

表 1

土地利用

1000 HA

	1985	1990	1995	1999		1985	1990	1995	1999
SYRIA					ALBANIA				
NONARAB&NPERM	12755F	12752F	12876F	12876F	ARAB&PERM CR	713	704	702	699
					ARABLE LAND	589	579	577	577
TAJIKISTAN					PERM CROPS	124	125	125	122
TOTAL AREA			14310	14310	NONARAB&NPERM	2027F	2036F	2038F	2041F
LAND AREA			14060	14060					
ARAB&PERM CR			930F	860F	ANDORRA				
ARABLE LAND			800F	730F	TOTAL AREA	45	45	45	45
PERM CROPS			130F	130F	LAND AREA	45	45	45	45
NONARAB&NPERM			13130F	13200F	ARAB&PERM CR	1F	1F	1F	1F
					ARABLE LAND	1F	1F	1F	1F
THAILAND					NONARAB&NPERM	44F	44F	44F	44F
TOTAL AREA	51312	51312	51312	51312					
LAND AREA	51089	51089	51089	51089	AUSTRIA				
ARAB&PERM CR	19847	20603	20410F	18000F	TOTAL AREA	8386	8386	8386	8386
ARABLE LAND	17693	17494	16839	14700F	LAND AREA	8273	8273	8273	8273
PERM CROPS	2154	3109	3571	3300F	ARAB&PERM CR	1525	1505	1513	1479F
NONARAB&NPERM	31242F	30486F	30679F	33089F	ARABLE LAND	1448	1426	1420	1397F
					PERM CROPS	77	79	93	82F
TURKEY					NONARAB&NPERM	6748F	6768F	6760F	6794F
TOTAL AREA	77482	77482	77482	77482					
LAND AREA	76963	76963	76963	76963	BELARUS				
ARAB&PERM CR	27530	27677	27115	26672	TOTAL AREA			20760	20760
ARABLE LAND	24595	24647	24654	24138	LAND AREA			20748	20748
PERM CROPS	2935	3030	2461	2534	ARAB&PERM CR			6379	6306
NONARAB&NPERM	49433F	49286F	49848F	50291F	ARABLE LAND			6232	6182
					PERM CROPS			147	124
TURKMENISTAN					NONARAB&NPERM			14369F	14442F
TOTAL AREA			48810	48810					
LAND AREA			46993	46993	BEL-LUX				
ARAB&PERM CR			1687F	1695F	TOTAL AREA	3312	3312	3312	3312
ARABLE LAND			1622	1630F	LAND AREA	3282	3282	3282	3282
PERM CROPS			65F	65F	ARAB&PERM CR	777	781	807	834
NONARAB&NPERM			45306F	45298F	ARABLE LAND	764	766	789	814
					PERM CROPS	13	15	18	20
UNTD ARAB EM					NONARAB&NPERM	2505F	2501F	2475F	2448F
TOTAL AREA	8360	8360	8360	8360					
LAND AREA	8360	8360	8360	8360	BOSNIA HERZG				
ARAB&PERM CR	35F	55F	80F	134F	TOTAL AREA			5113	5113
ARABLE LAND	26F	35F	40F	82F	LAND AREA			5100	5100
PERM CROPS	9	20F	40	52F	ARAB&PERM CR			650	650F
NONARAB&NPERM	8325F	8305F	8280F	8226F	ARABLE LAND			500	500F
					PERM CROPS			150	150F
UZBEKISTAN					NONARAB&NPERM			4450F	4450F
TOTAL AREA			44740	44740					
LAND AREA			41424	41424	BULGARIA				
ARAB&PERM CR			4850F	4850F	TOTAL AREA	11091	11091	11091	11091
ARABLE LAND			4475	4475F	LAND AREA	11055	11055	11055	11055
PERM CROPS			375F	375F	ARAB&PERM CR	4134	4156	4417	4511
NONARAB&NPERM			36574F	36574F	ARABLE LAND	3810	3856	4213	4297
					PERM CROPS	324	300	204	214
VIET NAM					NONARAB&NPERM	6921F	6899F	6638F	6544F
TOTAL AREA	33169	33169	33169	33169					
LAND AREA	32549	32549	32549	32549	CROATIA				
ARAB&PERM CR	6421	6384	6757	7350F	TOTAL AREA			5654	5654
ARABLE LAND	5616	5339	5509	5750F	LAND AREA			5592	5592
PERM CROPS	805	1045	1248	1600F	ARAB&PERM CR			1233	1590
NONARAB&NPERM	26128F	26165F	25792F	25199F	ARABLE LAND			1117	1461
					PERM CROPS			116	129
YEMEN					NONARAB&NPERM			4359F	4002F
TOTAL AREA	52797	52797	52797	52797					
LAND AREA	52797	52797	52797	52797	CZECHOSLOVAK				
ARAB&PERM CR	1470F	1626*	1736*	1668	TOTAL AREA	12788	12788		
ARABLE LAND	1372F	1523F	1633F	1545F	LAND AREA	12540	12536		
PERM CROPS	98F	103F	103	123	ARAB&PERM CR	5153	5095		
NONARAB&NPERM	51327F	51171F	51061F	51129F	ARABLE LAND	5018	4964		
					PERM CROPS	135	131		
EUROPE (FMR)					NONARAB&NPERM	7387F	7441F		
TOTAL AREA	489127	489127	489127	489127					
LAND AREA	473347	473337	473248	473248	CZECH REP				
ARAB&PERM CR	140184	138563	133506	133187	TOTAL AREA			7887	7887
ARABLE LAND	125910	124592	120115	119557	LAND AREA			7728	7728
PERM CROPS	14274	13971	13391	13630	ARAB&PERM CR			3379	3332
NONARAB&NPERM	333163	334774	339742	340061	ARABLE LAND			3143	3096
					PERM CROPS			236	236
EUROPE					NONARAB&NPERM			4349F	4396F
TOTAL AREA	489127	489127	2298672	2298672					
LAND AREA	473347	473337	2260984	2260984	DENMARK				
ARAB&PERM CR	140184	138563	311694	308120	TOTAL AREA	4309	4309	4309	4309
ARABLE LAND	125910	124592	294694	291102	LAND AREA	4238	4239	4243	4243
PERM CROPS	14274	13971	17000	17018	ARAB&PERM CR	2614	2571	2328	2302
NONARAB&NPERM	333163	334774	1949290	1952864	ARABLE LAND	2601F	2561F	2319	2294
					PERM CROPS	13F	10F	9	8
ALBANIA					NONARAB&NPERM	1624F	1668F	1915F	1941F
TOTAL AREA	2875	2875	2875	2875					
LAND AREA	2740	2740	2740	2740					

表　1

土地利用

1000 HA

	1985	1990	1995	1999		1985	1990	1995	1999
ESTONIA					LATVIA				
TOTAL AREA			4510	4510	ARAB&PERM CR			1744	1880
LAND AREA			4227	4227	ARABLE LAND			1713	1851
ARAB&PERM CR			1143	1135	PERM CROPS			31	29
ARABLE LAND			1128	1120	NONARAB&NPERM			4461F	4325F
PERM CROPS			15	15	LIECHTENSTEN				
NONARAB&NPERM			3084F	3092F	TOTAL AREA	16	16	16	16
FAEROE IS					LAND AREA	16	16	16	16
TOTAL AREA	140	140	140	140	ARAB&PERM CR	4F	4F	4F	4F
LAND AREA	140	140	140	140	ARABLE LAND	4F	4F	4F	4F
ARAB&PERM CR	3F	3F	3F	3F	NONARAB&NPERM	12F	12F	12F	12F
ARABLE LAND	3F	3F	3F	3F	LITHUANIA				
NONARAB&NPERM	137F	137F	137F	137F	TOTAL AREA			6520F	6520
FINLAND					LAND AREA			6480	6480
TOTAL AREA	33815	33815	33815	33815	ARAB&PERM CR			3007	2996
LAND AREA	30459	30459	30459	30459	ARABLE LAND			2947	2937
ARAB&PERM CR	2276	2274	2175	2177	PERM CROPS			60	59
ARABLE LAND	2276	2271	2171	2174	NONARAB&NPERM			3473F	3484F
PERM CROPS		3	4	3	MACEDONIA				
NONARAB&NPERM	28183F	28185F	28284F	28282F	TOTAL AREA			2571	2571
FRANCE					LAND AREA			2543	2543
TOTAL AREA	55150	55150	55150	55150	ARAB&PERM CR			656	635
LAND AREA	55010	55010	55010	55010	ARABLE LAND			606	587
ARAB&PERM CR	19242	19190	19493	19515	PERM CROPS			50	48
ARABLE LAND	17923	17999	18310	18361	NONARAB&NPERM			1887F	1908F
PERM CROPS	1319	1191	1183	1154	MALTA				
NONARAB&NPERM	35768F	35820F	35517F	35495F	TOTAL AREA	32	32	32	32
GERMANY					LAND AREA	32	32	32	32
TOTAL AREA	35703	35703	35703	35703	ARAB&PERM CR	13F	13F	11	9
LAND AREA	35668	35668	35668	35668	ARABLE LAND	12F	12F	10	8
ARAB&PERM CR	12426	12414	12061	12038	PERM CROPS	1	1F	1	1
ARABLE LAND	11957	11971	11835	11821	NONARAB&NPERM	19F	19F	21F	23F
PERM CROPS	469	443	226	217	MOLDOVA REP				
NONARAB&NPERM	23242F	23254F	23607F	23630F	TOTAL AREA			3385	3385
GIBRALTAR					LAND AREA			3291	3291
TOTAL AREA	1	1	1	1	ARAB&PERM CR			2186	2181
LAND AREA	1	1	1	1	ARABLE LAND			1773	1810
NONARAB&NPERM	1F	1F	1F	1F	PERM CROPS			413	371
GREECE					NONARAB&NPERM			1105F	1110F
TOTAL AREA	13196	13196	13196	13196	NETHERLANDS				
LAND AREA	12890	12890	12890	12890	TOTAL AREA	4153	4153	4153	4153
ARAB&PERM CR	3929	3967F	3904	3870	LAND AREA	3388	3388	3388	3388
ARABLE LAND	2890	2899F	2821	2762	ARAB&PERM CR	855	909	916	949
PERM CROPS	1039	1068	1083	1108	ARABLE LAND	826	879F	881F	914F
NONARAB&NPERM	8961F	8923F	8986F	9020F	PERM CROPS	29	30F	35	35F
HUNGARY					NONARAB&NPERM	2533F	2479F	2472F	2439F
TOTAL AREA	9303	9303	9303	9303	NORWAY				
LAND AREA	9234	9234	9234	9234	TOTAL AREA	32388	32388	32388	32388
ARAB&PERM CR	5293	5288	5031	5039	LAND AREA	30683	30683	30683	30683
ARABLE LAND	5036	5054	4806	4815	ARAB&PERM CR	858	864	992	877
PERM CROPS	257	234	225	224	ARABLE LAND	858	864	992	877
NONARAB&NPERM	3941F	3946F	4203F	4195F	NONARAB&NPERM	29825F	29819F	29691F	29806F
ICELAND					POLAND				
TOTAL AREA	10300	10300	10300	10300	TOTAL AREA	32325	32325	32325	32325
LAND AREA	10025	10025	10025	10025	LAND AREA	30449	30442	30442	30442
ARAB&PERM CR	7F	7F	6F	7	ARAB&PERM CR	14845	14733	14575	14401
ARABLE LAND	7F	7F	6F	7	ARABLE LAND	14511	14388	14210	14072
NONARAB&NPERM	10018F	10018F	10019F	10018F	PERM CROPS	334	345	365	329
IRELAND					NONARAB&NPERM	15604F	15709F	15867F	16041F
TOTAL AREA	7027	7027	7027	7027	PORTUGAL				
LAND AREA	6889	6889	6889	6889	TOTAL AREA	9198	9198	9198	9198
ARAB&PERM CR	1032	1044F	1033F	1079	LAND AREA	9150	9150	9150	9150
ARABLE LAND	1029	1041F	1030F	1076	ARAB&PERM CR	3156F	3173F	2900	2705
PERM CROPS	3	3	3	3	ARABLE LAND	2398F	2373F	2153	1968
NONARAB&NPERM	5857F	5845F	5856F	5810F	PERM CROPS	758F	800F	747	737
ITALY					NONARAB&NPERM	5994F	5977F	6250F	6445F
TOTAL AREA	30134	30134	30134	30134	ROMANIA				
LAND AREA	29411	29411	29411	29411	TOTAL AREA	23839	23839	23839	23839
ARAB&PERM CR	12114	11972	10928	11422	LAND AREA	23034	23034	23034	23034
ARABLE LAND	9050	9012	8283	8545	ARAB&PERM CR	10622	10041	9907	9845
PERM CROPS	3064	2960	2645	2877	ARABLE LAND	9985	9450	9337	9332
NONARAB&NPERM	17297F	17439F	18483F	17989F	PERM CROPS	637	591	570	513
LATVIA					NONARAB&NPERM	12412F	12993F	13127F	13189F
TOTAL AREA			6460	6460					
LAND AREA			6205	6205					

表　1

土地利用

1000 HA

	1985	1990	1995	1999		1985	1990	1995	1999
RUSSIAN FED					OCEANIA				
TOTAL AREA			1707540	1707540	TOTAL AREA	856440	856440	856440	856440
LAND AREA			1688850	1688850	LAND AREA	849137	849137	849137	849137
ARAB&PERM CR			129400F	126820	ARAB&PERM CR	52068	53314	55024	52978
ARABLE LAND			127500	124975	ARABLE LAND	49986	50848	52168	49987
PERM CROPS			1900F	1845	PERM CROPS	2082	2466	2856	2991
NONARAB&NPERM			1559450F	1562030F	NONARAB&NPERM	797069	795823	794113	796159
SAN MARINO					AMER SAMOA				
TOTAL AREA	6	6	6	6	TOTAL AREA	20	20	20	20
LAND AREA	6	6	6	6	LAND AREA	20	20	20	20
ARAB&PERM CR	1F	1F	1F	1F	ARAB&PERM CR	4	4	4F	5
ARABLE LAND	1F	1F	1F	1F	ARABLE LAND	2	2	1F	2F
NONARAB&NPERM	5F	5F	5F	5F	PERM CROPS	2	2	3F	3F
					NONARAB&NPERM	16F	16F	16F	15F
SLOVAKIA									
TOTAL AREA			4901	4901	AUSTRALIA				
LAND AREA			4808	4808	TOTAL AREA	774122	774122	774122	774122
ARAB&PERM CR			1606	1594	LAND AREA	768230	768230	768230	768230
ARABLE LAND			1479	1461	ARAB&PERM CR	47310F	48081	50348F	48229F
PERM CROPS			127	133	ARABLE LAND	47150F	47900	50138F	47979F
NONARAB&NPERM			3202F	3214F	PERM CROPS	160F	181	210F	250F
					NONARAB&NPERM	720920F	720149F	717882F	720001F
SLOVENIA									
TOTAL AREA			2025	2025	CANTON IS				
LAND AREA			2012	2012	TOTAL AREA	7	7	7	7
ARAB&PERM CR			229	202	LAND AREA	7	7	7	7
ARABLE LAND			196	171	NONARAB&NPERM	7F	7F	7F	7F
PERM CROPS			33	31					
NONARAB&NPERM			1783F	1810F	CHRISTMAS IS				
					TOTAL AREA	13	13	13	13
					LAND AREA	13	13	13	13
SPAIN					NONARAB&NPERM	13F	13F	13F	13F
TOTAL AREA	50599	50599	50599	50599					
LAND AREA	49944	49944	49944	49944	COCOS IS				
ARAB&PERM CR	20416	20172	18753	18530F	TOTAL AREA	1	1	1	1
ARABLE LAND	15564	15335	14045	13680F	LAND AREA	1	1	1	1
PERM CROPS	4852	4837	4708	4850F	NONARAB&NPERM	1F	1F	1F	1F
NONARAB&NPERM	29528F	29772F	31191F	31414F					
SWEDEN					COOK IS				
TOTAL AREA	44996	44996	44996	44996	TOTAL AREA	23	23	23	23
LAND AREA	41162	41162	41162	41162	LAND AREA	23	23	23	23
ARAB&PERM CR	2922	2845	2767	2747	ARAB&PERM CR	6F	6	5	7F
ARABLE LAND	2922	2845	2767	2747	ARABLE LAND	2F	2	2	4F
NONARAB&NPERM	38240F	38317F	38395F	38415F	PERM CROPS	4F	4	3	3F
					NONARAB&NPERM	17F	17F	18F	16F
SWITZERLAND									
TOTAL AREA	4129	4129	4129	4129	FIJI ISLANDS				
LAND AREA	3955	3955	3955	3955	TOTAL AREA	1827	1827	1827	1827
ARAB&PERM CR	412	412	447	439	LAND AREA	1827	1827	1827	1827
ARABLE LAND	391	391	423	415	ARAB&PERM CR	200F	240F	285F	285F
PERM CROPS	21	21	24	24	ARABLE LAND	120F	160F	200F	200F
NONARAB&NPERM	3543F	3543F	3508F	3516F	PERM CROPS	80F	80F	85F	85F
					NONARAB&NPERM	1627F	1587F	1542F	1542F
UK									
TOTAL AREA	24291	24291	24291	24291	FR POLYNESIA				
LAND AREA	24088	24088	24088	24088	TOTAL AREA	400	400	400	400
ARAB&PERM CR	7061	6686	5993	5968	LAND AREA	366	366	366	366
ARABLE LAND	6990	6620	5936	5917	ARAB&PERM CR	27F	23F	21F	21F
PERM CROPS	71	66	57	51	ARABLE LAND	5F	2F	1F	1F
NONARAB&NPERM	17027F	17402F	18095F	18120F	PERM CROPS	22F	21F	20F	20F
					NONARAB&NPERM	339F	343F	345F	345F
UKRAINE									
TOTAL AREA			60370	60370	GUAM				
LAND AREA			57935	57935	TOTAL AREA	55	55	55	55
ARAB&PERM CR			34329	33615	LAND AREA	55	55	55	55
ARABLE LAND			33286	32670	ARAB&PERM CR	12F	12F	12F	12F
PERM CROPS			1043	945	ARABLE LAND	6F	6F	6F	6F
NONARAB&NPERM			23606F	24320F	PERM CROPS	6F	6F	6F	6F
					NONARAB&NPERM	43F	43F	43F	43F
YUGOSLAV SFR									
TOTAL AREA	25580	25580			KIRIBATI				
LAND AREA	25540	25540			TOTAL AREA	73	73	73	73
ARAB&PERM CR	7780	7738			LAND AREA	73	73	73	73
ARABLE LAND	7046	7020			ARAB&PERM CR	37F	37F	37F	37F
PERM CROPS	734	718			PERM CROPS	37F	37F	37F	37F
NONARAB&NPERM	17760F	17802F			NONARAB&NPERM	36F	36F	36F	36F
YUGOSLAVIA					MARSHALL IS				
TOTAL AREA			10217	10217	TOTAL AREA			18	18
LAND AREA			10200	10200	LAND AREA			18	18
ARAB&PERM CR			4085	3733	ARAB&PERM CR			3F	3F
ARABLE LAND			3731	3402	ARABLE LAND			3F	3F
PERM CROPS			354	331	NONARAB&NPERM			15F	15F
NONARAB&NPERM			6115F	6467F					

表　1

土地利用

1000 HA

	1985	1990	1995	1999		1985	1990	1995	1999
MICRONESIA					SOLOMON IS				
TOTAL AREA			70	70	PERM CROPS	15F	17F	18F	18F
LAND AREA			70	70	NONARAB&NPERM	2744F	2742F	2739F	2739F
ARAB&PERM CR			36F	36F	TOKELAU				
ARABLE LAND			4F	4F	TOTAL AREA	1	1	1	1
PERM CROPS			32F	32F	LAND AREA	1	1	1	1
NONARAB&NPERM			34F	34F	NONARAB&NPERM	1F	1F	1F	1F
N MARIANAS					TONGA				
TOTAL AREA			46	46	TOTAL AREA	75	75	75	75
LAND AREA			46	46	LAND AREA	72	72	72	72
ARAB&PERM CR			10F	8F	ARAB&PERM CR	48	48F	48	48F
ARABLE LAND			7F	6F	ARABLE LAND	17	17F	17F	17F
PERM CROPS			3F	2F	PERM CROPS	31	31F	31F	31F
NONARAB&NPERM			36F	38F	NONARAB&NPERM	24F	24F	24F	24F
NAURU					TUVALU				
TOTAL AREA	2	2	2	2	TOTAL AREA	3	3	3	3
LAND AREA	2	2	2	2	LAND AREA	3	3	3	3
NONARAB&NPERM	2F	2F	2F	2F	NONARAB&NPERM	3F	3F	3F	3F
NEWCALEDONIA					VANUATU				
TOTAL AREA	1858	1858	1858	1858	TOTAL AREA	1219	1219	1219	1219
LAND AREA	1828	1828	1828	1828	LAND AREA	1219	1219	1219	1219
ARAB&PERM CR	18F	13	13F	13F	ARAB&PERM CR	110F	120F	120F	120F
ARABLE LAND	10F	7	7F	7F	ARABLE LAND	20F	30F	30F	30F
PERM CROPS	8F	6	6F	6F	PERM CROPS	90F	90F	90F	90F
NONARAB&NPERM	1810F	1815F	1815F	1815F	NONARAB&NPERM	1109F	1099F	1099F	1099F
NEW ZEALAND					WALLIS FUT I				
TOTAL AREA	27053	27053	27053	27053	TOTAL AREA	20	20	20	20
LAND AREA	26799	26799	26799	26799	LAND AREA	20	20	20	20
ARAB&PERM CR	3500F	3865	3228	3280F	ARAB&PERM CR	5F	5F	5F	5F
ARABLE LAND	2500F	2561	1579	1555F	ARABLE LAND	1F	1F	1F	1F
PERM CROPS	1000F	1304	1649	1725F	PERM CROPS	4F	4F	4F	4F
NONARAB&NPERM	23299F	22934F	23571F	23519F	NONARAB&NPERM	15F	15F	15F	15F
NIUE					USSR				
TOTAL AREA	26	26	26	26	TOTAL AREA	2240300	2240300		
LAND AREA	26	26	26	26	LAND AREA	2190070	2190070		
ARAB&PERM CR	7F	7	7F	7F	ARAB&PERM CR	231811*	228920*		
ARABLE LAND	5F	5	5F	5F	ARABLE LAND	227156	224400		
PERM CROPS	2	2	2F	2F	PERM CROPS	4655	4520F		
NONARAB&NPERM	19F	19F	19F	19F	NONARAB&NPERM	1958259F	1961150F		
NORFOLK IS									
TOTAL AREA	4	4	4F	4F					
LAND AREA	4	4	4	4					
NONARAB&NPERM	4F	4F	4F	4F					
PACIFIC IS									
TOTAL AREA	180	180							
LAND AREA	180	180							
ARAB&PERM CR	59F	59F							
ARABLE LAND	25F	25F							
PERM CROPS	34F	34F							
NONARAB&NPERM	121F	121F							
PALAU									
TOTAL AREA			46	46					
LAND AREA			46	46					
ARAB&PERM CR			10F	10F					
ARABLE LAND			10F	10F					
NONARAB&NPERM			36F	36F					
PAPUA N GUIN									
TOTAL AREA	46284	46284	46284	46284					
LAND AREA	45286	45286	45286	45286					
ARAB&PERM CR	548F	615F	650F	670F					
ARABLE LAND	28F	35F	60F	60F					
PERM CROPS	520F	580F	590F	610F					
NONARAB&NPERM	44738F	44671F	44636F	44616F					
SAMOA									
TOTAL AREA	284	284	284	284					
LAND AREA	283	283	283	283					
ARAB&PERM CR	122F	122F	122F	122F					
ARABLE LAND	55F	55F	55F	55F					
PERM CROPS	67F	67F	67F	67F					
NONARAB&NPERM	161F	161F	161F	161F					
SOLOMON IS									
TOTAL AREA	2890	2890	2890	2890					
LAND AREA	2799	2799	2799	2799					
ARAB&PERM CR	55F	57F	60F	60F					
ARABLE LAND	40F	40F	42F	42F					

表 2

灌漑

灌漑面積：1000 HA

	1989-91	1997	1998	1999		1989-91	1997	1998	1999
WORLD	243570	267335	271129	274166					
					SOUTHAMERICA	9442	10154	10289	10326
AFRICA	11190	12458	12520	12538	ARGENTINA	1560	1561F	1561F	1561F
					BOLIVIA	123	128F	128*	130F
ALGERIA	394	560F	560F	560F	BRAZIL	2650	2756*	2870*	2900F
ANGOLA	75	75F	75F	75F	CHILE	1600	1800F	1800F	1800F
BENIN	6	12F	12F	12F	COLOMBIA	650	842*	850F	850F
BOTSWANA	2	1F	1F	1F	ECUADOR	816	863*	865F	865F
BURKINA FASO	19	25F	25	25F	FR GUIANA	2	2F	2F	2F
BURUNDI	70	74F	74F	74F	GUYANA	133	150F	150F	150F
CAMEROON	25	33F	33F	33F	PARAGUAY	65	67F	67F	67F
CAPE VERDE	3	3F	3F	3F	PERU	1188	1195F	1195F	1195F
CHAD	16	20	20	20F	SURINAME	46	50F	51*	51F
CONGO, DEM R	10	11F	11F	11F	URUGUAY	125	180F	180	180F
CONGO, REP	1	1F	1F	1F	VENEZUELA	482	560F	570*	575F
CÔTE DIVOIRE	65	73F	73F	73F					
DJIBOUTI	1	1F	1F	1F	ASIA (FMR)	154580	173436	177340	180528
EGYPT	2620	3300F	3300F	3300F	ASIA	154580	185669	189756	192962
ETHIOPIA PDR	162								
ERITREA		22	22	22F	AFGHANISTAN	2516	2386F	2386F	2386F
ETHIOPIA		190F	190F	190F	ARMENIA		287F	287F	287F
GABON	13	15F	15F	15F	AZERBAIJAN		1455F	1455F	1455F
GAMBIA	1	2F	2F	2F	BAHRAIN	2	5	5F	5F
GHANA	8	11F	11F	11F	BANGLADESH	2900	3693	3850	3985
GUINEA	90	95F	95F	95F	BHUTAN	39	40F	40F	40F
GUINEABISSAU	17	17F	17F	17F	BRUNEI DARSM	1	1F	1F	1F
KENYA	55	67F	67F	67F	CAMBODIA	240	270F	270F	270F
LESOTHO	1	1F	1F	1F	CHINA	47234	51821	52878	53740
LIBERIA	2	3F	3F	2F	CYPRUS	36	40	40F	40
LIBYA	434	470F	470F	470F	GAZA STRIP	11	12	12	12F
MADAGASCAR	1000	1090F	1090F	1090F	GEORGIA		470F	470F	470F
MALAWI	20	28F	28F	28F	INDIA	45809	55143	57000F	59000F
MALI	120	138F	138F	138F	INDONESIA	4409	4815F	4815F	4815F
MAURITANIA	49	49	49F	49F	IRAN	7000	7329	7562	7562F
MAURITIUS	17	18F	20	20F	IRAQ	3200	3525F	3525F	3525F
MOROCCO	1258	1251	1291	1305	ISRAEL	202	199F	199F	199F
MOZAMBIQUE	103	107F	107F	107F	JAPAN	2846	2701	2679	2659
NAMIBIA	4	7F	7	7	JORDAN	62	75	75	75
NIGER	66	66F	66F	66F	KAZAKHSTAN		2149	2332	2350F
NIGERIA	220	233	233	233	KOREA D P RP	1420	1460F	1460F	1460F
RÉUNION	10	12F	12F	12F	KOREA REP	1344	1163	1159	1159F
RWANDA	4	4F	4F	5	KUWAIT	3	6F	6	7
SAO TOME PRN	10	10F	10F	10F	KYRGYZSTAN		1072F	1072F	1072F
SENEGAL	84	71F	71F	71F	LAOS	135	164	168F	172F
SIERRA LEONE	28	29F	29F	29F	LEBANON	86	117	120F	120F
SOMALIA	180	200F	200F	200F	MALAYSIA	336	365F	365F	365F
SOUTH AFRICA	1290	1330F	1350F	1354	MONGOLIA	78	84F	84F	84F
SUDAN	1946	1950F	1950F	1950F	MYANMAR	1008	1556	1692	1841
SWAZILAND	65	69F	69F	69F	NEPAL	964	1135F	1135F	1135F
TANZANIA	144	155	155	155F	OMAN	57	62F	62F	62F
TOGO	7	7F	7F	7F	PAKISTAN	16860	17830	18000	17950
TUNISIA	328	380F	380F	380F	PHILIPPINES	1546	1550F	1550F	1550F
UGANDA	9	9F	9F	9F	QATAR	6	13F	13F	13F
ZAMBIA	30	46F	46F	46F	SAUDI ARABIA	1583	1620F	1620F	1620F
ZIMBABWE	100	117F	117F	117F	SRI LANKA	514	600F	651	662
					SYRIA	717	1168	1213	1186
N C AMERICA	28811	31259	31284	31395	TAJIKISTAN		719F	719F	719F
					THAILAND	4248	4714	4749	4750F
BARBADOS	1	1F	1F	1F	TURKEY	3866	4200	4380	4500
BELIZE	2	3F	3F	3F	TURKMENISTAN		1800F	1800F	1800F
CANADA	721	720F	720F	720F	UNTD ARAB EM	63	72F	74F	76F
COSTA RICA	77	103*	105F	108F	UZBEKISTAN		4281F	4281F	4281F
CUBA	892	870F	870F	870F	VIET NAM	2866	3000F	3000F	3000F
DOMINICAN RP	225	260F	265F	269	YEMEN	354	490F	490F	490F
EL SALVADOR	34	38F	38F	40F					
GUADELOUPE	2	3	3F	3F	EUROPE (FMR)	16572	17227	17064	16919
GUATEMALA	117	130F	130F	130F	EUROPE	16572	25127	24627	24406
HAITI	75	75F	75F	75F					
HONDURAS	74	76F	76F	78	ALBANIA	415	340F	340F	340F
JAMAICA	25	25F	25F	25F	AUSTRIA	4	4F	4F	4F
MARTINIQUE	4	3F	3F	3F	BELARUS		115	115	115F
MEXICO	5600	6500F	6500F	6500F	BEL-LUX	18	35	40F	40F
NICARAGUA	85	88F	88F	88F	BOSNIA HERZG		2F	2F	3
PANAMA	31	35*	35F	35F	BULGARIA	1251	800F	800F	800F
PUERTO RICO	39	40F	40F	40F	CROATIA		2	3	3
ST LUCIA	2	3F	3F	3F	CZECHOSLOVAK	244			
ST VINCENT	1	1F	1F	1F	CZECH REP		24F	24F	24F
TRINIDAD TOB	3	3F	3F	3F	DENMARK	431	476	460F	447
USA	20800	22282	22300F	22400F	ESTONIA		4F	4F	4F

表 2

灌　漑

灌漑面積：1000 HA

	1989-91	1997	1998	1999
FINLAND	63	64F	64F	64F
FRANCE	1300	1907	2000F	2100F
GERMANY	481	485F	485F	485F
GREECE	1200	1482	1422	1441
HUNGARY	201	210F	210F	210F
ITALY	2615	2698	2698F	2698F
LATVIA		20F	20F	20F
LITHUANIA		8F	8F	7
MACEDONIA		55	55	55
MALTA	1	2F	2F	2F
MOLDOVA REP		309	307	307
NETHERLANDS	554	565F	565F	565F
NORWAY	96	127F	127F	127F
POLAND	100	100F	100F	100F
PORTUGAL	631	650F	650F	650F
ROMANIA	3124	3089	2880F	2673
RUSSIAN FED	.	4990	4663	4600F
SLOVAKIA		171	174	178
SLOVENIA		2F	2F	2F
SPAIN	3387	3634	3652	3640F
SWEDEN	114	115F	115F	115F
SWITZERLAND	25	25F	25F	25F
UK	152	108F	108F	108F
UKRAINE		2454	2446	2434
YUGOSLAV SFR	160			
YUGOSLAVIA		55	57	20
OCEANIA	2174	2668	2653	2539
AUSTRALIA	1892	2380F	2365	2251
FIJI ISLANDS	1	3F	3F	3F
NEW ZEALAND	281	285F	285F	285F
USSR	20800			

POPULATION

POBLACIÓN

人 口

السكان

表 3

総人口、農業人口および経済活動人口（千人）

地域および国	年次	人口 総数	人口 農業関係	経済活動人口 総数	経済活動人口 農業関係	農業関係人口の割合
WORLD	1990	5254820	2438279	2497606	1221220	48.9
	1995	5661862	2513313	2722411	1274857	46.8
	2000	6056715	2566994	2948120	1318632	44.7
AFRICA	1990	619477	376579	261998	165617	63.2
	1995	703487	408934	300380	181162	60.3
	2000	793627	441250	342559	197116	57.5
ALGERIA	1990	24855	6396	6993	1827	26.1
	1995	27655	6921	8596	2184	25.4
	2000	30291	7257	10458	2545	24.3
ANGOLA	1990	9570	7131	4483	3340	74.5
	1995	11339	8300	5219	3821	73.2
	2000	13134	9436	5941	4268	71.8
BENIN	1990	4655	2957	2100	1334	63.5
	1995	5492	3232	2480	1460	58.8
	2000	6272	3386	2835	1531	54.0
BOTSWANA	1990	1240	576	525	244	46.5
	1995	1422	648	612	279	45.6
	2000	1541	686	673	300	44.5
BURKINA FASO	1990	9008	8325	4574	4228	92.4
	1995	10270	9484	5047	4661	92.3
	2000	11535	10643	5486	5062	92.3
BURUNDI	1990	5636	5165	3050	2795	91.6
	1995	6079	5532	3244	2952	91.0
	2000	6356	5744	3344	3022	90.4
CAMEROON	1990	11614	7382	4643	3235	69.7
	1995	13273	7738	5376	3484	64.8
	2000	14876	7828	6104	3626	59.4
CAPE VERDE	1990	341	104	126	39	30.6
	1995	381	101	148	39	26.6
	2000	427	98	174	40	23.0
CENT AFR REP	1990	2945	2362	1432	1148	80.2
	1995	3347	2565	1602	1228	76.6
	2000	3717	2701	1752	1273	72.7
CHAD	1990	5829	4852	2740	2281	83.2
	1995	6735	5356	3126	2486	79.5
	2000	7885	5931	3614	2718	75.2
COMOROS	1990	527	408	237	184	77.5
	1995	609	461	280	211	75.6
	2000	706	520	331	244	73.6
CONGO, DEM R	1990	36999	25083	15746	10675	67.8
	1995	44834	29380	18638	12214	65.5
	2000	50948	32202	20686	13074	63.2
CONGO, REP	1990	2230	1087	934	455	48.7
	1995	2603	1166	1077	482	44.8
	2000	3018	1229	1232	502	40.7
COTE DIVOIRE	1990	12582	7520	4890	2923	59.8
	1995	14385	7849	5727	3125	54.6
	2000	16013	7873	6531	3211	49.2
DJIBOUTI	1990	504	...	...	...	...
	1995	545	...	...	...	...
	2000	632	...	...	...	...
EGYPT	1990	56223	24664	19598	7899	40.3
	1995	61991	24941	22538	8288	36.8
	2000	67884	24871	25790	8591	33.3

表 3

総人口、農業人口および経済活動人口（千人）

地域および国	年次	人口 総数	人口 農業関係	経済活動人口 総数	経済活動人口 農業関係	農業関係人口の割合
EQ GUINEA	1990	352	263	150	112	74.8
	1995	399	290	167	122	72.7
	2000	457	322	189	133	70.5
ERITREA	1995	3189	2521	1599	1264	79.0
	2000	3659	2837	1825	1415	77.5
ETHIOPIA	1995	55385	46736	24724	20863	84.4
	2000	62908	51835	27781	22891	82.4
ETHIOPIA PDR	1990	50612	43437	23006	19736	85.8
GABON	1990	935	482	455	234	51.5
	1995	1078	481	505	225	44.6
	2000	1230	464	555	209	37.8
GAMBIA	1990	928	760	472	386	81.9
	1995	1115	897	570	458	80.5
	2000	1303	1029	668	528	79.0
GHANA	1990	15138	8875	7061	4188	59.3
	1995	17297	9931	8291	4816	58.1
	2000	19306	10848	9508	5408	56.9
GUINEA	1990	6139	5352	3067	2674	87.2
	1995	7332	6276	3651	3125	85.6
	2000	8154	6838	4047	3393	83.9
GUINEABISSAU	1990	946	808	446	381	85.3
	1995	1078	906	500	421	84.1
	2000	1199	993	549	454	82.8
KENYA	1990	23574	18755	11199	8910	79.6
	1995	27315	21194	13520	10490	77.6
	2000	30669	23138	15816	11932	75.4
LESOTHO	1990	1682	672	701	280	40.0
	1995	1869	727	786	306	38.9
	2000	2035	770	864	327	37.8
LIBERIA	1990	2144	1551	783	566	72.3
	1995	2046	1433	784	549	70.0
	2000	2913	1968	1172	792	67.5
LIBYA	1990	4311	471	1277	140	10.9
	1995	4755	383	1505	121	8.1
	2000	5290	316	1794	107	6.0
MADAGASCAR	1990	11956	9340	5814	4542	78.1
	1995	13789	10518	6647	5070	76.3
	2000	15970	11857	7632	5666	74.2
MALAWI	1990	9434	7756	4649	4028	86.6
	1995	10020	8012	4881	4141	84.8
	2000	11308	8767	5445	4512	82.9
MALI	1990	8778	7530	4472	3837	85.8
	1995	9928	8294	4958	4142	83.5
	2000	11351	9191	5558	4500	81.0
MAURITANIA	1990	1992	1100	893	493	55.2
	1995	2275	1230	1013	548	54.1
	2000	2665	1408	1180	624	52.8
MAURITIUS	1990	1057	173	432	72	16.7
	1995	1114	154	471	66	14.1
	2000	1161	135	507	60	11.8
MOROCCO	1990	24624	11110	9119	4073	44.7
	1995	27213	11072	10398	4185	40.2
	2000	29878	10909	11780	4251	36.1

表 3

総人口、農業人口および経済活動人口（千人）

地域および国	年次	人口 総数	人口 農業関係	経済活動人口 総数	経済活動人口 農業関係	農業関係人口の割合
MOZAMBIQUE	1990	13645	10723	7275	6018	82.7
	1995	16293	12601	8612	7033	81.7
	2000	18292	13911	9586	7721	80.6
NAMIBIA	1990	1375	784	560	276	49.2
	1995	1585	840	636	288	45.2
	2000	1757	861	695	287	41.2
NIGER	1990	7707	6921	3633	3262	89.8
	1995	9109	8090	4249	3774	88.8
	2000	10832	9505	5000	4388	87.8
NIGERIA	1990	85953	36957	33954	14599	43.0
	1995	99278	37753	39282	14938	38.0
	2000	113862	37921	45129	15030	33.3
REUNION	1990	604	41	232	16	6.8
	1995	664	31	264	12	4.7
	2000	721	24	297	10	3.3
RWANDA	1990	6766	6205	3554	3260	91.7
	1995	4979	4534	2660	2422	91.1
	2000	7609	6873	4134	3734	90.3
ST HELENA	1990	6	...	...	...	...
	1995	6	...	...	...	...
	2000	6	...	...	...	...
SAO TOME PRN	1990	115	...	...	...	...
	1995	126	...	...	...	...
	2000	138	...	...	...	...
SENEGAL	1990	7327	5621	3269	2508	76.7
	1995	8298	6247	3692	2779	75.3
	2000	9421	6945	4179	3081	73.7
SEYCHELLES	1990	70	...	...	...	...
	1995	75	...	...	...	...
	2000	80	...	...	...	...
SIERRA LEONE	1990	4061	2739	1521	1026	67.4
	1995	4080	2646	1520	985	64.8
	2000	4405	2738	1632	1014	62.2
SOMALIA	1990	7163	5395	3128	2356	75.3
	1995	7348	5387	3177	2329	73.3
	2000	8778	6247	3757	2673	71.2
SOUTH AFRICA	1990	36376	7145	14191	1915	13.5
	1995	40033	6711	16129	1837	11.4
	2000	43309	6168	18028	1728	9.6
SUDAN	1990	24818	17243	9353	6499	69.5
	1995	27952	18283	10748	7030	65.4
	2000	31095	18987	12207	7454	61.1
SWAZILAND	1990	769	298	272	106	38.8
	1995	835	303	302	110	36.3
	2000	925	310	342	115	33.5
TANZANIA	1990	26043	21487	13376	11291	84.4
	1995	30868	24828	15876	13101	82.5
	2000	35119	27454	18088	14551	80.4
TOGO	1990	3453	2264	1446	948	65.6
	1995	3844	2410	1618	1014	62.7
	2000	4527	2703	1913	1142	59.7
TUNISIA	1990	8156	2295	2859	805	28.1
	1995	8943	2367	3366	891	26.5
	2000	9459	2329	3826	942	24.6

表 3

総人口、農業人口および経済活動人口（千人）

地域および国	年次	人口 総数	人口 農業関係	経済活動人口 総数	経済活動人口 農業関係	農業関係人口の割合
UGANDA	1990	17245	14414	8786	7425	84.5
	1995	20108	16369	10038	8274	82.4
	2000	23300	18404	11397	9130	80.1
WESTN SAHARA	1990	178	...	...	...	...
	1995	213	...	...	...	...
	2000	252	...	...	...	...
ZAMBIA	1990	8049	5988	3481	2590	74.4
	1995	9218	6625	3938	2830	71.9
	2000	10421	7206	4398	3041	69.2
ZIMBABWE	1990	10241	6976	4639	3160	68.1
	1995	11475	7504	5156	3372	65.4
	2000	12627	7892	5630	3519	62.5
N C AMERICA	1990	427915	55798	198136	20630	10.4
	1995	457411	54314	215433	20708	9.6
	2000	487183	52397	233804	20650	8.8
ANTIGUA BARB	1990	63	...	...	...	...
	1995	64	...	...	...	...
	2000	65	...	...	...	...
ARUBA	1990	66	...	...	...	...
	1995	84	...	...	...	...
	2000	101	...	...	...	...
BAHAMAS	1990	255	13	125	7	5.3
	1995	283	12	142	6	4.4
	2000	304	11	156	6	3.6
BARBADOS	1990	257	17	129	9	6.7
	1995	263	14	138	7	5.3
	2000	267	11	147	6	4.3
BELIZE	1990	186	63	58	20	33.7
	1995	203	65	67	22	32.2
	2000	226	69	79	24	30.7
BERMUDA	1990	59	...	...	...	...
	1995	61	...	...	...	...
	2000	63	...	...	...	...
BR VIRGIN IS	1990	17	...	...	...	...
	1995	20	...	...	...	...
	2000	24	...	...	...	...
CANADA	1990	27701	1012	14647	494	3.4
	1995	29354	892	15658	439	2.8
	2000	30757	785	16559	390	2.4
CAYMAN IS	1990	26	...	...	...	...
	1995	32	...	...	...	...
	2000	38	...	...	...	...
COSTA RICA	1990	3049	823	1159	302	26.0
	1995	3554	848	1394	320	23.0
	2000	4024	843	1629	328	20.1
CUBA	1990	10629	2215	4792	870	18.1
	1995	10964	2026	5180	831	16.0
	2000	11199	1831	5552	785	14.1
DOMINICA	1990	71	...	...	...	...
	1995	71	...	...	...	...
	2000	71	...	...	...	...
DOMINICAN RP	1990	7061	1847	2776	689	24.8
	1995	7697	1664	3174	649	20.4
	2000	8373	1483	3625	606	16.7

表 3

総人口、農業人口および経済活動人口 (千人)

地域および国	年 次	人口		経済活動人口		
		総 数	農業関係	総 数	農業関係	農業関係人口の割合
EL SALVADOR	1990	5112	2084	1949	710	36.4
	1995	5670	2087	2293	748	32.6
	2000	6278	2071	2703	785	29.0
GREENLAND	1990	56	...	...	...	...
	1995	56	...	...	...	...
	2000	56	...	...	...	...
GRENADA	1990	91	...	...	...	...
	1995	92	...	...	...	...
	2000	94	...	...	...	...
GUADELOUPE	1990	391	26	175	12	6.6
	1995	409	19	189	9	4.7
	2000	428	14	203	7	3.3
GUATEMALA	1990	8749	4922	2994	1569	52.4
	1995	9976	5303	3513	1731	49.3
	2000	11385	5688	4142	1909	46.1
HAITI	1990	6907	4677	2906	1969	67.8
	1995	7522	4890	3205	2085	65.1
	2000	8142	5063	3513	2187	62.2
HONDURAS	1990	4870	2178	1674	693	41.4
	1995	5625	2227	2017	734	36.4
	2000	6417	2225	2405	762	31.7
JAMAICA	1990	2369	583	1123	276	24.6
	1995	2472	558	1201	271	22.6
	2000	2576	531	1284	264	20.6
MARTINIQUE	1990	360	27	166	12	7.5
	1995	372	21	177	10	5.6
	2000	383	16	187	8	4.1
MEXICO	1990	83223	25233	30664	8529	27.8
	1995	91138	24449	35481	8696	24.5
	2000	98872	23318	40724	8741	21.5
MONTSERRAT	1990	11	...	...	...	...
	1995	10	...	...	...	...
	2000	4	...	...	...	...
NETH ANTILLE	1990	188	1	86	1	0.7
	1995	205	1	94	1	0.6
	2000	215	1	99	0	0.5
NICARAGUA	1990	3824	1133	1373	392	28.5
	1995	4426	1106	1656	398	24.0
	2000	5071	1057	1981	396	20.0
PANAMA	1990	2398	708	929	243	26.2
	1995	2631	690	1064	246	23.1
	2000	2856	661	1205	245	20.3
PUERTO RICO	1990	3528	198	1219	53	4.4
	1995	3718	152	1344	43	3.2
	2000	3915	116	1483	34	2.3
ST KITTS NEV	1990	50	...	...	...	...
	1995	50	...	...	...	...
	2000	50	...	...	...	...
SAINT LUCIA	1990	131	...	...	...	...
	1995	140	...	...	...	...
	2000	148	...	...	...	...
ST PIER MIQU	1990	6	...	...	...	...
	1995	7	...	...	...	...
	2000	7	...	...	...	...

表 3

総人口、農業人口および経済活動人口（千人）

地域および国	年次	人口 総数	人口 農業関係	経済活動人口 総数	経済活動人口 農業関係	農業関係人口の割合
ST VINCENT	1990	106	...	...	...	...
	1995	110	...	...	...	...
	2000	113	...	...	...	...
TRINIDAD TOB	1990	1215	135	468	52	11.1
	1995	1262	124	523	52	9.9
	2000	1294	113	578	50	8.7
TURKS CAICOS	1990	12	...	...	...	...
	1995	14	...	...	...	...
	2000	17	...	...	...	...
USA	1990	254776	7689	128353	3640	2.8
	1995	268744	6957	136514	3320	2.4
	2000	283230	6290	145105	3027	2.1
US VIRGIN IS	1990	104	...	...	...	...
	1995	114	...	...	...	...
	2000	121	...	...	...	...
SOUTH AMERIC	1990	295037	69589	120780	28160	23.3
	1995	320591	66470	135361	27643	20.4
	2000	345738	62871	150727	26898	17.8
ARGENTINA	1990	32527	4096	12201	1482	12.1
	1995	34768	3932	13531	1475	10.9
	2000	37032	3750	14996	1463	9.8
BOLIVIA	1990	6573	3000	2615	1225	46.8
	1995	7414	3285	2984	1358	45.5
	2000	8329	3580	3391	1498	44.2
BRAZIL	1990	147957	34021	65535	15254	23.3
	1995	159481	31146	72379	14316	19.8
	2000	170406	28066	79247	13225	16.7
CHILE	1990	13100	2477	4993	938	18.8
	1995	14210	2465	5602	965	17.2
	2000	15211	2416	6211	979	15.8
COLOMBIA	1990	34970	9468	13890	3696	26.6
	1995	38542	9169	15963	3729	23.4
	2000	42105	8756	18213	3717	20.4
ECUADOR	1990	10264	3611	3612	1201	33.3
	1995	11460	3578	4250	1250	29.4
	2000	12646	3480	4948	1279	25.8
FALKLAND IS	1990	2	...	...	...	...
	1995	2	...	...	...	...
	2000	2	...	...	...	...
FR GUIANA	1990	116	...	...	...	...
	1995	138	...	...	...	...
	2000	165	...	...	...	...
GUYANA	1990	731	158	269	58	21.6
	1995	743	145	292	57	19.6
	2000	761	134	320	56	17.7
PARAGUAY	1990	4219	1908	1531	595	38.9
	1995	4828	2066	1786	654	36.6
	2000	5496	2221	2075	713	34.3
PERU	1990	21569	7616	7319	2604	35.6
	1995	23532	7662	8419	2763	32.8
	2000	25662	7688	9713	2934	30.2
SURINAME	1990	402	85	132	28	21.3
	1995	409	82	145	29	20.1
	2000	417	79	159	30	19.0

表　3

総人口、農業人口および経済活動人口（千人）

地域および国	年次	人口 総数	人口 農業関係	経済活動人口 総数	経済活動人口 農業関係	農業関係人口の割合
URUGUAY	1990	3106	391	1358	193	14.2
	1995	3218	382	1427	191	13.4
	2000	3337	373	1502	190	12.6
VENEZUELA	1990	19502	2730	7273	874	12.0
	1995	21844	2528	8524	844	9.9
	2000	24170	2298	9881	801	8.1
ASIA (fmr)	1990	3097278	1822966	1526794	953433	62.4
	1995	3352579	1884282	1670076	997751	59.7
	2000	3598453	1924164	1812715	1031862	56.9
ASIA	1995	3423285	1903977	1701207	1006098	59.1
	2000	3672342	1942810	1846274	1040037	56.3
AFGHANISTAN	1990	13675	9617	5602	3940	70.3
	1995	19073	13095	7793	5351	68.7
	2000	21765	14577	8872	5942	67.0
ARMENIA	1995	3760	561	1855	277	14.9
	2000	3787	483	1924	245	12.7
AZERBAIJAN	1995	7685	2211	3344	962	28.8
	2000	8041	2142	3625	966	26.6
BAHRAIN	1990	490	10	218	4	2.0
	1995	573	9	261	4	1.5
	2000	640	7	299	3	1.1
BANGLADESH	1990	110025	71700	53596	34927	65.2
	1995	123612	74765	61395	37134	60.5
	2000	137439	76472	69611	38732	55.6
BHUTAN	1990	1696	1597	842	792	94.1
	1995	1831	1720	896	841	93.9
	2000	2085	1955	1005	942	93.8
BRUNEI DARSM	1990	257	5	109	2	2.0
	1995	294	4	129	2	1.3
	2000	328	3	148	1	0.8
CAMBODIA	1990	9630	7110	4628	3417	73.8
	1995	11393	8200	5519	3973	72.0
	2000	13104	9181	6401	4485	70.1
CHINA	1990	1155305	834636	682547	493098	72.2
	1995	1219349	849451	724967	505043	69.7
	2000	1275133	853685	762942	510780	66.9
CHINA,H.KONG	1990	5705	51	2903	26	0.9
	1995	6210	39	3260	20	0.6
	2000	6860	30	3716	16	0.4
CHINA, MACAO	1990	372	1	187	0	0.2
	1995	416	0	213	0	0.1
	2000	444	0	231	0	0.1
CYPRUS	1990	681	92	324	44	13.6
	1995	744	81	360	39	10.8
	2000	784	68	385	33	8.6
EAST TIMOR	1990	740	619	385	322	83.6
	1995	840	696	435	360	82.9
	2000	737	604	380	312	82.0
GEORGIA	1995	5352	1221	2652	605	22.8
	2000	5262	1048	2647	527	19.9
INDIA	1990	844886	492096	358627	229606	64.0
	1995	927102	519039	399846	247395	61.9
	2000	1008937	541430	442156	263691	59.6

表 3

総人口、農業人口および経済活動人口（千人）

地域および国	年次	人口 総数	人口 農業関係	経済活動人口 総数	経済活動人口 農業関係	農業関係人口の割合
INDONESIA	1990	182474	92897	80164	44228	55.2
	1995	197622	93844	91064	47139	51.8
	2000	212092	93540	102561	49596	48.4
IRAN	1990	58435	18749	17743	5718	32.2
	1995	64630	18772	20806	6071	29.2
	2000	70330	18543	24169	6402	26.5
IRAQ	1990	17271	2781	4411	710	16.1
	1995	20049	2564	5321	680	12.8
	2000	22946	2320	6339	641	10.1
ISRAEL	1990	4514	186	1779	73	4.1
	1995	5349	178	2195	73	3.3
	2000	6040	163	2589	70	2.7
JAPAN	1990	123537	8613	64133	4669	7.3
	1995	125472	6536	66299	3610	5.4
	2000	127096	4923	68369	2769	4.1
JORDAN	1990	3254	491	815	123	15.1
	1995	4249	553	1199	156	13.0
	2000	4913	562	1566	179	11.4
KAZAKHSTAN	1995	16611	3667	8016	1589	19.8
	2000	16172	3194	7998	1414	17.7
KOREA D P RP	1990	19956	7580	10279	3904	38.0
	1995	21373	7253	10987	3728	33.9
	2000	22268	6706	11421	3439	30.1
KOREA REP	1990	42869	6917	19633	3555	18.1
	1995	44952	5384	21783	2946	13.5
	2000	46740	4101	23966	2386	10.0
KUWAIT	1990	2143	25	897	11	1.2
	1995	1691	19	716	8	1.1
	2000	1914	21	807	9	1.1
KYRGYZSTAN	1995	4562	1312	1944	559	28.8
	2000	4921	1263	2163	555	25.7
LAOS	1990	4132	3229	2028	1585	78.1
	1995	4686	3623	2315	1790	77.3
	2000	5279	4037	2625	2007	76.5
LEBANON	1990	2713	198	847	62	7.3
	1995	3169	166	1061	55	5.2
	2000	3496	130	1256	47	3.7
MALAYSIA	1990	17845	4646	7256	1985	27.4
	1995	20017	4314	8314	1888	22.7
	2000	22218	3926	9432	1761	18.7
MALDIVES	1990	216	82	89	29	32.3
	1995	250	81	104	28	27.1
	2000	291	79	123	28	22.4
MONGOLIA	1990	2216	709	1018	326	32.0
	1995	2413	675	1169	327	28.0
	2000	2533	615	1295	314	24.3
MYANMAR	1990	40517	29680	20940	15339	73.3
	1995	44352	31827	23384	16781	71.8
	2000	47749	33527	25682	18033	70.2
NEPAL	1990	18142	16965	8767	8198	93.5
	1995	20439	19062	9759	9101	93.3
	2000	23043	21430	10870	10109	93.0

表　3

総人口、農業人口および経済活動人口（千人）

地域および国	年次	人口 総数	人口 農業関係	経済活動人口 総数	経済活動人口 農業関係	農業関係人口の割合
OMAN	1990	1785	798	497	222	44.7
	1995	2154	868	603	243	40.3
	2000	2538	910	721	258	35.8
PAKISTAN	1990	109811	60910	40025	20690	51.7
	1995	123648	65858	45107	22314	49.5
	2000	141256	71868	52077	24521	47.1
PHILIPPINES	1990	61040	27825	24028	10999	45.8
	1995	68341	29003	27601	11766	42.6
	2000	75653	29769	31355	12396	39.5
QATAR	1990	453	12	249	7	2.7
	1995	512	10	283	5	1.9
	2000	565	7	313	4	1.3
SAUDI ARABIA	1990	15400	2940	4840	924	19.1
	1995	17091	2368	5195	720	13.9
	2000	20346	2002	6095	600	9.8
SINGAPORE	1990	3016	11	1542	6	0.4
	1995	3476	8	1759	4	0.2
	2000	4018	6	2013	3	0.2
SRI LANKA	1990	17022	8372	7079	3425	48.4
	1995	18041	8616	7811	3668	47.0
	2000	18924	8761	8540	3886	45.5
SYRIA	1990	12386	4104	3460	1147	33.1
	1995	14221	4306	4243	1285	30.3
	2000	16189	4493	5165	1434	27.8
TAJIKISTAN	1995	5741	2133	2154	800	37.2
	2000	6087	2056	2400	810	33.8
THAILAND	1990	54736	31139	31380	20104	64.1
	1995	58729	31096	34306	20695	60.3
	2000	62806	30756	37379	21103	56.5
TURKEY	1990	56098	20950	24287	13012	53.6
	1995	61493	20856	27673	13792	49.8
	2000	66668	20496	31212	14426	46.2
TURKMENISTAN	1995	4210	1484	1767	623	35.3
	2000	4737	1580	2047	683	33.3
UNTD ARAB EM	1990	2014	158	1049	82	7.8
	1995	2352	147	1228	77	6.2
	2000	2606	128	1362	67	4.9
UZBEKISTAN	1995	22785	7104	9399	2930	31.2
	2000	24881	6881	10756	2974	27.7
VIET NAM	1990	66074	47074	33582	23925	71.2
	1995	72841	50497	37562	26040	69.3
	2000	78137	52614	40880	27527	67.3
YEMEN	1990	11590	7065	3471	2116	61.0
	1995	14895	8350	4473	2507	56.1
	2000	18349	9345	5514	2808	50.9
EUROPE (fmr)	1990	499210	50803	233672	24219	10.4
	1995	506532	42382	239980	20691	8.6
	2000	510252	35132	244659	17573	7.2

表 3

総人口、農業人口および経済活動人口（千人）

地域および国	年次	人口 総数	人口 農業関係	経済活動人口 総数	経済活動人口 農業関係	農業関係人口の割合
EUROPE	1995	728586	73859	356040	36567	10.3
	2000	727304	61595	359588	31094	8.6
ALBANIA	1990	3289	1796	1571	857	54.6
	1995	3185	1638	1552	798	51.4
	2000	3134	1511	1558	751	48.2
ANDORRA	1990	53	...	...	...	...
	1995	68	...	...	...	...
	2000	86	...	...	...	...
AUSTRIA	1990	7729	600	3556	276	7.8
	1995	8047	508	3711	234	6.3
	2000	8080	414	3733	191	5.1
BELARUS	1995	10329	1664	5424	874	16.1
	2000	10187	1340	5410	712	13.2
BEL-LUX	1990	10349	277	4198	112	2.7
	1995	10547	234	4312	96	2.2
	2000	10686	197	4406	81	1.8
BOSNIA HERZG	1995	3420	264	1569	121	7.7
	2000	3977	206	1859	96	5.2
BULGARIA	1990	8718	1251	4436	597	13.5
	1995	8406	880	4306	421	9.8
	2000	7949	602	4100	290	7.1
CROATIA	1995	4634	544	2175	255	11.7
	2000	4654	395	2196	186	8.5
CZECHOSLOVAK	1990	15562	1788	8118	933	11.5
CZECH REP	1995	10331	989	5614	537	9.6
	2000	10272	841	5765	472	8.2
DENMARK	1990	5140	286	2908	162	5.6
	1995	5228	240	2920	134	4.6
	2000	5320	201	2935	111	3.8
ESTONIA	1995	1484	189	813	104	12.7
	2000	1393	158	769	87	11.3
FAEROE IS	1990	47	...	...	...	...
	1995	44	...	...	...	...
	2000	46	...	...	...	...
FINLAND	1990	4986	452	2569	216	8.4
	1995	5108	376	2601	177	6.8
	2000	5172	308	2602	143	5.5
FRANCE	1990	56735	3116	24696	1356	5.5
	1995	58139	2497	25813	1109	4.3
	2000	59238	1985	26836	899	3.4
GERMANY	1990	79433	3165	39860	1588	4.0
	1995	81661	2585	40558	1284	3.2
	2000	82017	2062	40299	1013	2.5
GIBRALTAR	1990	27	...	...	...	...
	1995	27	...	...	...	...
	2000	27	...	...	...	...
GREECE	1990	10160	1901	4195	963	23.0
	1995	10454	1662	4436	872	19.7
	2000	10610	1427	4626	775	16.8

表 3

総人口、農業人口および経済活動人口（千人）

地域および国	年次	人口 総数	人口 農業関係	経済活動人口 総数	経済活動人口 農業関係	農業関係人口の割合
HOLY SEE	1990	1	...	...	...	...
	1995	1	...	...	...	...
	2000	1	...	...	...	...
HUNGARY	1990	10365	1763	4734	721	15.2
	1995	10214	1463	4774	610	12.8
	2000	9968	1199	4769	510	10.7
ICELAND	1990	255	28	142	16	11.0
	1995	267	25	150	14	9.5
	2000	279	23	158	13	8.3
IRELAND	1990	3515	504	1314	188	14.3
	1995	3609	436	1431	173	12.1
	2000	3803	387	1605	163	10.2
ITALY	1990	56719	4878	24427	2101	8.6
	1995	57301	3882	25000	1694	6.8
	2000	57530	3059	25437	1352	5.3
LATVIA	1995	2516	345	1377	189	13.7
	2000	2421	290	1330	159	12.0
LIECHTENSTEN	1990	29	...	...	...	...
	1995	31	...	...	...	...
	2000	33	...	...	...	...
LITHUANIA	1995	3715	672	1924	290	15.1
	2000	3696	548	1925	237	12.3
MACEDONIA	1995	1963	329	889	149	16.7
	2000	2034	261	937	120	12.8
MALTA	1990	360	9	131	3	2.6
	1995	378	8	141	3	2.1
	2000	390	6	148	2	1.7
MOLDOVA REP	1995	4339	1195	2158	594	27.5
	2000	4295	979	2180	497	22.8
MONACO	1990	30	...	...	...	...
	1995	32	...	...	...	...
	2000	33	...	...	...	...
NETHERLANDS	1990	14952	683	6900	315	4.6
	1995	15459	607	7149	281	3.9
	2000	15864	535	7357	248	3.4
NORWAY	1990	4241	296	2130	134	6.3
	1995	4359	259	2222	119	5.3
	2000	4469	227	2314	106	4.6
POLAND	1990	38111	9240	18729	5144	27.5
	1995	38595	8289	19461	4758	24.4
	2000	38605	7320	19975	4331	21.7
PORTUGAL	1990	9899	1968	4823	860	17.8
	1995	9916	1679	4940	747	15.1
	2000	10016	1434	5103	650	12.7
ROMANIA	1990	23207	5140	10647	2551	24.0
	1995	22681	3999	10616	2035	19.2
	2000	22438	3112	10718	1622	15.1
RUSSIAN FED	1995	148141	17777	78291	9395	12.0
	2000	145491	15259	78041	8185	10.5
SAN MARINO	1990	23	...	...	...	...
	1995	25	...	...	...	...
	2000	27	...	...	...	...

表 3

総人口、農業人口および経済活動人口（千人）

地域および国	年次	人口 総数	人口 農業関係	経済活動人口 総数	経済活動人口 農業関係	農業関係人口の割合
SLOVAKIA	1995	5364	558	2846	296	10.4
	2000	5399	488	2966	268	9.0
SLOVENIA	1995	1990	64	1016	34	3.4
	2000	1988	38	1020	20	2.0
SPAIN	1990	39303	4635	15953	1892	11.9
	1995	39737	3701	16794	1573	9.4
	2000	39910	2918	17575	1293	7.4
SWEDEN	1990	8559	423	4631	204	4.4
	1995	8827	369	4781	178	3.7
	2000	8842	312	4793	151	3.1
SWITZERLAND	1990	6834	582	3628	200	5.5
	1995	7118	531	3779	182	4.8
	2000	7170	469	3807	160	4.2
UKRAINE	1995	51531	9635	26071	4430	17.0
	2000	49568	7890	25274	3645	14.4
UK	1990	57770	1258	28693	625	2.2
	1995	58821	1163	29344	580	2.0
	2000	59634	1072	29890	537	1.8
YUGOSLAVIA	1995	10547	2584	4972	1218	24.5
	2000	10552	2105	5054	1008	19.9
YUGOSLAV SFR	1990	22808	4745	10587	2197	20.7
OCEANIA	1990	26330	5422	12777	2507	19.6
	1995	28502	5759	13990	2678	19.1
	2000	30521	6071	15168	2837	18.7
AMER SAMOA	1990	47	...	...	...	...
	1995	57	...	...	...	...
	2000	68	...	...	...	...
AUSTRALIA	1990	16888	932	8403	464	5.5
	1995	18072	905	9102	456	5.0
	2000	19138	876	9770	447	4.6
COOK IS	1990	18	...	...	...	...
	1995	19	...	...	...	...
	2000	20	...	...	...	...
FIJI	1990	724	330	252	115	45.6
	1995	768	326	285	121	42.4
	2000	814	325	324	129	39.9
FR POLYNESIA	1990	195	...	...	...	...
	1995	215	...	...	...	...
	2000	233	...	...	...	...
GUAM	1990	134	...	...	...	...
	1995	145	...	...	...	...
	2000	155	...	...	...	...
KIRIBATI	1990	72	...	...	...	...
	1995	77	...	...	...	...
	2000	83	...	...	...	...
NAURU	1990	9	...	...	...	...
	1995	11	...	...	...	...
	2000	12	...	...	...	...
NEWCALEDONIA	1990	171	...	...	...	...
	1995	193	...	...	...	...
	2000	215	...	...	...	...

表 3

総人口、農業人口および経済活動人口（千人）

地域および国	年次	人口 総数	人口 農業関係	経済活動人口 総数	経済活動人口 農業関係	農業関係人口の割合
NEW ZEALAND	1990	3360	340	1619	168	10.4
	1995	3604	339	1766	170	9.6
	2000	3778	332	1883	170	9.0
NIUE	1990	2	...	...	...	...
	1995	2	...	...	...	...
	2000	2	...	...	...	...
PACIFIC ISL	1990	198	62	81	25	31.1
MARSHALL IS	1995	48	...	...	...	...
	2000	51	...	...	...	...
MICRONESIA	1995	108	...	...	...	...
	2000	123	...	...	...	...
N MARIANAS	1995	58	...	...	...	...
	2000	73	...	...	...	...
PALAU	1995	17	...	...	...	...
	2000	19	...	...	...	...
PAPUA N GUIN	1990	3762	3075	1801	1426	79.2
	1995	4279	3402	2052	1576	76.8
	2000	4809	3707	2313	1714	74.1
SAMOA	1990	160	...	...	...	...
	1995	158	...	...	...	...
	2000	159	...	...	...	...
SOLOMON IS	1990	319	244	163	125	76.6
	1995	377	282	190	143	74.9
	2000	447	327	223	163	73.1
TOKELAU	1990	2	...	...	...	...
	1995	2	...	...	...	...
	2000	1	...	...	...	...
TONGA	1990	96	...	...	...	...
	1995	97	...	...	...	...
	2000	99	...	...	...	...
TUVALU	1990	9	...	...	...	...
	1995	9	...	...	...	...
	2000	10	...	...	...	...
VANUATU	1990	149	...	...	...	...
	1995	172	...	...	...	...
	2000	197	...	...	...	...
WALLIS FUT I	1990	14	...	...	...	...
	1995	14	...	...	...	...
	2000	14	...	...	...	...
USSR	1990	289574	57122	143449	26653	18.6

FAO INDICES OF AGRICULTURAL PRODUCTION

INDICES FAO DE LA PRODUCTION AGRICOLE

ÍNDICES FAO DE LA PRODUCCIÓN AGROPECUARIA

FAO農業生産指数

أرقام المنظمة القياسية للإنتاج الزراعي

表 4

食 料

生産指数：1989－91＝100

	1989	1990	1991	1992	1993	1994	1995	1996	1997	1998	1999	2000
WORLD	98.3	100.8	100.9	103.8	104.6	107.9	110.1	114.7	117.6	119.7	123.0	124.4
AFRICA	96.9	98.0	105.1	102.7	106.5	109.6	110.8	122.4	120.6	124.9	127.7	127.5
ALGERIA	94.6	92.9	112.5	120.0	113.3	104.9	120.5	143.1	114.3	130.5	133.0	126.7
ANGOLA	98.5	98.0	103.5	110.6	109.2	125.4	123.2	128.4	128.9	148.2	141.4	142.7
BENIN	95.1	98.8	106.2	109.0	110.8	116.1	125.8	134.9	151.8	149.3	150.6	149.4
BOTSWANA	93.1	99.7	107.2	103.3	103.3	94.6	111.2	106.4	94.6	90.4	93.9	96.1
BURKINA FASO	97.6	92.5	109.9	115.2	120.9	120.1	120.9	126.7	122.8	137.2	133.4	133.4
BURUNDI	92.4	102.5	105.0	108.2	106.5	89.5	97.2	97.6	97.1	91.5	91.6	86.1
CAMEROON	95.4	100.4	104.3	104.4	111.0	114.9	121.9	126.8	122.9	126.1	135.3	136.2
CENT AFR REP	100.3	99.5	100.2	106.5	108.4	111.8	114.9	129.5	125.8	130.1	132.3	138.0
CHAD	96.0	92.8	111.2	113.0	97.8	111.1	115.9	121.1	132.8	160.9	141.4	143.4
CONGO, DEM R	96.6	100.8	102.6	104.9	104.9	106.7	107.8	95.1	94.5	94.6	91.8	89.6
CONGO, REP	101.2	100.7	98.1	100.5	103.0	110.7	114.5	115.7	113.0	115.6	116.7	116.7
CÔTE DIVOIRE	97.3	100.9	101.8	105.4	109.0	110.3	123.8	128.1	130.1	127.5	128.8	134.4
EGYPT	93.8	101.4	104.8	110.8	114.0	114.5	125.7	137.5	145.0	145.3	154.8	156.5
ETHIOPIA PDR	95.6	99.7	104.8	96.8								
ERITREA					85.2	117.1	107.7	104.3	103.7	151.3	140.0	112.3
ETHIOPIA					98.1	98.0	108.3	124.7	126.1	116.2	123.5	119.4
GABON	96.8	98.1	105.1	103.1	100.9	102.9	105.3	107.7	110.2	112.3	114.8	114.8
GAMBIA	120.8	84.4	94.8	73.1	86.4	90.1	87.4	69.4	91.2	89.5	128.1	128.1
GHANA	99.4	82.3	118.3	116.7	125.3	120.0	137.7	148.7	143.9	157.5	164.6	164.6
GUINEA	92.3	99.6	108.0	116.0	117.8	123.3	127.7	132.1	137.5	144.0	145.2	145.3
GUINEABISSAU	98.2	103.0	98.8	104.7	106.1	112.6	117.1	115.3	119.7	122.6	127.3	127.3
KENYA	100.2	100.4	99.4	98.4	93.6	102.7	103.5	105.7	107.5	107.2	104.9	100.4
LESOTHO	106.3	111.0	82.7	88.6	100.7	108.7	90.3	111.3	115.9	98.1	96.4	95.9
LIBYA	96.2	100.5	103.4	101.9	102.6	109.9	120.5	127.4	133.5	156.1	138.0	143.8
MADAGASCAR	98.4	99.7	101.9	102.2	106.2	103.9	107.7	109.5	111.7	110.8	114.4	107.5
MALAWI	97.5	97.5	105.0	77.3	111.9	87.9	104.6	119.7	114.7	142.1	158.5	155.8
MALI	97.3	94.6	108.1	99.7	104.5	110.3	108.8	112.0	112.9	121.4	126.5	126.5
MAURITANIA	98.0	100.2	101.8	95.1	93.7	96.1	101.0	107.2	105.0	104.1	103.9	107.5
MAURITIUS	97.4	101.3	101.3	106.3	104.7	98.9	105.4	108.2	116.0	111.3	87.0	109.1
MOROCCO	100.0	93.3	106.7	82.5	82.9	108.3	73.3	114.7	96.8	111.5	98.7	89.4
MOZAMBIQUE	99.4	106.5	94.1	80.7	92.6	89.9	108.3	122.5	130.1	138.5	140.7	113.4
NAMIBIA	101.0	96.1	103.0	105.2	107.8	114.3	110.1	118.5	85.3	94.9	95.9	100.8
NIGER	92.5	99.7	107.8	111.1	95.3	119.3	105.6	120.3	97.1	147.1	141.0	140.0
NIGERIA	92.9	97.5	109.7	116.8	123.3	127.3	131.7	139.9	143.2	149.4	153.9	153.9
RÉUNION	89.7	99.1	111.2	114.3	108.5	109.6	110.9	111.0	120.5	114.7	119.6	119.5
RWANDA	97.7	95.7	106.7	108.1	82.0	55.9	66.1	75.9	78.3	84.7	91.0	99.1
SENEGAL	104.7	95.5	99.8	92.7	102.8	105.1	117.2	108.1	101.7	100.9	121.0	120.8
SIERRA LEONE	100.3	99.6	100.1	92.6	92.0	97.8	91.5	97.2	101.9	94.7	85.3	78.1
SOUTH AFRICA	102.4	98.1	99.6	84.7	96.1	100.8	86.7	103.0	103.6	97.9	103.6	109.4
SUDAN	95.6	91.8	112.7	126.7	116.5	139.3	141.0	154.5	156.6	159.7	158.2	160.2
SWAZILAND	97.2	97.1	105.7	98.8	94.0	97.3	87.8	97.3	88.0	90.1	93.1	94.1
TANZANIA	100.5	99.6	99.9	94.8	96.9	96.2	100.5	102.9	97.4	104.9	106.9	100.7
TOGO	98.8	102.9	98.3	100.9	119.5	103.5	114.2	128.6	133.1	126.5	136.5	137.0
TUNISIA	79.7	96.7	123.5	104.7	116.2	85.2	82.4	144.2	98.2	124.6	130.8	128.6
UGANDA	96.3	101.1	102.7	103.7	109.6	107.0	111.4	102.6	105.4	113.5	116.2	127.9
ZAMBIA	108.9	93.9	97.2	81.9	117.4	102.4	94.6	113.7	98.7	93.4	105.9	116.8
ZIMBABWE	100.3	103.5	96.3	63.7	91.7	100.9	74.5	102.9	105.8	93.5	103.0	115.7
N C AMERICA	97.9	101.4	100.8	107.9	100.6	113.4	109.5	114.0	117.6	120.1	122.4	125.2
BARBADOS	99.4	102.7	97.9	86.2	87.5	81.7	90.4	105.6	96.7	97.2	99.1	100.1
CANADA	93.2	103.4	103.4	102.7	102.8	108.0	110.7	117.7	116.1	123.7	131.7	133.5
COSTA RICA	92.4	100.5	107.1	110.0	101.6	117.7	128.1	133.2	130.8	141.5	148.9	143.0
CUBA	102.2	103.1	94.7	79.2	58.9	57.3	54.3	63.8	62.2	58.3	61.4	62.8
DOMINICAN RP	101.0	98.4	100.6	101.9	102.6	102.2	100.2	106.0	105.5	104.8	107.5	110.9
EL SALVADOR	97.1	101.8	101.2	107.9	107.0	102.7	105.1	102.0	117.6	116.5	119.2	121.1
GUADELOUPE	111.8	87.8	100.4	104.2	114.0	101.2	83.5	90.6	113.8	108.2	108.2	108.2
GUATEMALA	95.6	101.6	102.8	103.7	106.0	109.7	117.9	120.1	122.3	126.2	121.7	121.5
HAITI	103.8	98.2	98.0	95.9	93.5	93.6	88.7	92.6	95.7	94.9	96.5	102.8
HONDURAS	96.8	100.5	102.7	102.7	104.1	105.7	100.8	112.3	110.6	112.0	107.6	105.4
JAMAICA	91.3	104.1	104.6	111.2	111.4	115.4	117.6	124.6	117.7	118.3	121.8	122.8
MARTINIQUE	97.4	105.8	96.9	100.9	96.0	85.8	90.7	112.8	120.2	120.0	120.0	120.0
MEXICO	93.7	101.0	105.4	106.1	108.9	113.6	121.5	117.1	122.7	124.0	129.2	133.8
NICARAGUA	97.0	104.5	98.5	103.6	114.1	116.3	116.2	121.4	122.9	130.3	156.8	165.1
PANAMA	99.9	102.5	97.6	97.7	100.0	102.6	103.5	105.3	100.8	103.2	102.3	115.5
TRINIDAD TOB	92.8	102.7	104.5	103.4	110.4	114.7	111.0	114.3	111.3	100.4	113.5	118.5
USA	98.9	101.2	99.9	109.7	99.9	115.6	109.1	114.3	118.6	120.7	121.9	124.7
SOUTHAMERICA	98.2	99.4	102.5	106.1	107.4	114.7	122.0	123.8	129.0	131.4	139.2	142.0
ARGENTINA	90.3	103.8	105.9	106.8	105.2	112.9	118.3	122.0	125.3	134.8	139.0	140.1
BOLIVIA	93.1	100.6	106.3	98.4	104.7	113.1	122.3	128.8	139.2	136.4	133.2	149.5
BRAZIL	101.8	97.1	101.1	107.2	108.5	116.5	125.3	125.2	130.5	131.9	142.5	146.9
CHILE	95.7	101.0	103.3	107.2	112.4	120.0	126.7	128.7	132.7	134.7	132.1	132.0
COLOMBIA	95.9	100.9	103.2	99.7	103.6	106.5	112.9	112.1	115.1	116.3	117.9	119.8

表 4

食 料

生産指数：1989-91＝100

	1989	1990	1991	1992	1993	1994	1995	1996	1997	1998	1999	2000
ECUADOR	94.0	100.1	105.9	110.8	115.8	128.5	132.3	142.2	154.1	127.8	150.1	155.4
GUYANA	105.7	86.1	108.3	128.3	141.4	155.3	177.8	189.6	192.9	176.9	196.2	196.2
PARAGUAY	97.6	101.8	100.7	105.8	108.4	105.1	117.5	116.1	124.9	127.9	137.6	132.4
PERU	102.9	96.3	100.8	97.1	102.8	117.9	126.8	134.8	144.9	147.3	166.8	170.1
SURINAME	105.2	93.5	101.3	107.6	97.6	94.7	100.8	89.1	90.3	77.4	81.5	82.4
URUGUAY	106.5	97.3	96.2	103.9	100.5	112.9	114.9	128.0	136.7	137.8	141.0	132.8
VENEZUELA	99.3	100.0	100.8	104.6	109.6	106.6	106.6	111.9	119.3	114.9	117.8	114.5
ASIA (FMR)	96.3	100.9	102.7	108.2	114.2	119.4	125.0	130.6	135.2	139.8	143.9	146.4
ARMENIA				86.0	64.5	82.4	78.7	80.6	72.9	76.3	77.2	74.7
AZERBAIJAN				76.4	64.7	58.1	56.7	63.0	58.3	64.2	69.7	74.0
BANGLADESH	98.4	99.6	102.0	103.5	103.5	99.9	103.7	109.8	111.3	115.2	128.3	131.6
BHUTAN	97.1	101.2	101.7	101.3	104.6	110.0	113.1	115.3	116.7	116.7	114.4	114.4
CAMBODIA	102.8	99.0	98.3	100.7	104.4	101.1	125.0	128.5	132.2	134.5	147.7	143.3
CHINA	93.9	101.6	104.5	111.4	122.5	130.9	139.8	148.2	157.2	165.4	171.4	177.3
CYPRUS	109.3	103.4	87.3	102.1	110.7	99.8	114.9	112.1	103.5	110.5	118.0	110.1
GEORGIA				78.4	72.8	76.0	84.6	86.1	92.3	80.1	82.0	75.4
INDIA	99.1	99.6	101.3	105.3	108.6	112.5	115.9	119.1	122.4	122.6	128.3	127.4
INDONESIA	97.0	100.9	102.1	110.4	112.0	112.8	120.3	122.7	119.8	117.2	120.4	120.8
IRAN	87.5	105.6	106.9	121.8	126.8	128.2	131.2	138.1	134.7	155.1	143.8	145.5
IRAQ	105.8	118.2	76.0	88.0	104.3	101.9	102.0	102.4	91.4	94.9	81.1	67.6
ISRAEL	97.1	107.2	95.7	101.4	101.9	96.9	107.7	111.2	110.5	115.1	111.3	113.6
JAPAN	101.7	100.8	97.5	101.2	94.6	100.3	98.1	95.9	96.1	91.9	92.9	93.6
JORDAN	83.8	108.3	107.9	126.8	122.7	148.0	155.3	115.3	141.9	152.9	125.8	136.4
KAZAKHSTAN				110.4	97.5	81.4	63.9	62.0	62.0	50.7	69.7	61.5
KOREA REP	100.0	101.9	98.1	110.9	110.5	111.8	112.8	120.4	126.1	125.3	126.1	124.1
KUWAIT	161.9	119.1	19.0	33.6	88.8	112.0	126.8	160.1	140.5	155.7	166.6	169.1
KYRGYZSTAN				102.0	97.7	91.8	87.9	99.8	109.0	111.5	117.2	117.4
LAOS	99.9	106.5	93.6	109.0	103.9	121.8	113.8	112.8	126.7	131.1	157.2	152.5
LEBANON	89.0	99.4	111.5	116.7	115.1	119.5	129.3	135.3	135.2	142.4	138.7	145.3
MALAYSIA	94.5	100.3	105.2	110.5	121.1	122.7	124.6	128.7	131.2	130.2	138.7	141.2
MONGOLIA	99.0	95.6	105.2	91.8	79.5	75.8	79.1	90.9	88.2	90.7	94.1	84.4
MYANMAR	99.3	101.1	99.6	109.3	122.0	127.5	131.8	135.5	136.0	138.1	154.9	160.4
NEPAL	97.7	102.0	100.3	95.7	106.5	104.5	112.8	115.2	118.7	119.0	121.2	125.3
PAKISTAN	96.7	99.5	103.8	106.2	113.9	117.3	127.2	135.0	137.1	144.3	144.4	146.6
PHILIPPINES	96.1	103.8	100.1	101.7	107.5	110.2	112.1	121.2	123.9	113.7	116.6	121.1
SAUDI ARABIA	87.6	105.2	107.2	109.1	94.2	95.9	77.2	67.9	89.0	88.4	83.6	83.6
SRI LANKA	96.0	104.6	99.4	101.2	106.0	114.0	118.9	104.6	108.1	113.7	117.2	115.7
SYRIA	86.9	106.7	106.5	124.9	116.1	125.0	135.2	150.4	132.5	166.8	136.0	151.3
TAJIKISTAN				79.7	71.9	71.2	64.3	54.0	53.1	49.0	50.2	61.6
THAILAND	103.1	93.7	103.3	106.9	103.9	109.6	110.9	114.7	116.6	112.3	114.2	114.7
TURKEY	94.7	101.7	103.7	102.9	103.5	103.8	104.1	109.4	107.7	116.0	110.1	108.5
TURKMENISTAN				84.0	101.4	117.7	115.2	97.6	105.7	126.1	136.5	136.4
UZBEKISTAN				106.3	108.3	111.4	112.6	104.7	110.5	113.4	117.3	117.6
VIET NAM	98.7	99.9	101.5	110.8	116.0	121.5	128.1	134.1	138.9	146.2	155.5	159.7
YEMEN	108.7	100.8	90.5	105.3	112.1	111.4	113.6	113.9	120.5	131.3	128.5	130.9
EUROPE (FMR)	100.2	99.8	100.0	97.9	96.1	93.8	94.4	98.1	98.4	98.5	99.6	98.2
AUSTRIA	99.2	100.0	100.8	100.0	100.3	103.8	102.6	102.0	104.8	106.9	105.3	100.9
BELARUS				82.5	83.5	65.0	62.6	64.8	62.7	65.8	59.9	59.5
BEL-LUX	99.2	95.9	104.9	109.7	113.4	112.5	112.2	115.0	113.8	113.5	114.2	111.8
BULGARIA	110.6	101.4	87.9	87.9	70.7	71.6	80.6	63.6	69.4	68.9	67.8	64.9
CROATIA				63.8	63.7	57.8	59.6	59.7	58.9	70.8	67.0	66.8
CZECHOSLOVAK	103.8	101.3	94.9	89.3								
CZECH REP					98.8	78.2	80.1	79.3	78.4	80.4	81.6	69.9
DENMARK	96.2	102.2	101.6	96.1	104.0	100.4	101.7	101.9	104.0	106.4	104.2	105.8
ESTONIA				72.6	65.8	55.9	53.3	46.8	44.2	40.8	40.9	46.4
FINLAND	100.2	104.8	95.0	88.8	92.6	94.0	90.9	92.0	95.0	84.8	88.3	96.4
FRANCE	99.3	100.4	100.3	105.7	98.5	98.0	100.6	106.1	106.6	107.6	107.9	106.8
GERMANY	101.3	101.7	97.1	93.6	90.0	87.6	89.2	91.5	92.9	93.9	96.4	95.6
GREECE	104.0	90.7	105.3	103.9	101.8	107.1	106.5	104.3	99.3	97.8	100.0	98.7
HUNGARY	102.6	96.5	100.9	78.7	71.2	71.9	70.9	76.2	78.5	78.2	74.5	67.5
ICELAND	98.5	99.3	102.1	101.0	96.4	98.4	97.5	93.9	93.7	95.9	101.5	103.4
IRELAND	93.2	102.4	104.5	107.5	107.9	102.0	102.7	106.2	103.5	107.5	115.8	113.1
ITALY	100.6	95.6	103.9	105.7	101.7	101.5	100.0	102.4	101.2	101.8	107.2	105.4
LATVIA				97.0	85.4	59.8	55.9	45.9	52.4	46.1	41.4	46.7
LITHUANIA				92.6	82.9	67.2	66.0	70.5	71.4	66.1	61.9	63.0
MACEDONIA				101.6	81.8	91.2	92.8	94.0	93.7	95.2	96.9	94.7
MALTA	101.6	96.2	102.2	103.4	105.5	117.9	119.9	140.1	137.5	137.1	130.9	134.4
MOLDOVA REP				70.9	80.3	58.2	66.5	56.7	64.3	45.6	41.6	46.2
NETHERLANDS	96.5	101.3	102.3	109.8	105.2	103.9	103.0	102.9	96.0	98.3	104.5	102.6
NORWAY	98.5	105.7	95.7	91.7	97.3	96.6	96.0	97.4	96.8	96.0	95.9	94.9
POLAND	101.7	102.4	95.9	85.5	91.0	78.2	84.1	88.3	85.4	91.2	86.8	85.9
PORTUGAL	94.7	99.7	105.5	93.9	91.3	93.1	98.4	102.5	96.7	94.0	106.6	102.2
ROMANIA	105.0	94.7	100.3	79.8	102.7	99.4	101.8	95.0	103.6	88.8	99.0	89.0
RUSSIAN FED				87.6	83.0	70.9	64.7	67.9	68.6	59.4	61.8	61.7
SLOVAKIA					81.2	79.0	75.8	77.0	82.4	78.6	78.2	70.6

表　4

食　料

生産指数：1989－91＝100

	1989	1990	1991	1992	1993	1994	1995	1996	1997	1998	1999	2000
SLOVENIA				76.9	89.2	97.2	96.4	102.6	99.5	101.2	95.0	92.2
SPAIN	98.2	102.6	99.2	101.7	98.4	94.1	86.6	107.9	114.0	110.1	110.4	114.0
SWEDEN	102.0	106.7	91.3	86.5	98.7	93.8	93.4	99.5	101.5	100.8	96.7	104.3
SWITZERLAND	101.3	100.2	98.5	103.2	100.2	95.8	96.7	97.7	93.2	99.5	94.1	97.2
UK	97.7	100.1	102.2	101.9	99.2	100.5	101.4	101.1	99.7	99.7	98.6	97.8
UKRAINE				74.0	71.9	58.8	61.9	53.7	55.7	47.1	46.9	49.4
YUGOSLAV SFR	102.7	93.8	103.5									
YUGOSLAVIA				94.3	88.6	91.7	95.7	103.7	99.7	94.5	83.1	80.7
OCEANIA	98.6	100.5	100.9	108.1	112.2	106.7	117.3	126.4	127.8	132.8	138.1	137.9
AUSTRALIA	97.4	102.4	100.2	109.6	114.4	104.3	118.4	130.2	129.6	136.8	146.9	144.1
FIJI ISLANDS	100.2	104.5	95.3	96.9	95.0	99.5	102.7	108.5	97.4	81.7	86.3	86.3
NEW ZEALAND	101.4	95.8	102.8	105.5	107.8	113.4	117.0	120.1	127.2	128.2	121.7	127.7
PAPUA N GUIN	100.1	99.5	100.5	107.1	110.5	107.2	107.9	111.8	111.3	111.0	117.2	117.7
SOLOMON IS	99.3	97.0	103.8	109.0	107.4	108.6	122.4	125.6	131.1	134.7	138.2	140.7
TONGA	95.6	95.8	108.6	86.9	84.2	81.5	76.5	76.6	76.6	76.2	76.3	76.3
VANUATU	87.8	113.8	98.4	97.2	99.9	101.2	104.4	105.3	122.7	126.9	107.5	125.5
USSR	104.6	104.7	90.8									

表 5

農 業

生産指数：1989－91＝100

	1989	1990	1991	1992	1993	1994	1995	1996	1997	1998	1999	2000
WORLD	98.1	100.7	101.2	103.5	104.1	107.1	109.3	113.7	116.6	118.2	121.4	122.8
AFRICA	97.1	98.0	104.9	102.4	106.0	108.7	110.2	121.8	120.3	124.4	126.8	126.5
ALGERIA	94.9	93.2	111.9	119.3	112.9	104.6	119.6	141.1	113.3	129.1	131.7	125.5
ANGOLA	99.1	97.8	103.2	109.7	108.5	123.6	121.8	126.8	127.4	146.1	138.9	140.3
BENIN	92.1	99.0	108.9	110.1	122.2	124.1	138.6	154.7	166.6	163.4	164.6	163.6
BOTSWANA	93.1	99.7	107.2	103.3	103.3	94.7	111.1	106.4	94.5	90.3	93.7	96.0
BURKINA FASO	96.7	94.7	108.7	113.3	117.5	117.1	117.3	126.5	132.6	144.0	138.7	138.7
BURUNDI	92.7	102.2	105.1	108.5	105.2	91.1	96.1	95.9	94.2	89.3	91.2	84.8
CAMEROON	96.0	99.7	104.3	102.5	108.0	112.7	120.6	126.8	120.0	126.4	132.8	131.9
CENT AFR REP	100.9	99.7	99.4	103.4	103.9	110.2	112.1	129.5	126.8	128.3	126.7	132.7
CHAD	95.7	93.3	111.0	108.4	93.7	106.4	113.8	123.2	133.4	161.6	141.9	143.6
CONGO, DEM R	96.7	100.9	102.4	104.4	104.3	106.0	106.9	94.4	93.7	93.4	90.3	87.8
CONGO, REP	101.5	100.6	98.0	100.4	102.8	110.4	114.1	115.0	112.2	114.8	115.9	115.9
CÔTE DIVOIRE	98.2	102.2	99.6	97.6	102.3	104.4	115.9	118.6	126.9	128.2	130.8	135.2
EGYPT	94.1	101.3	104.6	111.4	115.2	112.9	123.3	136.2	143.2	141.5	150.5	152.0
ETHIOPIA PDR	95.8	99.8	104.4	97.2								
ERITREA					85.5	116.8	107.5	104.2	103.7	150.3	139.2	112.0
ETHIOPIA					97.6	98.2	108.4	123.5	124.8	115.7	122.5	118.6
GABON	97.7	97.6	104.7	102.5	100.8	103.3	105.8	109.3	113.0	115.4	117.9	117.8
GAMBIA	120.9	84.3	94.8	73.9	87.5	90.8	87.4	69.5	90.6	88.5	126.6	126.6
GHANA	99.2	82.4	118.4	117.2	126.2	120.4	138.1	149.5	144.8	158.8	165.7	165.7
GUINEA	92.1	99.6	108.3	116.3	118.0	121.9	126.5	129.4	135.1	142.7	145.2	145.4
GUINEABISSAU	98.1	103.1	98.9	104.1	105.7	112.1	117.0	115.2	119.5	122.3	127.3	127.3
KENYA	100.0	100.5	99.6	97.7	94.4	102.2	105.3	108.0	107.5	109.6	106.9	101.0
LESOTHO	104.3	111.0	84.7	96.4	107.5	114.7	98.3	111.8	116.6	96.9	95.4	95.6
LIBYA	96.3	100.5	103.2	101.7	102.3	109.1	119.5	126.5	132.3	153.3	136.7	142.1
MADAGASCAR	99.0	99.8	101.3	101.1	105.2	102.9	106.0	107.8	109.4	108.9	112.4	105.5
MALAWI	95.6	97.9	106.5	85.5	114.1	89.2	108.8	123.1	121.9	134.9	145.2	145.7
MALI	96.4	95.9	107.7	102.7	102.9	111.2	114.8	119.8	123.9	130.4	133.6	133.6
MAURITANIA	98.0	100.2	101.8	95.1	93.7	96.1	101.0	107.2	105.0	104.1	103.9	107.5
MAURITIUS	97.5	101.1	101.4	106.0	104.7	98.4	103.1	104.2	110.6	105.9	83.3	103.9
MOROCCO	100.0	93.6	106.4	82.8	83.1	107.8	73.9	114.0	96.9	111.2	98.6	89.7
MOZAMBIQUE	99.0	106.0	95.0	81.8	93.4	91.0	108.7	122.6	131.0	140.3	142.4	114.8
NAMIBIA	101.2	96.3	102.5	104.9	107.6	114.5	110.1	118.3	85.9	95.3	96.6	101.3
NIGER	92.6	99.6	107.8	111.2	95.5	119.6	106.4	120.7	97.4	147.1	141.3	140.3
NIGERIA	92.7	97.6	109.7	116.8	122.5	126.5	131.1	139.4	142.8	148.9	153.3	153.3
RÉUNION	89.8	99.1	111.1	113.9	107.9	109.0	110.3	110.4	119.8	114.1	118.9	118.8
RWANDA	97.8	96.5	105.7	108.7	82.5	53.6	66.0	75.0	77.9	84.1	90.1	97.5
SENEGAL	104.0	95.4	100.6	93.5	103.5	105.5	116.3	107.4	101.8	100.5	119.5	119.3
SIERRA LEONE	100.2	99.6	100.2	93.4	92.4	98.7	92.0	97.1	103.0	95.0	82.8	76.4
SOUTH AFRICA	102.4	98.0	99.5	84.4	94.4	98.9	85.3	100.6	100.8	95.5	101.2	106.1
SUDAN	97.0	91.3	111.8	123.6	114.3	137.5	140.1	152.7	153.7	156.1	154.5	157.9
SWAZILAND	96.3	97.9	105.8	92.1	89.3	91.3	81.6	92.3	86.1	86.4	90.2	91.1
TANZANIA	99.2	99.2	101.6	96.9	97.5	96.3	102.3	105.1	99.8	104.4	106.3	100.3
TOGO	96.6	100.4	103.1	105.8	120.4	106.9	112.4	128.7	136.1	133.2	140.7	141.1
TUNISIA	80.2	96.9	122.9	104.3	115.3	84.9	82.1	142.1	97.5	123.1	129.0	127.1
UGANDA	97.2	100.1	102.8	102.2	109.5	109.5	112.9	109.8	109.5	117.2	121.2	131.0
ZAMBIA	108.9	93.0	98.1	80.8	118.3	100.5	94.9	112.3	100.1	95.0	107.3	117.2
ZIMBABWE	100.2	99.7	100.1	74.1	98.6	102.4	82.7	110.2	114.3	110.0	110.3	126.1
N C AMERICA	97.3	101.5	101.2	107.6	100.5	113.5	109.5	114.0	117.5	119.0	121.6	124.2
BARBADOS	99.4	102.7	97.9	86.6	87.5	81.7	90.4	105.6	96.7	97.2	99.1	100.1
CANADA	93.0	103.6	103.4	101.9	102.6	108.3	111.3	117.7	116.2	124.0	131.7	132.9
COSTA RICA	93.7	100.0	106.3	109.8	101.6	114.4	123.4	128.0	125.3	136.6	142.2	137.8
CUBA	102.6	103.0	94.4	78.9	58.9	57.3	54.8	64.4	63.0	59.3	62.3	63.4
DOMINICAN RP	102.0	97.8	100.1	99.7	99.8	99.2	98.1	104.4	104.9	106.4	103.6	107.8
EL SALVADOR	95.7	102.4	102.0	111.2	105.3	101.4	102.8	101.5	109.8	108.2	116.7	114.8
GUADELOUPE	111.8	87.8	100.4	104.2	114.0	101.2	83.5	90.6	113.8	108.2	108.2	108.2
GUATEMALA	96.4	101.7	101.9	104.3	104.3	106.3	111.6	114.2	118.1	120.7	120.6	120.7
HAITI	103.8	98.2	98.0	94.5	93.3	92.9	87.9	91.2	94.1	93.3	95.0	101.1
HONDURAS	96.4	101.9	101.7	102.9	104.0	108.0	104.0	115.2	115.5	117.9	115.5	114.9
JAMAICA	91.3	104.0	104.7	111.1	111.1	115.2	117.4	124.3	117.4	117.7	121.3	122.4
MARTINIQUE	97.3	105.7	97.0	101.0	96.1	85.8	90.7	112.8	120.2	120.0	120.0	120.0
MEXICO	93.7	101.4	105.0	104.3	107.2	112.3	120.3	117.0	121.8	123.1	127.3	131.0
NICARAGUA	98.3	100.6	101.1	104.1	105.8	107.2	111.3	114.2	118.7	124.3	151.6	157.0
PANAMA	99.5	102.4	98.0	97.9	99.9	102.6	103.1	105.0	100.6	103.0	102.1	114.7
TRINIDAD TOB	92.7	103.3	104.0	102.6	109.7	114.0	110.0	112.8	110.6	99.2	112.0	117.1
USA	98.1	101.3	100.6	109.6	100.2	116.0	109.2	114.5	118.7	119.5	121.2	123.9
SOUTHAMERICA	98.0	99.5	102.6	105.5	105.8	112.4	118.9	120.8	125.1	127.8	135.2	138.0
ARGENTINA	90.4	104.0	105.7	105.8	103.3	110.5	116.4	120.3	122.6	131.5	134.7	135.5
BOLIVIA	93.3	100.4	106.3	98.9	104.6	112.9	122.5	129.8	139.6	136.6	133.7	148.1
BRAZIL	101.7	97.2	101.1	106.6	107.2	114.5	121.6	122.0	126.9	129.2	139.6	144.5
CHILE	95.6	101.1	103.2	107.1	112.6	119.8	126.1	128.0	131.6	133.5	131.2	131.1
COLOMBIA	93.9	100.8	105.3	103.1	101.8	102.6	109.4	107.1	108.5	111.2	111.1	112.8
ECUADOR	94.1	100.3	105.6	110.4	114.5	128.3	130.0	141.5	147.5	121.4	145.8	150.9
GUYANA	105.6	86.1	108.2	128.1	141.2	155.0	177.4	189.1	192.4	176.3	195.5	195.5

表 5

農 業

生産指数：1989－91＝100

	1989	1990	1991	1992	1993	1994	1995	1996	1997	1998	1999	2000
PARAGUAY	97.5	101.9	100.6	99.3	101.8	98.1	109.2	105.4	108.8	113.0	120.3	116.1
PERU	104.4	96.2	99.4	94.8	99.7	115.1	124.2	133.1	140.6	142.5	161.5	165.8
SURINAME	105.2	93.5	101.3	107.6	97.6	94.7	100.8	89.1	90.3	77.4	81.4	82.3
URUGUAY	104.3	98.3	97.4	102.4	100.1	110.9	111.3	121.4	129.8	129.6	129.8	122.0
VENEZUELA	99.4	100.2	100.5	104.1	108.5	105.8	105.3	110.7	117.7	113.2	115.7	112.1
ASIA (FMR)	96.2	100.7	103.1	108.0	113.2	117.9	123.6	129.0	133.7	137.3	141.1	143.7
ARMENIA				86.0	64.9	82.0	78.2	79.8	72.2	75.7	76.6	74.1
AZERBAIJAN				76.8	65.5	57.7	54.9	59.4	52.9	57.4	61.3	66.4
BANGLADESH	98.3	99.5	102.2	103.6	103.4	100.3	103.2	109.5	111.6	115.2	130.3	133.6
BHUTAN	97.2	101.2	101.7	101.4	104.6	110.0	113.1	115.2	116.6	116.6	114.4	114.4
CAMBODIA	102.2	99.1	98.7	101.2	104.1	102.3	125.1	128.5	132.1	134.4	147.2	142.9
CHINA	93.8	101.1	105.1	110.9	120.7	128.0	136.6	144.5	153.9	159.7	164.8	170.7
CYPRUS	109.2	103.5	87.3	102.1	110.9	100.6	115.6	112.6	103.8	110.5	118.0	110.2
GEORGIA				71.9	70.4	70.9	74.9	75.6	80.1	72.2	75.1	69.8
INDIA	99.3	99.4	101.2	105.4	108.3	112.4	115.8	119.4	121.9	122.4	127.8	126.9
INDONESIA	96.7	101.1	102.2	110.0	111.8	112.6	119.9	122.4	119.4	117.2	119.8	120.2
IRAN	87.8	105.4	106.8	121.1	125.9	127.6	131.1	138.1	134.6	154.4	144.3	145.8
IRAQ	105.4	118.0	76.6	88.8	104.1	101.2	100.7	100.6	90.3	93.8	80.6	67.6
ISRAEL	97.9	108.1	94.0	100.3	100.4	96.1	107.7	111.8	111.5	115.5	109.2	111.4
JAPAN	101.7	100.8	97.4	100.9	94.3	99.8	97.6	95.3	95.6	91.4	92.4	93.1
JORDAN	84.5	107.9	107.6	127.7	124.6	146.7	155.1	116.2	141.0	151.2	124.3	134.2
KAZAKHSTAN				108.7	96.4	80.7	63.5	61.2	60.5	49.5	67.4	59.9
KOREA REP	100.2	101.8	98.0	110.7	110.9	111.9	112.6	119.3	124.7	124.0	125.1	123.1
KUWAIT	162.6	118.6	18.8	33.3	87.4	110.4	125.3	158.1	139.4	154.2	165.3	168.1
KYRGYZSTAN				100.6	97.0	88.1	81.3	89.8	97.9	100.8	106.3	107.7
LAOS	96.8	107.6	95.6	108.9	102.3	118.0	109.8	111.7	125.0	129.2	150.6	156.7
LEBANON	89.1	99.4	111.5	116.8	115.9	120.4	130.8	137.5	137.3	144.9	140.7	148.0
MALAYSIA	96.8	99.8	103.4	106.8	114.2	115.6	117.3	120.6	121.2	119.3	124.7	126.7
MONGOLIA	98.5	96.2	105.3	92.7	81.3	77.4	83.5	91.2	88.2	90.9	94.3	85.5
MYANMAR	99.6	100.9	99.5	109.4	121.7	126.8	131.1	135.7	136.4	138.7	154.4	160.0
NEPAL	97.7	101.9	100.4	95.7	106.3	104.4	112.5	114.9	118.3	118.7	120.8	124.9
PAKISTAN	94.6	98.5	106.9	103.6	108.6	112.4	123.2	127.6	129.2	134.7	138.5	140.2
PHILIPPINES	96.4	103.6	100.0	101.9	107.2	109.4	111.0	119.6	122.4	112.5	114.9	119.2
SAUDI ARABIA	87.7	105.2	107.1	109.2	94.6	96.4	78.0	69.0	89.7	89.2	84.5	84.5
SRI LANKA	95.3	104.1	100.6	96.5	105.1	112.1	116.1	106.7	110.6	114.6	117.3	116.4
SYRIA	87.5	104.9	107.6	126.8	114.7	121.9	132.3	147.7	137.8	165.8	139.0	152.1
TAJIKISTAN				75.8	71.5	69.3	60.5	51.8	50.2	48.4	47.4	54.3
THAILAND	102.2	94.3	103.6	108.0	105.0	110.9	112.7	116.5	118.4	114.3	115.9	116.8
TURKEY	95.3	101.9	102.8	102.9	103.4	102.8	104.5	109.1	108.5	116.4	110.5	109.0
TURKMENISTAN				88.9	99.4	105.8	103.9	65.2	68.1	78.2	85.1	99.4	94.2
UZBEKISTAN				97.9	100.2	100.2	101.2	91.7	95.2	98.7	97.8	96.3
VIET NAM	98.1	99.9	101.9	111.3	116.5	122.7	129.7	136.9	143.6	150.7	162.0	169.5
YEMEN	108.4	101.1	90.5	106.4	112.9	111.7	114.3	115.1	122.2	133.2	130.6	133.3
EUROPE (FMR)	100.3	99.8	99.9	97.8	96.0	93.7	94.4	97.9	98.3	98.4	99.6	98.2
AUSTRIA	99.2	100.0	100.8	100.0	100.3	103.7	102.6	102.0	104.8	106.9	105.3	100.9
BELARUS				82.6	83.4	65.0	62.9	64.9	62.3	65.6	59.4	59.4
BEL-LUX	99.2	96.0	104.8	109.6	113.3	112.5	112.2	115.0	113.8	113.6	114.3	111.9
BULGARIA	110.4	101.4	88.2	87.4	69.8	69.9	77.7	62.6	68.7	67.3	66.1	64.9
CROATIA				64.3	64.0	58.0	59.8	60.2	59.4	71.3	67.3	66.9
CZECHOSLOVAK	103.8	101.4	94.8	89.2								
CZECH REP					98.9	78.4	80.5	79.3	78.1	80.2	81.6	69.9
DENMARK	96.2	102.2	101.6	96.1	104.0	100.4	101.9	101.9	104.0	106.4	104.2	105.8
ESTONIA				72.6	65.8	56.0	53.3	46.8	44.2	40.8	40.9	46.4
FINLAND	100.2	104.8	95.0	88.8	92.6	94.0	90.9	92.0	95.1	84.8	88.3	96.4
FRANCE	99.3	100.4	100.3	105.5	98.4	98.0	100.6	106.0	106.5	107.5	107.9	106.8
GERMANY	101.3	101.7	97.0	93.6	90.0	87.6	89.2	91.5	93.0	94.0	96.6	95.9
GREECE	104.0	91.0	105.0	105.5	104.9	110.8	110.9	106.0	102.6	101.6	103.7	103.1
HUNGARY	102.7	96.5	100.8	78.6	71.1	71.8	70.8	76.0	78.3	78.1	74.4	67.5
ICELAND	98.9	98.9	102.2	100.9	95.6	97.2	96.0	92.8	92.7	94.9	100.5	102.2
IRELAND	93.1	102.4	104.5	107.0	107.5	101.6	102.3	105.7	103.0	107.0	115.1	112.5
ITALY	100.5	95.7	103.8	105.3	101.2	100.9	99.4	101.9	100.7	101.2	106.5	104.8
LATVIA				96.8	85.0	59.5	55.7	45.8	52.2	46.0	41.5	46.7
LITHUANIA				92.2	82.4	67.0	66.1	70.4	71.2	65.9	61.7	62.8
MACEDONIA				102.4	83.7	91.1	91.4	92.2	94.3	97.5	99.2	97.1
MALTA	101.6	96.3	102.2	103.4	105.4	117.8	119.9	140.0	137.4	136.9	130.7	134.2
MOLDOVA REP				70.9	80.3	58.6	65.6	55.7	63.3	45.5	41.5	45.9
NETHERLANDS	96.4	101.3	102.3	109.6	105.1	103.9	103.0	102.8	95.9	98.1	104.2	102.3
NORWAY	98.5	105.6	95.9	91.9	97.4	96.8	96.2	97.6	96.9	96.1	96.0	95.0
POLAND	101.7	102.5	95.8	85.2	90.5	77.9	83.8	87.8	84.9	90.8	86.4	85.3
PORTUGAL	94.8	99.7	105.5	93.9	91.3	93.1	98.5	102.5	96.8	94.2	106.5	102.2
ROMANIA	105.5	94.8	99.8	79.4	101.6	98.3	100.6	94.0	102.4	87.9	97.9	88.2
RUSSIAN FED				87.5	82.7	70.6	64.4	67.4	67.8	58.8	61.0	60.9
SLOVAKIA					81.6	79.4	75.9	76.5	81.9	78.0	77.7	70.2
SLOVENIA				76.9	89.1	97.2	96.4	102.6	99.6	101.2	95.0	92.2
SPAIN	98.2	102.6	99.3	101.6	98.1	94.0	86.5	108.0	114.3	110.6	111.0	114.5
SWEDEN	102.0	106.7	91.3	86.5	98.7	93.9	93.4	99.6	101.6	100.9	96.8	104.3
SWITZERLAND	101.3	100.2	98.5	103.2	100.2	95.8	96.8	97.8	93.2	99.5	94.1	97.1

表　5

農　業

生産指数：1989−91＝100

	1989	1990	1991	1992	1993	1994	1995	1996	1997	1998	1999	2000
UK	97.6	100.1	102.3	102.1	99.3	100.5	101.3	101.0	99.7	99.9	99.0	97.8
UKRAINE				74.1	71.9	58.8	61.7	53.4	55.3	46.7	46.5	49.1
YUGOSLAV SFR	102.8	93.7	103.5									
YUGOSLAVIA				94.2	88.7	91.7	95.6	103.5	99.6	94.4	83.2	80.7
OCEANIA	97.8	100.8	101.3	104.7	106.6	101.9	108.9	116.0	118.3	121.9	125.9	126.2
AUSTRALIA	96.0	102.6	101.4	105.4	108.0	99.0	107.9	117.2	118.3	123.4	131.1	129.5
FIJI ISLANDS	100.0	104.7	95.3	96.9	95.0	99.3	102.4	108.3	97.2	81.5	86.1	86.1
NEW ZEALAND	102.4	96.0	101.6	103.3	103.1	109.2	112.5	114.0	120.2	120.6	114.4	119.6
PAPUA N GUIN	101.3	99.8	98.8	105.3	110.5	108.1	106.8	111.2	110.5	113.4	119.7	120.1
SOLOMON IS	99.3	97.0	103.7	108.9	107.4	108.6	122.3	125.5	131.0	134.6	138.1	140.5
TONGA	95.6	95.8	108.6	86.9	84.3	81.6	76.5	76.6	76.5	76.1	76.3	76.3
VANUATU	87.8	113.8	98.4	97.2	99.9	101.3	104.4	105.3	122.7	126.9	107.6	125.5
USSR	104.5	104.5	91.0									

表 6

作 物

生産指数：1989-91＝100

	1989	1990	1991	1992	1993	1994	1995	1996	1997	1998	1999	2000
WORLD	98.4	101.0	100.6	103.8	103.8	106.7	108.3	114.8	117.0	117.7	120.4	121.2
AFRICA	97.0	97.0	106.0	101.6	106.6	109.7	110.5	125.8	121.9	126.5	129.1	128.6
ALGERIA	97.5	84.4	118.1	127.3	109.4	92.8	113.7	154.5	104.1	130.1	129.0	119.8
ANGOLA	99.4	96.5	104.1	111.0	108.2	136.6	131.9	133.5	128.0	157.9	144.3	144.5
BENIN	91.2	98.5	110.3	111.4	127.1	128.1	144.0	161.7	175.8	171.9	176.6	175.7
BOTSWANA	105.8	95.9	98.3	67.5	86.6	97.2	80.7	134.7	83.9	71.6	81.5	79.4
BURKINA FASO	98.4	91.6	110.0	116.1	120.5	119.3	115.6	127.2	132.6	146.8	137.4	137.4
BURUNDI	92.4	102.2	105.5	108.4	104.5	89.9	95.8	95.7	95.3	89.5	92.3	86.3
CAMEROON	95.9	99.8	104.3	101.2	107.8	113.4	122.9	130.4	120.6	128.5	138.1	136.3
CENT AFR REP	103.3	100.3	96.3	98.3	97.1	106.5	111.4	124.1	130.6	131.5	127.6	127.2
CHAD	94.7	89.1	116.2	110.0	89.3	110.4	122.9	133.7	144.1	189.9	155.4	158.1
CONGO, DEM R	96.3	100.8	102.9	104.6	104.3	106.0	107.1	93.5	92.4	92.0	88.9	86.3
CONGO, REP	102.5	100.5	97.0	99.1	101.4	110.1	114.4	115.1	110.1	112.4	112.7	112.5
CÔTE DIVOIRE	98.4	102.2	99.4	97.0	101.6	104.4	115.9	119.0	127.5	129.0	131.6	136.3
EGYPT	93.4	102.3	104.3	112.0	116.0	111.8	122.8	135.0	137.6	135.8	146.7	148.8
ETHIOPIA PDR	93.9	99.4	106.8	94.6								
ERITREA					93.3	158.3	133.4	110.2	109.9	214.7	172.6	126.6
ETHIOPIA					95.6	95.9	111.0	131.0	132.4	117.2	126.3	121.3
GABON	97.2	96.3	106.5	103.4	100.1	103.2	106.0	110.1	114.4	116.6	119.0	119.0
GAMBIA	124.9	81.0	94.0	69.2	85.4	88.5	84.1	63.0	86.8	83.6	129.4	129.4
GHANA	99.1	79.8	121.1	119.8	130.0	123.2	143.6	156.4	151.9	167.3	175.2	175.2
GUINEA	91.3	99.7	109.0	117.5	118.7	122.4	126.2	129.1	135.1	143.1	145.5	145.6
GUINEABISSAU	98.1	103.9	98.0	103.5	104.2	112.1	118.8	114.5	120.0	122.9	129.2	129.2
KENYA	103.1	98.4	98.5	97.8	94.4	109.0	111.5	111.3	107.2	116.9	109.1	98.1
LESOTHO	112.9	126.8	60.2	70.6	89.9	121.9	73.7	136.3	132.7	113.8	117.0	109.1
LIBYA	98.3	99.3	102.4	100.1	103.5	108.0	115.8	124.5	127.2	131.4	134.3	135.3
MADAGASCAR	99.7	99.7	100.6	100.2	105.9	100.4	102.5	104.4	105.9	104.1	109.0	100.4
MALAWI	95.6	97.7	106.7	83.0	115.4	88.6	111.3	126.7	124.5	139.7	152.4	152.7
MALI	94.9	93.4	111.7	98.6	99.9	114.6	115.5	123.3	128.4	137.4	142.8	142.8
MAURITANIA	129.4	82.2	88.5	89.1	110.9	138.4	149.1	151.9	140.4	135.6	142.7	170.9
MAURITIUS	97.8	100.6	101.6	105.2	101.4	92.5	99.7	97.7	106.0	104.0	74.9	100.0
MOROCCO	100.2	90.8	109.1	72.9	74.2	110.3	61.9	121.6	89.6	110.3	90.4	80.2
MOZAMBIQUE	98.0	107.8	94.2	79.1	93.0	91.4	113.1	130.1	140.9	153.8	155.7	121.0
NAMIBIA	97.0	99.5	103.5	73.7	87.8	103.2	90.5	102.6	129.6	97.7	107.3	127.8
NIGER	90.4	100.1	109.6	111.8	86.5	122.4	98.6	121.3	83.8	159.1	148.8	147.2
NIGERIA	91.8	97.1	111.2	120.1	125.7	129.7	134.9	143.7	147.3	152.5	157.0	157.0
RÉUNION	90.7	99.3	110.0	110.5	96.5	96.7	98.7	98.0	107.3	100.8	108.8	108.7
RWANDA	97.7	96.1	106.2	109.9	80.9	49.0	63.7	73.1	75.5	81.6	87.5	95.6
SENEGAL	108.7	94.1	97.2	84.2	95.0	96.0	110.0	97.0	87.9	85.2	111.7	111.7
SIERRA LEONE	100.5	99.5	100.0	92.0	90.6	97.6	89.9	95.3	101.8	92.3	78.1	70.3
SOUTH AFRICA	108.1	95.5	96.3	67.6	93.4	105.6	81.2	109.5	107.9	98.0	106.2	112.8
SUDAN	99.5	78.6	121.9	144.6	112.2	157.3	148.9	179.6	172.6	171.3	156.6	161.1
SWAZILAND	99.1	99.2	101.7	82.4	77.0	83.6	70.8	87.3	88.1	86.7	95.4	93.3
TANZANIA	100.0	99.0	101.1	93.8	93.5	91.7	98.7	102.6	94.6	98.9	100.6	92.0
TOGO	98.0	100.1	101.9	104.2	120.7	105.1	113.3	135.4	144.9	139.6	148.0	148.4
TUNISIA	73.8	97.5	128.7	103.4	114.8	74.0	69.0	145.5	87.3	114.9	122.6	117.1
UGANDA	98.4	99.7	101.9	100.2	107.7	108.2	112.1	108.5	108.1	116.4	119.4	132.2
ZAMBIA	116.0	89.5	94.5	65.6	118.7	91.1	85.4	109.7	97.0	86.9	102.8	115.0
ZIMBABWE	102.2	98.1	99.7	59.1	100.4	106.1	77.5	120.0	125.6	117.3	112.5	133.8
N C AMERICA	95.7	103.5	100.9	110.1	97.4	117.0	104.0	114.7	118.1	118.9	119.4	121.0
BARBADOS	96.5	101.9	101.6	94.5	86.1	83.8	91.6	111.0	107.2	91.9	98.4	100.9
CANADA	89.8	105.3	104.9	98.3	108.6	112.7	114.3	119.8	114.7	124.0	135.4	128.6
COSTA RICA	93.6	102.1	104.3	114.2	102.8	118.0	127.2	134.5	134.4	150.2	154.9	143.0
CUBA	101.4	101.2	97.3	84.3	58.3	56.2	50.9	61.8	60.5	53.0	56.5	58.0
DOMINICAN RP	105.5	97.3	97.2	94.7	93.0	90.8	88.5	95.2	96.4	98.4	89.3	86.7
EL SALVADOR	93.5	101.9	104.6	119.7	107.2	101.3	103.6	101.0	101.3	99.8	112.3	106.5
GUADELOUPE	110.9	81.6	107.5	111.0	117.1	99.3	75.1	86.5	111.7	104.7	104.7	104.7
GUATEMALA	94.8	101.6	103.6	108.4	103.5	103.0	107.8	109.6	114.3	119.9	120.7	120.8
HAITI	104.0	98.8	97.3	92.1	89.2	88.8	85.0	86.5	89.5	85.9	87.9	90.4
HONDURAS	97.3	102.5	100.2	101.2	106.5	107.6	107.2	119.8	119.6	116.5	112.5	109.2
JAMAICA	94.7	102.2	103.2	113.0	121.0	126.7	129.2	134.3	124.1	121.8	123.4	125.3
MARTINIQUE	101.6	102.8	95.6	100.3	95.0	83.2	94.1	116.5	124.9	124.9	124.9	124.9
MEXICO	94.0	103.8	102.3	100.3	102.6	106.0	110.7	120.1	119.3	121.2	119.0	122.3
NICARAGUA	97.9	96.7	105.4	104.4	94.0	98.7	113.4	116.3	117.0	127.7	134.8	142.4
PANAMA	106.5	103.9	89.6	94.3	90.8	97.3	91.3	93.2	89.8	87.8	89.6	107.0
TRINIDAD TOB	92.6	106.8	100.6	103.4	102.3	108.6	103.9	108.9	109.3	94.0	102.3	111.1
USA	96.3	103.4	100.3	113.9	96.1	121.5	103.3	115.1	120.5	120.1	119.4	122.1
SOUTHAMERICA	100.4	98.6	101.0	105.5	104.1	112.1	117.1	115.6	121.6	125.7	133.0	135.5
ARGENTINA	87.2	103.8	109.0	111.4	105.1	115.3	125.2	133.5	137.7	160.3	161.5	160.8
BOLIVIA	93.5	94.5	112.0	101.2	112.2	117.9	130.8	141.5	155.6	147.4	145.5	177.2
BRAZIL	105.9	96.6	97.5	104.7	103.5	112.0	114.9	108.0	115.8	117.9	126.1	129.8
CHILE	96.7	99.6	103.7	108.9	110.7	117.0	122.8	123.2	126.2	126.9	126.1	124.4
COLOMBIA	93.8	100.7	105.5	107.4	102.0	99.9	103.3	100.5	99.2	98.2	101.9	102.7
ECUADOR	94.9	100.0	105.1	114.2	119.8	134.7	128.9	140.3	151.0	107.4	147.7	165.5
GUYANA	102.0	87.8	110.2	119.3	130.7	142.5	165.9	172.2	173.0	157.2	176.2	176.2
PARAGUAY	103.2	104.2	92.6	88.7	92.9	89.5	107.3	100.7	103.4	107.6	115.7	107.8

表 6

作 物

生産指数：1989－91＝100

	1989	1990	1991	1992	1993	1994	1995	1996	1997	1998	1999	2000
PERU	111.0	93.4	95.6	84.2	97.6	118.5	126.3	139.4	145.9	142.9	167.2	175.3
SURINAME	106.9	90.0	103.1	113.1	100.9	101.2	109.0	100.3	94.4	83.3	84.8	83.4
URUGUAY	108.8	95.6	95.6	114.9	115.3	113.3	128.5	153.5	152.5	150.7	167.5	137.5
VENEZUELA	99.1	97.4	103.5	99.7	97.7	102.4	104.5	106.7	111.3	106.7	106.9	102.4
ASIA (FMR)	96.9	101.0	102.1	105.8	109.6	112.0	117.8	123.8	125.5	128.2	130.8	131.9
ARMENIA				108.3	94.6	115.1	115.8	120.5	93.2	103.7	104.4	86.5
AZERBAIJAN				73.5	60.7	52.7	47.8	50.2	42.3	42.9	47.0	55.6
BANGLADESH	98.8	99.2	102.0	102.9	101.8	97.5	100.0	105.7	106.9	111.7	128.7	132.6
BHUTAN	95.8	100.8	103.4	106.1	111.1	116.4	120.8	123.8	125.8	125.8	122.7	122.7
CAMBODIA	102.5	99.7	97.8	95.1	97.2	95.3	123.9	126.6	128.6	130.4	145.2	138.6
CHINA	94.8	101.9	103.3	106.4	113.8	116.3	124.5	134.5	138.0	141.2	143.6	145.0
CYPRUS	114.4	104.4	81.2	102.6	107.7	86.6	106.0	99.1	77.5	88.4	94.8	83.1
GEORGIA				61.1	60.8	60.1	64.4	60.6	63.6	56.1	64.1	60.2
INDIA	100.4	99.0	100.6	104.6	106.9	110.8	114.1	117.4	119.8	120.4	125.3	125.7
INDONESIA	97.2	101.3	101.5	110.0	110.0	109.3	118.5	120.5	117.1	117.3	120.2	120.6
IRAN	85.3	106.6	108.1	121.8	126.0	126.8	131.8	139.9	133.7	158.5	141.1	143.3
IRAQ	95.3	115.9	88.8	100.3	116.4	112.7	116.2	117.1	103.8	109.0	83.4	63.2
ISRAEL	96.5	114.4	89.1	94.7	93.7	89.9	107.0	107.6	104.7	108.8	95.3	98.9
JAPAN	103.1	101.7	95.2	100.0	87.5	99.3	95.7	92.8	94.2	86.7	89.0	90.4
JORDAN	87.0	115.4	97.5	125.9	104.2	138.3	148.4	107.6	110.9	134.9	103.1	120.7
KAZAKHSTAN				142.6	100.3	76.1	50.0	56.8	61.7	39.5	81.5	71.0
KOREA REP	103.9	98.9	97.2	102.8	100.5	99.0	106.4	107.6	107.7	103.8	109.5	108.7
KUWAIT	154.3	115.2	30.5	55.1	83.4	89.0	108.7	121.7	137.9	142.2	145.2	158.8
KYRGYZSTAN				102.2	90.3	74.8	74.2	92.6	111.6	119.7	134.3	135.5
LAOS	96.4	109.1	94.5	108.3	96.4	114.3	100.0	105.2	119.3	123.9	145.2	160.1
LEBANON	89.6	99.9	110.5	114.4	111.0	117.8	129.0	134.4	135.4	138.6	134.1	140.4
MALAYSIA	100.7	100.2	99.1	99.9	105.8	104.4	107.3	110.6	111.9	103.7	116.2	118.3
MONGOLIA	119.2	97.8	83.1	66.5	63.0	44.3	37.7	31.3	39.8	37.3	34.9	36.7
MYANMAR	99.1	101.4	99.5	110.3	124.2	129.7	133.6	140.1	137.4	142.4	158.3	163.3
NEPAL	98.5	102.3	99.2	92.6	106.9	102.1	112.5	115.2	118.0	117.3	119.2	126.3
PAKISTAN	93.9	97.4	108.6	98.7	101.3	102.7	116.6	115.1	113.4	120.6	128.0	129.9
PHILIPPINES	97.2	104.0	98.9	101.6	105.7	107.7	108.5	115.3	115.5	101.7	103.6	108.2
SAUDI ARABIA	96.3	101.5	102.2	107.9	112.0	110.6	94.4	86.1	92.7	90.7	90.0	90.0
SRI LANKA	95.4	104.6	100.0	93.7	102.9	109.3	113.9	103.7	107.9	112.3	115.7	114.7
SYRIA	84.0	107.2	108.8	140.3	130.8	137.3	144.0	163.1	144.3	180.9	140.2	157.4
TAJIKISTAN				74.5	72.0	69.0	60.6	58.1	57.6	54.5	51.5	60.6
THAILAND	104.5	94.0	101.6	104.7	100.0	106.7	109.2	113.0	114.5	110.7	114.3	115.9
TURKEY	92.5	103.6	103.9	103.9	104.9	102.1	106.2	113.1	110.2	120.3	111.5	109.5
TURKMENISTAN				95.6	99.3	103.1	101.6	45.1	57.3	63.8	83.0	77.3
UZBEKISTAN				93.4	91.1	88.4	92.2	83.9	85.6	86.7	85.7	81.3
VIET NAM	98.1	99.5	102.3	111.1	116.7	122.3	130.0	137.9	145.3	150.6	161.4	169.9
YEMEN	109.3	105.6	85.1	110.0	114.5	107.9	113.6	108.2	116.2	132.7	126.8	131.3
EUROPE (FMR)	101.9	98.8	99.3	96.0	95.1	92.3	93.6	100.2	101.7	101.2	102.5	99.9
AUSTRIA	100.1	101.3	98.6	90.4	94.3	96.6	98.9	93.8	101.2	103.6	105.7	97.3
BELARUS				97.7	125.0	87.7	93.6	106.4	91.1	84.9	75.7	95.0
BEL-LUX	100.0	99.3	100.8	122.5	126.3	119.9	122.8	131.9	135.0	131.0	150.9	144.0
BULGARIA	108.2	96.4	95.4	82.0	60.2	70.8	81.1	55.3	70.1	65.2	63.8	62.2
CROATIA				68.7	75.2	72.6	77.1	80.4	84.8	94.7	91.2	75.8
CZECHOSLOVAK	102.1	98.5	99.4	88.0								
CZECH REP					91.1	82.4	86.6	88.1	85.3	86.4	92.2	87.9
DENMARK	94.3	106.2	99.5	79.8	92.2	83.2	90.3	90.8	95.4	94.7	90.7	95.9
ESTONIA				82.4	91.1	67.8	69.9	72.2	74.0	62.6	57.3	79.8
FINLAND	101.5	109.4	89.1	75.8	91.3	91.1	91.5	95.2	99.8	73.6	81.8	103.5
FRANCE	100.1	101.3	98.6	106.1	96.7	96.9	98.8	107.7	109.1	111.5	113.0	110.0
GERMANY	104.7	100.4	94.9	102.0	99.1	97.1	101.0	105.3	106.7	112.2	117.0	114.1
GREECE	105.5	87.9	106.7	106.9	105.8	113.5	113.7	108.2	103.2	103.0	107.4	106.6
HUNGARY	102.4	93.0	104.6	72.2	65.1	76.3	74.5	81.0	85.8	85.0	79.2	65.5
ICELAND	81.2	79.9	138.9	131.0	118.4	141.2	114.5	148.6	132.0	160.9	160.6	154.2
IRELAND	95.3	102.2	102.5	106.2	92.5	98.6	102.7	117.1	106.5	107.2	112.0	110.0
ITALY	102.5	92.2	105.2	106.9	101.7	100.3	97.8	101.1	98.4	100.4	107.7	105.4
LATVIA				91.7	107.3	76.0	67.6	79.2	90.0	70.8	70.2	75.9
LITHUANIA				57.7	83.7	50.0	61.7	79.1	91.9	84.6	71.0	83.8
MACEDONIA				112.7	80.9	93.5	96.5	97.8	101.9	107.9	110.3	105.7
MALTA	100.0	100.2	99.8	106.3	107.0	113.1	124.5	147.8	129.8	123.0	117.3	115.8
MOLDOVA REP				74.3	103.6	66.3	79.4	67.7	79.3	56.5	51.5	56.9
NETHERLANDS	97.9	103.4	98.7	112.8	113.3	107.4	110.4	115.6	111.5	97.4	113.5	115.3
NORWAY	96.2	111.6	92.2	75.6	95.3	88.7	84.1	86.1	84.3	89.5	81.8	84.7
POLAND	101.9	103.1	95.0	75.7	99.1	77.1	89.7	90.9	83.2	94.1	83.5	81.9
PORTUGAL	94.4	100.2	105.5	86.6	80.4	86.5	93.4	98.6	88.2	83.2	101.8	95.6
ROMANIA	112.2	93.2	94.6	76.3	98.7	93.9	103.6	93.6	109.9	90.4	101.4	77.6
RUSSIAN FED				101.9	95.4	78.7	76.1	77.3	88.6	58.0	67.0	77.5
SLOVAKIA					84.9	88.4	85.5	89.1	91.3	84.2	78.7	62.9
SLOVENIA				81.0	84.6	99.4	94.3	100.8	91.8	96.9	85.8	87.8
SPAIN	99.9	104.2	96.0	99.1	93.2	87.4	75.2	107.3	116.8	109.0	105.1	113.4
SWEDEN	101.1	112.1	86.8	74.6	95.9	78.9	83.9	97.4	98.1	94.7	85.4	101.6
SWITZERLAND	107.2	102.2	90.6	112.2	100.6	92.1	92.2	107.3	91.2	107.7	85.2	102.1
UK	98.4	100.6	101.0	104.0	97.8	95.6	95.7	106.7	104.8	101.2	103.5	101.4
UKRAINE				82.8	93.6	68.1	73.7	62.4	72.2	58.2	54.4	59.8

表　6

作　物

生産指数：1989－91＝100

	1989	1990	1991	1992	1993	1994	1995	1996	1997	1998	1999	2000
YUGOSLAV SFR	100.6	89.0	110.5									
YUGOSLAVIA				77.2	76.3	83.6	86.4	87.3	98.9	90.0	82.6	62.0
OCEANIA	100.2	102.2	97.6	113.8	118.0	93.8	123.3	144.9	140.8	150.1	163.4	149.6
AUSTRALIA	100.6	102.4	97.1	115.9	120.3	88.5	125.2	151.1	146.5	158.9	174.6	157.1
FIJI ISLANDS	102.3	107.3	90.5	94.7	94.2	97.5	101.7	109.7	93.0	69.2	75.4	75.4
NEW ZEALAND	93.1	102.2	104.7	111.8	115.0	138.9	142.6	146.3	143.4	135.5	137.7	137.7
PAPUA N GUIN	101.9	99.9	98.2	104.7	109.6	106.0	104.1	108.8	107.4	110.1	117.1	117.5
SOLOMON IS	99.1	96.8	104.2	110.0	108.1	109.4	124.4	127.7	133.6	137.5	141.1	143.1
TONGA	95.0	96.1	108.9	87.9	84.8	85.2	78.5	78.5	78.5	78.5	78.5	78.5
VANUATU	87.8	117.1	95.1	94.0	95.2	94.8	99.6	101.6	122.3	128.8	103.0	124.0
USSR	105.7	107.3	86.9									

表 7

畜産物

生産指数：1989－91＝100

	1989	1990	1991	1992	1993	1994	1995	1996	1997	1998	1999	2000
WORLD	97.9	100.5	101.6	101.6	103.3	106.2	108.9	110.6	113.3	116.3	119.3	120.7
AFRICA	97.5	100.5	102.1	103.7	104.4	105.8	109.3	111.7	115.4	118.6	121.0	121.4
ALGERIA	95.0	102.8	102.2	106.1	111.0	113.1	117.3	116.0	115.3	120.8	125.6	122.6
ANGOLA	98.6	99.4	102.1	108.2	109.2	108.4	110.2	119.4	127.0	135.1	135.6	136.0
BENIN	97.4	100.6	102.1	102.4	97.1	103.3	109.0	116.3	122.3	124.8	110.8	110.8
BOTSWANA	91.4	100.2	108.4	108.4	105.6	94.3	115.4	102.3	96.1	93.0	95.5	98.4
BURKINA FASO	92.9	101.3	105.8	107.5	111.1	112.4	121.0	124.8	132.5	138.0	141.4	141.4
BURUNDI	95.7	102.4	101.9	109.1	111.2	102.7	98.7	97.3	83.7	87.1	81.2	69.5
CAMEROON	96.0	100.7	103.3	105.2	108.8	110.7	112.9	114.7	116.5	118.0	118.5	118.5
CENT AFR REP	97.4	98.9	103.8	110.7	113.7	115.4	113.1	137.2	121.6	123.7	125.4	140.6
CHAD	97.1	99.5	103.4	106.1	100.1	101.0	100.8	108.1	118.0	121.0	122.5	122.5
CONGO, DEM R	100.5	101.3	98.3	102.6	104.2	105.6	105.4	102.2	105.1	105.2	102.1	100.8
CONGO, REP	96.9	100.9	102.3	106.0	108.8	111.5	112.9	114.2	117.3	125.0	129.9	131.0
CÔTE DIVOIRE	96.1	100.8	103.1	107.1	111.6	105.4	115.4	113.3	117.9	116.5	118.7	118.7
EGYPT	97.0	98.1	104.9	108.1	112.2	116.6	122.9	136.2	155.4	157.4	161.6	162.0
ETHIOPIA PDR	98.7	100.5	100.8	101.3								
ERITREA					80.1	88.8	90.1	100.2	99.5	106.9	116.7	102.2
ETHIOPIA					101.6	102.7	104.8	112.2	113.1	114.2	117.2	115.1
GABON	98.0	99.9	102.1	104.0	106.0	107.1	109.8	112.1	114.0	116.8	119.1	119.1
GAMBIA	100.6	99.3	100.1	97.9	100.0	102.7	102.5	100.8	107.5	111.6	114.7	114.7
GHANA	100.0	98.9	101.1	100.2	101.3	102.7	102.4	103.8	98.1	101.8	102.2	102.2
GUINEA	97.7	99.2	103.1	107.9	113.0	118.7	129.8	132.9	136.1	141.5	145.3	145.3
GUINEABISSAU	97.6	100.4	102.0	106.2	110.6	113.0	114.4	116.3	118.0	120.5	122.2	122.2
KENYA	97.3	102.3	100.4	97.6	94.4	96.3	99.8	105.1	107.6	103.2	105.1	103.5
LESOTHO	99.5	102.5	98.1	110.8	117.1	110.4	112.9	99.3	108.8	88.9	84.6	89.0
LIBYA	94.6	102.5	102.9	100.9	100.6	107.1	120.5	123.5	131.9	170.0	132.5	133.7
MADAGASCAR	98.0	100.3	101.8	102.5	103.7	104.7	107.5	109.0	110.6	112.0	113.3	108.3
MALAWI	95.7	99.9	104.5	102.5	105.3	97.9	100.8	107.3	113.6	110.6	111.9	113.8
MALI	98.3	99.1	102.5	107.9	106.8	106.7	112.5	115.3	118.2	121.6	122.0	122.0
MAURITANIA	94.2	102.4	103.4	95.7	91.2	90.5	94.3	100.9	100.1	99.7	98.5	98.5
MAURITIUS	95.6	102.5	101.9	111.8	120.6	129.2	131.4	142.3	138.0	124.3	138.6	137.0
MOROCCO	100.4	99.6	100.0	102.6	100.3	97.0	100.6	98.3	110.6	108.2	111.8	108.0
MOZAMBIQUE	99.2	101.7	99.2	94.4	97.1	92.7	96.1	98.3	100.6	99.8	103.2	103.2
NAMIBIA	101.8	95.7	102.5	111.5	111.9	116.9	114.4	122.6	78.4	95.7	95.4	96.1
NIGER	96.2	99.0	104.8	109.9	110.6	114.7	119.2	118.8	120.8	126.7	128.4	128.3
NIGERIA	97.6	101.4	101.0	96.9	104.1	108.1	109.9	111.6	113.4	124.1	127.4	127.4
RÉUNION	89.1	98.8	112.1	116.9	122.8	125.1	125.4	126.6	136.0	131.4	131.4	131.4
RWANDA	98.8	99.1	102.1	99.4	95.5	89.4	83.7	89.5	96.5	103.8	110.4	112.3
SENEGAL	92.4	98.6	109.1	116.2	124.4	128.8	131.9	133.1	135.9	138.1	138.3	137.5
SIERRA LEONE	98.3	100.7	101.0	103.1	104.6	106.1	107.0	109.4	111.0	113.2	115.1	117.3
SOUTH AFRICA	96.5	101.0	102.5	105.0	97.3	92.0	92.3	88.8	91.4	94.4	96.5	99.0
SUDAN	95.4	99.0	105.6	110.8	115.7	125.6	134.6	136.6	142.1	147.2	153.3	156.4
SWAZILAND	90.4	92.8	116.9	114.9	119.9	110.6	109.1	106.4	82.4	87.6	77.3	83.9
TANZANIA	97.4	99.9	102.7	105.6	108.5	108.7	111.6	111.4	113.5	118.6	121.2	122.1
TOGO	89.2	104.0	106.8	113.1	115.9	114.5	119.8	114.0	112.0	118.8	118.2	118.2
TUNISIA	97.1	99.0	103.9	105.5	111.9	116.6	125.4	128.5	132.2	144.0	153.7	157.8
UGANDA	92.1	102.1	105.8	108.6	113.7	109.8	112.1	113.4	114.6	118.9	122.9	123.9
ZAMBIA	95.7	99.8	104.5	108.5	116.6	117.4	111.5	117.1	104.7	108.4	113.6	119.5
ZIMBABWE	95.6	103.4	101.1	110.1	96.3	94.9	97.5	90.6	91.7	95.8	109.8	114.7
N C AMERICA	98.5	99.9	101.6	104.7	105.5	109.9	112.9	113.7	115.6	118.9	123.3	125.9
BARBADOS	100.2	100.7	99.1	87.7	85.0	89.8	95.2	102.8	96.4	98.5	99.5	99.5
CANADA	99.5	101.1	99.5	105.0	103.5	106.0	111.0	118.3	121.3	128.6	130.6	136.9
COSTA RICA	94.9	98.6	106.5	99.2	97.6	109.9	118.4	120.8	115.4	118.6	122.6	130.0
CUBA	106.8	105.8	87.4	63.8	57.7	59.1	61.2	61.9	63.1	66.1	68.6	70.6
DOMINICAN RP	95.6	98.9	105.5	110.2	116.5	115.6	119.1	123.1	124.8	123.9	131.3	145.1
EL SALVADOR	101.9	100.5	97.6	98.8	103.0	102.0	105.9	109.0	124.0	122.3	120.6	124.7
GUADELOUPE	106.0	104.3	89.6	94.4	97.4	97.3	96.9	90.9	104.1	104.1	104.1	104.1
GUATEMALA	101.4	102.0	96.6	96.2	106.8	114.0	118.7	123.2	125.1	127.1	125.0	125.1
HAITI	103.1	96.2	100.8	108.0	112.1	114.5	107.1	116.3	118.8	128.5	129.0	149.4
HONDURAS	94.2	101.4	104.5	107.6	106.1	116.0	101.1	115.8	117.0	126.5	128.9	134.1
JAMAICA	87.4	105.8	106.8	110.5	101.3	101.5	102.7	109.0	110.5	113.6	122.3	122.3
MARTINIQUE	95.7	100.4	103.9	103.8	97.0	92.4	83.0	84.6	84.6	83.5	83.5	83.5
MEXICO	94.3	100.1	105.6	108.9	116.3	118.8	127.8	117.2	123.3	130.7	139.6	142.9
NICARAGUA	99.7	105.4	95.0	104.4	121.6	118.6	111.7	113.9	119.4	118.1	172.6	175.2
PANAMA	92.4	101.2	106.5	103.5	112.1	110.8	121.6	126.0	119.8	127.8	124.9	126.4
TRINIDAD TOB	95.8	100.1	104.1	99.1	110.7	101.8	110.6	111.1	102.5	100.1	100.8	100.8
USA	98.9	99.6	101.5	104.8	105.1	109.9	112.0	113.4	114.7	117.1	121.1	123.2
SOUTHAMERICA	95.9	100.1	104.0	106.8	110.0	114.8	122.0	127.2	129.0	129.4	137.5	141.7
ARGENTINA	94.7	103.9	101.4	100.9	104.2	107.7	107.9	106.1	107.4	103.0	111.5	115.2
BOLIVIA	93.2	106.1	100.7	96.4	99.1	107.2	113.2	117.5	122.5	123.7	128.0	127.2
BRAZIL	96.2	97.7	106.0	111.7	114.5	120.1	132.4	142.1	141.6	143.0	155.6	162.0
CHILE	93.8	102.6	103.6	106.4	116.9	124.6	132.2	135.3	140.6	145.3	141.4	143.5
COLOMBIA	94.1	101.3	104.6	98.7	102.3	107.8	117.7	116.6	120.0	126.0	122.4	125.6
ECUADOR	92.7	100.1	107.3	108.2	114.0	121.6	133.5	149.9	153.9	144.6	151.2	153.9
GUYANA	100.4	97.3	102.3	132.8	144.1	163.1	164.5	189.3	195.2	186.2	194.3	194.1
PARAGUAY	92.3	98.9	108.8	115.4	115.3	111.0	110.7	112.4	119.2	123.6	129.0	133.8

表 7

畜産物

生産指数：1989－91＝100

	1989	1990	1991	1992	1993	1994	1995	1996	1997	1998	1999	2000
PERU	95.1	100.1	104.7	107.5	105.3	111.6	122.8	123.8	132.9	141.7	153.6	154.8
SURINAME	96.8	103.4	99.8	93.9	87.5	70.0	68.1	61.8	71.1	60.5	70.5	76.4
URUGUAY	103.1	99.0	97.9	100.4	97.8	111.5	108.1	114.5	124.9	125.2	121.1	118.0
VENEZUELA	102.5	99.7	97.8	107.0	115.5	108.3	103.5	111.9	119.2	116.7	117.2	114.3
ASIA (FMR)	94.3	99.8	106.0	112.7	121.4	131.2	138.9	143.9	153.4	160.7	166.2	169.7
ARMENIA				74.9	48.3	62.2	56.7	56.2	58.4	58.3	58.6	66.6
AZERBAIJAN				76.2	67.8	62.1	61.4	65.2	63.6	73.9	75.5	77.0
BANGLADESH	95.5	101.1	103.5	107.6	113.2	118.1	123.6	133.1	141.1	137.0	140.0	140.0
BHUTAN	100.6	102.2	97.2	89.4	88.2	93.9	93.9	93.9	93.9	93.9	93.9	93.9
CAMBODIA	101.4	97.2	101.4	120.3	125.8	124.2	129.1	134.8	143.7	147.5	154.0	157.4
CHINA	91.2	99.1	109.7	119.9	134.2	151.2	165.9	171.6	187.9	201.7	210.7	219.8
CYPRUS	98.9	100.5	100.7	103.9	116.7	123.8	130.4	134.5	142.9	139.6	144.7	145.1
GEORGIA				78.3	72.9	78.8	87.0	92.6	97.6	90.0	90.8	85.1
INDIA	95.9	100.8	103.3	107.3	112.2	117.1	120.7	124.0	128.0	131.9	136.3	132.6
INDONESIA	93.4	100.0	106.6	110.3	123.3	132.6	127.5	134.5	133.8	116.2	125.0	125.1
IRAN	94.2	100.4	105.4	113.0	119.7	127.6	128.6	134.3	138.4	143.5	147.3	147.3
IRAQ	130.4	115.7	54.0	55.6	62.6	64.2	56.7	58.1	63.8	62.9	68.5	69.9
ISRAEL	97.4	98.5	104.1	108.2	112.8	120.7	118.5	120.3	122.3	117.2	122.9	122.9
JAPAN	100.4	99.8	99.8	101.2	101.0	98.8	97.4	96.2	95.5	94.8	94.2	94.2
JORDAN	81.4	97.0	121.6	148.3	172.2	160.4	166.0	172.6	180.8	191.7	188.3	189.4
KAZAKHSTAN				82.0	85.1	78.1	65.2	55.8	48.6	44.9	44.8	46.1
KOREA REP	95.0	100.8	104.2	124.9	131.5	134.2	137.8	148.2	157.0	162.1	160.3	156.7
KUWAIT	170.1	124.7	5.2	34.4	79.3	114.5	132.4	166.1	149.7	162.3	176.0	196.2
KYRGYZSTAN				92.6	88.9	79.9	71.6	74.7	74.4	75.2	76.9	79.5
LAOS	99.7	100.2	100.1	111.6	129.3	135.5	157.0	142.6	152.3	154.8	177.0	139.6
LEBANON	88.9	97.6	113.5	115.2	120.5	112.0	118.0	127.7	126.4	154.9	155.3	158.1
MALAYSIA	86.9	99.6	113.6	125.9	138.2	145.4	147.7	149.3	153.0	156.8	152.4	153.7
MONGOLIA	96.0	97.4	106.6	94.5	83.6	80.7	86.7	96.4	91.4	94.6	98.6	88.7
MYANMAR	102.5	97.6	99.9	103.6	105.5	107.7	114.8	120.4	129.9	137.0	155.0	164.8
NEPAL	96.6	100.6	102.8	103.1	103.9	109.1	111.4	113.2	118.6	122.0	124.4	126.7
PAKISTAN	95.3	100.0	104.7	110.6	118.0	124.9	131.6	144.1	149.8	153.2	151.9	153.2
PHILIPPINES	94.3	101.1	104.6	102.9	113.2	117.7	123.5	137.0	148.1	154.0	158.5	162.2
SAUDI ARABIA	91.8	101.0	107.2	110.4	108.3	111.8	115.4	116.8	138.6	140.1	141.3	141.3
SRI LANKA	95.3	100.7	104.0	115.0	119.5	129.8	133.4	130.2	131.6	132.7	131.1	131.2
SYRIA	95.6	100.2	104.2	101.9	86.9	93.6	107.5	113.4	120.1	130.7	132.7	134.4
TAJIKISTAN				77.7	69.1	67.5	57.2	39.6	34.3	35.1	37.8	40.2
THAILAND	90.8	97.1	112.1	120.7	122.3	125.6	126.0	130.4	134.6	132.2	125.1	124.3
TURKEY	100.0	99.4	100.7	99.3	101.8	105.0	101.9	101.7	106.3	106.9	108.3	103.3
TURKMENISTAN				100.2	114.4	117.5	116.1	119.9	118.9	132.2	140.1	137.2
UZBEKISTAN				110.2	118.8	118.4	115.0	105.5	110.2	114.9	115.6	117.9
VIET NAM	98.2	101.0	100.8	112.2	116.2	125.1	131.6	138.2	144.1	158.2	171.7	175.2
YEMEN	105.9	94.5	99.6	105.8	112.9	116.8	114.0	122.3	128.7	132.2	136.4	136.4
EUROPE (FMR)	99.5	100.7	99.8	97.0	95.6	94.4	95.5	96.4	96.1	97.5	97.8	96.3
AUSTRIA	98.6	99.8	101.7	105.4	103.0	107.6	103.1	106.0	106.8	107.8	101.2	101.2
BELARUS				84.2	77.2	70.9	62.2	60.6	60.3	64.7	59.1	56.9
BEL-LUX	98.1	95.3	106.6	106.5	108.8	110.3	113.9	116.5	112.2	114.5	109.4	108.4
BULGARIA	108.2	104.0	87.8	85.4	72.8	62.4	62.2	64.4	59.2	62.4	61.9	59.2
CROATIA				56.1	51.5	47.7	45.3	44.6	43.8	48.7	48.9	48.0
CZECHOSLOVAK	104.4	104.7	90.9	87.7								
CZECH REP					89.9	75.2	76.4	74.8	73.3	75.0	73.1	59.5
DENMARK	98.1	99.6	102.3	105.9	111.1	111.2	110.1	111.6	112.7	116.9	117.3	116.8
ESTONIA				68.0	57.3	50.0	46.2	39.6	38.0	37.0	35.8	38.0
FINLAND	100.0	102.9	97.1	94.6	91.7	93.8	91.1	91.0	93.1	92.8	92.6	93.0
FRANCE	98.0	99.3	102.6	103.0	101.9	101.8	104.5	106.1	106.8	106.8	105.9	104.8
GERMANY	102.3	102.0	95.7	86.6	85.2	83.0	84.5	85.4	86.5	86.1	87.0	87.2
GREECE	99.8	100.2	100.0	100.5	101.1	101.0	102.6	101.7	102.0	98.3	94.6	93.9
HUNGARY	104.8	102.4	92.8	81.6	73.5	68.2	67.5	70.7	67.8	69.2	70.6	70.2
ICELAND	99.4	99.2	101.4	100.3	95.3	97.5	97.5	95.0	96.0	97.7	103.2	105.1
IRELAND	92.7	102.5	104.7	107.2	109.6	103.2	104.0	105.3	104.1	108.1	117.1	114.5
ITALY	97.1	101.1	101.8	102.9	101.7	102.7	104.2	106.6	106.2	104.8	106.9	106.5
LATVIA				87.8	71.1	50.7	47.1	37.1	38.1	36.3	30.7	35.1
LITHUANIA				91.3	70.8	66.9	58.5	56.3	56.8	55.4	53.3	51.3
MACEDONIA				88.7	94.4	96.7	93.6	87.7	87.7	85.1	86.1	86.2
MALTA	100.2	98.5	101.3	101.5	103.4	109.1	105.5	123.5	134.3	140.7	137.8	137.9
MOLDOVA REP				67.8	55.5	50.5	47.0	43.9	41.1	35.8	35.5	33.5
NETHERLANDS	96.7	100.6	102.7	108.1	102.9	102.5	102.1	102.5	93.3	100.5	103.3	100.4
NORWAY	100.6	102.1	97.2	99.1	99.4	100.8	101.6	103.9	103.4	100.4	100.8	98.9
POLAND	101.5	102.6	95.9	89.6	83.0	77.6	79.7	83.2	83.5	87.8	86.8	82.4
PORTUGAL	94.4	101.0	104.6	104.0	107.3	105.8	108.2	110.2	115.8	118.9	120.2	118.2
ROMANIA	96.8	99.8	103.4	95.0	97.0	98.4	93.0	90.5	90.5	88.4	89.9	90.7
RUSSIAN FED				80.1	76.2	68.6	60.9	57.8	53.5	53.4	51.1	49.9
SLOVAKIA					76.4	70.2	68.1	67.0	69.2	66.9	69.8	67.7
SLOVENIA				77.4	92.7	98.0	96.0	103.7	104.7	104.2	102.2	98.2
SPAIN	96.0	99.9	104.0	103.4	105.2	105.3	107.5	112.1	115.4	123.5	127.2	125.5
SWEDEN	102.7	102.3	95.1	94.4	100.0	102.7	101.9	101.6	104.4	103.6	104.2	103.8
SWITZERLAND	100.1	98.7	101.2	99.0	99.2	95.2	97.1	94.7	93.5	95.0	94.2	92.8
UK	98.2	100.2	101.6	100.5	99.6	102.8	103.7	97.2	97.9	99.4	97.9	96.3
UKRAINE				77.9	67.9	66.4	62.2	55.1	48.4	45.6	45.7	46.1

表 7

畜産物

生産指数：1989－91＝100

	1989	1990	1991	1992	1993	1994	1995	1996	1997	1998	1999	2000
YUGOSLAV SFR	103.4	95.5	101.2									
YUGOSLAVIA				101.0	97.9	97.8	108.4	115.9	108.8	97.6	90.4	92.1
OCEANIA	96.8	100.3	102.9	101.1	102.5	105.2	104.9	106.2	111.0	113.0	113.5	116.7
AUSTRALIA	93.9	102.5	103.7	100.5	102.6	104.2	102.4	103.4	107.4	109.9	114.0	115.9
FIJI ISLANDS	95.2	101.2	103.6	101.3	97.1	102.8	104.1	106.1	105.8	104.9	106.2	106.2
NEW ZEALAND	102.9	95.8	101.4	102.3	102.1	106.9	110.0	111.8	118.4	119.3	112.4	118.0
PAPUA N GUIN	98.7	100.5	100.8	106.7	113.3	120.8	125.5	128.0	133.3	136.6	136.6	136.6
SOLOMON IS	101.0	99.3	99.7	98.8	100.9	100.7	101.6	103.6	105.4	106.3	108.1	115.2
TONGA	103.0	99.0	98.1	99.0	95.4	77.0	70.3	70.3	70.3	70.3	70.3	70.3
VANUATU	88.3	99.9	111.8	110.2	118.7	126.9	123.3	120.1	123.8	119.0	127.0	131.6
USSR	102.9	102.9	94.2									

表 8

穀物

生産指数：1989－91＝100

	1989	1990	1991	1992	1993	1994	1995	1996	1997	1998	1999	2000
WORLD	98.2	102.5	99.3	103.3	100.0	102.5	100.1	109.0	110.8	110.2	110.8	109.3
AFRICA	99.8	93.8	106.5	91.0	101.5	112.0	100.0	126.7	113.9	118.5	115.5	115.7
ALGERIA	80.6	60.0	159.4	140.7	57.5	34.5	88.7	215.2	26.8	132.5	61.6	45.8
ANGOLA	92.1	83.5	124.4	133.8	105.1	99.0	102.3	182.5	155.7	213.0	189.5	189.5
BENIN	99.7	96.4	103.9	107.8	110.6	114.4	128.5	127.0	161.5	155.3	159.6	156.5
BOTSWANA	125.2	88.3	86.5	28.2	66.0	84.8	61.7	194.0	53.4	18.4	32.2	35.7
BURKINA FASO	99.1	76.0	124.9	125.3	130.3	126.9	117.8	126.2	118.0	137.2	126.6	126.6
BURUNDI	99.9	99.0	101.1	103.2	101.5	76.9	89.4	92.6	107.3	88.7	92.8	85.3
CAMEROON	94.9	89.2	115.9	99.1	105.4	99.9	134.6	142.8	141.4	164.9	115.9	162.7
CENT AFR REP	121.0	91.4	87.6	89.7	89.0	95.5	107.2	122.2	134.5	143.8	168.8	171.1
CHAD	92.1	84.3	123.6	141.1	94.1	154.4	128.3	125.5	138.6	191.3	167.2	177.6
CONGO, DEM R	96.1	101.6	102.3	105.2	112.3	115.9	106.7	103.8	108.6	112.3	109.7	107.6
CONGO, REP	187.0	55.5	57.6	59.6	61.8	64.4	57.5	43.7	37.3	20.3	20.3	20.3
CÔTE DIVOIRE	96.6	99.8	103.7	108.6	126.7	135.9	144.2	121.4	170.4	160.3	156.5	156.5
EGYPT	87.3	102.9	109.8	116.6	120.2	121.1	130.7	134.3	147.6	143.4	158.2	163.6
ETHIOPIA PDR	95.3	98.9	105.8	86.0								
ERITREA					83.1	278.9	123.6	85.9	85.5	467.9	333.7	187.9
ETHIOPIA					91.4	88.4	110.4	154.3	159.9	117.1	139.8	132.9
GABON	89.7	102.7	107.6	111.6	117.4	126.0	129.0	133.2	137.6	137.6	137.6	137.6
GAMBIA	97.7	91.0	111.2	95.9	94.3	96.4	98.5	103.6	104.4	116.3	144.9	144.9
GHANA	103.0	72.2	124.9	109.5	144.2	139.3	158.5	156.7	146.2	156.5	148.6	148.6
GUINEA	89.5	99.3	111.2	111.3	115.8	117.1	135.4	144.4	152.7	162.9	160.5	160.5
GUINEABISSAU	90.1	101.8	108.1	103.0	109.0	114.2	120.8	104.0	113.9	119.3	126.2	126.2
KENYA	110.3	94.0	95.6	98.0	86.9	127.1	113.6	96.2	95.8	106.4	91.0	75.5
LESOTHO	117.2	145.1	37.7	55.1	88.8	133.1	46.1	153.1	124.0	103.2	104.0	89.3
LIBYA	117.4	94.0	88.6	72.3	58.4	52.1	44.7	50.8	70.1	81.9	87.0	81.6
MADAGASCAR	100.1	101.7	98.2	102.2	107.5	99.0	103.8	105.6	107.9	102.6	111.4	96.4
MALAWI	101.7	90.1	108.2	42.4	138.5	70.6	114.4	125.9	86.8	122.8	172.5	159.8
MALI	101.6	83.2	115.3	85.0	103.7	116.7	103.4	109.3	104.2	124.3	145.3	145.3
MAURITANIA	137.6	82.2	80.2	82.7	126.8	146.0	157.9	171.7	123.2	153.5	155.2	202.5
MAURITIUS	106.1	100.4	93.5	87.7	79.7	38.7	12.6	19.2	10.2	11.4	8.8	9.6
MOROCCO	98.5	83.5	118.0	36.1	33.1	133.4	18.2	138.9	51.6	90.3	48.4	22.8
MOZAMBIQUE	97.4	117.5	85.1	35.3	120.4	127.0	180.9	222.2	248.9	275.5	297.8	240.5
NAMIBIA	95.6	96.2	108.2	25.6	68.0	110.5	57.0	84.8	172.9	49.6	67.8	135.5
NIGER	85.4	102.3	112.4	106.9	96.2	115.6	99.7	105.7	78.4	141.3	134.8	131.3
NIGERIA	100.6	97.1	102.3	107.6	109.5	109.4	122.2	118.6	120.3	121.3	123.0	123.0
RÉUNION	106.2	85.4	108.4	128.3	115.2	136.5	136.6	132.8	138.9	138.9	138.9	138.9
RWANDA	89.7	91.2	119.1	84.9	82.1	46.5	48.5	62.9	77.4	66.9	61.7	83.2
SENEGAL	106.8	97.0	96.2	85.1	109.7	94.3	106.2	98.0	79.4	71.0	98.2	98.2
SIERRA LEONE	101.3	99.4	99.3	93.8	96.4	82.7	71.3	77.8	82.8	66.4	49.2	38.5
SOUTH AFRICA	120.4	90.4	89.3	39.2	100.6	125.1	59.1	108.1	104.9	79.6	79.0	104.6
SUDAN	70.9	61.0	168.1	198.7	111.0	191.3	120.1	188.4	157.3	204.8	111.9	120.5
SWAZILAND	108.6	78.3	113.1	45.4	58.2	79.1	61.6	119.9	85.7	99.0	89.4	56.6
TANZANIA	115.5	93.7	90.9	82.9	94.2	85.4	111.9	113.9	81.8	108.9	94.9	82.1
TOGO	112.5	94.8	92.8	97.6	125.0	110.3	106.4	138.8	151.4	126.9	150.8	150.8
TUNISIA	35.1	101.4	163.5	139.8	121.3	38.0	32.9	182.4	64.8	105.4	114.3	66.3
UGANDA	102.5	98.7	98.8	109.3	116.9	120.2	125.9	97.7	100.6	119.5	114.1	129.8
ZAMBIA	133.8	82.5	83.6	42.0	120.3	80.4	60.5	107.8	78.8	55.0	73.1	98.6
ZIMBABWE	106.4	107.1	86.4	18.4	103.3	114.6	38.8	129.2	113.2	75.3	82.4	103.9
N C AMERICA	95.6	107.5	96.9	116.4	91.6	116.0	96.0	114.5	112.2	116.4	113.3	115.0
BARBADOS	97.0	101.5	101.5	105.9	106.0	88.2	88.2	88.2	88.2	88.2	88.2	88.2
CANADA	89.5	107.9	102.7	94.5	97.3	87.5	92.2	110.4	92.4	95.4	101.2	96.4
COSTA RICA	90.1	108.2	101.7	109.2	82.6	91.7	89.8	134.0	110.6	128.2	127.6	117.7
CUBA	112.9	98.8	88.4	76.2	39.4	52.3	51.7	83.2	96.2	67.3	94.1	94.1
DOMINICAN RP	107.6	92.5	99.9	120.9	94.9	79.2	104.3	101.8	107.9	100.7	118.3	107.7
EL SALVADOR	102.2	104.9	92.9	126.1	116.1	93.1	112.3	108.4	97.7	107.7	107.5	100.2
GUATEMALA	100.7	101.6	97.7	106.8	102.5	91.8	82.0	80.0	66.7	81.1	84.4	84.4
HAITI	110.9	91.0	98.1	110.4	101.5	102.2	98.5	100.4	123.0	96.7	107.1	106.3
HONDURAS	93.2	102.3	104.5	102.4	102.6	100.6	114.5	117.1	113.7	87.4	82.6	88.6
JAMAICA	112.4	74.4	113.2	139.9	112.1	127.8	120.9	124.1	96.3	68.0	66.0	66.0
MEXICO	91.5	108.3	100.2	113.6	106.0	113.4	113.3	123.3	118.6	123.0	119.5	124.5
NICARAGUA	104.9	107.7	87.4	112.7	135.5	120.6	144.9	155.1	144.4	148.2	128.0	175.9
PANAMA	97.6	102.7	99.7	100.0	98.6	104.8	90.4	95.3	71.4	102.6	96.9	128.8
TRINIDAD TOB	88.2	97.9	113.9	155.2	124.0	133.6	84.9	135.9	64.0	65.6	65.3	65.3
USA	96.9	107.5	95.6	120.8	89.3	121.9	95.3	114.8	115.6	120.1	115.3	117.8
SOUTHAMERICA	107.8	92.0	100.2	114.6	113.8	119.2	124.2	125.7	133.3	127.7	137.5	140.6
ARGENTINA	90.8	101.6	107.6	126.9	124.6	126.5	121.1	154.6	180.4	186.8	175.9	191.7
BOLIVIA	95.7	89.0	115.3	91.8	119.4	113.1	122.7	142.7	138.8	123.0	126.5	141.4
BRAZIL	117.5	85.1	97.4	115.7	113.3	120.5	130.4	116.8	116.0	105.1	126.4	123.3
CHILE	105.4	99.6	95.0	96.8	87.7	86.6	92.0	85.2	101.6	103.2	71.0	86.6
COLOMBIA	99.2	106.0	94.8	89.5	84.8	87.9	84.9	79.0	81.4	75.6	85.1	87.1
ECUADOR	101.0	97.3	101.7	116.2	136.6	150.4	137.8	139.2	127.7	103.7	139.0	169.1
GUYANA	110.3	72.7	117.1	132.9	161.1	183.0	234.4	253.3	265.2	249.5	281.9	281.9
PARAGUAY	103.2	95.1	101.7	120.8	118.1	99.7	187.3	148.8	174.0	135.9	138.2	150.2
PERU	121.6	91.4	86.9	77.6	101.4	126.9	109.8	119.3	135.4	147.5	178.6	169.4

表 8

穀 物

生産指数：1989-91=100

	1989	1990	1991	1992	1993	1994	1995	1996	1997	1998	1999	2000
SURINAME	114.6	86.2	99.2	113.8	94.0	94.5	105.3	95.0	92.2	81.6	78.9	76.5
URUGUAY	122.1	89.6	88.3	125.6	126.1	127.2	150.1	187.1	177.3	174.1	195.5	164.4
VENEZUELA	93.1	92.0	114.8	98.7	105.3	108.7	122.3	113.4	121.2	109.3	110.7	101.5
ASIA (FMR)	97.3	101.7	101.0	103.9	105.3	104.7	107.5	113.3	113.7	116.0	117.4	113.6
ARMENIA				120.2	124.9	93.6	102.0	133.7	100.4	136.5	126.0	91.6
AZERBAIJAN				115.8	99.2	89.1	77.7	89.9	101.6	86.6	90.7	139.8
BANGLADESH	99.4	99.0	101.6	102.3	100.9	94.3	98.5	105.5	105.7	112.2	130.3	135.2
BHUTAN	94.2	102.8	103.0	102.9	112.6	125.2	141.4	152.7	160.0	160.1	148.4	148.4
CAMBODIA	105.4	99.6	95.0	88.0	93.9	87.7	130.6	133.7	134.0	138.0	158.6	148.9
CHINA	94.8	103.6	101.6	103.5	103.4	100.6	106.2	114.6	114.0	115.9	115.4	104.5
CYPRUS	141.8	101.9	56.3	175.3	199.3	154.8	137.9	135.7	39.5	55.8	119.1	36.2
GEORGIA				85.3	68.5	79.9	85.8	110.0	160.8	102.6	136.5	51.9
INDIA	101.5	99.4	99.2	102.2	107.0	108.9	106.9	112.2	116.3	116.8	119.9	123.5
INDONESIA	99.5	101.1	99.4	109.1	107.0	104.4	112.6	116.7	112.6	113.9	116.1	116.3
IRAN	82.0	105.1	112.9	124.2	128.7	131.9	135.2	128.7	125.6	153.6	113.4	99.3
IRAQ	56.5	133.3	110.3	113.4	131.2	122.6	107.4	127.7	92.1	106.9	63.9	26.1
ISRAEL	95.6	121.8	82.6	104.7	86.6	50.5	89.7	75.1	50.6	60.7	24.6	36.3
JAPAN	102.5	103.6	93.9	103.0	76.9	114.7	102.6	99.1	96.5	86.4	88.8	92.3
JORDAN	75.0	124.6	100.5	145.1	109.8	97.5	113.5	84.3	82.8	78.4	15.4	41.8
KAZAKHSTAN				156.9	106.9	75.4	42.3	52.1	60.2	30.0	78.7	61.6
KOREA REP	105.9	100.3	93.8	93.9	84.1	88.0	82.2	91.3	92.7	86.0	92.7	90.2
KUWAIT	170.8	128.6	.6	111.6	119.5	127.5	148.7	243.1	117.4	177.3	202.8	236.9
KYRGYZSTAN				102.9	106.3	68.4	67.3	95.4	112.7	111.7	111.5	106.3
LAOS	100.8	109.9	89.3	108.4	90.2	113.5	102.0	103.0	120.4	123.0	152.5	155.2
LEBANON	99.6	96.0	104.4	112.1	101.1	98.8	125.2	114.0	113.0	118.0	116.0	120.5
MALAYSIA	94.1	101.8	104.1	108.7	113.7	115.7	115.2	120.7	114.9	105.5	110.7	110.7
MONGOLIA	116.2	97.5	86.3	70.8	65.2	44.2	35.3	28.4	34.9	28.2	25.1	27.1
MYANMAR	101.1	102.3	96.6	108.8	122.7	133.2	131.2	129.7	122.1	125.2	147.5	146.6
NEPAL	100.0	103.2	96.8	83.9	102.1	92.8	106.9	112.0	112.7	111.6	113.6	123.0
PAKISTAN	99.9	99.7	100.5	104.5	114.5	106.2	118.5	120.9	120.2	132.7	132.9	143.3
PHILIPPINES	97.4	102.7	99.9	98.6	98.9	104.2	104.5	111.4	111.2	86.4	116.4	120.9
SAUDI ARABIA	93.6	97.8	108.6	112.1	115.5	109.0	60.8	43.7	54.9	52.2	58.6	58.6
SRI LANKA	88.5	108.9	102.5	100.2	110.4	114.9	120.6	88.3	96.0	115.6	122.6	118.7
SYRIA	45.3	122.4	132.3	181.9	219.5	221.3	244.1	238.9	175.3	218.3	136.5	147.0
TAJIKISTAN				79.4	78.2	77.4	69.9	170.7	181.0	161.7	153.0	153.0
THAILAND	106.8	89.1	104.2	101.7	93.6	107.9	112.5	115.2	118.7	117.5	119.2	120.5
TURKEY	82.4	107.2	110.4	103.6	112.9	93.1	97.4	101.9	103.6	117.4	92.5	92.9
TURKMENISTAN				169.2	239.5	269.4	263.4	125.3	183.0	310.9	381.6	425.9
UZBEKISTAN				122.4	119.5	136.7	176.5	202.3	215.3	239.9	252.7	169.3
VIET NAM	98.9	99.5	101.5	111.8	118.5	122.9	130.3	138.8	144.8	152.9	164.8	171.2
YEMEN	125.1	111.7	63.2	117.8	121.1	116.6	117.8	96.0	93.3	122.5	102.4	101.8
EUROPE (FMR)	99.3	96.9	103.8	86.7	88.0	89.1	92.5	98.3	104.4	104.0	99.4	98.2
AUSTRIA	97.7	103.4	98.9	84.8	81.9	87.2	88.0	88.8	98.9	94.5	95.5	88.8
BELARUS				101.2	106.2	81.4	73.2	77.8	85.6	63.7	50.1	72.8
BEL-LUX	105.8	94.7	99.6	97.5	104.6	99.3	97.8	118.4	108.9	116.5	112.9	113.8
BULGARIA	107.5	92.2	100.3	72.0	62.7	70.9	72.2	35.6	68.4	59.6	56.4	50.3
CROATIA				59.4	69.2	65.7	69.9	69.7	80.5	81.3	72.7	54.4
CZECHOSLOVAK	99.1	103.3	97.6	82.6								
CZECH REP					78.4	79.8	78.3	78.8	82.2	79.6	83.3	78.3
DENMARK	94.7	104.9	100.4	76.9	91.9	86.2	100.8	103.0	106.8	104.0	98.5	107.3
ESTONIA				63.6	89.6	53.7	53.9	68.2	70.5	63.1	41.6	71.1
FINLAND	98.1	112.3	89.6	65.7	87.2	88.3	85.8	96.2	98.5	71.1	72.5	104.9
FRANCE	99.5	95.8	104.7	104.9	96.0	92.8	93.0	109.0	109.8	119.9	113.0	116.0
GERMANY	96.7	99.1	104.3	92.9	95.3	97.6	107.2	113.8	122.7	120.8	120.1	123.7
GREECE	106.1	80.3	113.7	91.6	88.2	96.9	90.3	85.4	86.0	79.6	83.8	76.0
HUNGARY	105.5	86.2	108.4	66.4	56.7	80.2	76.9	77.5	96.3	89.5	76.5	67.2
IRELAND	96.9	101.1	102.0	105.3	84.0	83.7	92.8	111.9	101.5	97.4	103.6	102.7
ITALY	95.0	97.2	107.8	111.3	110.0	107.0	109.6	116.4	110.3	115.5	116.7	115.0
LATVIA				77.8	87.5	61.9	46.8	67.8	74.3	71.1	58.4	71.2
LITHUANIA				70.4	86.1	61.2	55.9	80.5	94.0	86.9	64.1	90.3
MACEDONIA				105.1	78.1	106.4	120.1	90.3	101.5	110.4	124.3	102.8
MALTA	106.5	105.1	88.4	92.2	93.9	94.1	98.6	85.8	140.0	139.4	141.2	155.5
MOLDOVA REP				68.3	112.4	53.7	91.7	67.2	123.1	82.8	74.8	70.6
NETHERLANDS	102.8	103.1	94.1	102.1	109.9	101.6	114.5	126.3	102.9	110.6	100.7	124.6
NORWAY	82.4	111.8	105.9	70.9	103.6	91.7	89.1	97.0	92.7	104.2	94.2	97.0
POLAND	97.2	101.5	101.3	71.3	84.5	77.8	93.5	91.1	91.5	99.2	93.6	81.1
PORTUGAL	108.6	84.2	107.2	78.0	84.2	97.8	86.1	100.5	95.1	95.9	101.2	101.2
ROMANIA	101.1	94.0	104.9	63.3	82.9	98.1	109.0	72.8	120.2	83.2	93.1	51.5
RUSSIAN FED				102.5	94.0	72.9	55.3	62.1	87.0	41.1	51.6	64.9
SLOVAKIA					77.8	94.4	89.1	84.2	94.6	88.6	69.7	54.6
SLOVENIA				77.6	82.4	103.2	81.6	87.3	97.5	100.8	83.5	90.3
SPAIN	101.9	96.4	101.7	75.3	89.5	78.0	57.8	117.3	101.0	117.5	95.1	130.8
SWEDEN	95.7	113.9	90.4	66.7	93.6	78.8	86.4	108.0	107.6	102.1	87.1	113.1
SWITZERLAND	106.3	95.0	98.7	90.6	96.6	93.9	96.8	102.1	92.5	95.8	79.8	86.4
UK	100.1	99.6	100.3	98.1	86.9	89.1	97.3	109.7	104.3	102.2	98.8	107.9
UKRAINE				75.5	90.7	65.4	68.1	48.8	74.3	55.7	52.2	50.5
YUGOSLAV SFR	96.9	85.8	117.3									

表　8

穀　物

生産指数：1989－91＝100

	1989	1990	1991	1992	1993	1994	1995	1996	1997	1998	1999	2000
YUGOSLAVIA				67.9	73.1	83.2	91.6	69.8	101.8	86.0	84.0	51.0
OCEANIA	103.7	109.5	86.8	116.4	124.6	73.3	126.8	163.9	146.3	153.8	167.2	145.0
AUSTRALIA	104.3	109.4	86.2	117.2	125.3	72.1	127.8	165.5	147.0	155.3	169.0	146.0
FIJI ISLANDS	108.6	92.6	98.8	77.4	76.2	64.0	65.8	62.3	61.6	18.1	62.9	62.9
NEW ZEALAND	85.4	110.8	103.8	95.8	104.1	110.0	99.3	119.8	130.3	116.1	118.1	118.4
PAPUA N GUIN	85.9	100.2	114.0	129.8	143.9	162.9	181.2	204.5	225.7	230.1	247.9	247.9
VANUATU	98.4	105.0	96.7	98.4	100.0	105.0	105.0	105.0	105.0	105.0	105.0	105.0
USSR	102.2	115.4	82.4									

表 9

食 料

生産指数：1989－91＝100（人口1人当り）

	1989	1990	1991	1992	1993	1994	1995	1996	1997	1998	1999	2000
WORLD	99.9	100.8	99.4	100.6	100.0	101.7	102.3	105.1	106.3	106.8	108.3	108.2
AFRICA	99.6	98.0	102.4	97.6	98.7	99.1	97.8	105.4	101.4	102.6	102.4	99.9
ALGERIA	97.1	93.0	110.0	114.5	105.6	95.5	107.2	124.4	97.0	108.3	107.9	100.5
ANGOLA	101.7	98.1	100.2	103.4	98.5	109.2	103.8	104.6	101.6	113.2	104.7	102.4
BENIN	97.9	98.8	103.3	103.2	102.1	104.2	109.9	114.8	125.7	120.4	118.3	114.2
BOTSWANA	96.2	99.8	104.0	97.2	94.4	84.1	96.4	90.1	78.4	73.6	75.1	75.7
BURKINA FASO	100.5	92.5	107.0	109.0	111.3	107.5	105.2	107.3	101.2	110.1	104.1	101.3
BURUNDI	95.1	102.6	102.3	102.7	98.6	81.0	86.2	85.1	83.3	77.4	76.2	70.2
CAMEROON	98.2	100.4	101.4	98.7	102.2	102.8	106.1	107.5	101.3	101.1	105.7	103.6
CENT AFR REP	102.7	99.5	97.8	101.7	101.2	102.1	102.8	113.6	108.2	109.8	109.6	112.3
CHAD	98.8	93.0	108.2	106.6	89.3	98.3	99.5	101.1	107.9	127.5	109.2	107.9
CONGO, DEM R	100.3	100.9	98.8	96.8	92.9	90.9	88.8	76.1	73.7	72.1	68.3	64.9
CONGO, REP	104.1	100.7	95.3	94.9	94.5	98.7	99.2	97.4	92.5	92.1	90.4	88.0
CÔTE DIVOIRE	100.6	100.9	98.5	98.7	98.9	97.3	106.5	107.9	107.6	103.9	103.2	105.8
EGYPT	96.0	101.4	102.6	106.2	107.2	105.6	113.7	122.0	126.2	124.1	129.7	128.8
ETHIOPIA PDR	98.5	99.7	101.8	91.5								
ERITREA					81.3	109.2	97.6	91.3	87.3	122.2	108.7	84.3
ETHIOPIA					90.0	87.4	94.1	105.6	104.2	93.7	97.2	91.8
GABON	99.8	98.1	102.1	97.3	92.6	91.8	91.4	91.0	90.6	89.9	89.7	87.5
GAMBIA	125.3	84.1	90.7	67.2	76.6	77.0	72.1	55.3	70.3	66.7	92.6	89.9
GHANA	102.7	82.4	114.8	109.8	114.2	106.1	118.3	124.2	116.9	124.6	126.8	123.4
GUINEA	96.3	100.1	103.6	105.8	102.2	101.8	103.2	104.9	108.5	113.4	114.0	113.0
GUINEABISSAU	100.4	103.0	96.7	100.2	99.3	103.2	104.9	100.9	102.5	102.7	104.3	102.1
KENYA	103.4	100.4	96.2	92.4	85.3	91.1	89.5	89.4	88.9	87.0	83.5	78.6
LESOTHO	108.6	110.8	80.6	84.5	93.9	99.1	80.6	97.1	98.8	81.7	78.6	76.6
LIBYA	98.8	100.4	100.8	97.1	95.5	100.0	107.1	110.6	113.1	129.1	111.3	113.3
MADAGASCAR	101.5	99.8	98.7	95.7	96.1	90.9	91.2	89.9	89.0	85.7	85.9	78.5
MALAWI	100.4	97.0	102.6	75.0	108.6	85.2	100.5	113.1	105.9	127.6	138.4	132.5
MALI	99.6	94.7	105.8	95.3	97.6	100.5	96.9	97.3	95.7	100.5	102.1	99.6
MAURITANIA	100.7	100.2	99.0	90.0	86.2	86.0	87.9	90.7	86.5	83.4	81.0	81.5
MAURITIUS	98.4	101.3	100.4	104.1	101.4	94.7	100.0	101.7	108.3	103.2	80.0	99.6
MOROCCO	101.9	93.3	104.9	79.7	78.9	101.5	67.5	103.9	86.2	97.4	84.7	75.4
MOZAMBIQUE	101.9	106.9	91.3	75.1	82.3	76.5	88.7	97.2	100.4	104.5	103.9	82.1
NAMIBIA	103.8	96.1	100.2	99.6	99.3	102.6	96.3	101.0	71.0	77.1	76.4	78.8
NIGER	95.7	99.9	104.5	104.0	86.3	104.4	89.4	98.5	77.0	113.0	105.0	101.0
NIGERIA	95.5	97.6	106.9	111.0	114.2	114.9	116.0	120.2	120.1	122.4	123.0	120.2
RÉUNION	91.3	99.2	109.5	110.6	103.3	102.8	102.4	101.1	108.3	101.7	104.6	103.4
RWANDA	95.9	94.5	109.7	119.4	98.5	71.9	86.7	95.7	90.6	88.5	86.8	88.5
SENEGAL	107.4	95.4	97.2	87.9	95.1	94.7	103.0	92.6	84.9	82.0	95.9	93.3
SIERRA LEONE	101.7	99.4	98.9	90.9	89.8	94.6	87.1	90.3	91.9	82.7	72.1	64.2
SOUTH AFRICA	104.4	98.0	97.6	81.4	90.5	93.1	78.7	91.9	90.9	84.6	88.3	92.2
SUDAN	97.7	91.9	110.4	121.7	109.7	128.5	127.6	137.0	136.0	136.0	131.9	130.8
SWAZILAND	100.2	97.2	102.6	93.2	86.1	86.5	75.8	81.7	71.7	71.3	71.6	70.3
TANZANIA	103.8	99.6	96.6	88.6	87.5	84.2	85.5	85.4	79.0	83.2	83.0	76.5
TOGO	101.7	102.9	95.4	95.1	109.4	92.0	98.7	108.2	109.1	101.0	106.2	103.9
TUNISIA	81.6	97.0	121.4	101.0	109.9	79.2	75.3	129.8	87.2	109.1	113.0	109.7
UGANDA	98.7	101.1	100.1	98.4	101.0	95.8	97.0	86.8	86.8	91.0	90.5	96.8
ZAMBIA	111.5	93.8	94.7	77.8	108.8	92.5	83.5	98.0	83.1	76.9	85.3	92.1
ZIMBABWE	102.9	103.3	93.8	60.8	85.9	92.9	67.5	91.8	92.9	80.9	88.0	97.6
N C AMERICA	99.2	101.4	99.5	105.1	96.7	107.6	102.6	105.5	107.6	108.6	109.5	110.8
BARBADOS	99.8	102.7	97.5	85.6	86.1	79.8	88.0	102.0	93.1	93.2	94.7	95.3
CANADA	94.5	103.4	102.1	100.0	98.8	102.6	103.9	109.3	106.6	112.5	118.7	119.1
COSTA RICA	95.4	100.6	104.0	103.5	92.7	104.1	110.1	111.3	106.6	112.5	115.6	108.6
CUBA	103.1	103.0	93.9	78.0	57.5	55.8	52.6	61.5	59.7	55.7	58.5	59.6
DOMINICAN RP	103.1	98.4	98.5	97.9	96.7	94.6	91.0	94.6	92.6	90.5	91.3	92.8
EL SALVADOR	98.8	101.9	99.3	103.8	100.8	94.6	94.8	90.1	101.7	98.8	99.0	98.7
GUADELOUPE	113.7	87.7	98.6	100.5	108.3	94.5	76.9	82.1	101.7	95.4	93.9	92.7
GUATEMALA	98.1	101.6	100.3	98.5	98.1	98.9	103.5	102.6	101.8	102.3	96.1	93.4
HAITI	106.0	98.1	95.9	92.1	88.4	87.0	81.1	83.2	84.5	82.4	82.5	86.4
HONDURAS	99.8	100.5	99.7	96.8	95.3	93.9	87.0	94.2	90.3	88.9	83.1	79.3
JAMAICA	91.9	104.2	103.9	109.6	108.8	111.6	112.7	118.4	110.9	110.5	112.4	112.7
MARTINIQUE	98.5	105.7	95.8	98.7	92.9	82.3	86.1	106.3	112.1	111.0	110.2	109.3
MEXICO	95.5	101.0	103.5	102.2	103.1	105.6	111.0	105.2	108.4	107.8	110.5	112.7
NICARAGUA	99.5	104.6	95.9	98.0	104.8	103.6	100.6	102.1	100.6	103.8	121.6	124.6
PANAMA	101.8	102.4	95.7	94.0	94.5	95.2	94.3	94.3	88.8	89.4	87.2	97.0
TRINIDAD TOB	93.4	102.8	103.9	102.0	108.0	111.2	107.0	109.5	106.0	95.2	107.1	111.3
USA	99.9	101.2	98.9	107.5	97.0	111.1	103.8	107.8	110.8	112.0	112.1	113.9
SOUTHAMERICA	99.9	99.4	100.7	102.5	102.1	107.3	112.3	112.2	115.1	115.5	120.6	121.2
ARGENTINA	91.7	103.9	104.5	104.0	101.1	107.0	110.7	112.7	114.3	121.4	123.7	123.4
BOLIVIA	95.4	100.7	104.0	93.9	97.5	102.8	108.6	111.6	117.8	112.8	107.6	118.1
BRAZIL	103.5	97.1	99.4	103.9	103.6	109.7	116.3	114.6	117.9	117.6	125.5	127.7

表 9

食 料

生産指数：1989－91＝100（人口１人当り）

	1989	1990	1991	1992	1993	1994	1995	1996	1997	1998	1999	2000
CHILE	97.3	101.1	101.6	103.7	107.0	112.4	116.8	116.9	118.9	119.0	115.3	113.7
COLOMBIA	97.8	101.0	101.3	95.9	97.7	98.6	102.5	99.8	100.6	99.7	99.2	99.0
ECUADOR	96.3	100.2	103.5	106.0	108.3	117.6	118.6	124.9	132.6	107.8	124.2	126.2
GUYANA	106.1	86.2	107.7	126.7	138.3	150.4	170.6	180.3	182.2	165.7	182.7	181.4
PARAGUAY	100.5	101.7	97.8	100.0	99.8	94.3	102.6	98.8	103.5	103.3	108.3	101.6
PERU	104.8	96.3	98.9	93.6	97.5	109.9	116.1	121.4	128.2	128.0	142.5	142.9
SURINAME	105.9	93.4	100.7	106.7	96.3	93.2	99.0	87.3	88.0	75.1	78.8	79.3
URUGUAY	107.2	97.3	95.5	102.4	98.4	109.7	110.9	122.6	130.0	130.1	132.1	123.6
VENEZUELA	101.7	99.9	98.3	99.7	102.2	97.2	95.1	97.8	102.1	96.4	96.9	92.4
ASIA (FMR)	98.0	100.9	101.0	104.7	108.8	112.1	115.6	119.0	121.5	123.8	125.8	126.3
ARMENIA				85.1	63.8	81.5	78.0	80.1	72.7	76.4	77.6	75.1
AZERBAIJAN				74.5	62.3	55.4	53.7	59.3	54.6	59.9	64.8	68.4
BANGLADESH	100.1	99.6	100.3	100.1	98.6	93.7	95.7	99.7	99.4	101.1	110.6	111.5
BHUTAN	99.2	101.1	99.7	97.8	99.5	103.0	103.7	103.2	101.6	98.7	93.9	91.3
CAMBODIA	105.9	98.9	95.2	94.7	95.4	89.9	108.3	108.5	109.1	108.5	116.7	111.0
CHINA	95.2	101.6	103.2	108.7	118.3	125.2	132.3	138.9	145.9	152.1	156.3	160.2
CYPRUS	110.7	103.4	85.9	98.6	105.0	92.8	105.1	101.2	92.4	97.6	103.2	95.4
GEORGIA				78.9	74.0	78.1	87.9	90.5	98.3	86.3	89.3	82.8
INDIA	101.1	99.6	99.4	101.3	102.5	104.3	105.6	106.7	107.8	106.2	109.4	106.9
INDONESIA	98.7	100.9	100.5	106.9	106.8	106.0	111.4	112.0	107.7	103.8	105.2	104.1
IRAN	90.1	105.6	104.3	116.3	118.9	118.0	118.5	122.6	117.4	132.9	121.3	121.0
IRAQ	108.4	117.7	73.9	83.8	97.5	93.3	91.4	89.5	77.7	78.3	65.1	52.7
ISRAEL	99.9	107.4	92.8	94.7	91.5	83.9	90.3	90.7	88.0	89.8	85.1	85.2
JAPAN	102.1	100.8	97.2	100.5	93.6	99.0	96.6	94.2	94.1	89.9	90.7	91.2
JORDAN	90.5	109.1	100.4	112.0	104.4	121.3	122.8	88.0	104.6	108.9	86.9	91.5
KAZAKHSTAN				110.2	97.8	82.0	64.7	63.1	63.3	52.0	71.6	63.4
KOREA REP	101.0	101.9	97.2	108.8	107.3	107.6	107.6	113.8	118.2	116.5	116.3	113.6
KUWAIT	162.3	118.3	19.4	36.0	101.6	136.2	159.8	202.2	172.9	183.1	187.1	182.7
KYRGYZSTAN				99.8	94.9	88.6	84.4	95.3	103.5	105.3	110.1	109.6
LAOS	102.7	106.4	90.9	102.9	95.3	108.8	98.9	95.5	104.4	105.3	123.1	116.4
LEBANON	90.1	100.1	109.8	111.2	105.5	105.4	110.4	112.8	110.5	114.7	109.8	113.8
MALAYSIA	97.0	100.3	102.7	105.3	112.5	111.4	110.6	111.8	111.7	108.5	113.5	113.3
MONGOLIA	101.6	95.5	102.9	87.7	74.5	69.7	71.5	80.7	77.0	77.8	79.5	70.2
MYANMAR	100.6	101.0	98.4	106.8	117.8	121.9	124.5	126.5	125.4	125.7	139.2	142.4
NEPAL	100.3	102.0	97.8	90.9	98.7	94.5	99.5	99.2	99.8	97.8	97.3	98.3
PAKISTAN	99.6	99.5	100.9	100.5	105.0	105.4	111.2	114.8	113.3	116.0	112.9	111.6
PHILIPPINES	98.3	103.9	97.9	97.1	100.1	100.2	99.6	105.3	105.3	94.7	95.1	96.8
SAUDI ARABIA	90.9	105.2	103.9	103.2	87.1	86.6	67.8	57.9	73.3	70.3	64.1	62.0
SRI LANKA	97.0	104.6	98.4	99.1	102.8	109.5	113.1	98.6	100.8	105.0	107.1	104.7
SYRIA	89.8	106.8	103.5	118.0	106.8	112.0	118.0	128.0	109.9	134.9	107.2	116.3
TAJIKISTAN				76.5	68.1	66.4	59.2	48.9	47.4	43.1	43.5	52.7
THAILAND	104.5	93.6	101.9	104.3	100.4	104.9	105.1	107.7	108.4	103.5	104.3	103.8
TURKEY	96.6	101.7	101.8	99.2	98.1	96.7	95.3	98.4	95.3	101.0	94.3	91.4
TURKMENISTAN				80.3	94.9	107.9	103.6	86.1	91.6	107.3	114.1	112.2
UZBEKISTAN				102.2	102.3	103.3	102.7	94.0	97.7	98.7	100.5	99.2
VIET NAM	100.8	99.9	99.3	106.2	108.9	111.8	115.7	119.0	121.3	125.7	131.8	133.4
YEMEN	113.5	100.6	86.0	94.7	95.4	90.0	87.5	84.1	85.6	90.0	85.0	83.7
EUROPE (FMR)	100.6	99.8	99.7	97.3	95.3	92.7	93.2	96.6	96.8	96.7	97.7	96.3
AUSTRIA	99.8	100.1	100.1	98.6	98.1	100.7	98.9	97.6	99.7	101.3	99.3	94.8
BELARUS				81.9	82.6	64.2	61.8	64.1	62.1	65.5	59.8	59.6
BEL-LUX	99.5	96.0	104.6	109.0	112.3	111.1	110.5	112.9	111.5	111.1	111.6	109.0
BULGARIA	110.0	101.5	88.5	88.9	71.8	73.1	82.8	65.7	72.2	72.1	71.4	68.9
CROATIA				63.8	63.8	58.0	59.9	60.1	59.3	71.4	67.6	67.4
CZECHOSLOVAK	103.9	101.3	94.8	89.0								
CZECH REP					98.7	78.0	80.0	79.3	78.4	80.5	82.0	70.3
DENMARK	96.5	102.2	101.4	95.5	103.1	99.1	100.3	99.9	101.7	103.8	101.4	102.8
ESTONIA				73.5	67.5	58.2	56.3	50.1	47.9	44.8	45.5	52.2
FINLAND	100.6	104.8	94.6	87.9	91.2	92.2	88.7	89.5	92.2	82.0	85.3	92.8
FRANCE	99.8	100.3	99.8	104.6	97.1	96.2	98.4	103.3	103.4	104.0	103.9	102.6
GERMANY	101.9	101.7	96.5	92.4	88.3	85.5	86.7	88.6	89.9	90.7	93.1	92.3
GREECE	104.6	90.7	104.7	102.8	100.2	104.8	103.7	101.2	96.0	94.3	96.2	94.7
HUNGARY	102.3	96.6	101.2	79.2	71.8	72.6	71.9	77.5	80.2	80.2	76.6	69.8
ICELAND	99.7	99.4	101.0	99.1	93.5	94.3	92.8	88.4	87.2	88.6	92.8	93.8
IRELAND	93.2	102.5	104.4	106.8	106.5	99.8	99.8	102.5	99.2	102.5	109.6	106.3
ITALY	100.7	95.6	103.8	105.5	101.4	101.1	99.5	101.8	100.6	101.1	106.6	104.9
LATVIA				98.2	87.5	62.2	59.0	49.2	57.0	50.9	46.5	53.1
LITHUANIA				92.1	82.6	67.1	66.1	70.9	71.9	66.7	62.7	64.1
MACEDONIA				100.0	80.4	89.2	90.2	90.9	90.0	90.9	92.0	89.3
MALTA	102.3	96.4	101.3	101.3	101.9	112.7	113.4	131.5	128.0	¹126.6	120.3	122.6
MOLDOVA REP				70.6	79.9	58.0	66.3	56.5	64.1	45.4	41.4	46.0
NETHERLANDS	97.1	101.3	101.6	108.3	103.0	101.1	99.7	99.0	92.0	93.8	99.3	97.1
NORWAY	99.0	105.8	95.3	90.8	95.9	94.7	93.6	94.5	93.4	92.1	91.6	90.2
POLAND	102.0	102.4	95.6	84.9	90.1	77.3	83.1	87.0	84.1	89.8	85.4	84.4

表 9

食 料

生産指数：1989−91＝100（人口1人当り）

	1989	1990	1991	1992	1993	1994	1995	1996	1997	1998	1999	2000
PORTUGAL	94.7	99.7	105.6	94.0	91.5	93.2	98.6	102.6	96.8	94.0	106.5	102.1
ROMANIA	105.1	94.6	100.3	80.1	103.7	100.9	103.8	97.3	106.5	91.6	102.5	92.4
RUSSIAN FED				87.3	82.8	70.8	64.8	68.0	68.8	59.7	62.2	62.2
SLOVAKIA					80.2	77.7	74.4	75.4	80.6	76.8	76.4	68.9
SLOVENIA				75.7	87.0	94.2	92.9	98.7	95.7	97.4	91.6	89.0
SPAIN	98.5	102.6	98.9	101.2	97.9	93.5	85.9	107.0	113.1	109.2	109.4	113.1
SWEDEN	102.6	106.7	90.7	85.5	96.9	91.7	90.8	96.4	98.1	97.2	93.1	100.1
SWITZERLAND	102.3	100.2	97.6	101.3	97.5	92.4	92.5	92.8	87.8	93.2	87.6	89.9
UK	98.0	100.1	101.9	101.3	98.3	99.4	100.0	99.6	98.0	97.8	96.6	95.7
UKRAINE				74.0	72.1	59.1	62.4	54.3	56.6	48.0	48.0	50.8
YUGOSLAV SFR	102.8	93.7	103.5									
YUGOSLAVIA				92.8	86.4	88.7	92.0	99.4	95.4	90.3	79.4	77.1
OCEANIA	100.1	100.5	99.3	104.8	107.1	100.4	108.8	115.6	115.3	118.4	121.6	119.8
AUSTRALIA	98.8	102.4	98.9	106.7	110.1	99.2	111.4	121.2	119.3	124.7	132.6	128.8
FIJI ISLANDS	101.0	104.6	94.4	95.0	92.1	95.2	97.2	101.5	90.1	74.6	77.8	76.8
NEW ZEALAND	102.7	95.9	101.4	102.1	102.3	105.6	107.3	108.7	113.8	113.7	106.9	111.3
PAPUA N GUIN	102.3	99.5	98.2	102.3	103.3	97.9	96.3	97.6	95.0	92.6	95.7	94.0
SOLOMON IS	102.8	97.0	100.3	101.6	97.1	95.0	103.7	102.8	104.1	103.7	103.1	101.7
TONGA	95.6	95.8	108.6	86.9	83.4	80.7	75.7	75.8	75.0	74.6	74.7	74.0
VANUATU	89.8	114.1	96.1	92.5	92.7	91.7	92.2	90.9	103.5	104.2	86.4	98.6
USSR	105.1	104.6	90.3									

表 10

農 業

生産指数：1989－91＝100（人口１人当り）

	1989	1990	1991	1992	1993	1994	1995	1996	1997	1998	1999	2000
WORLD	99.7	100.7	99.6	100.4	99.5	100.9	101.6	104.3	105.5	105.5	106.9	106.8
AFRICA	99.7	98.1	102.3	97.3	98.2	98.2	97.3	104.9	101.2	102.1	101.7	99.2
ALGERIA	97.4	93.3	109.4	113.9	105.2	95.3	106.4	122.6	96.2	107.1	106.8	99.6
ANGOLA	102.3	97.9	99.9	102.5	97.9	107.7	102.6	103.2	100.4	111.6	102.8	100.6
BENIN	94.9	99.1	106.1	104.3	112.7	111.4	121.1	131.7	138.1	131.9	129.3	125.1
BOTSWANA	96.2	99.8	104.0	97.2	94.3	84.1	96.3	90.0	78.4	73.5	75.0	75.6
BURKINA FASO	99.5	94.8	105.7	107.2	108.1	104.8	102.2	107.1	109.3	115.5	108.3	105.3
BURUNDI	95.3	102.3	102.4	103.0	97.4	82.5	85.2	83.6	80.9	75.5	75.9	69.1
CAMEROON	98.8	99.7	101.5	97.0	99.4	100.9	105.0	107.4	98.9	101.4	103.8	100.3
CENT AFR REP	103.3	99.7	97.1	98.7	97.0	100.6	100.3	113.6	109.1	108.2	105.0	108.0
CHAD	98.5	93.5	108.0	102.3	85.6	94.1	97.7	102.8	108.4	128.0	109.5	108.0
CONGO, DEM R	100.5	101.0	98.5	96.4	92.4	90.3	88.1	75.5	73.1	71.1	67.1	63.6
CONGO, REP	104.3	100.5	95.2	94.7	94.2	98.4	98.8	96.8	91.9	91.4	89.8	87.4
CÔTE DIVOIRE	101.4	102.2	96.4	91.4	92.9	92.0	99.6	99.9	104.9	104.4	104.7	106.4
EGYPT	96.3	101.3	102.3	106.8	108.3	104.1	111.5	120.8	124.6	120.8	126.1	125.1
ETHIOPIA PDR	98.7	99.8	101.5	91.8								
ERITREA					81.5	108.9	97.5	91.2	87.2	121.4	108.1	84.0
ETHIOPIA					89.5	87.6	94.2	104.6	103.1	93.3	96.4	91.2
GABON	100.7	97.6	101.7	96.7	92.5	92.1	91.9	92.3	92.9	92.4	92.0	89.8
GAMBIA	125.4	83.9	90.7	67.9	77.5	77.6	72.0	55.4	69.8	66.0	91.4	88.8
GHANA	102.5	82.5	115.0	110.3	115.1	106.5	118.6	124.8	117.7	125.6	127.6	124.3
GUINEA	96.1	100.1	103.9	106.0	102.4	101.5	102.2	102.8	106.6	112.4	114.0	113.1
GUINEABISSAU	100.2	103.1	96.7	99.7	99.0	102.7	104.8	100.8	102.3	102.4	104.3	102.0
KENYA	103.2	100.4	96.4	91.7	86.0	90.6	91.0	91.3	88.9	88.9	85.2	79.0
LESOTHO	106.6	110.8	82.6	91.9	100.2	104.7	87.7	97.5	99.4	80.8	77.8	76.3
LIBYA	98.9	100.5	100.7	96.9	95.2	99.2	106.2	109.8	112.1	126.8	110.3	112.0
MADAGASCAR	102.1	99.8	98.1	94.7	95.2	90.0	89.7	88.4	87.1	84.2	84.4	77.0
MALAWI	98.4	97.5	104.1	83.0	110.7	86.4	104.6	116.3	112.5	121.2	126.9	123.9
MALI	98.7	96.0	105.4	98.2	96.1	101.3	102.1	104.1	105.1	107.9	107.9	105.3
MAURITANIA	100.7	100.2	99.0	90.0	86.2	86.0	87.9	90.7	86.5	83.4	81.0	81.5
MAURITIUS	98.5	101.1	100.4	103.8	101.4	94.3	97.8	98.0	103.2	98.1	76.6	94.8
MOROCCO	101.8	93.6	104.6	80.1	79.1	101.0	68.1	103.3	86.3	97.2	84.6	75.7
MOZAMBIQUE	101.5	106.3	92.2	76.1	83.0	77.5	89.0	97.3	101.2	105.8	105.2	83.1
NAMIBIA	104.0	96.3	99.7	99.3	99.1	102.7	96.3	100.8	71.5	77.4	76.9	79.2
NIGER	95.8	99.8	104.4	104.1	86.4	104.6	90.0	98.8	77.3	113.0	105.2	101.3
NIGERIA	95.3	97.7	107.0	111.0	113.5	114.2	115.4	119.8	119.8	122.0	122.6	119.8
RÉUNION	91.4	99.2	109.4	110.2	102.8	102.2	101.8	100.5	107.6	101.1	104.0	102.8
RWANDA	96.0	95.3	108.7	120.1	99.3	69.0	86.6	94.5	90.2	87.9	86.0	87.0
SENEGAL	106.8	95.3	98.0	88.7	95.7	95.1	102.2	92.0	85.0	81.7	94.7	92.1
SIERRA LEONE	101.6	99.5	98.9	91.7	90.2	95.4	87.6	90.3	92.9	82.9	70.0	62.7
SOUTH AFRICA	104.5	98.0	97.5	81.1	88.9	91.4	77.4	89.7	88.4	82.5	86.3	89.4
SUDAN	99.2	91.3	109.5	118.7	107.6	126.9	126.7	135.4	133.5	132.9	128.8	128.9
SWAZILAND	99.3	98.0	102.8	86.9	81.8	81.2	70.4	75.5	70.1	68.4	69.3	68.1
TANZANIA	102.5	99.3	98.2	90.6	88.2	84.3	87.1	87.2	81.0	82.8	82.6	76.3
TOGO	99.5	100.4	100.1	99.8	110.2	95.1	97.3	108.4	111.6	106.4	109.6	107.1
TUNISIA	82.1	97.2	120.8	100.6	109.1	78.9	75.1	127.9	86.6	107.8	111.5	108.4
UGANDA	99.6	100.2	100.2	96.9	100.8	98.0	98.2	92.9	90.2	93.9	94.4	99.1
ZAMBIA	111.5	92.9	95.5	76.7	109.6	90.9	83.8	96.8	84.3	78.2	86.5	92.4
ZIMBABWE	102.9	99.6	97.6	70.7	92.4	94.3	75.0	98.3	100.4	95.2	94.2	106.5
N C AMERICA	98.6	101.5	99.9	104.8	96.6	107.7	102.6	105.6	107.5	107.7	108.8	109.9
BARBADOS	99.8	102.7	97.5	85.6	86.1	79.8	88.0	102.0	93.1	93.2	94.7	95.3
CANADA	94.4	103.7	102.0	99.3	98.7	102.8	104.5	109.2	106.8	112.8	118.7	118.6
COSTA RICA	96.7	100.2	103.2	103.2	92.6	101.2	106.0	107.0	102.0	108.6	110.4	104.6
CUBA	103.5	102.9	93.6	77.8	57.6	55.8	53.1	62.1	60.4	56.7	59.3	60.1
DOMINICAN RP	104.1	97.8	98.1	95.8	94.0	91.8	89.1	93.2	92.0	91.8	88.0	90.1
EL SALVADOR	97.4	102.5	100.2	107.0	99.2	93.5	92.8	89.7	95.0	91.7	97.0	93.6
GUADELOUPE	113.7	87.7	98.6	100.5	108.4	94.5	76.9	82.1	101.7	95.4	93.9	92.7
GUATEMALA	98.9	101.7	99.4	99.1	96.5	95.7	98.0	97.5	98.3	97.8	95.2	92.8
HAITI	105.9	98.1	96.0	90.8	88.1	86.3	80.4	81.9	83.1	81.1	81.1	85.0
HONDURAS	99.4	102.0	98.7	97.0	95.1	95.9	89.8	96.7	94.3	93.6	89.3	86.5
JAMAICA	91.9	104.1	104.0	109.4	108.5	111.5	112.5	118.1	110.6	110.0	112.3	112.4
MARTINIQUE	98.4	105.7	95.9	98.8	93.0	82.4	86.1	106.3	112.1	111.0	110.2	109.3
MEXICO	95.5	101.4	103.1	100.5	101.5	104.5	109.9	105.1	107.5	107.0	108.9	110.3
NICARAGUA	100.9	100.7	98.5	98.4	97.1	95.5	96.3	96.1	97.1	99.0	117.6	118.5
PANAMA	101.5	102.4	96.2	94.2	94.4	95.1	94.0	94.0	88.5	89.3	87.1	96.2
TRINIDAD TOB	93.3	103.4	103.3	101.2	107.2	110.5	106.1	108.0	105.4	94.0	105.7	110.0
USA	99.1	101.3	99.6	107.4	97.2	111.4	103.9	108.0	111.0	110.8	111.5	113.1
SOUTHAMERICA	99.7	99.5	100.8	101.9	100.6	105.2	109.5	109.5	111.6	112.4	117.1	117.8
ARGENTINA	91.7	104.0	104.3	103.1	99.3	104.8	109.0	111.2	111.9	118.5	119.8	119.1
BOLIVIA	95.6	100.5	103.9	94.4	97.4	102.6	108.7	112.5	118.2	113.0	108.1	117.0
BRAZIL	103.3	97.2	99.5	103.3	102.4	107.8	112.9	111.7	114.6	115.2	122.9	125.6

表 10

農 業

生産指数：1989-91＝100（人口1人当り）

	1989	1990	1991	1992	1993	1994	1995	1996	1997	1998	1999	2000
CHILE	97.3	101.1	101.6	103.6	107.1	112.2	116.3	116.3	117.9	118.0	114.4	112.9
COLOMBIA	95.8	100.9	103.3	99.2	96.1	94.9	99.3	95.4	94.8	95.4	93.6	93.3
ECUADOR	96.4	100.3	103.3	105.5	107.1	117.4	116.5	124.2	126.9	102.4	120.6	122.5
GUYANA	106.1	86.3	107.7	126.6	138.1	150.1	170.2	179.8	181.7	165.1	182.1	180.8
PARAGUAY	100.4	101.9	97.7	93.9	93.8	88.0	95.4	89.7	90.2	91.3	94.7	89.1
PERU	106.4	96.1	97.6	91.4	94.5	107.2	113.7	119.9	124.4	123.6	137.9	139.3
SURINAME	105.9	93.4	100.7	106.7	96.3	93.2	99.0	87.3	88.0	75.1	78.8	79.3
URUGUAY	105.0	98.3	96.7	101.0	98.0	107.8	107.4	116.3	123.5	122.4	121.7	113.6
VENEZUELA	101.9	100.1	98.0	99.3	101.1	96.5	94.0	96.7	100.7	95.0	95.1	90.4
ASIA (FMR)	97.9	100.7	101.4	104.5	107.9	110.7	114.3	117.6	120.2	121.6	123.3	123.9
ARMENIA				85.1	64.2	81.1	77.4	79.3	72.0	75.8	76.9	74.5
AZERBAIJAN				74.9	63.2	55.1	52.0	55.9	49.5	53.6	57.0	61.5
BANGLADESH	100.1	99.5	100.5	100.2	98.5	94.1	95.3	99.3	99.6	101.0	112.3	113.2
BHUTAN	99.2	101.1	99.7	97.9	99.5	103.0	103.7	103.1	101.6	98.6	93.9	91.3
CAMBODIA	105.4	99.1	95.6	95.2	95.1	90.9	108.3	108.5	109.0	108.4	116.2	110.7
CHINA	95.1	101.1	103.8	108.3	116.5	122.3	129.3	135.4	142.8	146.9	150.2	154.3
CYPRUS	110.7	103.4	85.9	98.6	105.2	93.6	105.8	101.7	92.6	97.6	103.2	95.4
GEORGIA				72.4	71.6	72.8	77.8	79.4	85.3	77.8	81.8	76.6
INDIA	101.3	99.4	99.3	101.4	102.3	104.2	105.5	106.9	107.3	106.0	108.9	106.5
INDONESIA	98.3	101.1	100.6	106.6	106.7	105.8	111.0	111.7	107.4	103.8	104.7	103.6
IRAN	90.4	105.5	104.2	115.7	118.0	117.4	118.5	122.5	117.3	132.2	121.6	121.3
IRAQ	108.0	117.5	74.5	84.6	97.3	92.7	90.2	87.9	76.8	77.4	64.7	52.6
ISRAEL	100.7	108.3	91.0	93.6	90.2	83.2	90.3	91.2	88.7	90.1	83.5	83.6
JAPAN	102.1	100.8	97.1	100.2	93.3	98.5	96.1	93.6	93.7	89.4	90.2	90.7
JORDAN	91.2	108.8	100.0	112.7	105.9	120.3	122.6	88.6	103.9	107.7	85.9	90.0
KAZAKHSTAN				108.5	96.6	81.3	64.4	62.3	61.7	50.7	69.3	61.8
KOREA REP	101.2	101.8	97.1	108.6	107.8	107.7	107.3	112.8	116.9	115.3	115.4	112.7
KUWAIT	163.0	117.9	19.1	35.7	100.0	134.2	157.9	199.7	171.5	181.3	185.6	181.5
KYRGYZSTAN				98.4	94.3	85.0	78.0	85.8	93.1	95.3	99.9	100.6
LAOS	99.6	107.5	92.9	102.8	93.9	105.4	95.5	94.6	103.1	103.9	117.9	119.7
LEBANON	90.2	100.0	109.8	111.3	106.1	106.2	111.8	114.6	112.3	116.7	111.8	115.9
MALAYSIA	99.3	99.8	100.9	101.7	106.1	105.0	104.1	104.8	103.1	99.4	102.0	101.7
MONGOLIA	101.1	96.1	102.8	88.5	76.2	71.2	75.5	80.9	77.0	78.0	79.7	71.1
MYANMAR	100.9	100.9	98.3	106.8	117.6	121.2	123.8	126.7	125.8	126.3	138.8	142.1
NEPAL	100.2	101.9	97.8	91.0	98.6	94.4	99.3	99.0	99.5	97.5	96.9	98.0
PAKISTAN	97.6	98.5	103.9	98.0	100.2	101.0	107.8	108.6	106.9	108.3	108.3	106.8
PHILIPPINES	98.6	103.6	97.8	97.3	99.9	99.5	98.6	103.9	104.0	93.6	93.7	95.3
SAUDI ARABIA	91.0	105.2	103.8	103.2	87.4	87.1	68.5	58.8	73.9	70.9	64.8	62.7
SRI LANKA	96.4	104.1	99.5	94.5	102.0	107.7	110.5	100.5	103.2	105.9	107.3	105.4
SYRIA	90.4	105.0	104.6	119.8	105.5	109.3	115.5	125.7	114.3	134.1	109.6	116.9
TAJIKISTAN				72.8	67.7	64.7	55.6	47.0	44.9	42.6	41.1	46.5
THAILAND	103.6	94.2	102.2	105.4	101.4	106.1	106.9	109.4	110.1	105.3	105.9	105.7
TURKEY	97.2	101.9	100.9	99.2	98.0	95.7	95.7	98.2	96.0	101.3	94.5	91.8
TURKMENISTAN				84.9	93.0	97.0	93.4	60.1	67.8	72.4	83.1	77.5
UZBEKISTAN				94.1	94.5	93.0	92.3	82.3	84.1	85.8	83.8	81.2
VIET NAM	100.3	99.9	99.8	106.6	109.4	112.9	117.2	121.5	125.3	129.6	137.3	141.7
YEMEN	113.1	101.0	86.0	95.7	96.1	90.3	88.0	85.0	86.8	91.3	86.4	85.2
EUROPE (FMR)	100.6	99.8	99.6	97.2	95.2	92.7	93.1	96.5	96.7	96.7	97.7	96.3
AUSTRIA	99.8	100.1	100.1	98.6	98.1	100.7	98.9	97.6	99.7	101.2	99.3	94.8
BELARUS				82.0	82.5	64.2	62.1	64.1	61.8	65.2	59.3	59.5
BEL-LUX	99.5	96.0	104.5	108.9	112.3	111.0	110.5	112.9	111.5	111.1	111.7	109.1
BULGARIA	109.7	101.5	88.8	88.3	70.9	71.4	79.8	64.6	71.4	70.4	69.6	68.8
CROATIA					64.3	64.1	58.2	60.1	60.6	59.8	71.8	67.9	67.6
CZECHOSLOVAK	104.0	101.4	94.7	88.8								
CZECH REP					98.7	78.2	80.3	79.2	78.2	80.3	81.9	70.3
DENMARK	96.5	102.2	101.4	95.6	103.1	99.1	100.3	99.9	101.7	103.8	101.4	102.8
ESTONIA				73.5	67.5	58.3	56.3	50.1	47.9	44.8	45.4	52.1
FINLAND	100.6	104.8	94.6	87.9	91.2	92.2	88.7	89.5	92.2	82.0	85.3	92.8
FRANCE	99.9	100.4	99.8	104.5	97.0	96.2	98.3	103.2	103.3	103.9	103.9	102.5
GERMANY	101.9	101.7	96.4	92.4	88.3	85.5	86.7	88.7	89.9	90.8	93.3	92.6
GREECE	104.6	91.0	104.4	104.4	103.2	108.4	108.1	102.9	99.2	98.0	99.7	99.0
HUNGARY	102.3	96.6	101.1	79.1	71.7	72.6	71.7	77.3	80.0	80.0	76.6	69.7
ICELAND	100.1	98.9	101.0	99.0	92.7	93.1	91.4	87.3	86.3	87.7	91.8	92.8
IRELAND	93.1	102.5	104.4	106.4	106.1	99.4	99.5	102.0	99.8	101.9	109.0	105.7
ITALY	100.6	95.7	103.7	105.1	100.9	100.5	98.9	101.3	100.1	100.6	106.0	104.3
LATVIA				97.9	87.2	61.9	58.9	49.0	56.9	50.9	46.5	53.1
LITHUANIA				91.7	82.1	66.9	66.3	70.7	71.7	66.6	62.5	63.9
MACEDONIA				101.1	82.2	89.0	88.9	89.1	90.6	93.1	94.1	91.6
MALTA	102.3	96.4	101.3	101.3	101.9	112.6	113.4	131.3	127.9	126.4	120.1	122.4
MOLDOVA REP				70.6	80.0	58.5	65.4	55.5	63.1	45.3	41.3	45.7
NETHERLANDS	97.1	101.3	101.6	108.1	102.9	101.1	99.6	98.9	91.9	93.6	99.1	96.9
NORWAY	99.0	105.7	95.4	91.0	96.0	94.9	93.8	94.7	93.5	92.2	91.6	90.3
POLAND	102.1	102.4	95.5	84.7	89.7	77.1	82.7	86.6	83.7	89.3	85.0	83.9

表 10

農　業

生産指数：1989－91＝100（人口1人当り）

	1989	1990	1991	1992	1993	1994	1995	1996	1997	1998	1999	2000
PORTUGAL	94.7	99.7	105.6	94.0	91.4	93.3	98.6	102.6	96.8	94.2	106.4	102.1
ROMANIA	105.5	94.7	99.8	79.8	102.6	99.8	102.6	96.3	105.3	90.7	101.3	91.5
RUSSIAN FED				87.2	82.5	70.5	64.4	67.5	68.0	59.1	61.4	61.4
SLOVAKIA					80.6	78.2	74.5	74.9	80.1	76.3	75.8	68.4
SLOVENIA				75.7	87.0	94.2	92.9	98.6	95.7	97.4	91.6	89.0
SPAIN	98.5	102.5	99.0	101.1	97.5	93.4	85.9	107.2	113.4	109.7	110.1	113.5
SWEDEN	102.6	106.7	90.7	85.5	97.0	91.7	90.9	96.5	98.2	97.3	93.2	100.2
SWITZERLAND	102.3	100.2	97.6	101.3	97.4	92.4	92.6	92.8	87.8	93.2	87.6	89.9
UK	97.9	100.1	102.0	101.5	98.4	99.4	100.0	99.5	98.0	98.0	97.0	95.6
UKRAINE				74.1	72.1	59.1	62.2	54.0	56.2	47.7	47.6	50.4
YUGOSLAV SFR	102.9	93.6	103.5									
YUGOSLAVIA				92.7	86.4	88.7	92.0	99.2	95.2	90.2	79.5	77.1
OCEANIA	99.4	100.9	99.8	101.5	101.8	95.8	101.0	106.1	106.8	108.7	110.8	109.7
AUSTRALIA	97.4	102.6	100.0	102.6	103.9	94.2	101.5	109.1	109.0	112.5	118.4	115.8
FIJI ISLANDS	100.7	104.8	94.5	95.0	92.2	95.1	96.9	101.2	89.9	74.4	77.6	76.6
NEW ZEALAND	103.7	96.1	100.2	100.0	97.8	101.7	103.1	103.1	107.5	106.9	100.5	104.2
PAPUA N GUIN	103.6	99.8	96.6	100.7	103.2	98.6	95.3	97.1	94.3	94.6	97.7	95.9
SOLOMON IS	102.8	97.0	100.3	101.6	97.1	94.9	103.6	102.7	104.0	103.6	103.0	101.6
TONGA	95.6	95.8	108.6	86.9	83.4	80.7	75.7	75.8	75.0	74.6	74.7	74.0
VANUATU	89.8	114.1	96.1	92.5	92.7	91.7	92.2	90.9	103.5	104.2	86.4	98.7
USSR	105.1	104.4	90.6									

表 11

作 物

生産指数：1989－91＝100（人口1人当り）

	1989	1990	1991	1992	1993	1994	1995	1996	1997	1998	1999	2000
WORLD	100.0	101.0	99.0	100.6	99.2	100.5	100.6	105.2	105.8	105.0	106.0	105.4
AFRICA	99.6	97.1	103.3	96.5	98.8	99.2	97.5	108.3	102.5	103.9	103.5	100.8
ALGERIA	100.1	84.5	115.4	121.5	102.0	84.5	101.2	134.3	88.5	108.0	104.6	95.1
ANGOLA	102.7	96.5	100.8	103.8	97.6	119.0	111.1	108.7	101.0	120.6	106.8	103.7
BENIN	94.0	98.6	107.4	105.6	117.2	115.0	125.9	137.7	145.7	138.7	138.8	134.4
BOTSWANA	109.0	95.8	95.1	63.4	78.9	86.2	69.7	113.8	69.4	58.1	65.0	62.4
BURKINA FASO	101.3	91.7	107.0	109.8	110.8	106.8	100.6	107.8	109.3	117.7	107.3	104.4
BURUNDI	95.0	102.3	102.8	103.0	96.8	81.4	85.0	83.4	81.8	75.7	76.7	70.4
CAMEROON	98.7	99.8	101.5	95.7	99.2	101.5	107.0	110.5	99.5	103.1	107.9	103.7
CENT AFR REP	105.7	100.3	94.0	93.8	90.6	97.2	99.6	108.8	112.3	110.9	105.7	103.4
CHAD	97.5	89.4	113.2	103.8	81.6	97.7	105.6	111.6	117.2	150.5	120.1	119.1
CONGO, DEM R	100.0	101.0	99.0	96.6	92.4	90.3	88.2	74.8	72.0	70.1	66.1	62.5
CONGO, REP	105.4	100.4	94.2	93.5	93.0	98.1	99.1	96.9	90.9	89.5	87.3	84.8
CÔTE DIVOIRE	101.6	102.2	96.2	90.8	92.2	92.0	99.6	100.2	105.4	105.0	105.4	107.3
EGYPT	95.6	102.4	102.1	107.4	109.1	103.1	111.1	119.8	119.8	116.0	122.9	122.5
ETHIOPIA PDR	96.8	99.4	103.8	89.4								
ERITREA					89.0	147.5	120.9	96.4	92.5	173.3	134.0	94.9
ETHIOPIA					87.7	85.6	96.5	111.0	109.4	94.5	99.5	93.3
GABON	100.2	96.3	103.5	97.6	91.8	92.0	92.0	93.0	94.1	93.4	93.0	90.7
GAMBIA	129.5	80.6	89.8	63.6	75.6	75.6	69.3	50.1	66.8	62.3	93.4	90.8
GHANA	102.4	80.0	117.7	112.7	118.6	109.0	123.3	130.6	123.4	132.4	135.0	131.4
GUINEA	95.3	100.1	104.6	107.2	103.1	101.9	102.0	102.6	106.6	112.8	114.3	113.3
GUINEABISSAU	100.2	103.9	95.9	99.1	97.6	102.7	106.4	100.2	102.8	103.0	105.9	103.6
KENYA	106.4	98.3	95.3	91.8	86.0	96.6	96.4	94.0	88.6	94.8	86.9	76.7
LESOTHO	115.1	126.3	58.6	67.2	83.6	110.9	65.6	118.6	112.9	94.6	95.2	86.9
LIBYA	100.9	99.3	99.8	95.3	96.3	98.2	102.9	108.1	107.8	108.6	108.3	106.5
MADAGASCAR	102.8	99.8	97.4	93.8	95.8	87.8	86.7	85.6	84.3	80.5	81.8	73.3
MALAWI	98.5	97.3	104.3	80.6	112.0	85.9	107.0	119.7	115.0	125.5	133.1	129.9
MALI	97.2	93.5	109.4	94.3	93.3	104.5	103.7	107.2	109.0	113.7	115.3	112.5
MAURITANIA	132.5	81.8	85.7	83.9	101.5	123.3	129.2	128.0	115.1	108.2	110.9	129.2
MAURITIUS	98.8	100.6	100.6	103.0	98.2	88.6	94.6	91.9	98.9	96.3	68.8	91.3
MOROCCO	102.0	90.8	107.2	70.5	70.7	103.4	57.0	110.2	79.8	96.4	77.6	67.7
MOZAMBIQUE	100.5	108.1	91.4	73.6	82.7	77.7	92.7	103.2	108.8	116.1	115.0	87.6
NAMIBIA	99.7	99.5	100.8	69.8	80.9	92.7	79.2	87.5	107.9	79.5	85.4	100.0
NIGER	93.5	100.3	106.2	104.7	78.3	107.1	83.5	99.4	66.5	122.3	110.8	106.3
NIGERIA	94.4	97.2	108.4	114.2	116.4	117.1	118.8	123.5	123.5	124.9	125.6	122.7
RÉUNION	92.3	99.4	108.3	106.8	91.8	90.6	91.1	89.2	96.4	89.4	95.2	94.0
RWANDA	95.9	95.0	109.2	121.4	97.3	63.1	83.6	92.1	87.4	85.3	83.5	85.3
SENEGAL	111.5	93.9	94.5	79.8	87.8	86.5	96.6	83.1	73.3	69.2	88.5	86.2
SIERRA LEONE	101.9	99.3	98.8	90.3	88.4	94.4	85.5	88.6	91.8	80.6	66.0	57.8
SOUTH AFRICA	110.2	95.4	94.3	64.9	87.9	97.5	73.7	97.6	94.6	84.6	90.5	94.9
SUDAN	101.8	78.7	119.6	139.0	105.7	145.2	134.7	159.3	150.0	145.8	130.6	131.6
SWAZILAND	102.1	99.3	98.6	77.7	70.5	74.3	61.1	73.2	71.8	68.6	73.3	69.7
TANZANIA	103.3	99.0	97.7	87.6	84.5	80.3	84.0	85.1	76.7	78.5	78.1	69.9
TOGO	101.0	100.1	99.0	98.2	110.5	93.5	98.1	114.0	118.8	111.5	115.2	112.6
TUNISIA	75.6	97.9	126.6	99.8	108.7	68.9	63.2	131.2	77.6	100.8	106.0	100.0
UGANDA	100.9	99.8	99.4	95.0	99.2	96.8	97.5	91.8	89.0	93.2	93.0	100.0
ZAMBIA	118.7	89.3	92.0	62.2	109.9	82.3	75.3	94.5	81.6	71.5	82.8	90.6
ZIMBABWE	104.9	98.0	97.1	56.4	94.0	97.7	70.2	106.9	110.3	101.5	96.1	112.9
N C AMERICA	97.0	103.5	99.6	107.3	93.6	111.1	97.5	106.2	108.1	107.6	106.8	107.1
BARBADOS	96.9	101.9	101.2	93.4	84.8	81.9	89.2	107.2	103.2	88.1	94.0	96.0
CANADA	91.1	105.3	103.6	95.7	104.4	107.0	107.3	111.2	105.4	112.8	122.0	114.8
COSTA RICA	96.6	102.2	101.3	107.4	93.7	104.4	109.3	112.4	109.5	119.3	120.2	108.5
CUBA	102.3	101.2	96.5	83.0	57.1	54.7	49.3	59.6	58.0	50.6	53.8	55.0
DOMINICAN RP	107.6	97.2	95.2	90.9	87.6	84.0	80.4	85.0	84.6	84.9	75.8	72.5
EL SALVADOR	95.2	102.0	102.8	115.2	101.0	93.4	93.5	89.3	87.6	84.7	93.4	86.8
GUADELOUPE	112.8	81.6	105.6	107.2	111.3	92.8	69.2	78.4	99.9	92.3	90.9	89.7
GUATEMALA	97.2	101.7	101.1	103.0	95.8	92.9	94.6	93.7	95.1	97.2	95.3	92.9
HAITI	106.1	98.7	95.2	88.6	84.3	82.5	77.7	77.7	79.1	74.6	75.1	75.9
HONDURAS	100.3	102.5	97.2	95.3	97.4	95.6	92.5	100.5	97.5	92.5	86.9	82.2
JAMAICA	95.3	102.1	102.5	111.3	118.2	122.6	123.8	127.6	117.2	113.8	114.3	115.0
MARTINIQUE	102.7	102.8	94.5	98.1	91.9	79.8	89.4	109.8	116.4	115.5	114.7	113.8
MEXICO	95.8	103.8	100.4	96.7	97.1	98.6	101.1	107.9	105.4	105.3	101.8	103.0
NICARAGUA	100.5	96.8	102.7	98.8	86.3	88.0	98.2	97.9	95.8	101.8	104.6	107.5
PANAMA	108.5	103.7	87.8	90.7	85.7	90.2	83.1	83.3	79.0	76.0	76.3	89.7
TRINIDAD TOB	93.1	106.9	99.9	102.0	100.0	105.4	100.1	104.3	104.1	89.1	96.5	104.3
USA	97.3	103.4	99.3	111.6	93.2	116.8	98.3	108.6	112.6	111.4	109.8	111.5
SOUTHAMERICA	102.2	98.6	99.2	101.9	98.9	104.8	107.7	104.8	108.5	110.5	115.2	115.6
ARGENTINA	88.5	103.9	107.6	108.5	101.0	109.4	117.2	123.4	125.7	144.5	143.7	141.4
BOLIVIA	95.8	94.6	109.6	96.7	104.6	107.2	116.1	122.7	131.7	121.9	117.6	140.0

表 11

作 物

生産指数：1989-91=100（人口1人当り）

	1989	1990	1991	1992	1993	1994	1995	1996	1997	1998	1999	2000
BRAZIL	107.6	96.5	95.9	101.4	98.8	105.4	106.6	98.9	104.5	105.1	111.0	112.8
CHILE	98.4	99.6	102.0	105.3	105.3	109.6	113.2	111.9	113.1	112.2	110.0	107.2
COLOMBIA	95.7	100.8	103.6	103.4	96.3	92.4	93.8	89.6	86.7	84.2	85.8	84.9
ECUADOR	97.2	100.1	102.8	109.2	112.1	123.3	115.5	123.2	129.9	90.5	122.2	134.4
GUYANA	102.4	87.9	109.6	117.9	127.9	138.0	159.2	163.8	163.4	147.3	164.1	163.0
PARAGUAY	106.1	104.0	89.9	83.7	85.4	80.1	93.6	85.5	85.6	86.8	91.0	82.6
PERU	112.9	93.3	93.8	81.1	92.5	110.4	115.6	125.4	129.0	124.2	142.7	147.2
SURINAME	107.6	89.9	102.5	112.2	99.5	99.6	107.0	98.2	92.0	80.8	82.1	80.3
URUGUAY	109.5	95.6	94.9	113.3	112.8	110.1	124.0	147.0	145.0	142.3	157.0	127.9
VENEZUELA	101.5	97.4	101.0	95.0	91.1	93.4	93.3	93.3	95.3	89.5	87.9	82.6
ASIA (FMR)	98.6	101.0	100.4	102.4	104.4	105.2	108.9	112.9	112.8	113.6	114.3	113.8
ARMENIA				107.3	93.6	113.9	114.8	119.8	93.0	104.0	104.9	87.1
AZERBAIJAN				71.7	58.5	50.3	45.3	47.2	39.6	40.0	43.7	51.5
BANGLADESH	100.5	99.2	100.3	99.6	97.0	91.4	92.3	95.9	95.4	98.0	111.0	112.3
BHUTAN	97.9	100.7	101.4	102.5	105.7	109.0	110.8	110.9	109.6	106.4	100.7	97.9
CAMBODIA	105.7	99.6	94.7	89.5	88.9	84.7	107.3	106.9	106.1	105.2	114.7	107.2
CHINA	96.1	101.9	102.0	103.8	109.9	111.2	117.8	126.0	128.1	129.8	130.9	131.1
CYPRUS	115.8	104.3	79.8	99.0	102.0	80.5	96.9	89.4	69.1	78.0	82.9	71.9
GEORGIA				61.6	61.8	61.7	66.9	63.7	67.7	60.5	69.9	66.1
INDIA	102.4	99.0	98.7	100.6	100.9	102.8	104.0	105.1	105.5	104.2	106.8	105.5
INDONESIA	98.9	101.3	99.9	106.5	104.9	102.7	109.7	110.0	105.3	103.9	105.0	103.9
IRAN	87.8	106.7	105.6	116.4	118.1	116.7	119.2	124.2	116.6	135.8	119.0	119.2
IRAQ	97.8	115.7	86.5	95.7	109.1	103.4	104.3	102.5	88.5	90.2	67.0	49.3
ISRAEL	99.2	114.5	86.3	88.4	84.1	77.8	89.7	87.7	83.4	84.8	72.9	74.2
JAPAN	103.4	101.7	94.9	99.3	86.6	98.0	94.2	91.1	92.3	84.8	86.9	88.1
JORDAN	93.7	116.0	90.4	110.8	88.3	113.0	116.9	81.8	81.4	95.8	71.0	80.7
KAZAKHSTAN				142.4	100.5	76.6	50.6	57.8	63.0	40.5	83.7	73.2
KOREA REP	104.9	98.9	96.2	100.8	97.6	95.3	101.4	101.7	100.9	96.4	101.0	99.5
KUWAIT	154.6	114.4	31.0	58.9	95.4	108.2	136.9	153.6	169.5	167.1	162.9	171.4
KYRGYZSTAN				100.1	87.8	72.2	71.3	88.4	106.1	113.2	126.3	126.7
LAOS	99.2	109.0	91.8	102.3	88.5	102.1	87.0	89.1	98.4	99.6	113.8	122.2
LEBANON	90.7	100.5	108.9	108.9	101.6	103.9	110.2	112.1	110.8	111.6	106.6	109.9
MALAYSIA	103.2	100.2	96.6	95.1	98.3	94.7	95.2	96.0	95.1	86.4	94.9	94.9
MONGOLIA	121.9	97.3	80.8	63.3	58.8	40.6	34.0	27.7	34.6	32.0	29.4	30.4
MYANMAR	100.4	101.4	98.2	107.7	120.0	123.9	126.2	130.8	126.6	129.6	142.3	145.0
NEPAL	101.0	102.3	96.7	88.0	99.0	92.3	99.3	99.2	99.2	96.3	95.7	99.1
PAKISTAN	96.9	97.5	105.6	93.4	93.4	92.3	102.0	98.0	93.9	97.0	100.2	99.0
PHILIPPINES	99.4	104.0	96.6	96.9	98.4	97.9	96.3	100.1	98.2	84.7	84.5	86.5
SAUDI ARABIA	99.8	101.3	98.9	101.8	103.3	99.7	82.8	73.2	76.2	71.9	69.0	66.7
SRI LANKA	96.5	104.6	99.0	91.7	99.8	105.0	108.3	97.7	100.7	103.7	105.8	103.8
SYRIA	86.9	107.4	105.8	132.6	120.4	123.1	125.8	138.9	119.7	146.3	110.6	121.1
TAJIKISTAN				71.6	68.2	64.4	55.8	52.7	51.5	48.0	44.6	51.8
THAILAND	105.9	93.9	100.2	102.1	96.6	102.1	103.5	106.1	106.4	102.0	104.4	104.9
TURKEY	94.3	103.6	102.0	100.2	99.4	95.1	97.3	101.8	97.5	104.7	95.5	92.2
TURKMENISTAN				91.4	93.0	94.6	91.4	39.8	49.6	54.3	69.4	63.6
UZBEKISTAN				89.7	86.0	82.0	84.1	75.2	75.6	75.4	73.4	68.5
VIET NAM	100.3	99.6	100.2	106.5	109.5	112.5	117.4	122.4	126.8	129.5	136.8	141.9
YEMEN	113.9	105.3	80.8	98.9	97.4	87.1	87.4	79.8	82.4	90.9	83.8	83.8
EUROPE (FMR)	102.3	98.8	99.0	95.4	94.3	91.3	92.4	98.7	100.1	99.4	100.6	97.9
AUSTRIA	100.7	101.3	98.0	89.1	92.2	93.7	95.3	89.8	96.3	98.1	99.6	91.3
BELARUS				96.9	123.7	86.6	92.4	105.1	90.3	84.4	75.5	95.2
BEL-LUX	100.3	99.3	100.5	121.8	125.1	118.4	120.9	129.5	132.2	128.2	147.4	140.5
BULGARIA	107.5	96.4	96.0	82.9	61.2	72.2	83.3	57.1	72.8	68.2	67.2	66.0
CROATIA				68.8	75.4	72.9	77.5	80.9	85.4	95.4	92.0	76.5
CZECHOSLOVAK	102.3	98.5	99.2	87.7								
CZECH REP					90.9	82.3	86.4	88.0	85.4	86.6	92.6	88.5
DENMARK	94.6	106.2	99.3	79.4	91.4	82.1	88.9	89.1	93.3	92.4	88.3	93.1
ESTONIA				83.5	93.4	70.6	73.8	77.2	80.2	68.7	63.7	89.6
FINLAND	101.9	109.4	88.7	75.1	90.0	89.3	89.3	92.6	96.8	71.2	79.0	99.7
FRANCE	100.6	101.3	98.1	105.1	95.3	95.2	96.6	104.8	105.8	107.7	108.8	105.6
GERMANY	105.3	100.4	94.3	100.8	97.3	94.8	98.2	102.0	103.2	108.4	113.0	110.1
GREECE	106.1	87.8	106.1	105.7	104.0	111.0	110.8	104.9	99.7	99.3	103.2	102.3
HUNGARY	102.1	93.0	104.9	72.6	65.6	77.2	75.5	82.4	87.6	87.1	81.5	67.7
ICELAND	82.3	80.1	137.6	128.8	115.0	135.6	109.2	140.2	123.1	149.0	147.1	140.2
IRELAND	95.3	102.4	102.4	105.5	91.2	96.5	99.8	113.0	102.1	102.1	106.0	103.4
ITALY	102.6	92.2	105.1	106.6	101.4	99.8	97.2	100.5	97.8	99.8	107.1	104.9
LATVIA				92.8	110.0	79.0	71.4	84.9	98.0	78.3	78.7	86.3
LITHUANIA				57.4	83.4	49.9	61.8	79.5	92.6	85.5	72.0	85.3
MACEDONIA				111.2	79.5	91.4	93.9	94.5	97.9	103.1	104.7	99.7
MALTA	100.8	100.4	98.9	104.1	103.4	108.1	117.7	138.7	120.8	113.6	107.8	105.5
MOLDOVA REP				73.9	103.2	66.1	79.1	67.4	79.0	56.3	51.3	56.7
NETHERLANDS	98.6	103.4	98.1	111.2	110.9	104.5	106.8	111.3	106.8	92.9	107.8	109.2
NORWAY	96.7	111.6	91.7	74.8	93.9	86.9	82.0	83.5	81.3	85.9	78.1	80.4

表 11

作 物

生産指数：1989-91＝100（人口１人当り）

	1989	1990	1991	1992	1993	1994	1995	1996	1997	1998	1999	2000
POLAND	102.3	103.1	94.6	75.2	98.2	76.2	88.5	89.6	82.0	92.7	82.2	80.5
PORTUGAL	94.3	100.2	105.6	86.7	80.5	86.6	93.5	98.7	88.2	83.2	101.7	95.5
ROMANIA	112.3	93.1	94.6	76.6	99.6	95.3	105.7	95.9	113.1	93.3	105.0	80.6
RUSSIAN FED				101.6	95.2	78.6	76.2	77.4	88.9	58.2	67.5	78.2
SLOVAKIA					83.8	87.0	83.9	87.2	89.3	82.3	76.8	61.4
SLOVENIA				79.8	82.6	96.3	90.9	97.0	88.3	93.3	82.8	84.9
SPAIN	100.2	104.1	95.7	98.6	92.7	86.9	74.7	106.4	115.9	108.1	104.2	112.4
SWEDEN	101.7	112.1	86.3	73.7	94.2	77.0	81.6	94.4	94.8	91.3	82.2	97.6
SWITZERLAND	108.2	102.2	89.7	110.1	97.8	88.8	88.2	101.8	85.9	100.8	79.2	94.4
UK	98.8	100.6	100.7	103.4	97.0	94.6	94.5	105.1	103.0	99.3	101.4	99.1
UKRAINE				82.8	93.8	68.5	74.3	63.2	73.3	59.4	55.7	61.5
YUGOSLAV SFR	100.7	88.8	110.5									
YUGOSLAVIA				76.0	74.4	80.8	83.1	83.6	94.6	86.0	78.9	59.3
OCEANIA	101.7	102.2	96.1	110.3	112.6	88.2	114.3	132.5	127.1	133.7	143.8	129.9
AUSTRALIA	102.0	102.3	95.7	112.8	115.7	84.2	117.8	140.6	134.9	144.8	157.5	140.4
FIJI ISLANDS	103.1	107.3	89.6	92.8	91.3	93.3	96.1	102.5	86.0	63.2	68.0	67.0
NEW ZEALAND	94.3	102.4	103.4	108.3	109.3	129.5	130.8	132.5	128.3	120.2	121.1	120.1
PAPUA N GUIN	104.2	99.8	96.0	100.0	102.4	96.8	92.9	94.9	91.6	91.9	95.6	93.8
SOLOMON IS	102.6	96.7	100.7	102.6	97.7	95.6	105.4	104.5	106.1	105.8	105.3	103.4
TONGA	95.0	96.1	108.9	87.9	83.9	84.3	77.7	77.7	76.9	76.9	76.9	76.1
VANUATU	89.8	117.4	92.8	89.5	88.3	85.8	88.0	87.7	103.2	105.7	82.7	97.5
USSR	106.3	107.2	86.5									

表 12

畜産物

生産指数：1989－91＝100（人口1人当り）

	1989	1990	1991	1992	1993	1994	1995	1996	1997	1998	1999	2000
WORLD	99.5	100.5	100.0	98.6	98.8	100.1	101.2	101.4	102.4	103.8	105.0	105.0
AFRICA	100.1	100.5	99.5	98.5	96.7	95.6	96.4	96.1	97.0	97.4	97.0	95.1
ALGERIA	97.4	102.8	99.8	101.2	103.4	102.9	104.3	100.7	97.8	100.2	101.8	97.2
ANGOLA	101.8	99.4	98.8	101.2	98.5	94.5	92.8	97.2	100.2	103.2	100.3	97.6
BENIN	100.2	100.5	99.3	96.9	89.5	92.7	95.2	98.9	101.2	100.6	86.9	84.7
BOTSWANA	94.5	100.4	105.2	102.0	96.5	83.9	100.0	86.7	79.7	75.7	76.4	77.5
BURKINA FASO	95.7	101.4	103.0	101.7	102.2	100.6	105.4	105.7	109.2	110.7	110.4	107.4
BURUNDI	98.4	102.4	99.2	103.5	102.9	92.9	87.5	84.7	71.8	73.6	67.5	56.7
CAMEROON	98.7	100.7	100.5	99.5	100.1	99.1	98.3	97.1	96.0	94.7	92.6	90.2
CENT AFR REP	99.8	98.9	101.4	105.7	106.1	105.4	101.2	120.4	104.5	104.4	103.9	114.4
CHAD	99.8	99.6	100.5	100.0	91.3	89.3	86.5	90.2	95.8	95.8	94.5	92.1
CONGO, DEM R	104.3	101.3	94.5	94.6	92.1	89.9	86.7	81.7	81.8	80.0	75.8	72.9
CONGO, REP	99.7	100.9	99.4	100.1	99.8	99.4	97.9	96.3	96.1	99.7	100.7	98.8
CÔTE DIVOIRE	99.3	100.9	99.8	100.4	101.3	93.0	99.3	95.5	97.6	94.9	95.1	93.4
EGYPT	99.3	98.1	102.6	103.6	105.5	107.5	111.2	120.8	135.2	134.4	135.4	133.3
ETHIOPIA PDR	101.7	100.4	97.9	95.6								
ERITREA					76.5	82.9	81.7	87.8	83.7	86.4	90.7	76.7
ETHIOPIA					93.1	91.5	91.0	95.0	93.4	92.0	92.2	88.4
GABON	101.0	99.8	99.1	98.1	97.2	95.5	95.3	94.7	93.7	93.5	93.0	90.8
GAMBIA	104.7	99.2	96.1	90.4	88.9	88.1	84.8	80.6	83.1	83.5	83.1	80.8
GHANA	103.1	98.9	98.0	94.1	92.2	90.7	87.8	86.5	79.5	80.4	78.6	76.5
GUINEA	101.8	99.5	98.8	98.2	97.9	98.7	104.8	105.5	107.2	111.3	113.9	112.9
GUINEABISSAU	99.7	100.4	99.9	101.7	103.6	103.5	102.5	101.9	101.0	101.0	100.2	98.0
KENYA	100.5	102.2	97.3	91.7	86.1	85.5	86.3	88.8	89.1	83.7	83.7	81.0
LESOTHO	101.8	102.4	95.8	105.8	109.4	100.9	100.9	86.7	92.9	74.2	69.1	71.1
LIBYA	97.2	102.5	100.3	96.1	93.6	97.4	107.1	107.3	111.8	140.6	106.9	105.3
MADAGASCAR	101.1	100.3	98.6	96.0	93.9	91.6	91.0	89.4	88.1	86.6	85.1	79.1
MALAWI	98.5	99.4	102.0	99.5	102.1	94.9	96.9	101.3	104.9	99.4	97.7	96.8
MALI	100.6	99.2	100.3	103.1	99.6	97.2	100.1	100.1	100.2	100.5	98.5	96.1
MAURITANIA	96.9	102.5	100.6	90.6	83.9	81.0	82.1	85.4	82.5	79.9	76.8	74.8
MAURITIUS	96.5	102.5	101.0	109.6	116.8	123.8	124.7	133.8	128.8	115.2	127.4	125.0
MOROCCO	102.2	99.6	98.3	99.2	95.4	90.8	92.6	89.0	98.4	94.5	96.0	91.1
MOZAMBIQUE	101.7	102.0	96.3	87.9	86.4	78.9	78.8	78.1	77.7	75.3	76.2	74.7
NAMIBIA	104.6	95.7	99.7	105.5	103.1	104.8	100.1	104.5	65.2	77.8	75.9	75.1
NIGER	99.5	99.1	101.4	102.8	100.0	100.3	100.8	97.3	95.7	97.3	95.5	92.5
NIGERIA	100.3	101.4	98.3	91.9	96.3	97.5	96.6	95.7	95.0	101.5	101.7	99.4
RÉUNION	90.7	98.9	110.4	113.1	117.0	117.2	115.7	115.3	122.2	116.5	115.0	113.7
RWANDA	97.0	98.0	105.1	109.8	114.9	115.0	109.9	112.9	111.8	108.6	105.3	100.2
SENEGAL	95.0	98.7	106.4	110.4	115.3	116.4	116.1	114.2	113.7	112.5	109.8	106.4
SIERRA LEONE	99.7	100.6	99.7	101.2	102.2	102.7	101.8	101.7	100.1	98.8	97.3	96.4
SOUTH AFRICA	98.5	101.0	100.5	100.9	91.7	85.0	83.8	79.2	80.2	81.6	82.3	83.5
SUDAN	97.5	99.0	103.5	106.4	108.9	115.9	121.8	121.1	123.4	125.3	127.8	127.7
SWAZILAND	93.4	93.0	113.7	108.6	109.9	98.6	94.3	89.4	67.2	69.5	59.5	62.8
TANZANIA	100.6	100.0	99.4	98.7	98.1	95.2	95.1	92.5	92.1	94.2	94.2	92.9
TOGO	92.0	104.2	103.8	106.8	106.3	102.0	103.8	96.1	92.0	95.1	92.1	89.8
TUNISIA	99.1	99.1	101.9	101.5	105.7	108.2	114.4	115.4	117.1	125.8	132.6	134.3
UGANDA	94.5	102.3	103.3	103.1	104.8	98.3	97.6	96.1	94.4	95.3	95.8	93.8
ZAMBIA	98.2	99.9	102.0	103.3	108.2	106.3	98.6	101.1	88.3	89.4	91.7	94.4
ZIMBABWE	98.2	103.3	98.6	105.2	90.0	87.4	88.4	80.8	80.6	83.0	93.8	96.8
N C AMERICA	99.8	99.9	100.3	101.9	101.4	104.3	105.7	105.3	105.8	107.5	110.3	111.4
BARBADOS	100.6	100.7	98.7	86.7	83.7	87.8	92.7	99.3	92.8	94.5	95.0	94.7
CANADA	100.9	101.0	98.1	102.2	99.4	100.6	104.2	109.7	111.3	116.9	117.6	122.1
COSTA RICA	97.9	98.8	103.4	93.4	89.0	97.2	101.7	101.0	94.0	94.3	95.1	98.7
CUBA	107.7	105.7	86.6	62.8	56.5	57.5	59.2	59.7	60.5	63.1	65.3	66.9
DOMINICAN RP	97.7	99.0	103.4	106.0	109.9	107.0	108.3	110.0	109.6	107.1	111.6	121.5
EL SALVADOR	103.7	100.5	95.8	95.0	97.0	94.0	95.5	96.3	107.2	103.6	100.2	101.5
GUADELOUPE	107.8	104.2	88.0	91.0	92.5	90.9	89.2	82.4	93.0	91.8	90.3	89.1
GUATEMALA	103.9	102.0	94.2	91.3	98.8	102.6	104.1	105.1	104.0	102.9	98.6	96.1
HAITI	105.2	96.1	98.7	103.8	106.0	106.4	97.8	104.5	105.0	111.7	110.2	125.5
HONDURAS	97.1	101.5	101.4	101.4	97.1	103.1	87.3	97.2	95.5	100.5	99.7	100.9
JAMAICA	88.0	105.9	106.1	108.9	98.9	98.2	98.4	103.6	104.1	106.1	113.3	112.2
MARTINIQUE	96.8	100.4	102.8	101.5	93.9	88.7	78.9	79.7	78.9	77.3	76.7	76.1
MEXICO	96.1	100.2	103.7	105.0	110.1	110.5	116.8	105.3	108.9	113.6	119.4	120.3
NICARAGUA	102.2	105.4	92.4	98.7	111.5	105.6	96.6	95.8	97.7	94.0	133.8	132.2
PANAMA	94.3	101.2	104.5	99.7	106.0	102.8	110.9	112.9	105.6	110.8	106.5	106.2
TRINIDAD TOB	96.4	100.2	103.4	97.8	108.2	98.7	106.6	106.4	97.6	94.8	95.1	94.7
USA	99.9	99.6	100.5	102.7	101.9	105.6	106.6	107.0	107.3	108.5	111.4	112.4
SOUTHAMERICA	97.7	100.1	102.2	103.2	104.5	107.4	112.3	115.3	115.2	113.7	119.1	120.9
ARGENTINA	96.0	104.0	100.0	98.2	100.0	102.1	100.9	98.0	98.0	92.7	99.2	101.2
BOLIVIA	95.4	106.1	98.4	92.0	92.3	97.4	100.4	101.8	103.6	102.3	103.4	100.4

表 12

畜産物

生産指数：1989－91＝100（人口1人当り）

	1989	1990	1991	1992	1993	1994	1995	1996	1997	1998	1999	2000
BRAZIL	97.9	97.8	104.4	108.3	109.4	113.1	122.9	130.1	128.0	127.6	137.1	140.9
CHILE	95.5	102.7	101.9	102.9	111.2	116.7	121.9	122.9	126.0	128.4	123.3	123.6
COLOMBIA	96.0	101.4	102.6	95.0	96.5	99.8	106.8	103.8	104.9	108.0	103.1	103.9
ECUADOR	94.9	100.2	104.9	104.2	106.7	111.3	119.7	131.6	132.4	122.0	125.1	125.0
GUYANA	100.8	97.5	101.8	131.1	140.9	158.0	157.7	180.0	184.3	174.4	180.9	179.4
PARAGUAY	95.2	99.0	105.8	109.3	106.3	99.7	96.8	95.7	98.9	100.0	101.6	102.8
PERU	97.0	100.2	102.9	103.7	99.9	104.1	112.6	111.5	117.7	123.3	131.3	130.1
SURINAME	97.5	103.3	99.2	93.1	86.4	68.9	66.9	60.6	69.3	58.7	68.3	73.6
URUGUAY	103.8	99.0	97.3	99.0	95.7	108.4	104.3	109.6	118.8	118.2	113.5	109.9
VENEZUELA	105.0	99.6	95.4	101.9	107.6	98.7	92.4	97.8	102.0	97.8	96.3	92.1
ASIA (FMR)	95.9	99.8	104.3	109.1	115.7	123.2	128.5	131.2	137.9	142.5	145.3	146.4
ARMENIA				74.1	47.7	61.5	56.2	55.8	58.2	58.4	58.9	67.0
AZERBAIJAN				74.3	65.3	59.2	58.1	61.3	59.5	68.9	70.2	71.3
BANGLADESH	97.2	101.1	101.7	104.1	107.8	110.8	114.0	120.9	125.9	120.2	120.8	118.7
BHUTAN	102.7	102.1	95.3	86.2	83.9	87.8	86.1	84.0	81.8	79.4	77.1	74.9
CAMBODIA	104.5	97.2	98.3	113.2	115.0	110.5	111.9	113.9	118.6	119.2	121.7	121.9
CHINA	92.6	99.1	108.4	117.1	129.7	144.6	157.0	160.9	174.5	185.6	192.1	198.7
CYPRUS	100.3	100.6	99.2	100.5	110.8	115.3	119.4	121.6	127.6	123.4	126.8	125.8
GEORGIA				78.8	74.1	80.9	90.3	97.4	103.9	97.1	98.9	93.4
INDIA	97.9	100.8	101.3	103.3	106.0	108.6	110.0	111.1	112.8	114.3	116.2	111.3
INDONESIA	95.0	100.1	105.0	106.9	117.7	124.7	118.1	122.7	120.3	103.4	109.2	107.9
IRAN	96.9	100.3	102.8	107.9	112.1	117.4	116.2	119.1	120.5	122.8	124.2	122.5
IRAQ	133.0	114.7	52.3	52.8	58.3	58.6	50.6	50.6	54.0	51.7	54.7	54.2
ISRAEL	100.3	98.7	101.0	101.1	101.4	104.7	99.4	98.2	97.5	91.5	94.1	92.3
JAPAN	100.8	99.8	99.5	100.5	100.0	97.5	95.9	94.4	93.6	92.7	92.0	91.8
JORDAN	88.3	98.2	113.5	131.5	147.1	132.0	131.8	132.2	133.8	137.2	130.7	127.5
KAZAKHSTAN				81.9	85.3	78.7	66.1	56.7	49.6	46.0	46.0	47.5
KOREA REP	95.9	100.8	103.2	122.6	127.9	129.2	131.5	140.2	147.2	150.8	147.9	143.4
KUWAIT	170.7	124.0	5.3	36.8	90.8	139.3	167.0	210.0	184.2	191.0	197.8	212.1
KYRGYZSTAN				90.6	86.4	77.1	68.7	71.1	70.7	71.1	72.3	74.2
LAOS	102.6	100.2	97.2	105.4	118.8	121.0	136.5	120.7	125.6	124.4	138.7	106.6
LEBANON	90.0	98.2	111.8	109.7	110.4	98.8	100.9	106.5	103.4	124.8	123.4	123.9
MALAYSIA	89.3	99.8	111.0	120.1	128.7	132.2	131.4	129.9	130.4	130.9	124.9	123.5
MONGOLIA	98.5	97.4	104.1	90.3	78.4	74.2	78.3	85.6	79.8	81.2	83.3	73.8
MYANMAR	103.8	97.6	98.6	101.1	101.9	102.9	108.4	112.4	119.7	124.7	139.3	146.4
NEPAL	99.1	100.6	100.3	98.0	96.3	98.7	98.3	97.6	99.8	100.2	99.9	99.4
PAKISTAN	98.2	100.0	101.8	104.7	108.8	112.2	115.1	120.6	122.6	123.9	123.2	118.8	116.6
PHILIPPINES	96.5	101.2	102.3	98.3	105.5	107.1	109.8	119.0	126.0	128.3	129.3	129.7
SAUDI ARABIA	95.2	100.9	103.9	104.3	100.1	100.9	101.4	99.4	114.0	111.3	108.4	104.8
SRI LANKA	96.4	100.7	103.0	112.6	115.9	124.7	126.9	122.7	122.8	122.6	119.9	118.8
SYRIA	98.7	100.2	101.1	96.1	79.9	83.8	93.8	96.4	99.5	105.6	104.5	103.2
TAJIKISTAN				74.6	65.4	63.0	52.6	35.9	30.6	30.8	32.8	34.3
THAILAND	92.2	97.2	110.7	117.9	118.3	120.3	119.5	122.6	125.3	121.9	114.3	112.5
TURKEY	102.0	99.3	98.7	95.7	96.4	97.8	93.3	91.5	94.0	93.0	92.7	91.2
TURKMENISTAN				95.7	107.0	107.7	104.3	105.8	103.0	112.4	117.1	112.8
UZBEKISTAN				105.9	112.2	109.6	104.9	94.7	97.5	100.0	99.1	99.4
VIET NAM	100.3	101.0	98.7	107.5	109.0	115.1	118.8	122.6	125.8	136.0	145.5	146.3
YEMEN	110.7	94.6	94.8	95.3	96.3	94.5	88.0	90.5	91.6	90.8	90.4	87.3
EUROPE (FMR)	99.8	100.7	99.5	96.4	94.8	93.4	94.3	94.9	94.5	95.8	96.0	94.4
AUSTRIA	99.2	99.8	101.0	103.9	100.8	104.4	99.3	101.5	101.6	102.1	95.4	95.0
BELARUS				83.5	76.4	70.0	61.4	59.8	59.8	64.3	59.0	57.0
BEL-LUX	98.4	95.3	106.3	105.8	107.7	108.9	112.5	114.4	110.0	112.0	106.8	105.7
BULGARIA	107.6	104.0	88.3	86.3	73.9	63.7	63.8	66.5	61.5	65.3	65.2	62.8
CROATIA				56.1	51.6	47.8	45.6	44.9	44.1	49.1	49.3	48.5
CZECHOSLOVAK	104.6	104.7	90.8	87.4								
CZECH REP					89.7	75.0	76.3	74.7	73.3	75.2	73.4	59.9
DENMARK	98.3	99.7	102.1	105.3	110.0	109.8	108.4	109.4	110.3	114.1	114.2	113.5
ESTONIA				68.3	58.8	52.1	48.8	42.4	41.2	40.6	39.8	42.7
FINLAND	100.4	102.9	96.7	93.7	90.4	91.9	88.9	88.5	90.3	89.8	89.5	89.6
FRANCE	98.6	99.3	102.1	102.0	100.4	99.9	102.2	103.3	103.6	103.2	102.0	100.6
GERMANY	102.9	102.0	95.1	85.5	83.7	81.0	82.1	82.7	83.7	83.2	84.0	84.2
GREECE	100.3	100.2	99.4	99.4	99.4	98.9	99.9	98.7	98.7	94.8	91.0	90.1
HUNGARY	104.5	102.4	93.1	82.1	74.1	69.0	68.4	71.9	69.2	71.0	72.6	72.6
ICELAND	100.6	99.2	100.2	98.4	92.4	93.5	92.7	89.4	89.4	90.3	94.3	95.4
IRELAND	92.7	102.7	104.6	106.6	108.1	101.0	101.1	101.7	99.8	103.0	110.9	107.6
ITALY	97.2	101.1	101.7	102.7	101.3	102.2	103.7	105.9	105.5	104.2	106.4	106.0
LATVIA				88.9	72.9	52.8	49.8	39.8	41.4	40.1	34.4	39.8
LITHUANIA				90.9	70.5	66.8	58.6	56.6	57.2	56.0	54.0	52.2
MACEDONIA				87.5	92.7	94.5	90.9	84.7	84.2	81.3	81.7	81.3
MALTA	101.0	98.7	100.4	99.4	99.9	104.3	99.8	115.8	125.0	129.9	126.6	125.7
MOLDOVA REP				67.5	55.3	50.3	46.8	43.7	41.0	35.7	35.4	33.4
NETHERLANDS	97.3	100.7	102.0	106.6	100.8	99.8	98.7	98.6	89.3	95.8	98.2	95.1

表　12

畜産物

生産指数：1989－91＝100（人口1人当り）

	1989	1990	1991	1992	1993	1994	1995	1996	1997	1998	1999	2000
NORWAY	101.1	102.1	96.8	98.2	98.0	98.8	99.1	100.7	99.8	96.3	96.3	93.9
POLAND	101.9	102.6	95.5	89.0	82.2	76.7	78.7	82.1	82.2	86.5	85.4	81.0
PORTUGAL	94.4	101.0	104.6	104.1	107.4	105.9	108.4	110.3	115.8	118.9	120.2	118.1
ROMANIA	96.9	99.7	103.5	95.3	97.9	99.8	94.9	92.7	93.0	91.2	93.1	94.2
RUSSIAN FED				79.8	76.0	68.5	60.9	57.9	53.6	53.7	51.5	50.3
SLOVAKIA					75.4	69.1	66.8	65.6	67.7	65.4	68.1	66.0
SLOVENIA				76.2	90.4	94.9	92.5	99.7	100.7	100.3	98.5	94.8
SPAIN	96.3	99.9	103.7	102.9	104.7	104.6	106.8	111.3	114.4	122.4	126.1	124.4
SWEDEN	103.3	102.3	94.5	93.3	98.2	100.3	99.1	98.5	100.9	99.9	100.3	99.7
SWITZERLAND	101.0	98.7	100.3	97.2	96.5	91.8	92.9	89.9	88.1	89.0	87.7	85.9
UK	98.5	100.2	101.3	99.9	98.8	101.7	102.4	95.7	96.3	97.5	95.9	94.2
UKRAINE				77.9	68.1	66.7	62.7	55.8	49.2	46.5	46.7	47.4
YUGOSLAV SFR	103.5	95.3	101.2									
YUGOSLAVIA				99.4	95.5	94.6	104.3	111.1	104.1	93.2	86.4	88.0
OCEANIA	98.3	100.3	101.4	98.1	97.9	99.0	97.3	97.1	100.2	100.7	100.0	101.4
AUSTRALIA	95.2	102.5	102.3	97.9	98.8	99.2	96.4	96.3	98.9	100.2	102.9	103.7
FIJI ISLANDS	96.0	101.3	102.7	99.3	94.2	98.5	98.5	99.2	97.9	95.8	95.8	94.5
NEW ZEALAND	104.1	95.9	100.0	99.1	96.9	99.6	100.8	101.1	105.9	105.7	98.8	102.8
PAPUA N GUIN	100.9	100.5	98.6	102.0	105.9	110.3	112.0	111.7	113.7	114.0	111.6	109.1
SOLOMON IS	104.5	99.2	96.3	92.1	91.1	88.0	86.0	84.7	83.7	81.7	80.6	83.2
TONGA	103.0	99.0	98.1	99.0	94.4	76.2	69.6	69.6	68.9	68.9	68.9	68.2
VANUATU	90.5	100.3	109.2	105.0	110.3	115.0	109.1	103.9	104.6	97.8	102.1	103.6
USSR	103.5	102.8	93.7									

表　13

穀　物

生産指数：1989－91＝100（人口1人当り）

	1989	1990	1991	1992	1993	1994	1995	1996	1997	1998	1999	2000
WORLD	99.8	102.5	97.7	100.2	95.6	96.6	93.1	99.9	100.2	98.3	97.6	95.0
AFRICA	102.5	93.8	103.8	86.5	94.1	101.3	88.2	109.1	95.7	97.3	92.7	90.7
ALGERIA	83.1	60.3	156.5	134.9	53.9	31.6	79.3	188.0	22.9	110.5	50.2	36.5
ANGOLA	95.4	83.8	120.8	125.5	95.1	86.5	86.4	149.1	123.1	163.2	140.7	136.4
BENIN	102.6	96.4	101.0	102.0	101.9	102.6	112.2	108.0	133.7	125.2	125.3	119.6
BOTSWANA	128.7	87.9	83.5	26.4	59.9	74.9	53.2	163.3	44.0	14.9	25.6	27.9
BURKINA FASO	102.1	76.2	121.7	118.7	120.1	113.8	102.7	107.0	97.4	110.2	99.0	96.3
BURUNDI	102.6	99.0	98.5	97.9	93.9	69.6	79.2	80.6	92.0	74.9	77.1	69.5
CAMEROON	97.7	89.4	112.9	93.9	97.1	89.5	117.3	121.1	116.7	132.5	90.7	123.9
CENT AFR REP	123.6	91.1	85.3	85.3	82.8	87.0	95.6	106.9	115.4	121.0	139.5	138.9
CHAD	94.9	84.6	120.5	133.3	86.0	136.8	110.3	104.9	112.8	151.7	129.3	133.9
CONGO, DEM R	99.8	101.7	98.5	97.1	99.5	98.8	87.9	83.0	84.7	85.5	81.5	77.9
CONGO, REP	190.0	54.8	55.2	55.6	56.0	56.7	49.2	36.4	30.1	16.0	15.5	15.1
CÔTE DIVOIRE	99.8	99.8	100.4	101.8	115.0	119.9	124.1	102.3	141.1	130.6	125.4	123.2
EGYPT	89.4	103.1	107.6	111.9	113.1	111.8	118.4	119.3	128.5	122.6	132.7	134.7
ETHIOPIA PDR	98.3	99.0	102.8	81.3								
ERITREA					79.1	259.5	111.7	75.0	71.8	376.9	258.5	140.7
ETHIOPIA					83.8	78.9	95.9	130.7	132.1	94.5	110.1	102.2
GABON	92.6	102.8	104.7	105.4	107.9	112.5	112.1	112.6	113.2	110.3	107.6	105.0
GAMBIA	101.9	91.1	107.0	88.7	84.0	82.8	81.6	82.9	80.9	87.1	105.2	102.2
GHANA	106.4	72.3	121.3	103.0	131.5	123.2	136.1	130.8	118.8	123.8	114.5	111.4
GUINEA	93.4	99.8	106.7	101.6	100.6	97.6	109.5	114.8	120.6	128.4	126.2	125.0
GUINEABISSAU	92.2	101.9	105.9	98.8	102.2	104.7	108.3	91.1	97.6	100.1	103.6	101.4
KENYA	113.7	93.8	92.5	91.8	79.1	112.5	98.1	81.2	79.1	86.2	72.4	59.0
LESOTHO	119.3	144.2	36.6	52.4	82.4	120.9	41.0	133.0	105.2	85.7	84.4	71.0
LIBYA	120.2	93.7	86.1	68.6	54.2	47.3	39.6	44.0	59.2	67.5	70.0	64.1
MADAGASCAR	103.2	101.7	95.1	95.6	97.3	86.6	87.9	86.6	85.9	79.3	83.6	70.4
MALAWI	104.7	89.7	105.6	41.2	134.3	68.3	109.9	118.9	80.0	110.3	150.5	135.8
MALI	104.0	83.2	112.8	81.3	96.9	106.4	92.1	95.0	88.4	102.9	117.3	114.5
MAURITANIA	140.7	81.8	77.6	77.7	116.0	129.8	136.6	144.4	100.8	122.2	120.3	152.8
MAURITIUS	107.1	100.3	92.6	85.8	77.2	37.0	12.0	18.1	9.5	10.5	8.1	8.8
MOROCCO	100.4	83.5	116.1	35.0	31.5	125.1	16.8	126.0	46.0	79.0	41.6	19.3
MOZAMBIQUE	99.7	117.8	82.6	32.8	107.0	108.0	148.1	176.1	192.1	207.6	219.8	173.9
NAMIBIA	98.4	96.3	105.3	24.2	62.7	99.3	49.9	72.3	144.0	40.4	54.1	106.0
NIGER	88.4	102.6	109.0	100.3	87.1	101.3	84.5	86.7	62.3	108.7	100.5	94.9
NIGERIA	103.3	97.1	99.6	102.1	101.3	98.6	107.5	101.8	100.7	99.2	98.3	96.0
RÉUNION	108.0	85.4	106.6	124.0	109.6	127.9	125.9	120.8	124.6	123.0	121.4	120.0
RWANDA	87.9	89.9	122.2	93.6	98.6	59.7	63.5	79.1	89.4	69.7	58.7	74.1
SENEGAL	109.6	96.9	93.6	80.7	101.4	85.0	93.3	83.9	66.3	57.7	77.7	75.8
SIERRA LEONE	102.8	99.2	98.1	92.1	94.1	80.0	67.8	72.3	74.7	57.9	41.6	31.6
SOUTH AFRICA	122.6	90.2	87.3	37.6	94.6	115.4	53.5	96.2	91.8	68.7	67.2	87.9
SUDAN	72.9	61.4	165.7	192.0	105.1	177.6	109.3	168.0	137.5	175.3	93.9	98.9
SWAZILAND	111.9	78.3	109.8	42.8	53.2	70.4	53.1	100.5	69.8	78.4	68.7	42.3
TANZANIA	119.0	93.4	87.6	77.3	84.9	74.6	95.0	94.3	66.1	86.2	73.5	62.2
TOGO	115.6	94.5	89.9	91.8	114.2	97.9	91.8	116.6	123.9	101.1	117.1	114.2
TUNISIA	36.1	102.2	161.7	135.5	115.5	35.5	30.3	165.2	57.9	92.9	99.4	56.9
UGANDA	105.1	98.7	96.3	103.6	107.6	107.5	109.4	82.6	82.8	95.7	88.8	98.1
ZAMBIA	136.6	82.2	81.2	39.8	111.1	72.4	53.2	92.6	66.2	45.1	58.7	77.5
ZIMBABWE	109.1	106.8	84.1	17.5	96.6	105.4	35.1	115.0	99.3	65.0	70.2	87.5
N C AMERICA	96.9	107.5	95.6	113.3	88.0	110.1	89.9	106.0	102.6	105.3	101.4	101.8
BARBADOS	97.4	101.5	101.1	104.7	104.4	86.2	85.9	85.2	84.9	84.6	84.3	84.0
CANADA	90.8	107.9	101.3	92.1	93.6	83.1	86.5	102.5	84.9	86.8	91.2	86.1
COSTA RICA	93.0	108.3	98.7	102.7	75.2	81.1	77.1	112.0	90.1	101.9	99.0	89.3
CUBA	113.8	98.7	87.6	75.0	38.6	50.9	50.1	80.2	92.3	64.3	89.5	89.2
DOMINICAN RP	109.8	92.5	97.8	116.0	89.4	73.2	94.7	90.8	94.6	86.9	100.5	90.0
EL SALVADOR	104.0	104.9	91.2	121.3	109.3	85.8	101.2	95.7	84.5	91.2	89.2	81.6
GUATEMALA	103.2	101.5	95.2	101.4	94.8	82.6	71.9	68.3	55.5	65.6	66.6	64.9
HAITI	113.1	90.8	96.0	106.1	95.9	94.9	90.0	90.2	108.6	83.9	91.4	89.2
HONDURAS	96.2	102.4	101.5	96.5	93.9	89.4	98.9	98.3	92.8	69.5	63.9	66.7
JAMAICA	113.1	74.5	112.5	137.9	109.4	123.6	115.8	117.9	90.7	63.5	61.1	60.6
MEXICO	93.3	108.3	98.4	109.5	100.3	105.4	103.5	110.7	104.7	106.8	102.2	104.8
NICARAGUA	107.5	107.6	85.0	106.4	124.2	107.2	125.2	130.3	118.0	117.8	99.1	132.6
PANAMA	99.5	102.7	97.8	96.2	93.1	97.2	82.4	85.4	62.9	88.9	82.6	108.1
TRINIDAD TOB	88.7	98.0	113.2	153.2	121.2	129.6	81.8	130.2	61.0	62.2	61.6	61.4
USA	97.9	107.5	94.6	118.3	86.6	117.1	90.7	108.2	108.1	111.4	106.0	107.6
SOUTHAMERICA	109.6	92.0	98.4	110.7	108.1	111.4	114.3	113.9	118.8	112.2	119.0	119.9
ARGENTINA	92.1	101.7	106.2	123.6	119.8	120.0	113.4	142.9	164.6	168.3	156.5	168.5
BOLIVIA	98.1	89.1	112.8	87.7	111.3	102.9	108.9	123.7	117.5	101.8	102.3	111.8
BRAZIL	119.3	85.0	95.7	112.0	108.0	113.3	120.9	106.8	104.7	93.7	111.1	107.1

表 13

穀 物

生産指数：1989－91＝100（人口１人当り）

	1989	1990	1991	1992	1993	1994	1995	1996	1997	1998	1999	2000
CHILE	107.1	99.5	93.4	93.5	83.4	81.0	84.7	77.3	90.9	91.2	61.9	74.5
COLOMBIA	101.1	105.9	92.9	86.0	80.0	81.3	77.0	70.2	71.0	64.8	71.6	71.9
ECUADOR	103.4	97.3	99.4	111.0	127.7	137.6	123.4	122.1	109.8	87.4	115.0	137.2
GUYANA	110.8	72.8	116.5	131.2	157.6	177.3	224.9	241.0	250.5	233.7	262.5	260.7
PARAGUAY	106.3	95.0	98.7	114.2	108.7	89.3	163.5	126.6	144.2	109.7	108.7	115.2
PERU	123.6	91.2	85.2	74.7	95.9	118.0	100.4	107.2	119.6	128.0	152.3	142.0
SURINAME	115.4	86.1	98.6	112.8	92.7	93.0	103.4	93.0	89.9	79.1	76.3	73.6
URUGUAY	122.8	89.5	87.6	123.8	123.4	123.6	144.7	179.1	168.5	164.3	183.2	152.9
VENEZUELA	95.6	92.2	112.2	94.3	98.3	99.3	109.3	99.2	103.9	91.9	91.2	82.0
ASIA (FMR)	99.0	101.7	99.3	100.6	100.3	98.2	99.4	103.3	102.2	102.7	102.6	97.9
ARMENIA				119.1	123.7	92.7	101.2	133.1	100.3	136.9	126.8	92.3
AZERBAIJAN				113.1	95.8	85.2	73.7	84.8	95.3	81.0	84.5	129.7
BANGLADESH	101.1	99.0	99.9	99.0	96.1	88.4	90.9	95.8	94.3	98.1	112.3	114.6
BHUTAN	96.3	102.8	101.0	99.4	107.2	117.3	129.8	136.7	139.4	135.4	121.9	118.4
CAMBODIA	108.6	99.5	92.0	82.7	85.8	77.9	113.0	112.8	110.5	111.3	125.2	115.2
CHINA	96.1	103.6	100.3	101.0	99.9	96.1	100.5	107.4	105.8	106.6	105.2	94.4
CYPRUS	143.3	101.5	55.2	168.7	188.4	143.5	125.8	122.2	35.1	49.2	103.9	31.3
GEORGIA				86.0	69.6	82.1	89.1	115.6	171.2	110.6	148.7	56.9
INDIA	103.5	99.3	97.2	98.3	101.0	101.0	97.4	100.4	102.3	101.2	102.2	103.6
INDONESIA	101.1	101.1	97.8	105.6	102.1	98.1	104.3	106.4	101.1	100.9	101.4	100.2
IRAN	84.4	105.2	110.3	118.8	120.7	121.5	122.3	114.4	109.6	131.7	95.7	82.7
IRAQ	58.3	133.7	108.0	108.9	123.6	113.2	96.9	112.4	78.9	89.0	51.6	20.5
ISRAEL	98.2	121.9	79.9	97.7	77.7	43.7	75.1	61.2	40.3	47.3	18.8	27.2
JAPAN	102.8	103.6	93.6	102.2	76.1	113.2	101.0	97.3	94.6	84.5	86.7	90.0
JORDAN	81.0	125.6	93.5	128.2	93.4	79.9	89.8	64.4	61.0	55.8	10.6	28.1
KAZAKHSTAN				156.6	107.2	76.0	42.9	53.0	61.5	30.7	80.9	63.5
KOREA REP	106.9	100.2	92.9	92.1	81.7	84.6	78.4	86.3	86.9	80.0	85.5	82.5
KUWAIT	171.4	128.0	.6	119.6	136.8	155.2	187.6	307.5	144.5	208.8	228.0	256.2
KYRGYZSTAN				100.6	103.3	66.0	64.6	91.0	107.1	105.6	104.8	99.3
LAOS	103.6	109.7	86.7	102.2	82.7	101.3	88.6	87.1	99.2	98.8	119.3	118.4
LEBANON	100.7	96.5	102.8	106.7	93.0	87.1	106.9	95.0	92.3	95.0	92.1	94.3
MALAYSIA	96.6	101.9	101.5	103.5	105.7	105.1	102.2	104.8	97.8	88.0	90.6	88.9
MONGOLIA	118.9	97.1	84.0	67.4	60.9	40.5	31.8	25.1	30.4	24.1	21.1	22.5
MYANMAR	102.4	102.2	95.4	106.3	118.5	127.3	124.0	121.0	112.5	114.0	132.6	130.1
NEPAL	102.5	103.1	94.3	79.7	94.6	83.9	94.3	96.4	94.8	91.6	91.1	96.4
PAKISTAN	102.8	99.6	97.6	98.8	105.4	95.3	103.5	102.8	99.3	106.6	103.8	109.1
PHILIPPINES	99.6	102.8	97.7	94.1	92.1	94.7	92.8	96.8	94.5	71.9	94.9	96.6
SAUDI ARABIA	97.1	97.7	105.2	105.9	106.7	98.3	53.4	37.2	45.2	41.4	44.9	43.4
SRI LANKA	89.5	109.0	101.5	98.2	107.1	110.4	114.7	83.2	89.6	106.8	112.2	107.5
SYRIA	47.1	123.4	129.5	173.0	203.3	199.7	214.7	204.7	146.4	177.8	108.4	113.9
TAJIKISTAN				76.3	74.1	72.3	64.4	154.9	161.8	142.4	132.8	131.0
THAILAND	108.2	89.0	102.8	99.2	90.4	103.2	106.7	108.2	110.4	108.2	108.8	109.0
TURKEY	84.2	107.3	108.5	100.0	107.1	86.8	89.3	91.8	91.8	102.3	79.3	78.3
TURKMENISTAN				162.1	224.4	247.5	237.3	110.7	158.8	265.0	319.8	350.9
UZBEKISTAN				117.7	112.9	126.9	161.2	181.8	190.3	208.9	216.6	142.9
VIET NAM	101.1	99.5	99.4	107.1	111.2	113.1	117.6	123.1	126.5	131.5	139.6	143.1
YEMEN	129.6	110.7	59.7	105.2	102.4	93.6	90.2	70.4	65.9	83.4	67.3	64.6
EUROPE (FMR)	99.7	96.9	103.4	86.2	87.3	88.2	91.3	96.8	102.7	102.2	97.5	96.3
AUSTRIA	98.3	103.4	98.3	83.6	80.1	84.6	84.7	85.0	94.2	89.5	90.0	83.4
BELARUS				100.4	105.0	80.4	72.3	76.9	84.8	63.4	50.0	72.9
BEL-LUX	106.1	94.7	99.3	96.9	103.6	98.0	96.3	116.9	106.7	114.0	110.2	111.0
BULGARIA	106.9	92.2	100.9	72.8	63.6	72.4	74.1	36.8	71.1	62.4	59.4	53.3
CROATIA				59.4	69.3	66.0	70.3	70.1	81.0	81.9	73.3	54.9
CZECHOSLOVAK	99.3	103.3	97.4	82.3								
CZECH REP					78.3	79.7	78.2	78.7	82.3	79.8	83.7	78.8
DENMARK	95.0	104.9	100.1	76.5	91.1	85.1	99.1	101.0	104.4	101.5	95.8	104.2
ESTONIA				64.4	91.9	55.9	56.9	73.0	76.4	69.3	46.2	79.9
FINLAND	98.4	112.4	89.2	65.1	85.9	86.6	83.8	93.6	95.5	68.8	70.0	101.1
FRANCE	100.0	95.8	104.2	103.9	94.6	91.1	90.9	106.2	106.5	115.9	108.8	111.3
GERMANY	97.2	99.1	103.7	91.8	93.5	95.3	104.2	110.3	118.7	116.7	116.1	119.5
GREECE	106.7	80.3	113.0	90.6	86.8	94.9	88.0	82.8	83.2	76.7	80.6	73.0
HUNGARY	105.1	86.2	108.7	66.8	57.2	81.1	77.9	78.8	98.3	91.7	78.7	69.4
IRELAND	96.9	101.2	101.9	104.7	82.9	81.9	90.1	108.0	97.3	92.8	98.0	96.5
ITALY	95.1	97.2	107.7	111.0	109.7	106.5	109.0	115.7	109.6	114.8	116.1	114.5
LATVIA				78.7	89.7	64.4	49.5	72.7	80.9	78.6	65.5	81.0
LITHUANIA				70.0	85.8	61.2	56.0	80.9	94.7	87.9	65.0	91.9
MACEDONIA				103.7	76.7	104.0	116.7	87.3	97.5	105.4	117.9	96.9
MALTA	107.3	105.2	87.6	90.3	90.7	89.9	93.2	80.5	130.3	128.7	129.7	141.7
MOLDOVA REP				68.0	111.9	53.5	91.4	66.9	122.7	82.5	74.4	70.3
NETHERLANDS	103.5	103.1	93.5	100.6	107.6	98.9	110.7	121.5	98.6	105.5	95.7	118.0
NORWAY	82.8	111.8	105.4	70.3	102.1	89.9	87.0	94.1	89.4	100.1	90.0	92.2
POLAND	97.6	101.5	101.0	70.8	83.7	77.0	92.4	89.8	90.1	97.7	92.1	79.8

表 13

穀　物

生産指数：1989−91＝100（人口1人当り）

	1989	1990	1991	1992	1993	1994	1995	1996	1997	1998	1999	2000
PORTUGAL	108.5	84.2	107.3	78.1	84.4	97.9	86.2	100.6	95.2	95.9	101.1	101.1
ROMANIA	101.1	94.0	104.9	63.5	83.6	99.6	111.2	74.6	123.6	85.8	96.3	53.5
RUSSIAN FED				102.2	93.8	72.8	55.4	62.2	87.3	41.3	52.0	65.5
SLOVAKIA					76.8	93.0	87.4	82.4	92.5	86.6	68.1	53.2
SLOVENIA				76.4	80.5	100.0	78.7	84.0	93.7	97.0	80.6	87.2
SPAIN	102.2	96.4	101.5	75.0	89.0	77.5	57.4	116.4	100.2	116.5	94.3	129.7
SWEDEN	96.3	113.9	89.9	65.9	91.9	76.9	84.0	104.6	103.9	98.4	83.9	108.7
SWITZERLAND	107.3	95.0	97.7	88.9	94.0	90.6	92.6	96.9	87.2	89.6	74.3	80.0
UK	100.4	99.6	100.0	97.5	86.1	88.1	96.1	108.0	102.5	100.2	96.8	105.5
UKRAINE				75.5	90.9	65.7	68.7	49.4	75.5	56.8	53.4	51.9
YUGOSLAV SFR	97.0	85.7	117.3									
YUGOSLAVIA				66.8	71.3	80.5	88.1	66.9	97.4	82.2	80.3	48.7
OCEANIA	105.3	109.4	85.4	112.8	118.8	68.9	117.5	149.7	131.9	136.9	147.0	125.9
AUSTRALIA	105.7	109.3	85.0	114.0	120.5	68.5	120.2	153.9	135.2	141.4	152.4	130.4
FIJI ISLANDS	109.4	92.7	97.9	75.9	73.9	61.3	62.2	58.3	56.9	16.5	56.7	55.9
NEW ZEALAND	86.5	111.0	102.5	92.8	98.9	102.5	91.1	108.5	116.7	103.0	103.9	103.2
PAPUA N GUIN	88.0	100.4	111.7	124.3	134.7	149.0	162.1	178.8	193.0	192.4	202.8	198.4
VANUATU	100.5	105.1	94.3	93.5	92.7	94.9	92.7	90.6	88.5	86.1	84.2	82.5
USSR	102.8	115.3	81.9									

STATISTICAL SUMMARY

SOMMAIRE STATISTIQUE

RESUMEN ESTADÍSTICO

統計要約

ملخص إحصائي

表 14

世 界

生産量：1000 MT

北・中央アフリカ

生産量：1000 MT

	1995	1996	1997	1998	1999	2000	1995	1996	1997	1998	1999	2000
TOTAL CEREALS	1896509	2070194	2098136	2081766	2076843	2049415	359099	429116	419389	434712	423376	430378
WHEAT	542592	584275	613133	592486	585467	576317	87888	95184	95497	96650	92545	90620
RICE PADDY	547101	568426	579017	578785	607780	598852	9808	9991	10675	10611	11611	11125
COARSE GRAINS	806816	917493	905986	910494	883596	874246	261403	323942	313217	327451	319219	328633
MAIZE	516477	588952	585092	614508	605750	590791	216827	263284	261468	278198	270176	281955
BARLEY	140949	155289	154554	137676	127512	131990	21344	24693	21834	20787	19766	20922
ROOT CROPS	631299	658476	634908	648801	666496	679165	28621	31527	30000	30492	30878	33010
POTATOES	284839	310590	301961	299311	297172	311288	25740	28589	27195	27670	28043	30179
TOTAL PULSES	54852	53247	55225	56081	57010	54691	5943	5510	5891	6880	7315	8023
VEGETABLES AND MELONS	559054	591142	605746	624271	652495	670591	46700	48207	49366	48265	53855	52357
FRUITS	410649	428745	445404	439087	461528	475141	53796	54747	58451	57010	53602	58227
GRAPES	56004	59077	58681	57075	60673	62384	5911	5511	7125	5818	6211	7338
CITRUS FRUIT	93171	95510	104342	99451	101466	106949	21145	21884	23507	23320	19052	22884
BANANAS	56478	55255	58863	57189	62693	64627	8468	8980	8300	8260	8676	8432
APPLES	50456	56293	57771	56914	58433	60831	5839	5678	5844	6177	5903	5794
TOTAL NUTS	5212	5634	5910	5941	6436	6201	813	845	1185	897	1279	1002
OILCROPS (OIL EQUIV)	91938	93409	98341	103005	108942	109669	17152	17546	19781	20900	20851	20562
OILCROPS (CAKE EQUIV)	174007	174059	186966	201710	205842	207907	58974	62337	70389	72334	71343	72310
SUGAR (CENTRIFUG.,RAW)	118297	125667	125845	128791	133974	127200	18248	19529	20481	20680	21035	21423
COCOA BEANS	2986	3255	3014	3048	2949	3160	137	126	122	130	88	98
COFFEE GREEN	5539	6188	5981	6583	6848	7259	1133	1203	1234	1194	1321	1349
TEA	2618	2713	2795	3040	2948	2991	1	1	1	1	1	1
VEGETABLE FIBRES	24496	24507	24390	22904	23810	24502	4284	4568	4489	3459	4020	3979
COTTON LINT	19617	19183	18969	18030	18211	18836	4133	4401	4305	3284	3848	3805
JUTE+JUTE-LIKE FIBR.	3036	3626	3833	3357	3993	4015	16	18	17	17	13	13
TOBACCO	6293	7430	8981	6936	6971	6938	747	892	1020	908	782	696
NATURAL RUBBER	6334	6523	6623	6594	6587	6689	46	49	54	54	55	55
TOTAL MEAT	204553	206440	214595	222476	229025	233218	42318	42881	43697	45273	47124	47959
TOTAL MILK	540723	549183	553065	562664	571476	568487	89579	89313	90802	92072	95205	98096
HEN EGGS	42963	45186	46470	48000	49704	50678	6411	6515	6711	6983	7367	7511
WOOL GREASY	2576	2446	2407	2371	2329	2327	34	31	30	28	28	28

ヨーロッパ（旧）

生産量：1000 MT

オセアニア

生産量：1000 MT

	1995	1996	1997	1998	1999	2000	1995	1996	1997	1998	1999	2000
TOTAL CEREALS	270751	288049	305572	302532	289903	285301	28113	35804	32118	33422	35951	31496
WHEAT	123813	126639	130147	138345	126152	135108	16811	23201	19544	21767	25332	19910
RICE PADDY	2158	2723	2771	2714	2669	2573	1035	984	1273	1397	1107	1423
COARSE GRAINS	144780	158687	172655	161473	161082	147620	10267	11619	11301	10258	9512	10163
MAIZE	56519	62179	72934	62726	69349	55874	411	531	602	458	546	550
BARLEY	55684	63241	65390	63374	59331	60707	6125	7063	6893	6327	5347	5367
ROOT CROPS	81086	89964	79886	80146	80130	83351	3283	3454	3426	3541	3574	3574
POTATOES	81017	89896	79818	80081	80066	83297	1603	1767	1739	1874	1830	1830
TOTAL PULSES	5854	5923	6699	7047	6194	5280	2643	2574	2378	2568	2967	1822
VEGETABLES AND MELONS	68919	70595	68916	72522	73713	72102	3194	3345	3209	3194	3211	3247
FRUITS	62634	70336	66533	65495	70266	69320	4698	4942	4994	5033	5253	5292
GRAPES	27057	30589	28545	28594	30550	30606	843	1162	1003	1190	1345	1395
CITRUS FRUIT	8901	8622	10317	8802	10458	10677	691	620	688	645	604	630
BANANAS	413	371	446	474	420	415	900	927	911	935	967	967
APPLES	12286	14444	13786	13500	13571	12719	844	829	920	809	838	829
TOTAL NUTS	797	887	1034	853	974	912	27	29	34	40	43	43
OILCROPS (OIL EQUIV)	8811	8615	9683	9843	11034	9486	885	991	1130	1532	1804	1573
OILCROPS (CAKE EQUIV)	11061	10128	11294	12505	14278	11870	867	988	1309	1936	2339	1986
SUGAR (CENTRIFUG.,RAW)	20280	22633	22958	21376	22152	20986	5559	5329	5659	6046	6100	6100
COCOA BEANS							34	40	46	35	39	44
COFFEE GREEN							60	65	65	81	83	83
TEA							5	5	5	7	9	9
VEGETABLE FIBRES	665	612	687	727	765	772	338	424	563	568	638	712
COTTON LINT	470	421	491	493	511	523	335	421	560	564	634	708
TOBACCO	495	504	538	533	534	538	7	9	9	9	7	7
NATURAL RUBBER							7	7	5	7	7	7
TOTAL MEAT	43107	44064	43747	45196	45463	44333	4740	4610	4728	5004	4996	5104
TOTAL MILK	161296	161551	160949	161889	162502	159865	17821	19067	20430	21178	21439	23265
HEN EGGS	6797	6744	6845	6911	6904	6800	191	189	192	204	212	264
WOOL GREASY	242	237	232	232	230	228	1015	972	1003	970	925	928

表 14

アフリカ　　　　　　　　　　　　　　　　　　　アジア（旧）

生産量：1000 MT　　　　　　　　　　　　　　　生産量：1000 MT

	1995	1996	1997	1998	1999	2000	1995	1996	1997	1998	1999	2000
TOTAL CEREALS	97671	124667	110640	115753	111922	112405	927100	977395	974529	999961	1004462	967022
WHEAT	13142	22063	14940	18812	15050	14023	226965	230747	250530	241933	240149	229782
RICE PADDY	15164	15713	16979	16169	17721	17190	498563	520872	529181	530620	551514	544982
COARSE GRAINS	69365	86892	78720	80772	79151	81192	201573	225775	194818	227408	212798	192259
MAIZE	34469	43510	41908	39881	41105	44581	147596	165984	142342	173398	167876	145641
BARLEY	3067	8009	3071	4525	3668	2274	21043	21492	19755	20508	15908	15765
ROOT CROPS	142103	143509	147341	155218	159787	158890	258260	275932	263809	275630	286932	289709
POTATOES	8999	9937	9334	10152	10224	10110	83501	92431	102089	104301	102529	108345
TOTAL PULSES	6981	7516	7280	8375	7881	8049	26099	24998	25820	25776	26936	25255
VEGETABLES AND MELONS	35841	40285	41099	42320	44255	43887	359365	385375	399770	414247	429257	447748
FRUITS	54392	56434	57681	58530	59779	59315	159020	165635	172959	178613	193252	199399
GRAPES	2594	2903	2942	2903	3295	3211	10626	11143	11396	12015	12061	12305
CITRUS FRUIT	9122	10038	9970	10534	10670	10592	27165	27332	29702	28347	31375	32672
BANANAS	6694	6757	7152	6885	7019	6967	25605	24166	25721	27587	30386	31110
APPLES	1433	1582	1532	1465	1580	1615	22839	25911	26688	28517	30326	32504
TOTAL NUTS	516	606	604	706	792	762	2587	2811	2639	3105	2912	3021
OILCROPS (OIL EQUIV)	6198	7072	6659	6802	7339	7068	43514	45209	46603	46795	49151	52048
OILCROPS (CAKE EQUIV)	6002	6804	6792	6816	7386	7099	54183	54156	55968	56280	56023	59011
SUGAR (CENTRIFUG.,RAW)	7393	8015	8909	8965	8990	9313	40228	43297	41403	41686	43684	44134
COCOA BEANS	1905	2155	1939	2031	1981	2099	428	489	454	442	446	477
COFFEE GREEN	1128	1241	1181	1236	1320	1219	1132	1246	1345	1352	1469	1780
TEA	369	390	367	443	405	412	2128	2212	2316	2468	2400	2430
VEGETABLE FIBRES	1548	1865	1956	1812	1803	1816	13993	13940	13964	13463	13729	14323
COTTON LINT	1388	1711	1799	1666	1649	1671	10180	9651	9560	9614	9235	9771
JUTE+JUTE-LIKE FIBR.	20	21	21	21	21	19	2921	3511	3715	3234	3874	3898
TOBACCO	465	504	556	566	472	492	3879	4797	5965	4106	4246	4298
NATURAL RUBBER	291	326	370	396	401	402	5934	6073	6121	6058	6038	6139
TOTAL MEAT	9349	9618	10051	10273	10442	10544	73144	73543	81123	85400	88502	91781
TOTAL MILK	23481	24029	24814	25562	26091	26220	131663	141960	145402	150925	153921	150410
HEN EGGS	1771	1707	1700	1894	1956	1971	22204	24728	25589	26589	27741	28563
WOOL GREASY	218	207	205	204	211	210	597	601	564	598	615	622

南アメリカ

生産量：1000 MT

	1995	1996	1997	1998	1999	2000
TOTAL CEREALS	91718	93219	99348	95858	100373	103416
WHEAT	13643	21822	20237	17461	19709	20783
RICE PADDY	19206	16916	17007	16140	21929	20534
COARSE GRAINS	58869	54481	62104	62258	58734	62099
MAIZE	53529	48442	54956	54463	51464	54433
BARLEY	1177	1453	1726	1405	1178	1388
ROOT CROPS	46745	38355	42196	42112	45633	48248
POTATOES	12778	12233	13536	13572	14919	15144
TOTAL PULSES	3883	3357	3755	3107	3780	4018
VEGETABLES AND MELONS	17462	17560	17495	17785	19023	19252
FRUITS	65356	65448	73338	66511	72299	73824
GRAPES	5483	4644	5366	4709	5207	5153
CITRUS FRUIT	26005	26902	30075	27684	29214	29390
BANANAS	14398	14055	16333	13047	15224	16736
APPLES	2916	3070	3121	3044	3472	3292
TOTAL NUTS	304	277	244	171	259	282
OILCROPS (OIL EQUIV)	11510	11151	11561	14130	14895	14902
OILCROPS (CAKE EQUIV)	36988	35248	36621	47186	48617	49709
SUGAR (CENTRIFUG.,RAW)	19977	21113	22493	26120	28131	21441
COCOA BEANS	482	444	454	410	395	442
COFFEE GREEN	2087	2434	2157	2720	2655	2827
TEA	66	64	68	70	69	71
VEGETABLE FIBRES	1471	1393	1099	1193	1237	1361
COTTON LINT	1162	1071	758	883	849	976
JUTE+JUTE-LIKE FIBR.	23	16	15	20	19	19
TOBACCO	603	643	793	701	817	783
NATURAL RUBBER	56	68	73	79	85	85
TOTAL MEAT	20535	21279	21646	22050	23651	24752
TOTAL MILK	38936	41898	42700	43671	46783	46419
HEN EGGS	2631	2523	2655	2586	2639	2672
WOOL GREASY	230	204	208	197	186	179

CROPS

CULTURES

CULTIVOS

作 物

المحاصيل

表 15

穀物合計

	収穫面積：1000 HA				単位当り収量：KG/HA				生産量：1000 MT			
	1989-91	1998	1999	2000	1989-91	1998	1999	2000	1989-91	1998	1999	2000
WORLD	707895	680481	671186	675405	2691	3059	3094	3034	1904823	2081766	2076843	2049415
AFRICA	81605	94210	91125	91866	1210	1229	1228	1224	98755	115753	111922	112405
ALGERIA	2807	3575	1889	1970	854	846	815	622	2481	3026	1540	1226
ANGOLA	883	888	888	888F	338	699	619	619	298	621	550	550F
BENIN	658	821	843	835F	860	1056	1056	1043	566	867	890	872
BOTSWANA	201	65F	97F	100F	306	182	203	217	60	12	20	22F
BURKINA FASO	2743	2988	2966F	2966F	717	889	827	827	1975	2657	2453F	2453F
BURUNDI	218	204	202	196F	1362	1276	1309	1249	296	261	265	245
CAMEROON	758	963	636	860F	1198	1558	1660	1731	907	1499	1055	1489
CAPE VERDE	34	32F	33F	33F	287	313	333	333	10	10F	11F	11F
CENT AFR REP	110	148F	151	151F	939	997	1146	1163	103	148	173	176
CHAD	1170	1928	1851	2380	576	702	623	524	677	1353	1153	1248
COMOROS	15	16F	16F	16F	1289	1334	1338	1338	19	21	21	21F
CONGO, DEM R	1840	2106	2119	2084	799	804	778	778	1471	1692	1649	1621
CONGO, REP	15	3F	3F	3F	728	687	687	687	11	2	2F	2F
CÔTE DIVOIRE	1401	1621F	1621F	1621F	885	1150	1127	1127	1241	1864	1827	1827F
EGYPT	2280	2640	2578	2675F	5551	6805	7519	7494	12672	17964	19384	20046F
ETHIOPIA PDR	4764				1239				5894			
ERITREA		469*	396F	343F		957	806	531		449*	319	182F
ETHIOPIA		6313	7426	6817		1140	1132	1151		7197	8406	7845
GABON	14	18F	18F	18F	1599	1728	1728	1728	23	32F	32F	32F
GAMBIA	92	106	130	130	1078	1078	1112	1112	99	114	144	144
GHANA	1064	1340	1305F	1305F	1076	1334	1292	1292	1155	1788	1686	1686F
GUINEA	603	745	744F	744F	1052	1322	1307	1307	632	985	973	973F
GUINEABISSAU	106	143F	151F	151F	1556	1402	1398	1398	165	200F	212	212F
KENYA	1845	1911	1861	1652	1567	1603	1420	1329	2893	3062	2644	2197
LESOTHO	199	182F	176	159F	805	943	989	934	170	171	174	149F
LIBERIA	179	163*	155F	155F	1035	1293	1290	1290	191	210*	200F	200F
LIBYA	418	302F	327F	327F	680	788	768	728	284	238F	251F	238F
MADAGASCAR	1308	1392	1435	1397	1943	1875	1971	1761	2541	2610	2829	2460
MALAWI	1415	1539	1577F	1521F	1104	1237	1684	1620	1560	1904	2655	2463
MALI	2340	2224	2521F	2521F	907	1147	1171	1171	2114	2552	2952	2952F
MAURITANIA	156	212	228	260	831	893	844	1011	131	189	193	263
MAURITIUS	1				3885				2			
MOROCCO	5545	5905	5177	5444	1346	1123	745	368	7456	6632	3859	2006
MOZAMBIQUE	1561	2012	1881	1555	404	839	968	949	629	1688	1821	1476
NAMIBIA	214	275	331	319	482	200	217	437	103	55	72	140
NIGER	6230	7640	7520	7441F	341	387	375	368	2120	2958	2823	2738
NIGERIA	15596	18339	18491	18491F	1165	1202	1212	1212	18100	22040	22405	22405F
RÉUNION	2	3F	3F	3F	5559	6724	6724	6724	12	17F	17F	17F
RWANDA	249	200	217	242	1161	973	825	993	289	194	179	240
SAO TOME PRN	1	1F	1F	1F	2015	2143	2124	2230	3	2F	1	2
SENEGAL	1211	1072	1291	1291F	823	671	746	746	996	720	963	963F
SIERRA LEONE	462	336	250	206	1224	1112	1119	1078	566	373	280	222
SOMALIA	671	424F	414F	554F	715	547	502	565	497	232	208	313
SOUTH AFRICA	6175	4640	4570	5036	2053	2176	2193	2630	12734	10098	10025	13245
SUDAN	5376	9418	7232	6564	497	594	424	501	2771	5595	3066	3292
SWAZILAND	91	66	63F	56F	1401	1903	1803	1299	127	126	114	73
TANZANIA	2985	3295	3154	4324	1389	1364	1261	822	4138	4495	3977	3556
TOGO	625	701	795F	795F	809	891	955	955	505	624	759	759F
TUNISIA	1357	1240	1392	1187	1115	1345	1307	923	1611	1667	1819	1095
UGANDA	1078	1366	1333	1372	1483	1399	1369	1539	1597	1911	1825	2111
ZAMBIA	929	559	760	914F	1569	1428	1391	1570	1467	798	1057	1435
ZIMBABWE	1606	1662	1903	1787	1488	1101	1044	1406	2391	1829	1987	2513
N C AMERICA	98244	93968	89061	91993	3807	4626	4754	4678	374135	434712	423376	430378
BAHAMAS					1522				1			
BARBADOS	1	1F	1F	1F	2656	2500	2500	2500	2	2F	2F	2F
BELIZE	17	23F	23F	23F	1640	2055	2112	2112	28	46	49F	49F
CANADA	21445	18286	17456	18323	2470	2783	3088	2801	52915	50897	53911	51315
COSTA RICA	95	82	82	81	2775	3836	3811	3556	262	314	312	287
CUBA	233	209	206	206F	2346	1876	2694	2694	547	392	555	555F
DOMINICAN RP	135	148	152	151	3951	3581	4027	3690	531	530	611	556
EL SALVADOR	428	415	380	363	1840	2027	2226	2181	785	841	846	793
GUATEMALA	726	689	685	685F	1950	1677	1750	1750	1413	1155	1199	1199F
HAITI	408	441	480F	462	996	914	938	932	405	403	450F	431
HONDURAS	475	541	480	443	1403	1091	1173	1370	664	590	563	607
JAMAICA	2	2	2	2F	1232	1150	1221	1221	3	2	2	2F
MEXICO	10014	11034	10092	12059	2350	2639	2817	2451	23553	29123	28424	29550
NICARAGUA	305	376	350	408	1483	1642	1598	1842	453	618	559	751
PANAMA	179	150	137	148	1884	2253	2355	2704	336	338	322	401
ST VINCENT	1	1	1	1	3409	3333	3333	3333	2	2	2	2

表 15

穀物合計

収穫面積：1000 HA　　　　単位当り収量：KG/HA　　　　生産量：1000 MT

	1989-91	1998	1999	2000	1989-91	1998	1999	2000	1989-91	1998	1999	2000
TRINIDAD TOB	6	4F	4F	4F	2816	2936	2927	2927	17	12	12F	12F
USA	63775	61567	58530	58634	4580	5676	5733	5865	292217	349446	335556	343866
SOUTHAMERICA	35220	31893	34174	34634	2087	3006	2937	2986	73545	95858	100373	103416
ARGENTINA	8531	9946	10384	10820	2342	3784	3335	3522	19916	37632	34634	38110
BOLIVIA	617	762	785	776	1426	1413	1490	1619	881	1077	1169	1257
BRAZIL	20101	15790	17457	17321	1868	2580	2721	2690	37702	40743	47493	46597
CHILE	778	613	534	576	3862	5052	4061	4507	2997	3098	2168	2598
COLOMBIA	1655	945	1074	1103	2471	3060	3059	3048	4090	2893	3286	3362
ECUADOR	828	760	884	904	1718	1955	2166	2588	1422	1485	1915	2341
FR GUIANA	5	9	8	8F	4199	2801	2536	2536	22	25	20	20F
GUYANA	68	132	148	148F	3197	4053	4086	4086	218	535	603	603F
PARAGUAY	447	579	523	561F	1838	1998	2222	2257	818	1156	1163	1266F
PERU	802	1031	1088	1154	2473	2746	3116	2871	1983	2830	3389	3313
SURINAME	61	54	50F	50F	3770	3488	3604	3499	229	189	180	175
URUGUAY	508	581	594	546	2411	3521	3678	3326	1230	2046	2185	1817
VENEZUELA	819	691	646	666	2484	3110	3353	2938	2037	2149	2167	1958
ASIA (FMR)	308979	309755	309380	302191	2778	3228	3247	3200	858188	999961	1004462	967022
ASIA		325630	324604	318580		3119	3169	3100		1015693	1028735	987498
AFGHANISTAN	2297	2793	2534	2406	1200	1388	1341	795	2754	3876	3397	1913
ARMENIA		188	172	187		1718	1723	1155		323	297	216
AZERBAIJAN		588	535	645*		1597	1882	2372		940	1006	1530
BANGLADESH	11083	11015	11681	11640	2530	2867	3123	3246	28032	31575	36479	37785
BHUTAN	94	114	109	109F	1089	1524	1456	1456	102	174	159	159F
BRUNEI DARSM	1				1793				1			
CAMBODIA	1811	2008	2129	1963	1431	1774	1923	1965	2591	3564	4094	3857
CHINA	93047	92531	92007	86233	4192	4954	4947	4736	390171	458396	455192	408431
CYPRUS	55	59	60	45F	1901	1114	2113	1038	107	66	127	47
GAZA STRIP	2	2	2	2	510	529	529	529	1	1	1	1
GEORGIA		370	368	324		1593	2093	1008		589	771	327
INDIA	102279	100913	101555	101102	1911	2249	2289	2372	195478	226946	232487	239814
INDONESIA	13442	15550	15420	14925	3814	3818	3896	4031	51258	59369	60070	60169
IRAN	9503	8790	6928	7689	1365	2160	2048	1627	12973	18985	14186	12513
IRAQ	2741	2966	3016F	2796F	927	847	529	284	2541	2511	1595F	795F
ISRAEL	111	100	27	57	2968	2126	3673	2354	331	213	99	134
JAPAN	2469	2054	2042	2040	5645	5809	6004	6260	13946	11934	12263	12769
JORDAN	101	83	114	57	1040	1118	234	901	105	93	27	52
KAZAKHSTAN		11371	10928	12262		561	1304	945		6380	14249	11583
KOREA D P RP	1627	1403	1289	1277	5079	3152	3094	2443	8244	4422	3987	3118
KOREA REP	1427	1171	1165	1179	5891	6089	6610	6362	8412	7132	7701	7498
KUWAIT		1	1	1F	4143	2318	2535	2815	1	3	3	3F
KYRGYZSTAN		616	614	580		2610	2635	2670		1608	1617	1550
LAOS	643	664	759	700	2244	2688	2897	3189	1443	1784	2199	2232
LEBANON	41	38	39F	40	1955	2463	2396	2424	80	94	93F	96F
MALAYSIA	696	701	719	719F	2710	2843	2910	2910	1886	1994	2094	2094F
MONGOLIA	649	306	279	199	1104	636	614	956	719	194	172	190
MYANMAR	5154	6009	6804	6578	2738	2936	3053	3138	14111	17640	20772	20643
NEPAL	3013	3243	3253	3347F	1885	1961	1987	2087	5680	6360	6465	6986
OMAN	2	3F	3F	3F	2124	2173	2173	2173	5	6F	6F	6F
PAKISTAN	11794	12670	12447	12463	1784	2180	2206	2401	21038	27621	27456	29923
PHILIPPINES	7113	5524	6642	6544	2018	2241	2465	2583	14350	12377	16371	16901
QATAR	1	2	2	2F	2910	3363	3534	3418	3	6	6	6F
SAUDI ARABIA	1009	622	686	686F	4177	3541	3574	3574	4214	2202	2452	2452F
SRI LANKA	810	865	907	907F	2924	3156	3192	3093	2370	2731	2894	2804
SYRIA	3975	3347	3074	2804	668	1576	1066	1249	2601	5275	3276	3503
TAJIKISTAN		395	379	379		1222	1198	1198		482	455	455
THAILAND	10991	11318	11508	11476	2149	2440	2425	2463	23624	27613	27906	28262
TURKEY	13679	14105	13208	13208	2065	2353	2011	2018	28283	33182	26557	26657
TURKMENISTAN		595	565	675		2149	2773	2619		1278	1567	1768
UNTD ARAB EM	1			F	1912				2			
UZBEKISTAN		1753	1662	1336		2357	2595	2281		4132	4312	3048
VIET NAM	6538	8012	8335	8369	3061	3839	3977	4120	20008	30758	33146	34484
YEMEN	781	770	637	625	871	1082	1098	1111	693	833	700	695
EUROPE (FMR)	67009	64512	61540	63230	4383	4690	4711	4512	293635	302532	289903	285301
EUROPE		117973	115465	120294		3275	3261	3194		386327	376485	384222
ALBANIA	295	227	193	222	2609	2736	2647	2610	792	621	512	580
AUSTRIA	940	837	808	828	5443	5704	5949	5383	5115	4776	4806	4457
BELARUS		2375	2272	2447F		1893	1502	1970		4495	3412	4820*
BEL-LUX	367	346	301	350	6094	7341	8273	7168	2236	2541	2493	2511
BOSNIA HERZG		381*	365*	473		3481	3494	2771		1327*	1274*	1311

表 15

穀物合計

	収穫面積：1000 HA				単位当り収量：KG/HA				生産量：1000 MT			
	1989-91	1998	1999	2000	1989-91	1998	1999	2000	1989-91	1998	1999	2000
BULGARIA	2152	1993	1756	1766	4121	2682	2923	2574	8872	5345	5132	4545
CROATIA		687	625	512		4675	4613	4046		3210	2883	2070
CZECHOSLOVAK	2456				4980				12228			
CZECH REP		1681	1594	1651		3971	4351	3910		6676	6935	6455
DENMARK	1564	1534	1452	1542	5887	6090	6048	6224	9211	9344	8781	9598
ESTONIA		354	321	363F		1627	1251	1781		576	402	647
FINLAND	1144	1128	1141	1211F	3360	2459	2523	3308	3845	2773	2879	4006
FRANCE	9244	9290	8932	9164	6240	7391	7257	7261	57683	68661	64817	66542
GERMANY	6864	7032	6766	7113	5534	6339	6571	6369	37910	44575	44461	45304
GREECE	1473	1296	1294	1268	3727	3363	3554	3289	5491	4359	4601	4171
HUNGARY	2827	2862	2429	2748	5160	4555	4695	3623	14603	13038	11405	9956
IRELAND	306	294	281	275	6374	6343	7171	7134	1950	1865	2011	1963
ITALY	4481	4044	4170	4158	4005	5119	5036	4989	17921	20699	21002	20744
LATVIA		470	416	423		2052	1885	2194		964	784	928
LITHUANIA		1108	1013	980		2453	2023	2713		2717	2049	2658
MACEDONIA		214	226	217F		3079	3270	2867		660	740	621
MALTA	2	3	3	3	3422	3889	3963	4008	8	11	11	12
MOLDOVA REP		879	875	861		2712	2445	2348		2385	2138	2021
NETHERLANDS	192	207	183	221	6909	7093	7465	7472	1327	1465	1367	1649
NORWAY	357	332	335	339	3943	4253	3877	3894	1410	1412	1299	1322
POLAND	8541	8844	8701	8814	3231	3071	2959	2535	27594	27159	25750	22341
PORTUGAL	832	517	598	616	2019	3135	2824	2737	1683	1622	1690	1686
ROMANIA	5927	5924	5362	5203	3084	2609	3177	1844	18286	15454	17034	9594
RUSSIAN FED		36076	37069	39803*		1302	1453	1610		46969	53845	64088
SLOVAKIA		859	735	814		4057	3846	2705		3485	2829	2201
SLOVENIA		96	92	96		5801	5108	5230		557	469	502
SPAIN	7756	6633	6643	6833	2489	3401	2709	3600	19306	22557	17996	24602
SWEDEN	1235	1283	1153	1227	4594	4380	4276	5055	5677	5618	4931	6200
SWITZERLAND	210	186	182	178	6352	6775	5791	6387	1331	1264	1056	1138
UK	3677	3420	3141	3347	6168	6666	7044	7165	22644	22795	22126	23983
UKRAINE		12198	11959	12188		2106	2003	1949		25689	23953	23760
YUGOSLAV SFR	4166				3965				16512			
YUGOSLAVIA		2364	2078	2042		3667	4146	2566		8667	8615	5238
OCEANIA	13000	16807	16758	18038	1706	1989	2145	1746	22208	33422	35951	31496
AUSTRALIA	12823	16657	16612	17892	1665	1953	2109	1710	21390	32533	35038	30589
FIJI ISLANDS	13	9	9F	9F	2289	754	2143	2143	30	6	19F	19F
NEWCALEDONIA	1	1F	1F	1F	1837	3623	3736	3736	1	2	2	2F
NEW ZEALAND	160	138	131	131F	4886	6303	6693	6648	783	869	876	870
PAPUA N GUIN	2	2F	3F	3F	2330	4170	3981	3981	4	10F	11F	11F
SOLOMON IS			1	1F		3939	3996	3996		1*	5*	5F
VANUATU	1	1F	1F	1F	515	538	538	538	1	1	1F	1F
USSR	103838				1774				184357			

表 16

小 麦

	収穫面積：1000 HA				単位当り収量：KG/HA				生産量：1000 MT			
	1989-91	1998	1999	2000	1989-91	1998	1999	2000	1989-91	1998	1999	2000
WORLD	227069	219920	212255	213600	2461	2694	2758	2698	559033	592486	585467	576317
AFRICA	8793	10095	8395	8928	1659	1863	1793	1571	14639	18812	15050	14023
ALGERIA	1463	2577	1372	1592*	832	885	802	503	1257	2280	1100	800*
ANGOLA	3	4F	3F	3F	800	1714	1333	1333	2	6F	4F	4F
BOTSWANA	1				2333	1667	1667	1667	1	1F	1F	1F
BURUNDI	11	12	10	9F	766	815	709	667	9	10	7	6F
CHAD	1	2	3	3F	1455	2023	2138	2138	2	5	5	5F
CONGO, DEM R	7	8	8	7	926	1290	1285	1285	7	10	10	9
EGYPT	799	1017	1000	1050F	4985	5990	6347	6251	3978	6093	6347	6564F
ETHIOPIA PDR	603				1322				795			
ERITREA		25*	22F	15F		909	864	667		23*	19*	10F
ETHIOPIA		832	1030*	1030*		1374	1117	1184		1143	1150*	1220*
KENYA	120	135*	100F	80F	1771	2333	1350	1316	210	315*	135*	105
LESOTHO	40	25F	13	19F	563	1159	1231	1105	23	29	15	21F
LIBYA	146	160F	165F	165F	1093	1031	1018	970	148	165F	168F	160F
MADAGASCAR	3	4F	4F	4F	1972	2500	2500	2250	6	10F	10F	9F
MALAWI	2	2	3F	3F	677	742	800	800	1	2	2*	2F
MALI	1	4	7F	7F	1768	1793	2302	2302	2	7	15	15F
MAURITANIA	1				1111				1			
MOROCCO	2663	3087	2691	2902	1564	1418	800	476	4160	4378	2154	1381
MOZAMBIQUE	3	2F	2F	1F	1333	1111	1111	833	4	2F	2F	1F
NAMIBIA	1		1	1F	5064	6033	5555	6269	5	3	4	4
NIGER	4	3F	3F	3F	2296	2067	2000	2000	9	6*	6F	6F
NIGERIA	53	49	50	50F	1078	2000	2012	2012	57	98	101	101F
RWANDA	9	6	5	7F	1309	726	709	991	12	4	4	6
SOMALIA	3	2F	2F	2F	344	333	333	333	1	1F	1F	1F
SOUTH AFRICA	1614	748	718	860	1225	2390	2403	2468	1954	1788	1725	2122
SUDAN	295	277*	141*	91*	1522	2155	1220	2352	447	597*	172	214
SWAZILAND					2833				1			
TANZANIA	49	80F	57	60F	1724	1613	1436	1500	85	129	82	90*
TUNISIA	830	964*	910*	910*	1242	1404	1527	925	1109	1354	1390	842F
UGANDA	4	5	6	7	2000	1800	1833	1714	8	9	11	12
ZAMBIA	12	11	12F	11F	4500	5668	7479	5455	56	64	90	60*
ZIMBABWE	51	52	57*	36*	5711	5385	5614	6944	290	280	320	250
N C AMERICA	40538	35331	32790	33175	2337	2736	2822	2732	94973	96650	92545	90620
CANADA	13992	10680	10367	10963	2113	2255	2595	2445	29613	24082	26900	26804
GUATEMALA	16	3*	2*	2F	2003	1667	2000	2000	33	5*	3*	3F
HONDURAS	1	2F	2F	2F	579	667	667	667	1	1F	1F	1F
MEXICO	1020	769	639	749	4055	4208	4809	4404	4122	3235	3072	3300*
USA	25508	23878	21781	21460	2388	2903	2873	2820	61204	69327	62569	60512
SOUTHAMERICA	9077	7713	8325	8263	1865	2264	2367	2515	16845	17461	19709	20783
ARGENTINA	5210	5175	6072	6250*	1987	2396	2487	2640	10292	12400	15100	16500*
BOLIVIA	92	187	161	117	778	877	875	887	73	164	141	104
BRAZIL	2671	1409	1253	1051	1423	1611	1946	1803	3855	2270	2438	1895
CHILE	530	384	339	370	3207	4385	3534	4054	1691	1682	1197	1500
COLOMBIA	50	19	17	17F	1850	2050	2170	2170	93	39	36	36F
ECUADOR	38	31	27	28	709	648	700	800	27	20	19	22
PARAGUAY	196	188	128	150F	1651	958	1810	1667	320	180	231	250F
PERU	100	126	132	128*	1098	1162	1290	1289	112	146	170	165*
URUGUAY	190	193	197	150F	1952	2893	1920	2067	383	559	377	310
VENEZUELA		1F	1F	1F		398	398	398		1	1	1F
ASIA (FMR)	85442	88602	85903	83899	2355	2731	2796	2739	201270	241933	240149	229782
ASIA		101234	97871	97122		2512	2649	2535		254268	259275	246180
AFGHANISTAN	1623	2186	2027	2029	1063	1296	1233	724	1725	2834	2499	1469
ARMENIA		118	112	104*		2021	1914	1365		239	214	142
AZERBAIJAN		514	421	522*		1595	1939	2297		820	816	1198
BANGLADESH	584	805	882	850*	1668	2241	2253	2235	972	1803	1988	1900*
BHUTAN	6	13*	13*	13F	747	1538	1538	1538	5	20*	20*	20F
CHINA	30515	29775	28855	26648*	3112	3685	3947	3729	94999	109726	113880	99370*
CYPRUS	5	6	7	5F	1559	1983	2059	2010	8	12	14	10
GAZA STRIP		1F	1F	1F		714	714	714		1F	1F	1F
GEORGIA		133	111	81		1087	2033	1027		145	226	84
INDIA	23926	26696	27398	26742	2216	2485	2583	2777	53031	66345	70778	74251
IRAN	6364	6180	4739	5500*	1192	1935	1830	1273	7605	11955	8673	7000*
IRAQ	1200	1557*	1600F	1400F	885	780	500	274	1055	1214*	800F	384F
ISRAEL	89	86	10*	40*	2511	1577	1500	1250	224	135	15	50*
JAPAN	261	162	169	183	3434	3511	3454	3763	898	570	583	689

表 16

小 麦

	収穫面積：1000 HA				単位当り収量：KG/HA				生産量：1000 MT			
	1989-91	1998	1999	2000	1989-91	1998	1999	2000	1989-91	1998	1999	2000
JORDAN	54	29	41	27*	1219	1248	226	1080	66	36	9	29
KAZAKHSTAN		9127	8736	10047		520	1287	905		4746	11242	9091
KOREA D P RP	87	70F	63	103*	1467	2357	3000	1529	127	165*	189	158F
KOREA REP		1	1	1F	3066	3485	3717	3571	1	5	5	5*
KUWAIT								1817				1F
KYRGYZSTAN		489	457	444		2463	2429	2342		1204	1109	1039
LEBANON	26	24	24F	24F	2117	2490	2437	2500	56	59	58F	60F
MONGOLIA	530	301	275	195	1145	637	613	955	607	192	168	186*
MYANMAR	129	96	105	105F	977	973	1112	1112	126	93	117	117F
NEPAL	599	640	641	650F	1403	1609	1695	1821	840	1030	1086	1184
OMAN		1F	1F	1F	2201	2333	2333	2333	1	1F	1F	1F
PAKISTAN	7829	8355	8230	8463	1844	2238	2170	2491	14433	18694	17858	21079
QATAR												
SAUDI ARABIA	816	385	481	481F	4524	4500	4253	4253	3689	1734	2046	2046F
SYRIA	1283	1721	1603	1700*	1351	2389	1679	1826	1743	4112	2692	3105
TAJIKISTAN		339	325F	325F		1121	1102	1102		380	358*	358F
THAILAND		1F	1F	1F		625	625	625		1F	1F	1F
TURKEY	9419	9400	8650*	8650F	2003	2234	1908	1908	18887	21000	16500*	16500F
TURKMENISTAN		500F	475*	550*		2490	3170	3091		1245	1506	1700*
UNTD ARAB EM	1			F	1912				2			
UZBEKISTAN		1412	1331	1150*		2518	2745	2423		3556	3654*	2787*
YEMEN	93	111	86	86	1486	1504	1593	1593	139	167	137	137F
EUROPE (FMR)	27471	27153	25506	27548	4764	5095	4946	4905	130845	138345	126152	135108
EUROPE		53955	52491	53995		3402	3306	3423		183529	173555	184801
ALBANIA	185	141	109	132F	2673	2804	2495	2500	508	395	272	330
AUSTRIA	276	264	261	294	5008	5075	5435	4469	1381	1342	1416	1313
BELARUS		369	411	425F		2134	1732	2235		787	711	950*
BEL-LUX	219	222	189	229	6489	7981	8342	7145	1418	1772	1575	1634
BOSNIA HERZG		106*	82*	114*		3211	3134	2412		341*	258*	275*
BULGARIA	1167	1142	966	1100*	4355	2806	2730	2545	5071	3203	2637	2800*
CROATIA		242	169	240*		4221	3298	4500		1020	558	1080*
CZECHOSLOVAK	1227				5235				6423			
CZECH REP		912	867	970		4214	4646	4209		3845	4028	4084
DENMARK	499	680	619	636	7249	7248	7223	7390	3616	4928	4471	4700*
ESTONIA		67	66	70F		1767	1338	2129		118	88	149
FINLAND	150	137	128	159F	3491	2894	1985	3459	521	397	254	550
FRANCE	5102	5234	5115	5269	6501	7606	7243	7128	33171	39809	37050	37559
GERMANY	2479	2802	2609	2971	6242	7204	7517	7282	15454	20187	19615	21634
GREECE	978	855	868	856	2689	2198	2328	2067	2621	1880	2021	1770
HUNGARY	1207	1184	734	1024	5177	4139	3595	3622	6249	4899	2639	3709
IRELAND	72	84	68	81	7982	8031	8767	8716	577	673	597	706
ITALY	2800	2305	2387	2318	2984	3617	3243	3220	8312	8338	7743	7464
LATVIA		151	146	158		2554	2410	2704		385	352	427
LITHUANIA		360	334	370		2867	2610	3341		1031	871	1238
MACEDONIA		114	115	115F		2961	3273	2783		337	378	320*
MALTA	1	2F	2F	2	3721	4091	4091	4013	5	9F	9F	10
MOLDOVA REP		357	342	320		2559	2342	2406		913	800	770
NETHERLANDS	134	141	102*	138*	7637	7376	8331	8554	1022	1040	851*	1183*
NORWAY	46	69	53	60F	4324	5310	4530	4883	203	365	239	293
POLAND	2304	2631	2583	2635	3872	3624	3504	3227	8919	9537	9051	8503
PORTUGAL	276	149	226	249	1813	1015	1649	1723	511	151	373	429
ROMANIA	2242	2023	1666	1910	3052	2561	2795	2262	6868	5182	4658	4320
RUSSIAN FED		19858	19755	19952*		1360	1569	1804		27012	30995	36000
SLOVAKIA		429	296	405		4173	4013	3095		1789	1187	1254
SLOVENIA		35	32	36*		4828	3709	4196		169	117	150*
SPAIN	2182	1913	2422	2370	2399	2842	2099	3094	5236	5436	5084	7333
SWEDEN	294	398	275	402	6168	5649	6024	6299	1825	2249	1659	2530
SWITZERLAND	99	97	94	94	6114	6307	5372	5834	604	615	506	548
UK	2026	2045	1847	2086	6987	7565	8051	8006	14143	15470	14870	16700
UKRAINE		5641	5932	5152		2648	2290	1972		14937	13585	10159
YUGOSLAV SFR	1507				4101				6186			
YUGOSLAVIA		796	619	653		3727	3288	2953		2967	2035	1927
OCEANIA	8505	11591	12383	12118	1574	1878	2046	1643	13447	21767	25332	19910
AUSTRALIA	8468	11543	12338	12073	1561	1860	2027	1619	13279	21465	25012	19550
NEW ZEALAND	37	48F	45F	45F	4575	6292	7111	8000	168	302	320	360
USSR	47242				1837				87014			

表 17

米（もみ）

	収穫面積：1000 HA				単位当り収量：KG/HA				生産量：1000 MT			
	1989-91	1998	1999	2000	1989-91	1998	1999	2000	1989-91	1998	1999	2000
WORLD	147435	152002	156462	153766	3513	3808	3885	3895	517960	578785	607780	598852
AFRICA	6321	7685	7837	7776	2035	2104	2261	2211	12864	16169	17721	17190
ALGERIA	1				2757				2			
ANGOLA	4	24F	20F	20F	833	875	800	800	3	21F	16F	16F
BENIN	7	17	18	18F	1371	2084	2090	2090	10	36	37	37F
BURKINA FASO	20	46	46F	46F	2092	1939	1913	1913	43	89	88F	88F
BURUNDI	12	14	18	17F	3253	2993	3257	3040	40	41	59	52
CAMEROON	14	23	20	20F	4989	3194	3309	3400	69	73	67	68F
CENT AFR REP	7	13F	14F	14F	1520	1423	1500	1500	10	19	21	21F
CHAD	41	80	89	89F	2336	1502	1469	1469	97	121	131	131F
COMOROS	13	14F	14F	14F	1164	1214	1214	1214	15	17F	17F	17F
CONGO, DEM R	479	480	464	447	805	755	755	755	385	363	350	338
CONGO, REP	1				951				1			
CÔTE DIVOIRE	581	750F	750F	750F	1140	1596	1549	1549	661	1197	1162	1162F
EGYPT	437	515	655	660F	7068	8693	8880	9086	3098	4474	5817	5997F
GABON					2167	2000	2000	2000	1	1F	1F	1F
GAMBIA	14	17	16	16F	1502	1536	1829	1829	21	27	29	29F
GHANA	70	130	130F	130F	1452	1485	1613	1613	102	194	210	210F
GUINEA	377	503	500F	500F	1146	1519	1500	1500	428	764	750	750F
GUINEABISSAU	59	69F	72F	72F	2025	1913	1921	1921	119	132F	138*	138F
KENYA	13	19F	17F	19F	3418	2895	2353	2895	45	55F	40F	55
LIBERIA	179	163*	155F	155F	1035	1293	1290	1290	191	210*	200F	200F
MADAGASCAR	1150	1203	1227*	1207	2070	2034	2149	1906	2381	2447	2637	2300
MALAWI	29	42	45F	45F	1734	1644	2067	1933	51	69	93*	87*
MALI	230	330F	350F	350F	1542	2175	2313	2313	358	718	810	810F
MAURITANIA	15	25	20	24*	3393	4060	5026	4308	50	102	99	103*
MOROCCO	3	4	7	6	4772	5508	4904	4500	11	20	35	25
MOZAMBIQUE	109	181	170*	136F	756	1055	1094	1161	83	191	186*	158
NIGER	22	30F	30*	30F	3373	1783	2433	2433	75	54	73*	73F
NIGERIA	1504	2044	2061	2061F	2007	1602	1590	1590	3010	3275	3277	3277F
RWANDA	5	4	5	5F	2696	1915	1813	2331	11	8	9	12
SENEGAL	75	45	96	96F	2318	2720	2501	2501	173	124	240	240F
SIERRA LEONE	390	285	213	183	1306	1153	1160	1087	508	328	247	199
SOMALIA	5	1F	1F	1F	2844	1667	1667	1667	15	2*	2*	2*
SOUTH AFRICA	1	1F	1F	1F	2308	2308	2231	2308	3	3F	3F	3F
SUDAN	1	4	9	5	1208	529	1190	1465	1	2	11	8
SWAZILAND					7500				3			
TANZANIA	380	492*	474	504	1828	1647	1426	752	694	811	676	379
TOGO	22	42	45F	45F	1423	2044	1801	1801	31	87	81	81F
UGANDA	39	64	68	72	1382	1406	1397	1500	53	90	95	108
ZAMBIA	12	9	16	17F	989	706	912	941	12	6	15	16F
ZIMBABWE												
N C AMERICA	1790	1983	2033	1892	5186	5350	5712	5882	9281	10611	11611	11125
BELIZE	2	5F	5F	5F	2448	1918	2115	2115	5	9	11F	11F
COSTA RICA	53	65	68	68	3598	4420	4199	3906	191	286	285	264
CUBA	158	123	113	113F	3024	2277	3269	3269	479	280	369	369F
DOMINICAN RP	95	111	125	129	4794	4271	4605	4076	456	475	574	527
EL SALVADOR	15	10	11	8	4053	6961	5196	5712	62	72	57	48
GUATEMALA	15	14	15	15F	2985	2258	2570	2570	46	31	39	39F
HAITI	59	51	50F	52	2108	1980	2000	2500	125	101	100F	130
HONDURAS	18	11	6	3	2616	2547	2293	2292	48	28	13	7
JAMAICA												
MEXICO	114	102	83	98	3772	4511	4778	4603	423	458	395	450
NICARAGUA	42	84	56	80	2741	3182	3432	3558	115	266	193	285
PANAMA	93	88	78	86	2259	2634	2878	3728	211	232	224	319
TRINIDAD TOB	5	2F	2F	2F	2799	2932	2917	2917	14	7	7F	7F
USA	1118	1318	1421	1232	6356	6347	6575	7037	7106	8366	9345	8669
SOUTHAMERICA	6018	4989	5961	5728	2566	3235	3679	3585	15444	16140	21929	20534
ARGENTINA	103	214	289	185	4124	4841	5737	4638	422	1036	1658	858
BOLIVIA	110	143	128	161	2097	2103	1483	1924	232	301	189	310
BRAZIL	4441	3062	3840	3672	2094	2520	3068	3041	9313	7716	11783	11168
CHILE	35	27	15	27	4139	3909	4151	4185	146	104	61	113
COLOMBIA	491	403	431	440*	4044	4712	4776	4773	1986	1898	2059	2100*
ECUADOR	277	325	366	380	3078	3206	3522	4000	852	1043	1290	1520
FR GUIANA	5	9	8	8F	4199	2810	2546	2546	22	25	20	20F
GUYANA	65	129	145*	145F	3279	4111	4138	4138	215	532*	600*	600F
PARAGUAY	33	21	23	25F	2608	3879	4000	3720	87	81	92	93F
PERU	185	269	312	300*	5162	5756	6275	5549	957	1549	1955	1665
SURINAME	61	54	50F	50F	3773	3489	3606	3500	229	188	180	175

表 17

米（もみ）

	収穫面積：1000 HA				単位当り収量：KG/HA				生産量：1000 MT			
	1989-91	1998	1999	2000	1989-91	1998	1999	2000	1989-91	1998	1999	2000
URUGUAY	92	180	206	185	4956	5271	6320	6350	459	950	1302	1175
VENEZUELA	120	152	149	150*	4382	4714	4970	4913	525	716	740	737*
ASIA (FMR)	132146	136356	139618	137368	3595	3891	3950	3967	475092	530620	551514	544982
ASIA		136620	139908	137600		3889	3947	3964		531279	552234	545477
AFGHANISTAN	173	180	140	130	1907	2500	3000	1791	329	450	420	233
AZERBAIJAN		2	3F	3*		4671	5400	4667		12	14F	14*
BANGLADESH	10386	10116	10708*	10700*	2598	2937	3215	3348	26980	29708	34427*	35821*
BHUTAN	26	30F	30F	30F	1654	1667	1667	1667	43	50F	50F	50F
BRUNEI DARSM	1				1793				1			
CAMBODIA	1763	1961	2079	1873	1432	1792	1944	2009	2524	3515	4041	3762
CHINA	33238	31572	31637	30503	5614	6353	6334	6234	186598	200572	200403	190168*
INDIA	42501	44598	44607	44600*	2619	2891	2966	3008	111290	128928	132300	134150*
INDONESIA	10438	11716	11963	11523	4298	4199	4252	4426	44864	49200	50866	51000
IRAN	542	615	587	587F	3799	4505	3999	3999	2064	2771	2348	2348F
IRAQ	79	128*	130F	129F	2759	2344	1385	1008	217	300*	180F	130F
JAPAN	2073	1801	1788	1770	6118	6219	6414	6702	12688	11200	11469	11863
KAZAKHSTAN		73	71	72		3216	2807	2947		236	199	213
KOREA D P RP	629	580	580	535	5961	3978	4040	3159	3730	2307	2343	1690
KOREA REP	1236	1056	1059	1072*	6229	6417	6868	6592	7705	6779	7271	7067*
KYRGYZSTAN		5	6	6		2330	2554	3049		11	15	19
LAOS	606	618	718	690	2275	2712	2928	3123	1378	1675	2103	2155
MALAYSIA	676	674	692	692F	2737	2883	2941	2941	1852	1944	2037	2037F
MYANMAR	4689	5459	6211	6000F	2913	3128	3240	3333	13661	17077	20125	20000F
NEPAL	1433	1506	1514	1550F	2352	2417	2450	2600	3371	3641	3710	4030
PAKISTAN	2106	2424	2515	2312	2309	2893	3074	3027	4862	7011	7733	7000F
PHILIPPINES	3414	3170	4000	4037	2836	2698	2947	3075	9672	8554	11787	12415
SRI LANKA	770	829	871	871F	3026	3247	3281	3177	2330	2692	2857	2767
TAJIKISTAN		15	16F	16F		2686	2356	2356		40	38*	38F
THAILAND	9241	9900*	10080*	10048*	2098	2301	2313	2329	19398	22784	23313	23403
TURKEY	51	60	60F	60F	4971	5283	5633	5633	253	317	338*	338F
TURKMENISTAN		20F	30*	70		685	1110	529		14	33	37*
UZBEKISTAN		148	164	65*		2334	2563	2692		346	421	175*
VIET NAM	6075	7363	7648	7655	3175	3959	4105	4253	19281	29146	31394	32554
EUROPE (FMR)	427	419	409	413	5323	6475	6519	6223	2276	2714	2669	2573
EUROPE		576	594	614		5538	5351	5049		3190	3177	3103
ALBANIA	2				2772				6			
BULGARIA	11	3	3F	3F	2683	3147	2333	2333	30	10	7	7F
FRANCE	20	18	17	19	5777	5825	6084	5764	114	107	103	107
GREECE	16	26	22	23F	6030	8054	7207	7826	98	209	161	180F
HUNGARY	11	3	2	3	2698	2703	3316	2267	29	8	7	7F
ITALY	208	223	221	221*	6034	6257	6171	5886	1257	1394	1362	1300*
MACEDONIA		4	4F	4F		5072	5000	5000		23	21F	21F
PORTUGAL	34	27	26	24*	4666	5987	6014	6208	157	162	157	149
ROMANIA	37	2	2	2F	1515	2979	2691	2533	56	5	4	4F
RUSSIAN FED		136	162	176*		3037	2736	2503		413	444	440*
SPAIN	81	113	112	115	6123	7066	7539	6925	498	796	845	798
UKRAINE		21	22	25		3029	2904	3560		64	64	90
YUGOSLAV SFR	8				3986				31			
OCEANIA	110	149	130	155	7902	9396	8518	9183	868	1397	1107	1423
AUSTRALIA	97	140F	120F	145F	8650	9929	9033	9655	839	1390	1084	1400
FIJI ISLANDS	13	8F	9F	9F	2320	637	2118	2118	29	5	18F	18F
PAPUA N GUIN					1917	1714	1857	1857	1	1F	1F	1F
SOLOMON IS			1	1F		3939	3996	3996		1*	5*	5F
USSR	623				3425				2135			

表 18

粗粒穀物合計

	収穫面積：1000 HA				単位当り収量：KG/HA				生産量：1000 MT			
	1989-91	1998	1999	2000	1989-91	1998	1999	2000	1989-91	1998	1999	2000
WORLD	333391	308560	302469	308039	2483	2951	2921	2838	827829	910494	883596	874246
AFRICA	66492	76429	74893	75162	1072	1057	1057	1080	71253	80772	79151	81192
ALGERIA	1344	998	516	378	875	747	851	1124	1222	745	439	425
ANGOLA	876	860*	865*	865F	335	690	613	613	292	594*	530*	530F
BENIN	651	804	825	818F	854	1034	1033	1021	556	832	853	834
BOTSWANA	200	65F	97F	100F	300	176	199	213	58	11	19	21F
BURKINA FASO	2723	2943	2920F	2920F	706	873	810	810	1932	2568	2365F	2365F
BURUNDI	194	179	174	170F	1277	1175	1143	1101	248	210	199	187
CAMEROON	744	939	615	840F	1128	1518	1605	1692	838	1426	988	1421
CAPE VERDE	34	32F	33F	33F	287	313	333	333	10	10F	11F	11F
CENT AFR REP	103	135F	137	137F	904	956	1109	1128	93	129	152	155
CHAD	1128	1845	1760	2289	511	665	578	486	578	1227	1017	1112
COMOROS	1	2F	2F	2F	2388	2324	2353	2353	4	4	4	4F
CONGO, DEM R	1354	1617	1648	1629	797	815	782	782	1079	1319	1289	1274
CONGO, REP	13	3F	3F	3F	696	667	667	667	10	2*	2F	2F
CÔTE DIVOIRE	821	871F	871F	871F	707	766	764	764	580	667	665	665F
EGYPT	1044	1108	923	965F	5360	6678	7823	7757	5597	7397	7220	7485F
ETHIOPIA PDR	4161				1227				5099			
ERITREA		444*	374F	328F		960	802	524		426*	300F	172F
ETHIOPIA		5481	6396	5787		1105	1135	1145		6055	7256	6625
GABON	14	18F	18F	18F	1583	1722	1722	1722	22	31F	31F	31F
GAMBIA	78	89	114	114	1001	988	1013	1013	78	88	115	115
GHANA	994	1210	1175F	1175F	1050	1318	1256	1256	1053	1594	1476	1476F
GUINEA	227	242	244F	244F	902	912	912	912	204	221	223F	223F
GUINEABISSAU	47	74F	79F	79F	969	923	924	924	46	68F	73	73F
KENYA	1711	1757	1744	1553	1542	1533	1415	1311	2638	2692	2469	2037
LESOTHO	159	157F	163	140F	869	909	970	911	146	142	158	128F
LIBYA	272	142F	162F	162F	501	514	513	481	136	73F	83F	78F
MADAGASCAR	155	185	204	186	999	827	892	813	155	153	182	151
MALAWI	1384	1494	1529F	1473F	1091	1227	1674	1612	1508	1834	2560	2374
MALI	2109	1890F	2164F	2164F	837	967	983	983	1754	1827	2127	2127F
MAURITANIA	141	186	208	235F	553	466	450	675	81	87	94	159
MAURITIUS	1				3878				2			
MOROCCO	2879	2814	2479	2537	1142	793	674	236	3286	2233	1670	600
MOZAMBIQUE	1449	1829	1709*	1418*	375	817	956	929	542	1495	1633*	1317
NAMIBIA	213	275	330	319	461	189	206	425	98	52	68	135
NIGER	6205	7607	7487	7408F	329	381	366	359	2036	2898	2744	2659
NIGERIA	14038	16246	16380	16380F	1076	1149	1162	1162	15034	18667	19027	19027F
RÉUNION	2	3F	3F	3F	5626	6800	6800	6800	12	17F	17F	17F
RWANDA	235	190	207	230	1131	959	804	964	266	182	166	222
SAO TOME PRN	1	1F	1F	1F	2015	2143	2124	2230	3	2F	1	2
SENEGAL	1136	1027	1195	1195F	724	581	605	605	823	596	723	723F
SIERRA LEONE	72	51F	37	22	802	880	880	1005	57	45	33	23
SOMALIA	663	420F	410F	550F	700	545	500	564	481	229F	205F	310F
SOUTH AFRICA	4560	3890	3851	4175	2351	2135	2155	2663	10777	8307	8297	11119
SUDAN	5080	9137	7081	6468	438	547	407	475	2323	4996	2883	3070
SWAZILAND	91	66	63F	56F	1368	1903	1803	1296	123	126	114	73
TANZANIA	2557	2723	2622	3761	1317	1306	1227	821	3359	3555	3219	3087
TOGO	603	659	750F	750F	787	816	904	904	474	538	678	678F
TUNISIA	527	276	482	277	915	1137	890	915	502	314	429	254
UGANDA	1035	1297	1259	1293	1484	1397	1365	1540	1536	1812	1719	1991
ZAMBIA	905	538	732	886F	1535	1351	1301	1533	1400	727	953	1359
ZIMBABWE	1555	1609	1846	1751	1350	963	903	1292	2101	1549	1667	2262
N C AMERICA	55916	56653	54238	56926	4827	5780	5885	5773	269881	327451	319219	328633
BAHAMAS					1522	2500	2500	2500	1	2F	2F	2F
BARBADOS	1	1F	1F	1F	2656	2089	2111	2111	2	38	38F	38F
BELIZE	15	18F	18F	18F	1528	3526	3810	3330	23	26815	27011	24511
CANADA	7453	7606	7090	7360	3141	1615	1944	1765	23302	28	27	23
COSTA RICA	41	17	14	13	1703	1300	1999	1999	71	112	186	186F
CUBA	75	86	93	93F	907	1510	1362	1348	68	56	37	29
DOMINICAN RP	39	37	27	21	1864	1901	2138	2098	75	769	790	745
EL SALVADOR	412	404	369	355	1758	1665	1731	1731	723	1119	1157	1157F
GUATEMALA	694	672	668	668F	1927	773	814	733	1334	301	350F	301
HAITI	348	390	430F	410	804	1062	1161	1365	280	562	549	598
HONDURAS	455	529	473	438	1356	1144	1223	1223	615	2	2	2F
JAMAICA	2	2	2	2F	1131	2502	2664	2301	3	25430	24957	25799
MEXICO	8880	10163	9370	11211	2136	1202	1247	1422	19008	352	366	466
NICARAGUA	263	293	294	328	1281	1710	1659	1308	339	106	97	82
PANAMA	85	62	59	63	1475	3333	3333	3333	125	2F	2F	2F
ST VINCENT	1	1F	1F	1F	3413	2941	2941	2941	2	5F	5F	5F
TRINIDAD TOB	1	2F	2F	2F	2889				3			

表　18

粗粒穀物合計

	収穫面積：1000 HA				単位当り収量：KG/HA				生産量：1000 MT			
	1989-91	1998	1999	2000	1989-91	1998	1999	2000	1989-91	1998	1999	2000
USA	37148	36371	35328	35942	6030	7472	7463	7643	223907	271753	263642	274685
SOUTHAMERICA	20124	19192	19888	20643	2049	3244	2953	3008	41255	62258	58734	62099
ARGENTINA	3218	4557	4023	4385	2843	5310	4443	4732	9202	24196	17876	20752
BOLIVIA	414	432	496	498	1391	1416	1692	1693	577	611	839	843
BRAZIL	12990	11319	12364	12598	1888	2717	2691	2662	24534	30757	33272	33533
CHILE	213	203	181	179	5444	6464	5042	5489	1160	1312	910	985
COLOMBIA	1114	523	626	646	1804	1827	1901	1897	2011	956	1191	1226
ECUADOR	514	404	491	496	1058	1046	1235	1608	543	422	606	798
GUYANA	3	3F	3F	3F	1167	1207	1192	1192	3	3	3F	3F
PARAGUAY	218	370	373	386F	1909	2420	2254	2391	411	895	840	923F
PERU	516	636	645	726	1760	1786	1962	2043	914	1135	1264	1484
URUGUAY	227	208	192	211	1712	2587	2641	1572	388	537	506	332
VENEZUELA	698	538	496	515	2165	2663	2875	2369	1512	1432	1426	1220*
ASIA (FMR)	91391	84797	83859	80924	1991	2682	2538	2376	181827	227408	212798	192259
ASIA		87776	86824	83858		2622	2502	2335		230146	217227	195841
AFGHANISTAN	501	427	367	247	1397	1386	1302	854	700	592	478	211
ARMENIA		70	60	83		1203	1368	892		84	83	74
AZERBAIJAN		72	111	121*		1507	1586	2637		109	176	318
BANGLADESH	113	94	90	90F	704	682	710	710	80	64	64	64F
BHUTAN	61	71	66	66F	885	1461	1345	1345	54	104	89	89F
CAMBODIA	48	47	50F	90F	1419	1023	1060	1059	67	49	53*	95*
CHINA	29294	31184	31515	29082	3701	4749	4471	4088	108575	148098	140909	118893
CYPRUS	50	53	53	40F	1935	1020	2120	917	99	54	113	37
GEORGIA		236	257	243F		1877	2119	1001		444	545	243
INDIA	35852	29619	29550	29760	866	1069	995	1056	31157	31673	29409	31413
INDONESIA	3004	3834	3456	3402	2129	2653	2663	2695	6394	10169	9204	9169
IRAN	2597	1996	1601	1601F	1275	2134	1976	1976	3304	4260	3165	3165F
IRAQ	1462	1281	1286F	1267F	842	778	479	222	1270	997	615F	281F
ISRAEL	22	14	17	17F	4813	5418	4952	4952	107	77	84	84F
JAPAN	135	91	86	87	2652	1803	2463	2502	360	164	211	217
JORDAN	46	55	73	30	835	1050	238	741	39	57	17	22
KAZAKHSTAN		2170	2121	2142		644	1324	1064		1398	2807	2279
KOREA D P RP	911	753	646	639	4823	2590	2254	1990	4387	1950	1456	1271
KOREA REP	190	114	105	105F	3694	3064	4049	4049	707	348	426	426F
KUWAIT		1	1	1F	4338	2324	2851	3131	1	2	2	3F
KYRGYZSTAN		123	151	130		3207	3260	3766		393	493	491
LAOS	38	46	41	10	1718	2369	2360	7728	65	110	96	77
LEBANON	15	15	15F	16	1662	2420	2331	2309	24	36	35F	36F
MALAYSIA	20	27*	27*	27F	1763	1852	2111	2111	35	50*	57*	57F
MONGOLIA	118	4	5	4	915	547	688	1000	112	2	3	4
MYANMAR	335	454	488	473	968	1036	1086	1111	325	470	530	525
NEPAL	981	1097	1098	1147F	1497	1540	1520	1546	1468	1690	1669	1773
OMAN	2	2F	2F	2F	2103	2125	2125	2125	4	4F	4F	4F
PAKISTAN	1860	1892	1702	1688	940	1013	1096	1093	1742	1917	1865	1845
PHILIPPINES	3700	2354	2642	2507	1264	1624	1735	1790	4677	3823	4585	4486
QATAR	1	2	2	2F	3002	3402	3561	3466	3	6	6	6F
SAUDI ARABIA	193	236	205	205F	2721	1979	1982	1982	525	468	406	406F
SRI LANKA	40	36	36	36F	988	1064	1024	1024	40	38	37	37F
SYRIA	2692	1625	1471	1104F	333	716	398	360	858	1163	585	398
TAJIKISTAN		41	38	38		1529	1536	1536		62	59	59
THAILAND	1749	1417	1427F	1427F	2419	3407	3218	3404	4226	4827	4592	4859
TURKEY	4209	4645	4498	4498	2171	2554	2161	2183	9142	11865	9719	9819
TURKMENISTAN		75	60	55		260	462	564		20	28	31
UZBEKISTAN		193	166	121		1193	1427	715		230	238	87
VIET NAM	463	650	687	714	1567	2481	2550	2702	727	1612	1752	1930
YEMEN	689	659	551	539	788	1010	1021	1034	554	666	562	557
EUROPE (FMR)	39111	36940	35625	35269	4104	4371	4522	4186	160514	161473	161082	147620
EUROPE		63442	62380	65685		3146	3202	2989		199609	199753	196319
ALBANIA	108	86	84	90F	2494	2624	2844	2772	278	226	240	250
AUSTRIA	664	573	547	534	5624	5995	6194	5886	3734	3434	3390	3144
BELARUS		2006	1861	2022F		1848	1451	1914		3708	2701	3870*
BEL-LUX	148	124	112	122	5523	6197	8159	7212	818	769	918	877
BOSNIA HERZG		275*	282*	359		3585	3599	2885		986*	1016*	1036
BULGARIA	974	848	787	663	3837	2513	3162	2622	3771	2131	2488	1738
CROATIA		445	456	272F		4921	5101	3644		2189	2325	990
CZECHOSLOVAK	1229				4725				5805			
CZECH REP		769	727	680		3682	3999	3485		2831	2907	2371
DENMARK	1066	854	833	906	5257	5168	5174	5406	5595	4416	4310	4898
ESTONIA		287	255	293F		1595	1229	1698		458	313	498

表 18

粗粒穀物合計

	収穫面積：1000 HA				単位当り収量：KG/HA				生産量：1000 MT			
	1989-91	1998	1999	2000	1989-91	1998	1999	2000	1989-91	1998	1999	2000
FINLAND	994	991	1013	1052F	3343	2398	2591	3285	3323	2376	2625	3456
FRANCE	4123	4037	3800	3876	5915	7120	7281	7449	24398	28744	27663	28876
GERMANY	4385	4229	4156	4142	5133	5766	5978	5715	22455	24387	24845	23670
GREECE	479	415	404	389	5785	5476	5985	5707	2772	2270	2418	2221
HUNGARY	1609	1676	1693	1721	5151	4852	5174	3626	8325	8132	8759	6240
IRELAND	234	210	212	194	5879	5670	6659	6475	1373	1192	1414	1257
ITALY	1473	1516	1562	1619	5671	7236	7615	7398	8351	10967	11896	11980
LATVIA		319	270	265		1815	1601	1890		579	432	501
LITHUANIA		748	679	609		2254	1734	2331		1686	1178	1420
MACEDONIA		96	107	97F		3125	3197	2874		301	341	280
MALTA	1	1	1	1	2971	3000	3400	3982	3	2	2	2
MOLDOVA REP		523	533	541		2816	2511	2314		1472	1338	1251
NETHERLANDS	58	66	81	82	5239	6485	6372	5655	305	425	516	466
NORWAY	311	263	282	279	3884	3976	3755	3681	1207	1047	1060	1029
POLAND	6237	6212	6118	6179	2994	2837	2729	2240	18675	17622	16699	13838
PORTUGAL	523	341	346	343	1941	3834	3352	3230	1015	1309	1159	1108
ROMANIA	3648	3899	3694	3291	3101	2633	3349	1601	11363	10267	12372	5270
RUSSIAN FED		16082	17152	19675*		1215	1306	1405		19544	22406	27648
SLOVAKIA		430	440	409		3942	3734	2317		1695	1641	947
SLOVENIA		61	60	60F		6359	5844	5844		388	352	352F
SPAIN	5493	4607	4108	4348	2470	3543	2937	3788	13571	16325	12067	16471
SWEDEN	940	885	878	825	4103	3809	3728	4449	3853	3370	3272	3670
SWITZERLAND	111	89	88	84	6565	7287	6237	7003	726	649	550	590
UK	1652	1375	1294	1261	5164	5328	5607	5775	8501	7325	7256	7283
UKRAINE		6536	6006	7011		1635	1716	1927		10689	10304	13511
YUGOSLAV SFR	2651				3893				10296			
YUGOSLAVIA		1568	1459	1389		3636	4511	2384		5700	6580	3311
OCEANIA	4385	5068	4245	5765	1801	2024	2241	1763	7892	10258	9512	10163
AUSTRALIA	4258	4974	4154	5674	1708	1946	2153	1699	7272	9678	8942	9639
FIJI ISLANDS	1	1	1F	1F	1557	2588	2558	2558	1	1	1F	1F
NEWCALEDONIA		1F	1F	1F		2792	3750	3749	3749		2	2	2F
NEW ZEALAND	123	90	86	86F	4980	6309	6475	5939	615	567	556	510
PAPUA N GUIN	1	2F	2F	2F	2421	4600	4304	4304	4	9F	10F	10F
VANUATU	1	1F	1F	1F	515	538	538	538	1	1	1F	1F
USSR	55972				1702				95208			

表 19

大 麦

	収穫面積：1000 HA				単位当り収量：KG/HA				生産量：1000 MT			
	1989-91	1998	1999	2000	1989-91	1998	1999	2000	1989-91	1998	1999	2000
WORLD	74542	56801	53343	57190	2289	2424	2390	2308	170562	137676	127512	131990
AFRICA	5459	4913	4443	4003	1088	921	826	568	5952	4525	3668	2274
ALGERIA	1234	939	469	338*	892	745	875	1183	1144	700	410	400*
EGYPT	56	60	57	57F	2438	2467	2015	2018	134	148	114	115F
ETHIOPIA PDR	865				1120				967			
ERITREA		46*	39F	30F		1243	1154	833		57*	45F	25F
ETHIOPIA		897	1050*	800*		1095	924	938		983	970*	750*
KENYA	24	23F	21F	20F	1399	2826	2381	2250	33	65F	50F	45F
LESOTHO		F		F								
LIBYA	270	135F	155F	155F	496	481	484	452	134	65F	75F	70F
MOROCCO	2390	2426	2070	2251	1172	812	712	207	2796	1970	1474	467
SOUTH AFRICA	114	112	102	78	2214	1921	893	1833	241	215	91	142
TANZANIA	4	3F	2	2F	1514	2222	2340	2174	5	6F	6	5F
TUNISIA	491	260*	466*	260*	909	1165	901	929	466	303	420	242*
ZAMBIA	3	2F	2F	2F	920	789	909	917	2	2F	2F	2F
ZIMBABWE	5	5	5F	5F	5451	1800	1600	1500	26	9	8F	8
N C AMERICA	8034	6914	6200	6969	2762	3007	3188	3002	22151	20787	19766	20922
CANADA	4491	4272	4069	4551	2739	2975	3243	2959	12281	12709	13196	13468
GUATEMALA	1	1F	1F	1F	789	850	850	900	1	1F	1F	1F
MEXICO	270	268	214	312	1855	1535	2182	1704	502	411	466	532
USA	3272	2373	1916	2105	2867	3231	3185	3288	9367	7667	6103	6921
SOUTHAMERICA	689	750	680	716	1665	1872	1733	1937	1150	1405	1178	1388
ARGENTINA	181	213	177	180F	2300	2531	2277	2500	422	539	403	450F
BOLIVIA	83	86	87	91	659	470	575	709	55	41	50	64
BRAZIL	105	156	136	151	1611	1926	2311	2448	172	300	315	370
CHILE	28	27	27	22*	3438	4331	3074	3409	95	115	81	75*
COLOMBIA	51	6	7	7F	1872	1977	2172	2172	96	12	15	15F
ECUADOR	56	43	48	48	853	832	696	800	48	36	34	38
PERU	103	147	143	143F	1010	1130	1190	1227	105	166	170	175*
URUGUAY	81	73	55	75F	1932	2692	2002	2667	158	196	110	200
ASIA (FMR)	13299	11402	10461	10330	1399	1799	1521	1526	18617	20508	15908	15765
ASIA		13619	12592	12375		1619	1483	1449		22053	18670	17928
AFGHANISTAN	207	200	180	124	1071	1200	1200	597	221	240	216	74
ARMENIA		61	51	78*		1167	1276	615		71	65	48
AZERBAIJAN		61	82*	88*		1305	908	2309		79	74	202
BANGLADESH	18	9	8	8F	619	652	588	588	11	6	5	5F
BHUTAN	4	5*	5*	5F	1017	1000	1000	1000	4	5*	5*	5F
CHINA	1317	1362*	1320*	1750*	2588	2496	2500	2251	3400	3400F	3300F	3940*
CYPRUS	50	53	53	40F	1938	1019	2126	915	99	54	113	37
GEORGIA		26	28	22F		766	1794	682		20	51	15
INDIA	1011	858	780	760	1596	1958	1882	1859	1613	1679	1468	1413
IRAN	2558	1825	1403	1403F	1240	1809	1425	1425	3166	3301	1999	1999F
IRAQ	1382	1213*	1220F	1200F	759	708	410	188	1095	859*	500F	226F
ISRAEL	14	8	10*	10F	418	308	100	100	6	2	1*	1F
JAPAN	105	55	47	48	3170	2624	3951	3992	333	144	185	192
JORDAN	46	53	72	29*	739	851	68	345	34	45	5	10*
KAZAKHSTAN		1763	1701	1625		620	1332	1024		1093	2265	1663
KOREA D P RP	60	50F	53	20*	2472	1800	2000	4425	148	90F	106	89F
KOREA REP	155	83	77	77F	3788	3076	4390	4390	589	257	336	336F
KUWAIT		1	1	1F		2000	2476	2778		2	2	3F
KYRGYZSTAN		75	91	70		2164	1973	2136		162	180	150
LEBANON	11	11	12F	12	1705	2534	2435	2417	19	29	28F	29F
MONGOLIA	84	4	5F	4F	967	547	688	1000	83	2	3*	4*
NEPAL	30	36	32	32F	928	1044	999	999	27	37	32	32F
PAKISTAN	157	163	137	124	842	1070	1001	951	132	174	137	118
QATAR	1	2	2	2F	2912	3008	2999	3000	3	5	5	5F
SAUDI ARABIA	56	46	41	41F	6610	5472	4653	4653	371	250	192	192F
SYRIA	2618	1543	1414	1050F	271	563	301	203	678	869	426	213
TAJIKISTAN		28	27F	27F		914	852	852		26	23*	23F
THAILAND	1	3F	3F	3F	972	667	656	656	1	2F	2F	2F
TURKEY	3365	3770	3550*	3550F	1938	2387	1915	1915	6533	9000	6800*	6800F
TURKMENISTAN		60F	50*	45*		195	390	489		12	20	22*
UZBEKISTAN		144	100*	90*		575	845	444		83	85*	40*
YEMEN	49	49	37	37	949	1136	1137	1137	48	56	42	42F
EUROPE (FMR)	17547	14994	14248	13988	4091	4227	4164	4340	71783	63374	59331	60707
EUROPE		27379	26786	29283		3016	2945	2872		82579	78883	84112

表 19

大　麦

	収穫面積：1000 HA				単位当り収量：KG/HA				生産量：1000 MT			
	1989-91	1998	1999	2000	1989-91	1998	1999	2000	1989-91	1998	1999	2000
ALBANIA	7	2	2	2F	1651	1911	1813	1813	16	3	3	3F
AUSTRIA	294	266	244	224	4959	4561	4727	3820	1456	1212	1153	855
BELARUS		839	811	850F		1934	1456	2000		1623	1181	1700*
BEL-LUX	109	67	53	58	5727	5615	7370	6379	620	375	388	370*
BOSNIA HERZG		24*	22*	27*		2635	2554	2370		63*	56*	64*
BULGARIA	368	290	255	236*	4045	2473	2557	2897	1487	717	652	684*
CROATIA		43	45	45F		3358	2805	2805		144	125	125F
CZECHOSLOVAK	763				4994				3805			
CZECH REP		578	543	495		3623	3937	3293		2093	2137	1629
DENMARK	942	686	702	746	5309	5197	5235	5509	4996	3565	3675	4110*
ESTONIA		167	154	170F		1635	1211	1726		273	186	293
FINLAND	514	552	596	590F	3328	2385	2630	3237	1710	1316	1568	1910
FRANCE	1781	1631	1534	1562	5710	6494	6218	6388	10160	10591	9539	9978
GERMANY	2596	2181	2213	2072	5509	5737	6011	5890	14295	12512	13301	12201
GREECE	194	139	129	110	2386	2342	2488	2318	466	326	320	255
HUNGARY	312	369	334	323	4570	3537	3123	2797	1421	1305	1042	905
IRELAND	212	191	192	176	5819	5627	6656	6415	1232	1073	1278	1129
ITALY	470	357	350	345	3646	3808	3750	3552	1713	1359	1313	1227
LATVIA		173	147	135		1856	1579	1935		322	233	261
LITHUANIA		463	421	353		2386	1761	2434		1104	742	860
MACEDONIA		54	51	56F		2650	2471	2500		142	126	140*
MALTA	1	1F	1F	1	2977	3000	3400	3982	3	2F	2F	2
MOLDOVA REP		107	108	102		2011	1691	1486		216	183	152
NETHERLANDS	44	39	58*	48*	5375	5486	6284	6716	236	215*	365*	319*
NORWAY	178	167	186	185F	3773	3893	3534	3510	672	650	657	649
POLAND	1195	1138	1107	1096	3453	3175	3071	2540	4128	3612	3401	2783
PORTUGAL	67	26	24	31*	1427	999	1290	968	96	26	31	30*
ROMANIA	845	517	416	350*	3651	2394	2451	2143	3022	1238	1019	750*
RUSSIAN FED		7074	7422	10000*		1385	1429	1327		9798	10603	13266*
SLOVAKIA		249	249	201		3514	2910	1971		875	724	397
SLOVENIA		11	11	11F		3993	3024	3024		43	33	33F
SPAIN	4361	3535	3107	3307	2144	3082	2393	3412	9346	10895	7434	11283
SWEDEN	471	445	482	410	4200	3791	3843	4533	1976	1687	1853	1860
SWITZERLAND	58	49	49	45	6056	6865	5280	6073	352	337	258	273
UK	1521	1255	1179	1127	5189	5283	5581	5759	7866	6630	6580	6490
UKRAINE		3562	3475	3685		1648	1849	1865		5870	6425	6873
YUGOSLAV SFR	244				2907				709			
YUGOSLAVIA		135	117	111		2733	2564	2280		369	300	252
OCEANIA	2556	3226	2642	3843	1803	1961	2024	1397	4608	6327	5347	5367
AUSTRALIA	2470	3167	2589	3790	1712	1890	1948	1342	4227	5987	5043	5086
NEW ZEALAND	86	59F	53F	53F	4412	5772	5736	5302	381	340	304	281
USSR	26959				1726				46301			

表 20

とうもろこし

	収穫面積：1000 HA				単位当り収量：KG/HA				生産量：1000 MT			
	1989-91	1998	1999	2000	1989-91	1998	1999	2000	1989-91	1998	1999	2000
WORLD	132388	138614	138853	139682	3662	4433	4363	4230	484821	614508	605750	590791
AFRICA	24973	25260	25547	26588	1551	1579	1609	1677	38706	39881	41105	44581
ALGERIA					1991		2238		1		1	
ANGOLA	756	682*	673*	673F	304	740	636	636	228	505*	428*	428F
BENIN	467	594	610	600F	903	1114	1113	1105	422	662	679*	663
BOTSWANA	43	8F	20F	21F	355	140	250	286	15	1	5*	6F
BURKINA FASO	195	271	250F	250F	1437	1392	1400	1400	277	378	350F	350F
BURUNDI	124	115	115	112F	1369	1146	1119	1052	170	132	129	118
CAMEROON	219	419	303	350F	1899	2038	1931	2429	417	855	585	850*
CAPE VERDE	34	32F	33F	33F	287	313	333	333	10	10F	11F	11F
CENT AFR REP	69	90F	90*	90F	858	978	1056	1119	59	88	95	101*
CHAD	33	128	135	99	982	1407	716	880	32	180	97	87
COMOROS	1	2F	2F	2F	2388	2324	2353	2353	4	4	4	4F
CONGO, DEM R	1225	1461	1501	1482	814	832	799	799	997	1215	1199	1184
CONGO, REP	13	3F	3F	3F	696	667	667	667	10	2*	2F	2F
CÔTE DIVOIRE	683	700F	700F	700F	730	819	816	816	499	573	571	571F
EGYPT	847	877	692F	730F	5685	7226	8873	8760	4817	6337	6143	6395F
ETHIOPIA PDR	1151				1495				1718			
ERITREA		38*	30F	28F		753	667	429		29*	20F	12F
ETHIOPIA		1449	1650*	1450*		1618	1721	1793		2344	2840*	2600*
GABON	14	18F	18F	18F	1583	1722	1722	1722	22	31F	31F	31F
GAMBIA	13	9	15	15F	1243	1434	1454	1454	16	13	21	21F
GHANA	547	697	700F	700F	1325	1485	1449	1449	733	1035	1014	1014F
GUINEA	73	86	87F	87F	1009	1035	1036	1036	74	89	90F	90F
GUINEABISSAU	12	10F	10F	10F	1061	1000	1000	1000	12	10F	10F	10F
KENYA	1447	1500*	1500*	1300*	1675	1620	1500	1385	2420	2430*	2250*	1800F
LESOTHO	126	125F	132	112F	896	949	941	911	119	119	125	102F
LIBYA												
MADAGASCAR	153	183	202*	184	1004	831	896	817	153	152	181	150
MALAWI	1335	1391	1400F	1350F	1110	1274	1771	1704	1481	1772	2480*	2300*
MALI	177	230F	260F	260F	1277	1683	1683	1683	226	387	438	438F
MAURITANIA	4	13	13F	13F	647	839	642	829	2	11	8	11*
MAURITIUS	1				3878				2			
MOROCCO	389	310	331	238	1008	647	412	400	391	201	136	95
MOZAMBIQUE	1007	1248	1152*	1006*	367	901	1082	1013	370	1124	1246*	1019*
NAMIBIA	27	27	36	39	1317	551	466	1277	35	15	17	49
NIGER	4	4F	6F	6F	562	1286	1333	1333	2	5F	8*	8F
NIGERIA	4612	3884	3965	3965F	1218	1320	1381	1381	5529	5127	5476	5476F
RÉUNION	2	3F	3F	3F	5626	6800	6800	6800	12	17F	17F	17F
RWANDA	90	71	73	75F	1123	823	756	833	100	59	55	63
SAO TOME PRN	1	1F	1F	1F	2015	2143	2124	2230	3	2F	1	2
SENEGAL	100	51	70	70F	1229	874	939	939	122	44	66	66F
SIERRA LEONE	11	8F	7	10	1046	1075	1237	928	12	9	9	9
SOMALIA	213	200F	200F	250F	1091	750	715	840	238	150F	143F	210F
SOUTH AFRICA	4124	3560	3567	3868	2434	2161	2227	2736	10092	7693	7946	10584
SUDAN	80	64	63	76	493	658	583	697	39	42	37	53
SWAZILAND	90	65	62F	55F	1374	1922	1823	1309	122	125	113*	72*
TANZANIA	1820	2028*	1764	3011	1447	1356	1393	847	2635	2750	2458	2551
TOGO	273	355	450F	450F	982	988	1097	1097	268	350	494	494F
UGANDA	417	616	608	629	1434	1218	1151	1742	598	750*	700*	1096
ZAMBIA	808	410	598	750F	1651	1555	1431	1680	1345	638	856	1260*
ZIMBABWE	1143	1224	1446*	1417	1623	1158	1051	1488	1859	1418	1520	2108
N C AMERICA	37014	40463	38856	41200	5882	6875	6953	6844	217657	278198	270176	281955
BAHAMAS					1522				1			
BARBADOS	1	1F	1F	1F	2656	2500	2500	2500	2	2F	2F	2F
BELIZE	15	18F	18F	18F	1528	2089	2111	2111	23	38	38F	38F
CANADA	1056	1118	1141	1088	6640	8007	8030	6273	7017	8952	9161	6827
COSTA RICA	40	17	14	13	1694	1615	1944	1765	68	28	27	23
CUBA	74	85	92	92F	904	1304	2009	2009	67	111	185	185F
DOMINICAN RP	28	28	24	19	1620	1199	1211	1234	45	34	29	24
EL SALVADOR	288	295	263	259	1971	1870	2477	2271	565	552	652	588
GUATEMALA	635	629	627	627F	1975	1699	1770	1770	1251	1069	1109	1109F
HAITI	228	261	300F	270	801	790	833	750	183	206	250F	203
HONDURAS	383	446	390	372	1430	1056	1225	1436	545	471	478	534
JAMAICA	2	2	2	2F	1131	1144	1223	1223	3	2	2	2F
MEXICO	6918	7877	7153	8661	1913	2343	2560	2166	13280	18455	18314	18761
NICARAGUA	215	252	252	279	1221	1194	1154	1304	265	300	291	364
PANAMA	75	55	52	62	1326	1618	1555	1290	99	89	80	80
ST VINCENT	1	1F	1F	1F	3413	3333	3333	3333	2	2F	2F	2F
TRINIDAD TOB	1	2F	2F	2F	2889	2941	2941	2941	3	5F	5F	5F
USA	27054	29376	28525	29434	7184	8438	8398	8603	194239	247882	239549	253208

表 20

とうもろこし

収穫面積：1000 HA　　　単位当り収量：KG/HA　　　生産量：1000 MT

	1989-91	1998	1999	2000	1989-91	1998	1999	2000	1989-91	1998	1999	2000
SOUTHAMERICA	16915	16156	16782	17424	2072	3371	3067	3124	35072	54463	51464	54433
ARGENTINA	1715	3186	2605	2976	3472	6077	5182	5444	5995	19360	13500	16200
BOLIVIA	270	256	282	308	1629	1657	2172	2124	439	424	613	653
BRAZIL	12459	10586	11609	11710	1913	2796	2760	2736	23854	29602	32038	32038
CHILE	108	100	73	73	8020	9401	8515	8849	866	943	624	646
COLOMBIA	806	455	556	576*	1458	1660	1753	1753	1177	755	975	1010*
ECUADOR	452	356	438	438	1082	1074	1298	1706	490	382	568	747
GUYANA	3	3F	3F	3F	1167	1207	1192	1192	3	3	3F	3F
PARAGUAY	206	356	357	370F	1946	2458	2292	2432	396	874	817	900F
PERU	384	444	459	540*	1987	2103	2309	2354	767	933	1059	1271
URUGUAY	62	60	59	66	1620	3371	4089	983	102	203	243	65
VENEZUELA	451	355	341	365*	2180	2770	3000	2466	983	983	1024	900*
ASIA (FMR)	39408	43305	44292	40707	3213	4004	3790	3578	126673	173398	167876	145641
ASIA		43695	44747	41134		3992	3780	3566		174415	169155	146663
AFGHANISTAN	264	200	160	96	1712	1650	1500	1198	453	330	240	115
ARMENIA		2	3	1*		2608	3966	14000		6	12	14*
AZERBAIJAN		10	28	32*		2761	3571	3563		29	100	114*
BANGLADESH	3	3	2F	2F	974	1044	1000	1000	3	3	2F	2F
BHUTAN	42	50*	45*	45F	890	1700	1556	1556	37	85*	70*	70F
CAMBODIA	48	47	50F	90F	1419	1023	1060	1059	67	49	53*	95*
CHINA	21188	25281	25939	22535*	4329	5269	4946	4670	91891	133198	128287	105231*
GEORGIA		204	223	215F		2055	2195	1047		420	490	225
INDIA	5893	6083	6511	6500*	1509	1755	1655	1769	8892	10678	10775	11500*
INDONESIA	3004	3834	3456	3402	2129	2653	2663	2695	6394	10169	9204	9169
IRAN	32	156	186	186F	3744	6040	6200	6200	126	941	1156	1156F
IRAQ	74	61*	59F	60F	2303	2180	1898	883	171	133*	112F	53F
ISRAEL	7	6	7F	7F	14140	12377	12640	12640	99	74*	82*	82F
JAPAN					2559				1			
JORDAN		1	1	1F	10873	8929	11932	11932	5	10	12	12F
KAZAKHSTAN		62	66	75		2678	3017	3313		167	198	247
KOREA D P RP	674	629	496	496	5948	2806	2490	2099	4000	1765	1235	1041
KOREA REP	24	20	20	20F	4301	3982	3940	3940	105	80	79	79F
KUWAIT												
KYRGYZSTAN		46	58	59		4922	5304	5752		228	308	338
LAOS	38	46	41	10	1718	2369	2360	7728	65	110	96	77
LEBANON	2	2	2F	2F	1696	2372	2293	2222	3	5	5F	5F
MALAYSIA	20	27*	27*	27F	1763	1852	2111	2111	35	50*	57*	57F
MYANMAR	124	183	203	205F	1538	1681	1716	1703	191	308	349	349
NEPAL	754	799	802	850F	1607	1711	1678	1701	1212	1367	1346	1445
PAKISTAN	852	884	894	894F	1396	1473	1511	1511	1189	1302	1351	1351F
PHILIPPINES	3699	2354	2642	2507	1264	1624	1735	1790	4677	3823	4585	4486
QATAR						12435	12464	12500		1	1	1F
SAUDI ARABIA	2	3	2	2F	1852	2188	1647	1647	4	7	3	3F
SRI LANKA	29	30	29	29F	1122	1137	1090	1090	33	34	31	31F
SYRIA	59	73	49	46F	2886	3924	3172	3913	171	285	155	180F
TAJIKISTAN		11	10F	10F		3228	3500	3500		36	35*	35F
THAILAND	1551	1290*	1300F	1300F	2563	3579	3377	3517	3969	4617	4390	4571
TURKEY	512	550	650*	650*	4086	4182	3692	3846	2093	2300	2400*	2500*
TURKMENISTAN		15F	10*	10*		520	820	900		8	8	9*
UZBEKISTAN		38	57	25*		3255	2250	1600		124	128*	40*
VIET NAM	463	650	687	714	1567	2481	2550	2702	727	1612	1752	1930
YEMEN	47	42	32	32	1266	1466	1478	1478	60	62	47	47
EUROPE (FMR)	10696	11152	11197	10838	5098	5625	6194	5156	54678	62726	69349	55874
EUROPE		12962	12835	13255		5176	5711	4723		67093	73305	62609
ALBANIA	57	57	55	60F	3788	3342	3745	3583	221	189	206	215
AUSTRIA	193	171	177	188	8113	9614	9592	9585	1561	1646	1700	1800F
BELARUS		2	4	2F		2652	2632	2000		6	10	4*
BEL-LUX	8	26	33	36	7627	9548	12108	10193	61	251	405	370*
BOSNIA HERZG		219*	229*	300*		3864	3886	3000		847*	889*	900*
BULGARIA	516	477	455	350*	3951	2732	3778	2677	2087	1303	1719	937*
CROATIA		378	384	200*		5247	5558	4000		1983	2135	800*
CZECHOSLOVAK	164				4639				777			
CZECH REP		33	39	47		6095	6604	6428		201	260	304
FRANCE	1758	1799	1759	1810	6723	8452	8901	9058	11874	15206	15656	16395
GERMANY	240	341	489	451	7050	8156	6658	7183	1687	2781	3257	3241
GREECE	221	214	210	215	9906	8491	9294	8605	2187	1816	1950	1850F
HUNGARY	1114	1023	1115	1176	5732	6008	6413	4145	6414	6143	7149	4874
ITALY	810	969	1028	1087	7603	9346	9744	9386	6154	9055	10016	10207
MACEDONIA		32	46	31F		4373	4392	3994		141	200	125*

表 20

とうもろこし

	収穫面積：1000 HA				単位当り収量：KG/HA				生産量：1000 MT			
	1989-91	1998	1999	2000	1989-91	1998	1999	2000	1989-91	1998	1999	2000
MOLDOVA REP		398	403	420*		3112	2828	2598		1239	1140	1091*
NETHERLANDS		14*	16*	20*	10000	11000	7013	2985	4	151*	112*	60*
POLAND	60	85	104	152	4846	5827	5751	6064	291	496	599	923
PORTUGAL	217	193	183	171	3079	6228	5276	5292	667	1204	965	905
ROMANIA	2592	3129	3014	2700*	3104	2756	3628	1556	8023	8623	10935	4200*
RUSSIAN FED		502	542	716*		1636	1971	2514		821	1069	1800
SLOVAKIA		116	130	145		5506	5997	3037		637	779	440
SLOVENIA		46	44	44F		7314	6937	6937		333	308	308F
SPAIN	495	459	398	425	6466	9473	9481	9100	3201	4349	3769	3867
SWITZERLAND	28	21	22	21	8597	9299	9159	9952	239	196	198	209
UKRAINE		908	689	1279		2534	2522	3002		2301	1737	3840
YUGOSLAV SFR	2225				4161				9232			
YUGOSLAVIA		1351	1267	1207		3830	4846	2440		5174	6140	2944
OCEANIA	71	78	87	81	5270	5887	6272	6786	376	458	546	550
AUSTRALIA	51	57	64	58F	4122	4772	5281	6293	210	272	338	365
FIJI ISLANDS	1	1	1F	1F	1523	2579	2549	2549	1	1	1F	1F
NEWCALEDONIA			1F	1F		3021	4028	4019	4019	1	2	2	2F
NEW ZEALAND	17	18	19	19F	9390	10057	10131	8948	161	176	197	174
PAPUA N GUIN	1	1F	1F	1F	2407	6000	5417	5417	3	6F	7F	7F
VANUATU	1	1F	1F	1F	515	538	538	538	1	1	1F	1F
USSR	3310				3497				11659			

表 21

ライ麦

	収穫面積：1000 HA				単位当り収量：KG/HA				生産量：1000 MT			
	1989-91	1998	1999	2000	1989-91	1998	1999	2000	1989-91	1998	1999	2000
WORLD	15783	10184	9449	9684	2129	2044	2110	2063	33638	20818	19936	19978
AFRICA	82	55	55	55	267	554	554	558	21	30	30	31
EGYPT	8	13F	13F	13F	1980	2000	2000	1962	16	25F	25F	26F
MOROCCO	2	2F	2F	2F	1000	1000	1000	1000	2	2F	2F	2F
SOUTH AFRICA	72	40	40F	40F	48	75	75	75	3	3	3	3F
N C AMERICA	495	373	324	237	1744	1896	2060	2025	866	707	667	479
CANADA	325	204	169	115	1802	1955	2290	2273	581	398	387	260
USA	169	169	155	122	1673	1826	1809	1791	284	309	280	219
SOUTHAMERICA	76	73	102	100	907	1066	1264	1281	68	78	129	128
ARGENTINA	66	60	92	90F	831	1100	1261	1278	55	66	116	115F
BRAZIL	4	10	6	7	1091	808	1281	1299	5	8	8	9
CHILE	3	1	1	1F	2934	2750	2601	2601	8	3	4	4F
PERU	2	2	2	2F	318	441	441	441	1	1	1	1F
ASIA (FMR)	820	703	632	687	1604	1432	1413	1512	1301	1007	893	1039
ASIA		748	653	703		1369	1399	1506		1024	913	1059
AZERBAIJAN		1	1*	1*		649	1875	2353		1	2*	2*
CHINA	567	500*	445*	500F	1733	1400	1411	1548	967	700F	628F	774F
KAZAKHSTAN		42	19	14*		321	888	1214		14	17	17*
KOREA D P RP	87	50F	60F	60F	1187	1400	1250	1250	103	70F	75F	75F
MONGOLIA	2				779				2			
TURKEY	164	153	127F	127F	1410	1549	1496	1496	229	237	190F	190F
UZBEKISTAN		1	1*	1*		2000	2000	1000		2	1*	1*
EUROPE (FMR)	4306	3948	3547	3548	3010	3205	3145	2835	12966	12653	11154	10057
EUROPE		8902	8282	8556		2130	2194	2134		18958	18176	18259
ALBANIA	9	2	2	2F	600	1416	1545	1545	6	3	3	3F
AUSTRIA	90	59	56	52	4189	3987	3903	3484	376	236	218	183
BELARUS		790	641	780F		1752	1449	1859		1384	929	1450*
BEL-LUX	4	3	2	2	3877	2161	4688	4375	14	7	8	7*
BOSNIA HERZG		4*	4*	4F		2536	2362	2395		9*	9*	9F
BULGARIA	25	18	20*	20F	1973	1442	1500	1500	49	27	30*	30F
CROATIA		2	2	2F		2577	2554	2554		6	6	6F
CZECHOSLOVAK	158				4051				643			
CZECH REP		72	55	44		3634	3675	3420		261	202	150
DENMARK	96	105	49	56	4950	5121	5057	7143	476	538	248	400*
ESTONIA		39	24	40F		1408	1603	1550		55	39	62
FINLAND	53	36	10*	32F	2859	1357	2360	3375	156	49	24	108
FRANCE	66	46	41	37	3639	4726	4553	4514	238	216	186	167
GERMANY	924	926	748	843	4111	5154	5786	4994	3737	4775	4329	4208
GREECE	20	16	14	13	2141	2536	2153	2164	43	41	31	29
HUNGARY	94	62	39	44	2551	2082	2035	1992	240	129	80	87
IRELAND					2000				1			
ITALY	8	7F	4	4	2545	2871	2819	2863	20	20*	12	11
LATVIA		58	47	55		1816	1879	2021		105	89	111
LITHUANIA		174	135	133		2001	1935	2340		349	261	311
MACEDONIA		7	7	7F		1887	1571	1571		14	11	11F
MOLDOVA REP		2	3	3F		1791	1429	1000		4	4	3*
NETHERLANDS	7	6*	3*	6*	4664	4810	5385	6034	34	30*	14*	35*
NORWAY	1	4	1	1F	3093	4333	4786	4786	4	16	7	7F
POLAND	2293	2291	2242	2130	2640	2472	2310	1879	6053	5664	5181	4003
PORTUGAL	97	51	40	45	1014	642	1299	978	99	32	52	44
ROMANIA	49	13	11	9F	1919	1933	1853	1882	90	26	21	16F
RUSSIAN FED		3189	3262	3360*		1025	1466	1577		3269	4782	5300
SLOVAKIA		34	30	31		2799	2332	2037		96	70	64
SLOVENIA		1	1	1F		3143	2802	2802		4	3	3F
SPAIN	204	124	122	111	1359	1669	1798	1900	279	207	220	210
SWEDEN	60	35	25	35	4464	4636	4790	5471	273	161	117	190
SWITZERLAND	4	3	3	4	5287	6772	5510	6286	21	23	19	22
UK	8	10	8	7	5240	4845	5658	6111	42	47	43	44
UKRAINE		702	624	637		1624	1474	1515		1140	919	966
YUGOSLAV SFR	36				1986				72			
YUGOSLAVIA		9	6	6		1889	1667	1405		17	10	8
OCEANIA	37	33	33	33	688	636	636	636	26	21	21	21
AUSTRALIA	37	33F	33F	33F	688	636	636	636	26	21F	21F	21F
USSR	9966				1838				18390			

表 22

えん麦

	収穫面積：1000 HA				単位当り収量：KG/HA				生産量：1000 MT			
	1989-91	1998	1999	2000	1989-91	1998	1999	2000	1989-91	1998	1999	2000
WORLD	20899	13384	12662	12789	1797	1962	1904	2029	37567	26256	24114	25954
AFRICA	250	187	177	137	941	840	780	806	238	157	138	110
ALGERIA	109	59	47	40F	666	767	607	625	76	45	29	25F
ETHIOPIA PDR	43				1230				53			
ETHIOPIA		55	59*	47*		1013	932	957		56	55*	45*
KENYA	3	4F	3F	3F	1098	1143	1059	1029	4	4F	4F	4F
LESOTHO	1				1429	1333			1	1F		
MOROCCO	50	34	36	12	1199	715	744	839	61	25	27	10
SOUTH AFRICA	30	25	22	25F	1367	1000	1018	1000	41	25	22	25F
TUNISIA	13	9F	9F	9F	118	111	111	111	2	1F	1F	1F
ZIMBABWE					2143				1			
N C AMERICA	3650	2771	2480	2306	2028	2329	2377	2454	7421	6456	5896	5661
CANADA	1192	1592	1398	1299	2176	2487	2604	2609	2584	3958	3641	3389
MEXICO	77	65	89	67	1564	1368	1485	1579	120	89	132	106
USA	2380	1115	993	941	1973	2161	2138	2303	4717	2409	2122	2166
SOUTHAMERICA	804	560	676	651	1393	1592	1618	1676	1118	892	1093	1091
ARGENTINA	450	240	336	340F	1460	1596	1646	1632	657	383	553	555F
BOLIVIA	4	5	5	5	839	918	929	932	4	5	5	5
BRAZIL	218	189	204	172	986	1098	1411	1307	212	207	288	225
CHILE	75	75	79	83	2573	3340	2535	3133	192	250	201	260
COLOMBIA	1				1780				2			
ECUADOR	1	1	1	1	808	702	798	800	1	1	1	1
PERU	4	5	5	5F	150	140	140	140	1	1	1	1F
URUGUAY	50	45F	45F	45F	943	1000	1000	1000	49	45	45F	45F
ASIA (FMR)	699	569	527	570	1540	1900	1757	2151	1072	1081	926	1227
ASIA		752	675	768		1547	1675	1844		1163	1130	1417
ARMENIA		1	1	1*		1423	1222	2000		1	1	2*
CHINA	500	399*	357*	400F	1476	1895	1681	2250	733	756F	600F	900F
GEORGIA		5	5	6F		631	637	545		3	3	3F
IRAQ	1	1F	1F	1F	1086	846	800	833	1	1F	1F	1F
ISRAEL	1				1028	1163	1163	1163	1	1F	1F	1F
JAPAN	2	1	1	1	1978	1389	1650	1777	4	2	2	2F
KAZAKHSTAN		174	139	189		422	1400	960		73	194	182
KOREA D P RP	30	7F	7F	8F	2022	1429	1429	1467	61	10F	10F	11F
KYRGYZSTAN		1	2	1		2218	2573	2195		3	5	3
LEBANON					1572	1317	1289	1310	1	1F	1F	1F
MONGOLIA	28				808				24			
SYRIA		1F				1680				1F		
TURKEY	136	159	160F	160F	1822	1950	1950	1950	247	310	312F	312F
EUROPE (FMR)	3737	3220	3179	3142	3102	2950	2827	2869	11571	9499	8986	9014
EUROPE		8195	8067	8097		1922	1825	2002		15748	14721	16209
ALBANIA	13	10	10	11F	833	1596	1320	1321	12	15	13	14
AUSTRIA	63	41	36	33	3781	4053	4292	4002	240	164	152	132F
BELARUS		293	293	300F		1711	1259	1733		501	369	520*
BEL-LUX	18	9	12	9	3690	3366	3517	4396	64	32	43	40*
BOSNIA HERZG		28*	28*	28F		2362	2227	2226		66*	62*	63F
BULGARIA	36	45	33*	33F	2033	1431	1576	1576	74	64	52*	52F
CROATIA		22	24	24F		2589	2355	2355		56	57	57F
CZECHOSLOVAK	95				3890				366			
CZECH REP		58	54	50		3115	3318	2711		180	179	136
DENMARK	24	31	26	45	4785	5114	4993	2889	114	161	130	130F
ESTONIA		60	61	65F		1649	1160	1985		99	71	129
FINLAND	414	387	388	410F	3422	2523	2552	3371	1420	975	990	1382
FRANCE	220	202	122	107	3948	4396	4516	4458	867	888	551	477
GERMANY	471	264	268	237	4316	4843	5002	4513	1994	1279	1339	1071
GREECE	43	44	50	49	1696	1906	2298	1707	73	83	114	84
HUNGARY	48	52	71	58	3134	2560	2546	1666	149	132	180	97
IRELAND	22	19	20	18	6510	6134	6733	7111	140	119	136	128
ITALY	157	152	142	142	2042	2384	2332	2137	318	363	331	303
LATVIA		60	47	46		1735	1400	1748		104	66	80
LITHUANIA		50	51	44		1960	1311	1871		97	67	83
MACEDONIA		3	3F	3F		1302	1290	1290		4	4F	4F
MOLDOVA REP		5	4	4F		1638	1256	625		9	5	3*
NETHERLANDS	5	2*	3*	2*	4753	5000	5560	5417	22	11*	14*	13*
NORWAY	131	93	95	93	4045	4112	4172	4004	531	381	396	372

表 22

えん麦

	収穫面積：1000 HA				単位当り収量：KG/HA				生産量：1000 MT			
	1989-91	1998	1999	2000	1989-91	1998	1999	2000	1989-91	1998	1999	2000
POLAND	745	561	572	566	2763	2601	2527	1892	2059	1460	1446	1070
PORTUGAL	101	48	70	70	896	596	1083	1300	92	29	76	91
ROMANIA	153	228	248	230F	1480	1588	1570	1304	220	362	390	300F
RUSSIAN FED		3958	3903	4015*		1178	1127	1370		4662	4397	5500*
SLOVAKIA		19	23	21		2518	2125	1197		47	48	25
SLOVENIA		2	2	2F		2612	2348	2348		5	6	6F
SPAIN	344	413	410	427	1375	1756	1296	2230	474	726	531	952
SWEDEN	375	311	306	295	3988	3648	3452	4232	1489	1136	1055	1250
SWITZERLAND	11	7	6	6	5392	5654	4872	5236	57	41	29	29
UK	109	98	92	109	4834	5969	5870	5872	527	585	540	640
UKRAINE		550	529	481		1414	1437	1831		777	760	880
YUGOSLAV SFR	138				1956				270			
YUGOSLAVIA		71	67	63		1901	1821	1524		135	122	96
OCEANIA	1115	920	588	829	1513	2001	1934	1769	1687	1840	1137	1466
AUSTRALIA	1097	909	578	819	1476	1978	1889	1735	1620	1798	1092	1421
NEW ZEALAND	18	11	10	10F	3753	4019	4532	4532	67	42	45	45F
USSR	10644				1359				14460			

表 23

ミレット

	収穫面積：1000 HA				単位当り収量：KG/HA				生産量：1000 MT			
	1989-91	1998	1999	2000	1989-91	1998	1999	2000	1989-91	1998	1999	2000
WORLD	37370	36603	36096	35975	755	799	746	758	28223	29254	26915	27255
AFRICA	15756	20181	20332	20104	674	676	671	670	10611	13649	13637	13469
ANGOLA	120	178*	192*	192F	541	500	530	530	64	89*	102*	102F
BENIN	38	39	40	45F	625	748	749	748	24	29	30	34
BOTSWANA	9	7F	7F	7F	178	172	186	186	2	1	1F	1F
BURKINA FASO	1169	1244	1250F	1250F	550	782	720	720	649	973	900F	900F
BURUNDI	12	10	9	8F	1094	1105	1123	1045	13	11	10	9
CAMEROON	60	70F	70F	70F	1061	1014	1014	1014	64	71F	71F	71F
CENT AFR REP	10	12F	12F	12F	933	1000	1000	1000	9	12*	12F	12F
CHAD	527	786	781	1027	361	455	444	312	191	357	347	321
CONGO, DEM R	52	75	70F	70F	647	662	571	571	33	50	40F	40F
CÔTE DIVOIRE	77	94F	94F	94F	613	638	638	638	47	60F	60F	60F
ETHIOPIA PDR	152				1050				162			
ERITREA		96*	80F	70F		539	500	357		52*	40F	25F
ETHIOPIA		291	447	360		893	854	887		260	381	320
GAMBIA	53	67	81	81F	972	961	942	942	52	65	76	76F
GHANA	192	181	175F	175F	626	952	913	913	122	172	160	160F
GUINEA	19	12F	12F	12F	1068	826	826	826	21	10F	10F	10F
GUINEABISSAU	20	35F	38F	38F	1007	914	921	921	21	32F	35F	35F
KENYA	110	90F	90F	90F	590	644	611	611	65	58F	55F	55F
LIBYA	2	7F	7F	7F	879	1154	1160	1136	2	8F	8F	8F
MALAWI	17	35	39F	38F	553	558	513	500	10	20	20F	19F
MALI	1124	950F	1150F	1150F	738	785	829	829	823	746	953	953F
MAURITANIA	16	17	25*	32F	350	161	415	414	6	3	10	13*
MOROCCO	5	6F	6F	6F	1153	1455	1273	1450	5	8F	7F	8
MOZAMBIQUE	20	101	96*	74*	250	525	635	621	5	53	61*	46
NAMIBIA	152	228*	276	258*	358	152	172	307	55	35	48	79
NIGER	4187	5361*	5381*	5300F	392	446	419	425	1644	2391*	2253*	2250F
NIGERIA	4468	5596	5603	5603F	1050	1064	1064	1064	4672	5956	5960	5960F
RWANDA	3	4F	5*	5F	389	750	800	800	1	3F	4*	4F
SENEGAL	899	766	887	887F	643	558	570	570	579	428	506	506F
SIERRA LEONE	26	17F	5	4	891	971	955	908	23	17	5	4
SOUTH AFRICA	22	21F	20F	21F	682	571	550	571	15	12F	11F	12F
SUDAN	1113	2762*	2383*	2200	169	243	209	225	185	670*	499*	496
TANZANIA	245	204*	196	196F	968	1009	993	998	233	206*	194	196
TOGO	134	90	90F	90F	517	453	437	437	68	41	39	39F
UGANDA	379	401	376	384	1533	1601	1612	1391	582	642	606	534
ZAMBIA	51	90	96	97F	558	691	729	732	28	62	70	71F
ZIMBABWE	271	240	245F	154	508	208	216	279	136	50	53	43
N C AMERICA	118	133	219	150	1505	1504	1859	1108	177	200	406	166
MEXICO												
USA	118	133F	219	150	1501	1504	1859	1109	177	200F	406	166
SOUTHAMERICA	55	37	32	31	1331	1270	1406	1516	77	47	45	47
ARGENTINA	55	37	32	31	1331	1270	1406	1516	77	47	45	47
ASIA (FMR)	18498	15353	14168	14498	780	950	819	823	14451	14582	11609	11936
ASIA		15411	14268	14628		948	817	820		14604	11656	12000
AFGHANISTAN	30	27F	27F	27F	865	815	815	815	26	22F	22F	22F
BANGLADESH	91	82	80F	80F	709	670	713	713	64	55	57F	57F
BHUTAN	8	8F	8F	8F	855	875	875	875	7	7F	7F	7F
CHINA	2253	1411	1329	1385*	1740	2206	1744	1509	3918	3113	2319	2091*
INDIA	15096	12698	11736	12000*	645	835	722	750	9758	10603	8471	9000*
IRAN	7	15F	12F	12F	1836	1200	833	833	12	18F	10F	10F
IRAQ	2	3F	3F	3F	789	788	552	303	2	3F	2F	1F
JAPAN	1				1716				1			
KAZAKHSTAN		56	99	130		350	441	478		20	44	62
KOREA D P RP	50	12F	20F	45*	1200	833	1000	1000	60	10F	20F	45F
KOREA REP	2	3	2	2F	1248	1111	966	966	3	3	2	2F
MYANMAR	174	238	251	235F	696	631	671	699	121	150	169	164
NEPAL	197	262	264	265F	1161	1086	1104	1115	228	285	291	295
PAKISTAN	438	463	313	313F	414	460	497	497	180	213	156	156F
SAUDI ARABIA	7	8	6	6F	1490	1600	1095	1095	10	12	7	7F
SRI LANKA	11	6	7	7F	642	722	743	743	7	5	5	5F
SYRIA	7	5	4F	4F	576	891	566	625	4	4	2F	3F
TURKEY	4	3	3F	3F	1362	1667	1714	1714	6	5	5F	5F
UZBEKISTAN		1F	1*	1*		2000	3500	2000		2*	4*	1*
YEMEN	122	109	102	102	355	678	637	659	45	74	65	67
EUROPE (FMR)	11	13	12	14	1947	1651	1497	1241	21	22	19	17

表　23

ミレット

	収穫面積：1000 HA				単位当り収量：KG/HA				生産量：1000 MT			
	1989-91	1998	1999	2000	1989-91	1998	1999	2000	1989-91	1998	1999	2000
EUROPE		810	1214	1029		894	939	1499		724	1139	1543
CZECHOSLOVAK	2				2384				5			
CZECH REP		2	2	2		2000	2000	2000		4	4	4
HUNGARY	7	10	8	10F	1778	1610	1446	1053	13	16	12	10*
ROMANIA		1*	1F	F		1000	833			1*	1F	
RUSSIAN FED		531	988	650*		854	936	1692		453	925	1100*
SLOVAKIA		1	1	1		1500	1081	1364		1	1	2
SPAIN					3376				1			
UKRAINE		266	214	366		935	917	1164		249	196	426
YUGOSLAV SFR	1				1976				2			
OCEANIA	31	32	32	32	866	969	969	969	27	31	31	31
AUSTRALIA	31	32	32F	32F	866	969	969	969	27	31	31F	31F
USSR	2901				998				2859			

表 24

ソルガム

	収穫面積：1000 HA				単位当り収量：KG/HA				生産量：1000 MT			
	1989-91	1998	1999	2000	1989-91	1998	1999	2000	1989-91	1998	1999	2000
WORLD	43098	43156	42102	42071	1327	1434	1433	1391	57160	61901	60332	58500
AFRICA	18224	23441	21606	21564	768	886	855	862	14047	20777	18481	18587
ALGERIA												
BENIN	140	168	172	170F	761	824	825	802	107	138	142	136
BOTSWANA	148	50F	70F	72F	293	182	186	194	41	9	13*	14F
BURKINA FASO	1337	1408	1400F	1400F	740	854	786	786	993	1203	1100F	1100F
BURUNDI	58	54	50F	50F	1117	1249	1200	1220	65	67	60	61
CAMEROON	465	450F	242	420F	774	1111	1369	1190	357	500*	332	500*
CENT AFR REP	25	33F	35F	35F	1015	879	1286	1196	25	29*	45	42*
CHAD	458	751	666	986	585	739	654	575	268	555	436	567
CONGO, DEM R	76	81	77F	77F	633	662	649	649	48	54	50F	50F
CÔTE DIVOIRE	45	55F	55F	55F	580	345	345	345	26	19F	19F	19F
EGYPT	133	158	161*	165F	4741	5608	5813	5758	631	887	937*	950F
ETHIOPIA PDR	627				1338				839			
ERITREA		236*	200F	180F		1142	900	556		270*	180F	100F
ETHIOPIA		982	1040*	1000*		1103	1288	1190		1083	1340*	1190*
GAMBIA	12	12	18	18F	901	807	971	971	10	10	18	18F
GHANA	255	332	300F	300F	767	1166	1007	1007	197	387	302	302F
GUINEA	21	7F	7F	7F	1140	730	730	730	23	5F	5F	5F
GUINEABISSAU	12	27F	28F	28F	911	926	929	929	11	25F	26F	26F
KENYA	127	140F	130F	140F	909	964	846	950	116	135F	110	133
LESOTHO	32	30F	30	27F	773	760	1114	926	26	23	33	25F
MADAGASCAR	2	2F	2F	2F	600	500	500	450	1	1F	1F	1F
MALAWI	31	68	90F	85F	591	610	667	647	18	41	60F	55F
MALI	763	680F	720F	720F	897	991	992	992	677	674	714	714F
MAURITANIA	121	156	170*	190F	575	468	440	708	71	73	75	134*
MOROCCO	27	32	30	25	568	702	622	510	15	22	19	13
MOZAMBIQUE	422	480	461*	338F	399	663	707	746	167	318	326*	252
NAMIBIA	34	20*	19	22*	262	124	207	308	9	2	4	7
NIGER	2011	2241*	2099*	2100F	200	224	229	190	389	501*	481*	400*
NIGERIA	4892	6635	6678	6678F	981	1133	1126	1126	4794	7516	7520	7520F
RWANDA	142	115	129	150F	1153	1051	832	1034	165	121	108	155
SENEGAL	135	202	230	230F	886	593	641	641	121	120	147	147F
SIERRA LEONE	34	23F	22	6	659	761	768	1300	22	18	17	8
SOMALIA	450	220F	210F	300F	525	359	295	333	243	79F	62F	100F
SOUTH AFRICA	197	131	99	142	1933	2736	2260	2479	385	358	224	352
SUDAN	3887	6311*	4635*	4192	511	679	506	601	2099	4284*	2347*	2521
SWAZILAND	1	1F	1F	1F	804	647	600	600	1	1	1F	1F
TANZANIA	489	488*	660	552	996	1215	850	608	485	593*	561	335
TOGO	190	204	205F	205F	715	670	691	691	136	137	142	142F
TUNISIA	8	3F	3F	3F	387	333	333	333	3	1F	1F	1F
UGANDA	239	280	275	280	1495	1500	1502	1289	357	420	413	361
ZAMBIA	44	36	36	37F	571	708	700	703	25	25	25	26F
ZIMBABWE	136	140	150F	175	593	512	571	590	80	72	86	103
N C AMERICA	6109	5498	5784	5692	3387	3679	3738	3306	20655	20225	21619	18817
COSTA RICA	2				1971				3			
CUBA	1	1F	1F	1F	1100	1000	1000	1000	1	1F	1F	1F
DOMINICAN RP	12	9F	3	2	2414	2553	2539	2491	29	22F	8	5
EL SALVADOR	124	109	106	96	1272	1987	1297	1633	158	217	138	157
GUATEMALA	59	42	41	41F	1423	1170	1160	1160	83	49	47	47F
HAITI	120	129	130F	140	808	740	769	700	97	95	100F	98
HONDURAS	73	82	83	67	974	1097	860	971	71	90	71	65
MEXICO	1606	1953	1913	2170	3165	3315	3158	2949	5096	6475	6043	6400*
NICARAGUA	48	41	42	49	1546	1251	1806	2095	74	51	75	102
PANAMA	10	7F	7F	1	2560	2429	2429	3084	26	17F	17F	2
USA	4055	3125	3458	3125	3719	4226	4372	3820	15017	13207	15118	11940
SOUTHAMERICA	1411	1447	1431	1537	2566	3610	3268	3163	3624	5226	4677	4862
ARGENTINA	682	782	735	724	2828	4811	4384	4627	1934	3762	3222	3350
BOLIVIA	15	45	70	43	3930	2682	2116	2211	58	121	148	95
BRAZIL	157	332	361	511	1554	1777	1589	1649	243	590	574	842
COLOMBIA	256	63	63	63F	2879	3023	3174	3174	737	189	201	201F
ECUADOR	3	2	2	8	2009	1355	1355	1470	4	2	2	11
PARAGUAY	11	14	16	16F	1283	1498	1415	1438	14	21	23	23F
PERU	9				3096				27			
URUGUAY	31	27	30	23	2503	3362	3572	881	77	91	106	20
VENEZUELA	248	183	155	150F	2138	2456	2600	2133	529	449	402	320*
ASIA (FMR)	16617	12103	12527	12469	1024	1152	1037	1073	17079	13937	12989	13380
ASIA		12112	12536	12474		1152	1038	1073		13956	13009	13385

表 24

ソルガム

	収穫面積：1000 HA				単位当り収量：KG/HA				生産量：1000 MT			
	1989-91	1998	1999	2000	1989-91	1998	1999	2000	1989-91	1998	1999	2000
BANGLADESH	1				809	1584	1625	1625	1	1	1F	1F
CHINA	1544	980	986	962*	3343	4214	3322	2895	5135	4130	3275	2784*
INDIA	13852	9980	10523	10500*	779	873	826	905	10893	8713	8695	9500*
IRAQ	2	3F	3F	3F	705	596	340	192	2	2F	1F	1F
ISRAEL						7692	7692	7692		1F	1F	1F
JORDAN		1				3086				2		
KOREA D P RP	10	5F	10F	10F	1467	1000	1000	1000	15	5F	10F	10F
KOREA REP	1	1	1	1F	1415	1386	1412	1412	2	2	2	2F
LEBANON	1	1	1F	1F	1267	1683	1667	1667	2	2	2F	2F
OMAN	1	1F	1F	1F	3166	3000	3000	3000	3	3F	3F	3F
PAKISTAN	413	383	357	357F	585	595	617	617	242	228	220	220F
SAUDI ARABIA	128	180	155	155F	1086	1105	1313	1313	139	199	204	204F
SYRIA	7	5	4	4F	573	872	567	625	4	4	2	3F
THAILAND	186	105F	105F	105F	1285	1646	1574	2381	239	173	165	250*
UZBEKISTAN		9F	8*	5*		2235	2563	1000		19*	21*	5*
YEMEN	470	458	380	369	836	1034	1074	1089	402	474	409	401
EUROPE (FMR)	163	137	119	131	4009	4542	5173	5088	651	622	615	665
EUROPE		150	157	155		4226	4158	4432		633	652	685
ALBANIA	21	16F	16F	16F	1066	938	929	930	24	15F	15F	15F
CROATIA						4115	4115	4115		1F	1F	1F
FRANCE	70	65	53	63	4608	5581	6212	5921	322	361	328	373
GREECE	1	1F	1F	1F	2000	2000	2000	2000	2	2F	2F	2F
HUNGARY	18	5	5	4F	2827	2049	2029	2000	52	9	10	8*
ITALY	24	29	32	35	5569	5496	6413	6176	134	160	202	214
ROMANIA	7	7	2	2F	992	1579	1503	1333	6	11	3	2F
RUSSIAN FED		8	33	18*		1047	967	667		8	32	12*
SPAIN	19	13	9	8	5535	4532	5000	5099	105	57	47	41
UKRAINE		5	5*	6*		600	1020	1357		3	5*	8*
YUGOSLAV SFR	3				2162				7			
YUGOSLAVIA		2	2	3		3411	4659	3923		5	8	10
OCEANIA	461	508	588	649	2155	2134	3221	3334	981	1084	1895	2165
AUSTRALIA	461	507	587	648	2155	2132	3221	3335	980	1081	1891	2161
PAPUA N GUIN		1F	1F	1F	2456	3200	3091	3091	1	3F	3F	3F
USSR	112				1097				123			

表 25

いも類合計

	収穫面積：1000 HA				単位当り収量：KG/HA				生産量：1000 MT			
	1989-91	1998	1999	2000	1989-91	1998	1999	2000	1989-91	1998	1999	2000
WORLD	46490	50672	51534	50847	12421	12804	12933	13357	577313	648801	666496	679165
AFRICA	14498	19142	19593	18719	7778	8109	8155	8488	112913	155218	159787	158890
ALGERIA	108	69	65	65F	8862	16026	15353	14615	962	1100	996	950F
ANGOLA	430	602	549	549F	4220	5694	6071	6071	1815	3426	3331*	3331F
BENIN	225	343	352	356F	9354	10539	10597	10825	2102	3617	3734	3853
BOTSWANA	1	2F	2F	2F	5385	6471	7059	7222	7	11F	12F	13F
BURKINA FASO	12	10	10F	10F	6032	5978	6080	6080	70	63	61F	61F
BURUNDI	209	197	213	213F	6800	6702	6937	6856	1420	1322	1479	1462
CAMEROON	308	331	453	417F	7704	8607	7774	8048	2371	2845	3519	3356
CAPE VERDE	2	1F	1F	1F	9099	7757	7965	7965	18	8F	9F	9F
CENT AFR REP	230	286F	286F	286F	3551	3731	3537	3356	816	1069	1013	961
CHAD	134	137	134F	134F	4692	4559	4415	4415	628	626	593F	593F
COMOROS	12	13F	13F	13F	4884	5096	5198	5274	58	67	68	69F
CONGO, DEM R	2462	2258	2198	1261	7913	7917	7866	13280	19477	17880	17287	16748
CONGO, REP	109	121F	121F	121F	6712	7179	7159	7159	725	871	864F	864F
CÔTE DIVOIRE	764	882	882	882	5618	5688	5665	5665	4291	5017	4996	4996
EGYPT	88	100	94F	94F	21762	22798	22064	21998	1904	2290	2080	2074F
EQ GUINEA	27	31F	32F	32F	2898	2484	2531	2531	77	77F	81	81F
ETHIOPIA PDR	466				6768				3153			
ERITREA		39F	39F	39F		3299	3256	3093		130F	127F	120F
ETHIOPIA		574F	577	568F		7301	7370	7289		4191F	4252F	4140F
GABON	70	74F	74F	74F	5424	5753	5888	5888	378	426F	436F	436F
GAMBIA	2	2F	2F	2F	3000	3000	3000	3000	6	6F	6F	6F
GHANA	796	1125	1202F	1202F	8143	10263	10725	10725	6608	11549	12892	12892F
GUINEA	79	174	188F	188F	7320	6122	5972	5972	578	1065	1122F	1122F
GUINEABISSAU	10	11F	12F	12F	6911	7164	7087	7087	69	79F	82F	82F
KENYA	188	270F	259F	255F	8200	7519	7297	7275	1536	2030F	1890	1855
LESOTHO	3	5F	5F	5F	15553	16000	16346	16667	47	80F	85F	90F
LIBERIA	58	55	65F	65F	7253	6819	6801	6801	422	372	440F	440F
LIBYA	18	28F	30F	30F	7891	7357	7085	7000	141	206F	209F	210F
MADAGASCAR	497	528	524	512	6359	6360	6489	6155	3160	3357	3400	3152
MALAWI	118	302	316	316F	4294	7980	8055	8229	506	2414	2545	2600F
MALI	5	10	8F	8F	4721	4128	4250	4250	23	41	34F	34F
MAURITANIA	3	3F	3F	3F	1933	2115	2115	2115	6	6F	6F	6F
MAURITIUS	1	1	1F	1F	18659	17159	17971	19604	19	15	16	18
MOROCCO	60	59	63	61	16319	19036	18294	18003	975	1130	1148	1103
MOZAMBIQUE	954	1031	974	814	4322	5606	5642	5826	4122	5779	5495	4741
NAMIBIA	25	29F	29F	30F	8610	8448	8621	8500	212	245F	250F	255F
NIGER	32	31F	31F	31F	5570	4549	5167	5167	180	139	158F	158F
NIGERIA	3403	6540	6757	6757F	10370	9625	9507	9507	35155	62953	64236	64236F
RÉUNION	1	1F	1F	1F	11006	13043	13043	13043	15	9F	9F	9F
RWANDA	364	301	375	490F	4553	4008	3855	4339	1641	1208	1444	2124
SAO TOME PRN	1	3F	4F	4	7346	8665	8886	9054	6	29F	31	33
SENEGAL	16	14	17	17F	3990	5298	2897	2897	67	72	48	48F
SIERRA LEONE	27	72F	55	58	5220	4627	4777	4671	139	334	262	271
SOMALIA	5	7F	7F	8F	10421	10000	10000	10000	50	65F	70F	76F
SOUTH AFRICA	81	73F	77F	78F	16611	22029	22501	22269	1336	1608	1733	1737F
SUDAN	51	63F	64F	65F	2670	2670	2560	2595	137	169F	164F	169F
SWAZILAND	5	4F	4F	4F	1665	2093	1902	1872	9	9F	8F	7F
TANZANIA	928	981	1019F	1153	8824	6923	7801	5637	8167	6791	7947	6498
TOGO	115	187	190F	190F	7992	6898	7247	7247	913	1293	1376	1376F
TUNISIA	16	22*	25F	27	12592	13409	12800	10741	205	295	320	290*
UGANDA	846	960	978	1005	6335	6004	6240	7803	5360	5764	6103	7842
ZAMBIA	108	136F	175F	170F	6517	6430	6392	6384	704	875	1116F	1084F
ZIMBABWE	27	42	42F	43F	4792	4697	4844	4856	127	195	202F	208F
N C AMERICA	1249	1269	1261	1269	20184	24020	24489	26019	25221	30492	30878	33010
BAHAMAS					6900	5733	5585	5330	1	1F	1	1
BARBADOS	1	1F	1F	1F	9271	9010	9024	9024	6	7F	7F	7F
BELIZE					21838	21765	21765	21765	4	4F	4F	4F
BERMUDA					20985	20735	20735	20735	1	1F	1F	1F
CANADA	118	156	157	158	24683	27732	27254	28887	2903	4329	4268	4569
COSTA RICA	7	12	16	7	20865	21502	14419	16908	152	265	227	111
CUBA	151	135	133	133F	4398	4414	5808	5808	666	595	775	775F
DOMINICA	3	3F	3F	3F	9292	9355	9266	9251	29	26F	27F	27F
DOMINICAN RP	34	35	39	36	7085	6691	5961	6890	243	236	234	246
EL SALVADOR	2	5	5	6	15090	13475	14368	14674	38	73	78	89
GRENADA	1	1F	1F	1F	5214	5241	5165	5336	4	4F	4F	4F
GUADELOUPE	2	2	2	2	9649	10826	10826	10826	20	17	17	17
GUATEMALA	12	13F	13F	13F	4861	6738	7040	7077	61	87	92	92F
HAITI	203	189	192F	198	3785	3884	3882	3891	770	734	745F	769
HONDURAS	3	4F	4	5	8836	9730	8623	7225	30	35	36	34

表 25

いも類合計

	収穫面積：1000 HA				単位当り収量：KG/HA				生産量：1000 MT			
	1989-91	1998	1999	2000	1989-91	1998	1999	2000	1989-91	1998	1999	2000
JAMAICA	18	18	17	17F	12534	16539	16907	16907	225	294	291	291F
MARTINIQUE	2	2F	2F	2F	10917	10456	10456	10456	23	18F	18F	18F
MEXICO	82	69	72	80	15957	20564	22204	21533	1302	1409	1597	1722
NICARAGUA	7	7F	8F	8F	11790	10903	10368	10366	77	81F	85F	85F
PANAMA	11	15F	15F	7	5901	5850	5236	11888	66	88	79F	79
PUERTO RICO	4	1F	1F	1F	6499	11247	11247	11247	28	9F	9F	9F
ST KITTS NEV					3611	3094	3029	2861	1	1	1	1
ST LUCIA	3	2	3F	3F	4350	3945	3892	3928	11	10	11F	11F
ST VINCENT	4	3F	3F	3F	4539	4522	4505	4525	19	12	12F	12F
TRINIDAD TOB	1	1F	1F	1F	9757	10315	10315	10315	10	12F	12F	12F
USA	578	596	573	585	32069	37174	38827	41047	18530	22145	22249	24025
SOUTHAMERICA	3610	3441	3531	3644	11942	12238	12925	13240	43107	42112	45633	48248
ARGENTINA	125	150	153F	156F	18183	25898	25803	25659	2279	3884	3935F	3990F
BOLIVIA	192	202	190	209	6056	4751	6883	7471	1160	959	1307	1562
BRAZIL	2167	1824	1829	1932	12567	12585	13362	13598	27229	22957	24445	26272
CHILE	60	57	61	57	14315	13926	16297	17435	858	799	1002	999
COLOMBIA	363	364	404	404F	11973	12045	12206	12206	4342	4379	4931	4931F
ECUADOR	76	76	109	84	6596	8087	6386	11661	500	614	695	979
FR GUIANA	3	2F	2F	2F	10178	5906	5906	5906	32	14F	14F	14F
GUYANA	3	4F	4F	4F	10027	9990	10000	10000	35	42	42F	42F
PARAGUAY	229	247	250	250F	15109	13681	14305	14312	3479	3379	3581	3582F
PERU	284	421	428	446	8066	9415	10542	10640	2293	3967	4507	4750
SURINAME					11900	8500	11250	12000	3	3	5	5
URUGUAY	29	15	16	15F	7514	13601	13950	11701	215	200	219	172
VENEZUELA	79	78	84	84F	8676	11719	11314	11314	682	915	951	951F
ASIA (FMR)	16355	16987	17321	17377	14200	16226	16566	16672	232256	275630	286932	289709
ASIA		17386	17714	17792		16086	16467	16560		279662	291699	294620
AFGHANISTAN	13	14F	14F	14F	16291	16786	16786	16786	217	235F	235F	235F
ARMENIA		33	32	35*		13456	12941	9143		440	414	320
AZERBAIJAN		32	35	40F		9655	9543	11250		313	334	450
BANGLADESH	169	178	190	190F	9744	10960	10959	10959	1643	1951	2085	2085F
BHUTAN	5	5F	5F	5F	9910	10750	10750	10750	52	56F	56F	56F
BRUNEI DARSM					3344	4289	4286	4286	1	2F	2F	2F
CAMBODIA	20	20	15F	15F	5366	5418	7351	7351	105	111	111	111F
CHINA	9430	10329	10334	10334F	14960	17953	18149	18224	141074	185449	187545	188320
CYPRUS	8	8	7	5F	22329	18579	23176	24127	187	141	165	123
GAZA STRIP	1	2F	2F	2F	22624	21875	21875	21875	23	35F	35F	35F
GEORGIA		33	34	36F		10643	13001	13333		350	443	480F
INDIA	1338	1603	1695	1695F	15906	15501	18024	18024	21280	24848	30550	30550F
INDONESIA	1672	1537	1666	1666F	11522	11698	11555	11555	19270	17979	19248	19248F
IRAN	137	163	161	166F	17384	21084	21346	20783	2387	3430	3433	3450F
IRAQ	12	26F	26F	24F	15980	16154	14038	6250	196	420F	365F	150F
ISRAEL	7	9	9F	9F	32359	37176	38551	38551	209	341	357	357F
JAPAN	218	180	176	175	25459	26213	25475	26009	5539	4721	4489	4554
JORDAN	3	4	4	5F	23167	21964	25897	18600	59	88	96	93
KAZAKHSTAN		164	156	160		7700	10843	10615		1263	1695	1694
KOREA D P RP	78	149F	217	224	13414	11356	8374	8348	1051	1692*	1813*	1870*
KOREA REP	44	39	48	48	21133	22878	23163	23163	939	901	1106	1106
KUWAIT		1	1	1F	19530	27321	22325	25961	1	22	24	29
KYRGYZSTAN		59	64	65F		13110	14951	15892		773	957	1033*
LAOS	31	32	23	19	8150	6624	7940	8535	246	211	185	158
LEBANON	13	13	13F	14F	18708	20168	19096	20008	249	265	251F	271F
MALAYSIA	51	51F	50F	50F	9683	9513	9306	9306	497	488F	469F	469F
MALDIVES	2	2F	2F	2F	4537	4799	4490	4355	7	7F	7F	7
MONGOLIA	12	8	9	7	10613	8028	7362	10747	128	65	64	70
MYANMAR	25	34	36	36F	8579	9923	9836	9836	212	341	356	356F
NEPAL	112	146	148	150F	7398	7633	8350	8850	826	1117	1236	1328
OMAN					25208	21923	21923	21923	5	6F	6F	6F
PAKISTAN	92	130	135	136	11467	14189	16565	16859	1052	1844	2241	2298
PHILIPPINES	403	412	421	404	6851	6497	6718	6700	2761	2678	2829	2704
SAUDI ARABIA	3	19	16	16F	19121	18043	25088	25088	59	347	394	394F
SRI LANKA	62	41	40	40F	8845	8174	8001	8213	547	336	320	329
SYRIA	23	22	22	23F	17543	22197	23019	20000	407	492	497	450F
TAJIKISTAN		17	18F	20F		10511	13222	12500		175	238	250F
THAILAND	1526	1060	1084	1154	14245	14908	15471	16268	21775	15806	16771	18773
TURKEY	193	205	211F	211F	22388	25913	25935	25935	4321	5316	5476F	5476F
TURKMENISTAN		6F	5F	5F		4467	5620	5620		27	28	28F
UNTD ARAB EM					19300	18937	19467	19464	4	5	5	5F
UZBEKISTAN		55	49	54F		12640	13563	12148		691	658	656F
VIET NAM	640	527	524	521	7432	6969	7412	7700	4758	3671	3882	4010
YEMEN	12	16	17	17	12233	12577	12656	12661	153	197	211	214

表 25

いも類合計

	収穫面積：1000 HA				単位当り収量：KG/HA				生産量：1000 MT			
	1989-91	1998	1999	2000	1989-91	1998	1999	2000	1989-91	1998	1999	2000
EUROPE (FMR)	4552	3426	3448	3372	20602	23392	23242	24720	93867	80146	80130	83351
EUROPE		9160	9162	9150		15042	14726	15390		137775	134924	140823
ALBANIA	11	11	11	13F	8409	12721	14202	14400	88	145	162	180
AUSTRIA	33	23	23	24	24907	28306	30704	20908	810	647	712	496
BELARUS		695	668	700F		10897	11214	12143		7574	7491	8500
BEL-LUX	49	59	67	65	37421	41343	45136	46154	1838	2456	3007	3000
BOSNIA HERZG		40F	41F	42F		8150	8456	8795		326F	345F	365F
BULGARIA	41	51	52	52	11987	9404	10885	10885	495	478	566	566
CROATIA		65	63	55F		10238	11498	9091		665	729	500F
CZECHOSLOVAK	168				16722				2805			
CZECH REP		73	72	69		20926	19580	21330		1520	1407	1476
DENMARK	39	36	38	38F	36010	40443	39528	39528	1394	1456	1502	1502F
ESTONIA		33	31	38F		9715	12980	12026		317	404	457
FAEROE IS					13663	13636	13636	13636	1	2F	2F	2F
FINLAND	41	34	40F	40F	20656	17456	19778	20400	845	590	791	816
FRANCE	175	164	171	169	29853	36909	38968	39385	5213	6053	6644	6652
GERMANY	516	297	309	302	27747	39398	38936	41831	14057	11712	12031	12633
GREECE	53	49	48	47	19880	18095	18250	18938	1052	878	869	892
HUNGARY	74	53	56	45	16713	21804	21253	17067	1230	1148	1199	768
ICELAND	1	1F	1F	1F	9159	14443	12876	14286	11	12	9	10
IRELAND	23	19	18	17F	25060	26054	31943	29412	577	482	559	500F
ITALY	119	91	87	84	19637	24287	23946	24762	2340	2207	2080	2089
LATVIA		59	50	51		11803	15878	14600		694	796	747
LITHUANIA		136	121	109		13566	14104	16392		1849	1708	1792
MACEDONIA		14	13	13F		13118	12445	12445		180	165	165F
MALTA	1	2	2	2	13181	20256	20344	19612	17	36	36	35
MOLDOVA REP		62	66	70F		6009	4958	4886		372	329	342F
NETHERLANDS	173	179	183*	183F	40168	29294	44809	44809	6947	5249	8200*	8200F
NORWAY	19	18	17	18F	24246	25593	23673	24800	452	453	398	446
POLAND	1809	1295	1268	1251	18350	20037	15717	19376	33247	25949	19927	24232
PORTUGAL	121	89	90	88F	11596	14009	15402	14457	1403	1249	1391	1274F
ROMANIA	292	261	274	278F	10517	12702	14434	13129	3159	3319	3957	3650F
RUSSIAN FED		3236	3227	3250F		9710	9714	10030		31418	31344	32597
SLOVAKIA		29	27	27		14329	14328	15474		412	384	419
SLOVENIA		9	10	10F		21268	19736	19736		196	194	194F
SPAIN	274	138	138	124	19439	22854	24651	25370	5334	3156	3394	3156
SWEDEN	34	34	33	33	32977	35576	30195	37222	1132	1199	991	1210
SWITZERLAND	19	14	14	14	37867	40387	35226	42628	731	560	484	584
UK	176	164	178	165	35916	39135	40151	40289	6333	6422	7131	6648
UKRAINE		1513	1551	1560F		10180	8203	8357		15405	12723	13037
YUGOSLAV SFR	291				8124				2358			
YUGOSLAVIA		116	106	104		8543	8160	6610		991	865	690
OCEANIA	274	274	274	273	11170	12901	13035	13082	3065	3541	3574	3574
AMER SAMOA					3721	3361	3361	3361	2	2F	2F	2F
AUSTRALIA	40	43	42	42F	28301	32106	32001	32001	1127	1378	1333	1333F
COOK IS	1				23496	20000	20000	20000	11	6	6F	6F
FIJI ISLANDS	10	7	8F	8F	3739	9376	9508	9508	36	67	72F	72F
FR POLYNESIA	1	1F	1F	1F	12667	12752	12778	12778	11	11	12F	12F
GUAM					14904	14904	14904	14904	2	2F	2F	2F
KIRIBATI	1	1F	1	1F	7449	8155	8148	8148	7	8F	9	9F
NEWCALEDONIA	3	4F	4F	4F	6023	5688	5778	5778	21	20	21	21F
NEW ZEALAND	9	15	13	13F	30899	33712	39808	39808	277	513	518	518
NIUE	1	1F	1F	1F	5500	6207	6207	6207	3	4F	4F	4F
PACIFIC IS	2				8820				14			
PAPUA N GUIN	172	172F	175F	175F	7270	6986	7219	7219	1253	1203F	1261F	1261F
SAMOA	8	7F	7F	7F	5002	6164	6164	6164	41	41F	41F	41F
SOLOMON IS	6	8F	8F	8F	17595	16828	16847	16847	107	130F	134F	134F
TONGA	15	9F	9F	9F	6551	10008	10008	10008	99	92F	92F	92F
VANUATU	5	6F	6F	5F	10139	9833	10833	13000	49	59F	65F	65F
WALLIS FUT I	1	1F	1F	1F	10154	10148	10148	10148	6	6F	6F	6F
USSR	5951				11236				66883			

表 26

ばれいしょ

	収穫面積：1000 HA				単位当り収量：KG/HA				生産量：1000 MT			
	1989-91	1998	1999	2000	1989-91	1998	1999	2000	1989-91	1998	1999	2000
WORLD	17690	18821	18980	18760	15029	15903	15657	16593	265907	299311	297172	311288
AFRICA	722	875	891	893	10652	11600	11470	11317	7689	10152	10224	10110
ALGERIA	108	69	65	65F	8862	16026	15353	14615	962	1100	996	950F
ANGOLA	9	4F	4F	4F	4000	7143	5486	5486	35	25F	19*	19F
BURKINA FASO	1				6303	6000	6000	6000	9	2F	2F	2F
BURUNDI	13	9	10	10F	3423	2595	2439	2404	45	23	24	24
CAMEROON	15	17F	17F	17F	1867	2471	2882	2882	29	42F	49F	49F
CAPE VERDE					15757	16667	16667	16667	2	2F	2F	2F
CENT AFR REP					2635	2553	2553	2564	1	1F	1F	1F
CHAD	3	1F	1F	1F	6429	6154	6154	6154	18	8F	8F	8F
COMOROS						13971	14444	14444		1	1	1F
CONGO, DEM R	6	8F	8F	8F	5430	6707	6250	6250	33	55F	50F	50F
CONGO, REP					8383	8853	8947	8947	2	3	3F	3F
EGYPT	81	89	84F	83F	21069	22330	21526	21490	1694	1984	1809	1784F
ETHIOPIA PDR	48				8000				380			
ERITREA		5F	5F	5F		8333	8000	7292		45F	40F	35F
ETHIOPIA		48F	51	48F		7604	7262	7083		365F	370F	340F
KENYA	50	95F	93F	93F	4672	4000	3763	3871	235	380F	350F	360F
LIBYA	18	28F	30F	30F	7891	7357	7085	7000	141	206F	209F	210F
MADAGASCAR	42	49	48*	50	6513	5738	5938	5919	272	280	285	293
MALAWI	49	150	150F	150F	7094	10553	11000	11333	350	1578	1650F	1700F
MAURITANIA					4846	5000	5000	5000	1	1F	1F	1F
MAURITIUS	1	1	1F	1F	19713	17605	18460	20238	18	15	15	17
MOROCCO	56	59	62	61	17029	19043	18336	18019	957	1114	1141	1090
MOZAMBIQUE	6	6F	6F	6F	11444	12295	12459	9091	69	75F	76F	50F
NIGER					10000	10000	10000	10000	2	3F	3F	3F
NIGERIA	8	22	28	28F	6686	4864	6036	6036	57	107	169	169F
RÉUNION	1				13907	18000	18000	18000	12	7F	7F	7F
RWANDA	46	28	30	30F	7273	6409	5908	5833	334	181	176	175F
SENEGAL	1				18095	18571	17143	17143	13	7F	6F	6F
SOUTH AFRICA	67	60F	63F	64F	19204	25919	26615	26250	1280	1555	1677	1680F
SUDAN	1	2F	2F	2F	10817	7576	7250	7317	12	15F	15F	15F
SWAZILAND	3	3F	3F	3F	1996	2167	1964	1923	6	7F	6F	5F
TANZANIA	34	36F	37F	36F	6861	6944	6892	6944	233	250F	255F	250F
TUNISIA	16	22*	25F	27F	12592	13409	12800	10741	205	295	320	290*
UGANDA	34	60	64	68	7039	6400	7016	7029	242	384	449	478
ZAMBIA	1	1F	1F	1F	9061	8889	9091	9167	9	8F	10F	11F
ZIMBABWE	2	2	2F	2F	15861	15263	15789	15500	31	29	30F	31F
N C AMERICA	773	813	797	813	29158	34047	35178	37138	22544	27670	28043	30179
BERMUDA					22370	23654	23654	23654	1	1F	1F	1F
CANADA	118	156	157	158	24683	27732	27254	28887	2903	4329	4268	4569
COSTA RICA	3	4	3	3	22154	23924	22321	23891	57	90	77	74
CUBA	17	12	14	14F	14202	16952	24657	24657	241	206	344	344F
DOMINICAN RP	3	2	3	2	12706	10058	10852	14239	32	19	29	25
EL SALVADOR	1	1F	1	1	14320	13929	5744	5740	7	8F	4	6
GUATEMALA	8	8F	8F	8F	5966	8991	9440	9500	46	72	76	76F
HAITI	1	1	1F	1	14722	12706	12222	12000	9	11	11F	10
HONDURAS	2	2F	2	1	11728	12969	10000	14952	19	21	22F	20
JAMAICA	1	1			11022	14790	15708	15708	11	9	8	8F
MEXICO	76	62	66	74	15566	20495	22300	21550	1184	1281	1468	1593
NICARAGUA	2	2F	2F	2F	14542	13500	13333	13333	23	27F	28F	28F
PANAMA	1	1F	1F	1	17152	16000	16000	24012	16	16F	16F	22
USA	543	562	539	547	33113	38427	40228	42788	17995	21581	21692	23404
SOUTHAMERICA	851	1005	1001	1005	12018	13502	14902	15066	10227	13572	14919	15144
ARGENTINA	89	116	117F	120F	20677	29374	29487	29167	1835	3412	3450F	3500F
BOLIVIA	124	136	120	134	5133	3641	6541	6939	638	495	783	927
BRAZIL	159	178	174	152	13907	15644	16352	16946	2210	2784	2843	2582
CHILE	59	56	60	56	14440	14048	16451	17620	851	792	995	992*
COLOMBIA	162	165	168	168F	15524	15460	16095	16095	2511	2547	2705	2705F
ECUADOR	51	58	60	63	7247	9218	9308	12500	368	534	563	788
PARAGUAY					6296	6192	5996	6000	1	2	1	2F
PERU	174	269	272	284*	8206	9631	11256	11221	1433	2589	3066	3187*
URUGUAY	18	9	10	9F	9418	15753	16387	12941	166	145	159	110
VENEZUELA	16	18	19	19F	13576	15238	18448	18448	214	272	352	352F
ASIA (FMR)	4800	6518	6688	6436	13207	16001	15330	16834	63392	104301	102529	108345
ASIA		6917	7081	6851		15663	15153	16532		108333	107296	113256
AFGHANISTAN	13	14F	14F	14F	16291	16786	16786	16786	217	235F	235F	235F

表 26

ばれいしょ

	収穫面積：1000 HA				単位当り収量：KG/HA				生産量：1000 MT			
	1989-91	1998	1999	2000	1989-91	1998	1999	2000	1989-91	1998	1999	2000
ARMENIA		33	32	35*		13456	12941	9143		440	414	320
AZERBAIJAN		32	35	40F		9655	9543	11250		313	334	450
BANGLADESH	117	136	149F	149F	9638	11397	11424	11424	1131	1553	1702	1702F
BHUTAN	3	3F	3F	3F	12533	13640	13640	13640	31	34F	34F	34F
CHINA	2845	4064	4066	3802F	10965	15900	13808	16318	31189	64618	56141	62036*
CYPRUS	8	8	7	5F	22342	18412	23071	24000	185	138	162	120
GAZA STRIP	1	2F	2F	2F	22624	21875	21875	21875	23	35F	35F	35F
GEORGIA		33	34	36F		10643	13001	13333		350	443	480F
INDIA	936	1209	1300	1300F	15966	14597	18077	18077	14944	17648	23500	23500F
INDONESIA	41	65	63	63F	13899	15343	14720	14720	571	998	924	924F
IRAN	137	163	161	166F	17384	21084	21346	20783	2387	3430	3433	3450F
IRAQ	12	26F	26F	24F	15980	16154	14038	6250	196	420F	365F	150F
ISRAEL	6	9	9F	9F	32277	37251	38733	38733	205	333	349	349F
JAPAN	116	100	98	98F	30965	30761	30328	30328	3583	3073	2963	2963F
JORDAN	3	4	4	5F	23167	21964	25897	18600	59	88	96	93
KAZAKHSTAN		164	156	160		7700	10843	10615		1263	1695	1694
KOREA D P RP	61	115F	180	187	13133	11035	7556	7497	797	1269*	1360*	1402*
KOREA REP	23	23	28	28F	19884	24169	24526	24526	472	562	678	678F
KUWAIT		1	1	1F	19530	27321	22325	25961	1	22	24	29
KYRGYZSTAN		59	64	65F		13110	14951	15892		773	957	1033*
LAOS	4	5F	5F	5F	6889	6600	6600	6604	30	33F	33F	35F
LEBANON	13	13	13F	14F	18698	20156	19084	20000	247	264	250F	270F
MONGOLIA	12	8	9	7	10613	8028	7362	10747	128	65	64	70
MYANMAR	14	22	23	23F	9216	10724	10438	10438	130	237	245	245F
NEPAL	83	116	118	120F	8225	8356	9244	9854	684	972	1091	1183
OMAN					25208	21923	21923	21923	5	6F	6F	6F
PAKISTAN	72	105	109	110	10312	13619	16552	16915	742	1426	1812	1868
PHILIPPINES	5	5	5	5	12850	12758	12114	12178	59	65	64	64
SAUDI ARABIA	3	19	16	16F	19121	18043	25088	25088	59	347	394	394F
SRI LANKA	7	2	2	2F	11139	11125	12521	12521	79	26	27	27F
SYRIA	23	22	22	23F	17543	22197	23019	20000	407	492	497	450F
TAJIKISTAN		17	18F	20F		10511	13222	12500		175	238	250F
THAILAND	1	1F	1F	1F	8463	7778	7778	7778	11	7F	7F	7F
TURKEY	193	205	211F	211F	22404	25927	25948	25948	4320	5315	5475F	5475F
TURKMENISTAN		6F	5F	5F		4467	5620	5620		27	28	28F
UNTD ARAB EM					19300	18937	19467	19464	4	5	5	5F
UZBEKISTAN		55	49	54F		12640	13563	12148		691	658	656F
VIET NAM	34	38	28F	28	9654	9848	11786	11275	327	371	330F	316
YEMEN	12	16	17	17	12241	12582	12661	12667	152	196	211	213
EUROPE (FMR)	4545	3421	3441	3366	20614	23411	23265	24745	93782	80081	80066	83297
EUROPE		9154	9156	9145		15044	14729	15394		137710	134861	140769
ALBANIA	11	11	11	13F	8409	12721	14202	14400	88	145	162	180
AUSTRIA	33	23	23	24	24907	28306	30704	20908	810	647	712	496
BELARUS		695	668	700F		10897	11214	12143		7574	7491	8500
BEL-LUX	49	59	67	65F	37421	41343	45136	46154	1838	2456	3007	3000F
BOSNIA HERZG		40F	41F	42F		8150	8456	8795		326F	345F	365F
BULGARIA	41	51	52	52F	11987	9404	10885	10885	495	478	566	566F
CROATIA		65	63	55F		10238	11498	9091		665	729	500F
CZECHOSLOVAK	168				16722				2805			
CZECH REP		73	72	69		20926	19580	21330		1520	1407	1476
DENMARK	39	36	38	38F	36010	40443	39528	39528	1394	1456	1502	1502F
ESTONIA		33	31	38F		9715	12980	12026		317	404	457
FAEROE IS					13663	13636	13636	13636	1	2F	2F	2F
FINLAND	41	34	40F	40F	20656	17456	19778	20400	845	590	791	816
FRANCE	175	164	171	169	29853	36909	38968	39385	5213	6053	6644	6652
GERMANY	516	297	309	302	27274	39393	38936	41831	14057	11712	12031	12633
GREECE	53	48	48	47	19888	18091	18247	18936	1050	876	867	890
HUNGARY	74	53	56	45	16718	21804	21253	17067	1228	1148	1199	768
ICELAND	1	1F	1F	1F	9159	14443	12876	14286	11	12	9	10
IRELAND	23	19	18	17F	25060	26054	31943	29412	577	482	559	500F
ITALY	119	90	86	83	19630	24342	24183	25019	2328	2195	2070	2078
LATVIA		59	50	51		11803	15878	14600		694	796	747
LITHUANIA		136	121	109		13566	14104	16392		1849	1708	1792
MACEDONIA		14	13	13F		13118	12445	12445		180	165	165F
MALTA	1	2	2	2	13181	20256	20344	19612	17	36	36	35
MOLDOVA REP		62	66	70F		6009	4958	4886		372	329	342F
NETHERLANDS	173	179	183*	183F	40168	29294	44809	44809	6947	5249	8200*	8200F
NORWAY	19	18	17	18F	24246	25593	23673	24800	452	453	398	446
POLAND	1809	1295	1268	1251	18350	20037	15717	19376	33247	25949	19927	24232
PORTUGAL	118	86	87	85F	11693	14239	15679	14706	1374	1225	1367	1250F
ROMANIA	292	261	274	278F	10517	12702	14434	13129	3159	3319	3957	3650F
RUSSIAN FED		3236	3227	3250F		9710	9714	10030		31418	31344	32597
SLOVAKIA		29	27	27		14329	14328	15474		412	384	419

表 26

ばれいしょ

	収穫面積：1000 HA				単位当り収量：KG/HA				生産量：1000 MT			
	1989-91	1998	1999	2000	1989-91	1998	1999	2000	1989-91	1998	1999	2000
SLOVENIA		9	10	10F		21268	19736	19736		196	194	194F
SPAIN	272	136	136	123	19470	22924	24742	25471	5293	3129	3367	3138
SWEDEN	34	34	33	33	32977	35576	30195	37222	1132	1199	991	1210
SWITZERLAND	19	14	14	14	37867	40387	35226	42628	731	560	484	584
UK	176	164	178	165	35916	39135	40151	40289	6333	6422	7131	6648
UKRAINE		1513	1551	1560F		10180	8203	8357		15405	12723	13037
YUGOSLAV SFR	291				8124				2358			
YUGOSLAVIA		116	106	104		8543	8160	6610		991	865	690
OCEANIA	48	57	54	54	29000	32832	34117	34117	1389	1874	1830	1830
AUSTRALIA	39	43	41	41F	28458	32229	32126	32126	1121	1372	1327	1327F
FR POLYNESIA					10000	9433	10000	10000	1	1	1F	1F
NEWCALEDONIA					14211	10667	13724	13724	2	1	1	1F
NEW ZEALAND	8	14	12	12F	32500	35211	41667	41667	264	500	500	500
PAPUA N GUIN						4167	4167	4167		1F	1F	1F
USSR	5951				11236				66883			

表 27

かんしょ

	収穫面積：1000 HA				単位当り収量：KG/HA				生産量：1000 MT			
	1989-91	1998	1999	2000	1989-91	1998	1999	2000	1989-91	1998	1999	2000
WORLD	9105	9117	9255	9498	13608	14797	15767	14836	123893	134906	145924	140903
AFRICA	1360	1886	2031	2026	4764	4560	4462	4498	6483	8601	9064	9114
ANGOLA	19	22F	22F	22F	8772	8636	8275	8275	167	190F	182*	182F
BENIN	7	8	8	10F	5089	4950	4950	5011	34	41	40	50
BURKINA FASO	3	2	2F	2F	5795	5611	5455	5455	17	14	12F	12F
BURUNDI	103	100F	112	110F	6426	5905	6555	6249	665	590	734	687
CAMEROON	20	20	26	25F	7500	7478	6970	7200	150	148	179	180F
CAPE VERDE	1	1F	1F	1F	7491	5278	5333	5333	10	4F	4F	4F
CHAD	11	26	24F	24F	4205	2500	2583	2583	46	65F	62F	62F
COMOROS	2	2F	2F	2F	3564	2409	2773	2727	7	5	6	6F
CONGO, DEM R	79	104F	103F	103F	4848	3750	3592	3592	383	390F	370F	370F
CONGO, REP	3	3F	3F	3F	6781	7742	7333	7333	18	24F	22F	22F
CÔTE DIVOIRE	12	12F	12F	12F	3000	3000	3000	3000	35	36F	36F	36F
EGYPT	4	9	8F	9F	26300	24006	24582	23889	95	226	199F	215F
EQ GUINEA	10	14F	14F	14F	3377	2429	2571	2571	32	34F	36	36F
ETHIOPIA PDR	19				8000				150			
ETHIOPIA		20F	20F	20F		8000	8250	7500		160F	165F	150F
GABON	1	2F	2F	2F	1727	1800	1750	1750	2	3F	3F	3F
GHANA		67	65F	65F		1362	1385	1385		91	90F	90F
GUINEA	17	22F	22F	22F	4998	6134	6134	6134	85	135	135F	135F
KENYA	54	75F	65F	60F	9904	9733	9231	8917	538	730F	600	535
LIBERIA	2	2F	2F	2F	10196	10000	10000	10000	16	17F	18F	18F
MADAGASCAR	93	94	93*	88	5223	5426	5591	5416	486	510	520	476
MALI	2	4	3F	3F	4873	4182	5000	5000	12	16	15F	15F
MAURITANIA	3	2F	2F	2F	1000	1000	1000	1000	3	2F	2F	2F
MAURITIUS							12500	12500			1F	1F
MOROCCO	4	1	1	1	5025	18471	13376	16627	18	16	7	13
MOZAMBIQUE	9	9F	9F	8F	6471	6818	6932	6000	55	60F	61F	45F
NIGER	4	5F	5F	5F	7973	6604	6604	6604	35	35F	35F	35F
NIGERIA	26	282	378	378F	5681	5532	4397	4397	149	1560	1662	1662F
RÉUNION					5000				1			
RWANDA	166	149	180	180F	5295	5046	4794	5738	876	751	863	1033
SENEGAL	1				5785				3			
SIERRA LEONE	4	15F	8	11	3325	2813	2650	2640	14	42	20	28
SOMALIA		1F	1F	1F		10000	10000	10000	4	5F	5F	6F
SOUTH AFRICA	14	13F	14F	14F	4037	4071	3988	4071	55	53	56	57F
SUDAN	1	1F	1F	1F	11528	13651	13175	13386	6	9F	8F	9F
SWAZILAND	2	1F	1F	1F	1202	1923	1769	1769	3	3F	2F	2F
TANZANIA	246	250F	280F	267	2067	1612	1786	1799	541	403	500F	480F
TOGO	1	1F	1F	1F	4473	7470	6875	6875	5	6F	6F	6F
UGANDA	414	544	539	555	4132	4000	4367	4321	1712	2176	2354	2398
ZAMBIA	4	3F	4F	4F	14796	14706	14857	14722	54	50F	52F	53F
ZIMBABWE	1	1	1F	1F	2182	2000	2143	2133	1	1	2F	2F
N C AMERICA	170	151	147	151	6286	6733	6955	7342	1068	1018	1026	1112
BARBADOS		1F	1F	1F	8200	8500	8500	8500	2	5F	5F	5F
CUBA	54	44	40	40F	3581	3567	4911	4911	194	157	195	195F
DOMINICA					3862	4000	4000	4022	1	2F	2F	2F
DOMINICAN RP	6	8	9	6	6595	5591	2567	6054	40	44	22	37
EL SALVADOR						6471	6471	6471		1F	1F	1F
GUADELOUPE	1				10426	11367	11367	11367	5	3F	3F	3F
HAITI	66	58	58F	60	3351	2961	2966	3000	220	170	172F	180
HONDURAS	1	1F	1F	1F	3413	3333	3333	3333	2	2F	2F	2F
JAMAICA	2	2	2	2F	11170	15979	16183	16183	20	27	25	25F
MARTINIQUE					9776	8083	8083	8083	2	1F	1F	1F
MEXICO	2	2	2F	2F	16155	18750	18500	19000	34	37	37F	38F
PUERTO RICO	1				7479	20827	20827	20827	9	2F	2F	2F
ST LUCIA					8732		10000	10000	1		1F	1F
ST VINCENT	2	1F	1F	1F	1522	1527	1529	1529	4	2	2F	2F
USA	34	34	34	38	15570	16563	16500	16199	532	562	555	618
SOUTHAMERICA	127	99	102	103	10191	11540	11835	11861	1297	1144	1212	1222
ARGENTINA	22	18	18F	19F	13638	17506	17500	17297	297	312	315F	320F
BOLIVIA	3	3	3	3	4487	4138	4387	3205	12	12	14	10F
BRAZIL	64	43	48F	48F	10167	10393	10000	10417	647	445	480F	500F
CHILE	1	1F	1F	1F	7000	7000	7000	7000	7	7F	7F	7F
ECUADOR	1				4883	1759	5677	7000	6	1	2	2
PARAGUAY	13	10	10	10F	8479	7711	7870	8000	107	77	79	80F
PERU	12	17	15	15F	14234	12738	16782	15805	166	222	244	230*
URUGUAY	11	6F	6F	6F	4595	10000	10000	10000	48	55	60	62F
VENEZUELA	2	1	1F	1F	4481	10049	8105	8105	7	14	11	11F

表 27

かんしょ

	収穫面積：1000 HA				単位当り収量：KG/HA				生産量：1000 MT			
	1989-91	1998	1999	2000	1989-91	1998	1999	2000	1989-91	1998	1999	2000
ASIA (FMR)	7327	6867	6858	7101	15614	17986	19535	18140	114406	123517	133971	128812
ASIA		6867	6858	7101		17986	19535	18140		123517	133971	128812
BANGLADESH	51	42	41	41F	9966	9533	9279	9279	513	398	383	383F
CAMBODIA	8	7	7F	7F	3927	3750	3846	3846	32	26	25F	25F
CHINA	6268	5949	5946	6210F	16816	19439	21215	19489	105390	115638	126144	121024*
INDIA	156	144F	145F	145F	8129	8333	8621	8621	1265	1200F	1250F	1250F
INDONESIA	221	201	177F	177F	9407	9647	9194	9194	2078	1935	1627	1627F
ISRAEL					37069	34091	32000	32000	4	8F	8F	8F
JAPAN	60	46	45	43	22272	24978	22652	24733	1346	1139	1008	1073
KOREA D P RP	18	34F	37F	37F	14377	12441	12411	12649	254	423*	453*	468*
KOREA REP	21	16	20	20F	22554	21016	21288	21288	467	339	428	428F
LAOS	21	22	13	8	7325	4963	6176	6488	152	108	81	52
MALAYSIA	3	4F	4F	4F	11000	11111	11081	11081	37	40F	41F	41F
MYANMAR	5	5F	5F	5F	5205	4600	4600	4600	26	23F	23F	23F
PAKISTAN		1	1	1F	9878	10841	11234	11234	5	9	9	9F
PHILIPPINES	137	130	132	128	4839	4254	4211	4323	664	555	557	554
SRI LANKA	12	9	8	8F	6667	6064	4957	4957	79	52	42	42F
THAILAND	10	6F	8F	8F	9839	17677	17821	17821	102	98	146	146F
VIET NAM	335	254	269	258	5948	6020	6488	6430	1992	1526	1745	1658
EUROPE (FMR)	6	5	6	5	12677	11176	9732	8764	75	57	55	46
EUROPE		5	6	5		11176	9732	8764		57	55	46
GREECE					16357	20000	20000	20000	2	2F	2F	2F
ITALY	1	1F	1	1F	21177	17143	8024	8024	11	12F	10	10F
PORTUGAL	3	3F	3F	3F	8391	7333	7333	7333	27	22F	22F	22F
SPAIN	2	1F	1F	1F	17129	16154	16154	13333	34	21F	21F	12F
OCEANIA	114	108	111	111	4942	5258	5390	5390	564	569	596	596
AUSTRALIA					14134	17143	17143	17143	6	6F	6F	6F
COOK IS					25897	28000	28000	28000	2	1	1F	1F
FIJI ISLANDS		1	1F	1F	8354	10138	8889	8889	2	7	8F	8F
MICRONESIA		1F	1F	1F		5882	5882	5882		3F	3F	3F
NEWCALEDONIA	1	1F	1F	1F	4247	4286	4286	4286	3	3F	3F	3F
NEW ZEALAND	1	1	1F	1F	15721	12843	17500	17500	13	13	18	18F
PACIFIC IS	1				5882				3			
PAPUA N GUIN	101	100F	102F	102F	4603	4600	4706	4706	463	460F	480F	480F
SOLOMON IS	4	5F	5F	5F	14250	14600	14423	14423	57	73F	75F	75F
TONGA	7				2152	12349	12349	12349	14	5F	5F	5F

表 28

キャッサバ

	収穫面積：1000 HA				単位当り収量：KG/HA				生産量：1000 MT			
	1989-91	1998	1999	2000	1989-91	1998	1999	2000	1989-91	1998	1999	2000
WORLD	15621	16481	16770	16099	9944	9881	10079	10730	155281	162856	169026	172737
AFRICA	9011	10810	10842	10007	7989	8414	8535	9179	72026	90951	92530	91849
ANGOLA	402	576*	523*	523F	4010	5573	5982	5982	1613	3211*	3130*	3130F
BENIN	122	189	195	190F	8102	10502	10604	10664	987	1989	2063	2026
BURKINA FASO	1	1F	1F	1F	2640	2000	2000	2000	3	2F	2F	2F
BURUNDI	66	70	70	73F	8747	8882	8821	8995	574	622	617	657
CAMEROON	91	117F	122F	127F	16143	16189	16320	16276	1473	1894	1991*	2067*
CAPE VERDE					11994	11538	11538	11538	5	3F	3F	3F
CENT AFR REP	178	200F	200F	200F	3099	3038	2760	2500	550	608	552	500*
CHAD	66	45	45F	45F	4646	6111	5667	5667	307	275	255F	255F
COMOROS	9	10F	10F	10F	5025	5406	5406	5521	45	52	52	53F
CONGO, DEM R	2324	2092	2034	1097	8045	8156	8114	14550	18694	17060	16500	15959
CONGO, REP	99	110F	110F	110F	6743	7191	7182	7182	662	791	790F	790F
CÔTE DIVOIRE	260	335F	335F	335F	5402	5051	4993	4993	1402	1692	1673	1673F
EQ GUINEA	17	17F	18F	18F	2663	2529	2500	2500	45	43F	45	45F
GABON	42	43F	43F	43F	5070	5116	5233	5233	215	220F	225F	225F
GAMBIA	2	2F	2F	2F	3000	3000	3000	3000	6	6F	6F	6F
GHANA	424	630	650F	650F	9032	11477	12070	12070	3915	7227	7845	7845F
GUINEA	48	140	154F	154F	7820	5800	5649	5649	375	812	870F	870F
GUINEABISSAU	2	1F	1F	1F	10503	16300	16500	16500	17	16F	17F	17F
KENYA	82	98F	99F	100F	9341	9286	9394	9500	753	910F	930F	950F
LIBERIA	52	48*	58F	58F	7096	6527	6552	6552	374	313*	380F	380F
MADAGASCAR	345	360	358*	350	6651	6700	6802	6370	2292	2412	2435	2228
MALAWI	69	153	166	166F	2274	5460	5392	5422	156	835	895	900F
MALI		1	1F	1F	7349	10951	10000	10000	1	10	5F	5F
MOZAMBIQUE	939	1015	958	800*	4256	5556	5587	5804	3994	5639	5353	4643*
NIGER	28	25F	25F	25F	5157	4044	4800	4800	143	101*	120F	120F
NIGERIA	1942	3043	3072	3072F	10820	10746	10644	10644	20817	32695	32697	32697F
RÉUNION					6083	7200	7200	7200	2	2F	2F	2F
RWANDA	117	76	118	230F	3236	2466	2675	3570	351	188	317	821
SAO TOME PRN		1F	1F	1F	10000	9038	9132	9024	2	5F	5	5
SENEGAL	15	13	16	16F	3214	4953	2585	2585	51	66	42	42F
SIERRA LEONE	21	56F	46	46	5795	5164	5183	5182	121	289	240	241
SOMALIA	4	6F	7F	7F	10462	10000	10000	10000	45	60F	65F	70F
SUDAN	6	6F	6F	6F	1667	1800	1714	1739	10	10F	10F	10F
TANZANIA	647	693*	700F	848	11594	8840	10259	6789	7383	6128	7182	5758
TOGO	66	112	115F	115F	7595	5187	6035	6035	504	579	694	694F
UGANDA	398	356	375	382	8568	9000	8800	13000	3406	3204	3300F	4966
ZAMBIA	103	132F	170F	165F	6199	6200	6200	6182	641	817	1054F	1020F
ZIMBABWE	24	39	39F	40F	3968	4231	4359	4375	95	165	170F	175F
N C AMERICA	195	194	199	191	4544	4890	4744	4465	886	948	943	853
BAHAMAS					10418				1			
BARBADOS					24584	27333	27333	27333	1	1F	1F	1F
COSTA RICA	5	6	9		14677	24398	12820	12805	70	145F	119	6
CUBA	68	73	74F	74F	2891	2829	2838	2838	198	206	210F	210F
DOMINICA					9934	9474	9500	9500	1	1F	1F	1F
DOMINICAN RP	19	20	20	19	6877	6259	6459	6535	129	126	127	125
EL SALVADOR	2	2	2	2	15624	6475	12287	15000	30	11	21	30
GUADELOUPE					13570	11231	11231	11231	2	1F	1F	1F
GUATEMALA	5	5F	5F	5F	3065	3061	3200	3200	15	15F	16F	16F
HAITI	83	74	75F	78	4004	4300	4333	4330	331	320	325F	338
HONDURAS	1	1F	1F	3	7862	9165	9118	3932	8	10	10	10
JAMAICA	1	1	1	1F	11886	19195	19019	19019	11	15	17	17F
MEXICO		1	1F	1F	7651	11705	11579	11579	2	11	11F	11F
NICARAGUA	5	5F	5F	5F	11042	10851	10842	10833	53	51F	52F	52F
PANAMA	6	5F	5F	2	5613	5613	5185	13018	31	30	28F	32
PUERTO RICO					7956				3			
ST LUCIA					3192	3063	3030	3030	1	1F	1F	1F
ST VINCENT					6565				1			
TRINIDAD TOB					12381	12727	12727	12727	1	1F	1F	1F
SOUTHAMERICA	2483	2188	2265	2371	12373	12068	12539	12972	30720	26402	28399	30759
ARGENTINA	15	16F	18F	17F	10000	10000	9714	10000	147	160F	170F	170F
BOLIVIA	39	36	36	41	10723	9894	11104	12456	420	357	400	515
BRAZIL	1921	1579	1583	1707	12577	12352	13202	13453	24159	19503	20892	22960
COLOMBIA	184	177	211	211F	9219	9025	9287	9287	1698	1597	1956	1956F
ECUADOR	22	15	45	18	5118	4924	2745	10200	113	74	125	184
FR GUIANA	2	2F	2F	2F	9776	6139	6139	6139	19	10F	10F	10F
GUYANA	2	2F	2F	2F	11424	11799	11818	11818	26	26	26F	26F
PARAGUAY	217	237	240	240F	15504	13942	14583	14583	3371	3300	3500	3500F

表 28

キャッサバ

	収穫面積：1000 HA				単位当り収量：KG/HA				生産量：1000 MT			
	1989-91	1998	1999	2000	1989-91	1998	1999	2000	1989-91	1998	1999	2000
PERU	41	81	80	85F	10397	10962	10815	11594	421	884	868	986
SURINAME					13248	8667	12333	13333	3	3	4	4
VENEZUELA	41	43	48	48F	8393	11290	9279	9279	344	488	448	448F
ASIA (FMR)	3914	3274	3448	3514	13143	13552	13618	13969	51467	44371	46961	49081
ASIA		3274	3448	3514		13552	13618	13969		44371	46961	49081
BRUNEI DARSM					12255	11852	11852	11852	1	2F	2F	2F
CAMBODIA	11	12F	7F	7F	5615	5545	9643	9643	60	67	68	68F
CHINA	229	230F	235F	235F	14307	16087	15957	15957	3282	3701F	3751F	3751F
INDIA	246	250F	250F	250F	20605	24000	23200	23200	5070	6000F	5800F	5800F
INDONESIA	1346	1205	1360F	1360F	12107	12193	12020	12020	16300	14696	16347	16347F
LAOS	5	5F	5F	5F	12867	13725	13654	13654	64	70F	71F	71F
MALAYSIA	39	39F	38F	38F	10513	10256	10000	10000	410	400F	380F	380F
MYANMAR	6	7	8	8F	10042	11148	11394	11394	56	81	88	88F
PHILIPPINES	213	215	224	211	8651	8054	8453	8405	1840	1734	1890	1771
SRI LANKA	43	30	29	29F	9067	8554	8534	8823	389	257	252	260
THAILAND	1505	1044	1065	1135	14297	14928	15493	16301	21557	15591	16507	18509
VIET NAM	272	236	227	235	8977	7530	7967	8668	2439	1773	1807	2036
OCEANIA	18	16	16	16	10327	11566	11795	11795	181	183	194	194
COOK IS					25244	17647	17647	17647	4	3	3F	3F
FIJI ISLANDS	3	2	2F	2F	6906	13684	14286	14286	18	27	30F	30F
FR POLYNESIA					18222	18333	18333	18333	5	6F	6F	6F
MICRONESIA		1F	1F	1F		10727	10727	10727		12F	12F	12F
NEWCALEDONIA					8210	7000	7000	7000	2	3F	3F	3F
PACIFIC IS	1				10182				11			
PAPUA N GUIN	11	11F	11F	11F	10549	10667	10909	10909	111	112F	120F	120F
SOLOMON IS					15757	16000	16154	16154	1	2F	2F	2F
TONGA	2	2F	2F	2F	12072	13333	13333	13333	25	28F	28F	28F
WALLIS FUT I					10450	10435	10435	10435	2	2F	2F	2F

表 29

ヤ ム

	収穫面積：1000 HA				単位当り収量：KG/HA				生産量：1000 MT			
	1989-91	1998	1999	2000	1989-91	1998	1999	2000	1989-91	1998	1999	2000
WORLD	2285	3795	3939	3940	9454	9446	9569	9598	21696	35844	37690	37818
AFRICA	2154	3653	3793	3798	9466	9428	9546	9566	20490	34439	36206	36335
BENIN	95	145	149	155F	11296	10949	10938	11441	1078	1584	1628	1773
BURKINA FASO	6	7	7F	7F	6827	6693	6923	6923	42	46	45F	45F
BURUNDI	1	2	2	2F	5699	5667	5801	5818	8	11	13	13F
CAMEROON	23	48F	58F	58F	3798	4583	4511	4483	88	220F	262	260F
CENT AFR REP	33	53F	53F	53F	6603	6792	6792	6792	220	360F	360F	360F
CHAD	24	25F	24F	24F	9443	9600	9583	9583	230	240F	230F	230F
CONGO, DEM R	39	39F	39F	39F	6952	6667	6538	6538	273	260F	255F	255F
CONGO, REP	3	3F	3F	3F	4181	4483	4655	4655	11	13F	14F	14F
CÔTE DIVOIRE	275	270F	270F	270F	9329	10819	10827	10827	2564	2921	2923	2923F
ETHIOPIA PDR	63				4090				257			
ETHIOPIA		66F	66F	65F		4030	4045	3846		266F	267F	250F
GABON	17	20F	20F	20F	6397	7250	7500	7500	107	145F	150F	150F
GHANA	195	211	255F	255F	7851	12486	12741	12741	1589	2634	3249	3249F
GUINEA	9	8F	8F	8F	10000	11818	11733	11733	85	89	88F	88F
LIBERIA	2	2F	2F	2F	8556	8696	8696	8696	16	20F	20F	20F
MALI	2	5	5F	5F	4222	2838	3111	3111	10	15	14F	14F
MAURITANIA					6401	6250	6250	6250	3	3F	3F	3F
NIGERIA	1279	2625	2708	2708F	10485	9435	9554	9554	13396	24768	25873	25873F
RWANDA	1	2F	2F	2F	4667	2667	2667	2667	3	4F	4F	4F
SAO TOME PRN					5444	5789	5714	5909	1	1F	1F	1F
SUDAN	44	55F	56F	57F	2497	2455	2357	2389	109	135F	132F	135F
TANZANIA	2	2F	2F	2F	5882	5882	5882	5882	10	10F	10F	10F
TOGO	41	66	65F	65F	9548	10580	10240	10240	391	696	666	666F
N C AMERICA	57	61	62	57	6915	7735	7557	8078	396	474	465	463
BARBADOS					9522	8919	9000	9000	2	1F	1F	1F
DOMINICA		1F	1F	1F	14438	15000	14906	14906	6	8F	8F	8F
DOMINICAN RP	1	2	2	2	6180	6225	5955	6491	8	13	11	14
GUADELOUPE	1	1F	1F	1F	8716	11358	11358	11358	10	9F	9F	9F
HAITI	34	35	36F	37	5039	5480	5417	5420	170	193	195F	200
JAMAICA	12	12	12	12F	12990	15971	16377	16377	160	198	196	196F
MARTINIQUE	1				9278	10000	10000	10000	7	5F	5F	5F
PANAMA	4	8F	8F	3	3651	4607	3750	7720	15	37	30F	20
PUERTO RICO	2				5656	15505	15505	15505	10	4F	4F	4F
ST LUCIA	1	1F	1F	1F	3968	3800	3750	3750	4	4F	5F	5F
ST VINCENT					11302	9100	9091	9167	2	1	1F	1F
SOUTHAMERICA	41	47	51	51	7897	9523	9662	9662	317	449	496	496
BRAZIL	23	25F	25F	25F	9143	9184	9200	9200	213	225F	230F	230F
COLOMBIA	10	15	19	19F	6621	10783	10703	10703	64	165	206	206F
VENEZUELA	7	7	7	7F	5826	8024	8460	8460	40	59	60	60F
ASIA (FMR)	15	15	16	16	14314	13556	14839	14839	208	209	230	230
ASIA		15	16	16		13556	14839	14839		209	230	230
JAPAN	9	9	9F	9F	19622	20079	22222	22222	184	179	200F	200F
PHILIPPINES	5	7	7	7	4667	4615	4615	4615	24	30	30	30
EUROPE (FMR)					7953	16154	16154	16154	1	2	2	2
EUROPE						16154	16154	16154		2	2	2
PORTUGAL					7953	16154	16154	16154	1	2F	2F	2F
OCEANIA	18	18	18	18	15735	15161	16289	16289	283	271	292	292
FIJI ISLANDS	1				5994	10425	10000	10000	5	3	4F	4F
NEWCALEDONIA	2	2F	2F	2F	6382	6286	6286	6286	11	11F	11F	11F
PAPUA N GUIN	12	12F	12F	12F	17493	16667	18333	18333	212	200F	220F	220F
SAMOA					5420	5455	5455	5455	1	1F	1F	1F
SOLOMON IS	1	1F	1F	1F	29452	24000	24500	24500	21	24F	25F	25F
TONGA	2	2F	2F	2F	14349	12917	12917	12917	32	31F	31F	31F
WALLIS FUT I					11905	11905	11905	11905	1	1F	1F	1F

表 30

タ ロ

	収穫面積：1000 HA				単位当り収量：KG/HA				生産量：1000 MT			
	1989-91	1998	1999	2000	1989-91	1998	1999	2000	1989-91	1998	1999	2000
WORLD	903	1436	1450	1452	5366	6096	6119	6109	4849	8752	8873	8870
AFRICA	703	1254	1271	1273	3977	5209	5246	5236	2801	6534	6668	6666
BENIN	1	1	1	1F	3942	4034	3883	3883	3	4	4	4F
BURUNDI	25	16	19	18F	5089	4630	4742	4485	129	76	90	81
CENT AFR REP	19	33F	33F	33F	2438	3030	3030	3030	46	100F	100F	100F
CHAD	30	40F	40F	40F	922	950	950	950	27	38F	38F	38F
COMOROS	1	1F	1F	1F	4111	6960	7200	7200	5	9	9	9F
CONGO, DEM R	6	8F	7F	7F	6575	7322	8248	8479	39	59	60	62
CÔTE DIVOIRE	217	265F	265F	265F	1334	1389	1376	1376	290	368	365	365F
EGYPT	4	2	2F	2F	32851	34767	31815	31304	114	77	69F	72F
GABON	10	10F	10F	10F	5721	6105	6158	6158	54	58F	59F	59F
GHANA	176	218	232F	232F	6346	7335	7359	7359	1104	1597	1707	1707F
GUINEA	5	4	4F	4F	6023	6624	6624	6624	33	29	29F	29F
LIBERIA	2	3F	3F	3F	7652	8462	8462	8462	16	22F	22F	22F
MADAGASCAR	17	25F	25F	25F	6408	6200	6400	6200	110	155F	160F	155F
NIGERIA	148	569	571	571F	4972	6722	6716	6716	736	3823	3835	3835F
RWANDA	35	47	45F	48F	3209	1800	1889	1895	77	84	85F	91
SAO TOME PRN		3F	3F	3	5242	8600	8869	9113	2	22F	23	25
SIERRA LEONE	1	1F	1	1	2670	2250	2250	2438	3	3F	2	2
TOGO	6	9F	9F	9F	2161	1209	1209	1209	13	11F	11F	11F
N C AMERICA	3	2	2	2	9945	10134	10157	10245	27	23	23	23
DOMINICA	2	1F	1F	1F	10074	10000	9739	9739	16	11F	11F	11F
TRINIDAD TOB	1	1F	1F	1F	9540	10241	10241	10241	8	9F	9F	9F
USA					15411	13600	15400	16737	3	3	3	3
SOUTHAMERICA	1	1	1	1	10889	5388	5388	5388	13	4	4	4
FR GUIANA	1	1F	1F	1F	10889	5388	5388	5388	13	4F	4F	4F
ASIA (FMR)	147	131	128	128	11509	14552	14615	14634	1686	1901	1874	1873
ASIA		131	128	128		14552	14615	14634		1901	1874	1873
CHINA	85	85F	85F	85F	13864	17327	17353	17353	1180	1468F	1468F	1468F
CYPRUS						30476	30500	30500	2	3	3	3F
JAPAN	26	21	20F	20F	13131	12423	12385	12385	344	258	248	248F
LEBANON					20971	23255	22115	22115	1	1	1F	1F
MALDIVES					9939	12500			1	1F		
PHILIPPINES	30	20	18	18	3382	5747	5309	5309	100	114	97	96
THAILAND	5	5F	5F	5F	11013	11224	11200	11200	56	55F	56F	56F
TURKEY					5319	5000	5000	5000	1	1	1F	1F
OCEANIA	49	48	48	48	6518	6082	6335	6335	321	291	303	303
AMER SAMOA					3718	3333	3333	3333	2	2F	2F	2F
FIJI ISLANDS	3	3	3F	3F	4516	8384	8710	8710	8	26	27F	27F
KIRIBATI					4129	4211	4211	4211	2	2F	2	2F
NEWCALEDONIA	1	1F	1F	1F	4194	3833	3833	3833	3	2F	2F	2F
NIUE					6249	7442	7442	7442	3	3F	3F	3F
PAPUA N GUIN	32	31F	31F	31F	6649	5161	5484	5484	212	160F	170F	170F
SAMOA	8	6F	6F	6F	4874	6150	6150	6150	36	37F	37F	37F
SOLOMON IS	1	2F	2F	2F	21464	19375	20000	20000	27	31F	32F	32F
TONGA	4	4F	4F	4F	6548	6476	6476	6476	28	27F	27F	27F
WALLIS FUT I					13333	13333	13333	13333	2	2F	2F	2F

表 31

豆類合計

	収穫面積：1000 HA				単位当り収量：KG/HA				生産量：1000 MT			
	1989-91	1998	1999	2000	1989-91	1998	1999	2000	1989-91	1998	1999	2000
WORLD	67954	69328	70217	70989	822	809	812	770	55855	56081	57010	54691
AFRICA	11802	17286	17164	17090	570	484	459	471	6729	8375	7881	8049
ALGERIA	101	91	88	87F	477	495	431	435	49	45	38	38F
ANGOLA	128	213*	190*	190F	273	402	356	356	35	86*	68*	68F
BENIN	108	134	137	136F	552	668	667	673	60	90	91	92
BOTSWANA	32	32F	32F	33F	562	469	500	515	18	15F	16F	17F
BURKINA FASO	75	89	77F	77F	746	931	935	935	56	83	72F	72F
BURUNDI	327	329	284	260F	1020	952	922	842	335	313	262	219
CAMEROON	135	218F	247	243F	534	716	717	725	72	156F	177	176F
CAPE VERDE	46	35F	35F	35F	184	86	94	94	9	3F	3F	3F
CENT AFR REP	17	29F	29F	29F	941	1000	1034	1069	16	29F	30F	31F
CHAD	51	199	81	81F	682	638	691	691	35	127	56	56F
COMOROS	9	13F	11F	11F	833	805	990	1034	7	11	11	12F
CONGO, DEM R	339	347	329	315	602	548	534	534	204	190	176	168
CONGO, REP	9	10F	10F	10F	704	768	772	772	7	8	8F	8F
CÔTE DIVOIRE	12	12F	12F	12F	667	667	667	667	8	8F	8F	8F
EGYPT	184	192	164	181F	2951	3060	2255	2311	542	587	371	418F
ETHIOPIA PDR	784				1009				798			
ERITREA		87F	79F	71F		693	635	573		60	50F	41F
ETHIOPIA		1097	980	961F		750	800	777		822	784	747F
GAMBIA	15	15F	15F	15F	267	267	267	267	4	4F	4F	4F
GHANA	158	155F	150F	150F	102	100	100	100	16	16F	15F	15F
GUINEA	70	70F	70F	70F	857	857	857	857	60	60F	60F	60F
GUINEABISSAU	2	4F	4F	4F	960	611	622	622	2	2F	2F	2F
KENYA	700	700F	700F	700F	312	364	343	329	219	255F	240F	230F
LESOTHO	18	19F	15	15F	481	718	792	764	9	13	12	11F
LIBERIA	5	5F	5F	5F	517	500	500	500	3	3F	3F	3F
LIBYA	11	14	14	14	1126	1348	1362	1379	12	19	19	19
MADAGASCAR	75	107	105F	109F	883	898	920	909	67	96	97	99
MALAWI	417	450	452F	450F	560	565	568	562	234	254	257F	253F
MALI	223	288	280F	280F	172	415	349	349	40	120	98F	98F
MAURITANIA	72	103F	103F	103F	385	330	330	330	28	34	34F	34F
MOROCCO	493	402	355	250	791	676	476	743	386	272	169	186
MOZAMBIQUE	290	402*	403F	380F	301	475	484	342	87	191*	195F	130F
NAMIBIA	7	7F	7F	8F	1097	1071	1096	1133	8	8F	8F	9F
NIGER	2485	3671	3823	3835F	127	213	170	172	312	783	649	658F
NIGERIA	1898	5145	5170	5170F	719	409	417	417	1363	2105	2158	2158F
RÉUNION		1F	1F	1F	1429	741	741	741	1	1F	1F	1F
RWANDA	298	264	255	290F	726	616	582	795	216	162	149	231
SENEGAL	54	89F	81F	81F	337	398	314	314	19	35	25F	25F
SIERRA LEONE	58	74F	77	77	652	670	674	673	38	49F	52	52
SOMALIA	43	55F	56F	57F	312	236	250	263	13	13F	14F	15F
SOUTH AFRICA	124	70	98	101	1178	952	979	955	146	66	96	96
SUDAN	97	141	151	159	1064	1290	1370	1593	103	182	207	253
SWAZILAND	9	8F	7F	7F	569	893	875	957	5	7F	6F	7F
TANZANIA	870	754F	756F	766F	501	546	560	565	437	412F	423F	433F
TOGO	110	143	176F	176F	202	302	293	293	22	43	52	52F
TUNISIA	108	94	111	114F	663	790	832	819	73	74	92	93
UGANDA	637	816	841	876	774	494	547	668	493	403	460	585
ZAMBIA	25	29F	30F	31F	629	431	500	516	15	13F	15F	16F
ZIMBABWE	72	65	65	66	694	740	756	760	50	48	49	50
N C AMERICA	4079	5608	5353	6469	1039	1227	1367	1240	4269	6880	7315	8023
BAHAMAS					1199				1			
BARBADOS	1	1F	1F	1F	1261	1254	1254	1254	1	1F	1F	1F
BELIZE	5	5F	5F	5F	763	956	962	962	3	5	5F	5F
CANADA	398	1599	1640	2368	1584	1918	2122	1875	633	3067	3479	4439
COSTA RICA	65	38	36	29	524	353	474	544	34	13	17	16
CUBA	51	45	46	46F	260	409	377	377	13	18	17	17F
DOMINICAN RP	105	65	64	53	937	840	925	866	98	55	59	46
EL SALVADOR	68	78	74	83	802	591	883	855	55	46	66	71
GRENADA	1	1F	1F	1F	1080	1136	1117	1132	1	1F	1F	1F
GUATEMALA	144	156	159	159F	945	764	816	816	135	120	129	130F
HAITI	153	111	114F	114	655	672	678	658	100	75	77F	75
HONDURAS	95	79	112	121	746	922	479	704	71	73	53	85
JAMAICA	7	4	4	4F	898	1067	1114	1114	6	5	5	5F
MARTINIQUE										1F	1F	1F
MEXICO	1970	2237	1929	2468	704	652	722	595	1412	1459	1392	1468
NICARAGUA	110	189	206	174	621	790	653	652	69	149	134	114
PANAMA	19	19	20	22	526	476	481	442	9	9	10	10
PUERTO RICO	4	F	F	F	569				2			
TRINIDAD TOB	2	1F	1F	1F	1460	2566	2566	2566	3	4F	4F	4F

表 31

豆類合計

	収穫面積：1000 HA				単位当り収量：KG/HA				生産量：1000 MT			
	1989-91	1998	1999	2000	1989-91	1998	1999	2000	1989-91	1998	1999	2000
USA	882	977	941	817	1839	1822	1981	1879	1623	1780	1864	1535
SOUTHAMERICA	6183	4231	5211	5373	536	734	725	748	3314	3107	3780	4018
ARGENTINA	224	303	355	310	1105	1189	1127	1155	249	361	400	358
BOLIVIA	28	25	33	32	1079	1016	1023	1010	30	26	34	32
BRAZIL	5214	3332	4255	4443	473	660	668	690	2471	2200	2844	3063
CHILE	113	71	55	56	1156	1537	1039	1046	131	109	57	58
COLOMBIA	242	125	140	140	691	927	1007	1007	167	116	141	141
ECUADOR	81	81	75	81	489	597	527	723	40	48	39	59
GUYANA	2	3F	3F	3F	612	593	593	593	1	2F	2F	2F
PARAGUAY	57	66	67	69F	959	743	786	786	55	49	53	55F
PERU	119	171	174	185	896	918	971	1125	107	157	169	208
URUGUAY	6	6F	7F	7F	986	979	982	982	6	6F	6F	6F
VENEZUELA	98	47	48F	48F	585	718	730	730	57	34	35	35F
ASIA (FMR)	35960	35433	36203	36097	692	727	744	700	24867	25776	26936	25255
ASIA		35506	36254	36148		728	745	701		25858	27015	25326
AFGHANISTAN	35	37F	37F	37F	913	1351	1351	1351	32	50F	50F	50F
ARMENIA		2*	2*	1F		1811	2435	509		3*	5*	1
AZERBAIJAN		5	5*	6*		2343	3173	3443		11*	17*	21*
BANGLADESH	732	685	660	660F	699	759	757	757	512	520	500	500F
BHUTAN	2	2F	2F	2F	800	800	800	800	2	2F	2F	2F
CAMBODIA	26	17F	24F	24F	500	555	438	438	13	9	11	11F
CHINA	3375	3176*	3196*	2897	1354	1532	1472	1477	4575	4865*	4704*	4279*
CYPRUS	2	1	1	1F	967	1253	1229	1229	2	1	1	1F
GEORGIA		9	10	10F		986	928	928		9	9	9F
INDIA	23817	22847	23580	23900	571	568	628	564	13604	12972	14810	13480
INDONESIA	478	563F	562F	562F	1393	1601	1603	1603	666	902F	901F	901F
IRAN	693	958	928	833F	584	591	474	571	398	567	440	475F
IRAQ	19	34F	34F	33F	995	1180	1061	890	19	40F	36F	29F
ISRAEL	7	6	6	6	1334	1830	1906	1906	9	10	12	12
JAPAN	87	61	58	57	1670	1706	1765	1831	145	104	103	105
JORDAN	8	8	6	6	690	597	837	837	6	4	5	5
KAZAKHSTAN		37	17*	19F		764	925	1026		28	16*	20*
KOREA D P RP	353	330F	330F	330F	922	848	848	848	325	280F	280F	280F
KOREA REP	40	29	28	28F	1134	1080	1102	1102	45	31	30	30F
LAOS	16	16	16	15	780	948	953	954	12	15	15	15
LEBANON	17	20	20F	21F	1631	2078	2087	2095	28	41	42F	43F
MONGOLIA	4	2F	2F	1F	708	800	800	833	3	1F	1F	1F
MYANMAR	674	1795	2193	2299F	648	796	682	720	434	1429	1496	1655
NEPAL	281	289	299	299F	597	676	717	729	168	196	214	218F
PAKISTAN	1890	1726	1680	1546	553	673	648	597	1044	1162	1089	924
PHILIPPINES	66	73	75	75	908	793	815	773	60	58	61	58
SAUDI ARABIA	4	4F	4F	4F	1832	1860	1841	1841	7	8F	8F	8F
SRI LANKA	64	47F	42F	42F	780	619	618	618	50	29	26	26F
SYRIA	234	314	262	290F	577	951	496	684	131	299	130	198
TAJIKISTAN		5F	5F	5F		1804	1948	1948		8*	9*	9F
THAILAND	502	354F	354F	354F	751	786	806	806	377	278	285	285F
TURKEY	2196	1622	1406	1386	885	974	974	974	1946	1580	1369	1349
TURKMENISTAN		6F	4F	4F		1167	1750	2000		7F	7F	8F
UZBEKISTAN		10F	8*	6*		1600	2000	667		16*	16*	4*
VIET NAM	292	358	346F	331	639	686	702	736	187	245	243F	244
YEMEN	44	62	54	58	1424	1226	1306	1207	64	77	70	70
EUROPE (FMR)	2930	2498	2306	2171	2567	2821	2686	2433	7486	7047	6194	5280
EUROPE		4338	3997	3842		2142	2014	1940		9292	8052	7453
ALBANIA	28	28	30	35F	729	883	931	926	20	25	28	32
AUSTRIA	33	28	29	29	3555	3141	2404	2397	119	89	69	70
BELARUS		268*	238*	225F		1246	971	1689		334*	231*	380*
BEL-LUX	5	4	3	4F	4062	4089	4645	4600	18	17	16	16F
BOSNIA HERZG		14	14	15F		1210	1152	1270		17	16	19F
BULGARIA	87	51	50	50	1021	726	819	819	89	37	41	41
CROATIA		11	12	12F		2295	2209	2209		25	26	26F
CZECHOSLOVAK	107				2384				256			
CZECH REP		59	47	41		2274	2485	2107		133	116	86
DENMARK	112	107	67	67F	4303	3630	2912	2912	481	388	195	195F
ESTONIA		6*	3*	4F		1297	1069	948		8	3	4
FINLAND	6	2F	3F	6F	2549	2211	2182	2222	14	4	7	14
FRANCE	698	632	506	468	4735	5237	5377	4444	3310	3310	2720	2078
GERMANY	126	235	228	199	2770	3314	3526	2826	337	780	803	561
GREECE	34	26	25	25	1512	1592	1711	1598	51	41	43	41
HUNGARY	154	63	60	60	2249	2225	1990	1990	347	141	118	118

表　31

豆類合計

	収穫面積：1000 HA				単位当り収量：KG/HA				生産量：1000 MT			
	1989-91	1998	1999	2000	1989-91	1998	1999	2000	1989-91	1998	1999	2000
IRELAND	2	4F	4F	4F	4798	4524	4524	4524	8	19F	19F	19F
ITALY	155	77	79	69	1430	1557	1701	1777	221	119	134	123
LATVIA		6	4	2		1718	1543	1497		11	5	3
LITHUANIA		101	77	66		1609	1783	2185		162	138	145
MACEDONIA		11	11F	11F		2573	2555	2555		28	28F	28F
MALTA	1				2336	2667	2556	2556	1	1	1	1
MOLDOVA REP		54	59	44		1316	978	1092		71	58	49
NETHERLANDS	20	4	4	4F	4109	3929	4205	4205	85	17	19	19F
POLAND	345	149	149	148	1857	1941	2120	2064	635	289	317	305
PORTUGAL	86	51	50	52	590	593	589	574	51	30	29	30
ROMANIA	174	43	62	55	889	1663	1242	1159	149	72	77	64
RUSSIAN FED		849	817	949*		1047	973	962		889	796	913*
SLOVAKIA		41	37	28		2506	2389	2055		104	89	58
SLOVENIA		3	3F	3F		1590	1594	1594		5	5F	5F
SPAIN	315	501	504	463	755	721	506	840	238	361	255	389
SWEDEN	37	70	52	52F	2494	2030	2669	2669	91	142	140	140F
SWITZERLAND	2	3	3	3	4264	3947	3492	3516	8	12	11	11
UK	219	201	189	183	3401	3484	3883	3757	745	701	732	686
UKRAINE		556	493*	380*		1385	1274	1789		770	628	680*
YUGOSLAV SFR	187				1126				211			
YUGOSLAVIA		78F	84	85		1802	1661	1259		140	139	107
OCEANIA	1516	2360	2238	2067	1050	1088	1325	881	1596	2568	2967	1822
AUSTRALIA	1488	2331	2213	2042	1025	1070	1314	864	1530	2495	2907	1764
FIJI ISLANDS												
NEW ZEALAND	21	21	17	17F	2941	3170	3071	2984	62	67	53	52
PAPUA N GUIN	4	5F	5F	5F	500	521	526	526	2	2F	3F	3F
SOLOMON IS	2	3F	3F	3F	1175	1269	1296	1296	2	3F	4F	4F
USSR	5484				1372				7594			

表 32

乾燥豆（DRY BEANS）

収穫面積：1000 HA　　単位当り収量：KG/HA　　生産量：1000 MT

	1989-91	1998	1999	2000	1989-91	1998	1999	2000	1989-91	1998	1999	2000
WORLD	25913	24440	25440	27086	624	688	705	699	16174	16819	17931	18943
AFRICA	2671	3081	3049	3068	732	625	626	668	1955	1926	1909	2049
ALGERIA	1	2	2	2F	621	583	540	543	1	1	1	1F
ANGOLA	128	213*	190*	190F	273	402	356	356	35	86*	68*	68F
BENIN	93	113	116	115F	544	666	667	674	51	75	77	78
BURUNDI	267	270	230	210F	1109	1018	989	893	297	275	227	187
CAMEROON	87	170F	199	195F	762	882	859	872	66	150F	171	170F
CHAD	27	129	31	31F	530	560	579	579	14	72	18	18F
CONGO, DEM R	226	256	240	226	581	541	541	541	132	138	130	122
CONGO, REP	4	4F	4F	4F	650	785	789	789	2	3	3F	3F
EGYPT	10	10F	10F	10F	2471	2539	2551	2551	25	25F	25F	25F
ETHIOPIA PDR	103				935				97			
ERITREA		7F	6F	5F		857	667	600		6F	4F	3F
ETHIOPIA		100F	129	120F		776	792	750		78	102	90F
LESOTHO	10	10F	12	11F	921	838	797	773	7	8	9	9F
LIBYA						2985	2988	3030		1F	1F	1F
MADAGASCAR	62	89	89F	92F	879	902	927	913	56	80	82*	84*
MALAWI	147	160F	160F	160F	556	531	531	525	82	85	85F	84F
MOROCCO	9	17	17F	17F	612	647	647	647	5	11	11F	11F
RWANDA	251	235	228	250F	812	655	615	861	203	154	140	215
SOMALIA	43	55F	56F	57F	312	236	250	263	13	13F	14F	15F
SOUTH AFRICA	89	39	65	72	1425	1283	1173	1003	126	50	76	72
SUDAN	2	6F	6*	7*	1500	1825	1911	2395	3	12F	12*	16*
SWAZILAND	5	4F	4F	4F	482	1047	1024	1167	2	5F	4F	5F
TANZANIA	437	360F	360F	365F	640	694	708	712	280	250F	255F	260F
TOGO	105	125	165F	165F	188	262	275	275	20	33	45	45F
TUNISIA	2	1F	1F	1F	551	540	540	540	1	1F	1F	1F
UGANDA	495	645	669	699	787	419	448	601	389	270F	300F	420
ZIMBABWE	67	60	60F	61F	701	750	767	770	47	45	46F	47F
N C AMERICA	3303	3675	3309	3731	902	893	1005	826	3008	3281	3327	3080
BELIZE	5	5F	5F	5F	763	956	962	962	3	5	5F	5F
CANADA	63	94	150	158	1634	2013	1961	1650	100	189	294	261
COSTA RICA	65	38	36	29	524	353	474	544	34	13	17	16
CUBA	51	45	46	46F	260	409	377	377	13	18	17	17F
DOMINICAN RP	60	33	31	31	729	732	831	714	44	24	26	22
EL SALVADOR	68	78	74	83	802	591	883	855	55	46	66	71
GUATEMALA	124	133	135	136F	874	628	690	691	107	84	93	94F
HAITI	88	51	51F	51	691	692	696	650	61	35	36F	33
HONDURAS	95	79	112	121	746	922	479	704	71	73	53	85
MEXICO	1801	2146	1695	2235	586	587	638	518	1086	1261	1081	1158
NICARAGUA	110	189	206	174	621	790	653	652	69	149	134	114
PANAMA	10	7	9	10	483	459	462	384	5	3	4	4
USA	762	776	760	650	1777	1778	1976	1845	1359	1380	1501	1199
SOUTHAMERICA	5752	4007	4905	5061	524	712	720	743	3018	2854	3532	3759
ARGENTINA	178	270	322	276	1062	1122	1056	1076	191	303	340	297
BOLIVIA	8	12	13	12	1237	1005	992	957	10	12	13	12
BRAZIL	5096	3314	4148	4336	476	661	679	700	2429	2191	2817	3037
CHILE	73	39	29	31*	1248	1433	1059	1065	92	55	31	33*
COLOMBIA	144	121	137	137F	788	945	1026	1026	113	115	140	140F
ECUADOR	51	56	58	62	547	545	530	750	28	30	31	47
PARAGUAY	48	57	58	60F	984	700	748	750	48	40	43	45F
PERU	64	92F	92F	98	856	802	880	1144	54	74	81F	113
URUGUAY	5	5F	5F	5F	614	608	615	615	3	3F	3F	3F
VENEZUELA	84	42	43F	43F	588	750	763	763	50	31	33	33F
ASIA (FMR)	13570	13119	13624	14685	559	615	623	639	7593	8066	8488	9377
ASIA		13154	13649	14710		616	624	640		8099	8519	9408
ARMENIA		2*	2*	1F		1879	2526	500		3*	5*	1
AZERBAIJAN		2	3*	3*		2007	2667	3333		5*	8*	10*
BANGLADESH	127	120F	121F	121F	655	700	702	702	83	84F	85F	85F
CAMBODIA	26	17F	24F	24F	500	555	438	438	13	9	11	11F
CHINA	1076	1196*	1154*	1006F	1162	1318	1308	1371	1276	1577*	1509*	1379*
CYPRUS	1				1309				1			
GEORGIA		9	10	10F		986	929	929		9	9	9F
INDIA	9721	8300*	8500F	9700*	395	361	400	447	3839	3000*	3400*	4340*
INDONESIA	471	560F	560F	560F	1406	1607	1607	1607	663	900F	900F	900F
IRAN	128	116	115	115F	1076	1576	1594	1594	136	183	183	183F
IRAQ	7	9F	9F	9F	716	1000	989	989	5	9F	9F	9F

表　32

乾燥豆（DRY BEANS）

	収穫面積：1000 HA				単位当り収量：KG/HA				生産量：1000 MT			
	1989-91	1998	1999	2000	1989-91	1998	1999	2000	1989-91	1998	1999	2000
JAPAN	85	60	58	57	1666	1707	1765	1832	142	102	102	104
KAZAKHSTAN		21	10*	10F		774	938	1100		16	9*	11*
KOREA D P RP	353	330F	330F	330F	922	848	848	848	325	280F	280F	280F
KOREA REP	29	22	21	21F	1116	1074	1086	1086	33	24	23	23F
LAOS	4	2	2	2	618	848	870	867	3	2	2	1
LEBANON	2	2	2F	2F	2128	2390	2400	2415	4	5	5F	5F
MYANMAR	434	1328	1675	1700F	640	811	687	723	277	1078	1150	1229
NEPAL	27	37	37F	37F	556	624	642	668	15	23	24F	25F
PAKISTAN	218	245	246	246F	424	471	482	482	93	116	119	119F
PHILIPPINES	36	35	36	36	721	824	808	722	26	29	29	26
SRI LANKA	37	30F	27F	27F	769	522	512	512	29	16	14	14F
SYRIA	2	2	2F	3F	1628	1500	1587	1560	3	3	4F	4F
THAILAND	447	310F	315F	315F	718	752	779	779	321	233	245	245F
TURKEY	175	171	176F	176F	1175	1415	1403	1403	206	242	247F	247F
VIET NAM	161	222	210F	195	603	651	676	732	97	144	142F	143
YEMEN	2	5	4	5	2317	1544	1536	1365	5	7	7	6
EUROPE (FMR)	542	273	291	293	950	1387	1358	1205	513	379	395	353
EUROPE		470	476	465		1291	1253	1311		607	596	610
ALBANIA	21	21	23	27F	817	1085	1140	1099	17	23	26	30
BELARUS		130*	116*	115F		1108	874	1565		144*	101*	180*
BEL-LUX	1	1		1F	2876	2765	3309	3200	2	2	2	2F
BOSNIA HERZG		12F	12F	13F		1160	1097	1234		14F	14*	16F
BULGARIA	39	39	34	34F	914	602	706	706	36	23	24	24F
CROATIA		6	7	7F		3532	3387	3387		21	22	22F
CZECHOSLOVAK	3				1112				3			
ESTONIA						3795	2175	2175		2*	1*	1F
FRANCE	6	5	4	4	1503	2175	2332	2363	9	10	10	9
GERMANY	2				3057				7			
GREECE	15	12	12	12	1684	1843	2066	1865	25	22	25	22F
HUNGARY	5	5	5	5F	928	1301	1276	1276	5	6	6	6F
IRELAND	1	4F	4F	4F	5058	4595	4595	4595	6	17F	17F	17F
ITALY	23	12	11	10	1596	1796	1963	2086	38	21	21	22
LATVIA		1	1			2000	1400			1	1	
LITHUANIA		3	2	1		2115	1000	2077		6	2	3
MACEDONIA		5*	5F	5F		3030	2978	2978		14	14F	14F
MALTA					2019	2500			1	1F		
MOLDOVA REP		25	27	20*		912	843	900		23	23	18*
NETHERLANDS	1	2	2	2F	3000	2900	2895	2895	3	6*	6*	6F
POLAND	19	24	23	25	2409	1973	1946	1863	46	48	44	47
PORTUGAL	60	25	24	26F	524	553	548	500	31	14	13	13F
ROMANIA	105	29	45	40F	841	1606	1064	1000	82	47	48	40F
RUSSIAN FED		5	5	6*		946	833	909		5	4*	5*
SLOVAKIA		1	2	2		1633	1459	1203		2	4	2
SLOVENIA		1	1F	1F		2383	2455	2455		3	3F	3F
SPAIN	83	20	20	19	639	1067	1102	1194	53	21	22	23
SWEDEN	2	1	1F	1F	1554	1778	1778	1778	4	2	2F	2F
UKRAINE		33	35*	30*		1455	2000	1667		48	70*	50*
YUGOSLAV SFR	155				933				146			
YUGOSLAVIA		50F	56F	56F		1280	1304	605		64*	73	34
OCEANIA	29	54	52	52	613	981	904	712	18	53	47	37
AUSTRALIA	29	54	52	52	613	981	904	712	18	53	47	37
USSR	46				1478				69			

表 33

乾燥そら豆（Broad beans, dry）

	収穫面積：1000 HA				単位当り収量：KG/HA				生産量：1000 MT			
	1989-91	1998	1999	2000	1989-91	1998	1999	2000	1989-91	1998	1999	2000
WORLD	2610	2388	2314	2332	1476	1507	1438	1399	3835	3601	3326	3264
AFRICA	710	886	727	772	1462	1271	1145	1247	1037	1126	832	962
ALGERIA	49	50F	50F	50F	489	427	400	400	24	21	20F	20F
EGYPT	145	162	134	150F	3163	3235	2294	2359	459	523	307	354F
ETHIOPIA PDR	233				1297				303			
ERITREA		5F	4F	3F		600	500	500		3F	2F	2F
ETHIOPIA		420	293	290F		807	972	966		339	285	280F
LIBYA	9	10F	10F	10F	1012	1222	1237	1276	9	12F	12F	13F
MOROCCO	205	161	139*	160F	841	669	400	625	168	108	55*	100F
SIERRA LEONE	1	1F	1F	1F	1207	1143	1143	1143	1	1F	1F	1F
SUDAN	27	42F	50*	58*	1613	2024	2100	2517	43	85F	105*	146*
TUNISIA	42	36	47*	50F	710	955	955	940	30	34	45	47*
N C AMERICA	69	52	54	55	874	776	787	790	61	40	43	43
CANADA	20	17F	19F	19F	643	601	658	658	13	10F	13F	13F
DOMINICAN RP	11	8F	8F	8F	1352	1306	1300	1313	15	10	10	11F
GUATEMALA	18	20F	20F	20F	677	700	700	700	12	14F	14F	14F
MEXICO	21	7F	7F	8F	989	822	811	800	21	6F	6F	6F
SOUTHAMERICA	162	76	168	172	533	1017	614	624	87	77	103	107
ARGENTINA	1	1F	1F	1F	9091	9111	10000	10000	10	12F	14F	14F
BOLIVIA	15	10F	15F	15F	1000	1000	1000	1000	15	10F	15F	15F
BRAZIL	108	17	105F	105F	266	273	210	210	29	5	22F	22F
ECUADOR	9	10F	5F	5F	565	858	784	784	6	9	4	4F
PARAGUAY	7	6F	6F	6F	835	1083	1083	1083	6	7F	7F	7F
PERU	21	31F	35	39*	969	1103	1167	1154	20	34	41	45*
URUGUAY					2785	2979	3000	3000	1	1F	1F	1F
ASIA (FMR)	1352	1123	1096	1046	1537	1709	1703	1607	2070	1919	1867	1681
ASIA		1134	1106	1053		1709	1707	1606		1938	1888	1691
AZERBAIJAN		1F	1*	2*		3500	4167	4333		4*	5*	7*
CHINA	1293	1076*	1050*	1000F	1526	1698	1695	1600	1967	1827*	1780*	1600*
CYPRUS	1				919				1			
IRAQ	6	9F	9F	8F	1468	2111	1833	1250	9	19F	17F	10F
JAPAN	1				1090				1			
LEBANON	1	1F	1F	1F	2117	2840	2714	2709	1	3F	3F	3F
SYRIA	8	8	7	8F	1338	2013	1874	1867	10	16	14	14F
TURKEY	39	22	22F	22F	1864	1932	1909	1909	73	43	42F	42F
UZBEKISTAN		10F	8*	6*		1600	2000	667		16*	16*	4*
YEMEN	4	7	7F	7F	1898	1687	1692	1692	8	11	11F	11F
EUROPE (FMR)	263	134	134	127	1951	2135	2197	2142	514	286	294	272
EUROPE		134	134	127		2135	2197	2142		286	294	272
AUSTRIA	9	2	2	3	3056	2572	2658	2541	29	5	6	8F
BEL-LUX	1	1	1	1F	3850	3891	4553	4500	3	2	3	3F
CZECHOSLOVAK	17				1911				33			
CZECH REP		3F	3F	3F		1471	1471	1471		5F	5F	5F
FRANCE	24	13	13	18	3783	4200	4300	3825	90	54	57	70
GERMANY	40	26	23	18	3396	3537	4131	3440	135	94	96	61
GREECE	4	3	3	3	1587	1676	1852	1667	6	6	5	5
HUNGARY	1				903				1			
ITALY	105	47	47	39	1266	1523	1568	1763	133	71	74	69
NETHERLANDS	8	1F	1F	1F	3403	6000	6000	6000	27	6F	6F	6F
PORTUGAL	20	24	24F	24F	795	625	625	625	16	15	15F	15F
SLOVAKIA		4F	4F	4F		4474	4605	4474		17F	18F	17F
SPAIN	34	9	12	13	1215	1124	735	1005	42	10	9	14
SWITZERLAND					3862	3000	3500	3500	1	1F	1F	1F
OCEANIA	54	107	125	154	1259	1243	1328	1221	66	133	166	188
AUSTRALIA	54	107	125	154	1259	1243	1328	1221	66	133	166	188

表 34

乾燥えんどう (Peas, dry)

収穫面積：1000 HA　　　単位当り収量：KG/HA　　　生産量：1000 MT

	1989-91	1998	1999	2000	1989-91	1998	1999	2000	1989-91	1998	1999	2000
WORLD	8763	6451	5710	5873	1682	1908	1915	1814	14770	12309	10936	10654
AFRICA	510	477	463	445	689	596	590	597	353	285	273	266
ALGERIA	8	8	6	7F	372	455	465	462	3	4	3	3F
BURUNDI	58	57	52	48F	620	637	624	621	36	36	32	30
CONGO, DEM R	101	80F	78F	78F	637	563	513	513	64	45F	40F	40F
CONGO, REP	6	6F	6F	6F	737	758	762	762	4	5F	5F	5F
EGYPT	2				2162				4			
ETHIOPIA PDR	100				1134				117			
ERITREA		5F	5F	3F		436	400	394		2*	2F	1F
ETHIOPIA		137	142	140F		712	694	643		97	98	90F
LESOTHO	8	9F	4	4F	430	577	777	737	2	5	3	3F
LIBYA	1	3F	3F	4F	1694	1642	1647	1600	2	6F	6F	6F
MADAGASCAR		5F	4F	4F		808	800	806		4F	3F	3F
MOROCCO	61	38	28	3	921	569	388	2023	57	22	11	6
RWANDA	47	29	27	40F	266	298	303	384	13	9	8	15
SIERRA LEONE	2	2F	2	1	786	800	800	800	2	2F	1	1
SOUTH AFRICA	4	2F	1F	1F	1426	1070	1007	1000	6	2	1	1F
TANZANIA	79	62F	63F	63F	318	403	429	444	25	25F	27F	28F
TUNISIA	7	4F	15F	15F	708	800	933	933	5	3F	14*	14F
UGANDA	24	31	28	29	533	613	679	690	13	19	19	20
N C AMERICA	238	1210	943	1298	2150	2185	2655	2359	513	2645	2504	3061
CANADA	157	1079	835	1220	1923	2167	2697	2348	303	2337	2252	2864
JAMAICA	4	2	2	2F	892	974	1062	1062	4	2	2	2F
MEXICO	3	2	2F	2F	735	764	800	833	2	1	1F	2F
USA	73	128	104	74	2778	2377	2385	2603	204	304	249	193
SOUTHAMERICA	136	78	76	80	863	1190	1133	1175	117	93	86	94
ARGENTINA	18	22F	23F	24F	1324	1500	1522	1511	23	33F	35F	36F
BOLIVIA	5	4	4F	4F	1118	1143	1250	1250	5	4	5F	5F
BRAZIL	9	2	2F	2F	1485	2342	2571	2571	12	4	5F	5F
CHILE	6	3	2	2F	964	1009	637	637	6	3	1	1F
COLOMBIA	58				621				36			
ECUADOR	13	9	6	8	276	866	487	750	4	8	3	6
GUYANA	2	3F	3F	3F	612	593	593	593	1	2F	2F	2F
PARAGUAY	2	3	3F	3F	855	878	909	909	2	3	3F	3F
PERU	19	31	32	33*	1260	1071	944	1030	24	33	30	34*
URUGUAY	1	1F	1F	1F	2273	2273	2217	2217	3	3F	3F	3F
VENEZUELA	3				561				2			
ASIA (FMR)	1675	1673	1643	1591	1125	1165	1175	1149	1881	1950	1930	1828
ASIA		1695	1655	1604		1161	1175	1150		1968	1944	1844
BANGLADESH	43	39	33F	33F	674	618	606	606	29	24	20F	20F
CHINA	958	754*	830*	750F	1336	1602	1410	1427	1263	1207*	1170*	1070*
INDIA	502	700*	580*	600*	981	857	1034	1000	494	600*	600*	600*
ISRAEL												
JAPAN	1	1F	1F	1F	2578	1800	2000	2000	2	1*	1*	1F
KAZAKHSTAN		15	7*	8F		768	943	1000		11	7*	8*
KOREA REP	2				1247				2			
LEBANON	1	1	1F	1F	1927	2550	2526	2500	1	2	2F	2F
MYANMAR	21	35*	57*	67F	572	767	663	746	12	27	38*	50F
PAKISTAN	144	140	138	136	493	583	677	576	71	82	93	78
TURKEY	2	2	2F	2F	2498	2067	2000	2000	5	3	3F	3F
TURKMENISTAN		6F	4F	4F		1167	1750	2000		7F	7F	8F
YEMEN	2	2	2	2	1429	1345	1386	1364	3	3	2	2
EUROPE (FMR)	1325	1319	1090	1003	3805	3978	4043	3429	5038	5247	4407	3438
EUROPE		2601	2235	2112		2646	2559	2359		6882	5718	4983
AUSTRIA	24	26*	26*	26F	3750	3185	2381	2381	90	84*	62*	62F
BELARUS		138*	123*	110F		1377	1061	1818		190*	130*	200*
BEL-LUX	3	2	2	2F	4560	4432	5038	5000	12	10	10	10F
BULGARIA	33	5	7F	7F	1329	1668	1462	1462	44	8	10*	10F
CROATIA		4*	4*	4F		191	192	192		1	1	1F
CZECHOSLOVAK	79				2667				210			
CZECH REP		51	40	34		2389	2653	2225		122	105	75
DENMARK	110	106	66	66F	4302	3639	2917	2917	471	386	193	193F
ESTONIA		6*	3*	4F		1130	892	825		7	2	3
FINLAND	6	2F	3F	6F	2549	2211	2182	2222	14	4	7	14
FRANCE	660	605	476	431	4823	5329	5512	4555	3191	3225	2622	1963

表 34

乾燥えんどう (Peas, dry)

	収穫面積：1000 HA				単位当り収量：KG/HA				生産量：1000 MT			
	1989-91	1998	1999	2000	1989-91	1998	1999	2000	1989-91	1998	1999	2000
GERMANY	43	169	164	141	2618	3490	3709	2863	104	589	610	403
GREECE												
HUNGARY	136	54	50	50F	2397	2431	2165	2165	327	131	108	108F
IRELAND	1	1F	1F	1F	4279	4000	4000	4000	2	2F	2F	2F
ITALY	11	4	6	5	3211	2569	3598	3028	36	11	22	15
LATVIA		4	2	1		1703	1467	1429		7	2	2
LITHUANIA		44	33	25		1637	1422	1972		73	47	50
MACEDONIA		1*	1F	1F		3322	3289	3289		3	3F	3F
MOLDOVA REP		28	31	24F		1687	1094	1250		47	34	30F
NETHERLANDS	12	1	2	2F	4686	3917	4667	4667	55	5	7	7F
POLAND	38	28	24	23	2046	2211	2337	1947	77	63	55	46
ROMANIA	61	14	16	14F	978	1796	1730	1571	60	24	27	22F
RUSSIAN FED		589	549	645*		1121	1090	1085		660	598	700*
SLOVAKIA		29	23	15		2254	2049	1239		64	48	18
SLOVENIA		2*	2F	2F		892	875	875		2	2F	2F
SPAIN	8	49	43	43	1151	1298	1125	1344	10	63	48	57
SWEDEN	5	49	31	31F	2388	1783	2707	2707	12	88	85	85F
SWITZERLAND	2	3	3	3	4290	4013	3492	3517	7	12	10	10
UK	80	102	90	84	3662	3170	3966	3696	292	324	355	309
UKRAINE		473	406*	300*		1379	1227	1867		652	498	560*
YUGOSLAV SFR	15				1484				22			
YUGOSLAVIA		12F	12	13		2167	1333	1736		26*	16	23
OCEANIA	377	390	338	334	1192	1119	1211	1218	450	436	409	407
AUSTRALIA	358	369	321	317	1096	1003	1112	1123	393	370	357	356
NEW ZEALAND	18	21	17	17F	3069	3198	3102	3013	57	66	52	51
USSR	4504				1413				6417			

表　35

ひよこ豆（Chick-peas）

	収穫面積：1000 HA				単位当り収量：KG/HA				生産量：1000 MT			
	1989-91	1998	1999	2000	1989-91	1998	1999	2000	1989-91	1998	1999	2000
WORLD	10420	11227	12021	10409	706	781	767	773	7357	8770	9222	8041
AFRICA	449	483	472	403	631	653	617	672	284	316	291	271
ALGERIA	40	30	28	27F	495	614	472	481	20	18	13	13F
EGYPT	6	6	9	9F	1851	1790	1730	1724	11	11	15	15F
ETHIOPIA PDR	124				917				113			
ERITREA		2F	2F	1F		900	875	714		2F	1F	1F
ETHIOPIA		180	168	165F		762	828	818		137	139	135F
MALAWI	87	88F	89F	88F	388	398	404	398	34	35F	36F	35F
MOROCCO	75	70	71	7	752	831	396	2278	56	58	28	15
SUDAN	2	12	14	12	864	1446	1659	1724	1	17	23	21
TANZANIA	73	60F	61F	62F	346	367	377	387	25	22F	23F	24F
TUNISIA	35	30F	25F	25F	589	410	364	316	20	12	9	8*
UGANDA	7	6F	6F	6F	500	508	516	524	3	3F	3F	3F
N C AMERICA	126	106	350	493	1406	1403	1166	1211	177	149	408	597
CANADA		38	139	283		1326	1417	1367		51	197	387
MEXICO	126	68	211	210F	1407	1447	1000	1000	177	98	211	210F
SOUTHAMERICA	39	8	6	6	565	943	872	870	22	8	6	5
ARGENTINA	3	2F	1F	1F	833	933	929	923	3	1F	1F	1F
CHILE	10	4	2	2F	650	897	342	342	6	4	1	1F
COLOMBIA	23				478				11			
PERU	3	2	2	2F	652	1139	1413	1413	2	2	3	3F
ASIA (FMR)	9553	10247	10890	9201	695	787	761	751	6636	8067	8286	6910
ASIA		10248	10890	9202		787	761	751		8068	8286	6911
BANGLADESH	101	84	84F	84F	687	713	711	711	69	60	60F	60F
CHINA		2*	2*	2*		3289	3333	2667		5*	5*	4*
INDIA	6934	7541	8400	6860	706	812	795	780	4901	6127	6680	5350
IRAN	387	592	575	480F	417	420	286	417	161	249	165	200F
IRAQ	3	13F	13F	13F	730	720	640	640	2	9F	8F	8F
ISRAEL	5	5	6F	6F	1666	1922	2000	2000	8	10	11	11F
JORDAN	3	3		F	618	656			2	2		
KAZAKHSTAN		1*	1*	1F		500	625	500		1*	1*	1*
LEBANON	4	5	5F	5F	1548	2310	2396	2424	7	11	12F	12F
MYANMAR	129	109	101	125F	726	814	670	688	92	89	68	86
NEPAL	28	19	16	16F	600	701	798	810	17	14	13	13F
PAKISTAN	1035	1102	1077	972	498	696	648	581	516	767	698	565
SYRIA	49	108	51	75F	512	783	570	856	26	85	29	64
TURKEY	849	630	530F	530F	938	952	943	943	799	600	500F	500F
YEMEN	25	34	30	33	1394	1181	1260	1117	35	41	38	37
EUROPE (FMR)	79	116	97	91	803	598	450	650	64	69	43	59
EUROPE		116	97	91		598	450	650		69	43	59
BULGARIA	5	3	6F	6F	1061	788	750	750	4	2	5*	5F
GREECE	3	2	2	2	1457	1316	1250	1312	4	2	2	2F
ITALY	5	3	4	4	980	1219	1218	1180	5	4	5	5
PORTUGAL	6	3	2	2F	560	667	628	870	4	2	1	2*
SPAIN	59	105	82	77	780	558	367	595	46	59	30	46
YUGOSLAV SFR	1				609				1			
OCEANIA	173	265	205	213	1045	604	912	930	174	160	187	198
AUSTRALIA	173	265	205	213	1045	604	912	930	174	160	187	198

表 36

ひら豆 (Lentils)

	収穫面積：1000 HA				単位当り収量：KG/HA				生産量：1000 MT			
	1989-91	1998	1999	2000	1989-91	1998	1999	2000	1989-91	1998	1999	2000
WORLD	3225	3227	3211	3375	754	884	909	928	2433	2851	2919	3131
AFRICA	109	138	101	61	858	556	510	643	93	77	52	39
ALGERIA	3	1		1F	360	523		500	1	1		1F
EGYPT	7	4	2	2F	1922	1707	1745	1727	13	8	4	4F
ETHIOPIA PDR	40				981				40			
ERITREA		6F	5F	5F		909	800	667		5F	4F	3F
ETHIOPIA		66	48	46F		547	593	587		36	28	27F
MADAGASCAR	1	1F	1F	1F	612	667	667	636	1	1F	1F	1F
MALAWI										1F	1F	1F
MOROCCO	54	57	42	4	681	434	306	647	36	25	13	3
TUNISIA	4	2*	2F	2F	447	350	350	350	2	1F	1F	1F
N C AMERICA	213	442	574	781	1341	1292	1457	1351	292	571	836	1055
CANADA	158	372	497	688	1323	1291	1458	1329	217	480	724	914
MARTINIQUE										1F	1F	1F
MEXICO	12	7	7F	7F	1533	446	455	455	18	3	3F	3F
USA	43	64	71	87	1315	1370	1533	1586	57	88	108	137
SOUTHAMERICA	64	24	20	19	630	842	887	894	40	20	17	17
ARGENTINA	24	9F	8F	8F	924	1294	1333	1333	22	11F	10F	10F
CHILE	14	5	3	2*	641	750	652	500	9	4	2	1*
COLOMBIA	17	4F	4F	4F	398	286	286	286	7	1F	1F	1F
ECUADOR	3	3	2	2	280	197	348	500	1	1	1	1
PERU	6	5	4	4F	259	885	1003	1003	1	4	4	4F
ASIA (FMR)	2714	2495	2401	2371	708	843	784	785	1920	2104	1881	1861
ASIA		2496	2402	2373		843	784	785		2105	1883	1863
AZERBAIJAN		1	1*	1*		1660	3000	2500		1*	2*	2*
BANGLADESH	211	206	206	206F	742	791	804	804	157	163	165	165F
CHINA	48	94*	100*	90F	1487	1362	1200	1289	70	128*	120*	116*
INDIA	1127	1050*	1100*	1100*	677	810	818	791	764	850*	900*	870*
IRAN	128	205	199	199F	464	464	316	316	60	95	63	63F
IRAQ												
JORDAN	3	3		F	649	545			2	2		
LEBANON	5	6	6F	6F	1819	2210	2206	2188	10	14	14F	14F
MYANMAR		3	2	2F		415	424	500		1	1	1F
NEPAL	121	162	175	175F	618	699	758	771	75	114	132	135F
PAKISTAN	69	65	58	55	434	571	651	646	30	37	38	35
SYRIA	134	143	148	150F	593	1080	294	505	74	154	43	76
TAJIKISTAN		1F	F	F		625				1*		
TURKEY	858	549	400*	380*	779	984	1000	1000	669	540	400*	380*
YEMEN	8	9	6	7	1127	693	723	753	9	6	4	5
EUROPE (FMR)	64	41	36	41	661	722	697	1073	42	30	25	44
EUROPE			44	39	45		710	693	1000		31	27	45
BULGARIA	8	4	4F	4F	384	738	842	842	3	3	3*	3F
CZECHOSLOVAK	3				616				1			
FRANCE	4	5	6	7	1744	1163	1286	1708	7	6	8	12
GREECE	1	1	1	1	1246	1547	1429	1438	1	1	1	1F
HUNGARY	2	1	1	1F	731	872	983	983	2	1	1	1F
ITALY	1	1	1	1	777	773	714	782	1	1	1	1
RUSSIAN FED		2	3	5*		481	638	333		1	2	2*
SLOVAKIA		2F	2F	2F		968	968	968		2F	2F	2F
SPAIN	44	27	21	25	576	585	424	935	26	16	9	23
YUGOSLAV SFR	1				1994				1			
OCEANIA	6	83	76	97	1319	570	1377	1150	8	47	104	111
AUSTRALIA	3	82	75	96	806	561	1373	1146	3	46	103	110
NEW ZEALAND	3	1	1F	1F	2000	2000	2000	2000	5	1	1F	1F
USSR	57				708				39			

表 37

大 豆

	収穫面積：1000 HA				単位当り収量：KG/HA				生産量：1000 MT			
	1989-91	1998	1999	2000	1989-91	1998	1999	2000	1989-91	1998	1999	2000
WORLD	56929	70794	71846	73444	1868	2259	2190	2206	106335	159957	157308	161993
AFRICA	939	917	928	918	737	1011	929	973	685	927	862	893
BENIN		3	3	3F		706	698	698		2	2	2F
BURKINA FASO	3	3	4F	4F	587	1031	1000	1000	1	3	4F	4F
BURUNDI	1				1000				1			
CONGO, DEM R	13	19	21	11	907	483	483	1000	12	9	10	11
CÔTE DIVOIRE	3	3F	3F	3F	1213	1200	1200	1200	3	3F	3F	3F
EGYPT	41	18	7	7F	2590	2621	2637	2637	106	48	19	19F
ETHIOPIA PDR	6				4030				22			
ETHIOPIA		7F	7F	7F		3429	3571	3143		24F	25F	22F
GABON	3	2F	2F	2F	1064	1050	1048	1048	3	2F	2F	2F
LIBERIA	4	5F	8F	8F	383	400	400	400	2	2F	3F	3F
MOROCCO	5	2*	1*	1*	1012	300	1000	1000	8	1	1*	1*
NIGERIA	649	550	570	570F	336	736	653	653	221	405	372	372F
RWANDA	20	18	19	20F	802	551	467	450	15	10	9	9F
SOUTH AFRICA	64	125	131	94	1759	1607	1339	1586	111	201	175	149
TANZANIA	5	6F	6F	6F	336	357	365	375	2	2F	2	2F
UGANDA	36	80	84	106	993	1150	1202	1132	37	92	101	120
ZAMBIA	27	12	12	13F	937	1059	2279	2308	25	12	27	30F
ZIMBABWE	58	64	51*	63	2015	1722	2102	2262	116	111	107	144
N C AMERICA	24396	29617	30433	30590	2259	2619	2471	2559	55075	77567	75213	78274
CANADA	540	977	1004	1061	2437	2801	2770	2548	1314	2737	2781	2703
EL SALVADOR	1	1F	1F	1F	2000	2400	2400	2400	2	2F	2F	2F
GUATEMALA	15	18*	18*	18*	2629	2667	2833	2778	39	48*	51*	50*
HONDURAS		1	1F	2F		2143	2143	2000		3	3F	3F
MEXICO	372	94	81	70	2054	1598	1637	1627	764	150	133	114
NICARAGUA	8	18	9	10	1586	1497	2190	2216	12	27	20	23
USA	23459	28507	29318	29428	2258	2617	2463	2561	52944	74599	72223	75378
SOUTHAMERICA	16807	21979	23051	23908	1860	2460	2391	2389	31284	54075	55112	57119
ARGENTINA	4556	6954	8165	8583	2028	2694	2449	2353	9354	18732	20000	20200
BOLIVIA	154	581	632	619	1885	1844	1206	1990	292	1071	762	1232
BRAZIL	11102	13304	13008	13620	1752	2353	2376	2400	19629	31307	30901	32687
COLOMBIA	103	34	22	25F	1946	2120	2049	2000	201	72	44	50F
ECUADOR	86	8	42	85	1915	1269	1813	2000	164	10	77	170
PARAGUAY	768	1086	1166	960*	2143	2629	2834	2865	1604	2856	3304	2750*
PERU	1	2	2	2F	1925	1431	1449	1449	2	3	3	3F
URUGUAY	31	9	9	9F	1277	2111	1867	1867	31	19	17	17F
VENEZUELA	7	2	5	5*	1113	2812	848	2000	7	6	4	10*
ASIA (FMR)	12890	17012	16243	16867	1234	1460	1460	1398	15910	24837	23718	23576
ASIA		17017	16248	16873		1460	1460	1398		24842	23724	23582
AZERBAIJAN							1250	1111			1F	1F
BHUTAN		2F	2F	2F	650	650	650	650	1	1F	1F	1F
CAMBODIA	14	19F	19F	19F	1835	1498	1845	1845	26	28	35*	35F
CHINA	7557	8501	7962	9030*	1368	1783	1789	1705	10323	15153	14245	15400*
GEORGIA		2	2	2F		523	580	606		1	1	1F
INDIA	2667	6309	5980	5700*	866	1100	1104	947	2300	6942	6600	5400*
INDONESIA	1300	1091	1151	967	1116	1197	1201	1239	1453	1306	1383	1198
IRAN	65	84	90*	90F	1275	1643	1556	1556	83	138	140*	140F
IRAQ	1	1F	1F	1F	1487	1424	1320	1333	2	2F	2F	2F
JAPAN	146	109	108	123	1568	1450	1730	1918	230	158	187	235
KAZAKHSTAN		3	3	3F		1336	1300	1500		4	4	5F
KOREA D P RP	340	300*	300*	310F	1289	1133	1133	1129	438	340*	340*	350F
KOREA REP	143	98	87	90*	1555	1438	1334	1500	223	140	116	135*
LAOS	6	6	7	3	842	732	860	867	5	4	6	3
MYANMAR	32	78	102	102F	808	960	837	837	26	75	85	85F
NEPAL	21	21	23	23F	610	731	773	773	13	16	18	18F
PAKISTAN	2	7	8	8F	526	1235	1235	1235	1	9	10	10F
PHILIPPINES	4	1	1	1	1053	1206	1218	1154	4	1	1	2
SRI LANKA	2	1	1	1F	938	934	976	976	2	1	1	1F
SYRIA	8	4	3	4F	1211	1624	795	1250	9	7	3	5F
THAILAND	410	230*	240*	241F	1336	1397	1409	1436	546	321	338	346
TURKEY	66	22	28*	30*	2183	2227	2143	2167	144	49	60*	65*
VIET NAM	104	129	129	122	800	1134	1138	1185	83	147	147	145
EUROPE (FMR)	1023	800	680	668	2452	2620	2802	2572	2409	2097	1906	1718
EUROPE		1215	1134	1104		2005	2022	1832		2436	2293	2022

表 37

大　豆

	収穫面積：1000 HA				単位当り収量：KG/HA				生産量：1000 MT			
	1989-91	1998	1999	2000	1989-91	1998	1999	2000	1989-91	1998	1999	2000
ALBANIA	9		1	1F	721		1714	1714	7		1	1F
AUSTRIA	10	20	19	16	2157	2519	2697	2574	22	50	50*	40*
BOSNIA HERZG		5*	4*	4F		1718	2151	2195		8*	9*	9F
BULGARIA	16	10	9*	9F	1255	538	556	556	19	6	5*	5F
CROATIA		34	46	25F		2277	2500	2000		77	116	50*
CZECHOSLOVAK	7				1486				10			
CZECH REP				2				1246				2
FRANCE	106	112	102	80	2269	2540	2663	2675	237	284	272	214
GERMANY	2				2279	2190	2601	2601	4	1	1	1F
GREECE	6	2*	2*	2F	2875	2000	2000	2000	18	4*	4*	4F
HUNGARY	40	24	32	22	1928	2091	2404	2823	77	50	77	63*
ITALY	460	351	247	256	3481	3504	3532	3671	1592	1231	871	938
MOLDOVA REP		6	17	3F		944	806	1300		6	14	3F
ROMANIA	270	147	100	100F	997	1363	1840	2050	208	201	183	205F
RUSSIAN FED		377	404	400F		787	827	650		297	334	260*
SLOVAKIA		3	4	6		1690	1457	814		6	6	5
SPAIN	11	5	4	3	2537	2081	2190	2115	27	11	9	6
SWITZERLAND	1	3	2	2	2408	2605	3323	3267	3	8	8	5
UKRAINE		31	32*	33F		1161	1188	1212		36	38*	40F
YUGOSLAV SFR	85				2212				185			
YUGOSLAVIA		82	108	142		1941	2722	1205		160	294	171
OCEANIA	53	48	53	52	1653	2271	1981	2000	90	109	105	104
AUSTRALIA	53	48	53	52	1653	2271	1981	2000	90	109	105	104
USSR	821				1074				882			

表 38

落花生（から付き）

	収穫面積：1000 HA				単位当り収量：KG/HA				生産量：1000 MT			
	1989-91	1998	1999	2000	1989-91	1998	1999	2000	1989-91	1998	1999	2000
WORLD	20271	23440	23580	23821	1157	1464	1361	1449	23459	34320	32083	34507
AFRICA	5739	8731	9273	9251	829	835	887	879	4758	7287	8227	8132
ALGERIA	2	3	4	4F	1196	1223	1115	1119	2	4	5	5F
ANGOLA	28	35F	38*	38F	500	514	300	300	14	18F	11*	11F
BENIN	97	122	125	100F	713	809	811	807	69	99	101	81
BOTSWANA	1	F	1F	1F	566		500	500	1		1F	1F
BURKINA FASO	182	215	215F	215F	664	998	953	953	121	215	205F	205F
BURUNDI	15	12	13	12F	942	750	760	730	14	9*	10	9
CAMEROON	320	320*	320*	420*	268	281	576	381	86	90*	184	160F
CENT AFR REP	83	100*	100*	100F	982	1017	1100	1045	82	102	110	105*
CHAD	182	419	385	385F	908	1125	966	966	164	471	372	372F
CONGO, DEM R	628	530	509	491	818	778	778	778	513	412	396	382
CONGO, REP	23	20F	20F	20F	1148	1100	1100	1100	26	22F	22F	22F
CÔTE DIVOIRE	133	145F	145F	145F	983	1000	993	993	130	145	144	144F
EGYPT	13	44	59*	60F	2161	3035	3055	3033	27	132	181*	182F
ETHIOPIA PDR	42				1254				53			
ERITREA		2*	2F	2F		1100	947	938		2*	2F	2F
ETHIOPIA		45F	45F	45F		1267	1289	1222		57F	58F	55F
GABON	15	17F	17F	17F	980	1000	1000	1000	15	17F	17F	17F
GAMBIA	85	70	111	111F	1132	1042	1134	1134	96	73	126	126F
GHANA	129	194	185F	185F	940	1093	1027	1027	127	212	190F	190F
GUINEA	104	169	177F	177F	765	1027	1028	1028	80	174	182F	182F
GUINEABISSAU	18	16F	16F	16F	896	1125	1188	1188	16	18F	19F	19F
KENYA	20	18F	18F	17F	559	667	629	588	12	12F	11F	10F
LIBERIA	6	7F	7F	7F	538	600	600	600	3	4F	4F	4F
LIBYA	7	10F	10F	10F	1942	1737	1737	1737	14	17F	17F	17F
MADAGASCAR	40	47	47F	48	810	723	723	729	31	34	34	35
MALAWI	86	120*	120*	120*	679	902	917	917	52	108	110*	110*
MALI	188	145F	145F	145F	962	966	966	966	174	140F	140F	140F
MAURITANIA	3	3F	3F	3F	749	1000	800	800	2	3F	2F	2F
MAURITIUS	1				3042	2962			2	1		
MOROCCO	22	28	22	22F	916	1633	1946	2045	20	45	42*	45F
MOZAMBIQUE	342	286	287F	240F	329	500	505	417	113	143	145F	100F
NAMIBIA	1				678				1			
NIGER	86	230*	249*	250F	349	431	435	440	30	99	108*	110F
NIGERIA	878	2605	2662	2662F	1376	973	1045	1045	1181	2534	2783	2783F
RÉUNION		1F	1F	1F		923	923	923		1F	1F	1F
RWANDA	12	7	7	9F	729	693	636	781	8	5	5	7
SENEGAL	857	555	823	823F	892	1042	1007	1007	757	579	828	828F
SIERRA LEONE	23	37F	36	19	910	957	817	773	20	35	29	15
SOMALIA	3	4F	4F	4F	726	675	700	707	2	3F	3F	3F
SOUTH AFRICA	129	59	95	83	1182	1838	1727	2052	150	108	163	169
SUDAN	332	1387	1515	1450	579	560	691	683	174	776	1047	990
SWAZILAND	3	7F	7F	6F	1530	1429	1385	1333	4	10F	9F	8F
TANZANIA	110	116F	116F	117F	561	629	638	641	62	73F	74F	75F
TOGO	50	55	65F	65F	512	493	544	544	25	27	35	35F
UGANDA	185	200	196	205	806	700	699	639	149	140	137	131
ZAMBIA	66	135F	130F	135F	427	422	392	407	28	57	51	55F
ZIMBABWE	192	190	224*	268	565	314	506	712	108	60	113	191
N C AMERICA	912	753	747	697	2295	2666	2662	2494	2095	2006	1987	1739
CUBA	15	15F	15F	15F	1000	1000	1000	1000	15	15F	15F	15F
DOMINICAN RP	22	6F	4F	2	1369	1142	1205	1173	30	6	5	2
GUATEMALA	2	2F	2F	2F	922	933	933	933	1	1F	1F	1F
HAITI	42	25	26F	26	817	800	808	808	34	20	21F	21
HONDURAS				1F				1000				1F
JAMAICA	2	3	3	3F	1064	1108	1245	1245	2	3	3	3F
MEXICO	87	93	92*	92*	1269	1403	1467	1489	110	131	135*	137*
NICARAGUA	4	14	23	24	2477	2118	2973	2738	9	31	68	67
USA	739	594	581	532	2561	3028	2989	2801	1893	1798	1737	1491
SOUTHAMERICA	325	547	506	407	1766	2104	1450	2148	574	1152	733	873
ARGENTINA	166	384	330	218	2095	2333	1472	2752	350	896	486	600
BOLIVIA	12	12	12	12	1216	1000	1144	1149	15	12	13	14
BRAZIL	86	102	97	105	1667	1893	1788	1791	143	193	173	188
COLOMBIA	4	2	3	3F	1395	1290	1423	1423	6	2	4	4F
ECUADOR	11	5	23	23	848	590	657	800	10	3	15	18
GUYANA	2	3F	3F	3F	870	893	893	893	2	3F	3F	3F
PARAGUAY	36	30	31	35F	1069	984	916	1000	39	30	28	35F
PERU	1	7	5	5F	1449	1495	1788	1788	2	10	9	9F
SURINAME												

表 38

落花生（から付き）

	収穫面積：1000 HA				単位当り収量：KG/HA				生産量：1000 MT			
	1989-91	1998	1999	2000	1989-91	1998	1999	2000	1989-91	1998	1999	2000
URUGUAY	2	2F	2F	2F	500	500	500	500	1	1F	1F	1F
VENEZUELA	4	1	1	1F	1864	2253	1818	1818	7	2	1	1F
ASIA (FMR)	13253	13364	13006	13416	1205	1781	1620	1766	15969	23798	21064	23691
ASIA		13373	13014	13425		1781	1620	1766		23813	21080	23708
BANGLADESH	38	35	36F	36F	1067	1139	1111	1111	41	40	40F	40F
CAMBODIA	6	8	9F	9F	613	787	761	761	4	7	7	7F
CHINA	2947	4070	4295	4527*	2065	2937	2959	3329	6082	11954	12706	15067*
CYPRUS	1	1	1	1F	2761	4300	4000	4000	1	2	2	2F
INDIA	8562	7570	6950	7100*	884	1210	833	859	7570	9160	5790	6100*
INDONESIA	633	650	650*	650*	1775	1874	1785	1538	1124	1217	1161F	1000*
IRAN	2	2F	2F	2F	2687	2778	2333	2333	5	5F	4F	4F
ISRAEL	3	4	4*	4F	6626	6227	6850	6850	20	27	27	27F
JAPAN	18	12	11	11	1966	2102	2336	2472	36	25	26	27
KAZAKHSTAN		1*	1*	1F		1127	1600	1700		1F	1F	1F
KOREA REP	13	7	7	7F	1644	1841	1816	1816	21	14	12	12F
LAOS	7	15	13	7	975	1007	1003	2329	7	15	13	16
LEBANON	2	3	3F	3F	2695	2900	2923	2906	7	8	8F	8F
MALAYSIA	1	1F	1F	1F	3716	3793	3571	3571	5	6F	5F	5F
MYANMAR	523	446	490	530F	873	1211	1145	1208	456	540	562	640
PAKISTAN	84	97	105*	105F	1061	1067	752	752	89	104	79*	79F
PHILIPPINES	45	25	27	27	777	973	948	963	35	25	26	26
SAUDI ARABIA	1	1F	1F	1F	2583	4000	4000	4000	3	4F	4F	4F
SRI LANKA	10	10	10	10F	608	619	638	638	6	6	7	7F
SYRIA	11	11	13	13F	1972	2562	2675	2692	22	29	35	35F
THAILAND	116	91F	95F	95F	1380	1487	1501	1503	160	135	143	143
TURKEY	23	35	35F	35F	2482	2571	2571	2571	58	90	90F	90F
UZBEKISTAN		8F	8F	8F		1688	1938	1938		14F	16F	16F
VIET NAM	207	269	248	244	1053	1433	1284	1447	218	386	319	353
EUROPE (FMR)	15	12	12	12	1511	1115	1037	1011	22	13	12	12
EUROPE		12	12	12		1115	1037	1011		13	12	12
BULGARIA	12	11	11	11F	995	916	909	909	12	10	10	10F
GREECE	2	1	1*	1F	3902	3639	2857	2000	7	3	2*	2F
SPAIN	1				3153				2			
YUGOSLAV SFR					1544				1			
OCEANIA	24	24	28	28	1487	2059	1484	1484	36	50	42	42
AUSTRALIA	20	21	25*	25F	1604	2238	1560	1560	31	47	39*	39F
PAPUA N GUIN	1	1F	1F	1F	763	737	800	800	1	1F	1F	1F
TONGA	1				1143				2			
VANUATU	2	2F	2F	2F	972	972	972	972	2	2	2F	2F
USSR	3				1367				4			

表 39

ひ ま

	収穫面積：1000 HA				単位当り収量：KG/HA				生産量：1000 MT			
	1989-91	1998	1999	2000	1989-91	1998	1999	2000	1989-91	1998	1999	2000
WORLD	1543	1118	1111	1213	779	1036	1033	1012	1202	1158	1147	1228
AFRICA	83	72	72	71	497	513	517	483	41	37	37	34
ANGOLA	13	14F	13F	13F	253	259	240	240	3	4F	3F	3F
BENIN	1	1F	1F	1F	600	600	600	600	1	1F	1F	1F
ETHIOPIA PDR	13				1000				13			
ETHIOPIA		15F	15F	15F		1034	1069	966		15F	16F	14F
KENYA	13	13F	13F	13F	328	308	308	231	4	4F	4F	3F
MADAGASCAR	7	7F	7F	7F	316	329	338	329	2	2F	2F	2F
MOROCCO												
MOZAMBIQUE	1	1F	1F	F	385	385	385		1	1F	1F	
SOUTH AFRICA	8	8F	8F	8F	625	625	600	613	5	5F	5F	5F
SUDAN	13	2F	2F	2F	466	667	611	667	6	1F	1F	1F
TANZANIA	10	9F	9F	9F	500	471	471	471	5	4F	4F	4F
UGANDA	3	3F	3F	3F	333	300	300	300	1	1F	1F	1F
N C AMERICA	4	4	4	5	528	512	595	673	2	2	3	4
HAITI	3	2F	2F	2	538	524	682	682	1	1F	2F	2
MEXICO		2*	2*	3*		500	500	667		1*	1*	2*
SOUTHAMERICA	288	81	119	213	563	485	450	614	162	39	54	131
BRAZIL	263	63	101	196	516	264	306	553	135	17	31	108
ECUADOR	8	5*	5*	5F	890	800	800	800	7	4*	4*	4F
PARAGUAY	18	12	13F	13F	1125	1484	1480	1480	20	18	19F	19F
ASIA (FMR)	1095	958	914	921	872	1125	1151	1148	957	1078	1052	1057
ASIA		958	914	921		1125	1151	1148		1078	1052	1057
CAMBODIA	1	2F	2F	2F	1154	1105	1100	1100	2	2F	2F	2F
CHINA	275	230*	235*	242F	1102	913	915	909	303	210*	215*	220F
INDIA	741	690	640F	640F	810	1221	1266	1266	603	842	810*	810F
INDONESIA	6	5	6F	6F	365	237	236	236	2	1	1F	1F
PAKISTAN	11	8	8*	8F	666	771	875	875	7	6	7*	7F
PHILIPPINES	9	5*	5*	5F	708	800	800	800	6	4*	4*	4F
THAILAND	45	12F	12F	12F	621	617	626	626	28	7	7	7F
VIET NAM	5	6F	6F	6F	769	806	806	806	4	5F	5F	5F
EUROPE (FMR)	11				412				3			
EUROPE		3	3	3		825	854	621		2	2	2
ROMANIA	11				395				3			
RUSSIAN FED		2	2F	3F		909	909	600		2	2F	2F
USSR	62				610				37			

表 40

ひまわり種子

	収穫面積：1000 HA				単位当り収量：KG/HA				生産量：1000 MT			
	1989-91	1998	1999	2000	1989-91	1998	1999	2000	1989-91	1998	1999	2000
WORLD	16448	20895	23563	21715	1360	1212	1227	1234	22339	25318	28904	26800
AFRICA	1067	891	1147	670	837	916	1133	1053	897	816	1299	705
ANGOLA	14	15F	14F	14F	659	733	643	643	9	11F	9F	9F
BOTSWANA		6F	6F	6F		1091	1083	1083		6F	7F	7F
EGYPT	14	15	8F	19F	2100	2317	2293	2289	31	34	18*	44F
KENYA	15	9F	9F	9F	1044	674	625	588	16	6F	6F	5F
MALAWI	6	11F	13F	13F	584	545	538	538	4	6F	7F	7F
MOROCCO	137	102	75	40	828	607	653	465	114	62	49	19
MOZAMBIQUE	25	26F	27F	22F	537	577	593	500	13	15F	16F	11F
NAMIBIA												
SOUTH AFRICA	537	511	828	396	1063	1144	1339	1339	571	584	1109	531
SUDAN	61	20	21	4	358	557	389	529	22	11	8	2
TANZANIA	81	83F	84F	85F	337	398	405	412	27	33F	34F	35F
TUNISIA	11	16F	16F	16F	602	625	625	625	7	10*	10F	10F
UGANDA	5	5*	5*	5F	467	600	600	600	2	3*	3*	3F
ZAMBIA	42	16	13	14F	359	364	505	536	15	6	7	8F
ZIMBABWE	119	58	28*	27	544	501	607	598	64	29	17*	16
N C AMERICA	919	1483	1477	1133	1347	1689	1419	1541	1261	2504	2096	1745
CANADA	67	69	79	69	1540	1625	1545	1734	104	112	122	119
MEXICO	1	1	6*		482	760	833		1	1	5*	
USA	851	1413	1393	1064	1332	1693	1414	1528	1156	2392	1969	1626
SOUTHAMERICA	2663	3668	4467	3900	1490	1612	1689	1564	3952	5912	7544	6101
ARGENTINA	2402	3331	4024	3477	1549	1681	1764	1654	3711	5600	7100	5750*
BOLIVIA	10	143	102	102F	1272	800	940	941	13	115	95	96F
BRAZIL	57	42F	147F	179F	717	667	701	700	41	28*	103*	125*
CHILE	13	2	4*	4*	2277	1300	1500	1750	31	3	6*	7*
COLOMBIA	2				1422				3			
ECUADOR												
PARAGUAY	18	62	52	55F	1189	1312	1391	1455	21	81	73	80F
URUGUAY	60	81	134	73	759	969	1197	456	45	79	161	33
VENEZUELA	101	6	4	10*	880	969	1437	900	87	6	6	9*
ASIA (FMR)	3369	3801	3566	4339	1012	1019	1153	1084	3396	3874	4110	4705
ASIA		4049	3843	4670		984	1109	1041		3986	4261	4863
AFGHANISTAN	12	12F	12F	12F	1414	1391	1391	1391	16	16F	16F	16F
CHINA	740	890	890	950F	1721	1647	1983	2211	1275	1465	1765	2100*
GEORGIA		47	60	65F		489	675	723		23	41	47F
INDIA	1646	2000	1610	2100*	543	585	621	571	899	1170	1000	1200*
IRAN	50	79	80F	80F	669	671	688	688	33	53	55*	55F
IRAQ	35	50*	50*	48F	954	1400	1320	938	33	70*	66*	45F
ISRAEL	12	9	8F	8F	1553	1264	1338	1338	19	11	11	11F
KAZAKHSTAN		198	213	262		420	489	400		83	104	105
LEBANON					2009				1			
MYANMAR	152	115	225*	450F	686	786	842	600	105	90	189	270
PAKISTAN	29	98	144	144F	1073	1317	1349	1349	31	130	195	195F
SYRIA	10	4	7	7F	1301	2188	1818	1849	14	9	13	14F
TURKEY	682	545	540*	540F	1417	1578	1481	1481	970	860	800*	800F
UZBEKISTAN		3F	4F	4F		1833	1714	1737		6F	6F	7F
EUROPE (FMR)	3755	4424	4524	3908	1699	1449	1404	1435	6374	6412	6353	5608
EUROPE		10638	12508	11238		1118	1084	1181		11891	13557	13270
ALBANIA	17	2	2	2F	821	1601	1688	1688	15	3	3	3F
AUSTRIA	22	22	24	22	2884	2573	2639	2641	65	57	64*	59F
BELARUS		8F	10F	10F		1813	1900	2200		15F	19F	22F
BULGARIA	263	539	592	500*	1636	973	1030	876	427	524	610	438
CROATIA		29	42	38F		2172	1723	1702		62	72	64*
CZECHOSLOVAK	40				2187				89			
CZECH REP		17	28	31		2110	2222	2142		37	63	65
FRANCE	1042	782	799	720	2299	2191	2338	2533	2389	1713	1868	1824
GERMANY	28	34	32	32F	2955	2534	2505	2505	82	85	81	81F
GREECE	25	31	35	32	1765	1290	1040	1188	43	40	36	38
HUNGARY	366	427	521	298	1996	1682	1521	1638	732	718	793	488
ITALY	147	233	210	216	2426	2001	2068	1940	355	466	434	419
MACEDONIA		13	10	10F		1087	1400	1000		14	14	10*
MOLDOVA REP		204	217	220F		976	1318	1273		199	286	280
PORTUGAL	74	60	51	48*	659	631	609	521	47	38	31	25*
ROMANIA	435	962	1047	900*	1402	1115	1243	1000	608	1073	1301	900*

表　40

ひまわり種子

	収穫面積：1000 HA				単位当り収量：KG/HA				生産量：1000 MT			
	1989-91	1998	1999	2000	1989-91	1998	1999	2000	1989-91	1998	1999	2000
RUSSIAN FED		3572	4977	4350		840	834	897		3000	4150	3900
SLOVAKIA		65	95	69		1654	1314	1703		107	125	117
SPAIN	1083	1048	850	841	1000	1136	682	1009	1088	1190	579	849
SWITZERLAND		1	2	4		2930	2794	3334		4	5	12
UKRAINE		2430	2780	2750*		933	989	1258		2266	2750	3460
YUGOSLAV SFR	213				2033				434			
YUGOSLAVIA		160	184	146		1752	1484	1475		280	273*	216*
OCEANIA	139	167	120	105	980	1251	1225	1105	132	209	147	116
AUSTRALIA	139	167	120	105	980	1251	1225	1105	132	209	147	116
USSR	4535				1396				6326			

表 41

菜　種

	収穫面積：1000 HA				単位当り収量：KG/HA				生産量：1000 MT			
	1989-91	1998	1999	2000	1989-91	1998	1999	2000	1989-91	1998	1999	2000
WORLD	18258	25938	27833	26800	1368	1382	1560	1500	25006	35842	43420	40193
AFRICA	156	170	173	172	1092	1089	1084	1067	170	185	188	184
ALGERIA	13	15*	15F	15F	6895	6667	6667	6667	90	100F	100F	100F
ETHIOPIA PDR	140				554				77			
ETHIOPIA		153F	153F	152F		542	549	526		83F	84F	80F
MOROCCO	3	1	1*	1*	873	1333	1000	1000	3	1	1*	1*
TUNISIA		1*	4*	4F		877	625	625		1*	3F	3F
N C AMERICA	2906	5868	5991	5438	1250	1424	1573	1480	3633	8355	9422	8050
CANADA	2863	5429	5564	4816	1246	1408	1581	1478	3567	7643	8798	7119
MEXICO		2*	2*	10*		1000	1500	1400		2*	3*	14*
USA	43	437	424	612	1582	1622	1463	1499	67	709	621	917
SOUTHAMERICA	68	38	59	49	1496	2093	1809	1837	103	80	107	90
ARGENTINA	16	2	2	3	1220	1000	1000	1667	19	2	2	5
BRAZIL	12	16*	25*	27F	828	1625	1320	1296	10	26*	33*	35F
CHILE	41	20	32	19	1823	2571	2241	2632	75	52	72	50*
ASIA (FMR)	11395	14253	14177	14771	1021	951	1160	1218	11651	13551	16444	17986
ASIA		14270	14197	14793		950	1159	1216		13556	16450	17993
BANGLADESH	337	344	344	344F	644	738	735	735	217	254	253	253F
CHINA	5543	6527	6899	7800*	1189	1272	1469	1455	6610	8301	10132	11350*
INDIA	5194	7041	6598	6320	880	668	875	968	4577	4703	5774	6120
JAPAN	1	1	1	1F	1768	1667	1273	1273	2	1	1	1F
KAZAKHSTAN		16	18	20F		218	245	250		4	5F	5F
KOREA REP	3	1	1	1F	1806	1208	1504	1504	6	1	2	2F
PAKISTAN	315	340	334	305	753	859	845	852	237	292	282	260*
TURKEY	2				1329				2			
UZBEKISTAN		1F	2F	2F		857	1000	1250		1F	2F	2F
EUROPE (FMR)	3198	3996	4848	4140	2779	2912	2955	2780	8891	11637	14326	11511
EUROPE		4342	5494	4834		2757	2698	2497		11973	14822	12072
AUSTRIA	41	55	66	52	2594	2634	2950	2705	107	144	194*	140*
BELARUS		84	136	150F		619	420	453		52	57	68F
BEL-LUX	7	10*	12*	13F	3086	2600	2417	2692	23	26*	29*	35*
BOSNIA HERZG		1*	1*	1F		1461	1648	1625		1*	1*	1F
CROATIA		9	16	16F		2455	2007	2007		22	33	33F
CZECHOSLOVAK	145				2798				404			
CZECH REP		264	349	324		2574	2668	2608		680	931	844
DENMARK	261	117	113	78	2786	3059	3638	5270	725	359	411	411F
ESTONIA		17	24	16F		1024	1232	2387		18	30	37
FINLAND	67	58	63*	63F	1682	1216	1402	1381	112	70	88	87
FRANCE	685	1145	1369	1225	2982	3261	3264	2916	2047	3734	4469	3572
GERMANY	750	1007	1198	1080	3088	3364	3576	3313	2310	3388	4285	3579
HUNGARY	59	52	181	117	1776	1403	1817	1538	105	73	328	180
IRELAND	5	6	3	3F	3582	2964	1923	1923	18	17	5	5F
ITALY	16	61	51	45	2550	895	1010	964	40	55	52	44
LATVIA		1	7	7		1296	1800	1714		2	12	12F
LITHUANIA		39	84	56		1863	1372	1622		72	115	90
MACEDONIA		1	1F	1F		1148	1150	1150		1	1F	1F
NETHERLANDS	7	1*	1*	1*	3309	3000	5000	4000	23	3*	5*	4*
NORWAY	5	6	7	7F	1592	2065	1515	1651	8	13	10	11
POLAND	513	466	545	437	2474	2359	2076	2194	1278	1099	1132	958
ROMANIA	14	25	83	85F	916	1136	1338	1471	13	29	111	125F
RUSSIAN FED		142	174	170F		880	777	641		125	135	109*
SLOVAKIA		61	113	92		1871	2094	1459		113	237	134
SPAIN	16	46	48	31	1399	1547	1331	1580	22	72	64	50
SWEDEN	181	55	76	48	2107	2263	2136	2493	378	124	162	120
SWITZERLAND	17	15	15	14	2934	3109	2578	2815	49	47	38	39
UK	384	534	537	402	3051	2933	3235	2808	1171	1566	1737	1129
UKRAINE		63	222	296		1070	666	828		67	148	245*
YUGOSLAV SFR	27				2191				58			
YUGOSLAVIA		1	1	6		1688	1959	1669		2	2	10
OCEANIA	92	1250	1919	1514	1360	1356	1267	1192	118	1694	2431	1804
AUSTRALIA	91	1247	1917	1512	1351	1355	1266	1190	116	1690	2427	1800
NEW ZEALAND	1	3	2	2F	2132	1600	2000	2000	2	4	4	4F
USSR	443				1004				439			

表 42

ご ま

	収穫面積：1000 HA				単位当り収量：KG/HA				生産量：1000 MT			
	1989-91	1998	1999	2000	1989-91	1998	1999	2000	1989-91	1998	1999	2000
WORLD	6324	6132	7354	7407	356	430	376	397	2248	2635	2769	2941
AFRICA	1392	2249	3069	2786	314	305	251	270	425	686	771	751
ANGOLA	7	7F	7F	7F	286	286	262	262	2	2F	2F	2F
BENIN	8	14	16F	16F	534	661	684	684	4	10	11	11F
BURKINA FASO	17	20	25F	25F	308	645	600	600	5	13	15F	15F
CAMEROON	36	37F	37F	37F	413	443	449	454	15	16F	17F	17F
CENT AFR REP	27	42F	44F	44F	783	786	818	851	21	33	36	37*
CHAD	40	62	91	91F	299	472	232	232	12	29	21	21F
CONGO, DEM R	21	9	9F	9F	525	450	433	433	11	4	4F	4F
CÔTE DIVOIRE	6	6F	6F	6F	500	500	500	500	3	3F	3F	3F
EGYPT	17	22	27*	32F	1214	1174	1175	1143	21	26	32*	36F
ETHIOPIA PDR	60				575				34			
ERITREA		11*	11F	11F		408	382	364		5*	4F	4F
ETHIOPIA		66F	66F	65F		833	758	692		55F	50F	45F
KENYA	22	29F	27F	26F	393	448	407	385	9	13F	11F	10F
MALI									1			
MOROCCO	2	2F	2F	2F	601	545	545	545	1	1F	1F	1F
MOZAMBIQUE	7	7F	7F	6F	405	443	457	417	3	3F	3F	3F
NIGERIA	108	143	144	144F	400	462	480	480	43	66	69	69F
SENEGAL		3	2	2F		425	444	444		1	1	1F
SIERRA LEONE	5	5F	3	3F	533	622	613	613	2	3F	2	2F
SOMALIA	98	70F	70F	70F	439	300	314	329	43	21F	22F	23F
SUDAN	701	1404	2174	1880	160	187	151	162	106	262	329	305
TANZANIA	84	103F	106	106F	347	388	397	406	29	40F	42	43F
TOGO	8	5F	5F	5F	264	280	260	260	2	1F	1F	1F
UGANDA	115	179	186	195	489	430	500	497	56	77	93	97
N C AMERICA	177	161	136	151	541	553	601	622	95	89	82	94
EL SALVADOR	21	14	11	11F	560	758	650	691	12	11	7	8
GUATEMALA	28	50*	48*	48F	769	672	713	719	21	34	34	35F
HAITI	14	13F	13F	13	287	292	292	292	4	4F	4F	4
HONDURAS	2	2F	2F	2F	852	1200	1133	1133	2	2F	2F	2F
MEXICO	87	58	54	66	546	548	581	593	48	32	32	39
NICARAGUA	24	25	8	11	364	302	404	625	9	7	3	7
SOUTHAMERICA	146	75	77	78	510	594	638	643	74	44	49	50
BRAZIL	20	22*	24*	25F	600	591	625	640	12	13*	15*	16F
COLOMBIA	12	6	9	9F	650	560	621	621	8	3	5	5F
PERU		F	1F	1F			923	923			1F	1F
VENEZUELA	114	46	44	44F	479	599	645	645	55	27	28	28F
ASIA (FMR)	4608	3646	4071	4391	359	498	458	465	1653	1816	1864	2043
ASIA		3646	4071	4391		498	458	465		1816	1864	2043
AFGHANISTAN	46	46F	46F	46F	530	522	522	522	25	24F	24F	24F
BANGLADESH	83	80	80F	80F	572	616	619	619	48	49	50F	50F
CAMBODIA	13	15	15F	15F	500	348	349	349	6	5	5	5F
CHINA	691	631	698	701F	603	1041	1065	1185	415	657	743	830*
INDIA	2510	1673	2130*	2130F	304	332	291	291	762	555	620*	620F
IRAN	30	38	39*	39F	629	695	692	692	18	27	27*	27F
IRAQ	22	23*	23*	20F	613	609	609	400	14	14*	14*	8F
KOREA REP	60	53	49	49F	593	525	488	488	36	28	24	24F
LAOS	4	7	8	8F	605	600	606	606	2	4	5	5F
MYANMAR	854	774	705	1010F	222	382	298	299	189	296	210	302
PAKISTAN	53	71	72	72F	407	452	494	494	22	32	35	35F
SAUDI ARABIA	3	2	2	2F	790	870	946	946	2	2	2	2F
SRI LANKA	9	10	9	9F	545	553	553	553	5	6	5	5F
SYRIA	17	19	6	15F	486	269	508	379	8	5	3	6F
THAILAND	58	61*	61*	61F	513	592	613	613	30	36	37	37F
TURKEY	92	60	68*	68F	432	433	397	397	40	26	27*	27F
VIET NAM	43	52*	30	37	536	596	460	458	23	31*	14	17
YEMEN	19	30	31	31	452	576	574	582	9	17	18	18
EUROPE (FMR)			1	1			4763	4763			2	2
EUROPE			1	1			4763	4763			2	2
ITALY							8000	8000			2	2F

表 43

亜麻仁

	収穫面積：1000 HA				単位当り収量：KG/HA				生産量：1000 MT			
	1989-91	1998	1999	2000	1989-91	1998	1999	2000	1989-91	1998	1999	2000
WORLD	3892	3317	3397	3184	681	823	866	769	2643	2729	2943	2447
AFRICA	84	107	113	112	714	650	635	590	60	69	71	66
EGYPT	16	16F	16F	16F	1585	1935	1875	1875	26	30F	30F	30F
ETHIOPIA PDR	65				441				29			
ERITREA		3F	3F	3F		233	200	172		1F	1F	1F
ETHIOPIA		85F	90	90F		388	390	333		33F	35	30F
KENYA	1	1F	1F	1F	1000	1000	1000	1000	1	1F	1F	1F
TUNISIA	2	2F	2F	2F	1955	2136	2136	2136	4	5F	5F	5F
N C AMERICA	699	991	931	800	1093	1263	1313	1207	769	1251	1222	966
CANADA	597	858	777	591	1129	1260	1316	1173	674	1081	1022	693
USA	102	133	154	209	850	1280	1295	1303	95	170	200	273
SOUTHAMERICA	603	119	114	81	809	705	836	707	488	84	95	57
ARGENTINA	566	107	101	68	817	701	842	691	462	75	85	47
BRAZIL	30	9*	9*	9F	656	667	667	667	20	6*	6*	6F
CHILE	1	1F	1F	1F	900	900	900	900	1	1F	1F	1F
URUGUAY	6	2*	3F	3F	811	1000	1200	1200	5	2*	3F	3F
ASIA (FMR)	1428	1566	1521	1569	648	550	508	523	923	861	772	820
ASIA		1579	1534	1585		548	506	521		865	777	826
AFGHANISTAN	40	39F	39F	39F	350	346	346	346	14	14F	14F	14F
BANGLADESH	77	70	64	64F	647	722	715	715	50	50	46	46F
CHINA	96	572	552	600F	5035	915	732	753	482	523	404	452*
INDIA	1141	819	799	799F	298	294	344	344	339	241	275	275F
IRAN	2	1	F	F	623	750			1	1		
KAZAKHSTAN		1	1	2F		780	571	556		1F	1F	1F
KYRGYZSTAN		10F	10F	12F		320	350	333		3F	4F	4F
NEPAL	60	57F	58F	58F	508	474	483	483	31	27F	28F	28F
PAKISTAN	9	8	8	8F	512	568	640	640	4	5	5	5F
TURKEY	3				618				2			
UZBEKISTAN		2F	2F	2F		250	300	325		1F	1F	1F
EUROPE (FMR)	243	329	521	395	870	1216	1391	1208	212	400	725	477
EUROPE		516	701	602		880	1102	876		454	772	528
BELARUS		75	76	78F		160	162	282		12	12	22F
BEL-LUX	11	11*	12	12F	743	727	1035	1083	8	8*	12	13F
BULGARIA	2				270				1			
CZECHOSLOVAK	23				677				15			
CZECH REP		4	8	11		482	1013	585		2	8	6
DENMARK										2	2F	2F
FRANCE	54	44	50	55	587	647	682	686	31	28	34	38
GERMANY	4	111	200	200F	944	1747	1692	1692	5	194	338	338F
HUNGARY	10	1	2	2F	1153	1117	1029	1029	11	1	2	2F
ITALY	1	1F	1F	1F	1013	700	700	700	1	1*	1F	1F
LATVIA		2	2*	2		318	968	947		1	2	2
LITHUANIA		6	10	9		435	378	307		3	4	3
NETHERLANDS	7	4	4	4F	1145	1343	1842	1842	8	5	7	7F
POLAND	25	2	3		410	468	423		9	1	1	
ROMANIA	59	3	2	2F	554	1118	1441	2000	33	3	3	4F
RUSSIAN FED		78	65	92		432	362	200		34	24	19*
SLOVAKIA			4	2		2174	848	568		1	4	1
SPAIN		33	9*	18F		175	659	889		6*	6*	16*
SWEDEN		14	14F	14F		426	426	426		6	6F	6F
UK	48	101	213	74	1927	1416	1418	581	88	143	302	43
UKRAINE		26	26F	27F		192	212	226		5	6F	6F
OCEANIA	3	5	5	5	1028	1041	1111	1111	3	5	5	5
AUSTRALIA	3	4	4F	4F	972	932	1000	1000	3	4	4F	4F
NEW ZEALAND		1F	1F	1F		2000	2000	2000		1F	1F	1F
USSR	832				224				188			

表 44

サフラワー種子

	収穫面積：1000 HA				単位当り収量：KG/HA				生産量：1000 MT			
	1989-91	1998	1999	2000	1989-91	1998	1999	2000	1989-91	1998	1999	2000
WORLD	1184	1139	1202	1134	633	809	846	732	752	921	1016	830
AFRICA	68	70	70	70	501	514	529	500	34	36	37	35
ETHIOPIA PDR	68				501				34			
ETHIOPIA		70F	70F	70F		514	529	500		36F	37F	35F
N C AMERICA	221	238	272	183	1148	1502	1639	1295	254	358	446	237
MEXICO	133	123	166	103	970	1390	1580	1054	130	171	263	109
USA	88	115	106	80	1414	1620	1732	1608	125	187	184	128
SOUTHAMERICA	23	27	15	34	748	926	667	912	17	25	10	31
ARGENTINA	23	27	15	34	748	926	667	912	17	25	10	31
ASIA (FMR)	828	724	724	724	504	630	633	636	418	456	458	460
ASIA		782	818	820		624	619	622		488	506	510
CHINA		12F	12F	12F		2083	2250	2417		25F	27F	29F
INDIA	827	710*	710F	710F	504	606	606	606	417	430*	430F	430F
KAZAKHSTAN		45*	80	82F		444	425	439		20F	34	36F
PAKISTAN		2F	2F	2F		750	750	750		1F	1F	1F
UZBEKISTAN		14F	15F	15F		889	966	966		12F	14F	14F
EUROPE (FMR)	3				905				2			
EUROPE		6	6	7		1020	1089	933		6	7	6
RUSSIAN FED		6F	6F	7F		1000	1083	923		6F	7F	6F
SPAIN	3				905				2			
OCEANIA	30	15	20	20	621	507	500	500	19	8	10	10
AUSTRALIA	30	15	20F	20F	621	507	500	500	19	8	10F	10F
USSR	11				620				7			

表　45

種子付綿花（Seed cotton）

	収穫面積：1000 HA				単位当り収量：KG/HA				生産量：1000 MT			
	1989-91	1998	1999	2000	1989-91	1998	1999	2000	1989-91	1998	1999	2000
WORLD	33365	33434	32899	32942	1634	1547	1603	1644	54610	51723	52751	54143
AFRICA	3726	4715	4573	4688	967	910	932	912	3600	4290	4263	4275
ANGOLA	10	11*	10F	10F	1200	1091	1000	1000	12	12*	10F	10F
BENIN	122	380	393	465F	1169	945	930	935	143	359	366	435F
BOTSWANA	1	1F	1F	1F	2727	2556	2526	2500	3	2F	2F	3F
BURKINA FASO	169	335	280F	280F	1004	969	1071	1071	170	325	300F	300F
BURUNDI	7	4	3	3F	946	914	860	732	7	3	3	2*
CAMEROON	91	173	181*	165F	1228	1129	1088	1333	112	195	197*	220F
CENT AFR REP	43	55*	46	70*	653	727	475	500	28	40*	22*	35F
CHAD	225	336	310F	310F	741	777	758	758	163	261	235F	235F
CONGO, DEM R	78	65F	64F	64F	402	385	359	359	32	25F	23F	23F
CÔTE DIVOIRE	204	240F	240F	240F	1292	1125	1125	1125	264	270	270F	270F
EGYPT	399	331	271	271F	2075	1894	2376	2376	824	628	644*	644F
ETHIOPIA PDR	37				1356				50			
ETHIOPIA		43*	43F	43F		1058	1058	1058		46*	46F	46F
GAMBIA	3	F	2F	2F	633		333	333	2		1F	1F
GHANA	15	57	50F	50F	898	799	820	820	14	46	41F	41F
GUINEA	5	29	40F	40F	1128	1288	1250	1250	6	38	50F	50F
GUINEABISSAU	2	3F	3F	3F	1453	1214	1212	1212	3	3F	4F	4F
KENYA	63	50*	50*	50F	454	304	364	426	29	15*	18*	21*
MADAGASCAR	26	21	21*	20F	1275	1838	1643	1400	33	39	35	28
MALAWI	52	45	46F	46F	715	807	826	804	37	36	38F	37F
MALI	193	464*	450F	450F	1348	1078	1067	1067	260	500F	480	480F
MOROCCO	15	1			1784	1667	2000		26	2	1*	
MOZAMBIQUE	83	198	190*	170F	386	460	479	471	30	91	91*	80F
NAMIBIA		3F	4F	4F		1280	1439	1457		3	5	5F
NIGER	11	5*	8F	8F	300	1220	1250	1250	3	6	10*	10*
NIGERIA	524	480	514	514F	497	725	741	400	257	348	381	206
SENEGAL	35	45	21	21F	1127	604	957	957	39	27	21	21F
SOMALIA	8	13F	13F	15F	379	350	350	404	3	5F	5F	6F
SOUTH AFRICA	129	90	100	85F	1190	1091	1267	820	151	98	127	70*
SUDAN	223	134	171	166	1368	1232	858	1473	306	165	147	245
SWAZILAND	30	33	35	35F	1273	730	655	655	37	24*	23*	23F
TANZANIA	416	350*	250	250F	412	337	420	420	177	118*	105	105*
TOGO	80	202	165F	165	1183	889	982	982	94	180	162F	162F
TUNISIA	1	2F	2*	2F	1422	1500	1500	1500	1	3F	3F	3F
UGANDA	103	175	250*	250F	207	258	264	268	20	45	66*	67F
ZAMBIA	76	45	50F	50F	576	1324	1334	1240	44	59*	67*	62*
ZIMBABWE	246	295	295*	370	887	925	908	884	218	273	268*	327
N C AMERICA	4939	4582	5588	5388	1886	1882	1771	1810	9342	8622	9897	9750
COSTA RICA	1				1132				1			
DOMINICAN RP	8				943				8			
EL SALVADOR	10	2*	2*	2F	1644	1750	1750	1750	16	4F	4F	4F
GUATEMALA	39	3*	1*	1F	2793	2500	2000	2000	108	8F	2F	2F
HAITI	5	4F	4F	4	463	409	429	429	3	1F	2F	2
HONDURAS	3	2F	1*	1*	2369	1424	2000	1227	5	2	2F	1
MEXICO	215	245	145	77*	2463	2876	2926	1896	526	705	424	146*
NICARAGUA	40	2	2*	2F	1840	2165	2750	2750	73	5F	6F	6F
USA	4618	4324	5433	5300	1856	1827	1741	1809	8602	7897	9458	9590
SOUTHAMERICA	3394	2128	1691	1587	1205	1254	1517	1865	4081	2669	2565	2960
ARGENTINA	528	878	640	332	1465	1124	966	1256	777	987	618	417
BOLIVIA	8	50	51F	51F	1596	1115	1198	1198	12	56*	61F	61F
BRAZIL	1952	833	672	824	1004	1408	2105	2325	1948	1173	1414	1915
COLOMBIA	217	48	52	95*	1597	2037	2100	1632	347	97	109	155F
ECUADOR	30	4	8	8	1141	2425	743	1600	35	10	6	12
PARAGUAY	454	202	166	170F	1408	1099	1217	1206	635	222	202	205F
PERU	142	74	79	90F	1703	1294	1712	1944	246	95	135	175
VENEZUELA	63	39*	24*	18*	1312	748	849	1111	81	29	20	20F
ASIA (FMR)	17527	18437	17408	17676	1565	1540	1575	1643	27496	28385	27423	29037
ASIA		21095	20060	20280		1566	1635	1668		33035	32802	33828
AFGHANISTAN	48	60F	60F	60F	912	1100	1100	1100	43	66F	66F	66F
AZERBAIJAN		155	94	160F		729	1030	656		113	97	105
BANGLADESH	19	29*	35*	32*	2296	1340	1286	2063	43	39*	45*	66*
CHINA	5777	4459	3726	4027	2403	3028	3083	3240	13971	13503	11487	13050
INDIA	7599	9300	9000*	9000F	695	669	686	686	5282	6223*	6172F	6172F
INDONESIA	21	21*	21*	21*	1091	1286	1286	1286	23	27F	27F	27F
IRAN	218	229	215*	215F	1905	2004	2000	2000	414	460	430*	430F

表 45

種子付綿花 (Seed cotton)

	収穫面積：1000 HA				単位当り収量：KG/HA				生産量：1000 MT			
	1989-91	1998	1999	2000	1989-91	1998	1999	2000	1989-91	1998	1999	2000
IRAQ	15	19F	19F	12F	1390	1526	1474	1583	20	29F	28F	19F
ISRAEL	27	29	18*	18F	4006	4560	3578	3578	104	132	64	64F
KAZAKHSTAN		115	141	152		1410	1765	1700		162	249	258
KOREA D P RP	16	19F	19F	19F	1681	1763	1763	1763	27	34F	34F	34F
KOREA REP	1				972				1			
KYRGYZSTAN		32	35	34		2464	2515	2603		78	87	88
LAOS	7	7	4	5	1925	3110	2891	6830	14	23*	13*	32*
MYANMAR	149	256	260F	270F	416	639	608	652	62	164	158	176*
PAKISTAN	2699	2923	2983	2950*	1945	1535	1923	1944	5274	4485	5735	5735F
PHILIPPINES	16	4*	2*	2*	1139	797	899	882	19	3*	2*	2*
SYRIA	162	275	244	245F	2935	3707	3798	3796	476	1018	926	930F
TAJIKISTAN		245	317	242		1566	998	1213		384	316	294*
THAILAND	77	29F	25F	25F	1346	1469	1500	1500	104	43	37	37F
TURKEY	655	731	730*	730F	2463	2864	2947	2947	1606	2093	2151*	2151F
TURKMENISTAN		580	548	575		1219	1880	1810		707	1030	1040
UZBEKISTAN		1532	1517	1441		2093	2372	2086		3206	3600	3006
VIET NAM	11	24	22	19F	422	924	982	1011	5	22	22	19
YEMEN	12	23	24	26	785	1013	1038	1001	9	24	25	26
EUROPE (FMR)	357	533	542	513	2675	2871	2966	3010	954	1531	1607	1544
EUROPE		533	542	513		2871	2966	3010		1531	1607	1544
ALBANIA	9	1F	1F	1F	972	975	975	975	10	1F	1F	1F
BULGARIA	12	10	8	8F	1070	701	1125	1125	13	7	9	9F
GREECE	256	423	424	414	2690	2802	2793	3022	692	1187	1185*	1250*
ROMANIA	3				789				2			
SPAIN	77	99	109	91	3070	3405	3794	3138	237	336	412	284
YUGOSLAV SFR												
OCEANIA	238	381	446	487	3846	4136	3626	3667	911	1576	1617	1786
AUSTRALIA	238	381	446	487	3846	4136	3626	3667	911	1576	1617	1786
USSR	3185				2583				8225			

表 46

	綿実				オリーブ				オリーブ油合計			
	1989-91	1998	1999	2000	1989-91	1998	1999	2000	1989-91	1998	1999	2000
WORLD	34511	32531	33305	34384	10841	14486	13265	13599	2028	2507	2497	2649
AFRICA	2194	2421	2447	2536	1697	2114	2120	2165	293	291	350	326
ALGERIA					119	124	363	350F	16	16	58	51F
ANGOLA	8	8*	7F	7F								
BENIN	80	195	200F	240								
BOTSWANA	2	1F	2F	2F								
BURKINA FASO	104	185	175F	175F								
BURUNDI	4	2	2*	1*								
CAMEROON	63	80F	75*	80F								
CENT AFR REP	17	21F	15	15F								
CHAD	98	146	125F	125F								
CONGO, DEM R	21	16F	15F	15F								
CÔTE DIVOIRE	139	140F	140F	140F								
EGYPT	495	364	389F	389F	41	200F	205F	225F				
ETHIOPIA PDR	33											
ETHIOPIA		30*	30F	30F								
GAMBIA	1											
GHANA	8	26	25F	25F								
GUINEA	3	14F	19F	19F								
GUINEABISSAU	2	2F	3F	3F								
KENYA	19	10*	12*	14*								
LIBYA					71	190F	190F	190F	9	10	10	10
MADAGASCAR	20	23	20*	17*								
MALAWI	25	24*	25F	25F								
MALI	159	230F	220F	220F								
MOROCCO	18	1*			532	650	386	400*	68	66	67	46
MOZAMBIQUE	20	60*	60*	51								
NAMIBIA		2	3	3								
NIGER	2	4F	5F	5F								
NIGERIA	165	235F	260F	260F								
SENEGAL	22	17F	14F	14F								
SOMALIA	2	3F	3F	4F								
SOUTH AFRICA	92	60	77	43*								
SUDAN	203	106	94	157								
SWAZILAND	25	17	15	15F								
TANZANIA	111	76F	73	68*								
TOGO	55	91	91F	91F								
TUNISIA	1	2F	2*	1F	933	950	975	1000*	201	200	215	220F
UGANDA	14	29	44*	44F								
ZAMBIA	28	37*	42*	39*								
ZIMBABWE	136	163	163	199								
N C AMERICA	5718	5266	6006	5934	111	109	159	96	2	2	1	1
DOMINICAN RP	5											
EL SALVADOR	9	2*	2*	2F	3	4F	4F	4F	1	1	1	1
GUATEMALA	60	4*	1*	1F								
HAITI	2	1F	1F	1								
HONDURAS	3	1	1	1*								
MEXICO	285	388	233	85*	11	24	24F	24F	1			
NICARAGUA	40	3	3*	3F								
USA	5314	4867	5764	5841	97	82	132	68	1	1	1	1
SOUTHAMERICA	2416	1584	1544	1813	127	99	107	117	15	10	8	8
ARGENTINA	426	542*	337*	241*	96	88F	85F	95F	14	9	7	7
BOLIVIA	7	35*	38F	38F								
BRAZIL	1217	739*	890*	1206*								
CHILE					9	7	7F	7F	1	1	1	1
COLOMBIA	198	55*	61F	88F								
ECUADOR	21	6	3	3								
PARAGUAY	347	133*	121*	123F								
PERU	151	56F	81F	103F	19	1	11	11F				
URUGUAY					3	3F	3F	3F				
VENEZUELA	49	17	12	12*								
ASIA (FMR)	18187	18633	18151	19225	1229	2891	1371	1830	142	405	194	375
ASIA		21426	21435	22253		2892	1371	1831		405	194	375
AFGHANISTAN	29	44F	44F	44F	1	1F	1F	1F				
AZERBAIJAN		68	59F	66								
BANGLADESH	29	26*	30*	44*								
CHINA	9314	9002	7658	8700	3	3	4	4				

生産量：1000 MT

表 46

	綿　実				オリーブ				オリーブ油合計			
	1989-91	1998	1999	2000	1989-91	1998	1999	2000	1989-91	1998	1999	2000
CYPRUS					9	11	14	15	1	2	2	2F
GAZA STRIP					3	3F	3F	3F				
INDIA	3530	4150*	4115*	4115F								
INDONESIA	15	18	18	18								
IRAN	249	250*	250*	250F	14	26	23	23F	2	3	2	2
IRAQ	13	19F	19F	13F	10	14F	12F	10F				
ISRAEL	65	81	40	40F	26	32	23	23F				
JORDAN					43	138	65	166	7	19	19	19
KAZAKHSTAN		97	150*	155*								
KOREA D P RP	18	22F	23F	23F								
KYRGYZSTAN		45*	52*	53*								
LAOS	9	15*	9*	21*								
LEBANON					51	100	95F	105F	5	6	7	7
MYANMAR	42	109*	105*	118*								
PAKISTAN	3516	2990	3824	3824F								
PHILIPPINES	12	2*	1*	1*								
SYRIA	295	635	602	602F	269	785	401	750F	53	160	89	144F
TAJIKISTAN		226F	186F	210F								
THAILAND	65	27	23	23								
TURKEY	977	1212	1360*	1360F	747	1650	600F	600F	68	203	62	188
TURKMENISTAN		424*	618F	625F								
UZBEKISTAN		1932*	2220*	1920*								
VIET NAM	3	15	15	13								
YEMEN	6	16	16	17								
EUROPE (FMR)	544	823	892	802	7677	9271	9506	9389	1576	1799	1943	1938
EUROPE		823	892	802		9271	9506	9389		1799	1943	1938
ALBANIA	6	1F	1F	1F	25	47	42	48	3	4F	4F	4F
BULGARIA	9	5	6*	6F								
CROATIA						21	35	35F		3	2	2
FRANCE					11	17	17	18	2	3	3	3
GREECE	403	665*	700*	650*	1560	2068	1938	2000F	325	435	436	443*
ITALY					2638	2549	3750	2775F	545	500	747	528
PORTUGAL					324	286	327*	327F	46	38	52	52F
ROMANIA	1											
SLOVENIA						1	1	1F		1		
SPAIN	125	153	185	145*	3099	4279	3395	4183	651	814	699	905
YUGOSLAV SFR					18				3			
YUGOSLAVIA						4	2	2		1		
OCEANIA	570	1012	983	1046	1	1	2	2				
AUSTRALIA	570	1012	983	1046	1	1	2	2F				
USSR	4884											

生産量：1000 MT

表 47

	ココナッツ				コプラ				桐油			

生産量：1000 MT

	1989-91	1998	1999	2000	1989-91	1998	1999	2000	1989-91	1998	1999	2000
WORLD	40514	50331	45732	46482	4917	5470	4374	5338	74	81	83	88
AFRICA	1782	1844	1839	1703	216	212	209	209	1	1	1	1
BENIN	20	20F	20F	20F	3	3	3	3				
CAMEROON	4	5F	5F	5F	1	1F	1F	1F				
CAPE VERDE	6	5F	6F	6F								
COMOROS	50	75	75	75F	4	9F	8*	8F				
CÔTE DIVOIRE	320	193F	193F	193F	54	28	28	28F				
EQ GUINEA	8	5F	6	6F								
GHANA	221	310	305F	305F	9	12	12	12				
GUINEA	18	18F	18F	18F	2	2	2	2				
GUINEABISSAU	37	45F	46F	46F	7	9F	9F	9F				
KENYA	42	72F	65F	63F	6	11F	10F	10F				
LIBERIA	7	7F	7F	7F								
MADAGASCAR	84	84F	85F	84F	10	10	10	10		1F	1F	1F
MALAWI									1	1F	1F	1F
MAURITIUS	2	2	2F	2F								
MOZAMBIQUE	422	450F	435F	300F	70	76*	73*	73F				
NIGERIA	119	152	158	158F	14	18	19	19				
RÉUNION	2	2F	2F	2F								
SAO TOME PRN	30	27F	28F	29F	1	1F	1F	1F				
SENEGAL	5	5F	5F	5F								
SEYCHELLES	6	3F	3F	3F	1							
SIERRA LEONE	3	3F	3	3F								
SOMALIA	14	8F	9F	10F								
TANZANIA	350	340F	350F	350F	31	30	31	31				
TOGO	14	14F	14F	14F	2	2	2	2				
N C AMERICA	1664	1866	1711	1900	246	272	233	275				
BARBADOS	2	2F	2F	2F								
BELIZE	3	3F	3F	3F								
COSTA RICA	28	16	16F	16F	3	1	1	1				
CUBA	25	26F	26F	26F								
DOMINICA	13	11F	12F	12F	2	2F	2F	2F				
DOMINICAN RP	157	160	184	173	25	11*	11*	11				
EL SALVADOR	77	68	86	86F	3	7F	7F	7F				
GRENADA	8	7F	7F	7F	1	1F	1F	1F				
GUADELOUPE	1											
GUATEMALA	15	16F	16F	16F								
HAITI	34	30F	30F	27								
HONDURAS	19	20	21	15								
JAMAICA	87	115F	115F	115F	8	8F	8F	8F				
MARTINIQUE	1	1F	1F	1F								
MEXICO	1079	1303F	1100F	1313F	193	237	197	240*				
NICARAGUA	3	5F	5F	5F								
PANAMA	19	17F	17F	17								
PUERTO RICO	6	6F	6F	6F	1	1	1	1				
ST KITTS NEV	1	2	1	1								
ST LUCIA	27	12F	18F	12F	4	2	3	2F				
ST VINCENT	21	24F	24F	24F	1	2F	2F	2F				
TRINIDAD TOB	37	23F	23F	23F	4	2F	2F	2F				
SOUTHAMERICA	874	1856	2000	2114	31	25	23	26	18	10	10	10
ARGENTINA									9	4F	4F	4F
BRAZIL	481	1540	1723	1822	3	3*	4*	4F				
COLOMBIA	113	71	60	60F								
ECUADOR	38	23	22	37	6	3	3	6				
GUYANA	40	56	56F	56F	4	4*	4*	4F				
PARAGUAY									8	6F	6F	6F
PERU	15	23	26	25*								
SURINAME	11	9	9	9	2	1	1	1				
VENEZUELA	176	133	105	105F	16	13	10	10F				
ASIA (FMR)	34290	42758	38147	38651	4176	4701	3636	4546	54	70	72	77
ASIA		42758	38147	38651		4701	3636	4546		70	72	77
BANGLADESH	80	89	89	89F	13	15	15	15				
CAMBODIA	47	56F	56F	56F	8	11F	11F	11F				
CHINA	88	207	184F	182F	1	1	1	1	54	70F	72F	77F
INDIA	7228	11100	11100F	11100F	469	700*	725*	750*				
INDONESIA	12190	14341*	15529*	16235*	1267	1219	1320*	1380*				
MALAYSIA	1089	711*	683*	683F	92	13F	5F	5F				

表 47

	ココナッツ				コプラ				桐油			
						生産量：1000 MT						
	1989-91	1998	1999	2000	1989-91	1998	1999	2000	1989-91	1998	1999	2000
MALDIVES	12	14F	15F	16*	2	2	2	3				
MYANMAR	184	246	263	263F								
NEPAL			1F	1F								
PAKISTAN	1	2F	3F	3F								
PHILIPPINES	9176	11598	5761*	5761F	1979	2371	1175	2000*				
SINGAPORE	1											
SRI LANKA	1824	1916	1950F	1950F	106	70	64	64F				
THAILAND	1414	1372	1381	1373	65	89	86	86				
VIET NAM	956	1106	1134	940	173	210*	232*	232F				
OCEANIA	1904	2007	2035	2114	247	260	273	282				
AMER SAMOA	5	5F	5F	5F								
COCOS IS	6	6F	6F	6F	1	1F	1F	1F				
COOK IS	4	5	5F	5F								
FIJI ISLANDS	216	209	215F	215F	16	14	14F	14F				
FR POLYNESIA	93	63F	77F	77F	11	6	9F	9F				
GUAM	39	42F	42F	42F	2	2	2	2				
KIRIBATI	74	106*	85	77	8	12*	12	12F				
MICRONESIA		140F	140F	140F		18F	18F	18F				
NAURU	2	2F	2F	2F								
NEWCALEDONIA	14	15F	15F	15F								
NIUE	2	2F	2F	2F								
PACIFIC IS	140				18							
PAPUA N GUIN	665	695*	826*	826F	109	143*	170*	170F				
SAMOA	131	130F	130F	130F	16	11F	11F	11F				
SOLOMON IS	194	307*	318*	318F	31	27	23*	23F				
TOKELAU	3	3F	3F	3F								
TONGA	27	25F	25F	25F	2							
TUVALU	2	2F	2F	2F								
VANUATU	287	389*	276*	364*	33	43	31	40*				
WALLIS FUT I	2	2F	2F	2F								
USSR										1		

表 48

	パーム核				パーム油				大麻種子			
	生産量：1000 MT											
	1989-91	1998	1999	2000	1989-91	1998	1999	2000	1989-91	1998	1999	2000
WORLD	3621	5231	6042	6318	11369	18153	21024	21951	37	35	39	34
AFRICA	711	916	924	926	1614	1749	1783	1792				
ANGOLA	13	16F	15F	15F	44	54F	50F	50F				
BENIN	10	14F	14F	14F	18	10F	10F	10F				
BURUNDI	1	1	1	1	2	2F	2F	2F				
CAMEROON	53	60*	60*	60F	145	136*	133	140F				
CENT AFR REP	5	5F	3	3F	7	7F	3	4F				
CONGO, DEM R	73	63F	63F	63F	179	157F	157F	157F				
CONGO, REP	3	3F	3F	3F	16	16F	17F	17F				
CÔTE DIVOIRE	41	39F	35F	35F	236	240	242	242F				
EQ GUINEA	3	3F	3	3F	5	4F	5	5F				
GABON	1	1F	1F	1F	5	6F	6F	6F				
GAMBIA	2	2F	2F	2F	3	3F	3F	3F				
GHANA	31	40F	40F	40F	84	111	105F	105F				
GUINEA	43	52F	52F	52F	41	50	50F	50F				
GUINEABISSAU	9	8F	9F	9F	5	4F	5F	5F				
LIBERIA	6	10F	10F	10F	25	41F	42F	42F				
MADAGASCAR	2	2F	2F	2F	4	4F	4F	4F				
NIGERIA	366	545	562	562F	730	845	896	896F				
SAO TOME PRN	1	2F	2F	4F		1F	1	2				
SENEGAL	4	5F	5F	5F	4	6F	6F	6F				
SIERRA LEONE	31	26F	22	22F	50	40F	36	36F				
TANZANIA	6	7F	7	8F	5	6F	6	6F				
TOGO	8	14	14F	14F	7	7F	7F	7F				
N C AMERICA	38	95	93	97	173	280	277	372				
COSTA RICA	13	25*	23	25	74	109	109	134				
DOMINICAN RP	2	5*	6*	6F	8	25*	24*	24F				
GUATEMALA	5	34	34	34	8	47*	52*	52F				
HONDURAS	14	25*	23*	23*	77	88*	80*	150				
MEXICO	2	4*	5*	7*	2	3F	4F	4F				
NICARAGUA	1	2*	2*	2*	4	8*	8*	8F				
SOUTHAMERICA	301	284	278	288	511	862	868	979	1	1	1	1
BRAZIL	206	129	130F	130F	63	89*	93*	95F				
CHILE									1	1F	1F	1F
COLOMBIA	47	86	91*	97*	256	424	500*	516*				
ECUADOR	26	45	28	33	158	270	171	268				
PARAGUAY	17	11F	11F	11F	4	2F	2F	2F				
PERU	4	5F	6F	6F	24	34*	42F	38F				
SURINAME					2							
VENEZUELA	1	9	12	12	5	44	60	60F				
ASIA (FMR)	2519	3875	4672	4932	8896	14950	17768	18480	27	30	31	26
ASIA		3875	4672	4932		14950	17768	18480		30	31	26
CHINA	48	51F	51F	52F	188	205F	205F	208F	26	30F	31	26F
INDONESIA	602	1303	1490*	1600*	2345	5902	6250*	6900*				
MALAYSIA	1808	2428	3026	3175*	6097	8320	10554	10800*				
PHILIPPINES	14	14*	14*	14F	46	48*	52*	52F				
THAILAND	48	79*	91*	91F	220	475	707*	520*				
TURKEY									1			
EUROPE (FMR)									5	4	7	6
EUROPE										4	7	6
FRANCE									1	3F	6	5F
HUNGARY									1	1F	1F	1F
ROMANIA									3			
OCEANIA	52	61	75	75	174	312	327	327				
PAPUA N GUIN	47	54*	68*	68F	153	283	299	299F				
SOLOMON IS	5	7	7	7F	22	29	28	28F				
USSR									4			

表 49

	野菜およびメロン合計				果実類合計（メロンを除く）				木の実類合計			
	1989-91	1998	1999	2000	1989-91	1998	1999	2000	1989-91	1998	1999	2000
WORLD	459036	624271	652495	670591	353071	439087	461528	475141	4741	5941	6436	6201
AFRICA	32190	42320	44255	43887	49473	58530	59779	59315	398	706	792	762
ALGERIA	1867	2617	2846	2588F	1026	1323	1490	1491	13	22	26	25F
ANGOLA	250	263F	240F	240F	414	461F	423F	423F	1	1F	1F	1F
BENIN	211	285	301	234	180	190	221	221F	3	10F	10F	10F
BOTSWANA	17	15F	16F	17F	11	8F	10F	2F				
BURKINA FASO	229	231F	229F	229F	71	73F	73F	73F	1	1F	1F	1F
BURUNDI	210	215F	210F	200F	1638	1484	1595	1598				
CAMEROON	499	758	826	828	1876	2270	2365	2456				
CAPE VERDE	7	16	17F	17F	15	15F	15F	15F				
CENT AFR REP	60	76	81	83	202	252F	254F	255F				
CHAD	74	96F	95F	95F	109	113F	113F	113F				
COMOROS	5	6	6	6F	54	62	62	62F				
CONGO, DEM R	513	448	426F	426F	3321	3120	3038	3013				
CONGO, REP	42	42F	42F	42F	156	191	195F	195F				
CÔTE DIVOIRE	450	534	534F	534F	1627	1923	1956	1956F	13	34F	34F	34F
DJIBOUTI	22	23F	24F	24F								
EGYPT	8923	12191	13517	13563F	4456	6347	6636	6576F	5	7F	7F	7F
EQ GUINEA					16	18F	20	20F				
ETHIOPIA PDR	591				229				63			
ERITREA		32F	29F	25F		6F	5F	4F				
ETHIOPIA		596F	599F	575F		231F	231F	221F		69F	68F	65F
GABON	30	34F	35F	35F	268	298F	304F	304F				
GAMBIA	8	8F	8F	8F	4	4F	4F	4F				
GHANA	414	729	698F	698F	1147	2297	2449	2449F	1	9	9F	9F
GUINEA	432	476	476F	476F	840	996	994F	994F				
GUINEABISSAU	21	25F	25F	25F	62	72	74	74	27	40F	42F	42F
KENYA	629	689F	663F	649F	888	1056F	1021F	981F	13	16	13	9
LESOTHO	24	18F	19F	18F	18	13F	14F	13F				
LIBERIA	73	76F	76F	76F	111	143F	149F	149F	2	2F	2F	2F
LIBYA	706	864F	887F	905F	307	367	376	381	33	30F	31F	31F
MADAGASCAR	328	350F	356F	344F	790	848F	868F	854F	6	7F	7F	7F
MALAWI	252	254F	260F	256F	485	511F	521F	511F	2	2	2F	2F
MALI	307	346	320F	320F	15	46	41	41	1	1	1	1
MAURITANIA	11	12	12F	12F	12	16	23	25F				
MAURITIUS	43	81	77	85	8	12	10	9				
MOROCCO	2941	3714	3389	3231	2310	2732	2590	2578	63	71	101	77
MOZAMBIQUE	197	180	187	126F	368	378F	386F	260F	35	52	59	35F
NAMIBIA	9	8F	10F	11F	10	9F	10F	11F				
NIGER	274	286	286F	286F	44	48F	48F	48F				
NIGERIA	4272	7543	7783	7783F	6644	8692	8900	8900F	37	157	181	181F
RÉUNION	45	67F	67F	68F	44	49F	49F	49F				
RWANDA	131	133F	154F	261	3020	2683	2956	2272				
SAO TOME PRN	3	6F	6F	6F	10	19F	20F	21F				
SENEGAL	197	406	396	396F	105	135	131	131	4	10F	18F	18F
SEYCHELLES	2	2F	2F	2F	2	2F	2F	2F				
SIERRA LEONE	189	187F	195F	182F	163	161F	163	163F				
SOMALIA	65	68F	71F	73F	271	201F	206F	216F				
SOUTH AFRICA	2021	2171	2253	2270F	3744	4358	4808	4760	2	7F	9F	9F
SUDAN	922	1116F	1120F	1134F	773	960F	964F	973F				
SWAZILAND	13	11F	11F	11F	141	70	95F	99F				
TANZANIA	1185	1148F	1159	1166F	2093	2113	2066	1874	28	99	113	136
TOGO	152	136F	131F	131F	49	49	49	49				
TUNISIA	1477	1834	2146	2154	670	863	892	933	43	60	59	61
UGANDA	421	509	529	549	8384	9963	9599	10195				
ZAMBIA	274	250F	263F	270F	105	95F	99F	101F				
ZIMBABWE	153	141	150F	147F	170	185	197F	200F	1	1F	1F	1F
N C AMERICA	42107	48265	53855	52357	47385	57010	53602	58227	877	897	1279	1002
ANTIGUA BARB	2	2F	2F	2F	9	8F	8F	8F				
BAHAMAS	27	21	22	21	12	25	30	22				
BARBADOS	7	12F	12F	12F	3	3F	3F	3F				
BELIZE	5	5F	5F	5F	134	293	311	311F				
BERMUDA	3	3F	3F	3F								
CANADA	2036	2317	2321	2156	752	726	913	785				
COSTA RICA	116	248	263	334	2119	3578	3811	3267	2	3	2*	2*
CUBA	509	341	378	378F	1424	1323	1343	1343F				
DOMINICA	6	6F	6F	6F	97	71	72F	72F				
DOMINICAN RP	245	415	568	458	1560	1344	1241	1299	1	1F	1F	1F
EL SALVADOR	146	93	137	145	290	213	235	227	2	4F	4F	4F
GRENADA	2	3F	3F	3F	26	17	18	18				
GUADELOUPE	24	23F	23F	23F	129	159F	159F	159F				

表 49

| | 野菜およびメロン合計 | | | | 果実類合計（メロンを除く） | | | | 木の実類合計 | | | |

生産量：1000 MT

	1989-91	1998	1999	2000	1989-91	1998	1999	2000	1989-91	1998	1999	2000
GUATEMALA	511	544F	523	523F	983	1411	1263	1263F	13	15*	21*	7*
HAITI	277	218	218F	226	1005	968	971F	1037				
HONDURAS	197	370	273	269	1399	1324	1351	945				
JAMAICA	108	184	190	190F	383	416	416	416F				
MARTINIQUE	24	28	28	28	273	356F	356F	356F				
MEXICO	6604	8878	9641	9621	9430	11730	11390	12363	38	82	64	65
MONTSERRAT					1	1F	1F	1F				
NICARAGUA	35	26	26	31	303	252	240	260				
PANAMA	65	116	98	162	1225	840	944F	1062				
PUERTO RICO	43	31F	31F	31F	255	179F	179F	179F				
ST KITTS NEV		1	1	1	1	1F	1F	1F				
ST LUCIA	1	1F	1F	1F	176	115	128F	128F				
ST VINCENT	3	4F	4F	4F	78	49	46F	49F				
TRINIDAD TOB	17	25	25	25	62	76F	80F	80F		1	1F	1F
USA	31092	34350	39053	37698	25256	31531	28090	32570	821	791	1186	922
SOUTHAMERICA	14398	17785	19023	19252	55277	66511	72299	73824	247	171	259	282
ARGENTINA	2802	3231	3410F	3480F	5915	6772	6725	6531	8	9F	9F	9F
BOLIVIA	384	483	519	587	853	994	1041	1356	39	62	69	69
BRAZIL	5605	6618	7255	7138	30895	36033	38628	39910	184	81	159	183
CHILE	1943	2522	2591	2636	2596	3905	4118	3781	10	13	14	14
COLOMBIA	1433	1160F	1325	1325F	5024	6436	6732	6732F				
ECUADOR	369	363	302	418	4446	5618	8025	8368				
FR GUIANA	9	20	20	20	7	13F	13F	13F				
GUYANA	10	9	9F	9F	49	40	40F	40F				
PARAGUAY	268	296	300	302F	523	522	550	533F				
PERU	918	1720	1891	1947	1922	2927	3246	3431	6	5	8	8F
SURINAME	26	21	21	21	75	67	80	81				
URUGUAY	117	149	158	147	394	613	593	541				
VENEZUELA	514	1193	1223	1223F	2579	2570	2508	2508				
ASIA (FMR)	266447	414247	429257	447748	114554	178613	193252	199399	2079	3105	2912	3021
ASIA		421408	437765	456565		181383	195971	202834		3167	2978	3087
AFGHANISTAN	466	632F	652F	652F	644	615	615F	615F	17	19F	18F	18F
ARMENIA		456	538	395		232	203	227		1F	1F	1F
AZERBAIJAN		582	877	917		535	550	481		7F	7F	7F
BAHRAIN	10	12	12	12	14	22F	22	22				
BANGLADESH	1332	1572	1785	1785F	1329	1405	1340	1340F				
BHUTAN	9	10F	10F	10F	64	64F	64F	64F				
BRUNEI DARSM	8	9F	9F	9F	5	5F	6F	6F				
CAMBODIA	472	465F	470F	470F	239	317F	320F	320F	1	2F	3F	3F
CHINA	128265	251340	260136	278592	21900	56686	64836	70432	335	492	499	525
CYPRUS	125	149	157	143	369	296	298	281	2	2	2	2F
GAZA STRIP	140	158	158	158	168	137	137	137	2	2F	2F	2F
GEORGIA		412	525	634		603	572	564		34	36F	36F
INDIA	48971	57096	61698	61698F	27138	44570	49199	49199F	303	470	478	481
INDONESIA	4336	5951	6397	6397F	5497	7020	7478	7478F	72	137	145F	145F
IRAN	7743	12329	12331	12863F	7088	10960	11445	11550F	292	586	383	452F
IRAQ	2855	3017F	2356F	1908F	1457	1578F	1330	1215F	5	5F	4F	4F
ISRAEL	1143	1653	1705	1705F	1715	1453	1230	1343	4	6	6	6F
JAPAN	14471	12644	12854	12851	4837	3905	4285	4306	37	26	26	26F
JORDAN	709	817	808	781	247	312	222	225	1	1	1	1
KAZAKHSTAN		1386	1657	2192		69	124	106				
KOREA D P RP	4344	3583F	3595F	3810F	1304	1320F	1345F	1350F	13	14F	13F	14F
KOREA REP	9729	10906	10980	10980F	2019	2325	2468	2468	93	124	109	109F
KUWAIT	92	120	121	130	2	8	9	10				
KYRGYZSTAN		590	767	732		120	119	130		2F	2F	2F
LAOS	89	150	269	288	130	171	173F	173F				
LEBANON	798	1294	1259F	1324F	1223	1294	1278F	1313F	17	45	37F	41F
MALAYSIA	334	559F	488F	488F	1126	1074F	1066F	1066F	12	13F	13F	13F
MALDIVES	20	26F	28F	28	9	9F	10F	10	1	2F	2F	2F
MONGOLIA	42	46	47	47F								
MYANMAR	2027	2978	3332	3369	957	1289	1353	1284				
NEPAL	962	1414	1252	1252F	457	415	457	457F				
OMAN	155	173F	173F	173F	184	210F	210F	210F				
PAKISTAN	3193	4462	4539	5042	3871	5491	5398	5409	55	73	74	74F
PHILIPPINES	4211	4605	4723	4726	8341	9158	9543	9804	7	18F	20F	20F
QATAR	30	48	53	55F	8	18	18	18F				
SAUDI ARABIA	1987	2181	1821	1821F	832	1151	1192	1192F				
SINGAPORE	8	5	5	5	1							
SRI LANKA	579	590	657	650	743	833	834	834	10	15F	15F	15F
SYRIA	1690	2044	1825	1886F	1370	2102	1777	1880F	50	119	104	114F
TAJIKISTAN		368	426	490F		143	114*	299F		6F	6F	6F

表 49

	野菜およびメロン合計				果実類合計（メロンを除く）				木の実類合計			

生産量：1000 MT

	1989-91	1998	1999	2000	1989-91	1998	1999	2000	1989-91	1998	1999	2000
THAILAND	2514	2798	2775	2782	6371	6928	7610	7538	27	40F	42F	42F
TURKEY	17963	21725	23099	22099	9117	10480	10610	10610F	694	827	861	831
TURKMENISTAN		496	522	363F		189	195	206F		2F	2F	2F
UNTD ARAB EM	270	1052	1097	1129	205	349	364	378				
UZBEKISTAN		2873	3198	3095		880	843	1422		10F	11F	11F
VIET NAM	3625	4839F	4839F	4849F	3096	3936	3972	4098	25	58	45	73
YEMEN	536	568	514	553	314	555	584	613				
EUROPE (FMR)	69254	72522	73713	72102	67913	65495	70266	69320	982	853	974	912
EUROPE		91298	94385	95284		70620	74625	75650		960	1086	1026
ALBANIA	377	626	630	652	153	125	127	133	4	3F	3F	3F
AUSTRIA	455	631	613	613F	946	1042	1039	1036F	10	14	15	15F
BELARUS		1273	1306	1247F		206	191	262F		14F	15F	15F
BEL-LUX	1438	1756	1838	1784F	372	651	811	735		1	1F	1F
BOSNIA HERZG		704	698	689F		124	137	146		4F	4F	4F
BULGARIA	1792	1747	1766	1766F	1576	728	664	743	30	8	9	9
CROATIA		467	504	504F		646	565	565F		7	8	8F
CZECHOSLOVAK	1185				978				17			
CZECH REP		526	548	492		486	484	557		5	6	6
DENMARK	304	308	309	309	88	51	84	84				
ESTONIA		58	52	55		15	18	20				
FINLAND	205	215	239	239	22	21	23	23				
FRANCE	7628	7984	8003	7938	10561	10340	11701	11137	43	45	51	51
GERMANY	2867	2540	2619	2499F	4752	5066	5355	4793F	10	15	15	15
GREECE	4070	4240	4276	4124	4005	3562	4160	4010	105	74	88	85
HUNGARY	1937	1810	1987	1279	2184	1574	1409	1309	10	8	9	9F
ICELAND	2	3	4	4								
IRELAND	235	216	216	216	24	19	19	19				
ITALY	14436	14729	15367	15338	17569	17027	18428	19413	302	297	322	330
LATVIA		121	130	127		29	45	52				
LITHUANIA		399	300	321		120	119	79				
MACEDONIA		524	523	523F		359	357F	357F		3	3F	3F
MALTA	52	68	65	64	14	11	8	8				
MOLDOVA REP		484	449	583		702	596	749		14	10	10F
NETHERLANDS	3470	3490	3711	3711F	507	715	756	756				
NORWAY	182	135	143	144	100	32	28	28				
POLAND	5797	6387	5726	5700	1792	2518	2386	2131		2*	2F	2F
PORTUGAL	2063	2464	2418	2369	2176	1299	1937	1713	52	41	44	41F
ROMANIA	3215	3509	3903	4105F	2295	1882	2061	1947	23	33	26	26F
RUSSIAN FED		10928	12689	14809		2606	2354	2608F		32	36F	38F
SLOVAKIA		504	581	411		293	246	254		9F	9F	9F
SLOVENIA		106	104F	104F		250	206	206F		2	2	2F
SPAIN	11026	11903	12211	11822	13503	14023	15307	14971	335	261	332	266
SWEDEN	261	309	310	310F	171	94	94F	94F				
SWITZERLAND	308	309	293	292F	634	796	521	727	2	4F	3F	3F
UK	3580	2914	2964	2996	515	279	347	307				
UKRAINE		5515	5747	6040F		1448	1036	2561F		48	51F	51F
YUGOSLAV SFR	2369				2977				39			
YUGOSLAVIA		1399	1143	1106		1481	1006	1116		18	23	25
OCEANIA	2507	3194	3211	3247	4378	5033	5253	5292	20	40	43	43
AMER SAMOA					1	1F	1F	1F				
AUSTRALIA	1504	1805	1799	1799F	2345	2767	2918	3016	15	34	37	37F
COOK IS	1	2	2F	2F	6	6	5	5F				
FIJI ISLANDS	9	17	18F	18F	13	13	13F	13F				
FR POLYNESIA	7	6	7F	7F	8	6	7F	7F				
GUAM	4	5	5	5	2	2	2	2				
KIRIBATI	4	5F	6F	6F	5	6F	6	6				
NEWCALEDONIA	5	4	4	4F	4	5	3	3F				
NEW ZEALAND	576	940	959	995	806	956	983	925				
NIUE					1	1	1	1				
PACIFIC IS	3				3							
PAPUA N GUIN	357	386F	387F	387F	1076	1170F	1213F	1213F	5	5F	5F	5F
SAMOA	1	1F	1F	1F	51	43F	43F	43F				
SOLOMON IS	6	7F	7F	7F	15	16F	16F	16F				
TONGA	20	7	7	7	15	13F	13F	13F				
TUVALU					1	1F	1F	1F				
VANUATU	8	10F	10F	10F	18	20	20F	20F				
WALLIS FUT I	1	1F	1F	1F	9	9F	9F	9F				
USSR	32134				14091				138			

表 50

キャベツ

	収穫面積：1000 HA				単位当り収量：KG/HA				生産量：1000 MT			
	1989-91	1998	1999	2000	1989-91	1998	1999	2000	1989-91	1998	1999	2000
WORLD	1688	2241	2382	3270	23359	21634	21279	16249	39429	48474	50693	53140
AFRICA	34	41	42	42	23425	23518	18811	22876	793	964	788	951
ALGERIA	2	2	2	2F	8291	9013	9636	10000	15	19	22	22F
CAMEROON	2	3F	3	3F	12241	12857	12559	12333	22	36F	38	37F
CAPE VERDE					23463	24000	24000	24000	2	6F	6F	6F
CONGO, DEM R	1	1F	1F	1F	20513	20833	20909	20909	27	25F	23F	23F
EGYPT	14	18	18F	19F	26892	29200	18255	27027	384	526	332*	500F
ETHIOPIA PDR	3				15370				49			
ETHIOPIA		4F	4F	4F		14571	14857	13714		51F	52F	48F
KENYA										1F	1F	1F
LIBYA					14898	16905	16364	16087	4	4F	4F	4F
MADAGASCAR	1	1F	1F	1F	17616	18493	18667	18571	10	14F	14F	13F
MALAWI	3	3F	3F	3F	10790	10000	10000	10000	27	28F	29F	28F
MAURITIUS					21546	17599	22794	23784	3	6	8	9
MOROCCO	1	1	2	1	16078	20593	22314	29922	18	28	37	38
RÉUNION		1F	1F	1F	22009	14737	14737	14737	7	14F	14F	14F
SOUTH AFRICA	6	6F	6F	6F	36619	33105	33232	33333	220	199	199	200F
TOGO										1F	1F	1F
TUNISIA		1F	1F	1F	12676	11429	11429	11429	6	8F	8F	8F
N C AMERICA	105	123	128	946	20121	21256	21230	3017	2116	2625	2724	2854
BARBADOS						7500	7500	7500		1F	1F	1F
CANADA	5	8	9	8	27231	21668	20622	20143	144	180	180	167
COSTA RICA	1	1F	1F	1F	7505	7385	7385	7385	9	10F	10F	10F
CUBA	2	2F	2F	2F	13556	15556	15000	15000	24	28F	30F	30F
DOMINICA					10078	10000	10000	10000	1	1F	1F	1F
DOMINICAN RP					15978	14516	14516	14219	5	5F	5F	5F
EL SALVADOR					8000	8000	8000	8000	1	1F	1F	1F
GUADELOUPE					30350	8942	8942	8942	3	2F	2F	2F
GUATEMALA	3	3F	3F	3F	10367	11515	11176	11176	28	38F	38F	38F
HAITI	1	1	1F	2	5682	6000	6000	6000	7	6	6F	9
HONDURAS	1	2	1	1F	19172	30760	30941	31148	21	50	38	38F
JAMAICA	1	1	1	1F	13102	15755	18524	18524	17	23	27	27F
MARTINIQUE					10767	15000	15000	15000	1	1F	1F	1F
MEXICO	6	6	6F	6F	31829	34111	33884	33884	188	207	205F	205F
NICARAGUA	7	8F	8F	8F	1553	1538	1582	1625	11	12F	13F	13F
PANAMA					15135	13600	13600	13600	3	3F	3F	3
PUERTO RICO					23511	24286	24286	24286	1	1F	1F	1F
TRINIDAD TOB					19762	20462	20462	20462	2	3	3F	3F
USA	76	89	94	911	21617	22971	23025	2523	1650	2053	2160	2299
SOUTHAMERICA	36	58	59	59	10469	7369	7965	8122	371	425	468	478
BOLIVIA	2	1	1	1	9139	10303	10296	10294	15	14	14	14
CHILE	2	2	2	2F	30000	26999	28233	28233	61	64	62F	62F
COLOMBIA	27	46F	47F	47F	7960	4565	5319	5319	214	210F	250F	250F
ECUADOR		1	1	1	10175	9123	4478	10500	5	9	4	11
FR GUIANA						14253	14253	14253		5F	5F	5F
GUYANA					5872	5706	5625	5625	1	1	1F	1F
PERU	3	4	4	4F	13881	13212	13553	14447	39	49	52	55*
SURINAME					22833	15900	13111	13333	2	1	1	1
URUGUAY					8128	8387	8387	8438	3	3F	3F	3F
VENEZUELA	1	2	3F	3F	22969	29972	29705	29705	31	69	77	77F
ASIA (FMR)	819	1417	1520	1571	24537	22085	21323	21584	20090	31290	32414	33900
ASIA		1478	1591	1648		22061	21318	21476		32613	33918	35397
ARMENIA		4*	4*	4F		22550	26750	12500		90*	107*	50
AZERBAIJAN		2*	4*	5F		16698	13255	12040		33	46	60
BAHRAIN					20311	20438	19840	20407	1	1	1	1
BANGLADESH	8	11	11	11F	8250	10253	10149	10149	65	113	115	115F
CHINA	356	871F	974F	1024F	23107	20324	19268	19744	8242	17703F	18759F	20209F
CYPRUS					32018	36667	36875	36875	4	6	6	6F
GAZA STRIP					30438	33333	33333	33333	5	6F	6F	6F
GEORGIA		13*	14*	16		6400	7286	8065		80	102*	125
INDIA	171	230F	235F	235F	14656	18261	18085	18085	2504	4200F	4250F	4250F
INDONESIA	51	69	65	65F	19456	24006	26861	26861	991	1660	1750F	1750F
IRAN										20F	20F	20F
IRAQ	1	1F	1F	1F	10819	16154	12308	9231	12	21F	16F	12F
ISRAEL	1	2	2F	2F	35249	29312	28647	28647	51	55	49	49F
JAPAN	70	61	61	61F	40332	39167	41872	41872	2815	2397	2550	2550F
JORDAN	1	1	2	2F	36062	25694	22338	26667	19	15	35	40F

表 50

キャベツ

収穫面積：1000 HA　　　　単位当り収量：KG/HA　　　　生産量：1000 MT

	1989-91	1998	1999	2000	1989-91	1998	1999	2000	1989-91	1998	1999	2000
KAZAKHSTAN		14	16*	17F		11471	12025	12121		165	196*	200F
KOREA D P RP	40	40F	40F	40F	22535	15625	15625	15750	900	625F	625F	630F
KOREA REP	48	51	50	50F	64689	58295	55321	55321	3129	2992	2755	2755F
KUWAIT					41151	44286	42907	40625	2	3	3	3F
KYRGYZSTAN		4	6	6		16064	15956	17329		72	89	101
LEBANON	3	3	3	3F	18997	25989	24038	26000	49	81	75F	83F
MALAYSIA	1	1F	1F	1F	23526	38462	36154	36154	32	50F	47F	47F
PAKISTAN	2	4	4	4F	12565	15189	15312	15312	26	60	62	62F
PHILIPPINES	10	8	8	8	14461	11617	11466	11481	140	88	88	88F
QATAR					13811	15486	15024	15000	1	2	2	2F
SRI LANKA	3	4	4	4F	17512	13443	13621	13621	46	47	52	52F
SYRIA	3	3	3	3F	19203	22129	19970	22667	48	72	53	68F
TAJIKISTAN		4*	5F	5F		7143	7556	9375		30*	34*	45F
THAILAND	18	19F	19F	19F	11048	11892	10753	10753	193	220F	200F	200F
TURKEY	28	32F	32F	32F	23922	22250	22875	22875	674	712	732F	732F
TURKMENISTAN		5F	5F	6F		6200	5860	5833		28	29	35F
UNTD ARAB EM	1	1	1	1F	57454	36200	38456	41523	43	31	54	58
UZBEKISTAN		16*	18*	20F		53226	50000	44100		825*	900*	882*
VIET NAM	4	5F	5F	5F	23286	23043	23043	23043	95	106F	106F	106F
YEMEN					8479	9222	9222	9222	1	1F	1F	1F
EUROPE (FMR)	300	276	277	276	23672	26174	25409	25208	7103	7231	7041	6952
EUROPE		537	559	573		21872	22702	23324		11746	12697	13362
AUSTRIA	1	2	2	2F	50194	46474	44696	44696	55	87	78	78F
BELARUS		24	25	28F		17088	17628	18750		410	446	525F
BEL-LUX	3	4	4F	4F	23465	19079	25321	22500	81	73	101	90F
BOSNIA HERZG		13F	15F	16F		7405	7586	7500		97F	110F	120F
BULGARIA	4	8	9F	9F	29856	16926	16471	16471	125	143	140F	140F
CROATIA		9	10	10F		14023	14846	14846		130	144	144F
CZECHOSLOVAK	9				30172				284			
CZECH REP		4	4	4		34941	35020	35654		137	133	134
DENMARK	1	1	1F	1F	35595	27727	28182	28182	50	31	31F	31F
ESTONIA		2	2	3F		11824	12528	7333		18	19	22
FINLAND	1	1	2	2F	25539	19016	21288	21288	34	28	32	32
FRANCE	9	10	11	11F	24457	22745	22524	22642	231	232	239	240F
GERMANY	19	14	14	12	40501	51614	55155	53171	773	726	791	628F
GREECE	8	9	10*	9F	23076	23483	21212	23333	188	209	210F	210F
HUNGARY	14	7	7	6F	13996	27392	27065	18182	142	195	192	100F
ICELAND						34550	27600	28000		1	1	1
IRELAND	2	2F	2F	2F	39774	34000	34000	34000	65	51	51F	51F
ITALY	26	25	26	25	19081	19324	19162	18963	491	477	492	483
LATVIA		4	4	4*		14759	18659	14842		55	65	66
LITHUANIA		8	6	6		22618	19933	21526		172	120	123
MACEDONIA		4	4F	4F		18391	18405	18405		68	68F	68F
MALTA					29000	43960	44310	40040	3	4	4	4
MOLDOVA REP		5	6	6F		13286	9138	17500		68	50	105*
NETHERLANDS	8	9	9F	9F	33259	33412	33412	33412	266	284	284F	284F
NORWAY	1	1	1	1F	31840	35406	36660	37636	44	21	19	21
POLAND	53	51	47	48	32669	39606	36070	39229	1738	2020	1709	1899
PORTUGAL	8	8F	8F	8F	20833	17500	17500	17500	167	140F	140F	140F
ROMANIA	26	37	39	40F	27059	22514	23341	25000	682	838	906*	1000F
RUSSIAN FED		152	176	180F		18612	22343	25000		2825	3941	4500*
SLOVAKIA		6	7	7		26381	26477	13257		158	198	99
SLOVENIA		2	2F	2F		32782	32969	32969		63	63F	63F
SPAIN	19	12	11	11	25031	28797	28175	28046	485	340	321	306
SWEDEN		1	1F	1F	58048	43028	43028	43028	27	22	22F	22F
SWITZERLAND					22559	22888	18442	18442	8	11	9	9F
UK	31	10	10	10F	16604	28360	26184	26233	521	284	270	270
UKRAINE		67	64*	70F		14433	15859	15286		967	1015*	1070F
YUGOSLAV SFR	53				12273				646			
YUGOSLAVIA		27	24	25		13444	11750	11534		363	282	285
OCEANIA	4	3	3	3	32050	31936	32069	32069	119	102	98	98
AUSTRALIA	3	2	2F	2F	31693	30909	32222	32222	84	63	58F	58F
FIJI ISLANDS						8432	9333	9333		1	1F	1F
FR POLYNESIA					11608	10388	11111	11111	1	1	1F	1F
NEW ZEALAND	1	1	1F	1F	33989	37500	35000	35000	34	38	39F	39F
USSR	391				22644				8837			

表 51

アーティチョーク

	収穫面積：1000 HA				単位当り収量：KG/HA				生産量：1000 MT			
	1989-91	1998	1999	2000	1989-91	1998	1999	2000	1989-91	1998	1999	2000
WORLD	115	119	119	121	11555	10421	10166	10689	1329	1237	1208	1294
AFRICA	7	13	12	13	16105	10590	11409	11846	113	135	135	159
ALGERIA	1	5	4	4F	5362	8391	8144	8750	6	45	30	35F
EGYPT	3	2	3F	4F	25913	17056	17813	17143	75	40	57F	60F
MOROCCO	1	2	2	3	13924	11164	13085	13186	20	26	28	41
TUNISIA	2	3*	3*	3F	7479	8519	6786	7857	12	23	19	22*
N C AMERICA	4	4	4	4	12899	10259	12789	12839	55	44	56	54
MEXICO						12068	12105	12105		5	5	5
USA	4	4	4	4	13041	10076	12854	12911	55	40	51	50
SOUTHAMERICA	6	7	8	8	14943	14159	14444	14274	90	103	113	113
ARGENTINA	4	4F	5F	5F	20000	18750	18889	18889	71	75F	85F	85F
CHILE	2	3	3	3	7500	7750	7724	7500	18	24	24F	24F
PERU					8797	19855	18816	18816	1	4	4	4F
ASIA (FMR)	2	10	10	11	11997	7224	7723	7524	22	73	79	81
ASIA		10	10	11		7224	7723	7524		73	79	81
CHINA		6F	6F	7F		3333	4167	4154		20F	25F	27F
CYPRUS					20774	19394	21212	18182	3	3	4	3
IRAN										1F	1F	1F
ISRAEL	1	1*	1*	1F	8593	11000	10000	10000	4	6*	5*	5F
LEBANON		1	1F	1F	15864	17301	17194	17194	4	12	12F	12F
SYRIA					17324	10998	10643	11059	1	5	4	5F
TURKEY	1	2F	3F	3F	11431	11522	11400	11400	10	27	29F	29F
EUROPE (FMR)	96	84	84	85	10946	10463	9758	10468	1049	882	825	887
EUROPE		84	84	85		10463	9758	10468		882	825	887
FRANCE	15	14	13	12	6434	6261	5708	5255	95	85	75	64
GREECE	3	2	2F	2F	10900	9875	10000	10000	30	24	23F	23F
ITALY	48	50	51	50	10385	10205	9268	10241	502	509	472	515
SPAIN	30	18	18	20	14006	14331	14050	14302	422	265	254	285

表 52

トマト

	収穫面積：1000 HA				単位当り収量：KG/HA				生産量：1000 MT			
	1989-91	1998	1999	2000	1989-91	1998	1999	2000	1989-91	1998	1999	2000
WORLD	2910	3478	3616	3593	25945	26522	27958	27507	75410	92250	101101	98846
AFRICA	427	572	578	585	18388	19641	20623	19972	7847	11231	11929	11680
ALGERIA	36	46	55	55F	13522	16294	17294	14545	483	752	955	800F
ANGOLA	4	4F	3F	3F	3667	3750	3667	3667	13	15F	11F	11F
BENIN	13	20	21	15F	5282	5256	5235	4492	69	106	108	67
BURKINA FASO	2	1F	1F	1F	14766	11250	11250	11250	24	9F	9F	9F
CAMEROON	14	16F	16F	16F	4016	4479	4516	4516	58	69	70F	70F
CAPE VERDE					12853	17345	19091	19091	1	4	4F	4F
COMOROS						9000	8955	8955		1	1	1F
CONGO, DEM R	7	6	5F	5F	5412	7291	7037	7037	40	41	38F	38F
CONGO, REP	1	1F	1F	1F	7667	7462	7538	7538	9	10F	10F	10F
CÔTE DIVOIRE	4	13F	13F	13F	10016	10012	10000	10000	39	130	130F	130F
DJIBOUTI										1	1F	1F
EGYPT	157	177	170F	180F	25698	32460	36904	35302	4009	5753	6274	6354F
ETHIOPIA PDR	4				12543				49			
ETHIOPIA		4F	4F	4F		12326	12558	11905		53F	54F	50F
GHANA	18	21	21F	21F	5092	10246	10238	10238	91	216	215F	215F
KENYA	2	3F	3F	3F	12896	12692	12400	12000	30	33F	31F	30F
LIBERIA					10000	10000	10000	10000	1	1F	1F	1F
LIBYA	11	18F	19F	19F	13850	13222	13243	13158	152	238F	245F	250F
MADAGASCAR	2	3F	3F	3F	9610	9000	9200	8800	18	23F	23F	22F
MALAWI	4	4F	4F	4F	9217	8750	8780	8750	35	35F	36F	35F
MALI	1	1	1F	1F	20000	46099	37333	37333	20	34	28F	28F
MAURITIUS	1	1	1F	1F	11252	10316	9455	10556	10	11	8	10
MOROCCO	24	26	18	21	34503	47420	48675	37188	835	1242	857	764
MOZAMBIQUE	2	2F	3F	2F	9539	8750	8800	7895	18	21F	22F	15F
NIGER	4	4F	4F	4F	18975	15500	16250	16250	67	62*	65F	65F
NIGERIA	38	115	126	126F	10000	6965	6976	6976	375	801	879	879F
RÉUNION		1F	1F	1F	14914	12105	12105	12632	3	12F	12F	12F
SENEGAL	2	1F	1F	1F	31158	19275	19500	19500	48	19	20F	20F
SIERRA LEONE	3	3F	3	1	8286	9715	9929	9926	23	27F	25F	12F
SOUTH AFRICA	15	13F	14F	14F	29890	32398	31915	32000	454	421	431	432F
SUDAN	15	20F	20F	21F	11847	11950	12000	11805	182	239F	240F	242F
SWAZILAND					13778	12857	12500	12593	4	4F	4F	3F
TANZANIA	14	17F	18	18F	7589	7803	7857	7778	105	135F	139	140F
TOGO	2	1F	1F	1F	3783	4080	4000	4000	9	5F	5F	5F
TUNISIA	21	23*	25F	25F	24605	28455	37200	36200	517	663	930	905*
UGANDA	2	2F	2F	2F	5835	6316	6500	6667	11	12F	13F	14F
ZAMBIA	3	2F	2F	3F	10746	10000	10000	10000	29	22F	24F	25F
ZIMBABWE	2	2	2F	2F	7254	6111	6667	6111	15	11	12F	11F
N C AMERICA	367	301	341	309	38780	45090	50624	48746	14227	13575	17248	15072
BAHAMAS	1				13638	14545	17765	15765	8	3F	4	3
BARBADOS						7647	7647	7647		1F	1F	1F
CANADA	14	8	9	8F	43787	76906	77860	79290	606	639	683	670*
COSTA RICA	1	1	1	1	22396	24903	25890	29211	14	32	21	31
CUBA	32	20	27	27F	6332	5698	4817	4817	200	112	129	129F
DOMINICAN RP	6	8	11	10	19096	35832	36438	27589	122	278	386	286
EL SALVADOR	2	1	1	1	11866	16192	28079	29090	21	11	29	29
GUADELOUPE					16755	16042	16042	16042	3	3F	3F	3F
GUATEMALA	6	5F	5F	5F	23022	26923	28276	28276	136	140F	150	150F
HAITI				1	14727	15500	15500	10000	3	3F	3F	6
HONDURAS	4	4F	4	2	11878	9158	10053	19304	42	40	43	32
JAMAICA	1	1	1	1F	11651	15141	17863	17863	13	18	22	22F
MARTINIQUE					9518	16538	16538	16538	3	4F	4F	4F
MEXICO	102	79	83	81	20963	28583	29280	29720	2142	2252	2431	2401
NICARAGUA	1				17821	10905	10788	14600	11	2	2	6
PANAMA	1	1F	1F		20252	14771	12346	34442	30	15	12	17
PUERTO RICO	1	1F	1F	1F	13174	12856	12856	12856	16	10F	10F	10F
TRINIDAD TOB					10903	11057	12571	12571	2	2	3	3F
USA	194	171	196	169	55900	58656	68055	66572	10855	10009	13311	11270
SOUTHAMERICA	156	154	157	155	28859	36260	39201	39087	4490	5587	6139	6054
ARGENTINA	29	21	22F	22F	24479	30182	30233	30000	701	647	650F	660F
BOLIVIA	4	6	7	9	10146	12316	12417	15886	41	80	84	137
BRAZIL	62	64	65	58	36496	43569	50369	52790	2259	2784	3251	3043
CHILE	16	19	19	22	40000	63838	65531	57595	622	1205*	1243*	1267*
COLOMBIA	20	14F	18F	18F	21810	24786	21667	21667	437	347F	390F	390F
ECUADOR	6	6	7	6	14618	10230	9441	11094	83	65	62	71
FR GUIANA					20410	28818	28818	28818	1	3F	3F	3F
GUYANA					5686	4137	4167	4167	2	1	1F	1F

表 52

トマト

	収穫面積：1000 HA				単位当り収量：KG/HA				生産量：1000 MT			
	1989-91	1998	1999	2000	1989-91	1998	1999	2000	1989-91	1998	1999	2000
PARAGUAY	1	2	2F	2F	31731	39584	37500	37500	44	65	60F	60F
PERU	5	8	7	7*	18477	22127	24373	28129	85	178	165	197
SURINAME					16985	9643	8417	10000	4	1	1	1
URUGUAY	2	2F	2F	2F	13709	17750	18182	18000	21	36F	40	36
VENEZUELA	12	11	9	9F	16673	16112	20628	20628	192	174	188	188F
ASIA (FMR)	1124	1652	1720	1707	21763	23415	23653	24143	24409	38689	40674	41217
ASIA		1765	1843	1838		23122	23401	23800		40811	43123	43748
ARMENIA		5*	6*	7F		29000	27667	15714		145*	166*	110
AZERBAIJAN		13*	18*	17F		16805	18125	19441		210	317	331
BAHRAIN					22552	28713	28456	23522	4	5	5	4
BANGLADESH	12	13	14	14F	7585	7190	6919	6919	87	94	98	98F
CHINA	311	709F	750F	754F	25020	24121	23884	25615	7785	17097F	17909F	19309F
CYPRUS	1				60161	105556	111111	97143	31	38	40	34
GAZA STRIP	1	1F	1F	1F	50222	53333	53333	53333	40	48F	48F	48F
GEORGIA		20*	20*	22F		11000	10500	14773		220	210*	325F
INDIA	308	360F	365F	365F	14632	15139	15068	15068	4483	5450F	5500F	5500F
INDONESIA	53	47	44	44F	4576	7124	7429	7429	227	334	324	324F
IRAN	67	120	128	140F	23280	26642	27173	26429	1564	3204	3490	3700F
IRAQ	47	57F	57F	57F	13113	15175	11404	8772	623	865F	650F	500F
ISRAEL	6	5	6F	6F	69479	98818	100036	100036	438	493	550	550F
JAPAN	14	14	14	14F	53418	56147	56522	56522	762	764	769	769F
JORDAN	8	7	8	7F	39825	40700	36524	43671	301	300	293	306
KAZAKHSTAN		21	21*	22F		11788	14299	12727		249	300*	280
KOREA D P RP	8	8F	8F	8F	8090	7349	7381	7381	65	61F	62F	62F
KOREA REP	3	4	4	4F	33512	56393	48205	48205	86	232	188	188F
KUWAIT	1			1F	35197	60145	64406	63576	19	29	31	32
KYRGYZSTAN		8	9	9		14693	15840	16390		120	138	156
LEBANON	8	11	11F	12F	24810	30000	29545	29130	211	330	325F	335F
MALAYSIA		1F	1F	1F	17103	17544	17544	17544	7	10F	10F	10F
OMAN	1	2F	2F	2F	22922	22667	22667	22667	29	34F	34F	34F
PAKISTAN	20	30	30	30F	9988	10946	10965	10965	195	325	332	332F
PHILIPPINES	20	15	17	16	9210	8920	8648	9201	180	133	145	148
QATAR					22204	29949	31904	30986	7	9	10	11F
SAUDI ARABIA	22	27	11	11F	18248	18358	24345	24345	405	498	277	277F
SRI LANKA	5	5	5	5F	6849	6931	7409	7409	32	36	40	40F
SYRIA	28	19	16	16F	16746	29712	38691	38691	472	555	610	610F
TAJIKISTAN		7*	8F	8F		19286	19875	23125		135*	159*	185F
THAILAND	9	13F	13F	13F	10000	9120	9120	9120	90	114F	114F	114F
TURKEY	159	158F	187F	160F	37641	41711	41711	42500	5983	6600	7800F	6800*
TURKMENISTAN		12F	12F	14F		11117	11583	10741		133	139	145F
UNTD ARAB EM	1	11	11F	12F	40380	69468	68182	67826	55	743	750F	780F
UZBEKISTAN		27*	30*	32F		33704	34000	31250		910*	1020*	1000*
YEMEN	11	15	17	16	15651	14959	12661	14903	167	231	211	245
EUROPE (FMR)	461	426	435	422	36393	41128	43499	43107	16768	17501	18932	18176
EUROPE		676	688	696		30458	32248	31315		20594	22175	21807
ALBANIA	3	5	5	5F	17146	30000	30189	30000	58	156	160	162
AUSTRIA					66360	124200	122957	122957	17	19	20	20F
BELARUS		12*	8	14F		6933	14381	8929		83	121	125F
BEL-LUX	1	1	1F	1F	299104	350556	324873	333333	269	316	292	300F
BOSNIA HERZG		5*	5*	4F		9020	7830	8684		46*	37*	33F
BULGARIA	27	28	29	29F	28781	17490	15379	15379	788	490	446	446F
CROATIA		6	6	6F		10755	11051	11051		62	71	71F
CZECHOSLOVAK	5				24788				134			
CZECH REP		2	2	2		15044	17654	15457		30	34	31
DENMARK					315152	188000	188000	188000	17	19	19F	19F
ESTONIA						43940	44160	7500		2	2	3F
FINLAND					252567	264308	289106	289106	31	31	36	36
FRANCE	13	9	9	9	64923	97485	98156	105430	823	884	921	898
GERMANY	1				44817	106586	121581	114085	61	41	40	32F
GREECE	44	45	47	44	46009	46458	44271	44545	2010	2085	2098	1960*
HUNGARY	23	13	11	7	21521	26137	28413	28047	471	330	301	200F
ICELAND					116667	150500	141714	137500	1	1	1	1
IRELAND					103333	70000	70000	70000	10	7	7	7F
ITALY	133	122	135	131	42567	48819	53226	53224	5665	5977	7176	6991
LATVIA			1			8343	8037	8000		4	4	3F
LITHUANIA		1	1	1		6714	7556	5667		9	7	5
MACEDONIA		7	7	7F		18651	18351	18351		126	126*	126F
MALTA	1				32000	67359	65948	60994	19	22	22	21
MOLDOVA REP		13	12	15F		11268	14171	12600		144	167	189*
NETHERLANDS	2	1	1F	1F	389642	380769	428571	428571	636	495	600F	600F
NORWAY					244844	283333	321333	356667	10	10	10	11

表 52

トマト

	収穫面積：1000 HA				単位当り収量：KG/HA				生産量：1000 MT			
	1989-91	1998	1999	2000	1989-91	1998	1999	2000	1989-91	1998	1999	2000
POLAND	29	24	22	21F	14998	14994	15433	14832	439	356	333	311
PORTUGAL	21	20	17	18F	43669	62233	66635	62500	928	1244	1152	1125*
ROMANIA	50	47	45	46F	16648	14328	16580	16659	839	678	742	758F
RUSSIAN FED		129	138	142F		12893	12315	13979		1662	1696	1985*
SLOVAKIA		3	4	4		20710	19088	20406		72	70	73
SLOVENIA		1	1F	1F		27279	27000	27000		15	14F	14
SPAIN	65	60	65	63	44849	59900	59528	57460	2930	3600	3865	3597
SWEDEN					215914	331667	327869	327869	16	20	20	20F
SWITZERLAND					82431	132447	116713	114545	21	29	26	25F
UK	1				238102	363000	366563	377667	138	109	117	113F
UKRAINE		95	93*	102F		12505	13387	12941		1188	1245*	1320F
YUGOSLAV SFR	41				10781				437			
YUGOSLAVIA		25	22	22F		9452	8027	8027		232	177	177F
OCEANIA	11	10	10	10	39438	44488	48610	48410	427	452	486	484
AUSTRALIA	10	8	9	9F	34849	47380	46131	46131	335	380	394	394F
COOK IS						50000	50000	50000		1	1F	1F
FIJI ISLANDS						9333	9333	9333		3F	3F	3F
FR POLYNESIA					12717	19975	20000	20000	1	1	1F	1F
NEW ZEALAND	1	2	1	1F	89276	39706	87000	85000	90	68	87	85
TONGA					20000				1			
USSR	364				19925				7242			

表 53

カリフラワー

収穫面積：1000 HA　　　　単位当り収量：KG/HA　　　　生産量：1000 MT

	1989-91	1998	1999	2000	1989-91	1998	1999	2000	1989-91	1998	1999	2000
WORLD	573	771	822	831	15663	18277	17064	17216	8971	14090	14033	14310
AFRICA	12	13	13	13	16145	17917	17460	17791	192	236	233	223
ALGERIA	3	3	4	4F	8382	11164	11097	11429	26	39	40	40F
EGYPT	4	5	5F	5F	21361	23426	22917	23000	80	115	110F	115F
LIBYA					9287	9773	9778	9783	4	4F	4F	5F
MADAGASCAR					12837	12400	12600	12400	1	1F	1F	1F
MAURITIUS					17081	18767	14156	16667	1	4	1	2F
MOROCCO	2	2	2	1	14900	19176	19640	21614	33	33	40	24
RÉUNION		1F	1F	1F	5912	6444	6444	6444	2	6F	6F	6F
SOUTH AFRICA	1	1F	1F	1F	26180	24638	22747	23000	38	27	23	23F
TUNISIA					17563	20000	20000	20000	6	7F	7F	7F
N C AMERICA	49	41	42	42	12662	14722	15426	14982	618	604	647	630
CANADA	3	3	3	2	13209	16260	17348	15561	37	42	45	38
GUATEMALA	3	3F	3F	3F	11981	11515	11515	11515	33	38F	38F	38F
HONDURAS					8000	7765	7765	7765		1F	1F	1F
JAMAICA					12585	12118	12118	12118		1	1	1F
MEXICO	18	17F	17F	17F	11829	12281	12353	11765	207	210F	210F	200F
USA	26	18	19	19	13336	17487	18699	18438	340	313	351	352
SOUTHAMERICA	4	5	5	5	12798	14680	14291	14215	50	71	72	73
BOLIVIA					7266	7237	7375	7381	3	3	3	3
CHILE	1	2	2	2F	16000	21001	21283	21283	15	34	35F	35F
COLOMBIA	1	1F	1F	1F	14306	12891	13077	13077	16	8F	9F	9F
ECUADOR					6766	5708	5513	6600	1	2	1	2
PERU	1	2	2F	2F	11229	11972	10811	10811	11	19	20F	20F
VENEZUELA					11751	16393	16667	16667	5	5	5F	5F
ASIA (FMR)	349	558	613	624	16172	19076	17397	17649	5631	10642	10672	11016
ASIA		558	614	624		19082	17402	17654		10647	10677	11021
ARMENIA						50000	50000	41667		5*	5*	5F
BANGLADESH	8	10	11	11F	7762	7647	7604	7604	64	79	80	80F
CHINA	81	203F	209F	219F	22767	22925	22253	22835	1838	4664F	4650F	5000F
CYPRUS					20147	23370	24457	24457	2	2	2	2F
GAZA STRIP					28000	28571	28571	28571	6	6F	6F	6F
INDIA	224	300F	350F	350F	14308	17333	15000	15000	3198	5200F	5250F	5250F
IRAN										2F	2F	2F
IRAQ	1	3F	3F	3F	10293	11333	8333	6333	13	34F	25F	19F
ISRAEL	1	1	1F	1F	23764	26036	26000	26000	23	29	21	21F
JAPAN	11	10	10	10F	12141	10483	11707	11707	138	102	116	116F
JORDAN	1	3	3	3F	21281	17226	19004	11500	21	48	49	35
KOREA REP										1	1F	1F
KUWAIT					21424	42565	42133	42424	1	4	4	4F
LEBANON	1	2	2F	2F	19914	23950	22857	23333	25	41	40F	42F
PAKISTAN	7	10	11	11F	16623	18467	18598	18598	124	194	198	198F
QATAR					11950	12048	12374	11957	1	2	2	2F
SYRIA	2	3	3	3F	17011	21895	19726	23214	35	57	50	65F
THAILAND	5	6F	6F	6F	6662	6909	6909	6909	30	38F	38F	38F
TURKEY	4	5F	4F	4F	17331	18333	18182	18182	67	83	80F	80F
UNTD ARAB EM		1	1	1F	26246	34980	29414	26237	13	19	20	17
VIET NAM	1	2F	2F	2F	16996	17188	17188	17188	23	28F	28F	28F
EUROPE (FMR)	147	139	134	133	15824	16905	16449	16301	2329	2343	2206	2161
EUROPE		141	137	135		16750	16318	16172		2365	2229	2187
BEL-LUX	5	5	5F	5F	16196	18075	17983	16981	75	96	95	90F
BULGARIA					15289	10833	10000	10000	3	1F	2F	2F
CZECHOSLOVAK	4				17548				69			
CZECH REP		2	2	2		16542	16003	13999		35	34	29
DENMARK	1	1	1F	1F	15922	9571	10000	10000	10	7	7F	7F
FINLAND					11739	9207	10408	10408	5	4	5	5F
FRANCE	44	36	34	33	12034	12126	12586	12447	531	439	425	412
GERMANY	8	6	6	5	23433	26733	27001	26616	199	157	157	140F
GREECE	3	3	3	3F	19437	19394	18824	19118	60	64	64	65F
HUNGARY	2	1	1	1F	12425	18156	17470	14286	20	13	15	10F
IRELAND	1	1F	1F	1F	11632	9412	9412	7273	12	8	8	8F
ITALY	21	25	26	24	20072	19547	19462	20662	417	494	506	500
LITHUANIA						5000	3333	4000		1*	1*	1F
MALTA					16101	16240	16182	14719	3	6	7	6
MOLDOVA REP		1*				10000	10000	12857		6*	4*	5*

表 53

カリフラワー

		収穫面積：1000 HA				単位当り収量：KG/HA				生産量：1000 MT		
	1989-91	1998	1999	2000	1989-91	1998	1999	2000	1989-91	1998	1999	2000
NETHERLANDS	3	3	3F	3F	18858	10625	10625	10625	58	34	34F	34F
NORWAY	1		1	1F	15214	14228	14212	14212	9	7	7	7F
POLAND	13	14	13	13	18667	20090	17483	18890	237	286	225	248
PORTUGAL	1	2	2	2F	19667	18748	18744	19444	20	31	34	35F
RUSSIAN FED		1	1	1F		6130	9950	10000		4	8	8F
SLOVAKIA		2	2	2		10522	12229	9526		17	25	18
SPAIN	14	21	19	21	19799	20883	19062	17829	279	437	368	374
SWEDEN					14832	21918	21918	21918	5	8	8F	8F
SWITZERLAND					18597	16998	13970	15217	9	8	7	7F
UK	26	14	14	13	12177	13313	12676	11687	309	192	172	157
UKRAINE		1	1*	1F		10000	10000	10000		10	10*	12F
OCEANIA	9	13	12	12	14446	13158	14707	14707	131	168	176	176
AUSTRALIA	8	11	11	11F	13807	9227	10689	10689	110	105	113	113F
NEW ZEALAND	1	1	1	1F	19170	45000	45000	45000	21	63	63	63F
USSR	4				5564				20			

表 54

カボチャおよびヒョウタン類

	収穫面積：1000 HA				単位当り収量：KG/HA				生産量：1000 MT			
	1989-91	1998	1999	2000	1989-91	1998	1999	2000	1989-91	1998	1999	2000
WORLD	941	1164	1196	1238	11159	12886	12692	12570	10496	14996	15184	15561
AFRICA	84	109	117	137	13477	14071	13974	12655	1128	1537	1628	1738
ALGERIA	7	7F	7F	7F	9605	11389	11528	11667	69	82F	83F	84F
CAMEROON	1	9F	10F	10F	7037	11111	12112	12000	10	100F	121	120F
CAPE VERDE					16667	15000	15000	15000	1	1F	1F	1F
CENT AFR REP	1	2F	2F	2F	11457	12800	12778	13417	14	19	23*	24*
CONGO, DEM R	3	3F	3F	3F	14524	14815	14615	14615	41	40F	38F	38F
EGYPT	22	35F	36F	37F	17830	17609	18023	17798	385	616	649	650F
LIBYA	3	3F	3F	3F	10903	10588	10370	10357	32	27F	28F	29F
MAURITIUS		1	1F	1F	10781	11129	10952	11818	5	14	12F	13F
MOROCCO	7	7	8F	8F	15510	15123	15733	15333	108	111	118	115*
MOZAMBIQUE					2286	2111	2222	1818	1	1F	1F	1F
RÉUNION	1	1F	1F	1F	4828	4688	4688	4688	3	3F	3F	3F
RWANDA	14	15F	20F	40F	6001	5333	5000	5142	81	80F	100F	206
SOUTH AFRICA	17	18F	18F	18F	15789	18180	18697	18778	268	327	337	338F
SUDAN	3	4F	4F	4F	18889	18571	18571	17632	57	65F	65F	67F
TUNISIA	5	5F	5F	5F	10748	10000	10000	10000	53	50F	50F	50F
N C AMERICA	77	70	73	73	5897	8703	8621	8477	452	609	629	620
BARBADOS						12195	12195	12195		1F	1F	1F
CANADA		3	3	3		12793	13965	11311		34	46	36
CUBA	26	25F	26F	26F	2098	1880	1923	1923	55	47F	50F	50F
DOMINICA					8594	10000	10000	10000	1	1F	1F	1F
DOMINICAN RP	4	5F	6F	6F	4041	3491	3513	3492	17	16	21	22F
HONDURAS						8000	8000	8333		2F	2F	3F
JAMAICA	2	2F	2F	2F	13248	18261	18261	18261	25	42F	42F	42F
MEXICO	39	31F	31F	31F	8306	14194	14194	14194	327	440F	440F	440F
PUERTO RICO	4	3F	3F	3F	5302	5200	5200	5200	21	16F	16F	16F
TRINIDAD TOB		1F	1F	1F	10777	13673	13750	13750	3	8	8F	8F
SOUTHAMERICA	68	55	68	69	11555	12948	12528	12677	789	713	854	876
ARGENTINA	37	20	32F	33F	9811	14518	13438	13846	362	289	430F	450F
BOLIVIA	9	12F	13F	14F	8602	8692	8201	8072	75	104	107	109
CHILE	6	5	5	5	26106	20619	19849	20000	151	111	100F	100F
COLOMBIA	3	3F	3F	3F	11484	11333	10938	10938	34	34F	35F	35F
ECUADOR	4	3F	3F	3F	13779	13333	13667	13667	58	40F	41F	41F
PARAGUAY	2	2F	2F	2F	4308	4250	4118	4118	7	7F	7F	7F
PERU	5	7	7F	7F	16314	15859	16667	16667	87	109	115F	115F
URUGUAY	3	3F	3F	3F	5715	5758	5758	5758	16	19F	19F	19F
ASIA (FMR)	605	811	815	830	10807	11823	11731	11816	6540	9583	9566	9808
ASIA		811	815	830		11823	11731	11816		9583	9566	9808
BAHRAIN						9405	9318	9318		1F	1	1F
BANGLADESH	19	24	25	25F	7116	7695	7453	7453	137	187	187	187F
CHINA	85	219F	225F	240F	15020	14745	14921	15030	1279	3232F	3351F	3601F
CYPRUS					22750	27778	25000	25000	3	5	4F	4F
GAZA STRIP					35868	34615	34615	34615	9	9F	9F	9F
INDIA	305	350F	355F	355F	9456	9571	9577	9577	2881	3350F	3400F	3400F
INDONESIA	28	23F	23F	23F	5507	6522	6522	6522	121	150F	150F	150F
IRAN	40	48	40F	40F	9473	13792	12500	12500	374	662	500F	500F
IRAQ	6	6F	6F	6F	10695	10885	8142	6364	60	62F	46F	35F
ISRAEL	1	1	1F	1F	34861	53485	35875	35875	26	35	29	29F
JAPAN	19	18F	19F	19F	15215	14322	14357	14357	284	258	266	266F
JORDAN	2	3	3	3F	16945	14293	11436	13600	27	37	36	34
KOREA D P RP	8	8F	8F	9F	10583	10000	10000	10000	85	83F	83F	85F
KOREA REP	4	8	8	8F	19573	25269	26637	26637	87	195	217	217F
KUWAIT					18352	27960	22169	27117	2	5	4	5
LEBANON	2	2F	2F	2F	16150	16250	15837	15837	25	39F	39F	39F
MALAYSIA					31047	29787	29787	29787	11	14F	14F	14F
PAKISTAN	15	23F	24F	24F	9811	10435	10426	10426	147	240F	245F	245F
PHILIPPINES	7	6F	7F	7F	9007	8667	8714	8714	64	52	61	61F
QATAR		1F			15793	17528	17483	17708	5	9F	8	9F
SAUDI ARABIA	6	8F	8F	8F	10189	9634	9697	9697	58	79F	80F	80F
SRI LANKA	11	12F	12F	12F	13305	14167	14167	14167	146	170F	170F	170F
SYRIA	12	9	12F	12F	10268	13228	8337	8337	124	122	100	100F
THAILAND	16	17F	18F	18F	12710	12059	11864	11864	206	205F	210F	210F
TURKEY	18	22F	17F	17F	18766	14864	17647	17647	341	327	300F	300F
UNTD ARAB EM	1	1F	1F	1F	19523	29048	28182	27176	14	31	31	31
YEMEN		1	1F	1F	9470	9593	9429	9429	4	7	7F	7F
EUROPE (FMR)	85	57	59	60	13453	22524	19665	19119	1108	1282	1167	1150

表 54

カボチャおよびヒョウタン類

	収穫面積：1000 HA				単位当り収量：KG/HA				生産量：1000 MT			
	1989-91	1998	1999	2000	1989-91	1998	1999	2000	1989-91	1998	1999	2000
EUROPE		104	106	111		22225	21236	20375		2301	2244	2255
BULGARIA	3	4	4F	4F	21846	13223	14444	14444	61	47	52F	52F
FRANCE	4	4	4	3	31059	42141	44090	48529	124	173	192	165
GREECE	5	4	4	4F	21392	22167	20405	21250	100	93	76	85F
HUNGARY	1	1	1	1F	14627	28892	24881	24000	16	17	16	12F
ITALY	13	16	14	14	26045	28992	25584	26508	344	475	364	366
MALTA					19608	19150	20283	21617	3	1	1	1
MOLDOVA REP		1	2	1F		16067	9111	10000		10	16	6*
NETHERLANDS						73333	73333	73333	1	11	11F	11F
PORTUGAL		1F	1F	1F	21022	20000	20000	20000	4	12F	12F	12F
ROMANIA	52	20*	25*	27F	3870	6600	5720	5370	202	132*	143*	145F
SPAIN	8	7	7F	7F	33193	44123	42857	42857	253	320	300F	300F
UKRAINE		46	45*	50F		21935	23820	22000		1009	1060*	1100F
OCEANIA	12	15	18	18	14541	16511	14954	14954	171	253	264	264
AUSTRALIA	7	9	10	10F	12150	12026	10300	10300	82	104	107	107F
FIJI ISLANDS					11664	8333	8333	8333	1	1F	1F	1F
NEW ZEALAND	5	7F	7F	7F	15599	22769	22143	22143	77	148	155	155
TONGA									12			
USSR	10				13333				308			

表 55

キュウリおよび小キュウリ

	収穫面積：1000 HA				単位当り収量：KG/HA				生産量：1000 MT			
	1989-91	1998	1999	2000	1989-91	1998	1999	2000	1989-91	1998	1999	2000
WORLD	1171	1704	1768	1792	14694	16505	16595	17021	17181	28124	29346	30496
AFRICA	24	27	27	28	16878	14970	14491	14540	413	404	398	400
ALGERIA	3	3F	3F	3F	13794	13120	12500	12500	38	42	40F	40F
EGYPT	16	19F	19F	19F	17214	13946	13684	13684	269	258F	260F	260F
LIBYA	1	1F	1F	1F	29451	15000	15385	15909	20	9F	10F	11F
MADAGASCAR					4239	4318	4364	4318	1	1F	1F	1F
MAURITIUS		1	1F	1F	15512	13615	17045	16981	5	8	9	9
MOROCCO	2	1	1F	1F	14869	31193	25000	25000	30	36	30F	30F
SOUTH AFRICA	1	1F	1F	1F	14835	13636	12727	13636	21	15F	14F	15F
TUNISIA	1	2F	2F	2F	20140	22000	22000	22000	28	33F	33F	33F
ZIMBABWE												
N C AMERICA	82	102	105	103	12834	16827	16585	16542	1048	1713	1737	1701
BARBADOS						7647	7647	7647		1F	1F	1F
CANADA	3	3	4	4F	35427	38627	25653	25913	108	134	104	110F
CUBA	14	13F	14F	14F	3201	2803	2963	2963	45	37F	40F	40F
DOMINICA					7565	6154	6226	6226	2	2F	2F	2F
DOMINICAN RP					32593	31250	31250	31250	3	3F	3F	3F
EL SALVADOR	1	1F	1F	1F	10000	10000	10000	10000	8	8F	8F	8F
GUADELOUPE					31152	34933	34933	34933	3	3F	3F	3F
HONDURAS		1F	1F	1F	14315	22727	22727	22727	5	25F	25F	25F
JAMAICA	1	1F	1F	1F	11337	14211	14211	14211	8	14F	14F	14F
MARTINIQUE					23426	20000	20000	20000	4	3F	3F	3F
MEXICO	15	16F	16F	16F	18170	26875	26250	25625	279	430F	420F	410F
PANAMA					3716	3714	3889	3889	1	1F	1F	1F
TRINIDAD TOB					10889	12870	10288	10288	2	4	3	3F
USA	46	65	67	65	12560	16193	16616	16658	580	1050	1111	1079
SOUTHAMERICA	4	5	5	5	15011	14130	14495	14516	61	70	70	70
BOLIVIA	1	1F	1F	1F	6343	6909	6909	6909	4	4F	4F	4F
CHILE	1	1F	1F	1F	22365	23158	23158	23158	29	22F	22F	22F
COLOMBIA					17381	17857	17895	17895	4	5F	5F	5F
ECUADOR						14875				1		
FR GUIANA					21154	21154	21154	21154		3F	3F	3F
PERU	1	2	2	2F	12446	10994	11560	11560	13	19	18	18F
SURINAME					18101	9688	11667	12500	3	2	1	2
VENEZUELA	1	1	1F	1F	11122	13609	13793	13793	9	16	16F	16F
ASIA (FMR)	786	1279	1339	1340	14910	16594	16596	17521	11697	21224	22229	23480
ASIA		1347	1413	1417		16211	16232	17065		21831	22943	24174
ARMENIA		3*	3*	3F		13333	13333	10000		40*	40*	30
AZERBAIJAN		7*	8*	8F		7963	8842	10063		53	71	81
BAHRAIN						10000	10018	10018		1F	1	1F
BANGLADESH	4	5	5	5F	4195	4000	4222	4222	15	18	19	19F
CHINA	452	954F	1004F	1004F	15076	15804	15868	17114	6813	15077F	15926F	17176F
CYPRUS					44841	84211	92500	72500	13	16	19	15
GAZA STRIP	1	1F	1F	1F	29858	30000	30000	30000	21	18F	18F	18F
GEORGIA		4*	5*	5F		7500	8750	9000		30*	42*	45F
INDIA	16	18F	18F	18F	6436	6686	11750	11750	102	117F	209	209F
INDONESIA	71	56F	57F	57F	4274	10107	10175	10175	283	566	580F	580F
IRAN	72	68F	70F	70F	14322	19144	19535	20000	1043	1302	1367	1400F
IRAQ	36	40F	40F	40F	9221	8600	6500	5375	334	344F	260F	215F
ISRAEL	2	2	2F	2F	41874	65614	65636	65636	91	115	108	108F
JAPAN	20	15F	16F	16F	46036	49753	49413	49413	932	746	766	766F
JORDAN	1	1	1	1F	52051	73541	90345	65000	55	90	66	72
KAZAKHSTAN		19*	18*	19F		7169	9000	8421		136	162*	160
KOREA D P RP	5	5F	5F	6F	13067	11981	11981	11636	65	64F	64F	64F
KOREA REP	7	8	8	8F	31283	51725	54446	54446	232	408	419	419F
KUWAIT		1F	1F	1F	119140	45867	38143	41255	32	33	29	33
KYRGYZSTAN		6F	8F	8F		14167	13375	12000		85*	107*	90F
LEBANON	5	6F	6F	6F	26379	31897	30769	31667	138	185F	180F	190F
MALAYSIA	2	2F	2F	2F	21979	25000	24762	24762	35	55F	52F	52F
MONGOLIA						7143	7500	7500		3F	3F	3F
PAKISTAN	1	1F	1F	1F	11404	12273	12727	12727	9	14F	14F	14F
PHILIPPINES	1	2F	1F	1F	4427	4000	4071	4071	5	6F	6F	6F
QATAR					16014	14994	15060	15000	1	2	6	5F
SAUDI ARABIA	4	5F	6F	6F	25389	22593	22727	22727	90	122F	125F	125F
SINGAPORE					20000				1			
SRI LANKA	2	3F	3F	3F	10154	9333	9333	9333	23	28F	28F	28F
SYRIA	14	10	12F	12F	11868	12422	10417	10417	167	127	125F	125F

表 55

キュウリおよび小キュウリ

収穫面積：1000 HA　　　　単位当り収量：KG/HA　　　　生産量：1000 MT

	1989-91	1998	1999	2000	1989-91	1998	1999	2000	1989-91	1998	1999	2000
TAJIKISTAN		1F	1F	2F		3000	3333	4000		3*	4*	6F
THAILAND	27	24F	27F	27F	7649	8958	7721	7721	206	215F	210F	210F
TURKEY	42	52F	54F	54F	22090	28641	28704	28704	937	1475	1550F	1550F
TURKMENISTAN		2F	2F	3F		4500	5000	4400		9*	10F	11F
UNTD ARAB EM					42686	53582	56420	52986	8	15	17	15
UZBEKISTAN		26*	29*	30F		9615	9586	9067		250*	278*	272*
YEMEN	1	1	1F	1F	22579	17116	17105	17105	12	13	13F	13F
EUROPE (FMR)	107	92	93	89	23932	29378	29364	29130	2556	2712	2726	2596
EUROPE		222	217	239		18384	19292	17312		4089	4179	4132
AUSTRIA	1	1	1	1F	31229	64847	79637	79637	22	39	45	45F
BELARUS		16	11	16F		9031	16840	8000		145	179	128F
BEL-LUX	1				72762	133500	127065	125000	58	27	25	25F
BULGARIA	5	12	11*	11F	29084	16172	15888	15888	143	193	170	170F
CROATIA		6F	6F	6F		6719	6545	6545		37	36F	36F
CZECHOSLOVAK	8				11287				85			
CZECH REP		4	5F	5F		11360	11087	11087		49	52	52F
DENMARK					384615	328571	328571	328571	10	12	12F	12F
ESTONIA				1F		30906	33681	8308		6	6	5
FINLAND	1	1	1	1F	56907	66655	83869	83869	33	38	44	44
FRANCE	2	1	1	1	70185	116113	117774	123624	138	143	147	150
GERMANY	4	4	3	3	37533	37195	44330	36026	135	133	146	124F
GREECE	3	2	2	2F	64683	80105	84211	80000	172	152	160F	160F
HUNGARY	9	5	5	3	11362	24413	23081	35377	93	126	126	90F
ICELAND						129143	111667	111111		1	1	1
IRELAND					190000	166667	166667	166667	2	3F	3F	3F
ITALY	4	3F	3F	3F	24375	28235	28235	28235	106	96	96F	96F
LATVIA		1	1*	1*		10500	12944	11556		6	10	10
LITHUANIA		1*	1*	1F		17000	15000	12000		17	12F	12
MACEDONIA		1F	1F	1F		20000	20000	20000		22F	22F	22F
MOLDOVA REP		4	3	15F		6240	9426	2000		27	32	30*
NETHERLANDS	1	1	1F	1F	415076	664286	664286	664286	454	465	465F	465F
NORWAY					123081	129412	125263	129000	11	11F	12	13
POLAND	32	29*	29F	29F	12489	13699	13276	12069	401	400	385	350*
PORTUGAL					31230	23333	23333	23333	8	7F	7F	7F
ROMANIA	12	6*	8F	9F	8452	19333	15625	15529	108	116*	125*	132F
RUSSIAN FED		54*	56*	58F		10176	9893	11207		550*	554*	650*
SLOVAKIA		4F	4F	2F		11485	10999	10909		40	41	24F
SPAIN	9	7	7F	7F	38873	62637	64286	60000	338	447	450F	420F
SWEDEN		1F	1F	1F	39321	54000	54000	54000	17	32	32F	32F
SWITZERLAND					94349	88235	88235	88235	9	8F	8F	8F
UK					381658	410000	410000	410000	100	82F	82F	82F
UKRAINE		54	52*	58F		11611	12692	12069		627	660*	700F
YUGOSLAV SFR	16				6912				110			
YUGOSLAVIA		5F	5F	5F		7000	7733	7733		35F	35F	35F
OCEANIA	2	1	1	1	13785	15230	15477	15477	21	18	20	20
AUSTRALIA	1	1	1	1F	12297	15453	15747	15747	16	16	18	18F
FIJI ISLANDS						14286	14286	14286		1F	1F	1F
FR POLYNESIA						10273	10000	10000		1	1F	1F
NEW ZEALAND					26869				4			
USSR	167				8348				1384			

表 56

なす

収穫面積：1000 HA　　単位当り収量：KG/HA　　生産量：1000 MT

	1989-91	1998	1999	2000	1989-91	1998	1999	2000	1989-91	1998	1999	2000
WORLD	853	1279	1303	1314	13255	16442	16395	16951	11286	21032	21362	22272
AFRICA	31	44	45	45	19060	18076	17859	17845	592	803	805	808
ALGERIA	2	3F	3F	3F	10318	12414	12308	12453	22	31	32F	33F
CAMEROON						3448	3591	3750		1F	1	1F
CÔTE DIVOIRE	3	3F	3F	3F	14614	13333	13333	13333	42	40F	40F	40F
EGYPT	18	29F	30F	30F	21932	19310	19051	19051	388	560F	562F	562F
GHANA	2	2F	2F	2F	3637	3765	3765	3765	7	6F	6F	6F
LIBYA					16860	13929	13333	12813	6	4F	4F	4F
MADAGASCAR					5307	5056	4842	5056	1	1F	1F	1F
MAURITIUS					12299	12567	13177	12308	1	2	2	2
MOROCCO	2	2	2F	3F	14478	18090	17508	17200	35	44	43F	43F
RÉUNION					8790	8889	8889	8889	3	3F	3F	3F
SUDAN	3	5F	5F	5F	27702	24444	24444	24348	88	110F	110F	112F
N C AMERICA	4	5	5	7	18374	20567	20512	22701	75	107	105	150
CUBA					11864	12500	12143	12143	1	2F	2F	2F
DOMINICAN RP	1	1	2F	2F	3949	4567	4467	4467	6	7F	7F	7F
HAITI					10000	10000	10000	10000	1	1F	1F	1F
MEXICO	1	2F	2F	2	31758	30000	30000	30000	27	60F	60F	60F
TRINIDAD TOB					15871	17950	18000	18000	1	2	2F	2F
USA	1	1	1	3	27665	26800	28584	29500	37	35	32	77
SOUTHAMERICA	1				12031	13896	13765	13765	7	6	6	6
COLOMBIA					13791	16667	16154	16154	2	2F	2F	2F
VENEZUELA					11786	12761	12712	12712	4	4	4F	4F
ASIA (FMR)	794	1197	1220	1229	12638	16186	16214	16771	10015	19367	19776	20611
ASIA		1200	1224	1234		16160	16176	16727		19392	19802	20641
AZERBAIJAN		3*	4*	4F		4000	2286	2500		10*	8*	10F
BAHRAIN						13500	12044	12044		1F	1	1F
CHINA	307	602F	627F	637F	15053	17499	17603	18708	4618	10529F	11035F	11915F
CYPRUS					46846	53846	53846	53846	3	4	4F	4F
GAZA STRIP					50529	47000	47000	47000	10	9F	9F	9F
INDIA	295	425F	425F	425F	10263	14353	14353	14353	3028	6100F	6100F	6100F
INDONESIA	65	41F	42F	42F	2778	7805	8095	8095	161	320	340F	340F
IRAN										17F	15F	15F
IRAQ	11	11F	11F	10F	13430	14352	10648	8500	153	155F	115F	85F
ISRAEL	1	1	1F	1F	37815	84219	87143	87143	31	54	61	61F
JAPAN	17	13F	14F	14F	31751	35292	33800	33800	545	459	473	473F
JORDAN	2	2	2	2F	33068	28668	26808	16500	55	53	44	26
KAZAKHSTAN		1*	1*	1F		15000	18000	20000		15*	18*	20F
KOREA D P RP	4	4F	4F	4F	11614	10000	10000	10000	46	42F	42F	42F
KOREA REP	1				18439	16667	16667	16667	21	5F	5F	5F
KUWAIT					42863	47445	60579	60010	4	9	12	12
LEBANON	2	3F	3F	3F	16338	15094	14444	16071	34	40F	39F	45F
PAKISTAN	6	7F	7F	7F	10437	10556	10556	10556	62	76F	76F	76F
PHILIPPINES	17	18	17F	17F	6615	9061	9353	9353	109	164	159	159F
QATAR					16328	24944	24920	25000	2	4	5	5F
SAUDI ARABIA	5	7F	7F	7F	11500	12154	12121	12121	57	79F	80F	80F
SRI LANKA	8	10F	10F	10F	8710	7247	7444	6860	72	69	74	69
SYRIA	7	7	6F	6F	22371	22580	22069	22069	150	156	128F	128F
THAILAND	11	11F	11F	11F	5604	6190	6190	6190	59	65F	65F	65F
TURKEY	35	35F	33F	33F	21092	26143	26074	26074	735	915	850F	850F
UNTD ARAB EM		1F	1F	1F	83908	42432	44633	43182	42	24	26	28
YEMEN					9140	8642	8750	8750	3	4	4F	4F
EUROPE (FMR)	20	21	20	20	28060	31713	29230	31008	569	678	598	615
EUROPE		29	28	27		24965	22953	24270		723	644	667
BULGARIA	1	2	1F	1F	17911	16400	19000	19000	20	33	19F	19F
FRANCE	1	1	1	1	26216	36600	37442	37581	23	24	24	25
GREECE	3	3	3F	3F	24631	25517	24667	25000	71	74	74	75F
ITALY	11	12	12	11	26436	30171	26006	28909	283	347	303	319
LITHUANIA						5000	5000	5000		1*	1*	1F
MOLDOVA REP		1*	1F	1F		14000	11000	11818		7*	6F	7*
NETHERLANDS					272667	370000	370000	370000	27	37	37F	37F
PORTUGAL					26667	22000	22000	22000	7	6F	6F	6F
SPAIN	4	4	4F	4F	31747	39737	35526	35526	137	157	135F	135F
UKRAINE		7	7*	7F		5429	5714	6429		38	40*	45F
OCEANIA						6200	5857	5857		1	1	1

表 56

な　す

	収穫面積：1000 HA				単位当り収量：KG/HA				生産量：1000 MT			
	1989-91	1998	1999	2000	1989-91	1998	1999	2000	1989-91	1998	1999	2000
FIJI ISLANDS						6000	5714	5714		1F	1F	1F
USSR		3			4167				28			

表 57

生鮮とうがらし類

	収穫面積：1000 HA				単位当り収量：KG/HA				生産量：1000 MT			
	1989-91	1998	1999	2000	1989-91	1998	1999	2000	1989-91	1998	1999	2000
WORLD	1084	1423	1458	1450	9939	12496	12388	12985	10768	17787	18057	18828
AFRICA	208	261	262	261	7730	7824	7581	7431	1609	2042	1987	1942
ALGERIA	20	15	15	15F	8442	10173	10147	10333	169	157	156	155F
BENIN	11	20	19F	19F	1037	1022	1053	1053	11	20	20F	20F
BURKINA FASO	2	2F	2F	2F	3296	3500	3500	3500	7	7F	7F	7F
CAMEROON	1		3F	F	667		1301		1	4F	4	
CÔTE DIVOIRE	3	4F	4F	4F	4852	5605	5605	5605	17	21F	21F	21F
EGYPT	16	27	25	26F	16511	15451	15400	14192	265	411	388	369F
GHANA	48	77	75F	75F	3137	3901	3600	3600	150	300	270F	270F
LIBYA	1	1F	1F	1F	12849	11250	11200	11154	17	14F	14F	15F
MALI									1	1F	1F	1F
MAURITIUS					4698	4740	4722	5000	1	1	1F	1F
MOROCCO	5	9	9F	7	14543	23715	23256	23647	72	204	200F	172
NIGERIA	82	89	90F	90F	9042	7966	7944	7944	740	709	715	715F
SUDAN	1	1F	1F	1F	6177	6250	6250	6301	4	5F	5F	5F
TUNISIA	18	17*	18F	18F	8751	11118	10278	10556	155	189	185	190*
N C AMERICA	110	191	202	182	11560	13545	12869	15252	1277	2585	2599	2775
BARBADOS						6081	6000	6000		1F	1F	1F
CANADA	2	2	2	2	11159	18599	17956	15119	23	35	33	31
COSTA RICA												1
CUBA	5	2	2	2F	9198	4874	5056	5056	43	8	9	9F
DOMINICAN RP	3	3	5F	3	6830	3438	3967	4973	19	12	21	15
EL SALVADOR				1	6823	7273	7352	7352	2	2F	3	4
GUATEMALA					5159	5000	5000	5000	1	2F	2F	2F
HONDURAS					5157	4395	4390	4183	1	2	2F	1
JAMAICA		1	1	1F	6670	7957	8728	8728	2	7	6	6F
MEXICO	71	156	165	142	9529	11858	10953	12791	680	1850	1810	1813
PANAMA					8109	8462	8462	8400	1	2F	2F	2
PUERTO RICO	3	2F	2F	2F	1484	1521	1521	1521	4	4F	4F	4F
USA	25	23	23	29	19932	28782	30704	30977	499	660	706	886
SOUTHAMERICA	27	33	32	33	7899	11252	11127	11136	217	368	361	372
ARGENTINA	11	7	8F	9F	8502	17093	17105	15698	93	127	130F	135F
BOLIVIA	3	3	3F	3F	1706	1780	1758	1758	6	6	6F	6F
CHILE	3	4	4	4	15000	19040	18600	18000	38	71	72F	72F
COLOMBIA	1	1F	1F	1F	12683	16129	16800	16800	8	10F	11F	11F
ECUADOR	1	1	1	1	7387	11360	3958	12603	7	17	4	10
PARAGUAY	3	2F	2F	2F	5261	4705	4750	4750	16	9	10F	10F
PERU	3	8	8F	8F	4651	6486	6536	6536	13	49	50F	50F
URUGUAY	1	1F	1F	1F	8017	10769	10769	10588	5	7F	7F	7F
VENEZUELA	3	6	6F	6F	11466	12022	12504	12504	32	72	73	73F
ASIA (FMR)	580	779	805	815	8910	12734	12796	13394	5165	9920	10301	10919
ASIA		782	808	819		12723	12787	13381		9949	10335	10955
AZERBAIJAN		1*	1*	2F		2000	1600	1467		2*	2*	2F
BHUTAN	2	3F	3F	3F	3492	3400	3400	3400	7	9F	9F	9F
CHINA	181	403F	429F	439F	17069	18059	17544	18557	3089	7283F	7521F	8141F
CYPRUS					28582	28571	27941	27941	1	2	2	2F
INDIA	5	5F	5F	5F	8821	9074	9074	9074	42	49F	49F	49F
INDONESIA	207	165	151	151F	2197	2268	3281	3281	453	374	497	497F
IRAN										7F	8F	8F
IRAQ	4	3F	3F	3F	8898	9545	7273	5806	32	32F	24F	18F
ISRAEL	1	2	2F	2F	34643	47507	46000	46000	51	95	97	97F
JAPAN	5	4	4F	4F	36824	38005	38395	38395	170	160	165	165F
JORDAN	1	1	1	1F	24938	26325	20610	20610	24	24	23	23F
KAZAKHSTAN		2*	2*	2F		13500	16000	17000		27*	32*	34F
KOREA D P RP	21	22F	23F	23F	2667	2455	2391	2391	56	54F	55F	55F
KOREA REP	71	70	82	82F	2654	4107	3767	3767	187	288	307	307F
KUWAIT					63662	51791	47101	49636	1	5	5	5
PHILIPPINES	1	5F	4F	4F	2646	4000	3810	3810	3	18F	16F	16F
QATAR						6017	10389	10000		1	1	1F
SRI LANKA	28	22	22	22F	3161	2888	2759	2790	89	62	60	61
SYRIA	3	3	2	3F	12801	13714	13830	14000	40	38	32	35F
THAILAND	1	1F	1F	1F	11494	14444	14444	14444	10	13F	13F	13F
TURKEY	49	68F	70F	70F	18242	20441	20000	20000	891	1390	1400F	1400F
UNTD ARAB EM					46136	31693	32940	27368	10	6	7	6
YEMEN	2	2	2	2	5280	5245	5717	5321	8	10	11	11F
EUROPE (FMR)	148	137	134	135	15719	19373	19237	19171	2331	2652	2583	2580

表 57

生鮮とうがらし類

	収穫面積：1000 HA				単位当り収量：KG/HA				生産量：1000 MT			
	1989-91	1998	1999	2000	1989-91	1998	1999	2000	1989-91	1998	1999	2000
EUROPE		155	150	152		18148	18173	18017		2811	2731	2740
AUSTRIA					20127	24259	26096	26096	4	5	5	5F
BEL-LUX					30670	34000	36018	35000	6	14	14	14F
BOSNIA HERZG		5*	5*	5F		8000	8200	8222		37*	37*	37F
BULGARIA	18	21	22*	22F	12271	11342	9583	9583	223	242	207	207F
CROATIA		4	5	5F		6349	7617	7617		28	37	37F
CZECHOSLOVAK	3				16225				46			
CZECH REP		1	1	1		10714	15000	16917		5	5	5
FRANCE	1	1	1	1	25528	30905	31208	33261	27	27	26	28
GREECE	4	4	4F	4F	21860	25146	25000	25000	93	103	100	100F
HUNGARY	14	10	9	9F	10345	15625	18379	12222	146	152	171	110F
ITALY	15	14	14	14	23717	25428	21687	24793	357	360	309	346
MACEDONIA		8	8F	8F		14396	14248	14248		111	109F	109F
MOLDOVA REP		3*	2*	1F		17667	19000	40000		53*	38*	40*
NETHERLANDS	1	1	1F	1	204571	250000	250000	250000	143	250	250F	250F
PORTUGAL					5000	5000	5000	5000	1	1F	1F	1F
ROMANIA	24	18	20*	21F	8375	10501	10330	10341	201	191	207*	212F
SLOVAKIA		3F	3F	3F		11694	16156	16800		29	40	42F
SPAIN	27	22	23	23	29661	39824	40889	40709	809	890	924	936
UK					43410	71000	100000	95000	3	7	10	10
UKRAINE		15	14*	17F		7067	7857	7273		106	110*	120F
YUGOSLAV SFR	40				6798				272			
YUGOSLAVIA		25F	20	20F		8163	6550	6550		200F	131	131F
OCEANIA	1	2	3	3	14871	15761	17058	17058	21	33	44	44
AUSTRALIA	1	2	2	2F	15319	16954	18089	18089	20	31	41	41F
FIJI ISLANDS						5177	5000	5000		1	1F	1F
NEW ZEALAND					9654	10000	13333	13333	1	1	2	2F
USSR	8				18583				149			

表 58

たまねぎ（乾燥）

	収穫面積：1000 HA				単位当り収量：KG/HA				生産量：1000 MT			
	1989-91	1998	1999	2000	1989-91	1998	1999	2000	1989-91	1998	1999	2000
WORLD	1825	2403	2633	2694	15996	16983	17472	17652	29203	40807	46003	47551
AFRICA	156	220	243	245	13639	16750	16775	15845	2136	3687	4069	3889
ALGERIA	23	27	28	28F	10366	14505	13782	13571	239	393	382	380F
BENIN	1	1	1	1F	11944	9941	14401	14401	7	11	12	12F
BOTSWANA					16667	14545	15000	15833	1	1F	1F	1F
CAMEROON	7	7F	9F	9F	2742	5662	6005	5914	19	41	56	55F
CAPE VERDE					29752	27500	27273	27273	1	1	2F	2F
CHAD	1	1F	1F	1F	20000	20000	20000	20000	14	14F	14F	14F
CONGO, DEM R	9	10	10F	10F	5818	5880	5579	5579	53	57	53F	53F
EGYPT	11	26	41	40F	48249	25287	25086	25000	526	652	1017	1000F
ETHIOPIA PDR	4				10500				42			
ETHIOPIA		4F	4F	4F		10000	10227	9524		44F	45F	40F
GHANA	2	5	5F	5F	14737	7680	7700	7700	28	38	39F	39F
KENYA	4	4F	4F	4F	5356	5610	5250	5000	20	23F	21F	20F
LIBYA	5	9F	10F	10F	15300	19022	18947	18947	83	175F	180F	180F
MADAGASCAR	1	1F	1F	1F	8513	8529	8551	8529	6	6F	6F	6F
MALAWI	5	3F	3F	3F	4039	7200	7308	7200	20	18F	19F	18F
MALI	3	2	2F	2F	17716	29039	25000	25000	47	65	50F	50F
MAURITIUS					13025	22056	25903	25714	3	7	9	9
MOROCCO	18	26	28	25	19494	21494	18999	14097	350	565	523	348
MOZAMBIQUE	1	2F	2F	1F	6094	5667	5667	4750	6	9	9	6F
NIGER	6	8F	8F	8F	29861	24453	24000	24000	172	183*	180F	180F
NIGERIA										580	596	596F
SENEGAL	2	3F	3F	3F	17839	20278	21667	21667	36	61	65F	65F
SOUTH AFRICA	12	17F	18F	19F	19260	20625	22099	21053	225	351	398	400F
SUDAN	6	8F	8F	9F	7147	7100	7125	6824	45	57F	57F	58F
TANZANIA	18	18F	18F	19F	2914	3000	3056	2947	51	54F	55F	56F
TUNISIA	6	9F	9F	9F	9715	16067	14270	14944	59	143	127	133*
UGANDA	11	28	31	35	4476	4000	4065	4000	50	112	126	140
ZAMBIA	2	2F	2F	2F	15273	15152	15294	15000	29	25F	26F	27F
ZIMBABWE					17208	14375	14706	15000	4	2	3F	2F
N C AMERICA	82	100	103	97	31780	34360	36592	37454	2594	3433	3759	3651
BAHAMAS					9465		7838	7522	2		1	1
BARBADOS					9404				1			
CANADA	4	5	5	5	32204	33511	33602	34715	135	163	181	189
COSTA RICA	1	1	1	1	24960	23478	34896	7519	16	14	21	5
CUBA	5	2	3	3F	4125	6600	5567	5567	20	16	15	15F
DOMINICAN RP	3	3	4	3	6647	7707	9808	11542	20	24	40	32
EL SALVADOR					7970	8222	8333	8333	3	4F	4F	4F
GUATEMALA	5	5F	5F	5F	6866	6327	6400	6400	31	31F	32F	32F
HAITI	1	1	1F	1	4762	4670	5000	5000	3	4	4F	6
HONDURAS	1	2F	2F	1	3822	4582	4916	7519	6	9	10	5
JAMAICA					9471	8744	9055	9055	2	2	2	2F
MEXICO	4	8F	8F	8F	7881	12364	12121	12121	50	102F	100F	100F
NICARAGUA	2	3F	3F	3F	3404	2200	2200	2400	7	6F	6F	6F
PANAMA			1F		23617	19660	14000	24455	9	6	7F	6
USA	55	69	70	67	41883	44013	47552	48296	2289	3052	3337	3248
SOUTHAMERICA	147	151	153	153	15401	17623	19192	19957	2262	2653	2943	3062
ARGENTINA	18	29	30F	31F	23297	27422	26667	26452	428	798	800F	820F
BOLIVIA	6	6	7	7F	6525	7498	7552	7576	40	48	49	50F
BRAZIL	75	68	66	65	11356	12373	15028	16496	849	838	990	1078
CHILE	9	6	6	6	30000	36467	44577	47042	278	219	263*	282*
COLOMBIA	21	12F	14F	14F	19601	16667	17703	17703	406	200F	248	248F
PARAGUAY	5	5F	5F	5F	6580	6700	6700	6800	30	34F	34F	34F
PERU	7	14	14	15*	21472	22048	25481	24433	147	316	366	367
URUGUAY	2	3F	4F	3F	7443	8065	8108	8000	18	25	30	20
VENEZUELA	4	7	8	8F	16704	25637	20479	20479	66	176	164	164F
ASIA (FMR)	1029	1446	1629	1691	14677	15974	16407	16721	15112	23102	26727	28283
ASIA		1506	1694	1760		15857	16334	16613		23875	27674	29234
ARMENIA		2*	2*	2F		18000	20000	14000		36*	40*	28
AZERBAIJAN		5*	7*	7F		13884	12135	14286		62	79	100
BAHRAIN					29680	29857	30050	30000	1	1	2	2
BANGLADESH	35	34	33	33F	4130	4018	3948	3948	143	138	131	131F
CHINA	247	527F	551F	576F	20199	20570	20474	21148	4997	10837F	11276F	12176F
CYPRUS					24856	37500	38000	38000	5	8	8	8F
GAZA STRIP					25676	25000	25000	25000	2	2F	2F	2F
GEORGIA		2*	3*	4F		18000	15000	12000		36	45*	48F

表 58

たまねぎ（乾燥）

収穫面積：1000 HA　　　単位当り収量：KG/HA　　　生産量：1000 MT

	1989-91	1998	1999	2000	1989-91	1998	1999	2000	1989-91	1998	1999	2000
INDIA	309	355	481	481F	10650	9016	11375	11375	3292	3201	5467	5467F
INDONESIA	67	76	80	80F	6950	7311	10070	10070	468	559	805	805F
IRAN	44	48	56	65F	24112	25247	30065	27692	1010	1210	1677	1800F
IRAQ	12	8F	8F	8F	7874	8810	6548	4819	97	74F	55F	40F
ISRAEL	2	3	3F	3F	33914	30301	30000	30000	62	81	90	90F
JAPAN	29	27	27	27F	44758	50749	45131	45131	1298	1355	1205	1205F
JORDAN	2	1	1	1F	12587	15114	22400	18521	30	21	28	22
KAZAKHSTAN		18*	17*	19F		13556	17118	16216		244*	291*	300F
KOREA D P RP	6	7F	7F	7F	13782	11940	12059	12059	85	80F	82F	82F
KOREA REP	9	15	16	16F	53039	58901	58014	58014	498	872	936	936F
KUWAIT					21485	25917	19658	16885	8	4	4	3
KYRGYZSTAN		7	10	8		16461	17139	17881		114	176	147
LEBANON	4	4	4F	5F	15949	18750	17978	18889	60	83	80F	85F
MYANMAR	24	28	46	50F	7215	8167	10284	10142	171	225	476	507
OMAN	1	1F	1F	1F	14007	13429	13429	13429	8	9F	9F	9F
PAKISTAN	58	81	86	110	12132	13225	13312	15014	707	1077	1138	1648
PHILIPPINES	6	13	10	10	9663	6806	8849	8790	62	87	85	84
QATAR					20047	25949	25965	26667	3	4	4	4F
SAUDI ARABIA	2	14	13	13F	8461	12262	7174	7174	13	171	95	95F
SRI LANKA	8	7	11	11F	7785	7843	9806	9806	60	55	105	105F
SYRIA	5	6	5	5F	16511	19036	18855	19000	83	105	89	95F
TAJIKISTAN		13*	13F	13F		7692	9440	9846		100*	118*	128F
THAILAND	15	19F	19F	19F	12652	15508	16043	16043	192	290F	300F	300F
TURKEY	84	105	105F	105F	17927	21619	21905	21905	1503	2270	2300F	2300F
TURKMENISTAN		7F	7F	8F		6529	6957	7067		46	49	53F
UZBEKISTAN		6*	7*	8F		22500	21500	18375		135*	151*	147*
VIET NAM	55	62F	62F	62F	3000	2968	2968	2968	165	184F	184F	184F
YEMEN	5	5	5	5	14750	13997	14093	14427	69	72	68	71
EUROPE (FMR)	227	242	244	241	20202	21690	22791	22813	4584	5257	5567	5507
EUROPE		421	435	432		16486	16869	17322		6940	7334	7491
AUSTRIA	2	2	2	2F	38378	51921	59766	59766	60	102	135	135F
BELARUS		8	10	8F		7500	6684	6933		60	64	52F
BEL-LUX	1	1	1	1F	34016	26667	54224	50000	18	16	28	25F
BOSNIA HERZG		6*	6*	4F		7526	6655	7450		43*	37*	30F
BULGARIA	9	14	14	14F	9236	7756	7429	7429	86	107	104	104F
CROATIA		7	7	7F		7854	8185	8185		52	56	56F
CZECHOSLOVAK	9				16676				153			
CZECH REP		6	6	5		15412	16461	14001		88	99	76
DENMARK	1	2	2F	2F	34255	30400	30667	30667	29	46	46F	46F
ESTONIA						4370	4000	4857		1	1	1F
FINLAND	1	1	1	1F	21619	17169	14563	15641	17	18	16	16
FRANCE	7	8	9	9	32044	40242	40226	40659	236	330	349	361
GERMANY	6	7	7	8	31893	38387	39595	38901	198	260	262	293F
GREECE	8	9	9	9*	15063	19149	22706	21176	123	167	193	180F
HUNGARY	12	6	7	5	16781	24425	21885	19000	192	150	149	98*
IRELAND					26500	30000	30000	30000	6	6	6	6F
ITALY	18	15*	16	14*	26453	28202	29313	30056	469	423*	459	424*
LATVIA		1	1	1*		8564	7073	6313		6	6	5
LITHUANIA		3	4	3		8606	6417	7769		28	23	20
MACEDONIA		4	4F	4F		8033	8000	8000		36	35F	35F
MALTA		1F	1F	1F	8857	12550	10104	11108	3	6	5	6
MOLDOVA REP		10	11	5F		7939	6542	17200		82	69	86*
NETHERLANDS	12	18	20	20F	40634	35969	38919	38919	466	660	766	766F
POLAND	31	35	34	36	19611	21515	19996	20164	600	756	688	720
PORTUGAL	2	4	5	5F	30105	25268	25270	25000	57	101	121	120F
ROMANIA	27	36	37	39F	10634	10094	11015	10779	286	365	409	415F
RUSSIAN FED		99	109	115F		10631	10329	11478		1054	1130	1320*
SLOVAKIA		4	5	4		11010	10983	6445		42	50	26
SLOVENIA		1	1F	1F		20179	20000	20000		15	15F	15F
SPAIN	29	23	24	23	35383	42274	42210	44456	1039	970	1005	1014
SWEDEN	1	1	1F	1F	29380	29375	29375	29375	21	24	24	24F
UK	7	10	9	10F	32621	36000	42086	41905	239	342	391	398
UKRAINE		57	57*	60F		7930	8407	8333		452	475*	500F
YUGOSLAV SFR	44				6399				286			
YUGOSLAVIA		24*	20	20F		5520	6000	6000		132*	120	120F
OCEANIA	5	6	5	5	37864	38846	41852	41852	204	219	224	224
AUSTRALIA	5	6	5	5F	37871	38853	41859	41859	204	219	224	224F
USSR	179				12958				2310			

表 59

にんにく

	収穫面積：1000 HA				単位当り収量：KG/HA				生産量：1000 MT			
	1989-91	1998	1999	2000	1989-91	1998	1999	2000	1989-91	1998	1999	2000
WORLD	771	930	961	981	8419	9621	9880	10257	6496	8949	9498	10057
AFRICA	19	20	24	25	12801	11619	14016	15222	240	237	337	375
ALGERIA	8	8	8	8F	3279	3680	3596	3625	26	30	30	29F
EGYPT	6	8	11	11F	29690	22945	25158	27388	178	174	269	301F
LIBYA	1	1F	1F	1F	6848	6500	5833	5806	4	3F	4F	4F
MADAGASCAR					5718	5467	5533	5467	1	1F	1F	1F
MOROCCO	2	2	2	2	5202	3807	5137	6642	10	7	10	16
RÉUNION					3282	1714	1714	1714	1	1F	1F	1F
SUDAN	1	1F	1F	1F	17264	17143	17071	17200	14	17F	17F	17F
TANZANIA					5169	5588	5714	5714	2	2F	2F	2F
TUNISIA	1	1F	1F	1F	5333	5000	5000	5000	4	4F	4F	4F
N C AMERICA	17	27	27	29	13647	12242	15115	14149	235	329	414	414
DOMINICAN RP	1	1	1	1	8577	5524	7194	8186	6	5	5	5
GUATEMALA	1	1F	1F	1F	4763	4779	4818	4818	6	7F	7F	7F
HAITI						26000	27500	27500		1	1F	1
MEXICO	6	9	9F	9F	7292	7320	7253	7143	45	67	66F	65F
USA	9	15	16	18	19918	16250	20733	18579	177	250	336	337
SOUTHAMERICA	34	39	42	42	5086	7051	7264	7456	173	275	307	314
ARGENTINA	8	16	16F	16F	6294	9407	9375	9509	49	148	150F	155F
BOLIVIA	1	2	2	2	5483	4375	4735	4802	5	7	8	8
BRAZIL	17	11	12	12	4369	5076	5777	6233	73	55	69	72
CHILE	2	3	3	3	6300	7100	6365	6250	15	20	20F	20F
ECUADOR	1				2474	2493	8432	4300	1	1	3	1
PARAGUAY	1		1	1F	2760	2588	1796	1833	2	1	1	1F
PERU	3	5	6	6F	6370	5814	6530	6720	20	30	40	41*
URUGUAY	1	1F	1F	1F	3032	4000	4000	4000	2	2F	2F	2F
VENEZUELA	1	2	2	2F	4886	6845	7418	7418	6	11	13	13F
ASIA (FMR)	590	715	733	752	9003	10297	10420	10827	5316	7358	7638	8139
ASIA		719	739	757		10295	10411	10807		7397	7694	8186
ARMENIA		1*	1*	1F		14000	15000	6250		14*	15*	5
AZERBAIJAN		1*	1*	2F		6620	10944	10000		4	13	15F
BANGLADESH	13	13	13	13F	3009	3022	2934	2934	38	40	38	38F
CHINA	349	457F	468F	483F	11276	12714	12797	13393	3936	5814F	5986F	6466F
INDIA	90	109	114	114F	3905	4452	4525	4525	351	484	518	518F
INDONESIA	20	18	15	15F	5968	4587	4210	4210	117	84	63	63F
IRAN						6F	2F	2F				
IRAQ	2	2F	2F	2F	3622	2800	2000	1500	6	6F	4F	3F
ISRAEL	1	1*	1F	1F	16715	13333	13846	13846	9	8*	9*	9F
JORDAN						7823	11024	17013	1	2	3	3F
KOREA D P RP	8	7F	8F	8F	10667	10000	10000	10667	80	73F	75F	80F
KOREA REP	44	37	42	42F	9531	10550	11406	11406	418	394	484	484F
KUWAIT						15478	8759	8983	3		1	1
LEBANON	1	2	2F	2F	19160	22300	20455	20417	23	48	45F	49F
MYANMAR	11	14	14	16F	3657	3806	4037	3861	39	53	56	62
PAKISTAN	6	9	9	9	8454	9068	9023	8843	54	80	83	76
PHILIPPINES	6	5	4	5	2782	2458	2457	2635	16	13	9	14
SYRIA	2	2	2	2F	7390	8370	8065	8261	13	18	18	19F
TAJIKISTAN						3333	4667	5000		1*	1*	1F
THAILAND	26	23F	24F	25F	4122	5234	5165	5363	108	118	124	131
TURKEY	12	14F	14F	14F	7545	7571	7857	7857	93	106	110F	110F
TURKMENISTAN						2500	2500	3000		1F	1F	1F
UZBEKISTAN		2*	4*	3F		10200	7571	8333		20*	27*	25*
YEMEN	1	1F	1F	1	11354	13125	12941	13075	9	11F	11F	12
EUROPE (FMR)	90	79	80	77	5377	5941	6041	6234	485	468	482	478
EUROPE		125	129	127		5665	5804	6045		709	746	767
BOSNIA HERZG		2*	2*	1F		4909	4474	5556		11*	9*	5F
BULGARIA	5	7	7F	7F	5877	3950	4286	4286	28	28	30F	30F
CROATIA		3	3	3F		4008	3849	3849		11	10	10F
CZECHOSLOVAK	2				6077				15			
CZECH REP		2	2	1		4961	4967	5112		8	8	7
FRANCE	7	6	6	5	7260	7982	7405	7671	50	45	41	41
GREECE	2	2	2	2F	7811	8471	7167	7222	16	14	13	13F
HUNGARY	3	2	2	2F	5689	9021	7521	5000	14	18	14	9F
ITALY	5	4F	4	4F	8933	8625	8445	8445	41	35*	30	30F
MACEDONIA		1	1F	1F		3314	3214	3214		5	5F	5F

表 59

にんにく

	収穫面積：1000 HA				単位当り収量：KG/HA				生産量：1000 MT			
	1989-91	1998	1999	2000	1989-91	1998	1999	2000	1989-91	1998	1999	2000
MALTA					5333	5240	5880	5770	2	1	1	1
PORTUGAL					6667	5600	5600	5600	2	1F	1F	1F
ROMANIA	11	13	15	15F	3442	5341	6031	6400	36	72	90	96F
RUSSIAN FED		25	28	30F		6404	6541	6600		161	181	198*
SLOVAKIA		1	1	1		4571	4694	3978		5	5	4
SLOVENIA						8696	8667	8667		3	3F	3F
SPAIN	36	23	26	24	6121	7326	7240	7759	221	170	187	187
UKRAINE		21	21*	20F		3762	3952	4500		79	83*	90F
YUGOSLAV SFR	19				3005				58			
YUGOSLAVIA		12*	10F	10F		3550	3650	3650		43*	37*	37F
OCEANIA					5954	7143	7143	7143	1	1	1	1
NEW ZEALAND					5954	7143	7143	7143	1	1	1F	1F
USSR	21				2361				46			

表 60

生緑豆

	収穫面積：1000 HA				単位当り収量：KG/HA				生産量：1000 MT			
	1989-91	1998	1999	2000	1989-91	1998	1999	2000	1989-91	1998	1999	2000
WORLD	573	664	670	672	6145	6650	6716	6802	3519	4419	4500	4571
AFRICA	36	44	42	41	6792	7308	7208	7181	241	323	305	296
ALGERIA	4	5	7	7F	3941	4096	3700	3571	17	22	26	25F
BURKINA FASO		1F	1F	1F	10117	10769	10400	10400	4	7F	5F	5F
CAMEROON										1F	1F	2F
CAPE VERDE						10000	10000	10000		2F	2F	2F
EGYPT	12	15	12F	12F	10479	11885	12500	12500	128	179	150F	150F
GHANA		2F	2F	2F		8500	8500	8500		17	17F	17F
KENYA	6	8F	8F	8F	1952	2875	2821	2800	17	23F	22F	21F
MADAGASCAR	1	1F	1F	1F	2870	3134	3284	3134	2	2F	2F	2F
MALI									1	1F	1F	1F
MAURITIUS					3718	4677	3405	3684	1	2	1	1
MOROCCO	4	3	3	2	7092	7339	11879	12148	32	20	31	25
RÉUNION	1	1F	1F	1F	2153	1440	1440	1440	2	2F	2F	2F
SENEGAL		1F	1F	1F	6750	8000	7857	7857	3	6F	6F	6F
SOUTH AFRICA	6	7F	7F	7F	5100	5075	4977	5000	31	33	33	33F
TUNISIA					6895	6750	6750	6750	3	3F	3F	3F
ZAMBIA										1F	1F	1F
ZIMBABWE										1	1F	1F
N C AMERICA	32	38	41	40	6095	6537	5961	5604	192	251	246	223
CANADA	8	8	9	9	6205	6570	6233	5810	47	55	57	50
GUADELOUPE					13991	11125	11125	11125	1	1F	1F	1F
MARTINIQUE					10000	10000	10000	10000	1	1F	1F	1F
MEXICO	9	9F	9F	9F	5658	6471	6471	6471	48	55F	55F	55F
USA	15	21	23	23	6215	6515	5631	5156	95	139	132	116
SOUTHAMERICA	27	26	25	27	3175	2835	3081	2974	86	75	76	79
ARGENTINA		1F	1F	1F	6444	7200	6909	6667	3	4F	4F	4F
CHILE	9	5	5	5	5756	6000	6027	6346	50	33	33F	33F
ECUADOR	11	14	12	14	1641	1305	1484	1480	19	18	17	21
FR GUIANA						11144	11144	11144		3F	3F	3F
PERU	6	6	6	6F	1895	2602	2758	2758	12	16	17F	17F
SURINAME					8116	12250	10636	10909	1	1	1	1
URUGUAY					2800	2857	2857	3056	1	1F	1F	1F
ASIA (FMR)	333	417	422	427	5592	6426	6532	6687	1860	2677	2753	2855
ASIA		418	423	428		6427	6533	6690		2684	2761	2863
BANGLADESH	10	10	11	11F	4054	4695	4657	4657	40	49	49	49F
CHINA	44	110F	120F	125F	11709	11363	11250	11600	515	1250F	1350F	1450F
CYPRUS					10124	11333	14000	14000	2	2	2	2F
INDIA	142	150F	150F	150F	2703	2733	2733	2733	385	410F	410F	410F
INDONESIA	28	34	29	29F	5620	5455	5915	5915	159	186	172	172F
IRAN										1F	1F	1F
IRAQ	1	1F	1F	1F	5116	4844	2344	1563	3	3F	2F	1F
ISRAEL		1*	1F	1F	16467	8889	9000	9000	7	8*	9*	9F
JAPAN	12	9	9	9F	7651	7238	6958	6958	89	66	62	62F
JORDAN	1	1	1	1F	11187	14172	9637	10583	14	18	11	13
KAZAKHSTAN		1*	1*	1F		7000	7100	8000		7*	7*	8F
KUWAIT					16774	15606	18200		1	1	1	
LEBANON	3	3	3F	4F	8171	10700	10588	10571	25	36	36F	37F
PAKISTAN	2	2F	2F	2F	8842	7895	7895	7895	20	15F	15F	15F
PHILIPPINES	5	6F	6F	6F	2429	3000	2833	2833	12	18F	17F	17F
SRI LANKA	7	7	7	7F	5253	4297	4776	4455	36	29	32	29
SYRIA	5	4	4	5F	9245	8861	8204	8043	44	32	36	37F
THAILAND	21	22F	22F	22F	3984	4000	3981	3981	82	86F	86F	86F
TURKEY	50	55F	54F	54F	8322	8303	8333	8333	416	455	450F	450F
UNTD ARAB EM					18027	12495	13205	12692	2	1	2	2F
YEMEN	1	2	2	2	5952	5578	5674	5688	8	10	11	11
EUROPE (FMR)	138	128	131	128	7932	8104	8154	8327	1091	1040	1072	1068
EUROPE		130	132	129		8011	8115	8286		1044	1075	1071
AUSTRIA	1		1	1F	16301	16013	12334	12334	17	8	7	7F
BEL-LUX	5	5	6	6F	8545	13760	16587	15000	41	70	99	90F
BOSNIA HERZG						4000	4000	4000		2F	2F	2F
BULGARIA	4	6	6F	6F	4342	2940	3333	3333	16	17	20F	20F
CROATIA		2F	2F	2F		5999	5772	5772		10	12	12F
CZECHOSLOVAK	1				5090				7			
CZECH REP						4390	5000	3600		2	1	1

表 60

生緑豆

	収穫面積：1000 HA				単位当り収量：KG/HA				生産量：1000 MT			
	1989-91	1998	1999	2000	1989-91	1998	1999	2000	1989-91	1998	1999	2000
FINLAND												
FRANCE	13	12	11	10	7597	10445	11217	11642	100	127	125	114
GERMANY	7	4	4	4	8071	10177	10681	10313	55	46	44	46F
GREECE	8	7	9	9	8893	10313	8235	8140	70	69	70F	70F
HUNGARY	10	3	4	2	4262	8693	8364	11173	41	28	33	22F
IRELAND					11968	10000	10000	10000	2	2	2	2F
ITALY	30	23	23	23	7978	8754	8782	9339	236	202	204	214
MACEDONIA		19	19F	19F		915	915	915		18	18F	18F
MOLDOVA REP		2*	1*	1F		2000	3000	3000		4*	3*	3*
NETHERLANDS	5	5	5F	5F	13892	8654	8654	8654	71	45	45F	45F
NORWAY					8091	5747	7706	7706	1	1	1	1F
POLAND						20000	20000	20000		2F	2F	2F
PORTUGAL	3	3	2	3F	8333	8425	8426	8000	25	26	21	20F
ROMANIA	13	11	11	12F	3806	4177	4354	4333	53	46	49	52F
SLOVAKIA		1	1	1		4031	3387	2658		3	3	2
SPAIN	27	20	21	21	10000	13463	12934	14159	272	273	274	293
SWEDEN					10563				2			
SWITZERLAND	1	1	1	1F	8545	9792	8718	9600	10	9	10	10F
UK	6	3	2	2F	7052	12120	13278	11500	39	30	24	21
YUGOSLAV SFR	3				10202				32			
YUGOSLAVIA		1F	1F	1F		4167	4167	4167		5F	5F	5F
OCEANIA	8	8	7	7	5357	5582	5464	5464	41	42	38	38
AUSTRALIA	7	7	6	6F	4900	5369	5134	5134	34	36	30	30F
NEW ZEALAND	1	1	1	1F	9046	7333	7600	7600	8	7	8	8F
USSR									7			

表 61

グリーンピース

	収穫面積：1000 HA				単位当り収量：KG/HA				生産量：1000 MT			
	1989-91	1998	1999	2000	1989-91	1998	1999	2000	1989-91	1998	1999	2000
WORLD	859	862	870	876	7813	8096	7968	8226	6707	6980	6928	7203
AFRICA	41	67	67	62	5467	5001	4978	5208	224	336	334	323
ALGERIA	16	17	16	16F	2082	2775	2778	2813	33	47	45	45F
EGYPT	9	22F	23F	23F	11225	7191	7312	7312	97	159	166F	166F
KENYA	2	2F	2F	2F	2500	3636	3500	3000	6	8F	7F	6F
LIBYA	3	2F	3F	3F	2472	4583	4600	4615	6	11F	12F	12F
MADAGASCAR	1	1F	1F	1F	976	983	1000	983	1	1F	1F	1F
MOROCCO	5	16	16	11	7340	3699	3082	3470	35	58	48	38
RÉUNION					2000	2000	2000	2000		1F	1F	1F
SOUTH AFRICA	4	4F	4F	4F	5905	6564	6271	6286	22	24	22	22F
TUNISIA	4	4*	4F	4F	6257	6389	6667	6667	22	23F	24F	24F
ZAMBIA									1	1F	1F	1F
ZIMBABWE									1	5	8F	8F
N C AMERICA	163	138	137	138	7778	8724	8456	9500	1269	1206	1157	1310
CANADA	19	18	17	16	3839	3797	4017	4197	71	68	70	68
MEXICO	11	9	10F	10F	4134	4305	4211	4211	45	41	40F	40F
USA	134	111	110	112	8630	9897	9524	10713	1152	1097	1047	1202
SOUTHAMERICA	56	59	66	65	2282	2659	2568	2814	128	156	168	182
ARGENTINA	10	11F	12F	12F	2318	2182	2083	2083	22	24F	25F	25F
BOLIVIA	12	14	15	15	1647	1406	1781	1960	20	20	26	30
CHILE	7	5	5	5	5000	5901	6116	6383	33	31	30F	30F
ECUADOR	12	8	11	10	938	1581	1026	2300	11	12	11	22
PERU	16	21	23	23F	2645	3345	3285	3242	41	69	76	75*
ASIA (FMR)	239	386	396	403	10664	8633	8584	8707	2551	3333	3404	3505
ASIA		387	398	404		8622	8577	8696		3338	3410	3510
ARMENIA		1*	1*	1F		5000	6000	4500		5*	6*	5F
CHINA	58	142F	152F	158F	7444	7760	7693	8034	431	1100F	1169F	1269F
CYPRUS					9336	13750	13750	13750	1	1	1	1F
INDIA	144	200F	200F	200F	13405	10000	10000	10000	1932	2000F	2000F	2000F
IRAN										1F	1F	1F
ISRAEL	2	4	2F	2F	3175	2576	2600	2600	7	9	5	5F
JAPAN	9	6	6	6F	6681	6136	6394	6394	57	36	36	36F
JORDAN			1	1F		11623	4440	4440		2	3	3F
LEBANON	1	1	1F	1F	9006	10800	10370	10714	10	14	14F	15F
PAKISTAN	7	10	10	10F	6052	6930	6852	6852	41	72	72	72F
PHILIPPINES	8	10	10	10	3061	2947	2947	2947	25	28	28	28
SYRIA	1	2	2	2F	4309	6591	6773	6957	6	12	15	16F
THAILAND	2	3F	3F	3F	2141	2154	2189	2189	5	6F	6F	6F
TURKEY	6	9F	10F	10F	5462	5778	5400	5400	35	52	54F	54F
EUROPE (FMR)	249	175	170	175	8674	10192	9965	9683	2158	1780	1692	1693
EUROPE		186	185	190		9753	9381	9235		1816	1737	1752
AUSTRIA	2	1	1	1F	9619	8996	6724	6724	15	10	8	8F
BEL-LUX	10	9	10	10F	13304	19480	16662	17368	135	170F	165F	165F
BULGARIA	5	2	2F	2F	2693	3246	3500	3500	15	6	7F	7F
CROATIA		3	3	3F		3216	3534	3534		9	11	11F
CZECHOSLOVAK	4				3976				16			
CZECH REP		2	2	2		4366	4217	3361		8	9	7
DENMARK	8	8F	8F	8F	10220	10000	10000	10000	80	80F	80F	80F
FINLAND	1	2	2	3F	5150	2557	3178	2490	5	5	7	7
FRANCE	37	35	34	34	13122	15685	16395	15836	480	550	557	544
GERMANY	7	3	4	4	6384	5495	5958	5665	37	16	24	25F
GREECE	2	1	2F	2F	5396	5786	6000	6000	12	8	9F	9F
HUNGARY	32	13	13	13	9401	13547	12110	7779	300	178	163	100*
IRELAND	1	1F	1F	1F	5479	3200	3200	3200	5	3	3	3F
ITALY	28	19F	11	11F	6144	6895	6528	6562	172	131*	75	75F
LATVIA								2500				1F
LITHUANIA						28333	20000	30000		9*	5*	6F
MACEDONIA		1	1F	1F		3849	3818	3818		4	4F	4F
MOLDOVA REP		2	2	3F		2213	1575	6400		5	3	16*
NETHERLANDS	8	5	5F	5F	15290	13043	13043	13043	118	60F	60F	60F
NORWAY	1	1	1	1F	6880	5396	7082	7082	5	3	5	5F
PORTUGAL	1	1	1	1F	5333	7120	7120	7000	6	7	7	7F
ROMANIA	23	6	6	6F	4049	3907	3309	3496	94	24	20	22F
RUSSIAN FED		4	8	6F		3468	3411	4167		13	27	25F
SLOVAKIA		2	2	2		3819	2354	1680		6	5	3

表 61

グリーンピース

	収穫面積：1000 HA				単位当り収量：KG/HA				生産量：1000 MT			
	1989-91	1998	1999	2000	1989-91	1998	1999	2000	1989-91	1998	1999	2000
SPAIN	12	9	9	9	5556	6663	6011	6376	66	59	54	54
SWEDEN	11	9	9F	9F	4619	5322	5322	5322	50	48	48	48F
SWITZERLAND	1	1	1	1F	6022	7389	5019	6667	7	4	4	4F
UK	48	39F	39	44F	10750	9744	9294	9903	519	380	358	436
UKRAINE		5	5*	6F		1800	1900	2000		9	10*	12F
YUGOSLAV SFR	9				2510				22			
YUGOSLAVIA		3F	3F	3F		2903	2903	2903		9F	9F	9F
OCEANIA	29	25	18	18	5164	5146	7022	7136	152	129	123	125
AUSTRALIA	11	7	6	6F	8708	10937	10764	10764	95	77	66	66F
NEW ZEALAND	18	18	11	11F	3069	2889	5000	5175	57	52	57	59
USSR	81				2788				225			

表 62

にんじん

	収穫面積：1000 HA				単位当り収量：KG/HA				生産量：1000 MT			
	1989-91	1998	1999	2000	1989-91	1998	1999	2000	1989-91	1998	1999	2000
WORLD	637	853	874	899	21489	21952	21915	21551	13685	18724	19151	19374
AFRICA	66	69	70	72	11188	13011	14329	12491	734	898	1010	893
ALGERIA	14	10	11	11F	8820	13730	12169	12273	124	141	135	135F
EGYPT	4	5	5F	5F	25882	26204	25773	27475	93	129	125F	136F
LIBYA	7	6F	6F	7F	3595	3879	3833	3692	25	23F	23F	24F
MADAGASCAR	1	1F	1F	1F	4010	3714	3786	3714	5	5F	5F	5F
MAURITIUS					16780	14622	20423	21429	1	3	6	8
MOROCCO	8	10	10	10	21350	22407	35070	20581	176	229	340	210
NIGERIA	22	26F	27F	27F	7908	8654	8556	8556	171	225	231	231F
RÉUNION		1F	1F	1F	4105	6000	6000	6000	1	3F	3F	3F
SOUTH AFRICA	3	4F	4F	4F	30000	24524	25073	25250	90	98	100	101F
TUNISIA	6	6F	6F	6F	7383	7273	7273	7273	46	40F	40F	40F
N C AMERICA	58	82	81	79	31573	34476	33389	33246	1842	2815	2691	2627
BARBADOS					6181	6038	6077	6077	2	1F	1F	1F
CANADA	7	9	9	8	39879	36565	34403	34865	289	323	294	279
DOMINICA						10000	10000	10000		1F	1F	1F
DOMINICAN RP	1	1	1	1	11125	10045	13593	19110	8	12	18	13
GUADELOUPE					12508				1			
HONDURAS					7047	11724	11724	12069	1	3F	3F	4F
JAMAICA	1	2	2	2F	10397	13948	14830	14830	15	22	25	25F
MARTINIQUE					5111	5000	5000	5000	1	1F	1F	1F
MEXICO	8	14	15	15	24321	23013	23409	23428	200	320	356	359
PANAMA					7814	7500	7500	7500	2	3F	3F	3
USA	40	55	53	52	33308	38703	37724	37200	1323	2128	1989	1941
SOUTHAMERICA	37	44	45	46	16961	22149	22535	22647	626	985	1010	1034
ARGENTINA	11	9F	9F	10F	18302	27222	26667	25789	208	245F	240F	245F
BOLIVIA	3	4	4	4	9027	9400	9863	9730	30	33	36	36
CHILE	5	4	4	4	25000	27002	27275	27571	122	97	97F	97F
COLOMBIA	6	6F	8F	8F	25459	31897	28000	28000	159	185F	210F	210F
ECUADOR	1	4	3	4	7472	8000	5346	8500	11	29	18	31
PARAGUAY	1	1	2	2F	9248	12120	10719	10625	6	13	17	17F
PERU	5	8	7	7F	7833	16448	18283	19019	40	134	135	140*
URUGUAY	2	2F	2F	2F	9755	11059	11176	11111	16	19F	19F	20F
VENEZUELA	2	8	7	7F	15280	28873	33681	33681	35	229	239	239F
ASIA (FMR)	176	359	367	382	20962	18529	18473	18668	3693	6655	6781	7135
ASIA		382	391	408		18200	18242	18417		6948	7137	7509
ARMENIA		1*	1*	1F		17143	17500	15000		12*	14*	12F
AZERBAIJAN						6667	10000	11000		1*	2*	2F
CHINA	92	253F	264F	279F	21831	17813	17685	17989	2014	4515F	4666F	5016F
CYPRUS					65041	38000	38000	38000	3	2	2	2F
GEORGIA		1*	1*	1F		8333	8000	9000		5	8*	9F
INDIA	20	24F	24F	24F	14074	14468	14468	14468	281	340F	340F	340F
INDONESIA	14	21	18	18F	12756	15891	15932	15932	179	333	287	287F
IRAN										4F	4F	4F
IRAQ	1	1F	1F	1F	10475	10000	7619	6316	10	11F	8F	6F
ISRAEL	1	1	1F	1F	62716	73167	64200	64200	74	88	64	64F
JAPAN	24	22	23	23F	28010	28933	29942	29942	667	648	677	677F
JORDAN					20844	36651	34789	34789	3	11	8F	8F
KAZAKHSTAN		10*	10*	10F		11458	14368	14000		115	137*	140F
KOREA REP	5	6	5	5F	20415	25902	27523	27523	100	145	151	151F
KUWAIT					26957	38372	35875	39167	1	2	2	2F
KYRGYZSTAN		5	6	7		15916	17089	16805		82	105	109
LEBANON	1	2	2F	2F	17140	21300	18919	21053	25	39	35F	40F
PAKISTAN	7	11	11	11F	17256	18424	17815	17815	117	199	195	195F
QATAR					10727	11962	12000	12069	1	1	1	1F
SAUDI ARABIA	2	4	3	3F	12441	13821	21602	21602	21	51	65	65F
SRI LANKA	1	2	2	2F	11389	11478	11159	11159	16	25	27	27F
TAJIKISTAN		2*	2F	2F		11000	13000	17500		22*	26*	35F
TURKEY	6	11F	12F	12F	27090	21091	20000	20000	172	232	240F	240F
TURKMENISTAN		2	2F	3F		18333	14450	12800		28	29	32F
UNTD ARAB EM					23009	13368	13732	13697	3	2	2	2F
UZBEKISTAN		3*	3*	3F		11600	14000	13600		29*	35*	34*
YEMEN	1	1	1	1	10107	8653	8818	7917	6	7	7	8
EUROPE (FMR)	144	139	143	139	30487	34562	34341	34172	4392	4802	4910	4751
EUROPE		267	278	287		25058	25075	24339		6701	6977	6974

表 62

にんじん

	収穫面積：1000 HA				単位当り収量：KG/HA				生産量：1000 MT			
	1989-91	1998	1999	2000	1989-91	1998	1999	2000	1989-91	1998	1999	2000
AUSTRIA	1	1	1	1F	36328	31405	56693	56693	24	36	76	76F
BELARUS		14	14	9F		16459	14199	7727		222	200	68F
BEL-LUX	2	3	3	3F	39400	45103	56309	51852	96	131	150	140F
BOSNIA HERZG		2*	2F	1F		6609	6304	6929		15*	15*	10F
BULGARIA	1	2	1F	1F	13325	12944	13333	13333	19	23	16F	16F
CROATIA		3	3	3F		9008	9027	9027		28	30	30F
CZECHOSLOVAK	7				21547				149			
CZECH REP		4	4	3		20568	21809	18590		76	79	59
DENMARK	1	2	2F	2F	54287	42667	42667	42667	70	77	77F	77F
ESTONIA		1	1	1F		12791	9243	11111		13	7	10
FINLAND	1	2	2	2F	32880	31639	36502	31155	36	53	62	62
FRANCE	17	16	16	12	31440	42163	41739	37994	545	662	672	450
GERMANY	11	8	8	9	31430	44396	42878	43733	351	372	364	410F
GREECE	1	1	1	1F	33297	31417	31000	31667	37	38	37	38F
HUNGARY	8	5	5	3	16345	25853	25533	38790	119	118	117	100F
IRELAND	1	1F	1F	1F	36470	24444	24444	24444	41	22	22	22F
ITALY	11	10	12	13	43967	48099	41583	44979	482	472	510	588
LATVIA		3	2*	3*		9111	8720	8400		25	21	21
LITHUANIA		5	4	4		14109	11023	14814		65	47	64
MACEDONIA						8639	8611	8611		3	3F	3F
MOLDOVA REP		3	3	6F		10875	6824	5000		35	20	30*
NETHERLANDS	7	8	8F	8F	59686	33415	33415	33415	392	274	274F	274F
NORWAY	1	1	1	1F	39279	29332	30934	29000	50	33	38	35
POLAND	31	33	33	35	25639	29696	27761	27438	807	992	906	947
PORTUGAL	3	4	5	5F	27556	32172	32172	33333	83	145	174	150F
RUSSIAN FED		71	79	90F		16457	17403	17833		1160	1372	1605*
SLOVAKIA		4	4	4		16111	17574	12865		64	75	51
SLOVENIA						21612	21250	21250		8	9F	9F
SPAIN	6	7	7F	7F	40557	51269	49231	49231	254	333	320F	320F
SWEDEN	2	2	2F	2F	43304	53696	54348	54348	67	99	100	100F
SWITZERLAND	1	1	1	1F	43705	40405	41771	40876	59	55	58	56F
UK	16	11	12	13	36728	56145	56100	51877	603	618	673	674
UKRAINE		33	32*	35F		11515	12500	12143		380	400*	425F
YUGOSLAV SFR	13				8232				108			
YUGOSLAVIA		7F	7F	7F		7534	7534	7534		55F	55F	55F
OCEANIA	6	9	9	9	34976	43472	38308	39479	204	377	327	337
AUSTRALIA	5	7	7	7F	33970	37267	39393	39393	155	267	257	257F
FR POLYNESIA							20000	20000			1F	1F
NEW ZEALAND	1	2	2	2F	39133	73333	35000	40000	49	110	70	80
USSR	150				14672				2194			

表 63

すいか

	収穫面積：1000 HA				単位当り収量：KG/HA				生産量：1000 MT			
	1989-91	1998	1999	2000	1989-91	1998	1999	2000	1989-91	1998	1999	2000
WORLD	2186	2722	2794	2892	15743	21874	22137	21830	34348	59535	61844	63131
AFRICA	152	174	177	176	15683	18419	19929	19254	2382	3202	3534	3379
ALGERIA	33	33	35	35F	9440	15176	15302	15429	312	502	538	540F
CAMEROON		1F	1	1F	10477	26136	27137	25455	4	23F	27	28F
EGYPT	48	54	57F	56F	20309	25868	29304	26910	967	1409	1670	1507F
LIBYA	12	13F	13F	14F	16029	16154	16183	15926	199	210F	212F	215F
MAURITANIA	1	1F	1F	1F	7555	10000	10000	10000	7	8*	8F	8F
MOROCCO	16	12	11	10	23320	20730	21141	22688	381	259	230	219
SENEGAL	4	21	20	20F	16210	13146	12865	12865	65	275	260	260F
SOMALIA	1	2F	2F	2F	11742	11429	11905	12381	13	24F	25F	26F
SOUTH AFRICA	4	4F	5F	5F	11821	12642	14536	14800	47	53	73	74F
SUDAN	4	5F	5F	5F	27500	28958	28571	28400	111	139F	140F	142F
TUNISIA	28	27F	27F	27F	9752	11111	12963	13333	274	300*	350	360*
N C AMERICA	123	109	120	129	13657	22960	24459	23844	1679	2493	2926	3075
CANADA						17000	18273	19167		1	2	2F
COSTA RICA				3				25496				77
EL SALVADOR	4	2	3	3	17931	12458	18058	23052	76	26	50	58
GUADELOUPE					17248	18909	18909	18909	1	1F	1F	1F
GUATEMALA	2	1F	1F	1F	25357	25000	25000	25000	49	30F	30F	30F
HONDURAS	1	2F	1F	1F	18097	13333	9687	9687	9	20F	13	13F
JAMAICA		1	1	1F	15560	22402	19934	19934	5	19	13	13F
MEXICO	33	33	41	48	13050	21406	22672	20767	433	698	923	993
PANAMA	1	1F	1F	1	7261	12076	12076	12795	4	17	17F	11
TRINIDAD TOB					10997	12482	12500	12500	1	3	3F	3F
USA	82	69	71	71F	13415	24464	26324	26324	1100	1677	1875	1875F
SOUTHAMERICA	121	138	144	144	8406	9643	9365	9452	1014	1335	1351	1361
ARGENTINA	9	10F	9F	9F	13951	13684	13889	13889	124	130F	125F	125F
BOLIVIA	2	2	2	2	9581	9600	9576	10044	17	21	22	23
BRAZIL	69	77	79F	79F	6397	7772	7595	7595	440	599	600F	600F
CHILE	4	4	4	4	18500	16281	16043	15750	74	63	63F	63F
COLOMBIA	3	5F	5F	5F	14701	12000	11957	11957	41	54F	55F	55F
ECUADOR	4	3F	3F	2	16975	9357	9843	18000	67	25	28	41
PARAGUAY	21	21F	21F	21F	5347	5268	5238	5238	111	108F	110F	110F
PERU	2	4	4	4F	17196	18929	20033	18487	41	67	72	66*
SURINAME					13371	11618	12500	12500	4	2	2	2
URUGUAY	1	1F	1F	1F	13372	14000	14000	12500	14	14F	14F	15F
VENEZUELA	6	13	17	17F	14473	18755	15444	15444	81	252	261	261F
ASIA (FMR)	1165	1879	1927	2006	18445	25176	25171	24740	21398	47308	48509	49617
ASIA		2024	2077	2165		23997	24151	23790		48579	50154	51497
AFGHANISTAN	8	8F	8F	8F	10842	11538	11538	11538	86	90F	90F	90F
ARMENIA		3	4	5F		18364	21071	19565		61	89	90F
AZERBAIJAN		12	22	20F		6679	9202	9000		79	206	180
CHINA	635	1334	1419F	1469F	18559	26837	26336	26121	11744	35795	37382F	38382F
CYPRUS	1	1	1	1F	41018	52113	56250	51389	31	37	41	37
GAZA STRIP		1F	1F	1F	9397	10000	10000	10000	4	6F	6F	6F
GEORGIA		8	8*	11F		3830	14144	6667		32	108	70F
INDIA	16	19F	19F	19F	12587	13158	13158	13158	201	250F	250F	250F
IRAN	143	125	102	130F	12961	19726	21260	17692	1826	2473	2179	2300F
IRAQ	40	38F	38F	38F	13339	11974	10526	10000	542	455F	400F	380F
ISRAEL	10	16F	17	17F	10419	20863	22590	22590	103	334	375	375F
JAPAN	23	18	18	18F	32492	33143	33633	33633	735	603	595	595F
JORDAN	3	2	3	3F	34359	39423	38101	42000	96	90	121	105
KAZAKHSTAN		42	38	55F		7364	9726	16393		306	370	902
KOREA D P RP	5	5F	5F	5F	19200	19808	19808	19623	96	103F	103F	104F
KOREA REP	26	34	34	34F	23644	24074	27150	27150	623	807	937	937F
KUWAIT						24286	28333				1	1F
KYRGYZSTAN		4	4	4		12294	15009	16403		47	63	65
LEBANON	3	5	5F	6F	23337	26350	26000	22500	59	130	130F	135F
MALAYSIA	3	9F	6F	6F	21821	22222	21667	22500	62	200F	130F	130F
OMAN	1	2F	2F	2F	20078	20000	20000	20000	26	32F	32F	32F
PAKISTAN	20	19F	19F	19F	19839	22105	22105	22105	404	420F	420F	420F
PHILIPPINES	5	4	4	4	15859	16270	15514	14639	79	72	63	59
QATAR						9334	9522	9543	9459	2	1	1	1F
SAUDI ARABIA	22	27	24	24F	17805	14026	11853	11853	386	372	285	285F
SYRIA	30	24	12	12F	6570	16771	22335	22500	199	403	259	270F
TAJIKISTAN		9F	10F	10F		5000	4800	5000		45F	48F	50F
THAILAND	27	27F	28F	28F	14450	14444	14545	14545	385	390F	400F	400F

表 63

すいか

	収穫面積：1000 HA				単位当り収量：KG/HA				生産量：1000 MT			
	1989-91	1998	1999	2000	1989-91	1998	1999	2000	1989-91	1998	1999	2000
TURKEY	118	135F	137F	137F	28774	29074	29197	29197	3373	3925	4000F	4000F
TURKMENISTAN		20F	19F	15F		11600	12842	4333		232*	244*	65F
UNTD ARAB EM			1	1F	12991	21108	20338	21538	5	9	12	14F
UZBEKISTAN		48	44	40F		9893	11737	11433		470	518	457
VIET NAM	16	19F	19F	19F	9688	11053	11053	11579	155	210F	210F	220F
YEMEN	9	7	6	6F	18232	12997	13467	13467	168	95	83	83F
EUROPE (FMR)	136	124	121	118	20177	25616	25753	25823	2729	3165	3116	3049
EUROPE		272	271	274		14114	14033	13660		3835	3803	3744
ALBANIA									22	210	220	240F
BOSNIA HERZG						15000	15000	15000		3F	3F	3F
BULGARIA	24	28	30	30F	8406	10214	12800	12800	200	288	384	384F
CROATIA		3	3	3F		23179	18490	18490		60	53	53F
FRANCE					31909	31549	32847	32960	15	9	9	9
GREECE	17	16	16F	16F	36371	42695	42796	40625	624	662	685	650F
HUNGARY	10	7	7	6F	11541	16702	17209	15000	92	112	125	90F
ITALY	20	18F	15	15F	32536	33056	33830	33830	663	595*	496	496F
MACEDONIA		8	8F	8F		14463	14458	14458		120	120F	120F
MOLDOVA REP		4	5F	6F		5502	4400	4167		23	22F	25F
PORTUGAL					6667	6667	6667	6667	2	2F	2F	2F
RUSSIAN FED		86	85F	87F		4453	4706	4770		383	400F	415F
SLOVAKIA		2*	2F	2F		20000	20000	20000		30F	30F	30F
SPAIN	29	20	19	19	24517	38447	37828	39281	716	757	704	727
UKRAINE		58	60F	63F		4552	4417	4048		264	265F	255F
YUGOSLAV SFR	35				11327				393			
YUGOSLAVIA		22	21F	19		14227	13571	12578		317	285*	244
OCEANIA	4	5	5	5	15264	19307	15717	15717	62	91	75	75
AUSTRALIA	4	4	4	4F	15269	20295	15891	15891	54	81	66	66F
FIJI ISLANDS						10608	10000	10000		2	2F	2F
FR POLYNESIA					12900	12438	12500	12500	1	1	1F	1F
GUAM									2	2F	2F	2F
NEW ZEALAND					13028	10000	10000	10000	3	3	1	1F
SOLOMON IS					18310	20000	22857	22857	1	1F	1F	1F
TONGA					9764	8380	8380	8380	2	2F	2F	2F
USSR	485				10478				5083			

表 64

カンタロープおよびその他のメロン

	収穫面積：1000 HA				単位当り収量：KG/HA				生産量：1000 MT			
	1989-91	1998	1999	2000	1989-91	1998	1999	2000	1989-91	1998	1999	2000
WORLD	895	942	959	1154	15163	18199	19316	16847	13576	17152	18521	19435
AFRICA	58	55	62	71	16675	18812	21598	22477	966	1030	1339	1601
CAMEROON	1	4F	4	5F	4714	7500	7830	7778	4	30F	34	35F
EGYPT	24	19F	20F	19F	19744	24601	38681	37795	473	467	774	718F
LIBYA	2	2F	2F	2F	15875	16667	16250	16061	24	25F	26F	27F
MOROCCO	21	19	25F	35F	15790	19335	13600	18714	337	372	340	655*
RÉUNION									3	2F	2F	2F
SOUTH AFRICA	2	2F	2F	2F	16080	11500	11000	11500	29	23F	22F	23F
SUDAN	1	1F	1F	1F	21021	26000	24952	24091	20	26F	26F	27F
TUNISIA	8	8F	8F	8F	9704	10500	14375	14375	76	84*	115*	115F
N C AMERICA	126	121	121	128	14566	18677	18841	18510	1837	2266	2288	2365
ANTIGUA BARB					11657	10833	10833	10833	1	1F	1F	1F
CANADA					16067	111667	114111	114111	1	7	10	10F
COSTA RICA	2	7	8F	8F	20238	21416	23567	23567	43	159	177	177F
CUBA	7	6F	6F	6F	4632	3651	3651	3651	34	23F	23F	23F
DOMINICAN RP	2	4F	5F	4F	8934	9139	9169	9203	17	34	41	40
EL SALVADOR	2	2F	2F	2F	10000	10000	10000	10000	17	20F	20F	20F
GUADELOUPE					15765	19059	19059	19059	3	3F	3F	3F
GUATEMALA	3	5F	5F	5F	15013	24000	16920	16920	43	120F	85	85F
HAITI					12609	12500	12500	12500	3	3F	3F	3F
HONDURAS	5	10F	6F	6F	11637	15601	12799	14786	53	156	77	89
MARTINIQUE					14734	14500	14500	14500	2	3F	3F	3F
MEXICO	44	31F	31F	31F	12752	16129	16129	16129	555	500F	500F	500F
PANAMA	1	4F	3F	9F	8275	10000	10000	10136	8	42F	25F	91
USA	60	51	56	56F	17511	23452	23629	23629	1057	1197	1321	1321F
SOUTHAMERICA	31	41	42	44	8378	10357	10631	10356	260	421	449	456
ARGENTINA	6	3	4F	5F	12201	17450	20000	18889	73	61	80F	85F
BRAZIL	8	14	14F	15F	6056	10266	10357	9667	51	142	145F	145F
CHILE	4	4	4	4	14400	15548	16073	15500	56	60F	60F	62F
COLOMBIA	1	1F	1F	1F	10585	10920	10889	10889	7	10F	10F	10F
ECUADOR	3	2F	2F	2F	7695	10167	10009	10009	23	16	20	20F
PARAGUAY	7	8F	8F	8F	4027	3867	3750	3750	28	29F	30F	30F
PERU	1	1F	1	1F	14320	14021	14160	14160	8	13	13	13F
URUGUAY		1F	1F	1F	6092	6600	6600	6364	2	3F	3F	4F
VENEZUELA	1	8	8F	8F	3501	10800	10732	10732	12	88	88F	88F
ASIA (FMR)	528	576	577	754	15582	18409	19518	15760	8219	10595	11257	11890
ASIA		576	577	754		18409	19518	15760		10595	11257	11890
AFGHANISTAN	2	2F	2F	2F	10190	10476	10476	10476	21	22F	22F	22F
BANGLADESH	11	12	12	12F	10216	8180	8265	8265	114	96	97	97F
CHINA	197	212	226F	386F	16682	23699	25755	16631	3276	5023	5818F	6418F
CYPRUS					23144	43750	43333	45455	8	11	10	10
GAZA STRIP					7722	8409	8409	8409	3	4F	4F	4F
INDIA	30	31F	31F	31F	20775	20447	20447	20447	619	640F	640F	640F
IRAN	74	88	74	92F	12221	13273	14173	11957	925	1168	1055	1100F
IRAQ	23	22F	22F	22F	10833	10273	9545	9070	250	226F	210F	195F
ISRAEL	5	3	3F	3F	13530	28857	27577	27577	61	81	72	72F
JAPAN	18	14	14F	14F	22474	21357	21429	21429	405	299	300F	300F
JORDAN	2	1	1	1F	9935	12858	21558	21558	22	17	21	21F
KOREA D P RP	8	10F	10F	10F	12139	11368	11368	11000	101	108F	108F	110F
KOREA REP	9	10	11	11F	22319	28685	29411	29411	191	299	319	319F
KUWAIT					13636	20136	17418	17325	1	1	1	1
LAOS	2	2F	2F	2F	15034	13750	13750	13750	30	33F	33F	33F
LEBANON	1	2F	2F	2F	17111	19444	19444	19444	20	35F	35F	35F
PAKISTAN	21	30F	30F	30F	12473	13333	13333	13333	265	400F	400F	400F
PHILIPPINES	1	1F	1F	1F	11983	15000	15000	15000	7	18F	18F	18F
QATAR					8831	11429	10250	10238	3	4F	4F	4F
SAUDI ARABIA	7	9F	9F	9F	18967	14947	14947	14947	122	141F	141F	141F
SYRIA	9	7	8F	8F	5316	9361	5625	5625	47	67	45F	45F
TURKEY	103	110F	110F	110F	16264	16364	16364	16364	1677	1800	1800F	1800F
UNTD ARAB EM		4F	4F	4F	7716	17777	17500	17297	2	62	63F	64F
YEMEN	3	3	3	3F	13619	10456	10536	10536	46	35	36	36F
EUROPE (FMR)	149	145	149	149	14990	18993	20687	20266	2244	2745	3079	3011
EUROPE		147	151	151		18782	20445	20047		2752	3084	3018
CZECHOSLOVAK	1				26124				33			
FRANCE	18	18	18	17	17250	18511	18392	17901	312	325	322	313

表 64

カンタロープおよびその他のメロン

	収穫面積：1000 HA				単位当り収量：KG/HA				生産量：1000 MT			
	1989-91	1998	1999	2000	1989-91	1998	1999	2000	1989-91	1998	1999	2000
GREECE	8	8	7	8F	17638	21493	21159	22000	143	161	146	165F
HUNGARY	1	1	1	1F	5999	13299	11299	12000	6	7	8	6F
ITALY	19	25	24	23	18715	19066	20995	22927	351	476	502	529
MALTA	1	3F	2F	3F	5367	5511	5864	5144	3	15	13	14
MOLDOVA REP		2F	2F	2F		3500	2500	3750		7F	5F	8F
NETHERLANDS					56410				4			
PORTUGAL	3	3F	3F	3F	6667	6667	6667	6667	20	20F	20F	20F
ROMANIA	35	44	50	51F	12033	15511	17064	17647	446	690	853	900F
SLOVAKIA										31F	31F	31F
SPAIN	63	44	45	43	14669	23341	26545	23864	926	1020	1184	1033
OCEANIA	3	4	6	6	15873	24022	18771	18771	50	87	103	103
AUSTRALIA	3	4	5	5F	16083	24319	18876	18876	48	85	101	101F
NEW ZEALAND					11910	16000	13333	13333	1	1F	1F	1F
SOLOMON IS					14288	15000	14444	14444	1	1F	1F	1F

表 65

ぶどう

	収穫面積：1000 HA				単位当り収量：KG/HA				生産量：1000 MT			
	1989-91	1998	1999	2000	1989-91	1998	1999	2000	1989-91	1998	1999	2000
WORLD	8051	7253	7369	7453	7238	7869	8233	8370	58272	57075	60673	62384
AFRICA	328	301	304	311	7739	9654	10857	10334	2541	2903	3295	3211
ALGERIA	98	52	49F	51	2680	3266	3860	3562	262	169	189	180F
EGYPT	40	52	53F	53F	14366	18357	19230	19021	577	958	1010	1008F
ETHIOPIA PDR	1				4000				4			
ETHIOPIA		1F	1F	1F		4000	4000	3750		4F	4F	3F
LIBYA	7	8F	8F	8F	5022	5000	5000	4938	36	38F	39F	40F
MADAGASCAR	2	2F	2F	2F	5095	5250	5300	5200	10	11F	11F	10F
MOROCCO	49	47*	47F	50	5057	5575	7123	5093	249	262	335	253
SOUTH AFRICA	98	111	115	117*	13240	11983	13475	13277	1300	1333	1554	1550
TANZANIA	2	2F	3	3F	5852	5217	5200	5385	14	12F	13	14F
TUNISIA	30	25*	26F	27F	2875	4493	5308	5556	85	114*	138	150*
ZIMBABWE						6491	6857	7143	7143	2	2	3F	3F
N C AMERICA	356	394	404	404	16118	14769	15362	18148	5732	5818	6211	7338
CANADA	6	7	7	7	8509	7980	10437	8162	55	57	76	61
GUATEMALA	2	1F	1F	1F	3107	2917	3000	3000	5	4F	4F	4F
MEXICO	48	39	39	38	10203	12215	12421	12527	487	478	479	481
USA	300	346	357	357F	17307	15238	15822	19013	5185	5280	5652	6792
SOUTHAMERICA	434	429	428	435	10489	10969	12161	11856	4559	4709	5207	5153
ARGENTINA	223	206	206	207F	11009	9703	11757	10632	2465	2002	2425	2201F
BOLIVIA	3	4	3	4	5520	5758	7626	6787	19	23	24	28
BRAZIL	58	61	57	60	12228	12753	15752	16391	715	774	895	978
CHILE	120	134	138	140F	9459	12222	11390	11786	1131	1642	1575	1650F
COLOMBIA	1	1F	1F	1F	12314	12692	12923	12923	18	17F	17F	17F
ECUADOR						6966		5400		1		1
PARAGUAY	1	1	1F	1F	15076	18168	17778	17778	22	24F	24F	24F
PERU	9	10	10	10F	6754	7384	9526	10170	59	76	98	105*
URUGUAY	17	10F	10F	10F	7096	14000	14000	14000	116	140	140F	140
VENEZUELA	1	1	1	1F	13514	11815	13288	13288	12	11	9	9F
ASIA (FMR)	1328	1356	1401	1414	6709	8859	8611	8703	8906	12015	12061	12305
ASIA		1625	1689	1729		8036	7745	7923		13055	13080	13695
AFGHANISTAN	52	48F	48F	48F	7019	6875	6875	6875	365	330*	330F	330F
ARMENIA		15	16	15		6967	7312	7333		106	115	110
AZERBAIJAN		34	34	52F		4297	3350	2981		144	113	155
CHINA	130	181	226	243*	7688	13437	12435	12694	990	2432	2815	3087*
CYPRUS	25	19	18	19F	5983	6583	5914	5684	153	125	107	108
GAZA STRIP					6523	6667	6667	6667	2	2F	2F	2F
GEORGIA		68	63	62		3507	3500	3226		238	220	200
INDIA	25	40F	40F	40F	15978	21000	23500	23500	398	840*	940*	940F
IRAN	225	261	263	260F	6456	8865	8891	9038	1456	2315	2342	2350F
IRAQ	55	49F	49F	48F	7825	6224	5918	5521	428	305F	290F	265F
ISRAEL	5	5	5F	5F	18376	16685	16320	16320	87	89	82	82F
JAPAN	24	21	21	20	11480	11144	11805	11757	274	233	242	238
JORDAN	9	14	14	15F	3980	4172	2758	1241	36	60	40	18
KAZAKHSTAN		9	9	10F		1122	2851	1211		10	27	12
KOREA REP	15	30	31	31F	9560	13317	13331	13331	145	398	407	407F
KYRGYZSTAN		7	8	7		2302	2409	3655		17	18	26
LEBANON	29	24	25F	25F	9690	10100	9899	9899	285	247	245F	245F
PAKISTAN	3	9	9F	9F	10135	8481	8444	8444	34	76	76	76F
PHILIPPINES					4278	4444	4444	4444	1	2F	2F	2F
SAUDI ARABIA	7	11	8	8F	14755	12553	13710	13710	97	141	116	116F
SYRIA	109	69	70	70F	4017	8490	5538	5714	439	590	387	400F
TAJIKISTAN		31	32F	33F		1484	1156	3333		46	37*	110F
THAILAND	2	2	2	2F	9877	16178	16529	16529	21	32	40	40F
TURKEY	588	541	540*	540F	5974	6654	6296	6296	3510	3600	3400*	3400F
TURKMENISTAN		24F	25F	26F		5925	5800	5846		142	145	152F
UZBEKISTAN		80F	102F	110F		4203	3373	5685		336	344	625
YEMEN	17	22	22	22	8260	7018	6948	6980	139	155	156	157
EUROPE (FMR)	4675	4085	4121	4130	6518	7000	7414	7411	30476	28594	30550	30606
EUROPE		4418	4440	4471		6654	7102	7066		29400	31534	31592
ALBANIA	16	4	5	6F	4940	15868	13093	13158	76	68	70	75
AUSTRIA	54	48	48	48F	7123	7332	7601	7601	387	351	364	364F
BEL-LUX	1	1	1	1F	16579	16385	18886	17692	22	21	25	23F
BOSNIA HERZG		4	4F	4F		3557	3611	3611		13	13F	13F
BULGARIA	139	112	114	110F	5316	3525	3254	4091	741	396	371	450F

表 65

ぶどう

	収穫面積：1000 HA				単位当り収量：KG/HA				生産量：1000 MT			
	1989-91	1998	1999	2000	1989-91	1998	1999	2000	1989-91	1998	1999	2000
CROATIA		55	55	55F		7620	7205	7205		421	394	394F
CZECHOSLOVAK	35				5595				195			
CZECH REP		11	11	11		4912	6037	5957		55	67	67
ESTONIA						3333	3333	5000		1F	1F	2F
FRANCE	911	873	873	874	7800	8036	9323	8731	7114	7013	8137	7627
GERMANY	96	102	101	101	16183	14386	16368	16349	1550	1463*	1659*	1659F
GREECE	147	124F	124F	124F	9035	9806	9274	9677	1334	1216*	1150F	1200F
HUNGARY	121	99	99	85F	6264	7261	5789	5882	734	720	570	500F
ITALY	1018	874	877	876	8938	10587	10674	11157	9095	9257	9362	9774
MACEDONIA		29	29F	29F		8454	8472	8472		244	244F	244F
MALTA	1				8667	6737	5833	4120	6	2	2	1
MOLDOVA REP		158	147	154F		2176	3153	2922		343	465	450*
NETHERLANDS												
PORTUGAL	276	257	258	257F	4852	1947	4041	3502	1338	500	1041	900F
ROMANIA	221	251	251	241	4075	3484	4449	4073	899	874	1117	981
RUSSIAN FED		64	62	72F		3026	4027	3597		193	248	259F
SLOVAKIA		18	18	17		4000	3482	3504		71	61	61
SLOVENIA		17	15	15F		7142	6635	6635		123	98	98F
SPAIN	1405	1118	1163	1200F	3965	4604	4661	4705	5568	5147	5421	5646
SWITZERLAND	15	15	15	15	12982	10079	11211	10936	192	151	169	165
UK	1	1	1	1F	3333	2000	1667	1667	2	2F	1	1
UKRAINE		112	110F	115F		2411	2452	2391		270	270	275F
YUGOSLAV SFR	218				5667				1220			
YUGOSLAVIA		71F	60F	60F		6831	3550	6044		485	213	363
OCEANIA	59	86	104	104	15437	13796	12931	13409	910	1190	1345	1395
AUSTRALIA	54	79	95	95F	15632	14130	13279	13798	845	1112	1266	1315
NEW ZEALAND	5	8	9	9F	13321	10330	9128	9166	65	78	80	80
USSR	871				5911				5149			

表 66

	ぶどう酒				干しぶどう				なつめやしの実			

生産量：1000 MT

	1989-91	1998	1999	2000	1989-91	1998	1999	2000	1989-91	1998	1999	2000
WORLD	27636	26096	28319	28165	1057	962	1005	1004	3524	5324	5190	5190
AFRICA	928	884	940	914	35	30	45	40	1223	1771	1873	1866
ALGERIA	48	36	42	36F	1				208	387	428	430F
BENIN									1	1F	1F	1F
CHAD									25	18F	18F	18F
EGYPT	2	3F	3F	3F					572	840	906	890F
ETHIOPIA PDR	1											
ETHIOPIA		1	1	1								
KENYA									1	1F	1F	1F
LIBYA									74	130F	132F	133F
MADAGASCAR	9	9F	9F	9F								
MAURITANIA									10	13	20	22F
MOROCCO	40	30	49	35	2	1	2	1F	111	85	73	74
NIGER									7	8F	8F	8F
SOMALIA									10	9F	10F	10F
SOUTH AFRICA	797	770	797	792*	31	28	43	38*				
SUDAN									127	175F	176F	176F
TUNISIA	30	34	37	37F	1	1	1	1	77	103	102	103*
ZIMBABWE	1	2F	2F	2F								
N C AMERICA	2003	2226	2269	2695	363	261	320	314	22	26	23	23
CANADA	33	40	51	51								
MEXICO	171	136	143	144	7	5	6	6	1	3	3F	3F
USA	1798	2050	2075	2500	356	255	315	308F	21	23	20	20F
SOUTHAMERICA	2390	2161	2516	2499	35	43	42	43				
ARGENTINA	1628	1267	1589	1408F	9	8	9	9F				
BOLIVIA	2	2	2	2F								
BRAZIL	297	218	319	300F								
CHILE	359	547	481	660*	27	35	32	34*				
PARAGUAY	7	8F	8F	8F								
PERU	10	12F	13F	13F								
URUGUAY	86	105F	105F	108F								
ASIA (FMR)	447	766	767	822	458	492	471	481	2270	3520	3286	3294
ASIA		1176	1123	1159		499	479	488		3520	3286	3294
AFGHANISTAN					44	28	29	29				
ARMENIA		2	4F	4F								
AZERBAIJAN		65	38F	38F								
BAHRAIN									9	17F	17	17
CHINA	275	475F	520F	575F		5	5	6	22	89*	115*	125F
CYPRUS	65	71	56	56F	2							
GAZA STRIP									2	3F	3F	3F
GEORGIA		156F	135F	116F								
IRAN					51	90	95	95	563	918	908	930F
IRAQ									533	630F	438*	400F
ISRAEL	13	9F	8F	8F	1				12	8	10	10F
JAPAN	57	158	133	133F								
JORDAN										1	1	1F
KAZAKHSTAN		19	23	23F								
KUWAIT									1	6	8	9
KYRGYZSTAN		1F	1F									
LEBANON	15	19	19F	19F	7	5	5F	5F				
OMAN									122	135F	135F	135F
PAKISTAN					1	3	4	4	288	722	580	580F
QATAR									7	16	16	17F
SAUDI ARABIA									526	648	712	712F
SYRIA					9	20F	12	20F				
TAJIKISTAN		16	13	13		2	2	2				
TURKEY	21	34	32F	32F	341	338*	320*	320F	9	9	9F	9F
TURKMENISTAN		36	35	35		1	1	1				
UNTD ARAB EM									152	290	305F	318F
UZBEKISTAN		114	108	108		4	4	4				
YEMEN					1	1	1	1	22	27	29	29
EUROPE (FMR)	19739	18414	20065	19394	106	90	92	93	10	8	7	7
EUROPE		18847	20559	19987		90	92	93		8	7	7
ALBANIA	24	11	13	13F								
AUSTRIA	295	270	280	280F								

表 66

	ぶどう酒				干しぶどう				なつめやしの実			

生産量：1000 MT

	1989-91	1998	1999	2000	1989-91	1998	1999	2000	1989-91	1998	1999	2000
BELARUS		17	24	16F								
BEL-LUX	16	16	18	18F								
BOSNIA HERZG		7	6*	5								
BULGARIA	256	196*	139*	139F								
CROATIA		228	209	209F								
CZECHOSLOVAK	145											
CZECH REP		56	56	56F								
ESTONIA		2F	2F	2F								
FRANCE	5623	5427	6294	5880								
GERMANY	1156	1083	1229	1125								
GREECE	418	454	433	430F	103	87	86*	87F				
HUNGARY	460	434	334	300F								
ITALY	5833	5714	5807	5781								
LATVIA		1	1F	1F								
LITHUANIA		5F	4F	4F								
MACEDONIA		123	122F	122F								
MALTA	2	4	4F	4F								
MOLDOVA REP		119	133	240								
PORTUGAL	951	358	760	603*								
ROMANIA	478	500	650	580F								
RUSSIAN FED		218	290	290F								
SLOVAKIA		49	42	42								
SLOVENIA		85*	69	69F								
SPAIN	3407	3022	3330	3413	2	3	6	6F	10	8	7F	7F
SWITZERLAND	136	117	131	128								
UK	2	3F	1	2								
UKRAINE		73	40F	40F								
YUGOSLAV SFR	538											
YUGOSLAVIA		258	137	197								
OCEANIA	496	802	911	911	60	39	26	26				
AUSTRALIA	446	742	851	851F	60	39	26	26F				
NEW ZEALAND	50	61	60	60F								
USSR	1633											

表 67

砂糖キビ

	収穫面積:1000 HA				単位当り収量:KG/HA				生産量:1000 MT			
	1989-91	1998	1999	2000	1989-91	1998	1999	2000	1989-91	1998	1999	2000
WORLD	17150	19427	19542	19374	61440	64841	65288	65970	1053642	1259659	1275885	1278093
AFRICA	1190	1375	1386	1393	61038	61642	60197	62703	72642	84728	83461	87340
ANGOLA	8	9F	9F	9F	34907	37778	37778	36667	292	340F	340F	330F
BENIN	1	2	1F	1F	37970	32256	34545	34545	26	50	38F	38F
BURKINA FASO	4	4F	4F	4F	95159	100000	100000	100000	387	400F	400F	400F
BURUNDI	1	3F	3F	3F	106432	73260	64815	66923	98	190	175	174F
CAMEROON	135	135F	135F	135F	10000	10000	10000	10000	1350	1350F	1350F	1350F
CAPE VERDE	1	1F	1F	1F	16621	15625	15625	15625	18	13F	13F	13F
CENT AFR REP	5	12	12	13F	10000	7269	7292	7200	50	91*	91	90F
CHAD	3	3F	3F	3F	85212	93939	95455	95455	293	310F	315F	315F
CONGO, DEM R	32	36F	36F	36F	49335	48089	47222	46361	1581	1731	1700	1669
CONGO, REP	20	23F	23F	23F	17696	19758	20000	19565	352	454	460F	450F
CÔTE DIVOIRE	21	17F	17F	17F	67752	67941	67941	67941	1456	1155F	1155F	1155F
EGYPT	113	122	129F	130F	100308	117200	118495	120525	11311	14353	15254	15668F
ETHIOPIA PDR	15				106043				1627			
ETHIOPIA		16F	19F	19F		103125	115789	121053		1650F	2200F	2300F
GABON	4	3F	3F	3F	51825	57667	58333	58667	211	173F	175F	176F
GHANA	4	6	6F	6F	27500	24864	25455	25455	110	147	140F	140F
GUINEA	4	4F	4F	4F	51938	51163	51163	51163	223	220F	220F	220F
GUINEABISSAU					26232	27500	27500	27500	6	6F	6F	6F
KENYA	43	58F	60F	58F	110439	84483	86667	81897	4725	4900F	5200F	4750F
LIBERIA	22	25F	25F	25F	10152	10204	10204	10204	220	250F	250F	250F
MADAGASCAR	63	66	66*	67	31296	33030	33030	32738	1980	2180	2180	2200
MALAWI	17	18F	17F	19F	105283	105556	100000	105263	1790	1900F	1700F	2000F
MALI	5	4F	4F	4F	64459	75000	75000	75000	293	300F	300F	300F
MAURITIUS	76	74	65F	74F	72502	78093	59732	74324	5535	5781	3883	5500
MOROCCO	15	16	18	18*	67515	79826	76527	73667	1010	1283	1373	1326
MOZAMBIQUE	22	25F	29F	27F	12891	14747	17097	16296	280	369	496	440F
NIGER	5	6F	6F	6F	18400	23167	23333	23333	92	139*	140F	140F
NIGERIA	22	23	24	24F	40357	29348	28417	28417	903	675	682	682F
RÉUNION	34	26F	28F	28F	54249	64458	69209	68929	1852	1676F	1938F	1930F
RWANDA	1	1F	1	1F	36029	40000	47059	47059	42	30F	40	40F
SENEGAL	7	8F	8F	8F	115071	109506	109753	109753	751	887F	889F	889F
SIERRA LEONE	1				70000	70000	70000	70000	70	21F	21F	21F
SOMALIA	7	6F	6F	6F	43810	31667	35000	35484	327	190F	210F	220F
SOUTH AFRICA	266	316*	316*	322*	70989	72482	67214	74580	18916	22930	21223	24008
SUDAN	65	71	76	64	63044	80514	70102	78406	4128	5742	5321	4982
SWAZILAND	38	38	40*	43*	102849	100969	108075	103163	3860	3887	4323*	4436*
TANZANIA	16	11F	14	15F	86709	95000	96793	90333	1353	1045F	1355	1355F
UGANDA	48	120F	120F	120F	13687	12917	13333	12917	655	1550F	1600F	1550F
ZAMBIA	12	15F	16F	15	94508	103333	103125	106667	1138	1550F	1650F	1600F
ZIMBABWE	33	50	43*	43F	102389	96220	108302	98314	3333	4811*	4657*	4228
N C AMERICA	3008	2836	2800	2876	61826	57234	56649	58102	185953	162339	158618	167085
BAHAMAS	2	2F	2F	2F	29045	25000	25000	25000	53	45F	45F	45F
BARBADOS	11	8	9F	9F	54982	53417	58140	57778	584	449	500F	520F
BELIZE	24	24F	25F	25F	44123	47543	48214	48214	1054	1141	1181	1181F
COSTA RICA	35	44	46	46	74982	87104	85870	86957	2610	3850F	3950F	4000F
CUBA	1408	1049	996	1100F	57484	31283	34143	32727	80834	32800	34000	36000F
DOMINICA					19710	20476	20000	20000	4	4F	4F	4F
DOMINICAN RP	210	197	102	118	33717	25584	43681	40708	7099	5028	4447	4785
EL SALVADOR	37	78	75	75	87613	72800	68638	68600	3192	5651	5145	5145
GRENADA					50000	47143	44000	44667	7	7F	7F	7F
GUADELOUPE	14	13	13F	13F	44150	39900	39900	39900	630	500	500F	500F
GUATEMALA	108	180*	180*	171*	86541	101052	90833	100292	9339	18189	16350F	17150F
HAITI	43	17	17F	17	35931	60001	58824	47059	1533	1000	1000F	800
HONDURAS	41	45	46	47	67850	83994	81773	83010	2784	3779	3756	3896
JAMAICA	40	36*	38*	40*	62557	63444	63158	65000	2505	2284*	2400*	2600*
MARTINIQUE	3	3F	3F	3F	67651	62942	62942	62942	206	189F	189F	189F
MEXICO	577	631	718	659	70602	77540	63899	74722	40755	48895	45880	49275
NICARAGUA	38	53	56	56	65338	64954	66250	71710	2454	3459	3687	4000
PANAMA	28	35	33	34	46226	55520	53190	58055	1277	1955	1774	2000*
PUERTO RICO	19	10F	10F	10F	48147	30077	30077	30077	910	307F	307F	307F
ST KITTS NEV	4	4F	4	4F	49760	69828	52842	50912	207	244	197	188
ST VINCENT	1	1F	1F	1F	24000	25000	25000	25000	24	20F	20F	20F
TRINIDAD TOB	23	25*	26F	27F	57078	42274	48305	55556	1335	1057	1256	1500F
USA	343	383	402	420	77480	82151	79662	78570	26554	31486	32023	32973
SOUTHAMERICA	5192	6178	6122	5969	63771	69527	69230	68400	331117	429560	423805	408275
ARGENTINA	259	306	275*	270*	61149	63472	60727	59259	15867	19400F	16700*	16000*
BOLIVIA	65	93	90	84	48447	45561	46412	42961	3207	4241	4160	3602

表　67

砂糖キビ

	収穫面積：1000 HA				単位当り収量：KG/HA				生産量：1000 MT			
	1989-91	1998	1999	2000	1989-91	1998	1999	2000	1989-91	1998	1999	2000
BRAZIL	4184	4986	4951	4812	61819	69247	68101	67470	258617	345255	337165	324668
COLOMBIA	318	394	389	400F	86180	86401	94786	92500	27357	34000F	36900F	37000F
ECUADOR	85	110F	116	116F	71918	63636	67694	53373	6095	7000F	7864	6200F
FR GUIANA					50000	70667	70667	70667	4	5F	5F	5F
GUYANA	40	44	46*	46F	68686	58737	65217	65217	2725	2600*	3000*	3000F
PARAGUAY	58	58	61	59F	47204	48276	46953	48305	2721	2800	2872	2850F
PERU	62	52	58	60	109500	121133	118706	130252	6762	6300F	6900F	7750F
SURINAME	2	2F	2F	2F	33585	40909	40909	40909	67	90F	90F	90F
URUGUAY	10	3	3	3F	56117	53945	51613	51613	582	167	160	160F
VENEZUELA	110	131	130F	117*	64466	58986	61451	59402	7113	7701	7989	6950*
ASIA (FMR)	7355	8556	8766	8635	59177	63214	64875	66506	435421	540885	568701	574282
ASIA		8556	8766	8635		63214	64875	66506		540885	568701	574282
AFGHANISTAN	3	2F	2F	2F	19322	19000	19000	19000	51	38F	38F	38F
BANGLADESH	183	175	174	174F	39670	42127	39948	39948	7271	7379	6951	6951F
BHUTAN					30167	31220	31220	31220	12	13F	13F	13F
CAMBODIA	6	6	5F	6F	34008	22176	27600	23333	216	133	138	140F
CHINA	1111	1187	1042	991*	57387	73447	74960	70843	63930	87204	78108	70205*
INDIA	3485	3940	4100	4200	63993	66520	72122	75024	223217	262090	295700	315100
INDONESIA	350	378*	341*	340*	79018	71905	68915	62941	27642	27180*	23500*	21400*
IRAN	26	28	26	26F	58203	70374	86223	86223	1500	1970	2236	2236F
IRAQ	3	3F	3F	3F	26774	22540	21250	21667	70	71F	68F	65F
JAPAN	32	22	23	23*	67754	74375	67401	68304	2187	1666	1530	1571*
LAOS	4	5	5	5	29771	31724	36702	36936	106	170	174	174*
LEBANON					21499	24503	24359	24359	3	5	5F	5F
MALAYSIA	21	24F	24F	24F	58020	68085	68085	68085	1245	1600F	1600F	1600F
MYANMAR	48	106	123	158F	45867	48669	44215	32576	2217	5137	5429	5147
NEPAL	31	49	54	55F	31829	35205	36584	38595	999	1718	1972	2103
PAKISTAN	872	1056	1155	1010	41478	50279	47780	45883	36153	53104	55191	46333
PHILIPPINES	314	344	375	375	81821	76504	63354	90053	25193	26287F	23778	33732
SRI LANKA	21	18	18	18F	38253	53271	55238	60249	821	946	1021	1114
THAILAND	709	930*	945*	923F	52150	54120	56608	55483	36963	50332	53494	51210
VIET NAM	135	283	351	303	41566	48917	50613	50000	5624	13844	17755	15145
EUROPE (FMR)	2	1	1	1	80155	86681	76994	73043	175	115	84	84
EUROPE		1	1	1		86681	76994	73043		115	84	84
PORTUGAL					77485	80000	80000	80000	4	4F	4F	4F
SPAIN	2	1	1	1F	80217	86943	76849	72727	171	111	80	80F
OCEANIA	402	480	467	500	70837	87557	88249	82043	28335	42032	41217	41026
AUSTRALIA	329	415	402	435	74044	95255	95856	88145	24225	39531	38534	38343
FIJI ISLANDS	69	57	57F	57F	56122	36807	39474	39474	3832	2098	2250F	2250F
FR POLYNESIA					70693	75000	75000	75000	3	3F	3F	3F
PAPUA N GUIN	5	8F	8F	8F	60584	50000	53750	53750	275	400F	430F	430F

表 68

甜 菜

	収穫面積：1000 HA				単位当り収量：KG/HA				生産量：1000 MT			
	1989-91	1998	1999	2000	1989-91	1998	1999	2000	1989-91	1998	1999	2000
WORLD	8603	6851	6690	6141	35171	38415	39218	39861	302612	263165	262356	244780
AFRICA	88	96	108	88	45503	51417	54350	62716	4002	4917	5873	5519
EGYPT	17	44	54	55F	44857	44750	47446	46545	789	1951	2560	2560F
MOROCCO	66	49	52*	31*	45291	57723	61988	93000	2966	2823	3223	2883
TUNISIA	5	3*	2	2F	48050	45745	42571	38000	248	143	89	76*
N C AMERICA	571	605	635	572	44429	50164	48880	52985	25399	30363	31062	30324
CANADA	24	18	17	15	39777	48352	42759	56233	952	880	744	821
MEXICO												
USA	547	587	618	558	44630	50220	49052	52900	24447	29483	30318	29503
SOUTHAMERICA	48	52	50	49	53723	58945	61572	67977	2599	3087	3102	3361
CHILE	45	52	50	48	54548	59282	61934	69719	2429	3085	3100	3350*
ECUADOR				1	11211	5559	6341	8200	2	2	2	11
URUGUAY	4				45279				169			
ASIA (FMR)	1313	1303	1094	972	27103	36453	38164	36709	35809	47494	41747	35687
ASIA		1430	1237	1117	27103	33776	34624	32977		48310	42844	36844
AFGHANISTAN					15873	14286	14286	14286	2	1F	1F	1F
AZERBAIJAN		78	81	82F		534	521	707		41	42	58F
CHINA	674	503	296*	256*	19567	28743	29186	30078	13352	14466	8639	7700*
IRAN	157	185	186	186F	25667	26983	29827	29827	4059	4987	5548	5548F
IRAQ	5				25117	23788	22388	24000	113	8F	8F	7F
JAPAN	72	70	70	70*	54560	59316	54329	54100	3924	4164	3803	3787
KAZAKHSTAN		16	17	18		14234	17187	15307		225	294	269
KYRGYZSTAN		21	26	24		19967	20332	19135		429	536	450
LEBANON	1	6	6F	6F	57070	50000	47541	53226	65	300	290F	330F
PAKISTAN	11	4	5	6	30647	20700	26469	26283	335	83	128	159
SYRIA	21	29	30	31F	23970	41943	45043	42623	495	1202	1330	1300F
TURKEY	372	505	501*	417*	35964	44081	43912	40417	13463	22283	22000*	16854*
UZBEKISTAN		13	19	22F		9600	11842	17273		120	225	380*
EUROPE (FMR)	3316	2897	2774	2569	46023	50306	52943	53283	152693	145742	146842	136886
EUROPE.		4667	4658	4314		37817	38527	39114		176489	179476	168732
ALBANIA	6	2	1	2F	26918	30492	30692	30303	163	56	40	50
AUSTRIA	50	50	47	43	51589	66820	68378	60159	2552	3314	3217*	2600F
BELARUS		52	55	57F		27452	21648	26316		1428	1186	1500
BEL-LUX	105	94	101	95F	61813	56938	70283	65263	6520	5366	7112	6200F
BULGARIA	38	4	3	2*	20851	14935	17667	17857	802	62	53	38*
CROATIA		29	28	20F		42112	40003	38500		1233	1114	770*
CZECHOSLOVAK	174				33481				5838			
CZECH REP		81	59	61		42740	45600	45826		3479	2691	2809
DENMARK	65	66	63	60*	51463	52813	56273	56600	3358	3486	3545	3396*
FINLAND	31	33	34*	33*	33510	26867	34474	32394	1053	892	1172	1069
FRANCE	455	456	444	415	65593	68325	74171	75794	29860	31156	32919	31454
GERMANY	589	503	488	452*	47129	53215	56561	55807	27760	26787	27578	25225
GREECE	45	41	42	47	64185	48659	56740	61224	2922	1996	2389	2906
HUNGARY	137	80	66	58	39088	41968	44582	34138	5304	3361	2934	1980
IRELAND	33	33	34	34F	44445	49848	50651	50000	1447	1640	1712	1700F
ITALY	284	277	288	265	47398	48252	46335	44293	13545	13382	13326	11753*
LATVIA		16	15	13		36500	29186	32102		597	452	408
LITHUANIA		30	31	28		31633	28428	32935		949	870	912
MACEDONIA		2	2F	2F		32562	39412	39412		58	67	67F
MOLDOVA REP		71	61	65F		20309	16505	27692		1452	1009	1800*
NETHERLANDS	124	113	120	112*	63108	48712	45986	49147	7830	5505	5505F	5505F
POLAND	408	400	372	333	37901	33799	39427	39427	14169	15171	12564	13134
PORTUGAL		3	8	9*		48969	53535	60599	52778	12	183	507	475*
ROMANIA	207	118	65	56*	23313	20046	21608	26786	4917	2361	1415	1500F
RUSSIAN FED		707	823	806		15272	18501	17412		10798	15227	14041
SLOVAKIA		35	34	32*		38213	40772	30235		1331	1405	961
SLOVENIA		8	11	11F		49576	43106	43106		380	467	467F
SPAIN	169	149	135	136	42053	59310	60503	61532	7124	8866	8162	8344
SWEDEN	46	59	60	55	50105	43768	45968	48399	2353	2571	2753	2669*
SWITZERLAND	14	17	17	18	61504	67445	67976	77997	886	1125	1186	1410
UK	187	189	183	173*	42350	52921	57836	53960	7896	10002	10584	9335
UKRAINE		893	900	776		17383	15437	16991		15523	13890	13185
YUGOSLAV SFR	148				43430				6384			
YUGOSLAVIA		54*	69	45		36667	35182	23941		1980*	2428	1070
USSR	3265				25069				82109			

表 69

	分蜜糖（粗糖換算）				含蜜糖				りんご			

生産量：1000 MT

	1989-91	1998	1999	2000	1989-91	1998	1999	2000	1989-91	1998	1999	2000
WORLD	109799	128791	133974	127200	12358	13759	13543	12723	40097	56914	58433	60831
AFRICA	7791	8965	8990	9313	62	60	60	57	894	1465	1580	1615
ALGERIA									46	75	87	87F
ANGOLA	27	32*	32*	30*								
BENIN	3	5F	4F	4F								
BURKINA FASO	29	31F	31F	31F								
BURUNDI	12	22*	23*	22*								
CAMEROON	67	52*	54*	39*								
CENT AFR REP	6	10*	10	13F								
CHAD	29	28	28F	28F								
CONGO, DEM R	100	51*	65*	58*								
CONGO, REP	30	56*	60*	55*								
CÔTE DIVOIRE	146	115F	115F	115F								
EGYPT	994	1242	1350	1400F					57	388	416	410F
ETHIOPIA PDR	178											
ETHIOPIA		197*	272*	275*								
GABON	20	16*	17*	18*								
GUINEA	20	19F	19F	19F								
KENYA	475	488*	512*	474*	28	25F	25F	22F				
LIBERIA	5	4F	4F	4F								
LIBYA									9	45F	46F	47F
MADAGASCAR	111	88*	85*	84*					6	7F	7F	7F
MALAWI	181	224	187*	261*								
MALI	25	29	27F	27F								
MAURITIUS	601	629	373	599*								
MOROCCO	489	480	500	510					255	285	303	300
MOZAMBIQUE	28	39*	46*	48*								
NIGER	9	13F	15F	15F								
NIGERIA	55	35F	35F	35F	16	16	16	16F				
RÉUNION	193	195*	234*	221*								
RWANDA	3	1*	4	3*								
SENEGAL	85	99F	99F	99F								
SIERRA LEONE	6	2F	2F	2F								
SOMALIA	35	19*	21*	22*								
SOUTH AFRICA	2151	2676	2536	2646*					472	576	618	650
SUDAN	416	610	644	558								
SWAZILAND	525	475	534	565*								
TANZANIA	102	80*	114	117*	6	4	4	4				
TUNISIA	21	15*	22*	19*					42	83	97	108*
UGANDA	30	111*	137*	125*	12	15	15	15				
ZAMBIA	137	184*	197*	189*								
ZIMBABWE	447	595	583	585					7	6	6F	6F
N C AMERICA	20892	20680	21035	21423	196	170	179	179	5488	6177	5903	5794
BARBADOS	67	48	53	55*								
BELIZE	99	120	118	140*								
CANADA	140	93	122	110					530	496	633	532
COSTA RICA	238	376	379*	351*	10	12	12	12F				
CUBA	7747	3229	3783	4134*								
DOMINICAN RP	710	627	374	461								
EL SALVADOR	221	502	500	500	15	13F	13F	13F				
GRENADA									1	1F	1F	1F
GUADELOUPE	52	38	38F	38F								
GUATEMALA	829	1821*	1618*	1692*	46	46F	46F	46F	26	27F	28F	28F
HAITI	30	10*	10*	10	36	24	24	24				
HONDURAS	184	247	190	294	26	27	27	27F				
JAMAICA	216	179	207	215*								
MARTINIQUE	7	7F	7F	7F								
MEXICO	3521	5174	4755	4984*	51	37F	44F	44F	497	370	443	390*
NICARAGUA	199	331	390	391	10	10F	10F	10F				
PANAMA	109	166	181	156	2	3	5	5F				
PUERTO RICO	71	25F	25F	25F								
ST KITTS NEV	20	24*	18	18*								
ST VINCENT	2	2F	2F	2F					1	1F	1F	1F
TRINIDAD TOB	105	65	69	120*								
USA	6325	7596	8197	7720F					4434	5283	4799	4843
SOUTHAMERICA	13604	26120	28131	21441	1381	1583	1679	1656	2383	3044	3472	3292
ARGENTINA	1245	1749	1578	1530*					964	1034	1116	1117F
BOLIVIA	272	396	390	345					8	9	10	10
BRAZIL	8359	19232*	21055*	14500*	240	240F	240F	350F	516	791	945	1160

表 69

	分蜜糖（粗糖換算）				含蜜糖				りんご			
	1989-91	1998	1999	2000	1989-91	1998	1999	2000	1989-91	1998	1999	2000
CHILE	363	471	448	522*					713	1000	1165	750*
COLOMBIA	1594	2126	2241	2300*	1107	1310	1405	1272*				
ECUADOR	325	530	556	430*					27	25	12	19
GUYANA	154	256	321	306*								
PARAGUAY	131	145F	151F	138F					1	1F	1F	1F
PERU	532	462	613	710*	24	25F	25F	25F	121	127	150	171
SURINAME	3	7F	7F	7F								
URUGUAY	79	12*	8*	7*					33	58	74	65
VENEZUELA	546	736	763	646*	9	9	9	9F				
ASIA (FMR)	32844	41686	43684	44134	10719	11945	11625	10830	11956	28517	30326	32504
ASIA		41757	43780	44282		11945	11625	10830		29527	31315	33592
AFGHANISTAN	1	1*	1F	1F					17	18F	18F	18F
ARMENIA										56*	42*	51
AZERBAIJAN										248*	277*	180*
BANGLADESH	196	181*	166*	136*	459	443F	417F	417F				
BHUTAN									5	6F	6F	6F
CAMBODIA	14	8F	9F	9F								
CHINA	7586	10047*	7736*	7800*	458	456	456	400	4469	19491	20810	22888*
CYPRUS									8	11	12	13
GEORGIA										132	124*	115F
INDIA	11338	14592	17436	18935	8506	9857	9307	8545	1118	1321	1580*	1580F
INDONESIA	2098	1846	1600*	1500*	40	226F	193F	146F				
IRAN	676	896*	986*	902*					1378	1944	2137	2200F
IRAQ	20	2F	2F	2F					72	86F	80F	75F
ISRAEL									118	103	82	82F
JAPAN	975	814	870	777	10	9*	7*	7F	953	879	928	928F
JORDAN									10	39	31	34
KAZAKHSTAN		24F	31F	32F						36*	64*	58
KOREA D P RP									644	640F	650F	650F
KOREA REP									616	459	491	491F
KYRGYZSTAN		36*	42*	57						86	83	86F
LEBANON	3	37*	40*	40F					204	119	118F	120F
MALAYSIA	100	100*	105*	112*								
MYANMAR	29	61	62*	62F	188	443	470	470				
NEPAL	37	73*	70*	70F								
PAKISTAN	2043	3817*	3791*	2685*	965	430	670*	740*	257	589	600	600F
PHILIPPINES	1787	1866*	1682*	1676*	92	81*	104*	104F				
SRI LANKA	59	63	66	66F	1	1	1	1F				
SYRIA	59	96	95	102F					205	362	284	320F
TAJIKISTAN										54*	43*	96F
THAILAND	3871	3921	5630	5721*								
TURKEY	1597	2530	2400	2374					1883	2450	2500*	2500F
TURKMENISTAN										19	20	22F
UZBEKISTAN		11*	23*	60*						380	336*	480*
VIET NAM	357	736	937	1164								
YEMEN									1	2	2	2
EUROPE (FMR)	22009	21376	22152	20986					13017	13500	13571	12719
EUROPE		25223	25938	24640						15892	15324	15710
ALBANIA	16	3*	3*	3*					13	12	12	12
AUSTRIA	458	533*	545*	447*					312	416	410	410F
BELARUS		192*	150*	196*						133*	123*	150*
BEL-LUX	1078	863	1186*	1033*					233	421	562	497*
BOSNIA HERZG										25*	20*	16*
BULGARIA	58	5*	3*	3F					338	129	92	92F
CROATIA		139	114	80F						72	67	67F
CZECHOSLOVAK	701								446			
CZECH REP		511*	430*	468						283	264	339
DENMARK	543	585	589	502*					59	33	67*	67F
ESTONIA										9	11	7
FINLAND	169	133	180	158*					9	10F	11F	11F
FRANCE	4451	4637	4914	4551*					2113	2210	2166	2140
GERMANY	4293	4037	4300	4550*					1957	2296	2268	1800F
GREECE	329	220*	252*	399*					301	358	318	326F
HUNGARY	593	486	368	337*					921	482	445	520*
IRELAND	237	238*	235*	221*					11	8	8	8F
ITALY	1702	1735*	1853*	1679*					1935	2143	2344	2156
LATVIA		68	67	63						14	34	24
LITHUANIA		122	117	127						100	100	70
MACEDONIA		40	40*	30F						62	60F	60F
MOLDOVA REP		187	99	190						238	56	215F
NETHERLANDS	1227	896*	1215*	1047*					369	518	575	575F

生産量：1000 MT

表 69

	分蜜糖（粗糖換算）				含蜜糖				りんご			
					生産量：1000 MT							
	1989-91	1998	1999	2000	1989-91	1998	1999	2000	1989-91	1998	1999	2000
NORWAY									46	14	10	13
POLAND	1920	2281	1957	1902*					1090	1687	1604	1450
PORTUGAL	2	66*	76*	60*					271	165	262	206*
ROMANIA	467	190*	109*	65*					628	365	359*	365F
RUSSIAN FED		1383*	1715*	1519*					1330	1060	1200F	
SLOVAKIA		153	194	135						83	68	81
SLOVENIA		55*	70F	40F						104	81	81F
SPAIN	966	1327	1071	1143*					661	736	858	675
SWEDEN	377	400	467*	411*					148	65*	65F	65F
SWITZERLAND	150	191*	192*	238*					297	426	231	380
UK	1351	1439	1540	1370					360	184	246	208
UKRAINE		1896	1639	1560					568	369*	1325F	
YUGOSLAV SFR	920								499			
YUGOSLAVIA		213	248	115						192	98	98F
OCEANIA	4116	6046	6100	6100					688	809	838	829
AUSTRALIA	3664	5732	5778	5778F					310	309	334	347*
FIJI ISLANDS	419	266	270*	270F								
NEW ZEALAND									378	501	504	482
PAPUA N GUIN	33	48*	52*	52F								
USSR	8544								5671			

表 70

	なし				桃およびネクタリン				プラム			

生産量：1000 MT

	1989-91	1998	1999	2000	1989-91	1998	1999	2000	1989-91	1998	1999	2000
WORLD	9527	15289	15520	16465	9315	11499	13422	13757	6295	7698	8508	8822
AFRICA	354	442	516	514	298	804	848	825	169	170	199	190
ALGERIA	36	60	82	82F	27	45	61	60F	24	21	25	25F
EGYPT	55	41	41F	42F	41	430	430F	400F	41	22	24F	26F
LIBYA	1	1F	1F	1F	11	9F	9F	10F	24	31F	32F	33F
MADAGASCAR	1	2F	2F	2F	7	8F	8F	8F	2	2F	2F	2F
MOROCCO	36	31	50	30	29	39	45	48	41	41	51	39
RÉUNION						1F	1F	1F				
SOUTH AFRICA	194	252	289	302	145	207	223	225F	30	43	55	55F
TUNISIA	31	54	50	54*	35	65	70	73*	7	10F	10F	10F
ZIMBABWE					1	1	1F	1F				
N C AMERICA	888	923	974	962	1489	1440	1541	1562	830	573	733	732
CANADA	19	17	15	20	40	32	32	27	4	4	3	3
GRENADA										1	1F	1F
MEXICO	26	26	33*	34*	146	116	115F	115F	45	61	61F	61F
USA	842	880	926	908	1303	1292	1394	1420F	780	507	668	668F
SOUTHAMERICA	444	916	789	778	629	766	824	843	165	242	293	296
ARGENTINA	253	537	390	395F	237	257	240	245F	50	78	78	80F
BOLIVIA	4	4	5	5	31	36	36*	37F	3	4	4	4
BRAZIL	17	18	18F	18F	96	140	155F	155F				
CHILE	141	320	350	320F	191	269	310	310F	103	142	198	198F
ECUADOR	7	14	8	15	5	13	14	20	4	11	7	7F
PARAGUAY					2	2F	1F	1F	2	2F	2F	2F
PERU	7	3	6	6F	38	18	35	36*	1	1	1	1F
URUGUAY	15	20	13	19	21	23	23	30	2	4F	4F	4F
VENEZUELA					9	9F	9F	9F				
ASIA (FMR)	4124	9050	9513	10286	2351	4677	5471	5627	1686	3941	4719	4993
ASIA		9144	9611	10416		4802	5606	5855		4097	4862	5168
AFGHANISTAN	2	2F	2F	2F	14	14F	14F	14F	34	35F	35F	35F
ARMENIA		16*	10*	12		21F	15*	23F		14*	10*	8
AZERBAIJAN		18*	17*	20F		33*	32*	30F		29*	28*	27*
CHINA	2604	7390	7860	8618*	1225	3237*	3983*	4123F	995	3162*	3920*	4190F
CYPRUS	1	1	1	1F	1	3	3	3F	1	1	1	1F
GEORGIA		37	41*	43F		15	18*	20F		21	25*	28F
INDIA	131	158*	178*	178F	71	101*	114*	114F	46	66*	74*	74F
IRAN	143	187	162	162F	82	267	318	318F	114	118	133	133F
IRAQ	3	3F	3F	3F	27	26F	25F	20F	32	31F	30F	27F
ISRAEL	18	24	18	18F	40	47	37	37F	27	20	13	13F
JAPAN	439	410	416	424	185	170	158	175	86	96	119	119F
JORDAN	1	1	1	1F	9	7	11	11F	3	3	4	4F
KAZAKHSTAN		8*	14*	12F		2*	7*	9F		4*	3*	4F
KOREA D P RP	116	125F	125F	130F	105	100F	110F	110F				
KOREA REP	174	260	259	259F	123	151	157	157F	24	39	44	44F
KYRGYZSTAN						4*	4*	4F		2*	3*	3F
LEBANON	25	64	63F	65F	39	50	50F	52F	16	40	35F	41F
PAKISTAN	32	37	38F	38F	24	48	49F	49F	55	81	81F	81F
SYRIA	19	27	27	28F	62	43	41F	43F	55	35	26	27F
TAJIKISTAN						14*	11*	34F		8*	6*	19F
TURKEY	415	360	360*	360F	339	410	400F	400F	183	200	190F	190F
TURKMENISTAN						5F	6F	6F		9F	10F	10F
UZBEKISTAN		15*	18*	43*		33*	43*	102*		69	59*	76*
YEMEN					4	2	2	2F				
EUROPE (FMR)	3030	3448	3253	3246	3985	3515	4449	4499	2336	2318	2168	2124
EUROPE		3670	3429	3584		3585	4493	4566		2581	2389	2404
ALBANIA	7	2	2	2F	4	2	2	2F	10	12	12	13
AUSTRIA	101	132	114	114F	12	8	10	10F	51	49	45	45F
BELARUS		9*	8*	15F						30*	28*	43F
BEL-LUX	72	153	163	157*					2	1	2	2F
BOSNIA HERZG		10F	11*	9F		2	3*	4F		59F	74F	90F
BULGARIA	64	20	18F	18F	84	42	38	38F	123	62	66	66F
CROATIA		12	10	10F		9	10	10F		83	38	38F
CZECHOSLOVAK	44				21				45			
CZECH REP		25	23	25		8	7	11		19	17	18
DENMARK	6	6*	6*	6F					1			
ESTONIA										1	1	1F

表 70

	なし				桃およびネクタリン				プラム			
	1989-91	1998	1999	2000	1989-91	1998	1999	2000	1989-91	1998	1999	2000
FRANCE	323	260	287	264	475	341	478	474	155	206	185	214
GERMANY	345	429	427	435F	22	20	18	25F	317	339	388	316F
GREECE	95	71	74	68*	760	528	884	900F	11	8F	8F	8F
HUNGARY	75	36	39	35F	71	65	71	40F	157	104	98	90F
ITALY	810	965	811	854	1591	1426	1765	1727	131	149	189	188
LATVIA										2	2	1
LITHUANIA		10	9	3						6	5F	3
MACEDONIA		9	9F	9F		7	7F	7F		20	20F	20F
MOLDOVA REP		7	12	10F		24	5	12F		47	38	27F
NETHERLANDS	103	141	125	125F					3	4	4F	4F
NORWAY	4	1	1	1F					10	1	1	1
POLAND	49	83	67	82					62	107	91	107
PORTUGAL	94	120	118	120F	90	66	89	75*	16	15	18	18F
ROMANIA	72	64	60*	65F	59	18	22	23F	454	404	337*	345F
RUSSIAN FED		48	50*	60F		16	18*	20F		105	100*	120F
SLOVAKIA		12	9	9		9	5	5		22	15	14
SLOVENIA		11	9	9F		4	10	10F		5	4	4F
SPAIN	462	608	682	587	708	910	987	1096	140	147	158	146
SWEDEN	10	16*	16F	16F					1	1	1F	1F
SWITZERLAND	89	161	79	130	1				12	14	9	10F
UK	39	26	23	27					15	6	9	5
UKRAINE		149	97*	250F		31	20*	35F		73	48*	85F
YUGOSLAV SFR	168				88				623			
YUGOSLAVIA		74	70	70F		51	44	42		481	380	362
OCEANIA	180	194	201	212	82	102	110	107	27	35	31	32
AUSTRALIA	155	153	157	170*	67	88	93	90F	25	32*	29*	30F
NEW ZEALAND	25	41	44	42	15	14*	17	17F	3	2	2	2F
USSR	506				481				1081			

生産量：1000 MT

表 71

	オレンジ				タンジェリン、マンダリン、クレメンタインおよびサツマ				レモンおよびライム			
	1989-91	1998	1999	2000	1989-91	1998	1999	2000	1989-91	1998	1999	2000
WORLD	50955	63332	63414	67363	12908	16325	18042	18841	7453	9798	9800	10220
AFRICA	4246	4847	4879	4645	741	1144	1139	1270	595	568	564	589
ALGERIA	194	280	307	310F	84	111	115	120F	10	25	29	29F
BENIN	12	12F	12F	12F								
BOTSWANA	1		1F	1F								
BURKINA FASO	1	1F	1F	1F								
CENT AFR REP	16	22F	23F	23F					1	2F	2F	2F
CONGO, DEM R	175	199	192	185					7	7F	7F	7F
CONGO, REP	3	4F	4F	4F								
CÔTE DIVOIRE	28	29F	29F	29F								
EGYPT	1532	1442	1637	1550F	232	422	420F	450F	352	253	250F	270F
ETHIOPIA PDR	13				8				6			
ETHIOPIA		14F	14F	13F		8F	8F	7F		7F	7F	5F
GHANA	52	270	270F	270F					30	30F	30F	30F
GUINEABISSAU	4	5F	5F	5F					3	3F	3F	3F
KENYA	25	28F	27F	26F								
LIBERIA	7	7F	7F	7F								
LIBYA	86	41F	42F	43F	4	10F	10F	10F	4	13F	14F	14F
MADAGASCAR	84	84F	85F	83F					6	6F	6F	6F
MOROCCO	965	1104	874	870	319	462	419	514	18	21	10	14
MOZAMBIQUE	24	18F	19F	13F	1	1F	1F	1F	5	5F	5F	3F
RÉUNION	1	2F	2F	2F	1	2F	2F	2F	2	1F	1F	1F
SENEGAL	28	30F	28F	28F								
SOMALIA	8	8F	8F	8F					6	3F	3F	3F
SOUTH AFRICA	739	993	1046	900F	37	80	117	120F	71	112	112	113F
SUDAN	13	17F	17F	17F	1	1F	1F	1F	48	58F	58F	60F
SWAZILAND	31	31	35F	36F							1F	1F
TOGO	12	12F	12F	12F								
TUNISIA	128	122	105	115*	46	40	38	38F	16	15	17	17F
ZAMBIA	4	3F	3F	4F								
ZIMBABWE	61	70	76F	80F	7	8F	8F	8F	8	8	10F	11F
N C AMERICA	10962	17153	13268	16673	534	863	758	852	1734	2262	2151	2240
BAHAMAS									1	8	8F	8
BELIZE	59	170	190*	190F								
COSTA RICA	109	329	283	126								5
CUBA	524	359	441	441F	14	7F	7F	7F	57	17	21	21F
DOMINICA	4	8F	8F	8F					3	1F	1F	1F
DOMINICAN RP	60	136	89	131					9	9	9F	9F
EL SALVADOR	109	26	45	37	3	3F	3F	3F	23	24F	24F	24F
GRENADA	1	1F	1F	1F								
GUADELOUPE		1F	1F	1F					1	1F	1F	1F
GUATEMALA	79	80F	80	80F					118	127	117	117F
HAITI	30	25F	25F	25	9	8F	8F	8	25	23	23F	25
HONDURAS	47	83F	79	80					1	5	5	5F
JAMAICA	67	72F	72F	72F	18	16F	16F	16F	24	24F	24F	24F
MARTINIQUE	1	1F	1F	1F					1			
MEXICO	2321	3331	2903	3390	86	296	250*	240F	746	1186	1215	1297
NICARAGUA	66	71F	71F	71F								
PANAMA	28	27F	30F	85								
PUERTO RICO	28	16F	16F	16F					4	3F	3F	3F
ST LUCIA		1	1F	1F								
ST VINCENT	1	1F	1F	1F					1	1F	1F	1F
TRINIDAD TOB	8	15F	20F	20F					1	1F	1F	1F
USA	7421	12401	8912	11896	404	534	475	579	718	831	698	698F
SOUTHAMERICA	20190	23682	25254	25318	1185	1528	1484	1537	1331	2028	2072	2140
ARGENTINA	701	984	660	685*	310	394	340*	340*	497	1021	1043	1050*
BOLIVIA	79	101	106	115	42	55	60	69	58	62	63	64
BRAZIL	18077	20851	22768	22745	649	781	760*	770F	392	519	520F	520F
CHILE	98	115	85	85F					82	115	110	110F
COLOMBIA	249	470F	509	509F								
ECUADOR	75	122	122	157	25	8	10	83	22	10	25	10
FR GUIANA		1F	1F	1F					1	1F	1F	1F
GUYANA	6	3	3F	3F								
PARAGUAY	175	208	231	209F	28	27	30	30F	19	13	13	13F
PERU	176	234	257	318	46	90	117	118	207	221	237	310
SURINAME	13	11	10	10								
URUGUAY	108	185	170	150	39	108	99	60	40	53	47	48
VENEZUELA	432	398	332	332F	45	66F	68	68F	14	14F	14F	14F
ASIA (FMR)	9270	12181	13563	14001	8364	10363	11744	12454	2274	3374	3347	3414

生産量：1000 MT

表 71

		オレンジ				タンジェリン、マンダリン、クレメンタインおよびサツマ				レモンおよびライム		

生産量：1000 MT

	1989-91	1998	1999	2000	1989-91	1998	1999	2000	1989-91	1998	1999	2000
ASIA		12297	13654	14103		10364	11744	12455		3375	3348	3415
AFGHANISTAN	11	12F	12F	12F								
AZERBAIJAN		31*	35*	40F								
BAHRAIN									1	1F	1	1F
BANGLADESH	8	8	8	8F	1	1	1	1F	7	12	13	13F
BHUTAN	57	58F	58F	58F								
CAMBODIA	43	63F	63F	63F					1	2F	2F	2F
CHINA	1468	2254*	3198*	3508*	3767	5878*	6931*	7611*	131	201*	254*	278F
CYPRUS	56	45	53	45	12	22	24	24	40	22	22	21
GAZA STRIP	130	105F	105F	105F	1	1F	1F	1F	12	9F	9F	9F
GEORGIA		85	56	62F								
INDIA	1940	2640*	3000*	3000F					747	1290*	1000F	1000F
INDONESIA	292	614	645	645F								
IRAN	1312	1749	1866	1850F	423	727	760	760F	460	891	972	1000F
IRAQ	178	316F	300F	270F	46	43F	39F	37F	16	16F	15F	14F
ISRAEL	664	346	226	300	131	144	105	140	43	21	18	20
JAPAN	224	124	111*	111F	1749	1194	1447	1447F				
JORDAN	24	38	19	32	76	73	33	30	53	43	24	37
KOREA REP					599	512	601	601F				
LAOS	21	28*	28F	28F	14	23*	23F	23F	5	9*	9F	9F
LEBANON	273	155	155F	165F	54	35	35F	35F	78	111	111F	111F
MALAYSIA	11	11F	12F	12F					5	4F	4F	4F
OMAN									26	31F	31F	31F
PAKISTAN	1124	1303*	1310F	1310F	417	484*	485F	485F	64	75*	75F	75F
PHILIPPINES	17	25*	27*	27F	43	46*	51*	51F	47	43*	48*	48F
SRI LANKA	3	3F	3F	3F					17	20F	20F	20F
SYRIA	176	439	357	400F	9	14F	19F	20F	44	68	83	84F
THAILAND	317	320F	320F	320F	634	640F	640F	640F	65	78F	79F	79F
TURKEY	768	970	1100*	1100F	357	480	500*	500F	374	390	520*	520F
UNTD ARAB EM									21	20	18	18
UZBEKISTAN									1*	1*	1*	1*
VIET NAM	114	379	405	427								
YEMEN	10	150	156	175	4	20	21	22	6	8	8	9
EUROPE (FMR)	5608	4842	5901	6142	2030	2360	2834	2643	1480	1531	1631	1800
EUROPE		4842	5901	6142		2360	2834	2643		1531	1631	1800
ALBANIA	12	2	2	2F								
CROATIA		1	1F	1F		22	18F	18F				
FRANCE	2	1	1	1	26	22	25	26	1	1F	1F	1F
GREECE	871	814	1118	950*	91	96	85	90*	192	183	182	155*
ITALY	1890	1294	1732	2269	430	422	595	673	674	461	545	708
PORTUGAL	169	272	215	210F	25	38	39	38F	10	9	12	10F
SPAIN	2653	2455	2828	2706	1456	1760	2071	1798	603	878	892	927
YUGOSLAV SFR	11				1							
YUGOSLAVIA		3	3F	3F								
OCEANIA	462	513	458	483	54	65	83	83	40	34	34	36
AUSTRALIA	447	500	446	470F	40	63	78	78F	34	29	29	31F
FIJI ISLANDS		1	1F	1F								
NEW ZEALAND	12	10	9	9F	14	3	5	5F	2	3	2	2F
TONGA	3	3F	3F	3F					3	3F	3F	3F
USSR	216											

表 72

	グレープフルーツおよびポメロ				他に非特掲の柑橘類				アプリコット			
	1989-91	1998	1999	2000	1989-91	1998	1999	2000	1989-91	1998	1999	2000
WORLD	4360	4959	4884	5139	3819	5036	5326	5386	2225	2524	2676	2745
AFRICA	361	371	396	395	2633	3604	3691	3692	250	324	331	346
ALGERIA	2	1	2	2F					47	58	74	75F
ANGOLA					77	82F	75F	75F				
CENT AFR REP	3	4F	4F	5F								
CONGO, DEM R	13	11F	10F	10F								
CÔTE DIVOIRE					25	28F	28F	28F				
EGYPT	2	2	3F	3F	2	3F	3F	3F	35	45	45F	46F
GABON					1	1F	1F	1F				
GUINEA					204	215F	215F	215F				
KENYA	14	17F	15F	13F	1	1F	1F	1F				
LIBYA									17	16F	16F	17F
MADAGASCAR	9	9F	9F	9F					1	1F	1F	1F
MALAWI					2	2F	3F	2F				
MOROCCO	7	4	3F	2	5	6F	6F	6F	82	117	106	120
MOZAMBIQUE	16	18F	19F	13F								
NIGERIA					2202	3150	3240F	3240F				
SIERRA LEONE					77	77F	80F	80F				
SOMALIA	24	17F	18F	19F								
SOUTH AFRICA	115	141	147	150F					48	60	56	58F
SUDAN	55	65F	65F	66F								
SWAZILAND	45	25	45F	47F								
TANZANIA					35	37F	38F	39F				
TUNISIA	51	50F	50F	50F					19	27	31	30*
ZIMBABWE	3	5F	6F	6F								
N C AMERICA	2668	3018	2850	3092	89	25	26	27	105	111	85	95
BAHAMAS		12	14	12								
BELIZE	34	41	42F	42F								
CANADA									1	1	1	1
COSTA RICA				18								
CUBA	289	324	233	233F	4	3F	3F	3F				
DOMINICA	16	21F	21F	21F								
DOMINICAN RP	3	1F	2F	2F								
GRENADA	2	2F	2F	2F	1	1F	1F	1F				
GUATEMALA					14	4F	3F	3F				
HAITI	10	9F	9F	13								
HONDURAS	38	35	36	37	1							
JAMAICA	40	42F	42F	42F								
MEXICO	92	168	160*	160F	64	11*	11F	11F	2	2	2F	2F
ST LUCIA		1	1F	1F								
TRINIDAD TOB	3	8F	8F	8F	4	4F	4F	4F				
USA	2140	2352	2280	2502		2	4	5	102	108	82	93
SOUTHAMERICA	368	424	388	378	53	22	17	17	34	50	63	63
ARGENTINA	175	216	178	165*					18	28	28	28F
BOLIVIA	25	29	29	29								
BRAZIL	50	65F	65F	66F								
CHILE									16	21	35	35F
ECUADOR	18	2	4	5	40	19	13	13F				
PARAGUAY	72	60	60	60F								
PERU	10	29	30F	30F	12							
SURINAME	1	1	1	1	1	3F	3F	3F				
URUGUAY	8	13	12	13F								
VENEZUELA	9	9F	9	9F								
ASIA (FMR)	886	1076	1178	1203	1000	1353	1542	1600	817	1273	1228	1234
ASIA		1076	1178	1203		1355	1544	1602		1371	1315	1378
AFGHANISTAN					6	6F	6F	6F	36	38F	38F	38F
ARMENIA										19*	10*	22
AZERBAIJAN						2*	2*	2F		22*	25*	18*
BANGLADESH	7	15	15	15F								
CAMBODIA	2	3F	3F	3F								
CHINA	138	250*	292*	312*	294	488*	598*	652*	81	67*	75*	80F
CYPRUS	71	35	44	35	2				1	3	2	2F
GAZA STRIP	11	10F	10F	10F								
GEORGIA										2	3*	3F
INDIA	75	110*	124*	124F	82	120*	134*	134F	6	8*	9*	9F
IRAN	37	47	47	47F	66	108F	108F	108F	88	243	241	241F
IRAQ									30	32F	30F	27F

表 72

	グレープフルーツおよびポメロ				他に非特掲の柑橘類				アプリコット			

生産量：1000 MT

	1989-91	1998	1999	2000	1989-91	1998	1999	2000	1989-91	1998	1999	2000
ISRAEL	382	377	372	370F	7	10*	11*	15*	13	11	6	6F
JAPAN					329	280	300F	300F				
JORDAN	4	8	9	9F	2				1	4	3	3F
KAZAKHSTAN										4*	4*	4F
KOREA REP					6							
KYRGYZSTAN										10*	10*	9F
LAOS	4	7*	7F	7F								
LEBANON	52	55	54F	58F					44	62	62F	65F
MALAYSIA	4	9F	9F	9F	3	3F	3F	3F				
PAKISTAN									89	191	192	192F
PHILIPPINES	39	20*	21*	21F								
QATAR					1	1F	1F	1F				
SAUDI ARABIA					29	88F	89F	89F				
SYRIA					161	233	275F	275F	56	67	63	65F
TAJIKISTAN										16*	12*	35F
THAILAND	18	20F	20F	20F		4F	6F	6F				
TURKEY	34	100	140*	140F	4	3	4F	4F	364	540	500F	500F
TURKMENISTAN										14	15	16F
UNTD ARAB EM					5	7F	7F	7F				
UZBEKISTAN										12*	10*	38*
VIET NAM	8	10F	11	23								
YEMEN									7	7	7	7
EUROPE (FMR)	44	50	53	54	37	19	39	39	772	527	765	673
EUROPE		50	53	54		19	39	39		639	848	830
ALBANIA									2			
AUSTRIA									13	9	23	23F
BULGARIA									38	9	10F	10F
CROATIA										1	1	1F
CZECHOSLOVAK									27			
CZECH REP										6	10	7
FRANCE	1	5	5	5					113	80	181	146
GERMANY									2	6	4	5F
GREECE	6	10	10F	10F	4	2	3F	3F	94	38	85	50F
HUNGARY									50	17	38	13*
ITALY	7	1	4	4F	30	9	27	27F	174	136	212	218
MACEDONIA										2	2F	2F
MALTA					2	1F	1F	1F				
MOLDOVA REP										15	3	12F
PORTUGAL	7	8	8	8F					5	4		5F
ROMANIA									41	37	35*	35F
RUSSIAN FED										38	40*	45F
SLOVAKIA										7	5	4
SPAIN	22	26	26	27F	1	7	7F	7F	165	164	148	147
SWITZERLAND									9	4	3	3F
UKRAINE										60	39*	100F
YUGOSLAV SFR									40			
YUGOSLAVIA										6	3*	3F
OCEANIA	34	21	18	18	7	12	10	10	36	30	33	32
AUSTRALIA	29	17*	16*	16F	1	3*	1*	1F	28	20	21	20F
FR POLYNESIA							1F	1F				
NEW ZEALAND	5	3	2	2F	5	8F	8F	8F	9	10	12	12F
SAMOA					1	1F	1F	1F				
USSR									210			

表 73

アボカド　　　マンゴー　　　パイナップル

生産量：1000 MT

	1989-91	1998	1999	2000	1989-91	1998	1999	2000	1989-91	1998	1999	2000
WORLD	1926	2355	2228	2406	16896	25953	28559	28848	11225	12358	13768	13504
AFRICA	186	242	214	255	1694	2179	2183	2167	1941	2141	2219	2202
ANGOLA									33	38F	32F	32F
BENIN					12	12F	12F	12F	26	45	78	78F
BURKINA FASO					6	5F	5F	5F				
CAMEROON	36	48F	49F	50F					35	52*	42	42F
CAPE VERDE					5	5F	5F	5F				
CENT AFR REP	3	4F	4F	5F	8	9F	10F	10F	11	14F	14F	14F
CHAD					32	32F	32F	32F				
CONGO, DEM R	42	30	27F	27F	209	214	210	206	157	204	200	196
CONGO, REP	23	25F	25F	25F					12	13F	13F	13F
CÔTE DIVOIRE	2	2F	2F	2F	14	9F	12F	12F	205	198	226	226F
EGYPT					141	223	231F	232F				
GABON									1	1F	1F	1F
GAMBIA						1F	1F	1F				
GHANA	6	6F	6F	6F	4	4F	4F	4F	11	35F	35F	35F
GUINEA					53	85	83F	83F	50	72	72F	72F
GUINEABISSAU					4	5F	5F	5F				
KENYA					22	25F	24F	22F	227	300F	290F	280F
LIBERIA									7	7F	7F	7F
MADAGASCAR	21	23F	24F	23F	201	204F	206F	204F	50	51F	52F	51F
MALAWI					31	33F	34F	33F				
MALI					14	45F	40F	40F				
MAURITIUS									1	1	1	1
MOROCCO	5	11	13	13								
MOZAMBIQUE					33	35F	36F	24F	15	18F	19F	13F
NIGERIA					503	731	729	729F	768	857	881	881F
RÉUNION					6	5F	5F	5F	7	13F	13F	13F
SENEGAL					58	76F	75*	75F				
SIERRA LEONE					5	10F	7	7F				
SOMALIA					1	1F	1F	1F				
SOUTH AFRICA	50	92	63	104*	28	33	38	38F	189	134	153	154F
SUDAN					118	190F	190F	192F	4	5F	5F	5F
SWAZILAND									60	9F	10F	11F
TANZANIA					186	188F	189F	190F	70	74F	75F	76F
TOGO									1	1F	1F	1F
UGANDA										1F	1F	1F
ZIMBABWE							1F	1F				
N C AMERICA	1110	1332	1218	1342	1780	2025	2024	2148	1463	1634	1713	1260
ANTIGUA BARB					2	1F	1F	1F				
BELIZE					1	1F	1F	1F				
COSTA RICA	23	23	23	23F	8	8	13	33	160	400	480F	43
CUBA	9	8F	8F	8F	92	43	64	64F	22	19F	19F	19F
DOMINICA	1			1F	4	2F	2F	2F				
DOMINICAN RP	147	155F	89	82F	190	185	180F	180F	68	108	73	64
EL SALVADOR	38	43F	43F	43F	17	18F	18F	18F	15	5	7	7
GRENADA	2	2F	2F	2F	2	2F	2F	2F				
GUADELOUPE					1	1F	1F	1F	4	7F	7F	7F
GUATEMALA	26	24F	25F	25F					70	110	102	102F
HAITI	57	45F	45F	45	310	225	225F	250	2	3	3F	4
HONDURAS	3	1F	1	1F	2	5F	6F	6F	66	73	70	71
JAMAICA	3	4F	4F	4F	4	5F	5F	5F	10	19	19	19F
MARTINIQUE	1								23	20F	20F	20F
MEXICO	647	877	807	939	1101	1474	1449	1529	396	481	502	486
NICARAGUA									42	46F	46F	47F
PANAMA	3	3F	3F	3	4	6F	6F	6	12	19F	23F	29
PUERTO RICO	4	2F	2F	2F	6	17F	17F	17F	53	19F	19F	19F
ST LUCIA					24	27F	28F	28F				
ST VINCENT					2	1F	1F	1F				
TRINIDAD TOB									3	3F	3F	3F
USA	145	145	165	165F	10	3F	3F	3F	517	301	319	319F
SOUTHAMERICA	403	380	412	429	864	947	1058	1077	1765	1979	2139	2307
ARGENTINA	3	3F	3F	3F	2	2F	2F	2F	4	4F	4F	3F
BOLIVIA	5	6	8	8	6	7	8	8	10	46	53	59
BRAZIL	115	84	85F	85F	546	469	500F	500F	1179	1113	1175	1353
CHILE	39	60	82	100*								
COLOMBIA	70	74F	75F	75F	53	98F	99F	99F	322	360F	408	408F
ECUADOR	17	24	21	24	22	69	95	125	50	80	124	101
FR GUIANA									2	2F	2F	2F

表 73

	アボカド				マンゴー				パイナップル			
	1989-91	1998	1999	2000	1989-91	1998	1999	2000	1989-91	1998	1999	2000
GUYANA					3	3F	3F	3F	8	7F	7F	7F
PARAGUAY	16	12F	12F	12F	35	29F	30F	30F	33	39	41	41F
PERU	87	68	79	75*	65	138	191	180*	78	128	145	150*
VENEZUELA	51	48	46	46F	131	133	130	130F	80	200	182	182F
ASIA (FMR)	148	287	276	283	12540	20757	23260	23422	5886	6457	7541	7578
ASIA		287	276	283		20757	23260	23422		6457	7541	7578
BANGLADESH					171	187	187	187F	156	149	146	146F
BRUNEI DARSM									1	1F	1F	1F
CAMBODIA					23	34F	35F	35F	12	16F	16F	16F
CHINA		51*	70*	78F	881	2562*	3127*	3307F	703	961	1231	1318*
CYPRUS	1	1	1	1F								
INDIA					8634	13900*	15642*	15642F	812	1280*	1440*	1440F
INDONESIA	79	131	122	122F	531	600	827	827F	327	327	317	317F
IRAN					2	11	11	11F				
ISRAEL	40	66	53	53F	10	22	17	17F				
JAPAN									33	13	13	13F
KOREA REP									9	1	2F	2F
LAOS					1	2F	3F	3F	31	34F	34F	34F
MALAYSIA					31	23F	19F	19F	228	143F	134F	134F
OMAN					9	12F	12F	12F				
PAKISTAN					759	917	927	938				
PHILIPPINES	28	38	30	29	338	945	803	781	1151	1489	1530	1524
SRI LANKA					70	95	86	86	41	62F	62F	62F
THAILAND					903	1250F	1350F	1350F	1934	1786	2353	2281
UNTD ARAB EM					9	10	10	10F				
VIET NAM					162	173	189	175	449	196	263	291
YEMEN					7	16	16	22				
EUROPE (FMR)	63	87	72	61					2	2	2	2
EUROPE		87	72	61						2	2	2
GREECE	1	1	1F	1F								
PORTUGAL	14	13F	13F	13F					2	2F	2F	2F
SPAIN	48	73	58	47								
OCEANIA	17	27	36	36	17	44	34	34	168	145	154	154
AUSTRALIA	12	20	24	24F	9	37	26	26F	141	123	131	131F
COOK IS	1				2	3	3F	3F				
FIJI ISLANDS									4	3	3F	3F
FR POLYNESIA									5	3	3F	3F
NEW ZEALAND	2	5	10F	10F								
PAPUA N GUIN									12	11F	12F	12F
SAMOA	2	2F	2F	2F	6	5F	5F	5F	6	6F	6F	6F

生産量：1000 MT

表 74

	バナナ				プランタン				パパイヤ			
	1989-91	1998	1999	2000	1989-91	1998	1999	2000	1989-91	1998	1999	2000
WORLD	46769	57189	62693	64627	26844	30297	30755	30479	3644	6971	7156	7227
AFRICA	6452	6885	7019	6967	19445	22561	22673	22496	798	1047	1043	1022
ANGOLA	275	310F	290F	290F								
BENIN	13	13F	13F	13F								
BURUNDI	1552	1399	1511	1514								
CAMEROON	719	730	800F	850F	988	1332	1364*	1403*				
CAPE VERDE	6	6F	6F	6F								
CENT AFR REP	92	115F	115F	115F	68	82F	82F	82F				
COMOROS	51	59	59	59F								
CONGO, DEM R	405	318	315	312	2046	1850F	1800F	1800F	208	227	220	213
CONGO, REP	34	51	52F	52F	67	77F	78F	78F				
CÔTE DIVOIRE	155	234	241	241F	1187	1410	1405	1405F				
EGYPT	399	656	600F	620F								
EQ GUINEA	16	18F	20	20F								
ETHIOPIA PDR	78											
ETHIOPIA		81F	81F	78F								
GABON	9	11F	12F	12F	249	275F	280F	280F				
GHANA	4	15	15F	15F	1004	1893	2046	2046F		1F	1F	1F
GUINEA	115	150	150F	150F	380	429	429F	429F				
GUINEABISSAU	3	4F	4F	4F	31	36F	38F	38F	2	2F	2F	2F
KENYA	200	230F	220F	210F	340	390F	380F	370F				
LIBERIA	72	90F	95F	95F	22	36F	37F	37F				
MADAGASCAR	221	260F	265F	260F								
MALAWI	89	93F	95F	93F	180	200F	205F	200F				
MAURITIUS	6	9	8	7								
MOROCCO	50	102	111	119								
MOZAMBIQUE	83	87F	88F	59F					44	45F	46F	31F
NIGERIA					1322	1803	1902	1902F	515	751	748	748F
RÉUNION	4	10F	10F	10F					1			
RWANDA					2963	2625	2897	2212				
SAO TOME PRN	8	17F	18F	19F								
SENEGAL	5	7F	6F	6F								
SEYCHELLES	2	2F	2F	2F								
SIERRA LEONE					29	27F	28F	28F				
SOMALIA	95	48F	50F	55F								
SOUTH AFRICA	224	220	247	250F					28	20	25	26F
SUDAN	61	71F	71F	72F								
SWAZILAND	1	1F	1F	1F								
TANZANIA	772	778*	752	652	772	778*	752	652				
TOGO	16	16F	16F	16F								
UGANDA	540	595F	600F	610F	7797	9318	8949	9533				
ZAMBIA	1	1F	1F	1F								
ZIMBABWE	78	80	82F	80F								
N C AMERICA	8064	8260	8676	8432	1656	1619	1566	1680	412	697	680	792
BAHAMAS	6	1	3	2								
BARBADOS	1	1F	1F	1F								
BELIZE	37	78F	75	75F								
COSTA RICA	1657	2500F	2700F	2700F	93	99	90	90F	22	16	29	36
CUBA	197	154	133*	133F	127	309	329*	329F	34	37	37	37F
DOMINICA	64	30	31F	31F	5	8F	8F	8F				
DOMINICAN RP	390	359	432	422	651	341	229	343	14	16F	100	28
EL SALVADOR	62	70F	70F	70F	12	13F	13F	13F	3	3F	3F	3F
GRENADA	12	4F	5F	5F	1	1F	1F	1F				
GUADELOUPE	114	141F	141F	141F	6	6F	6F	6F				
GUATEMALA	485	880F	733	733F	53	53F	70	70F	11	16F	16F	16F
HAITI	227	288	290F	323	287	290F	290F	290F				
HONDURAS	1037	862	861	453	163	218	250	250F		1F	1	1F
JAMAICA	131	130F	130F	130F	27	34F	34F	34F	4	14	14F	14F
MARTINIQUE	235	321F	321F	321F	11	13F	13F	13F				
MEXICO	1900	1526	1737	1802					292	576	459	636
NICARAGUA	115	88	75	92	61	38F	39F	40F				
PANAMA	1094	650F	750F	807	75	115	112F	111				
PUERTO RICO	73	38F	38F	38F	77	76F	76F	76F	2	2F	2F	2F
ST LUCIA	144	80F	92F	92F	2	1	1F	1F				
ST VINCENT	71	43	40F	43F	2	1	1F	1F				
TRINIDAD TOB	6	6F	6F	6F	4	4F	4F	4F				
USA	5	10	11	11F					30	18	19	20F
SOUTHAMERICA	12087	13047	15224	16736	4946	5128	5489	5345	1262	3669	3779	3752
ARGENTINA	202	170F	175F	175					2	2F	2F	2F

生産量：1000 MT

表 74

	バナナ				プランタン				パパイヤ			

生産量：1000 MT

	1989-91	1998	1999	2000	1989-91	1998	1999	2000	1989-91	1998	1999	2000
BOLIVIA	389	403*	419*	695	143	173*	180*	187*	18	22	23	23
BRAZIL	5737	5322	5528	6339					1030	3243	3300F	3300F
CHILE									3	7F	7F	7F
COLOMBIA	1392	1517	1570	1570F	2452	2559	2689	2689F	64	64F	65F	65F
ECUADOR	3052	4563	6392	6816	1013	466	658	476	24	68	112	89
FR GUIANA	1	4F	4F	4F	2	3F	3F	3F				
GUYANA	14	11	12F	12F	16	14F	14F	14F				
PARAGUAY	81	71	70	70F					13	10F	10F	12F
PERU					786	1322	1385	1415	77	165	171	165*
SURINAME	48	38	55	55	11	14	11	11				
VENEZUELA	1172	948	1000	1000F	522	578	551	551F	33	88	90	90F
ASIA (FMR)	18897	27587	30386	31110	791	984	1023	954	1156	1540	1635	1643
ASIA		27587	30386	31110		984	1023	954		1540	1635	1643
BAHRAIN	1	1F	1	1F								
BANGLADESH	629	625	562	562F					29	41	40	40F
BRUNEI DARSM	1	1F	1F	1F								
CAMBODIA	116	146F	147F	147F								
CHINA	1813	3734	4407	4813*					94	131*	176*	179F
CYPRUS	9	13	14	13								
INDIA	7138	12300*	13900*	13900F					399	570*	644*	644F
INDONESIA	2358	3177	3377	3377F					342	490	450	450F
IRAN	4	10	30	30F								
ISRAEL	74	109	130	130F								
JAPAN	1											
JORDAN	20	24	36	36F								
KOREA REP	18											
LAOS	17	22F	22F	22F								
LEBANON	46	110	105F	110F								
MALAYSIA	505	535F	545F	545F					33	53F	56F	56F
MALDIVES	1		1F	1*								
MYANMAR					243	394	423	354				
OMAN	23	28F	28F	28F					2	3F	3F	3F
PAKISTAN	152	95	112	112F					6	9F	9F	9F
PHILIPPINES	3018	3493	3869	4156					97	63	72	75
SRI LANKA					548	590F	600F	600F				
SYRIA			2	2F								
THAILAND	1614	1720F	1720F	1720F					100	118F	119F	119F
TURKEY	33	37	35F	35F								
VIET NAM	1246	1315	1243	1270								
YEMEN	50	85	94	94F					54	63	67	68
EUROPE (FMR)	447	474	420	415								
EUROPE		474	420	415								
GREECE	8	5F	4F	4F								
PORTUGAL	44	30F	35F	40F								
SPAIN	395	438	380	370								
OCEANIA	821	935	967	967	6	4	4	4	16	18	19	19
AMER SAMOA	1	1F	1F	1F								
AUSTRALIA	180	223	225	225F					5	5	7	7F
COOK IS	1								1	2	1	1F
FIJI ISLANDS	6	6F	7F	7F						1F	1F	1F
FR POLYNESIA	1	1	1F	1F								
KIRIBATI	4	5F	5	5								
MICRONESIA		2F	2F	2F								
NEWCALEDONIA	1	1	1	1F	1							
PACIFIC IS	2											
PAPUA N GUIN	592	670F	700F	700F								
SAMOA	17	10F	10F	10F					10	10F	10F	10F
TONGA	1	1F	1F	1F	5	4F	4F	4F				
VANUATU	11	13	13F	13F								
WALLIS FUT I	4	4F	4F	4F								

表 75

	いちご				ラズベリー				カラント			
	1989-91	1998	1999	2000	1989-91	1998	1999	2000	1989-91	1998	1999	2000
WORLD	2437	2783	3083	3032	323	355	359	357	512	634	630	500
AFRICA	40	77	79	80								
EGYPT	33	52	54F	54F								
MOROCCO	1	11F	12F	12F								
RÉUNION	1	1F	1F	1F								
SOUTH AFRICA	5	4	5	5F								
TUNISIA		8*	8F	8F								
N C AMERICA	691	892	993	1016	40	52	56	54				
CANADA	27	27	26	24	16	15	16	14				
COSTA RICA		2F	2F	2F								
GUATEMALA	3	1F	1F	1F								
MEXICO	93	119	141	166		2	2F	2F				
USA	569	744	823	823F	24	35	39	39F				
SOUTHAMERICA	50	68	79	79								
ARGENTINA	8	8F	9F	9F								
BOLIVIA	1	2	2	2								
BRAZIL	2	3F	3F	3F								
CHILE	13	28	32	32F								
COLOMBIA	11	15F	16F	16F								
ECUADOR	3											
PARAGUAY	2	2	2	2F								
PERU	7	7	12	12F								
VENEZUELA	4	4F	4F	4F								
ASIA (FMR)	402	505	527	528								
ASIA		509	532	533		1	1	1				
AZERBAIJAN						1*	1*	1F				
CHINA	5	5*	8*	9F								
CYPRUS		2	2	2F								
GEORGIA		2	2*	3F								
IRAN	9	22	23	23F								
ISRAEL	13	16	16	16F								
JAPAN	215	181	203	203F								
KAZAKHSTAN		3*	3*	3F								
KOREA REP	102	156	152	152F								
KUWAIT				1								
LEBANON	6	13	13F	13F								
TURKEY	51	110	110F	110F								
EUROPE (FMR)	1146	1054	1241	1136	184	186	187	175	430	398	402	261
EUROPE		1216	1379	1303		300	300	300		629	626	496
AUSTRIA	14	13	18	15F					25	19	20	20F
BELARUS		1F	1F	1F								
BEL-LUX	30	48	49	48F					3	2	2	2F
BOSNIA HERZG		5F	5F	5F		1F	1F	1F				
BULGARIA	18	8	10	10F	4	3	2F	2F				
CROATIA		4	5	5F		1	1	1F				
CZECHOSLOVAK	31				1				35			
CZECH REP		13	14	13		1	1	1		20	23	18
DENMARK	9	3	3F	3F					4	5	5F	5F
ESTONIA		1	3	3						2	1	3F
FINLAND	10	9	11	11					3	2	2	2F
FRANCE	83	74*	68*	68*	6	7	7	7	7	8	9	8
GERMANY	71	82	109	109F	27	30	30	30F	145	136	155	140F
GREECE	8	9	9	10F								
HUNGARY	15	13	14	10F	26	20	22	18F	16	12	12	8F
IRELAND	6	4	4	4F	1	1	1	1F	1	1	1	1F
ITALY	195	157	209	139	2	1	1	1F		1	1	1F
LATVIA										6	4	4F
MACEDONIA		5	5F	5F								
MOLDOVA REP		1*		1F				1F		1*	1*	1F
NETHERLANDS	27	44	44F	44F					1	2	2F	2F
NORWAY	15	9	10	10	3	2	2	1	13	1	1F	1
POLAND	258	150	178	171	35	45	43	40	155	175	153	34
PORTUGAL	3	3F	3F	3F								
ROMANIA	21	12	15	16F		2	1	1F		2*	3	3F
RUSSIAN FED		128	115*	128F		95	100*	102F		204	206	208F

生産量：1000 MT

表 75

		いちご				ラズベリー				カラント		
	1989-91	1998	1999	2000	1989-91	1998	1999	2000	1989-91	1998	1999	2000
SLOVAKIA		5	5	5						4	4	4
SLOVENIA			1	1F								
SPAIN	215	308*	368*	350*	1	1F	2F	2F				
SWEDEN	11	12*	12F	12F					1	1*	1F	1F
SWITZERLAND	6	8	9	8	1	1	1	1				
UK	50	35	42	39	21	13	11	11	19	8	8	11
UKRAINE		31	20*	35F		19	12*	22F		18	12*	19F
YUGOSLAV SFR	52				56							
YUGOSLAVIA		22F	24F	25		56*	60*	56				
OCEANIA	9	20	21	21	2	1	1	1	3	5	3	3
AUSTRALIA	5	13	14	14F	1	1	1F	1F		1	1F	1F
NEW ZEALAND	4	7	7	7F	1	1	1F	1F	3	4	2	2F
USSR	98				97				79			

生産量：1000 MT

表 76

	アーモンド				ピスタチオ				はしばみの実			

生産量：1000 MT

	1989-91	1998	1999	2000	1989-91	1998	1999	2000	1989-91	1998	1999	2000
WORLD	1288	1317	1638	1447	279	513	292	430	610	775	839	756
AFRICA	150	176	196	181	1	2	2	1				
ALGERIA	13	22	26	25F								
LIBYA	33	30F	31F	31F								
MOROCCO	61	66	81	65								
TUNISIA	42	59	58	60*	1	1F	1F	1F				
N C AMERICA	414	393	627	485	36	85	56	94	18	14	36	23
USA	414	393	627	485	36	85	56	94	18	14	36	23
SOUTHAMERICA	3	4	4	4								
CHILE	2	3	4F	4F								
ASIA (FMR)	224	355	325	336	237	421	226	328	426	606	635	575
ASIA		370	341	352		421	226	328		614	643	583
AFGHANISTAN	9	9F	9F	9F	2	4F	3F	3F				
ARMENIA		1F	1F	1F								
AZERBAIJAN										3F	3F	3F
CHINA	17	24F	25F	25F	22	32F	32F	32F	8	14F	14F	14F
CYPRUS	2	2	2	2F								
GAZA STRIP	2	2F	2F	2F								
GEORGIA		1	1F	1F						2	3F	3F
IRAN	67	112	96	96F	159	314	131	200F	5	13	11	11F
IRAQ	1	1F	1F	1F								
ISRAEL	3	5	5	5F								
JORDAN	1	1	1	1F								
KYRGYZSTAN										2F	2F	2F
LEBANON	13	39	31F	35F								
PAKISTAN	31	49	50	50F								
SYRIA	27	67	58	65F	14	36	30	33F				
TAJIKISTAN		4F	4F	4F						1F	1F	1F
TURKEY	46	36	37F	37F	39	35	30*	60*	413	580	610*	550*
TURKMENISTAN		1F	1F	1F								
UZBEKISTAN		7F	8F	8F								
EUROPE (FMR)	472	359	451	406	6	5	9	7	156	142	155	145
EUROPE		361	452	407		5	9	7		146	160	150
BELARUS										2F	2F	2F
BULGARIA	2	1	1F	1F								
CROATIA		2	3	3F								
FRANCE	4	5	5F	5F					3	4	5	5
GREECE	57	35	46	44*	5	5*	6*	7*	7	3	3F	3F
HUNGARY			1	1F								
ITALY	106	88	104	119	2	1	3		122	117	118	119
MOLDOVA REP		1F	1F	1F						1F	1F	1F
PORTUGAL	20	8	11	9F					2	1	1	1F
RUSSIAN FED										2	2F	2F
SPAIN	278	220	279	223					21	18	28	18
YUGOSLAV SFR	5											
OCEANIA	6	14	18	18								
AUSTRALIA	6	14*	18*	18F								
USSR	18								10			

表 77

	カシューナッツ				くり				くるみ			

生産量：1000 MT

	1989-91	1998	1999	2000	1989-91	1998	1999	2000	1989-91	1998	1999	2000
WORLD	680	1086	1224	1271	482	506	498	499	910	1135	1201	1184
AFRICA	149	407	460	456					2	5	19	12
ANGOLA	1	1F	1F	1F								
BENIN	3	10F	10F	10F								
BURKINA FASO	1	1F	1F	1F								
CÔTE DIVOIRE	8	28F	28F	28F								
GHANA	1	8F	8F	8F								
GUINEABISSAU	27	40F	42F	42F								
KENYA	10	9F	7F	4*								
MADAGASCAR	6	7F	7F	7F								
MOROCCO									2	5	19	12F
MOZAMBIQUE	35	52	59	35F								
NIGERIA	33	152	176	176F								
SENEGAL	2	7F	15F	15F								
TANZANIA	22	93	107	130								
N C AMERICA	4	6	6	6		1	1	1	216	226	263	228
DOMINICAN RP	1	1F	1F	1F								
EL SALVADOR	2	4F	4F	4F								
MEXICO										20F	6F	6F
TRINIDAD TOB						1	1F	1F				
USA									216	206	257	222
SOUTHAMERICA	143	54	134	157	23	34	36	36	20	22	22	22
ARGENTINA									8	9F	9F	9F
BOLIVIA					21	32	34	34				
BRAZIL	143	54	131	154					3	2	2F	2F
CHILE									8	10*	11	10*
PERU			3	3F	2	2	2	2F	2	2		
ASIA (FMR)	384	619	624	652	319	318	308	308	379	597	598	628
ASIA		619	624	652		318	308	308		615	618	647
AFGHANISTAN									5	5F	5F	5F
AZERBAIJAN										1F	1F	1F
CHINA	1	1	1F	1F	112	118F	118F	118F	154	269	274	300*
GEORGIA										17	18F	18F
INDIA	285	440F	450F	450F					18	30*	28*	31*
INDONESIA	38	69	75F	75F								
IRAN									61	146	143	143F
IRAQ									2	2F	2F	2F
JAPAN					37	26	26	26F				
KOREA D P RP					8	9F	8F	9F				
KOREA REP					85	110	96	96F	1	1	1	1F
LEBANON									4	6	5F	6F
MALAYSIA	12	13F	13F	13F								
PAKISTAN									18	18	18F	18F
PHILIPPINES	4	6F	7F	7F								
SRI LANKA	10	15F	15F	15F								
THAILAND	12	21F	22F	22F								
TURKEY					78	55	60F	60F	117	120	122F	122F
VIET NAM	22	54	41	69								
EUROPE (FMR)					127	138	138	138	199	187	200	195
EUROPE						152	153	154		266	280	275
AUSTRIA									10	14	15	15F
BELARUS										12F	12F	12F
BEL-LUX										1	1F	1F
BOSNIA HERZG										4F	4F	4F
BULGARIA									27	6	6F	6F
CROATIA										5	5	5F
CZECHOSLOVAK									11			
CZECH REP										5	6	6
FRANCE					13	11	13	13	22	25	29	28
GERMANY									10	15	15	15F
GREECE					13	13	12F	12F	23	20	21	20F
HUNGARY					1	1	1	1F	8	6	7	7F
ITALY					55	78	78	78F	16	12*	18*	12*
MACEDONIA										3	3F	3F
MOLDOVA REP										10	7	7F

表 77

	カシューナッツ				くり				くるみ			
	1989-91	1998	1999	2000	1989-91	1998	1999	2000	1989-91	1998	1999	2000
POLAND										2*	2F	2F
PORTUGAL					19	22	21	20F	6	3	3	4F
ROMANIA						1F	1F	1F	23	32	25	25F
RUSSIAN FED						14F	15F	16F		10	11F	12F
SLOVAKIA										5F	5F	5F
SLOVENIA						1F	1F	1F		2	2	2F
SPAIN					23	10F	10F	10F	9	8	10F	10F
SWITZERLAND									2	4F	3F	3F
UKRAINE										47	50F	50F
YUGOSLAV SFR					3				32			
YUGOSLAVIA						1F	1F	1F		17	21	24
USSR					12				94			

生産量：1000 MT

表 78

コーヒー（生豆）

	収穫面積：1000 HA				単位当り収量：KG/HA				生産量：1000 MT			
	1989-91	1998	1999	2000	1989-91	1998	1999	2000	1989-91	1998	1999	2000
WORLD	11204	10903	11494	11748	538	604	596	618	6023	6583	6848	7259
AFRICA	3273	3638	3857	3860	378	340	342	316	1237	1236	1320	1219
ANGOLA	143	120F	90F	100F	46	43	37	43	7	5*	3*	4*
BENIN		F	F	F								
BURUNDI	39	28F	32	25F	848	589	938	740	33	17	30	19
CAMEROON	297	300F	300F	300F	373	375	260	209	111	113	78*	63*
CENT AFR REP	28	25F	25F	25F	628	514	528	516	18	13*	13*	13*
CONGO, DEM R	290	155	150F	145F	335	370	304	248	97	57	46	36
CONGO, REP	4	3F	3F	3F	421	406	412	412	2	1F	1F	1F
CÔTE DIVOIRE	1193	1850F	2050F	2050F	203	180	178	178	242	332	365	365F
EQ GUINEA	17	9F	10F	10F	373	359	368	368	7	3F	4	4F
ETHIOPIA PDR	300				684				205			
ETHIOPIA		250F	251	250F		920	923	920		230*	232*	230*
GABON	2	F	F	F	425				1			
GHANA	10	21	21F	21F	133	400	381	381	1	8	8F	8F
GUINEA	58	50F	50F	50F	506	418	418	418	29	21	21F	21F
KENYA	154	159*	185F	165F	666	333	514	406	102	53*	95	67
LIBERIA	15	15F	15F	15F	158	200	200	200	3	3F	3F	3F
MADAGASCAR	231	193*	193*	193	372	311	337	332	86	60	65	64
MALAWI	5	3F	3F	3F	1439	1200	1180	1200	7	4*	4*	4*
MOZAMBIQUE	1	1F	1F	1F	707	714	714	600	1	1F	1F	1F
NIGERIA	4	8F	8F	8F	500	500	500	500	2	4F	4F	4F
RWANDA	53	25F	27	27F	572	571	703	556	30	14	19	15
SIERRA LEONE	11	14F	14	14F	2358	1857	1096	1096	26	26F	15	15F
TANZANIA	123	110F	115F	116F	401	345	405	414	49	38	47	48
TOGO	27	20F	26F	26F	624	650	654	654	17	13	17	17F
UGANDA	259	265F	275F	301	578	774	859	682	148	205	236	205
ZAMBIA	2	3F	3F	3F	926	1220	1050	1071	2	4*	3*	3*
ZIMBABWE	6	7	7F	7F	2193	1471	1471	1400	13	10	10	9
N C AMERICA	1755	1830	1900	2074	665	653	695	650	1164	1194	1321	1349
COSTA RICA	109	106	106	211	1433	1613	1546	776	155	171	164	164
CUBA	96	70F	85F	75F	265	193	259	220	26	14*	22*	17*
DOMINICAN RP	136	139	139	139	454	409	248	327	60	57	35	46
EL SALVADOR	170	162	162	165	821	723	992	838	140	117	161	138
GUATEMALA	248	260*	260*	260*	797	904	1129	1135	197	235*	294*	295*
HAITI	75	54F	54F	58	501	504	519	519	38	27	28F	30
HONDURAS	144	199	205	249*	747	866	903	788	107	173	185	196
JAMAICA	4	4F	5F	5F	403	435	480	540	2	2*	2*	3*
MEXICO	636	679	720	757	592	451	432	468	373	306	311	354
NICARAGUA	71	93	91	94	562	703	1006	869	40	65	92	82
PANAMA	25	24	33	22	446	454	346	437	11	11	11	9
PUERTO RICO	32	33F	33F	33F	425	355	355	355	13	12F	12F	12F
TRINIDAD TOB	7	F	F	4F	190			154	1			1*
USA	1	2	3	3F	1114	1397	1402	1200	1	3	4	3
SOUTHAMERICA	4788	3695	3910	3937	559	736	679	718	2672	2720	2655	2827
BOLIVIA	28	25	25	25	838	984	929	981	24	24	23	25
BRAZIL	2905	2070	2208	2349	519	816	740	777	1506	1689	1634	1824
COLOMBIA	980	810	869F	750F	844	947	746	840	827	767	648	630*
ECUADOR	406	390	375	381	330	124	355	350	134	48	133	133
PARAGUAY	18	6	6	6F	1044	792	788	800	18	5	5	5F
PERU	172	189	212	215F	520	636	683	722	90	120	145	155
VENEZUELA	277	205	214	210F	261	325	314	261	72	67	67	55*
ASIA (FMR)	1337	1653	1741	1789	668	818	844	995	892	1352	1469	1780
ASIA		1653	1741	1789		818	844	995		1352	1469	1780
CHINA	11	4	5F	6F	532	1418	1400	1364	6	6	7F	8F
INDIA	254	280*	280*	280F	653	814	946	1007	165	228	265	282
INDONESIA	744	844	900*	900*	557	539	463	478	414	455	417*	430*
LAOS	17	29	42	42F	365	594	414	539	6	17	18	23
MALAYSIA	14	16F	16F	16F	531	774	806	806	7	12F	13F	13F
MYANMAR	3	4	4	4F	434	472	413	413	1	2	2	2F
PHILIPPINES	143	148	136	136	986	823	856	861	141	122	117	117
SRI LANKA	14	16	16	16F	545	646	650	676	7	10	11	11
THAILAND	59	65	65	65F	1023	1203	843	1235	59	78	55	80
VIET NAM	55	214	243	291F	1378	1914	2277	2758	78	409	553	803
YEMEN	23	32	33	33	280	352	371	371	7	11	12	12F
OCEANIA	52	88	88	88	1162	925	949	949	58	81	83	83

表 78

コーヒー（生豆）

	収穫面積：1000 HA				単位当り収量：KG/HA				生産量：1000 MT			
	1989-91	1998	1999	2000	1989-91	1998	1999	2000	1989-91	1998	1999	2000
FIJI ISLANDS												
PAPUA N GUIN	50	87F	87F	87F	1197	930	954	954	58	81	83	83F

表 79

カカオ豆

	収穫面積：1000 HA				単位当り収量：KG/HA				生産量：1000 MT			
	1989-91	1998	1999	2000	1989-91	1998	1999	2000	1989-91	1998	1999	2000
WORLD	5584	6860	6679	6935	460	444	442	456	2569	3048	2949	3160
AFRICA	3521	4711	4644	4865	425	431	427	431	1495	2031	1981	2099
CAMEROON	377	360F	370F	370F	306	347	405	324	115	125	150*	120*
CONGO, DEM R	22	23	23F	23F	330	290	287	283	7	7	7F	7F
CONGO, REP	5	6F	6F	6F	388	328	339	305	2	2F	2F	2F
CÔTE DIVOIRE	1451	2000F	2000F	2220F	542	560	577	586	784	1120	1153	1300*
EQ GUINEA	66	62F	62F	60F	96	84	89	67	6	5*	6	4*
GABON	20	8F	8F	8F	86	63	88	75	2	1*	1*	1*
GHANA	705	1365	1300F	1300F	393	300	306	306	277	409	398*	398F
GUINEA	5	19F	12F	14F	535	474	425	429	2	9*	5*	6*
LIBERIA	16	15F	15F	15F	148	133	133	133	2	2*	2*	2*
MADAGASCAR	7	5*	5*	5	495	925	925	968	3	4*	4*	5
NIGERIA	716	743	745	745F	357	424	302	302	256	315	225	225F
SAO TOME PRN	25	19F	20F	19F	127	184	210	180	3	4*	4	3
SIERRA LEONE	58	35F	30F	30F	414	371	364	364	24	13F	11	11F
TANZANIA	4	5F	5	5F	614	696	701	667	2	3*	4	3*
TOGO	33	31F	28F	30F	199	290	250	300	7	9	7*	9*
UGANDA	9	13F	13F	14	102	219	220	288	1	3F	3*	4
N C AMERICA	263	294	247	256	443	442	357	382	116	130	88	98
COSTA RICA	16	2	2	4	215	425	404	358	4	1	1	2
CUBA	8	7	8	8F	278	265	351	351	2	2	3	3F
DOMINICAN RP	121	153	109	120	389	442	309	308	47	68	34	37
GRENADA	2	1F	1F	1F	962	1014	974	980	2	1	1	1F
GUATEMALA	5	5F	5F	5F	641	556	556	556	3	3F	3F	3F
HAITI	9	9F	9F	9	491	500	500	500	4	5	5F	5
HONDURAS	3	6	3F	3F	1000	412	500	500	3	2	2*	2*
JAMAICA	5	4F	3F	3F	388	456	370	370	2	2	1	1F
MEXICO	70	85	86	81	662	518	433	526	46	44	37	43
NICARAGUA		F	F	F								
PANAMA	2	4F	4F	4	263	250	250	250	1	1*	1*	1
TRINIDAD TOB	17	14F	13F	13F	113	91	89	89	2	1	1	1F
SOUTHAMERICA	1214	1208	1185	1187	419	339	333	373	508	410	395	442
BOLIVIA	5	6	6	6	656	707	722	735	4	4	4	4
BRAZIL	664	710	681	681	487	396	301	309	323	281	205	210
COLOMBIA	121	95	97	97F	466	531	531	531	57	51	52	52F
ECUADOR	329	300	301	302	283	117	314	450	93	35	95	136
PERU	31	35	34	34F	519	636	610	611	16	22	21	21*
VENEZUELA	62	61	65	65F	247	283	290	290	15	17	19	19F
ASIA (FMR)	478	537	493	515	843	823	904	926	403	442	446	477
ASIA		537	493	515		823	904	926		442	446	477
INDIA	8	8F	8F	8F	800	800	800	800	6	6*	6*	6F
INDONESIA	159	403	360*	360*	889	829	957	1006	143	334	344	362*
MALAYSIA	284	105F	104F	126*	848	859	804	778	240	90	84	98*
PHILIPPINES	18	15	15	15	531	494	510	441	10	7	8	7
SRI LANKA	9	6	5	5F	492	653	653	653	4	4	4	4F
OCEANIA	107	110	110	113	427	315	358	395	46	35	39	44
PAPUA N GUIN	91	95F	95F	98F	429	307	369	398	39	29*	35*	39*
SAMOA	3	F	F	F	174				1			
SOLOMON IS	8	7F	7F	7F	500	493	386	571	4	3	3*	4*
VANUATU	4	3F	2F	2F	530	577	495	495	2	2	1	1F

表 80

茶

	収穫面積：1000 HA				単位当り収量：KG/HA				生産量：1000 MT			
	1989-91	1998	1999	2000	1989-91	1998	1999	2000	1989-91	1998	1999	2000
WORLD	2264	2323	2319	2337	1114	1309	1271	1280	2521	3040	2948	2991
AFRICA	190	221	217	222	1706	2001	1869	1859	323	443	405	412
BURUNDI	5	8	8	9F	820	889	915	969	4	7	7	8
CAMEROON	1	2	2F	2F	1989	2608	2649	2649	3	4	4F	4F
CONGO, DEM R	9	5	5F	5F	362	690	667	667	3	3	3F	3F
ETHIOPIA PDR	2				331				1			
ETHIOPIA		3F	3F	3F		264	264	240		1F	1F	1F
KENYA	95	117F	114F	113F	2045	2514	2205	2119	194	294*	251	239
MALAWI	18	19F	19F	22F	2146	2147	2263	2273	40	40	43	50F
MAURITIUS	3	1	1F	1F	1944	2163	2135	2174	6	1	1	2
MOZAMBIQUE	6	2F	2F	1F	654	750	800	714	4	2	2F	1F
RWANDA	12	12*	10	12F	1088	1216	1292	1169	13	15	13	14
SOUTH AFRICA	7	7F	7F	7F	1852	1343	1567	1642	12	9F	11	11F
TANZANIA	15	19F	19F	19F	1363	1184	1316	1368	19	22	25	26F
UGANDA	11	22F	22F	22F	601	1177	1125	1331	7	26	25	29
ZAMBIA					1217				1			
ZIMBABWE	5	5	6F	6F	3356	3241	3309	3667	16	18	19*	22*
N C AMERICA	1	1	1	1	912	1000	1000	1000	1	1	1	1
SOUTHAMERICA	47	45	47	48	1376	1550	1452	1490	65	70	69	71
ARGENTINA	38	38	40	40F	1280	1509	1409	1450	49	57	56	58F
BOLIVIA					7779	8300	8500	8675	2	3	3	4
BRAZIL	5	3	4F	4F	1837	1779	1579	1500	10	6	6F	6F
ECUADOR	1	1	1	1	2363	1709	1709	2100	2	2	2	2
PERU	2	3	3	3F	705	731	696	696	2	2	2	2F
ASIA (FMR)	1944	2018	2020	2031	1027	1223	1188	1196	1996	2468	2400	2430
ASIA		2052	2049	2061		1226	1201	1210		2516	2462	2494
AZERBAIJAN		7	5	6F		130	510	583		1	3	4F
BANGLADESH	47	49	49	49F	902	1041	1153	1153	43	51	56	56F
CHINA	847	879	929	952F	662	782	751	758	561	688	697	721F
GEORGIA		28	24	24F		1703	2500	2500		47	60	60F
INDIA	417	470F	420F	420F	1687	1852	1784	1784	703	870	749	749F
INDONESIA	93	110	110F	110F	1565	1514	1526	1526	146	166	168	168F
IRAN	32	35	34	34F	1115	1735	2370	2370	36	60	80*	80F
JAPAN	58	51	51	51F	1532	1613	1746	1746	89	83	89	89F
KOREA REP		1	2F	2F		1303	1333	1333		1	2F	2F
LAOS				*		3394						
MALAYSIA	3	3F	3F	3F	1831	2000	2000	2000	6	6F	5F	5F
MYANMAR	57	68	63	63F	235	300	293	293	14	20	18	18F
NEPAL	1	1F	1F	1F	1555	3775	3813	3813	1	3	3F	3F
SRI LANKA	222	189	195	195F	1023	1482	1452	1458	227	280	284	285
THAILAND	17	18F	19F	19F	304	294	297	297	5	5F	6F	6F
TURKEY	90	77	77F	77F	1475	2317	2318	2318	132	178	178F	178F
VIET NAM	59	67	69	58F	536	846	935	1213	32	57	65	70
EUROPE		2	2	2		2417	1316	2940		4	2	5
RUSSIAN FED		2	2	2F		2467	1333	3000		4	2	5F
OCEANIA	4	3	4	4	2025	2269	2500	2500	8	7	9	9
PAPUA N GUIN	4	3F	4F	4F	2025	2269	2500	2500	8	7	9F	9F
USSR	78				1653				129			

表 81

ホップ

	収穫面積：1000 HA				単位当り収量：KG/HA				生産量：1000 MT			
	1989-91	1998	1999	2000	1989-91	1998	1999	2000	1989-91	1998	1999	2000
WORLD	89	70	69	70	1325	1407	1418	1429	118	98	98	100
N C AMERICA	15	15	14	15	1893	1821	2110	2096	28	27	29	31
USA	15	15	14	15	1893	1821	2110	2096	28	27	29	31
ASIA (FMR)	11	12	12	12	1250	1351	1361	1357	14	17	17	17
ASIA		13	13	13		1334	1345	1340		17	17	17
CHINA	6	8F	8F	8F	1695	1871	1871	1871	10	15F	15F	15F
JAPAN	1				1845	1724	2114	2070	1	1	1	1
KOREA D P RP	4	4F	4F	4F	500	357	357	372	2	2F	2F	2F
KOREA REP												
EUROPE (FMR)	49	36	36	36	1291	1402	1320	1324	63	51	48	48
EUROPE		41	41	41		1278	1205	1215		52	49	49
BEL-LUX					1703	2813		1852	1	1		1F
BULGARIA	1				715				1			
CZECHOSLOVAK	12				938				11			
CZECH REP		6	6	6		869	1070	798		5	6	5
FRANCE		1	1	1	1681	1676	1681	2141	1	1	1	2
GERMANY	22	20	20	20F	1515	1563	1407	1512	34	31	28	30F
HUNGARY					1038				1			
POLAND	2	2	2	2	865	1086	1282	1356	2	2	3	3
ROMANIA	2				821				1			
RUSSIAN FED		2	2	2F		370	494	559		1	1	1F
SLOVENIA		2	2	2F		1684	1493	1493		3	3	3F
SPAIN	1	1	1F	1F	1593	1708	1412	1412	2	1	1	1F
UK	4	3	3	3F	1350	1241	1154	1038	5	4	3	3
YUGOSLAV SFR	3				1373				4			
YUGOSLAVIA		1	1			1461	1280			1	1	
OCEANIA	1	1	1	1	2232	1686	1689	1689	3	2	2	2
AUSTRALIA	1	1	1F	1F	2148	1630	1630	1630	2	2	2F	2F
NEW ZEALAND						1831	1843	1843		1	1F	1F
USSR	12				765				9			

表 82

葉タバコ

	収穫面積：1000 HA				単位当り収量：KG/HA				生産量：1000 MT			
	1989-91	1998	1999	2000	1989-91	1998	1999	2000	1989-91	1998	1999	2000
WORLD	4774	4465	4352	4183	1520	1554	1602	1659	7256	6936	6971	6938
AFRICA	324	397	386	370	1176	1423	1224	1329	382	566	472	492
ALGERIA	3	7	6	6F	1244	907	987	982	3	7	6	6F
ANGOLA	5	4F	3F	3F	889	987	968	968	4	4F	3F	3F
BENIN		1	1	1F		627	766	766		1	1	1F
BURKINA FASO	2	F	F	F	442				1			
BURUNDI	4				1008				4			
CAMEROON	1	3F	3*	3F	646	1250	1382	1382	1	4F	5*	5F
CENT AFR REP	1	1F	1*	1F	842	750	760	833	1	1*	1*	1F
CONGO, DEM R	6	8	8F	8F	531	480	468	468	3	4	4F	4F
CÔTE DIVOIRE	12	20F	20F	20F	379	500	500	500	5	10F	10F	10F
ETHIOPIA PDR	6				719				4			
ETHIOPIA		5F	5F	5F		700	696	667		4F	3F	3F
GHANA	4	4	4F	4F	408	589	595	595	2	2	3F	3F
GUINEA	2	2F	2F	2F	900	900	900	900	2	2F	2F	2F
KENYA	5	9*	9*	5F	2140	2215	2215	1556	10	20*	20*	7
LIBYA		1F	1F	1F	2613	2222	2344	2308	1	1F	2F	2F
MADAGASCAR	4	4F	4F	2	820	881	925	948	3	4	4	2
MALAWI	102	114	123*	114*	979	1092	919	1054	100	125	113	120F
MAURITIUS	1				1329	1544	1614	1591	1	1	1	1
MOROCCO	6	9	4*	4F	1203	1287	1000	1000	7	11	4*	4F
MOZAMBIQUE	3	3F	3F	2F	1111	1074	1071	909	3	3F	3F	2F
NIGER	1	1F	1*	1F	695	708	837	850	1	1F	1*	1F
NIGERIA	22	22F	22F	22F	428	418	418	418	9	9F	9F	9F
RWANDA	3	3F	3F	3F	1360	1321	1321	1357	3	4F	4F	4F
SIERRA LEONE	1				1083				1			
SOUTH AFRICA	24	15	14*	14F	1316	2099	2140	2199	32	31	30	31F
TANZANIA	25	42	42F	40F	686	898	833	667	17	38	35F	27
TOGO	4	4F	4F	4F	500	500	500	500	2	2F	2F	2F
TUNISIA	5	4	4	4F	1112	905	811	1125	6	4	3	5*
UGANDA	5	8*	8*	8F	816	1506	1333	1333	4	11	10	10F
ZAMBIA	4	3	3F	3F	1120	1085	1088	1103	5	3	3F	3F
ZIMBABWE	63	99	88*	91	2314	2626	2188	2509	146	260	193	228
N C AMERICA	435	454	393	340	2066	1998	1987	2048	900	908	782	696
CANADA	30	28	25	25F	2403	2645	2813	2840	72	73	70	71F
COSTA RICA	1			11	1703	1500		385	1	1		4
CUBA	49	49	46	46F	734	773	668	668	36	38	31	31F
DOMINICAN RP	20	31*	12	13F	1206	1413	1344	1300	24	43	16	17
EL SALVADOR	1	1*	1F	1F	1284	1790	1833	1833	1	1*	1F	1F
GUATEMALA	7	9*	8*	8*	1788	2304	2213	2225	11	20*	17*	19*
HAITI	1				1296	1375	1375	1375	1	1F	1F	1
HONDURAS	7	11	11	10F	685	425	410	427	5	4	4	4
JAMAICA	1	1*	1*	1F	1991	1532	1532	1532	2	2*	2*	2F
MEXICO	23	32	26	25	1673	1525	1947	1751	38	49	51	43
NICARAGUA	1	2	1	1	1469	1395	1435	1434	1	2	1	2
PANAMA	1	1*	1*	1F	1826	2000	1600	1636	2	2*	2*	2F
USA	293	290	262	197	2396	2311	2239	2538	704	671	586	499
SOUTHAMERICA	378	475	451	417	1570	1478	1812	1879	592	701	817	783
ARGENTINA	51	77	68	57*	1576	1513	1663	1934	81	117	113	111*
BOLIVIA	1	1	1	1	888	904	919	920	1	1	1	1
BRAZIL	283	354	341	318	1537	1429	1834	1867	434	505	626	594
CHILE	4	4	4	4	3179	2777	2924	3278	13	12	12	12F
COLOMBIA	21	17	18	18F	1605	1750	1820	1820	34	30	33	33F
ECUADOR	1	2	2	2	2399	1961	2220	2260	3	3	4	4
PARAGUAY	4	8	7	7F	1774	1756	1580	1571	7	14	11	11F
PERU	3	3F	3F	3F	1240	1240	1231	1231	3	3F	3F	3F
URUGUAY	1	1F	1F	1F	2199	3250	3250	3373	2	3F	3F	3F
VENEZUELA	9	8	6	6F	1604	1614	1881	1881	14	14	11	11F
ASIA (FMR)	3119	2794	2789	2716	1423	1470	1522	1583	4439	4106	4246	4298
ASIA		2838	2832	2761		1477	1529	1591		4191	4330	4393
AZERBAIJAN		8	8F	8F		1781	1200	1875		15	9	15
BANGLADESH	43	33	32	32F	862	1117	919	919	37	37	29	29F
CAMBODIA	15	15F	15F	15F	506	676	667	667	8	10	10	10F
CHINA	1739	1365	1378	1304F	1638	1739	1799	1924	2849	2374	2478	2509F
GEORGIA		3	2	2F		1168	1186	1186		3	2	2F
INDIA	400	464	463	463F	1332	1392	1515	1515	533	646	702	702F
INDONESIA	211	222	223F	223F	586	621	631	631	126	138	141	141F

表 82

葉タバコ

	収穫面積：1000 HA				単位当り収量：KG/HA				生産量：1000 MT			
	1989-91	1998	1999	2000	1989-91	1998	1999	2000	1989-91	1998	1999	2000
IRAN	17	21	21F	21F	1110	1104	1104	1104	18	23	23F	23F
IRAQ	3	2F	2F	2F	931	1063	958	938	3	3F	2F	2F
JAPAN	30	25	25	25F	2512	2530	2614	2614	75	64	65	65F
JORDAN	3	3	3	3F	848	781	193	193	2	2	1	1F
KAZAKHSTAN		5	5	5F		1710	1739	2000		9	8	9F
KOREA D P RP	40	43F	43F	44F	1625	1442	1442	1432	65	62F	62F	63F
KOREA REP	31	26	25	25F	2347	2153	2630	2630	73	56	65	65F
KYRGYZSTAN		13	12	14		2235	2450	2393		28	30	35
LAOS	10	7	4	8*	2787	3891	5437	6133	28	26	23	46
LEBANON	2	10	10F	10F	1075	1320	1295	1392	2	13	13F	14F
MALAYSIA	13	14	13F	13F	908	787	800	800	11	11	10F	10F
MYANMAR	34	34	26	30F	1324	1691	1609	1542	45	57	42	46
NEPAL	7	6	4	4F	854	767	884	861	6	5	4	4
OMAN		1F	1F	1F	4117	4455	4455	4455	2	2F	2F	2F
PAKISTAN	43	53	57	57F	1739	1846	1899	1899	74	99	109	109F
PHILIPPINES	65	48	44	44	1269	1278	1188	1159	82	62	52	51
SRI LANKA	9	7	5	5F	1161	1352	1257	1255	10	9	6	6
SYRIA	14	13	16	17F	1021	1644	1528	1515	14	22	25	25F
TAJIKISTAN		5F	5F	5F		2400	2596	2596		12F	14F	14F
THAILAND	61	51*	52*	52F	1179	1555	1432	1432	72	79	74	74F
TURKEY	296	293	290F	290F	909	893	897	897	269	262	260F	260F
TURKMENISTAN		1F	1F	1F		2176	2500	2500		2F	2F	2F
UNTD ARAB EM					9373	10094	12556	12160	1	1	1	1
UZBEKISTAN		9F	11F	11F		1778	1810	1810		16F	19F	19F
VIET NAM	31	32	33	24	879	1028	1086	1115	27	33	35	27
YEMEN	3	5	5	5	1753	2106	2127	2415	6	11	11	13
EUROPE (FMR)	404	270	262	267	1706	1971	2038	2016	685	533	534	538
EUROPE		297	287	291		1892	1962	1943		562	563	566
ALBANIA	21	7	7	7F	643	1047	1090	1096	13	7	7	8
BELARUS		1F	1F	1F		1875	1750	1750		2F	1F	1F
BEL-LUX					3484	3496	3440	3421	2	1	1	1F
BOSNIA HERZG		3F	2*	2F		1267	1627	1800		4F	3*	4F
BULGARIA	60	34	26*	42F	1306	1151	1288	1667	77	39	34*	70*
CROATIA		7	6	6F		1630	1549	1410		12	10	9*
CZECHOSLOVAK	3				2601				8			
FRANCE	11	9	9	9	2528	2896	2795	2793	28	26	26	26*
GERMANY	5	4	3F	3F	1885	2415	2833	2833	10	9	9F	9F
GREECE	81	67	67	63F	1762	2039	2080	2065	144	137	140	130*
HUNGARY	11	6	8	6	1405	1952	1952	2223	15	13	16	13F
ITALY	89	47	47*	47*	2269	2791	2793	2819	202	133	131	132*
MACEDONIA		25	25	25F		1268	1280	1280		32	32	32F
MOLDOVA REP		22	19	19F		1122	1204	1204		24	22	22F
POLAND	28	19	21	14	2040	1953	2093	1698	57	38	44	24
PORTUGAL	2	3	2	2	2238	2651	2634	2905	5	7	6	6
ROMANIA	20	13	11	11F	1016	1350	1349	1349	19	18	15	15F
RUSSIAN FED		1	2	2F		743	944	941		1	2	2F
SLOVAKIA		1	1	1		1551	1544	1649		1	1	2
SPAIN	24	15	17F	17F	2087	2978	2647	2647	49	44	45	45F
SWITZERLAND	1	1	1	1	2054	2118	1585	2071	1	2	1	1
UKRAINE		4	4F	4F		833	814	814		3	3F	3F
YUGOSLAV SFR	47				1149				54			
YUGOSLAVIA		9	9	10		1349	1652	1150		12	15	11
OCEANIA	6	3	3	3	2399	2736	2384	2384	13	9	7	7
AUSTRALIA	5	3*	3*	3F	2497	2917	2518	2518	12	8*	7*	7F
NEW ZEALAND					1901				1			
USSR	108				2261				245			

表 83

亜麻繊維およびくず

	収穫面積：1000 HA				単位当り収量：KG/HA				生産量：1000 MT			
	1989-91	1998	1999	2000	1989-91	1998	1999	2000	1989-91	1998	1999	2000
WORLD	1035	459	468	491	725	921	922	942	741	423	431	463
AFRICA	16	14	15	15	924	964	952	952	15	14	14	14
EGYPT	16	14F	15F	15F	924	964	952	952	15	14F	14F	14F
SOUTHAMERICA	5	5	5	5	800	833	830	830	4	4	4	4
ARGENTINA	3	3F	3F	3F	640	714	704	704	2	2F	2F	2F
CHILE	2	2F	2F	2F	1000	1000	1000	1000	2	2F	2F	2F
ASIA (FMR)	99	40	41	46	2616	2498	2939	2881	259	101	121	133
ASIA		40	41	46		2498	2939	2881		101	121	133
CHINA	99	40	41F	46F	2614	2498	2939	2880	259	101	121F	133F
EUROPE (FMR)	157	183	190	186	1088	1195	1219	1218	166	219	232	226
EUROPE		400	408	426		761	719	734		304	293	313
BELARUS		75	76	75F		475	274	533		36	21	40
BEL-LUX	11	11	11F	11F	1007	1549	1500	1500	11	17F	17F	17F
BULGARIA	2				537				1			
CZECHOSLOVAK	23				774				19			
CZECH REP		5	5F	5F		2361	3597	3597		11	17	17F
FRANCE	54	53	60	55F	1273	1234	1206	1200	69	66F	72F	66F
HUNGARY	2				799				2			
LATVIA		2	2	2		609	1065	1156		1	2	2F
LITHUANIA		6	9	9F		903	517	556		6	5	5F
NETHERLANDS	5	4	4F	4F	7020	4657	4657	4657	35	16	16F	16F
POLAND	25	2	3	3F	524	421	418	418	13	1	1F	1F
ROMANIA	34		2	2F	467	2333	1333	1364	16	1	3	3F
RUSSIAN FED		107	104	128		317	231	234		34	24	30F
SLOVAKIA		1F	1F	1F		1667	1667	1667		2F	2F	2F
SPAIN		87	85F	85F		876	882	882		76	75F	75F
UK		19F	19F	19F		1526	1526	1526		29F	29F	29F
UKRAINE		26	26F	26F		346	358	358		9	9	9F
USSR	759				396				297			

表　84

大麻繊維およびくず

	収穫面積：1000 HA				単位当り収量：KG/HA				生産量：1000 MT			
	1989-91	1998	1999	2000	1989-91	1998	1999	2000	1989-91	1998	1999	2000
WORLD	116	54	58	60	750	1015	995	1313	86	55	58	79
SOUTHAMERICA	4	4	4	4	952	952	952	952	4	4	4	4
CHILE	4	4F	4F	4F	952	952	952	952	4	4F	4F	4F
ASIA (FMR)	37	30	27	29	1082	1011	987	1616	40	30	26	46
ASIA		30	27	29		1011	987	1616		30	26	46
CHINA	21	12	9	11F	1188	1387	1444	3048	25	17	13	32F
KOREA D P RP	15	18F	18F	18F	615	686	686	722	9	12F	12F	13F
KOREA REP					1804				1			
TURKEY									5	1	1F	1F
EUROPE (FMR)	30	5	12	12	854	2870	1759	1808	24	15	22	22
EUROPE		20	27	27		1035	1008	1050		20	28	29
FRANCE			8	8F			686	686			6	6F
HUNGARY	1	1	1F	1F	1706	1931	1931	1931	2	2*	2F	2F
POLAND	1				1021				1			
ROMANIA	26	3	1	1F	746	3604	5863	6154	18	11	7	8F
RUSSIAN FED		13F	13F	13F		360	385	423		5F	5F	6F
SPAIN			2F	2F	6257	2600	4333	4333	1	1	7F	7F
UKRAINE		2	2F	2F		500	425	425		1	1F	1F
YUGOSLAV SFR	1				1389				2			
USSR	44				410				18			

表 85

ジュートおよび類似繊維

	収穫面積：1000 HA				単位当り収量：KG/HA				生産量：1000 MT			
	1989-91	1998	1999	2000	1989-91	1998	1999	2000	1989-91	1998	1999	2000
WORLD	2233	1902	1770	1772	1614	1765	2256	2266	3605	3357	3993	4015
AFRICA	24	24	23	22	916	892	893	870	22	21	21	19
ANGOLA	1	1F	1F	1F	1000	1000	875	875	1	1F	1F	1F
CONGO, DEM R	7	8F	8F	8F	584	658	671	671	4	5F	5F	5F
EGYPT	2	1F	1F	1F	2500	2316	2316	2316	4	2F	2F	2F
ETHIOPIA PDR	2				517				1			
ETHIOPIA		2F	2F	2F		533	533	500		1F	1F	1F
MADAGASCAR	1	1F	1F	1F	809	795	795	789	1	1F	1F	1F
MALI	3	2F	2F	2F	680	650	650	650	2	1F	1F	1F
MOZAMBIQUE	6	7F	7F	6F	667	676	681	550	4	5F	5F	3F
NIGERIA	1	1F	1F	1F	870	900	900	900	1	1F	1F	1F
SOUTH AFRICA	1	1F	1F	1F	1091	1000	1000	1000	1	1F	1F	1F
SUDAN									3	3F	3F	3F
N C AMERICA	14	16	14	14	1001	1043	929	936	14	17	13	13
CUBA	12	10F	10F	10F	999	1000	1000	1000	12	10F	10F	10F
EL SALVADOR	2	6F	4	4	1000	1117	730	757	2	7F	3	3
SOUTHAMERICA	39	18	17	17	997	1119	1100	1106	39	20	19	19
BRAZIL	27	6	5	5	945	1493	1447	1505	26	8	8	7
CHILE	10	10F	10F	10F	1000	1000	1000	1000	10	10F	10F	10F
PERU	2	2F	2F	2F	1579	632	632	632	3	1F	1F	1F
ASIA (FMR)	2135	1822	1692	1696	1633	1775	2290	2299	3486	3234	3874	3898
ASIA		1824	1694	1698		1784	2299	2309		3254	3895	3919
BANGLADESH	567	578	479	479F	1561	1819	3869	3869	886	1052	1853	1853F
CAMBODIA	2	2F	2F	2F	996	1250	1238	1238	2	3F	3F	3F
CHINA	285	93*	65*	67F	2210	2675	2523	2776	633	248*	164*	186F
INDIA	1083	1050	1050F	1050F	1578	1720	1657	1657	1710	1806	1740F	1740F
INDONESIA	10	6	6F	6F	978	1279	1250	1250	10	7	8F	8F
MYANMAR	33	34	37	37F	1040	972	897	897	35	33	33	33F
NEPAL	14	12	12	12F	1226	1267	1301	1301	17	16	15	15F
PAKISTAN	7	3	3F	3F	630	675	718	718	4	2	2F	2F
THAILAND	123	37	34F	34F	1325	1428	1386	1386	162	53	47	47F
UZBEKISTAN		2F	2F	2F		10000	10500	10500		20F	21F	21F
VIET NAM	13	7	4	6	2207	2179	2220	1930	28	15	9	11
EUROPE		21	21	21		2143	2143	2143		45	45	45
RUSSIAN FED		21F	21F	21F		2143	2143	2143		45F	45F	45F
USSR	22				2045				45			

表 86

サイザル

	収穫面積：1000 HA				単位当り収量：KG/HA				生産量：1000 MT			
	1989-91	1998	1999	2000	1989-91	1998	1999	2000	1989-91	1998	1999	2000
WORLD	502	353	379	381	800	830	1003	968	402	293	380	369
AFRICA	127	89	92	89	791	765	807	777	100	68	75	69
ANGOLA	1	1F			1429	1300	1111	1111	1	1F	1F	1F
ETHIOPIA PDR	1				709				1			
ETHIOPIA		1F	1F	1F		727	727	700		1F	1F	1F
KENYA	34	21F	21F	20F	1136	1286	1238	1250	39	27F	26F	25F
MADAGASCAR	20	14*	14*	14	966	1277	1206	1056	18	18	17	15
MOROCCO	2	3F	3F	3F	818	880	880	880	2	2F	2F	2F
MOZAMBIQUE	4	4F	4F	3F	286	286	286	200	1	1F	1F	1F
SOUTH AFRICA	5	4F	4F	4F	1000	743	714	743	5	3F	3F	3F
TANZANIA	59	40F	44	42F	577	375	548	524	34	15	24	22F
N C AMERICA	79	79	80	80	646	734	733	733	51	58	58	58
CUBA	5	5F	5F	5F	1460	1277	1277	1277	7	6F	6F	6F
HAITI	18	10	11F	11	556	544	543	543	10	6	6F	6
MEXICO	55	63	63F	63F	615	732	730	730	34	46	46F	46F
SOUTHAMERICA	282	172	195	201	793	751	1070	1029	223	130	209	207
BRAZIL	273	161	183	189	780	718	1060	1032	213	116	194	195
VENEZUELA	8	11	12	12F	1246	1226	1235	978	10	14	15	12F
ASIA (FMR)	14	13	12	11	1923	2976	3218	3036	27	37	38	34
ASIA		13	12	11		2976	3218	3036		37	38	34
CHINA	14	12	12F	11F	1948	3024	3276	3091	26	37	38F	34F
INDONESIA					1398				1			

表 87

	コットンリント				他に非特掲の繊維作物				天然ゴム			
	1989-91	1998	1999	2000	1989-91	1998	1999	2000	1989-91	1998	1999	2000
WORLD	18716	18030	18211	18836	239	299	288	286	5257	6594	6587	6689
AFRICA	1333	1666	1649	1671	43	44	44	42	330	396	401	402
ANGOLA	4	4*	3F	3F								
BENIN	59	150	150F	150F								
BOTSWANA	1	1F	1F	1F								
BURKINA FASO	70	136	125F	125F								
BURUNDI	3	1*	1	1								
CAMEROON	46	75*	79*	71*					38	53	58	60F
CENT AFR REP	11	17*	7F	9*					1	1F	1F	1F
CHAD	62	103	90F	90F								
CONGO, DEM R	11	8F	8F	8F					13	9*	8F	8F
CONGO, REP									2	1F	1F	1F
CÔTE DIVOIRE	117	130	130F	130F					71	116	119	119F
EGYPT	299	230	233	228F								
ETHIOPIA PDR	16				17							
ETHIOPIA		15*	15F	15F		18F	18F	16F				
GABON									2	11F	11F	11F
GAMBIA	1											
GHANA	5	18	17F	17F					4	11F	11F	11F
GUINEA	3	16	21F	21F								
GUINEABISSAU	1	1F	1F	1F								
KENYA	9	5*	6*	7*								
LIBERIA									55	75F	85F	85F
MADAGASCAR	13	15*	14*	11*	8	9F	9F	8F				
MALAWI	10	10*	10F	10F								
MALI	109	210F	200F	200F								
MOROCCO	9	1										
MOZAMBIQUE	10	30*	30*	25F								
NAMIBIA		1	2	2								
NIGER	1	3F	4F	4F								
NIGERIA	88	135F	145F	145F					145	120F	107	107F
SENEGAL	15	14F	10F	10F								
SIERRA LEONE					5	5F	5F	5F				
SOMALIA	1	2F	2F	2F								
SOUTH AFRICA	53	34	44	24	3	3F	3F	3F				
SUDAN	100	54	49	81								
SWAZILAND	12	6	7*	7F								
TANZANIA	59	40	31	35	9	10F	10F	10F				
TOGO	36	69	65F	65F								
TUNISIA		1F	1F	2*								
UGANDA	6	15	22*	22F								
ZAMBIA	16	21	24*	22*								
ZIMBABWE	77	95	104	128								
N C AMERICA	3554	3284	3848	3805	46	73	73	73	39	54	55	55
CANADA					46	73F	73F	73F				
DOMINICAN RP	3											
EL SALVADOR	6	1F	1F	1F								
GUATEMALA	41	3*	1F	1F					17	32*	33	33F
HAITI	1											
HONDURAS	2	1F	1F									
MEXICO	188	247	148	51F					22	22F	22F	22F
NICARAGUA	26	2	2F	2F								
USA	3288	3030	3694	3749								
SOUTHAMERICA	1381	883	849	976	73	102	102	102	44	79	85	85
ARGENTINA	266	316	196F	121F	1	2F	2F	1F				
BOLIVIA	4	19	20F	20F					8	11F	11F	11
BRAZIL	648	387*	467*	632*	70	99	99F	99F	34	66*	70*	70F
CHILE					2	2F	2F	2F				
COLOMBIA	130	36*	40*	57*								
ECUADOR	12	3	2F	4F					1	2	4	4
PARAGUAY	212	73*	67*	68F								
PERU	81	38	52	68								
VENEZUELA	29	11*	7F	6*								
ASIA (FMR)	9231	9614	9235	9771	74	76	65	65	4840	6058	6038	6139
ASIA		11141	10720	11153		76	65	65		6058	6038	6139
AFGHANISTAN	14	22F	22F	22F								
AZERBAIJAN		34*	29*	42								

表 87

	コットンリント				他に非特掲の繊維作物				天然ゴム			
	1989-91	1998	1999	2000	1989-91	1998	1999	2000	1989-91	1998	1999	2000
BANGLADESH	14	13*	15*	22*	1	1F	1F	1F	1	3*	3*	3F
CAMBODIA					2	2F	3F	3F	31	41	40*	40F
CHINA	4657	4501	3829	4350	1	1	1	1	268	462	490	500F
INDIA	1755	2074	2057	2057F					295	550	620*	620F
INDONESIA	8	9	9	9					1271	1564	1488	1488F
IRAN	117	139*	145*	145F								
IRAQ	7	9F	9F	6F								
ISRAEL	40	50	25	25F								
KAZAKHSTAN		49	75*	77*								
KOREA D P RP	9	11F	11F	11F								
KOREA REP					1							
KYRGYZSTAN		24*	28*	33F								
LAOS	5	8	4	11								
MALAYSIA									1321	886	769	769F
MYANMAR	20	55	53	59					15	27	23	23F
PAKISTAN	1758	1496	1912	1912F								
PHILIPPINES	6	1*	1*	1*	1	2F	2F	2F	59	74*	71*	70F
SRI LANKA									109	96	97	99
SYRIA	173	326	324	324F								
TAJIKISTAN		115*	98*	93*								
THAILAND	33	13	12	12	1	1F	1F	1F	1411	2162	2199	2236
TURKEY	610	871	791F	791F								
TURKMENISTAN		158	234	187F								
UZBEKISTAN		1147	1021	950*								
VIET NAM	2	7	7	6	66	70	59	59F	58	194	239	291
YEMEN	3	8*	8*	8F								
EUROPE (FMR)	309	493	511	523								
EUROPE		493	511	523								
ALBANIA	3											
BULGARIA	4	2	3*	3F								
GREECE	227	382*	384*	420*								
ROMANIA	1											
SPAIN	73	108	124	100F								
OCEANIA	338	564	634	708	2	4	4	4	4	7	7	7
AUSTRALIA	338	564	634	708								
NEW ZEALAND					1	3F	3F	3F				
PAPUA N GUIN									4	7	7*	7F
SAMOA					1	1F	1F	1F				
USSR	2569											

生産量：1000 MT

LIVESTOCK NUMBERS AND PRODUCTS

ÉLEVAGE ET PRODUITS DE L'ÉLEVAGE

GANADERÍA Y PRODUCTOS PECUARIOS

家畜頭羽数および畜産物

أعداد الثروة الحيوانية ومنتجاتها

表 88

　　　　　　　　　　　　馬　　　　　　　　　　　らば　　　　　　　　　　ろば

1000頭

	1989-91	1998	1999	2000	1989-91	1998	1999	2000	1989-91	1998	1999	2000
WORLD	60508	58532	58930	58808	14844	13520	13614	13571	43128	43238	43472	43398
AFRICA	4545	4829	4853	4850	1341	1351	1353	1355	13674	15174	15181	15254
ALGERIA	83	55F	55F	55F	101	70F	71F	72F	307	200F	200F	202F
ANGOLA	1	1F	1F	1F					4	5F	5F	5F
BENIN	6	6F	6F	6F					1	1F	1F	1F
BOTSWANA	33	32F	33F	33F	2	3F	3F	3F	170	320F	325F	330F
BURKINA FASO	22	24	24	24F					411	482	491	491F
CAMEROON	14	16F	17F	17F					35	37F	37F	38F
CAPE VERDE	1				2	2F	2F	2F	12	14F	14F	14F
CHAD	196	194	198	198F					264	347	350	350F
COMOROS									4	5F	5F	5F
DJIBOUTI									8	9F	9F	9F
EGYPT	18	45F	46F	46F	1	1F	1F	1F	2356	2995F	3000F	3050F
ETHIOPIA PDR	2650				590				5000			
ETHIOPIA		2750F	2750F	2750F		630F	630F	630F		5200F	5200F	5200F
GAMBIA	16	17F	17F	17F					36	34F	35F	35F
GHANA	1	2F	2F	2F					11	13F	13F	13F
GUINEA	2	3F	3F	3F					1	2F	2F	2F
GUINEABISSAU	2	2F	2F	2F					5	5F	5F	5F
KENYA	2	2F	2F	2F								
LESOTHO	100	95F	98F	100F	1	1F	1F	1F	152	150F	152F	154F
LIBYA	22	44F	45F	46F					58	28F	29F	30F
MALAWI									2	2F	2F	2F
MALI	72	136F	136F	136F					561	652F	652F	652F
MAURITANIA	17	20F	20F	20F					151	156F	157F	157F
MOROCCO	190	147	150F	150F	522	524	524F	524F	917	980	980F	980F
MOZAMBIQUE									20	22F	23F	23F
NAMIBIA	50	53	66	62F	6	7F	7F	7F	68	69F	70F	68F
NIGER	83	102*	100F	100F					431	568*	530F	530F
NIGERIA	208	204F	204F	204F					932	1000F	1000F	1000F
SENEGAL	419	508F	510F	510F					311	380F	384F	384F
SOMALIA	1	1F	1F	1F	22	18F	18F	19F	24	19F	19F	20F
SOUTH AFRICA	230	260F	258F	255F	14	14F	14F	14F	210	210F	210F	210F
SUDAN	22	25F	26F	26F	1	1F	1F	1F	675	720F	730F	740F
SWAZILAND	1	1F	1F	1F					12	15F	15F	15F
TANZANIA									174	178F	179F	180F
TOGO	2	2F	2F	2F					4	3F	3F	3F
TUNISIA	55	56F	56F	56F	78	81F	81F	81F	226	230F	230F	230F
UGANDA									17	18F	18F	18F
ZAMBIA									2	2F	2F	2F
ZIMBABWE	24	25F	26F	26F	1	1F	1F	1F	103	105F	106F	107F
N C AMERICA	14048	14089	14176	14196	3664	3749	3753	3755	3688	3750	3751	3756
ANTIGUA BARB	1								2	1F	1F	1F
BARBADOS	1	1F	1F	1F	2	2F	2F	2F	2	2F	2F	2F
BELIZE	5	5F	5F	5F	4	4F	4F	4F				
BERMUDA	1	1F	1F	1F								
CANADA	416	380F	380F	385F	4	4F	4F	4F				
COSTA RICA	114	115F	115F	115F	5	5F	5F	5F	7	8F	8F	8F
CUBA	620	434	450F	450F	31	24	25F	25F	5	6	6F	6F
DOMINICAN RP	315	330F	330F	330F	133	135F	138F	138F	143	145F	145F	145F
EL SALVADOR	94	96F	96F	96F	23	24F	24F	24F	3	3F	3F	3F
GRENADA									1	1F	1F	1F
GUADELOUPE	1	1F	1F	1F								
GUATEMALA	113	118F	119F	120F	38	38F	39F	39F	9	10F	10F	10F
HAITI	432	490F	490F	500F	83	80F	80F	82F	215	210F	210F	215F
HONDURAS	171	177F	178F	179F	69	69F	70F	70F	22	23F	23F	23F
JAMAICA	4	4F	4F	4F	10	10F	10F	10F	23	23F	23F	23F
MARTINIQUE	2	2F	2F	2F								
MEXICO	6172	6250F	6250F	6250F	3180	3270F	3270F	3270F	3187	3250F	3250F	3250F
NETHANTILLES									3	3F	3F	3F
NICARAGUA	250	245F	245F	245F	45	46F	46F	46F	8	9F	9F	9F
PANAMA	151	165F	166F	166F	4	4F	4F	4F				
PUERTO RICO	22	24F	24F	24F	3	3F	3F	3F	2	2F	2F	2F
ST LUCIA	1	1F	1F	1F	1	1F	1F	1F	1	1F	1F	1F
ST VINCENT									1	1F	1F	1F
TRINIDAD TOB	1	1F	1F	1F	2	2F	2F	2F	2	2F	2F	2F
USA	5160	5250	5317	5320F	28	28F	28F	28F	53	52F	52F	52F
SOUTHAMERICA	14743	15128	15522	15537	3349	2620	2748	2763	4016	3954	3997	4012
ARGENTINA	3333	3300F	3600F	3600F	171	175F	180F	180F	90	90F	95F	95F

表 88

	馬				らば				ろば			

1000頭

	1989-91	1998	1999	2000	1989-91	1998	1999	2000	1989-91	1998	1999	2000
BOLIVIA	320	322F	322F	322F	80	81F	81F	81F	630	631F	631F	631F
BRAZIL	6152	5867	5900F	5900F	2026	1292	1400F	1400F	1343	1233	1250F	1250F
CHILE	517	600F	600F	600F	10	10F	10F	10F	28	28F	28F	28F
COLOMBIA	1976	2450F	2500F	2500F	619	590F	595F	595F	704	710F	715F	715F
ECUADOR	489	520F	521F	521F	132	157F	157F	157F	251	268F	269F	269F
FALKLAND IS	2	1	1F	1F								
GUYANA	2	2F	2F	2F					1	1F	1F	1F
PARAGUAY	330	400F	400F	400F	14	14F	14F	14F	31	32F	32F	32F
PERU	660	665F	675F	690F	221	224F	235F	250F	497	520F	535F	550F
URUGUAY	466	500F	500F	500F	4	4F	4F	4F	1	1F	1F	1F
VENEZUELA	495	500F	500F	500F	72	72F	72F	72F	440	440F	440F	440F
ASIA (FMR)	16471	15023	15274	15291	6126	5527	5489	5426	20407	19219	19418	19262
ASIA		16731	16900	16880		5528	5489	5426		19516	19714	19560
AFGHANISTAN	362	100F	104	104F	26	28F	30F	30F	633	860*	920	920F
ARMENIA		13	12	12						3F	3F	3F
AZERBAIJAN		53	56	61						31	33	36
BHUTAN	26	30F	30F	30F	9	10F	10F	10F	18	18F	18F	18F
CAMBODIA	17	23F	25F	25F								
CHINA	10338	8914	8983	8916	5417	4806	4739	4673	11129	9528	9558	9348
CYPRUS	1	1F	1F	1F	2	2F	2F	2F	5	5F	5F	5F
GEORGIA		28	30	30F						3F	3F	3F
INDIA	960	990F	990F	990F	187	200F	200F	200F	960	1000F	1000F	1000F
INDONESIA	687	567	579	579F								
IRAN	261	130F	120F	150F	136	137*	173*	175F	1911	1400*	1554*	1600F
IRAQ	56	48F	46F	47F	21	13F	11F	11F	412	385F	375F	380F
ISRAEL	4	4F	4F	4F	2	2F	2F	2F	5	5F	5F	5F
JAPAN	23	28F	22F	22F								
JORDAN	4	4F	4F	4F	3	3F	3F	3F	19	18F	18F	18F
KAZAKHSTAN		1083	986	942						29F	29F	29F
KOREA D P RP	44	44F	45F	45F								
KOREA REP	5	8	8	8F								
KUWAIT	2	1F	1F	1F								
KYRGYZSTAN		320F	325F	328F						8F	8F	8F
LAOS	41	27F	28F	28F								
LEBANON	8	6F	6F	6F	7	6F	6F	6F	19	25F	25F	25F
MALAYSIA	5	5F	5F	5F								
MONGOLIA	2188	2893	3059	3080F								
MYANMAR	119	120F	120F	120F	8	8F	8F	8F				
OMAN									25	28F	28F	29F
PAKISTAN	368	327	327F	327F	73	151	151F	151F	3421	4500	4500F	4500F
PHILIPPINES	203	230F	230F	230F								
QATAR	1	4F	4F	4F								
SAUDI ARABIA	3	3F	3F	3F					104	100F	100F	100F
SRI LANKA	2	2F	2F	2F								
SYRIA	41	28F	29F	30F	26	19F	19F	20F	169	195F	196F	198F
TAJIKISTAN		45F	46F	46F						33F	32F	32F
THAILAND	19	15F	16F	16F								
TURKEY	538	345	330	330F	207	142	133	133F	1063	640	603	603F
TURKMENISTAN		16F	16F	16F						25F	25F	25F
UZBEKISTAN		150F	155F	155F						165F	165F	165F
VIET NAM	139	123	150	180F								
YEMEN	3	3F	3F	3F					500	500F	500F	500F
EUROPE (FMR)	4310	4219	4186	4133	363	272	271	272	1030	787	772	759
EUROPE		7374	7102	6968		272	271	272		835	819	806
ALBANIA	57	65	65F	65F	20	25F	25F	25F	103	113F	113F	113F
AUSTRIA	47	74	75	75F								
BELARUS		233	229	221						9F	9F	9F
BEL-LUX	66	67F	67F	67F								
BOSNIA HERZG		19	20F	20F								
BULGARIA	119	126	133	141	22	17	16F	16F	329	225	221	208
CROATIA		16	13	11						4F	4F	4F
CZECHOSLOVAK	41											
CZECH REP		20	23	24								
DENMARK	35	38	40	40F								
ESTONIA		4	4	4								
FINLAND	43	56	56	56F								
FRANCE	303	347	348	349	13	14	14	15	21	17F	16F	16F
GERMANY	484	600	524	476								
GREECE	49	32	33F	33F	65	37	37F	37F	137	78	78F	78F
HUNGARY	76	72	70	65F					4	4F	4F	4F
ICELAND	72	78	77	77F								

表 88

	馬				らば				ろば			
					1000頭							
	1989-91	1998	1999	2000	1989-91	1998	1999	2000	1989-91	1998	1999	2000
IRELAND	52	50F	76	70	1	1F	1F	1F	13	10F	10F	10F
ITALY	272	290F	288F	280F	41	11F	10F	10F	69	23F	23F	23F
LATVIA		23	19	19								
LITHUANIA		78	75	75F								
MACEDONIA		60	60	60F								
MALTA	1	1F	1F	1F					1	1F	1F	1F
MOLDOVA REP		66	68F	68F						2F	2F	2F
NETHERLANDS	71	114	116	116F								
NORWAY	19	26	26F	26F								
POLAND	951	561	567F	570F								
PORTUGAL	26	24F	20F	20F	80	50F	50F	50F	170	140F	130F	130F
ROMANIA	678	822	839	842F					35	31F	31F	31F
RUSSIAN FED		2013	1800	1750F						25F	25F	25F
SLOVAKIA		10	10F	10F								
SLOVENIA		10	10F	10F								
SPAIN	247	248	248	248F	117	117	117	117	127	140	140	140F
SWEDEN	64	87F	87F	87F								
SWITZERLAND	47	46F	46F	45F					2	2F	2F	2F
UK	169	173F	173F	173F								
UKRAINE		737	721	698						13F	12F	12F
YUGOSLAV SFR	319				4				20			
YUGOSLAVIA		86	76	76F								
OCEANIA	478	382	377	377					9	9	9	9
AUSTRALIA	312	220F	220F	220F					2	2F	2F	2F
FIJI ISLANDS	42	44F	44F	44F								
FR POLYNESIA	2	2F	2F	2F								
NEWCALEDONIA	11	12F	12F	12F								
NEW ZEALAND	94	85F	80F	80F								
PAPUA N GUIN	1	2F	2F	2F								
SAMOA	3	3F	3F	3F					7	7F	7F	7F
TONGA	8	11F	11F	11F								
VANUATU	3	3F	3F	3F								
USSR	5915				1				303			

表 89

牛　　　　　　　　　　　水牛　　　　　　　　らくだ

1000頭

	1989-91	1998	1999	2000	1989-91	1998	1999	2000	1989-91	1998	1999	2000
WORLD	1293837	1338775	1340498	1350130	147969	160709	162599	164968	18775	19168	19176	18229
AFRICA	187225	223108	225447	227416	2813	3149	3180	3200	14188	14572	14575	13622
ALGERIA	1366	1317	1650	1650F					123	150F	150F	151F
ANGOLA	3117	3898*	3900*	4042*								
BENIN	1037	1345	1438	1438F								
BOTSWANA	2694	2250F	2300F	2350F								
BURKINA FASO	3938	4612	4704	4704F					12	14	14	14F
BURUNDI	431	346	329	320F								
CAMEROON	4703	5900F	5900F	5900F								
CAPE VERDE	18	22F	22	22								
CENT AFR REP	2529	2992*	2951	2950F								
CHAD	4298	5582	5595F	5595F					549	695F	715F	715F
COMOROS	45	50*	51F	52F								
CONGO, DEM R	1466	881	853	822								
CONGO, REP	65	72	70F	77F								
CÔTE DIVOIRE	1101	1330F	1350F	1350F								
DJIBOUTI	188	268F	269F	269F					59	66F	66F	67F
EGYPT	2771	3217	3150F	3180F	2813	3149	3180F	3200F	136	113F	116F	120F
EQ GUINEA	5	5F	5F	5F								
ETHIOPIA PDR	29633								1050			
ERITREA		2026*	2100F	1800F						74F	75F	73F
ETHIOPIA		35372	35095	35000F						1040F	1050F	1060F
GABON	31	34F	35F	36F								
GAMBIA	330	360F	370F	370F								
GHANA	1159	1273	1285F	1285F								
GUINEA	1491	2337	2368	2368F								
GUINEABISSAU	412	520F	530F	530F								
KENYA	13442	13002*	13392*	13794*					850	890F	870F	850F
LESOTHO	550	496	510F	520F								
LIBERIA	38	36F	36	36F								
LIBYA	238	180F	190F	143F					135	60F	70F	71F
MADAGASCAR	10254	10342	10353	10364								
MALAWI	862	740F	750F	760F								
MALI	4842	6058	6200F	6200F					231	292	292F	292F
MAURITANIA	1350	1394	1433	1435F					950	1185	1206	121F
MAURITIUS	33	25*	27*	29*								
MOROCCO	3284	2569	2560	2675					33	36F	36F	36F
MOZAMBIQUE	1373	1300F	1310F	1320F								
NAMIBIA	2104	2192	2294	2063								
NIGER	1712	2131	2174	2217*					360	398	404	410*
NIGERIA	13974	19700F	19830	19830F					18	18F	18F	18F
RÉUNION	20	27F	27F	27F								
RWANDA	592	650F	726	725F								
ST HELENA	1	1F	1F	1F								
SAO TOME PRN	4	4F	4F	4F								
SENEGAL	2616	2955F	2960F	2960F					6	8F	8F	8F
SEYCHELLES	2	1F	1F	1F								
SIERRA LEONE	333	410F	420F	420F								
SOMALIA	4100	5300F	5000F	5100F					6600	6100F	6000F	6100F
SOUTH AFRICA	13433	13772	13565	13700*								
SUDAN	21080	34584	35825	37093					2743	3100F	3150F	3180F
SWAZILAND	712	660	602	610F								
TANZANIA	13047	14302*	14350F	14380F								
TOGO	247	223	215F	215F								
TUNISIA	626	770F	780F	790F					233	231F	231F	231F
UGANDA	4817	5651	5820	5966								
ZAMBIA	2845	2176*	2273*	2373*								
ZIMBABWE	5867	5450	5500F	5550F								
N C AMERICA	160072	163169	161187	160454	7	5	5	5				
ANTIGUA BARB	16	16F	16F	16F								
BAHAMAS	1	1F	1	1F								
BARBADOS	29	23F	23F	23F								
BELIZE	51	58F	59F	59F								
BERMUDA	1	1F	1F	1F								
BR VIRGIN IS	2	2F	2F	2F								
CANADA	11165	13215	12902	12786								
CAYMAN IS	2	1F	1F	1F								
COSTA RICA	2181	1527*	1617*	1715								
CUBA	4822	4644	4406	4700F								
DOMINICA	14	13F	13F	13F								
DOMINICAN RP	2283	2528	1904	1904								

表 89

	牛				水牛				らくだ			
					1000頭							
	1989-91	1998	1999	2000	1989-91	1998	1999	2000	1989-91	1998	1999	2000
EL SALVADOR	1213	1038	1141	1212								
GRENADA	4	4F	4F	4F								
GUADELOUPE	70	80F	80F	80F								
GUATEMALA	2055	2330*	2300F	2300F								
HAITI	1067	1300	1300F	1430								
HONDURAS	2412	2200	2061	1950F								
JAMAICA	382	400F	400F	400F								
MARTINIQUE	37	30F	30F	30F								
MEXICO	32194	30500	30293	30293F								
MONTSERRAT	9	10F	10F	10F								
NETHANTILLES	1	1F	1F	1F								
NICARAGUA	1667	1668*	1693*	1660*								
PANAMA	1401	1382	1360	1360								
PUERTO RICO	595	388F	388F	388F								
ST KITTS NEV	4	4F	4F	4F								
ST LUCIA	12	12F	12F	12F								
ST VINCENT	6	6F	6F	6F								
TRINIDAD TOB	52	34F	35F	35F	7	5F	5F	5F				
US VIRGIN IS	8	8F	8F	8F								
USA	96316	99744	99115	98048								
SOUTHAMERICA	272856	299922	301478	306126	1372	1018	1101	1151				
ARGENTINA	52633	54600	55000F	55000F								
BOLIVIA	5542	6387	6556	6725								
BRAZIL	147797	163154	163470	167471	1371	1017	1100F	1150F				
CHILE	3402	4160	4134	4068								
COLOMBIA	24383	25764	25614	26000F								
ECUADOR	4351	5076	5106	5110								
FALKLAND IS	5	4	4F	4F								
FR GUIANA	15	9F	9F	9F								
GUYANA	168	220F	220F	220F								
PARAGUAY	7985	9833*	9863*	9910*								
PERU	4126	4657	4903	4903F								
SURINAME	91	100	102	106	1	1	1F	1F				
URUGUAY	9046	10297	10504	10800*								
VENEZUELA	13311	15661	15992	15800F								
ASIA (FMR)	400664	444574	450172	457215	143205	156009	157779	160068	4311	4326	4334	4340
ASIA		460303	465613	472852		156328	158093	160383		4584	4589	4595
AFGHANISTAN	1600	3173*	3478	3478F					217	265*	290	290F
ARMENIA		466	469	479								
AZERBAIJAN		1843	1910	1945		293	290F	290F				
BAHRAIN	13	13	13F	11					1	1F	1F	1F
BANGLADESH	23173	23400	23652F	23652F	771	820	828F	828F				
BHUTAN	402	435F	435F	435F	4	4F	4F	4F				
BRUNEI DARSM	2	2	2F	2F	4	6	6F	6F				
CAMBODIA	2178	2860F	2900F	3000F	743	695F	700F	710F				
CHINA	79284	99407	101875	104582	21412	22557	22677	22599	470	350	335	330
CYPRUS	50	62	56	56F								
GAZA STRIP	3	3F	3F	3F					1	1F	1F	1F
GEORGIA		1027	1051	1122		16F	16F	16F				
INDIA	202607	212121*	214877*	218800*	80577	90909*	92090*	93772*	1018	1030F	1030F	1030F
INDONESIA	10391	11634	12102	12102F	3290	2829	2859	2859F				
IRAN	7382	8785	8047	8100F	439	474	474	500F	139	143	145F	145F
IRAQ	1366	1320F	1325F	1350F	135	64F	64F	65F	43	8F	8F	8F
ISRAEL	340	388	388	388F					5	5F	5F	5F
JAPAN	4772	4708	4658	4588*								
JORDAN	38	56	57	57F					18	18F	18F	18F
KAZAKHSTAN		4307	3958	3998		9F	9F	9F		97	96	96
KOREA D P RP	986	565	580F	600F								
KOREA REP	2149	2922	2486	2486F								
KUWAIT	14	18	20F	20F					5	9F	9F	9F
KYRGYZSTAN		885	911	932						47F	47F	47F
LAOS	853	1127	944	987*	1066	1093	992	1007*				
LEBANON	65	80	76	77F					1	1F	1F	1F
MALAYSIA	677	714	723	723F	206	160	155	155F				
MONGOLIA	2694	3613	3726	3500F					550	355	357	360F
MYANMAR	9280	10493	10740	10964	2051	2337	2391	2441				
NEPAL	6274	7049	7031	7031F	3020	3419	3471	3500F				
OMAN	137	147F	148F	149F					87	96F	97F	98F
PAKISTAN	17677	21192	21600	22000	17377	21422	22000	22700	1035	1200	1200F	1200F
PHILIPPINES	1664	2395	2437	2553	2751	3013	3006	3018				
QATAR	10	14	15	14F					28	47F	49F	50F

表 89

	牛				水牛				らくだ			
					1000頭							
	1989-91	1998	1999	2000	1989-91	1998	1999	2000	1989-91	1998	1999	2000
SAUDI ARABIA	195	294	297	297F					406	415	400F	400F
SRI LANKA	1690	1599	1617	1617F	917	721	728	728F				
SYRIA	786	932	977	920F	1	2	3	3F	4	8F	8F	8F
TAJIKISTAN		1050	1037	1042						45F	43F	43F
THAILAND	5513	6507*	6394*	6100F	5152	2340F	2200F	2100F				
TURKEY	12037	11185	11031	11031F	428	194	176	176F	2	1	1	1F
TURKMENISTAN		950F	880F	850F						42F	41F	41F
UNTD ARAB EM	49	98	106	110F					113	190F	195F	200F
UZBEKISTAN		5200	5225	5268						27F	28F	28F
VIET NAM	3151	3987	4064	4137*	2861	2951	2956	2897				
YEMEN	1154	1263	1282	1283					170	183	185	185F
EUROPE (FMR)	123383	104341	103465	101911	159	191	204	213				
EUROPE		155790	150469	146341		208	220	229		11	12	12
ALBANIA	657	705	720	720F	2							
AUSTRIA	2546	2198	2172*	2150*								
BELARUS		4801	4686	4326								
BEL-LUX	3264	3184	3186	3085								
BOSNIA HERZG		426*	443*	462*		1F	1F	1F				
BULGARIA	1548	612	671	682	24	11	10	9				
CROATIA		443	439	427								
CZECHOSLOVAK	5042											
CZECH REP		1701	1657	1574								
DENMARK	2227	1977	1887	1850								
ESTONIA		326	308	286								
FAEROE IS	2	2F	2F	2F								
FINLAND	1352	1101	1087	1087F								
FRANCE	21407	20023	20265	20527								
GERMANY	20048	15227	14942	14658								
GREECE	651	596	577	590	1	1F	1F	1F				
HUNGARY	1619	871	873	857								
ICELAND	75	76	75	72								
IRELAND	5923	6992	7093	6708								
ITALY	8541	7166	7150	7184*	104	162	170	173*				
LATVIA		477	434	378								
LIECHTENSTEN	6	6F	6F	6F								
LITHUANIA		1016	923	898								
MACEDONIA		298	290	290F		1	1	1F				
MALTA	21	19F	20F	19								
MOLDOVA REP		551	452	416								
NETHERLANDS	4920	4283	4206	4200*								
NORWAY	959	1036	1042	1042F								
POLAND	9875	6955	6555	6083								
PORTUGAL	1355	1285*	1267*	1245*								
ROMANIA	6029	3235	3143	3155								
RUSSIAN FED		31520	28480	27500		17	16	16F		11F	12F	12F
SLOVAKIA		803	705	665								
SLOVENIA		446	453	471								
SPAIN	5125	5884	5965	6203								
SWEDEN	1704	1739	1713	1713F								
SWITZERLAND	1845	1641	1609	1600								
UK	11980	11519	11423	11133								
UKRAINE		12759	11722	10627								
YUGOSLAV SFR	4659				28							
YUGOSLAVIA		1894	1831	1452		16	21	29				
OCEANIA	31759	36484	36304	36943								
AUSTRALIA	23086	26852	26578	26716								
FIJI ISLANDS	274	345	350F	350F								
FR POLYNESIA	8	9F	10F	10F								
MICRONESIA		14F	14F	14F								
NEWCALEDONIA	122	122F	123F	123F								
NEW ZEALAND	7987	8873	8960	9457*								
PACIFIC IS	13											
PAPUA N GUIN	99	86F	87F	87F								
SAMOA	24	26F	26F	26F								
SOLOMON IS	11	10F	10F	12F								
TONGA	11	9F	9F	9F								
VANUATU	124	151F	151F	152F								
USSR	117877				412				275			

表 90

	豚				羊				山羊			
						1000頭						
	1989-91	1998	1999	2000	1989-91	1998	1999	2000	1989-91	1998	1999	2000
WORLD	857672	880425	903889	908104	1196098	1055176	1055906	1057908	580366	697966	711287	720008
AFRICA	16345	19482	19423	18777	205530	240746	242192	241073	172619	207843	208865	209346
ALGERIA	5	6F	6F	6F	17301	17700	18200	18200F	2454	3200	3400	3400F
ANGOLA	802	810F	800F	800F	240	305*	336*	350*	1517	1861*	2000*	2150*
BENIN	479	470	470F	470F	869	634	645	645F	1017	1087	1183	1183F
BOTSWANA	16	2F	5F	6F	317	300F	320F	350F	2097	2100F	2150F	2200F
BURKINA FASO	507	598	610	610F	5048	6393	6585	6585F	6541	8151	8395	8395F
BURUNDI	92	73	61	50F	352	163	165F	120F	892	659	594	550F
CAMEROON	1344	1425F	1430F	1430F	3407	3860F	3880F	3880F	3428	3840F	3850F	3850F
CAPE VERDE	104	636F	640F	640F	6	10F	9	8	114	115F	112	110
CENT AFR REP	434	622*	649*	650F	134	201*	211*	210F	1351	2339*	2473*	2600F
CHAD	14	20F	21F	21F	1926	2432	2500F	2500F	2838	4939	5050F	5050F
COMOROS					14	19*	20F	20F	122	141*	140F	140F
CONGO, DEM R	1034	1154	1100	1049	930	954	939	925	3759	4675	4197	4131
CONGO, REP	45	44F	45F	46F	104	114	115F	116F	281	280F	280F	285F
CÔTE DIVOIRE	361	275F	280F	280F	1137	1370F	1393F	1393F	890	1070F	1090F	1090F
DJIBOUTI					433	463F	465F	465F	502	511F	512F	513F
EGYPT	24	29F	29F	30F	3310	4352	5400F	4450F	2407	3261	3261F	3300F
EQ GUINEA	5	5F	5F	5F	35	36F	36F	36F	8	8F	8F	8F
ETHIOPIA PDR	19				23320				17733			
ERITREA						1560F	1570F	1540F		1650F	1700F	1500F
ETHIOPIA		24F	25F	24F		21900F	22000F	21000F		16900F	16950F	16800F
GABON	169	211F	212F	213F	161	191F	195F	198F	80	89F	90F	91F
GAMBIA	14	14F	14F	14F	127	190F	195F	195F	182	265F	270F	270F
GHANA	495	352	350F	350F	2199	2516	2565F	2565F	2192	2739	2800F	2800F
GUINEA	24	53	54	54F	429	669	687	687F	519	820	864	864F
GUINEABISSAU	290	340F	345F	345F	239	280F	285F	285F	212	315F	325F	325F
KENYA	125	230F	200F	170F	9241	8000F	7500F	7000F	9964	10600F	10200F	9600F
LESOTHO	62	60F	63F	65F	1450	696	720F	750F	880	546	560F	580F
LIBERIA	123	120F	120F	120F	222	210F	210F	210F	230	220F	220F	220F
LIBYA					5100	6800F	5000F	5100F	1100	2000F	1800F	1900F
MADAGASCAR	1431	1650F	1500F	900F	737	780F	790F	800F	1256	1350F	1360F	1370F
MALAWI	236	220F	230F	240F	151	105F	110F	115F	855	1250F	1260F	1270F
MALI	56	65	65F	65F	6072	5975	6000F	6000F	6072	8525	8550F	8550F
MAURITANIA					5067	6200F	6200F	6200F	3400	4135F	4140F	4140F
MAURITIUS	12	20*	20*	20*	7	7F	7F	7F	95	92F	93F	94F
MOROCCO	9	8	8F	8F	13528	14784	16576	17300	5059	4959	5114	5120
MOZAMBIQUE	167	176F	178F	180F	120	123F	124F	125F	382	388F	390F	392F
NAMIBIA	18	15	19	17F	3289	2086	2174	2100F	1875	1710	1732	1650F
NIGER	37	39F	39F	39F	3100	4140*	4266	4300F	4974	6307*	6560	6600F
NIGERIA	3319	4667F	4855F	4855F	12477	20000F	20500F	20500F	23428	23700F	24300F	24300F
RÉUNION	88	89F	89F	89F	2	2F	2F	2F	31	38F	38F	38F
RWANDA	125	149F	160	160F	392	279F	290*	320F	1098	698F*	634	700F
ST HELENA	1	1F	1F	1F	1	1F	1F	1F	1	1F	1F	1F
SAO TOME PRN	3	2F	2F	2F	2	3F	3F	3F	4	5F	5F	5F
SENEGAL	295	330F	330F	330F	3464	4300F	4300F	4300F	2528	3595F	3595F	3595F
SEYCHELLES	18	18F	18F	18F					5	5F	5F	5F
SIERRA LEONE	50	50F	52	52F	271	358F	365F	365F	149	195F	200F	200F
SOMALIA	9	4F	4F	4F	12783	13500F	13000F	13100F	17600	12500F	12000F	12300F
SOUTH AFRICA	1532	1641	1531	1535F	32060	29345	28680	28700F	6100	6558	6457	6500F
SUDAN					21304	42363	42500F	42800F	16257	37346	37500F	37800F
SWAZILAND	23	30F	31F	33F	24	27F	20F	30F	309	435F	438F	440F
TANZANIA	320	340F	345F	350F	3551	4100F	4150F	4200F	8534	9850F	9900F	9950F
TOGO	617	850F	850F	850F	1164	740	740F	740F	1760	1110	1110F	1110F
TUNISIA	6	6F	6F	6F	5935	6600F	6600F	6600F	1259	1300F	1350F	1400F
UGANDA	797	950F	960F	970F	1350	1960F	1970F	1980F	3102	3600F	3650F	3700F
ZAMBIA	296	320*	324F	330*	59	99*	120*	140*	532	890*	1069*	1249*
ZIMBABWE	296	270	272F	275F	544	520	525F	530F	2484	2750	2770F	2790F
N C AMERICA	87397	98506	95804	93157	18899	15813	15140	15179	14943	13768	13848	14111
ANTIGUA BARB	2	2F	2F	2F	13	12F	12F	12F	12	12F	12F	12F
ARUBA	1				1				1			
BAHAMAS	5	5F	6	6F	7	6F	6	6F	14	16F	14	15F
BARBADOS	29	33F	33F	33F	40	41F	41F	41F	4	5F	5F	5F
BELIZE	26	23F	24F	24F	4	3F	3F	3F	1	1F	1F	1F
BERMUDA	1	1F	1F	1F					1			
BR VIRGIN IS	2	2F	2F	2F	6	6F	6F	6F	10	10F	10F	10F
CANADA	10505	11985	12409	12242	595	613	649	695	27	29F	30F	30F
COSTA RICA	270	360F	390F	390F	3	3F	3F	3F	2	2F	2F	2F
CUBA	2567	2400F	2500F	2800F	385	310F	310F	310F	110	162	208	140F
DOMINICA	4	5F	5F	5F	7	8F	8F	8F	10	10F	10F	10F
DOMINICAN RP	543	960	540	539	115	135	105	105	549	300F	163	170F

表 90

	豚				羊				山羊			
							1000頭					
	1989-91	1998	1999	2000	1989-91	1998	1999	2000	1989-91	1998	1999	2000
EL SALVADOR	305	3120	248	300	5	5F	5F	5F	15	15F	15F	15F
GREENLAND					21	22F	22F	22F				
GRENADA	3	5F	5F	5F	12	13F	13F	13F	10	7F	7F	7F
GUADELOUPE	28	15F	15F	15F	4	4F	4F	4F	67	63F	63F	63F
GUATEMALA	602	826	825F	825F	432	551F	551F	551F	102	109F	109F	110F
HAITI	330	800	800F	1000	120	138	138F	152	1109	1618*	1619F	1942
HONDURAS	589	700F	798F	800F	10	14F	14F	14F	27	29F	30F	30F
JAMAICA	192	180F	180F	180F	2	2F	1F	1F	440	440F	440F	440F
MARTINIQUE	39	33F	33F	33F	46	42F	42F	42F	27	22F	22F	22F
MEXICO	15715	14994	13855	13690*	5862	5990F	5900F	5900F	10404	9381*	9600F	9600F
MONTSERRAT	1	1F	1F	1F	4	5F	5F	5F	7	7F	7F	7F
NETHANTILLES	3	2F	2F	2F	6	7F	7F	7F	14	13F	13F	13F
NICARAGUA	565	400F	400F	400F	4	4F	4F	4F	6	6F	6F	7F
PANAMA	228	252	278	280					5	5F	5F	5
PUERTO RICO	204	175F	175F	175F	7	8F	8F	8F	20	13F	13F	13F
ST KITTS NEV	2	3F	3	3F	14	6F	7F	7F	10	14F	14F	15F
ST LUCIA	12	15F	15F	15F	15	13F	13F	13F	12	10F	10F	10F
ST VINCENT	10	9F	9F	10F	13	13F	13F	13F	6	6F	6F	6F
TRINIDAD TOB	53	40F	41F	41F	14	12F	12F	12F	58	59F	59F	59F
US VIRGIN IS	3	3F	3F	3F	3	3F	3F	3F	4	4F	4F	4F
USA	54557	61158	62206	59337	11128	7825	7235	7215	1860	1400	1350	1350F
SOUTHAMERICA	52463	53279	52715	53279	104460	77784	76903	76205	22179	22333	22544	22557
ARGENTINA	2533	3500F	4200F	4200F	28139	15232*	14000*	14500F	3300	4450F	4500F	4500F
BOLIVIA	2160	2637	2715	2793	7573	8409	8575	8752	1449	1496	1500F	1500F
BRAZIL	33643	30007	27425	27320	20061	14268	15000F	15000F	11912	8164	8500F	8500F
CHILE	1144	1962	2221	2465	4803	3754	4116	4144	600	740F	740F	740F
COLOMBIA	2627	2452	2765	2800F	2547	1994	2196	2200F	960	1050	1115	1120F
ECUADOR	2213	2708	2786	2870	1417	2081	2180	2130	306	280	284	284
FALKLAND IS					738	708	708F	708F				
FR GUIANA	9	11F	11F	11F	4	3F	3F	3F	1	1F	1F	1F
GUYANA	42	20F	20F	20F	129	130F	130F	130F	78	79F	79F	79F
PARAGUAY	2443	2300F	2500F	2700F	422	395	395F	413*	143	131*	132*	138F
PERU	2417	2531	2788	2788F	12484	13558	14400F	14400F	1747	2019	2068	2068F
SURINAME	29	20	25	32	9	10	11	12	10	8	10	12
URUGUAY	217	330F	360F	380F	25576	16495	14409	13032	14	15F	15F	15F
VENEZUELA	2986	4800F	4900F	4900F	558	747	781	781F	1660	3900F	3600F	3600F
ASIA (FMR)	436914	501408	523725	533786	348641	364407	372162	377825	346678	431308	443785	452227
ASIA		502914	525330	535553		398077	407033	413465		434491	446806	455247
AFGHANISTAN					14173	16350*	17690	18000F	2800	6453*	7373	7373F
ARMENIA		57	86	71		510*	535*	540*		11*	11*	11*
AZERBAIJAN		21	26	20		4896	5132	5390*		371	381	400*
BAHRAIN					20	17	17F	18F	16	16	16F	16F
BANGLADESH					871	1110	1121F	1121F	20996	33500	33800F	33800F
BHUTAN	69	75F	75F	75F	49	59F	59F	59F	35	42F	42F	42F
BRUNEI DARSM	17	5F	6F	6F					3	4	4F	4F
CAMBODIA	1601	2500F	2550F	2600F								
CHINA	360543	408425	429212	437551	112299	120956	127352	131095	95615	135116	141956	148401
CYPRUS	281	415	431	455	300	250	240	240F	206	285	322	322F
GAZA STRIP					24	24F	24F	24F	16	16F	16F	16F
GEORGIA		330	366	411		525	522	560		59	65	73
INDIA	12000	16005*	16500F	16500F	48708	57100*	57600*	57900*	113200	121362*	122530*	123000*
INDONESIA	7228	7798	9353	9353F	6008	7144	7502	7502F	11259	13560	14121	14121F
IRAN					44754	53245	53900	55000F	24635	25757	25757	26000F
IRAQ					8127	6700F	6750F	6780F	1365	1500F	1550F	1600F
ISRAEL	122	163F	163F	163F	383	350	350	350F	120	74	70	70F
JAPAN	11673	9904	9879	9880*	30	13F	12F	11F	36	29F	31F	31F
JORDAN					1660	1935	1501	1600F	625	650	631	630F
KAZAKHSTAN		879	892	1034		9693	9400*	9776*		691	669*	705*
KOREA D P RP	5793	2475	2970	2970F	496	165	185	190F	650	1508	1900	2100F
KOREA REP	4792	7544	7864	7864F	3	1	1	1F	238	539	505	505F
KUWAIT					197	421	445F	450F	29	130	135F	150F
KYRGYZSTAN		93	105	105		3220*	3309	3264		185*	227*	234*
LAOS	1397	1432	1036	1101*						120	122	94	100*
LEBANON	46	60	62F	64F	221	350	378	380F	438	450	436	445F
MALAYSIA	2577	2934	1829	1829F	212	166	175	175F	336	236	232	232F
MONGOLIA	166	21	21F	19F	14266	14166	14694	14000F	4853	10265	11062	10000F
MYANMAR	2681	3501	3715	3914	275	369	379	390	1027	1319	1353	1392
NEPAL	571	766	825	900F	903	870	855	870F	5331	6080	6205	6500F
OMAN					204	158F	160F	180F	720	726F	728F	729F
PAKISTAN					25703	23800	23900	24100	35467	44183	45800	47400
PHILIPPINES	7968	10210	10398	10398F	30	30F	30F	30	4983	6780F	6780F	6780F

表 90

	豚				羊				山羊			
	1989-91	1998	1999	2000	1989-91	1998	1999	2000	1989-91	1998	1999	2000
QATAR					126	206	212	215F	97	175	177	179F
SAUDI ARABIA					6370	7421*	7576*	7576F	3428	4350	4305	4305F
SINGAPORE	300	190F	190F	190F					1			
SRI LANKA	88	76	74	74F	25	12	12	12F	500	519	514	514F
SYRIA	1	1F	1F	1F	14571	15425	13998	14500F	991	1101	1046	1100F
TAJIKISTAN		1	1	1		1620*	1600*	1593*		602*	595*	590*
THAILAND	4766	8772*	7682*	7682F	161	41F	42*	42F	122	130*	130*	130F
TURKEY	10	5	5	5F	43195	30238	29435	29435F	11944	8376	8057	8057F
TURKMENISTAN		55F	48F	46F		5500F	5650F	5600F		370F	375F	368F
UNTD ARAB EM					255	437	467	467F	658	1128	1207	1200F
UZBEKISTAN		70	80	80		7706*	8724*	8917*		894*	698*	639*
VIET NAM	12224	18132	18886	20194					357	514	471	544
YEMEN					3682	4527	4667	4760	3253	4089	4204	4214
EUROPE (FMR)	182376	167655	171651	168064	158250	140028	137691	134283	15419	15512	15388	15339
EUROPE		200903	205394	202330		159295	153489	150479		18811	18546	18070
ALBANIA	183	83	81	81F	1645	1872	1941	1941F	1164	1051	1120F	1120F
AUSTRIA	3762	3680	3810*	3790*	284	384	361	361F	35	58	54	54F
BELARUS		3686	3698	3566		127	106	92		59	56	58
BEL-LUX	6439	7436	7632	7322	174	155*	158*	152*	9	12	12F	12F
BOSNIA HERZG		154F	155F	150F		581*	633*	662*				
BULGARIA	4219	1480	1721	1512	8226	2848	2774	2549	456	966	1048	1046
CROATIA		1166	1362	1233		427	489	528		84	78	80F
CZECHOSLOVAK	7324				1043				51			
CZECH REP		4013	4001	3688		94	86	84		35	34	32
DENMARK	9390	12004	11626	11551	164	156	143	143F				
ESTONIA		306	326	281		36	31	29				
FAEROE IS					67	68F	68F	68F				
FINLAND	1322	1401	1351	1351F	59	128	107	107F	4	7	8	8F
FRANCE	11999	14501	14635	14635	11196	10316	10240	10004	1201	1200	1199	1191
GERMANY	33350	24795	26294	27049*	3824	2302	2260	2100	84	115	125	135
GREECE	1002	938	933	906	8684	8952	8756*	9041*	5340	5878	5520	5293
HUNGARY	7996	4931	5479	5335	2050	858	909	934	18	129	149	160F
ICELAND	36	43F	43F	43F	540	490	491	465			1	
IRELAND	1125	1717	1801	1763	5523	5634	5624	5393				
ITALY	9150	8281	8225	8403*	11088	10894	10770	10970*	1253	1347	1365	1364*
LATVIA		430	421	405		29	27	27		9	10	8
LIECHTENSTEN	3	3F	3F	3F	3	3F	3F	3F				
LITHUANIA		1200	1159	936		24	16	14		19	24	25
MACEDONIA		184	197	197F		1805	1550	1600F				
MALTA	101	70F	70F	80	13	16F	16F	16F	6	9F	9F	9F
MOLDOVA REP		798	807	705		1029	1008*	974*		100	97*	95*
NETHERLANDS	13620	11438*	13418*	13140*	1663	1394	1401	1401F	58	132	153	153F
NORWAY	696	689	690	690F	2202	2399	2400F	2400F	91	82	83F	83F
POLAND	20056	19168	18538	17122	3934	453	392	362				
PORTUGAL	2531	2365	2341	2330*	5531	5800F	5850F	5850F	851	785	793*	800F
ROMANIA	12675	7097	7194	5951	15236	8938	8409	7972	1033	610	585	554
RUSSIAN FED		17348	17248	18300		16483	13413	14000*		2291	2144	1720*
SLOVAKIA		1810	1593	1562		417	326	340		27	51	51
SLOVENIA		578	592	558		72	73	73F		15	15	15F
SPAIN	16509	21562	22597	23682	23280	24857	23751	23700*	3697	2597	2600	2873*
SWEDEN	2243	2286	2115	1918	408	421	437	437F				
SWITZERLAND	1793	1487	1452	1450	392	422	424	450	68	60	62	65
UK	7519	8146	7284	6482	43493	44471	44656	42261				
UKRAINE		9479	10083	10073		1540	1198	1060		822	828	825
YUGOSLAV SFR	7335				7530							
YUGOSLAVIA		4150	4372	4087		2402	2195	1917		312	326	241
OCEANIA	4680	5341	5223	5009	222914	163461	161150	161507	1842	721	677	677
AMER SAMOA	11	11F	11F	11F								
AUSTRALIA	2617	2768	2626	2433	165046	117491	115456	115693	565	220	200F	200F
COOK IS	17	40F	40F	40F					5	3F	3F	3F
FIJI ISLANDS	88	112	115F	115F		7F	7F	7F	175	235F	235F	235F
FR POLYNESIA	33	35F	37F	37F					14	16F	17F	17F
GUAM	4	4F	4F	4F					1	1F	1F	1F
KIRIBATI	9	10F	10	12F								
MICRONESIA		32F	32F	32F						4F	4F	4F
NAURU	3	3F	3F	3F								
NEWCALEDONIA	37	40F	40F	40F	3	1F	1F	1F	17	2F	2F	2F
NEW ZEALAND	404	351	369	344*	57861	45956	45680	45800*	1026	210	186	186F
NIUE	2	2F	2F	2F								
PACIFIC IS	30								4			
PAPUA N GUIN	997	1550F	1550F	1550F	4	6F	6F	6F	2	2F	2F	2F

表 90

	豚				羊				山羊			
					1000頭							
	1989-91	1998	1999	2000	1989-91	1998	1999	2000	1989-91	1998	1999	2000
SAMOA	186	179F	179F	179F								
SOLOMON IS	53	57F	58F	59F								
TOKELAU	1	1F	1F	1F								
TONGA	94	81F	81F	81F					16	14F	14F	14F
TUVALU	12	13F	13F	13F								
VANUATU	59	62F	62F	62F					11	12F	12F	12F
WALLIS FUT I	24	25F	25F	25F					7	7F	7F	7F
USSR	77497				137404				6685			

表 91

	鶏				あひる				七面鳥			
					100万羽							
	1989-91	1998	1999	2000	1989-91	1998	1999	2000	1989-91	1998	1999	2000
WORLD	10653	13219	14031	14447	521	771	829	885	241	243	244	240
AFRICA	879	1153	1145	1156	13	16	16	17	4	6	7	7
ALGERIA	73	125	105	110F								
ANGOLA	6	7F	7F	6F								
BENIN	23	29F	23F	23F								
BOTSWANA	2	3F	3F	4F								
BURKINA FASO	17	21	22	22F								
BURUNDI	4	5	4F	4F								
CAMEROON	17	28*	31*	30*								
CAPE VERDE	1											
CENT AFR REP	3	4	4*	4F								
CHAD	4	5F	5F	5F								
CONGO, DEM R	25	23	22	22								
CONGO, REP	2	2F	2F	2F								
CÔTE DIVOIRE	24	29F	30F	30F								
EGYPT	38	86	87F	88F	7	9F	9F	9F	1	1F	2F	2F
ETHIOPIA PDR	58											
ERITREA		1*	1F	1F								
ETHIOPIA		55F	55F	56F								
GABON	2	3F	3F	3F								
GAMBIA	1	1F	1F	1F								
GHANA	10	17	18F	18F								
GUINEA	6	9	9	9F								
GUINEABISSAU	1	1F	1F	1F								
KENYA	25	29F	28F	27F								
LESOTHO	1	2F	2F	2F								
LIBERIA	4	4F	4F	4F								
LIBYA	16	24F	25F	25F								
MADAGASCAR	13	18F	19F	20F	2	4F	4F	4F	1	2F	2F	2F
MALAWI	12	15F	15F	15F								
MALI	22	25	25F	25F								
MAURITANIA	4	4F	4F	4F								
MAURITIUS	2	4F	4F	4F								
MOROCCO	71	100	100F	100F								
MOZAMBIQUE	22	26F	27F	28F	1	1F	1F	1F				
NAMIBIA	2	2F	2F	2F								
NIGER	18	20F	20F	20F								
NIGERIA	122	126F	126F	126F								
RÉUNION	7	11F	11F	11F								
RWANDA	1	1*	1F	1F								
SENEGAL	20	45F	45F	45F								
SEYCHELLES		1F	1F	1F								
SIERRA LEONE	6	6F	6F	6F								
SOMALIA	3	3F	3F	3F								
SOUTH AFRICA	46	59F	60F	61F								
SUDAN	32	41F	41F	42F								
SWAZILAND	1	2F	2F	3F								
TANZANIA	21	27F	28F	28	1	1F	2F	2F				
TOGO	6	8	8F	8F								
TUNISIA	39	35F	37F	37F					1	2F	3F	3F
UGANDA	19	22	25	25F								
ZAMBIA	16	27F	28F	29F								
ZIMBABWE	12	15F	16F	16F								
N C AMERICA	1838	2483	2520	2554	14	16	16	16	99	95	94	94
BAHAMAS	2	5F	5F	5F								
BARBADOS	3	4F	4F	4F								
BELIZE	1	1F	1F	1F								
CANADA	110	140F	155F	158F	1	1F	1F	1F	5	6F	5F	5F
COSTA RICA	14	17F	17F	17								
CUBA	28	13	13	15F								
DOMINICAN RP	31	38	42	46								
EL SALVADOR	5	8F	9F	8F								
GUATEMALA	15	24F	24F	24F								
HAITI	5	5	5F	6								
HONDURAS	9	17F	18F	18F								
JAMAICA	7	10F	11F	11F								
MEXICO	240	431F	450F	476F	7	8F	8F	8F	7	3F	3F	3F
NICARAGUA	4	9F	11F	10F								
PANAMA	8	13	12	12F								
PUERTO RICO	11	12F	12F	12F								
TRINIDAD TOB	10	10F	10F	10F								

表 91

	鶏				あひる				七面鳥			
					100万羽							
	1989-91	1998	1999	2000	1989-91	1998	1999	2000	1989-91	1998	1999	2000
USA	1333	1726*	1720*	1720F	6	7F	7F	7F	87	86F	86F	86F
SOUTHAMERICA	921	1389	1615	1689	11	8	7	7	8	11	12	12
ARGENTINA	42	60F	60F	65F	2	2F	2F	2F	3	3F	3F	3F
BOLIVIA	24	78	85	74*								
BRAZIL	557	765	943F	1006F	7	4F	4F	3F	5	8F	9F	9F
CHILE	32	70F	70F	70F								
COLOMBIA	58	95F	98F	100F								
ECUADOR	52	100	130F	130F								
GUYANA	2	12F	13F	13F								
PARAGUAY	15	15F	15F	25F		1F	1F	1F				
PERU	62	80	81	81F								
SURINAME	8	2	2F	2F								
URUGUAY	8	12F	13F	13F								
VENEZUELA	60	100F	105F	110F								
ASIA (FMR)	4493	6193	6773	7100	446	671	724	779	8	13	12	12
ASIA		6258	6833	7166		671	724	779		15	14	14
AFGHANISTAN	7	7F	7F	7F								
ARMENIA		3*	3*	4*								
AZERBAIJAN		13*	13*	14*								
BAHRAIN	1											
BANGLADESH	90	138	139F	139F	13	13F	13F	13F				
BRUNEI DARSM	2	6	6F	6F								
CAMBODIA	9	13F	13F	13F	3	5F	5F	5F				
CHINA	2127	3121F	3424F	3625F	325	512F	562F	612F				
CYPRUS	3	4	4	4F								
GAZA STRIP	3	4F	4F	4F								
GEORGIA		16	8	8								
INDIA	294	375F	383F	402F								
INDONESIA	577	646	727	800F	25	26	26	26F				
IRAN	162	230F	250F	250F	2	2F	2F	2F	1	2F	2F	2F
IRAQ	63	13F	22F	23F								
ISRAEL	23	25	27	28F					2	4	5	5F
JAPAN	338	303	296	298F								
JORDAN	14	24F	25F	25F								
KAZAKHSTAN		16	15*	18*								
KOREA D P RP	21	9	10	10F	3	1	2	2F				
KOREA REP	70	85	100	97F	1	3	4	4F				
KUWAIT	17	28	29	33F								
KYRGYZSTAN		2F	2F	2F								
LAOS	8	12	11	12		1F	1	2F				
LEBANON	23	30	31F	32F								
MALAYSIA	62	115F	118F	120F	13	13F	13F	13F				
MYANMAR	24	36	40	44	4	5	6F	7F				
NEPAL	12	16F	18	18F								
OMAN	3	3F	3F	3F								
PAKISTAN	78	145F	148F	148F	3	4F	4F	4F				
PHILIPPINES	77	138	140F	142F	7	11*	11F	11F			1F	1F
QATAR	3	3	4	4F								
SAUDI ARABIA	76	130F	130F	130F								
SINGAPORE	3	2F	2F	2F	1	1F	1F	1F				
SRI LANKA	9	10	10	10F								
SYRIA	14	20	22	22F								
TAJIKISTAN		1	1	1F								
THAILAND	109	169	172F	172F	18	22F	21F	22F				
TURKEY	73	166	237	237F	1	2	1	1F	3	5	4	4F
TURKMENISTAN		4F	4F	4F								
UNTD ARAB EM	7	12F	14F	15F								
UZBEKISTAN		12*	14	14								
VIET NAM	77	126	179	196	28	50F	52F	55F				
YEMEN	16	27F	28F	28F								
EUROPE (FMR)	1311	1296	1293	1275	37	40	42	42	79	109	109	106
EUROPE		1824	1804	1763		60	65	65		114	115	112
ALBANIA	5	4	4*	4F								
AUSTRIA	14	14*	14	14F						1	1	1F
BELARUS		29*	30*	30*								1*
BEL-LUX	33	53	45F	45F								
BOSNIA HERZG		6F	4F	3*								
BULGARIA	34	14*	15*	14*					1			
CROATIA		9*	10*	11						1*	1F	1F

表 91

	鶏				あひる				七面鳥			
						100万羽						
	1989-91	1998	1999	2000	1989-91	1998	1999	2000	1989-91	1998	1999	2000
CZECHOSLOVAK	47								1			
CZECH REP		28	29F	30F						1	1	1
DENMARK	16	18	20	20								
ESTONIA		3*	3*	2							1	1F
FINLAND	6	6	6	6F								
FRANCE	198	238	241	233	16	23	24	24F	26	43	44	42
GERMANY	116	104	106	108	1	2	2	2	4	8	8	8
GREECE	27	28	28F	28F								
HUNGARY	51	31	31	26	2	2	2	2	2	2	2	2
IRELAND	9	11	12	12F					1	2*	2F	2F
ITALY	138	120	106F	100F					23	26F	25F	23F
LATVIA		4	3	3*						1*	1*	
LITHUANIA		7*	6*	6*								
MACEDONIA		4	3	3F								
MALTA	1	1F	1F	1F								
MOLDOVA REP		13*	14*	14F								
NETHERLANDS	92	99	105*	106*	1	1	1	1	1	2	1F	1F
NORWAY	4	23	23	23F								
POLAND	58	51	50	50	6	3	3	4	1		1	1
PORTUGAL	20	28F	28F	28F					5	7F	7F	7F
ROMANIA	121	67	69	72F	5	4F	4F	4F	1	1F	1F	1F
RUSSIAN FED		355	350	340F		1F	1F	1F		3F	3F	2F
SLOVAKIA		14	13	12								
SLOVENIA		7F	7F	7F								
SPAIN	111	127F	127F	128F					1	1F	1F	1F
SWEDEN	10	8	8	8F						1F	1F	1F
SWITZERLAND	6	7	7	7								
UK	124	153	154	157	2	3F	3F	3F	10	12F	12F	12F
UKRAINE		118	105	94*		19	22	22F		1	2	2*
YUGOSLAV SFR	69				2				2			
YUGOSLAVIA		26*	26*	21*		1F	1F	1F		1F	1F	1F
OCEANIA	73	111	114	119	1	1	1	1	1	1	1	1
AUSTRALIA	56	90	91	96F					1	1F	1F	1F
FIJI ISLANDS	3	4F	4F	4F								
NEWCALEDONIA			1	1F								
NEW ZEALAND	9	12	13F	13F								
PAPUA N GUIN	3	4F	4F	4F								
USSR	1138								41			

表 92

牛肉および子牛肉

	屠殺頭数：1000頭				平均枝肉重量：KG/1頭当り				産肉量：1000 MT			
	1989-91	1998	1999	2000	1989-91	1998	1999	2000	1989-91	1998	1999	2000
WORLD	255911	274642	274557	283661	207	201	204	202	53034	55078	55962	57170
AFRICA	22931	26077	26446	26867	147	142	144	146	3362	3714	3821	3910
ALGERIA	578	562	650	650	155	183	180	180	90	103	117	117F
ANGOLA	403	570	570	590	146	149	149	144	59	85F	85F	85F
BENIN	135	180	192	192	110	110	110	110	15	20	21	21F
BOTSWANA	195	194	197	200	211	193	189	190	41	37	37	38
BURKINA FASO	335	460	470	470	112	110	110	110	38	51	52	52F
BURUNDI	94	85	71	67	130	130	129	129	12	11	9	9
CAMEROON	517	640	640	640	140	140	140	140	72	90F	90F	90F
CAPE VERDE		4					138			1		
CENT AFR REP	307	350	350	360	132	146	146	167	41	51*	51F	60*
CHAD	468	595	585	585	154	139	139	139	72	83	81	81F
COMOROS	9	9*	9*	9	110	110	110	110	1	1	1	1
CONGO, DEM R	148	93	90	87	153	156	156	156	23	14	14	14
CONGO, REP	11	12	11	12	156	156	156	156	2	2	2	2
CÔTE DIVOIRE	230	280	285	285	137	137	137	137	32	38	39	39
DJIBOUTI	21	33	33	33	110	110	110	110	2	4	4	4
EGYPT	1155	1662	1667	1750	134	177	177	177	155	294	295	309F
ETHIOPIA PDR	2213				110				242			
ERITREA		145	170	145		109	108	106		16F	18F	15F
ETHIOPIA		2580	2650	2630		106	109	108		274	290	285F
GABON	7	8	8	8	132	132	132	132	1	1	1	1
GAMBIA	26	27	28	28	120	120	120	120	3	3	3	3
GHANA	174	119	120	120	115	115	115	115	20	14	14	14
GUINEA	91	142	145	145	109	109	109	109	10	15	16	16
GUINEABISSAU	30	38	38	38	110	110	110	110	3	4	4	4
KENYA	1839	1733*	1802*	1874*	131	140	140	136	242	243F	252F	255F
LESOTHO	85	80	81	85	150	150	130	130	13	12	11	11
LIBERIA	8	8	8	8	125	125	125	125	1	1	1	1
LIBYA	136	260F	90F	88	200	166	166	170	27	43F	15F	15F
MADAGASCAR	1119	1160	1160	1160	128	128	128	128	143	148	148	148
MALAWI	82	85	83	84	202	202	205	205	17	17	17	17
MALI	550	701	720	720	130	130	130	130	72	91	94	94F
MAURITANIA	126	86	87	87	140	119	118	118	18	10F	10F	10F
MAURITIUS	13	15	15	14*	153	181	203	228	2	3	3	3
MOROCCO	869	671	700	800	171	179	186	175	148	120	130	140
MOZAMBIQUE	265	252	254	254	150	150	150	150	40	38	38	38
NAMIBIA	187	170	180	178	224	226	214	222	42	38	39	40
NIGER	240	302	308	310	110	129	130	129	27	39F	40F	40F
NIGERIA	1448	1815	1825	1825	145	164	163	163	209	297	298	298F
RÉUNION	5	5	5	5	229	236	236	236	1	1F	1F	1F
RWANDA	136	150	170	170	104	104	104	104	14	16	18	18
SENEGAL	340	384	384	384	125	125	125	125	43	48	48	48
SIERRA LEONE	58	71	73	73	90	90	90	90	5	6	7	7
SOMALIA	417	560	530	540	110	110	110	110	46	62	58	59
SOUTH AFRICA	2913	2766*	2750*	2790*	225	187	201	211	655	518	553	590*
SUDAN	1607	2400	2510	2600	137	110	110	114	220	265F	276F	296F
SWAZILAND	57	70	66	68	208	206	211	210	12	14F	14F	14F
TANZANIA	1891	2070	2080	2085	103	105	107	107	195	218F	223F	224F
TOGO	42	55	54	54	125	125	125	125	5	7	7	7
TUNISIA	192	250	265	270	207	214	217	174	40	53	58	47*
UGANDA	529	620	640	645	150	150	150	150	79	93F	96F	97F
ZAMBIA	224	183	190	199	160	150	155	160	36	27	29	32
ZIMBABWE	401	369	434	450	198	200	220	225	80	74	95	101
N C AMERICA	47824	50324	51115	51075	276	295	299	304	13217	14861	15276	15502
ANTIGUA BARB	3	3	3	3	185	185	185	185	1	1F	1F	1F
BARBADOS	5	3	3	3	188	191	193	193	1	1	1F	1F
BELIZE	7	6	7	7	177	183	185	185	1	1F	1F	1F
CANADA	3377	3768	3971	3770	269	305	312	334	906	1148	1238	1260
COSTA RICA	430	325*	344*	377	207	252	219	221	89	82	75	83
CUBA	835	460	501	500	144	151	145	150	122	69	73	75F
DOMINICA		3	3	3		180	180	180		1	1	1
DOMINICAN RP	347	405	375	350	239	198	220	197	83	80	83	69
EL SALVADOR	157	206	208	210	167	165	162	162	26	34	34	34
GUADELOUPE	16	16	16	16	183	210	210	210	3	3F	3F	3F
GUATEMALA	343	305	356*	350*	181	179	132	129	62	54	47*	45*
HAITI	180	220	220	264	141	140	141	153	25	31	31F	40
HONDURAS	341	173	123*	123*	134	164	171	171	46	28	21*	21*
JAMAICA	69	63	61	62	216	225	239	237	15	14	15	15F
MARTINIQUE	13	12	12	12	193	213	213	213	3	3F	3F	3F
MEXICO	5597	6472	6492	6566	207	213	216	215	1155	1380	1401	1415

表 92

牛肉および子牛肉

	屠殺頭数：1000 頭				平均枝肉重量：KG/1 頭当り				産肉量：1000 MT			
	1989-91	1998	1999	2000	1989-91	1998	1999	2000	1989-91	1998	1999	2000
MONTSERRAT	4	4	4	4	180	180	180	180	1	1	1	1
NICARAGUA	368	317	367*	370*	138	144	130	132	51	46	48	49
PANAMA	282	339	321	303	216	187	188	190	61	64	60	57
PUERTO RICO	106	71	71	71	187	220	220	220	20	16F	16F	16F
ST LUCIA	3	3	3		182	182	182		1	1	1	
TRINIDAD TOB	8	6	6	6	173	166	169	169	1	1	1	1F
US VIRGIN IS		2	2	2		213	213	213		1F	1F	1F
USA	35325	37138	37642	37699	299	318	322	327	10544	11803	12123	12311
SOUTHAMERICA	47995	52054	52909	57224	194	207	214	208	9295	10794	11331	11895
ARGENTINA	13151	11273	12141	13300*	215	217	218	218	2828	2452	2653	2900*
BOLIVIA	756	883	908	932	176	171	171	171	132	151	155	160
BRAZIL	23567	28187*	28484*	31400*	182	206	217	206	4284	5794	6182	6460
CHILE	959	1050	1008	1038	241	244	225	244	231	256	226	253
COLOMBIA	3706	3830	3621*	3770*	192	200	200	200	713	766	724*	754*
ECUADOR	705	930	965	992	149	170	170	175	104	158	164	174
FR GUIANA	3				183				1			
GUYANA	17	20	20	20	148	145	145	145	3	3F	3F	3F
PARAGUAY	1074	1280	1370	1410	180	180	180	169	193	231*	246*	239
PERU	813	742	745	745	139	167	179	183	113	124	134	136
SURINAME	15	14	13	15	155	151	169	153	2	2	2	2
URUGUAY	1573	1948	1870	1950*	220	231	245	232	340	450	458	453
VENEZUELA	1656	1896	1761	1650*	213	214	218	218	352	406	384	360F
ASIA (FMR)	39281	67716	69442	71203	135	141	141	141	5291	9542	9761	10045
ASIA		74188	75594	77724		143	143	143		10591	10811	11109
AFGHANISTAN	507	952	1040	1040	162	180	180	180	81	171F	187F	187F
ARMENIA		249F	229F	233F		140	140	135		35	32	32*
AZERBAIJAN		444F	458F	470F		113	113	113		50	52	53
BAHRAIN	6	8	7	7	100	101	101	100	1	1F	1	1F
BANGLADESH	2318	2300	2430	2430	60	70	70	70	140	161	170F	170F
BHUTAN	63	68	68	68	85	85	85	85	5	6	6	6
BRUNEI DARSM	11	13	32	32	150	150	150	150	2	2	5	5
CAMBODIA	235	348	351	363	120	120	120	120	28	42	42	44
CHINA	7957	32585*	34087*	35788	146	138	138	140	1168	4485*	4711*	5023*
CYPRUS	14	18	18	18	312	226	226	224	4	4	4	4
GAZA STRIP									1	1F	1F	1F
GEORGIA		242F	235F	272F		177	176	175		43	41	48*
INDIA	12628	13600	13800	14000	99	103	103	103	1247	1401	1421	1442
INDONESIA	1257	1792	1899	1899	205	191	187	187	258	343	354	354F
IRAN	2001	2520	2360	2400	105	125	125	123	210	315	295	295F
IRAQ	336	335	336	337	125	135	135	135	41	45F	45F	45F
ISRAEL	110	125	126	126	333	350	352	352	36	44	44	44F
JAPAN	1410	1321	1332	1315*	395	401	406	406	558	529	540	534*
JORDAN	23	28	33	33	86	114	119	107	2	3	4	4
KAZAKHSTAN		2318	1990	2237F		151	175	153		351	349	342
KOREA D P RP	228	130	133	138	150	150	150	150	34	20	20	21
KOREA REP	556	1282	1095	942	231	293	279	282	128	376	305	266
KUWAIT	6	13	10	10	159	160	160	162	1	2F	2F	2F
KYRGYZSTAN		489	488	504		193	195	195		95	95	98
LAOS	88	151	160	170	83	96	116	97	7	15	19	16
LEBANON	100	166	185	200	135	135	135	135	13	22	25	27
MALAYSIA	102	155*	175*	175	113	113	113	113	12	18	20	20
MONGOLIA	582	756	780	695	128	114	120	115	74	86	94F	80F
MYANMAR	743	839	840	850	120	120	120	120	89	101	101	102
NEPAL	483	563	562	562	85	85	85	85	41	48	48	48
OMAN	21	22	23	23	130	130	130	130	3	3	3	3
PAKISTAN	1750	1840	1890	1930	164	185	185	185	287	340*	350*	357*
PHILIPPINES	496	779*	829*	877*	167	200	200	200	83	156	166*	175*
SAUDI ARABIA	131	101*	104*	104	203	188	183	183	27	19	19	19F
SRI LANKA	158	184	174	174	135	136	136	142	21	25	24	25
SYRIA	289	395	425	425	110	110	110	110	32	43	47	47F
TAJIKISTAN		69F	68F	57F		217	221	219		15	15*	13*
THAILAND	900	1051	938	850*	200	200	200	200	180	210	188	170
TURKEY	2864	2200	2100*	2100	126	163	167	167	356	359	350F	350F
TURKMENISTAN		340F	350F	360F		180	180	181		61	63	65F
UNTD ARAB EM	21	57	60	61	250	250	250	250	5	14	15	15
UZBEKISTAN		2320F	2335F	2388F		172	173	173		400	403*	413*
VIET NAM	473	520*	522*	541*	157	160	164	171	74	83	85	92
YEMEN	411	497*	518*	518	91	91	91	91	37	45	47	47
EUROPE (FMR)	44933	35660	35144	34445	246	254	258	256	11056	9047	9064	8821
EUROPE		58797	55741	58441		213	218	207		12509	12129	12123

表 92

牛肉および子牛肉

	屠殺頭数：1000頭				平均枝肉重量：KG/1頭当り				産肉量：1000 MT			
	1989-91	1998	1999	2000	1989-91	1998	1999	2000	1989-91	1998	1999	2000
ALBANIA	191	304	320	340	110	105	105	106	21	32*	34*	36*
AUSTRIA	824	685	674	674	272	287	302	302	224	197	203	203F
BELARUS		1573	1548	1390		172	169	172		271	262	239*
BEL-LUX	992	947	813	800*	340	320	346	325	337	303	281	260*
BOSNIA HERZG		75	74	74		165	168	169		12	12F	13*
BULGARIA	579	300	367	370	201	183	141	149	116	55*	52*	55F
CROATIA		124	106	106		207	222	222		26	23	23F
CZECHOSLOVAK	1440				273				388			
CZECH REP		617	615	400		218	221	276		134	136	110
DENMARK	814	662	639	635*	254	244	245	250	206	162	157	159*
ESTONIA		152F	157F	148F		127	138	122		19	22	18
FINLAND	507	383	366	360	230	245	247	250	117	94	90	90
FRANCE	6743	5866	5720	5770*	277	278	281	276	1870	1632	1609	1590*
GERMANY	7282	4611	4565	4285	286	296	317	318	2082	1367	1447	1363
GREECE	381	307	301	298	213	226	221	221	81	69	67	66
HUNGARY	430	165*	180*	180	273	285	248	248	117	47	45F	45F
ICELAND	23	24	24	24	130	146	153	150	3	3	4	4
IRELAND	1554	1906	2119	1900*	322	309	302	300	500	590	640	570*
ITALY	4902	4408	4491	4500*	237	252	259	258	1164	1111	1164	1160*
LATVIA		178	150	166		145	137	132		26	21	22
LITHUANIA		506	485	447		161	159	163		81	77	73
MACEDONIA		64	64	64		111	109	109		7	7F	7F
MALTA	6	6	6	6	256	273	265	282	2	2	2	2
MOLDOVA REP		166	165	140F		147	142	150		24	24	21*
NETHERLANDS	2311	2412	2331*	2311*	235	222	218	210	543	535	508*	485*
NORWAY	346	353	355	355	231	257	256	263	80	91	91	93
POLAND	3892	2568*	2316*	2026*	174	167	166	168	675	430	385	341F
PORTUGAL	543	412	413	414*	230	233	236	237	125	96	97	98*
ROMANIA	1953	1307	1300	1400	147	140	131	130	284	183	170	182F
RUSSIAN FED		14474	12069	15600F		155	155	136		2247	1868	2126*
SLOVAKIA		292	202	176		202	249	243		59	50	43
SLOVENIA		179	174	174		250	248	248		45	43	43F
SPAIN	2009	2530	2599	2730	246	257	261	255	494	651	678	697
SWEDEN	570	523	515	515	246	273	278	272	140	143	143	140
SWITZERLAND	799	747	743	665	207	197	197	197	165	147	146	131
UK	3528	2303	2292	2433	283	303	296	291	1000	697	678	708
UKRAINE		6088	6023F	6105F		130	131	132		793	791	803*
YUGOSLAV SFR	2314				139				321			
YUGOSLAVIA		580*	460	460		219	226	226		127	104	104F
OCEANIA	10914	13202	12752	12328	200	198	203	213	2188	2610	2593	2632
AUSTRALIA	7852	9320	9097	8642	209	210	221	230	1643	1955	2011	1988
FIJI ISLANDS	55	49	50	50	190	190	190	190	10	9	10	10
NEWCALEDONIA	15	23	23	23	171	178	178	178	3	4	4	4F
NEW ZEALAND	2949	3770	3542	3571*	178	168	158	174	525	634	561	623
PAPUA N GUIN	14	12	12	12	150	150	150	150	2	2	2	2
SAMOA	6	6	6	6	159	144	144	144	1	1F	1F	1F
SOLOMON IS	3			3	185			185	1			1
VANUATU	15	16	17	18	199	225	229	228	3	4	4	4F
USSR	42033				205				8625			

表 93

水牛肉

	屠殺頭数：1000頭				平均枝肉重量：KG/1頭当り				産肉量：1000 MT			
	1989-91	1998	1999	2000	1989-91	1998	1999	2000	1989-91	1998	1999	2000
WORLD	16570	21033	21719	21977	139	140	140	139	2307	2949	3033	3063
AFRICA	1178	1520	1580	1700	133	175	175	168	157	266	277	285
EGYPT	1178	1520	1580	1700	133	175	175	168	157	266	277	285F
ASIA (FMR)	15381	19500	20127	20265	140	137	137	137	2148	2680	2754	2775
ASIA		19500	20127	20265		137	137	137		2680	2754	2775
BANGLADESH	38	46	46	46	75	76	76	76	3	4	4F	4F
CAMBODIA	66	82	82	82	160	160	160	160	11	13	13	13
CHINA	1640	3387*	3668*	3606	101	100	100	100	165	339*	367*	361*
INDIA	8117	10000	10220	10300	138	138	138	138	1120	1380	1410	1421
INDONESIA	204	223	235	235	220	208	193	193	45	46	45	45F
IRAN	65	71	71	71	150	150	150	150	10	11	11	11
IRAQ	16	14	14	14	150	150	150	150	2	2F	2F	2F
LAOS	80	148	151	154	110	111	127	108	9	16	19	17
MALAYSIA	24	22*	22*	22	181	181	181	181	4	4	4	4
MYANMAR	103	117	119	120	170	170	170	170	17	20	20	20
NEPAL	452	575	580	585	209	204	206	208	95	117	120	122
PAKISTAN	3246	3800	3900	4000	116	135	135	135	378	513*	525*	540*
PHILIPPINES	243	301	310	321*	186	185	185	185	45	56	57	59*
SRI LANKA	46	36	37	37	113	113	113	113	5	4	4	4
THAILAND	547	255	225	215	253	253	253	253	138	65	57	54
TURKEY	80	27	25	25	139	176	176	176	11	5	4F	4F
VIET NAM	411	392*	420*	430*	215	215	215	215	88	84	90	92
EUROPE (FMR)	11	14	11	11	207	202	201	201	2	3	2	2
EUROPE		14	11	11		202	201	201		3	2	2
BULGARIA	8	6	6	6	220	210	200	200	2	1F	1F	1F
ITALY		7	5	5		197	201	201		1	1	1F

表 94

羊肉および子羊肉

	屠殺頭数：1000頭				平均枝肉重量：KG/1頭当り				産肉量：1000 MT			
	1989-91	1998	1999	2000	1989-91	1998	1999	2000	1989-91	1998	1999	2000
WORLD	464447	477020	478256	486083	15	16	16	16	6996	7403	7449	7604
AFRICA	66193	78207	78502	78286	14	14	14	14	901	1119	1115	1123
ALGERIA	9557	8645	9601	9600	14	19	17	18	136	167	163	170F
ANGOLA	55	70	77	77	11	15	15	15	1	1	1	1
BENIN	261	306	241	241	10	10	10	10	3	3	2	2F
BOTSWANA	108	100	110	115	14	14	14	14	2	1	2	2
BURKINA FASO	1205	1470	1490	1490	9	9	9	9	11	13	13	13F
BURUNDI	102	80	83*	54	12	12	12	12	1	1	1	1
CAMEROON	1183	1390	1400	1400	12	12	12	12	14	17	17	17
CENT AFR REP	54	60	62	62	15	15	15	15	1	1	1	1
CHAD	515	655	675	675	16	18	18	18	8	12	12	12F
CONGO, DEM R	286	300	298	287	10	10	10	10	3	3	3	3
CÔTE DIVOIRE	455	550	555	555	10	10	10	10	5	6	6	6
DJIBOUTI	182	200	205	205	10	10	10	10	2	2	2	2
EGYPT	2122	2650	3360	3420	24	25	24	25	52	65	82	85F
ETHIOPIA PDR	8173				10				82			
ERITREA		560	570	560		10	10	10		6F	6F	6F
ETHIOPIA		8100	8140	7770		10	10	10		81F	81F	78F
GABON	48	57	58	58	12	12	12	12	1	1	1	1
GAMBIA		58	60	60		11	11	11		1	1	1
GHANA	550	595	600	600	11	11	11	11	6	7	7	7
GUINEA	96	134	137	137	12	12	12	12	1	2	2	2
GUINEABISSAU	59	71	72	72	10	10	10	10	1	1	1	1
KENYA	2200	2200	2100	2000	12	12	12	12	26	26	25	24
LESOTHO	430	300	300	310	10	10	10	10	4	3	3	3
LIBERIA	65	65	65	65	10	10	10	10	1	1	1	1
LIBYA	1758	3975	1650	1680	15	18	15	15	26	72*	25F	25F
MADAGASCAR	221	235	237	240	12	12	12	12	3	3	3	3
MALAWI	38				14				1			
MALI	1650	2096	1900	1900	13	13	13	13	21	26	24	24F
MAURITANIA	845	990	990	990	15	15	15	15	13	15	15	15
MOROCCO	5567	6200	6350	6350	18	19	19	19	101	115	120	120
MOZAMBIQUE	62	64	64	64	12	12	12	12	1	1	1	1
NAMIBIA	727	350	400	400	17	19	18	18	12	7	7	7
NIGER	737	890	910	910	17	16	16	16	12	14	15	15F
NIGERIA	4033	8110	8310	8310	11	11	11	11	44	89	91	91F
RWANDA	83	65	75	100	12	12	12	12	1	1	1	1
SENEGAL	835	1035	1035	1035	14	14	14	14	12	14	14	14F
SIERRA LEONE	94	105	108	108	11	11	11	11	1	1	1	1
SOMALIA	2490	2800	2800	2900	13	13	13	13	32	36	36	38
SOUTH AFRICA	10101	7900	8500	8500	13	12	13	13	133	91	112	112
SUDAN	4372	8800	8900	8950	16	16	16	16	70	141F	142F	142F
SWAZILAND			38	40			18	18			1	1
TANZANIA	817	960	970	980	12	12	12	12	10	12	12	12
TOGO	252	165	165	165	11	11	11	11	3	2	2	2
TUNISIA	3170	4000	4000	4000	12	13	13	13	39	50	50F	52*
UGANDA	473	686	690	693	14	14	14	14	7	10F	10F	10F
ZAMBIA				36				14				1
ZIMBABWE	42			36	14			14	1			1
N C AMERICA	8227	6651	6636	6402	25	24	24	24	203	160	160	153
CANADA	485	464	522	526	20	21	21	21	10	10	11	11F
CUBA	132	92	92	92	12	12	12	12	2	1	1	1
GUATEMALA	134	170	170	170	15	15	15	15	2	3	3	3
HAITI		35	35	42		17	17	17		1*	1F	1
MEXICO	1614	1900	1922	1922	16	16	16	17	25	30	31	32
USA	5707	3861	3766	3520*	28	30	30	29	162	114	113	103
SOUTHAMERICA	19308	18389	18816	18766	15	13	13	14	289	241	250	254
ARGENTINA	4867	4179	4336	4400	17	11	10	11	85	48*	45*	50F
BOLIVIA	1760	1752	1763	1919	8	8	9	8	14	15	15	16
BRAZIL	4847	4235	4460	4460	16	16	16	16	78	68F	71F	71F
CHILE	862	745	834	960	16	15	15	13	14	11	13	13F
COLOMBIA	568	640	700	700	15	15	15	15	8	9F	10F	10F
ECUADOR	229	403	575	448	14	14	14	14	3	6	8	6
FALKLAND IS	55	46	46	46	18	18	18	18	1	1	1	1
GUYANA	52	52	52	52	10	10	10	10	1	1	1	1
PARAGUAY	181	178*	178*	165*	15	15	15	15	3	3	3	2
PERU	2108	2310	2320	2320	10	10	13	13	21	23	30	31
URUGUAY	3655	3700*	3400*	3150*	17	15	15	16	60	55*	51*	51*
VENEZUELA	122	146	147	140	13	15	15	15	2	2	2	2F

表 94

羊肉および子羊肉

	屠殺頭数：1000頭				平均枝肉重量：KG/1頭当り				産肉量：1000 MT			
	1989-91	1998	1999	2000	1989-91	1998	1999	2000	1989-91	1998	1999	2000
ASIA (FMR)	141753	193620	199887	204935	14	15	15	15	2054	2926	3052	3160
ASIA		213606	220277	224812		15	15	16		3277	3408	3507
AFGHANISTAN	7087	8400	9000	9000	16	16	16	16	113	134F	144F	144F
ARMENIA		300F	261F	294F		17	17	17		5	5	5*
AZERBAIJAN		1854F	1900F	2035F		17	17	17		32	33	36
BAHRAIN	311	300	300	302	18	18	18	18	6	5	5	5
BANGLADESH	218	370	375	375	7	7	7	7	2	3	3F	3F
CHINA	46022	86945*	91704*	96650	12	14	15	15	551	1239*	1335*	1450*
CYPRUS	190	190	171	170	20	24	26	25	4	5	4	4
GAZA STRIP										1F	1F	1F
GEORGIA		500F	460F	388F		17	15	15		8	7	6F
INDIA	15100	18800	19000	19100	12	12	12	12	181	226	228	229
INDONESIA	3377	3416	3656	3656	10	10	10	10	34	34	37	37F
IRAN	14585	19300*	18300*	18300	16	16	16	16	233	309	293	293F
IRAQ	1417	1250	1260	1265	16	16	16	16	23	20	20	20
ISRAEL	257	270	270	270	19	20	20	20	5	5*	5*	5F
JORDAN	569	509	450	410	16	29	30	30	9	15	13	12
KAZAKHSTAN		6273F	6300*	5490F		18	18	18		112	111*	98
KOREA D P RP	175	56	70	72	15	15	15	15	3	1	1	1
KUWAIT	1157	2230	2225	2220	17	17	17	15	20	38F	38F	32F
KYRGYZSTAN		1820	1970	1881		22	22	22		40	43	40
LEBANON	393	400	402	405	22	22	22	22	9	9	9	9
MONGOLIA	5637	4217	4250	4000	19	20	20	20	108	84	87F	80F
MYANMAR	87	124	127	168	15	15	15	15	1	2	2	3
NEPAL	330	322	320	330	9	9	9	9	3	3	3	3
OMAN	367	425	428	430	30	30	30	30	11	13	13	13
PAKISTAN	10795	9500	9750	10000	17	19	19	19	189	181*	185*	190*
QATAR	720	488	490	493	15	15	15	15	11	7	7	7
SAUDI ARABIA	3568	3710	4000	4000	17	18	18	18	62	65*	70*	70F
SINGAPORE	28				27				1			
SYRIA	6507	8569	9819	9800	18	18	18	18	117	154	177	176F
TAJIKISTAN		767F	780F	1030F		17	17	17		13	13*	17*
THAILAND	45				15				1			
TURKEY	19403	20200*	19800*	19800	16	16	16	16	305	317*	313*	313F
TURKMENISTAN		3865F	4000F	3900F		15	15	15		58F	60*	59F
UNTD ARAB EM	1227	1280	1300	1300	18	18	18	18	22	23	23	23
UZBEKISTAN		4607F	4719F	4859F		18	18	18		82	84*	87*
YEMEN	2124	2264	2334	2334	10	10	10	10	21	23F	24F	24F
EUROPE (FMR)	98982	85876	84764	84014	14	15	15	15	1429	1262	1237	1233
EUROPE		96756	93147	93582		15	15	15		1444	1385	1393
ALBANIA	973	1285	1286	1360	8	9	9	9	8	11*	12*	12*
AUSTRIA	248	298	286	286	22	22	22	22	5	7	6F	6F
BELARUS		125	120	104		25	25	25		3	3*	3*
BEL-LUX	359	213	220	227	21	20	20	20	8	4	5	5
BOSNIA HERZG		225	225	225		12	12	12		3F	3F	3
BULGARIA	4186	2240	2250	2250	16	20	20	20	66	46*	46F	46F
CROATIA		156	150	150		11	11	11		2*	2*	2F
CZECHOSLOVAK	581				17				10			
CZECH REP		94	87	87		32	35	34		3	3	3
DENMARK	70	66	64	64	21	23	22	22	1	2	1	1F
FAEROE IS	46	47	47	47	11	11	11	11	1	1	1	1
FINLAND	55	57	45	38	19	21	20	20	1	1	1	1
FRANCE	9634	7449	7282	7250*	18	18	18	18	171	135	132	130*
GERMANY	2307	2145	2168	2162	21	21	20	21	47	44	44	45
GREECE	7891	7607	7322*	7300	11	12	11	11	89	93	80*	79F
HUNGARY	358	217	223	223	17	12	12	12	6	3	3*	3F
ICELAND	628	526	558	581	15	16	16	16	9	8	9	9
IRELAND	3650	4232	4407	3995*	22	20	20	21	80	83	86	83*
ITALY	8894	7415	7390	7390	9	9	9	9	79	70	70	70F
LITHUANIA		53	48	41		23	25	24		1	1	1
MACEDONIA		295*	300	300		19	19	19		6	6F	6F
MOLDOVA REP		250	236	250F		14	15	12		4	4	3*
NETHERLANDS	594	635	635	635	25	25	25	25	15	16	16F	16F
NORWAY	1218	1155	1216	1216	20	20	20	19	24	23	24	23
POLAND	1765	77*	106*	106	16	17	15	15	28	1	2	2F
PORTUGAL	2360	2274*	2218*	2220*	11	10	10	10	25	23	22	22*
ROMANIA	8113	5860	5500	5700	11	9	9	9	92	54*	50	52F
RUSSIAN FED		9220	6840	8176F		17	18	17		156	124	139*
SLOVAKIA		191	175	174		9	8	8		2	1	1
SLOVENIA		55	78	78		13	13	13		1	1	1F
SPAIN	19119	20256	19462	19657*	11	12	11	11	216	233	221	222*

表 94

羊肉および子羊肉

	屠殺頭数：1000頭				平均枝肉重量：KG/1頭当り				産肉量：1000 MT			
	1989-91	1998	1999	2000	1989-91	1998	1999	2000	1989-91	1998	1999	2000
SWEDEN	268	183	191	191	18	19	19	19	5	3	4	4
SWITZERLAND	229	298	316	280	20	20	19	20	5	6	6	6
UK	20183	18407	19116	18381	19	19	19	20	374	351	361	359
UKRAINE		1198	1110F	966F		14	14	15		17	16	14F
YUGOSLAV SFR	5253				12				64			
YUGOSLAVIA		1920	1443	1443		15	15	15		29	22	22F
OCEANIA	69226	63410	60877	64236	17	18	19	18	1179	1161	1131	1174
AUSTRALIA	32090	31291	30472	31805	19	20	20	20	613	616	614	648
NEW ZEALAND	37134	32115	30401	32427*	15	17	17	16	565	545	517	525*
USSR	60757				16				942			

表 95

山羊肉

	屠殺頭数：1000 頭				平均枝肉重量：KG/1頭当り				産肉量：1000 MT			
	1989-91	1998	1999	2000	1989-91	1998	1999	2000	1989-91	1998	1999	2000
WORLD	225831	294352	305962	308893	12	12	12	12	2649	3479	3628	3691
AFRICA	54858	68059	68454	68449	12	12	12	12	649	821	822	826
ALGERIA	834	1216	1225	1225	10	10	10	10	8	12	12	12
ANGOLA	455	558	600	645	9	15	15	15	4	8	9	10
BENIN	305	386	389	389	10	10	10	10	3	4	4	4F
BOTSWANA	484	480	495	505	12	12	12	12	6	6	6	6
BURKINA FASO	2273	2700	2750	2750	8	8	8	8	18	22	22	22F
BURUNDI	358	250	335*	285	10	10	10	10	4	3	3	3
CAMEROON	1228	1445	1450	1450	10	10	10	10	12	14	15	15
CENT AFR REP	282	475	480	500	16	16	16	20	5	8F	8F	10*
CHAD	758	1075	1115	1115	12	13	13	13	9	14	15	15F
CONGO, DEM R	1453	1831	1700	1650	11	12	11	12	17	22	19	19
CONGO, REP	84	84	84	85	9	9	9	9	1	1	1	1
CÔTE DIVOIRE	397	465	475	475	10	10	10	10	4	5	5	5
DJIBOUTI	178	187	187	188	13	13	13	13	2	2	2	2
EGYPT	1577	1697	1717	1769	18	18	18	18	28	30	30	31F
ETHIOPIA PDR	7887				8				67			
ERITREA		627	680	600		8	9	9		5F	6F	5F
ETHIOPIA		7430	7458	7390		9	9	8		63F	63F	63F
GAMBIA	55	79	81	81	11	11	11	11	1	1	1	1
GHANA	548	685	705	705	10	10	10	10	5	7	7	7
GUINEA	117	185	195	195	16	16	16	16	2	3	3	3
GUINEABISSAU	64	95	98	98	9	9	9	9	1	1	1	1
KENYA	2691	3100	3100	2900	11	11	11	11	30	34	34	31
LESOTHO	333	210	210	220	8	8	9	9	3	2	2	2
LIBERIA	74	74	74	74	9	9	9	9	1	1	1	1
LIBYA	353	873	600	630	15	18	15	15	5	16*	9F	9F
MADAGASCAR	419	460	462	466	15	15	15	15	6	7	7	7
MALAWI	259	375	378	381	12	12	12	12	3	5	5	5
MALI	1657	2305	2300	2300	14	14	14	14	23	32	32	32F
MAURITANIA	523	600	517	517	15	15	15	15	8	9	8	8
MOROCCO	1550	1500	1500	1500	14	13	14	15	22	20	21	22
MOZAMBIQUE	153	161	162	162	12	12	12	12	2	2	2	2
NAMIBIA	377	379	380	330	12	12	12	12	5	5	5	4
NIGER	1620	1950	2000	2000	13	12	12	12	21	23	24	24F
NIGERIA	9567	11850	12150	12150	13	13	13	13	121	150	154	154F
RWANDA	340	350	350	400	11	11	11	11	4	4	4	4
SENEGAL	883	1250	1250	1250	12	12	12	12	11	15	15	15F
SOMALIA	3953	2800	2800	2900	13	13	13	13	51	36	36	38
SOUTH AFRICA	2097	2260	2200	2210	16	16	16	16	34	37F	36F	36F
SUDAN	3231	9462	9538	9600	13	13	13	13	42	123	124	125F
SWAZILAND	153	165	166	167	18	18	18	18	3	3	3	3
TANZANIA	1792	2070	2080	2090	12	12	12	12	22	25	25	25
TOGO	448	315	315	315	9	9	9	9	4	3	3	3
TUNISIA	739	820	830	830	10	10	10	10	7	8	8F	8*
UGANDA	1086	1260	1275	1295	12	12	12	12	13	15F	15F	16F
ZAMBIA	160	276	331	387	12	12	12	12	2	3	4	5
ZIMBABWE	843	1000	1020	1030	12	12	12	12	10	12	12	12
N C AMERICA	3539	3220	3179	3186	13	15	15	16	48	49	48	51
CUBA		42	50			12	12			1	1	
DOMINICAN RP	176	100	50	70	12	12	12	12	2	1	1	1
HAITI	244	360*	360	360	15	15	15	18	4	5*	5F	6
JAMAICA	142	142	142	142	12	12	12	12	2	2F	2F	2F
MEXICO	2777	2430	2430	2430	13	16	15	16	37	38	37	39
SOUTHAMERICA	6479	6274	6384	6416	11	12	12	13	71	76	79	80
ARGENTINA	993	1348	1364	1364	7	7	7	7	7	9	9	9
BOLIVIA	391	524	524	524	11	11	11	11	4	6	6	6
BRAZIL	2957	2450	2550	2550	11	14	15	15	34	34F	38F	39F
CHILE	240	295	295	295	18	18	18	18	4	5	5	5
COLOMBIA	250	399	401	402	16	16	16	16	4	6	6	6F
ECUADOR	105	70	79	102	15	15	15	15	2	1	1	2
PARAGUAY	66	73*	73*	74*	10	10	10	10	1	1	1	1
PERU	748	498	534	534	12	12	13	13	9	6	7	7
VENEZUELA	699	587	533	540	9	11	10	11	7	7	5	6F
ASIA (FMR)	147400	203105	215115	217786	12	12	12	12	1733	2376	2536	2590
ASIA		203839	215839	218452		12	12	12		2387	2548	2601
AFGHANISTAN	1437	2900	3300	3300	13	13	13	13	19	38	43	43

表 95

山羊肉

	屠殺頭数：1000頭				平均枝肉重量：KG/1頭当り				産肉量：1000 MT			
	1989-91	1998	1999	2000	1989-91	1998	1999	2000	1989-91	1998	1999	2000
BAHRAIN	88	94	96	96	18	19	18	18	2	2F	2	2F
BANGLADESH	10498	18000	18200	18200	7	7	7	7	74	126	127F	127F
CHINA	43768	86059*	96693*	98693	12	12	12	12	520	1017*	1160*	1204*
CYPRUS	169	211	250	260	23	25	25	25	4	5	6	7
GAZA STRIP									1	1F	1F	1F
INDIA	43033	46200	46600	46700	10	10	10	10	430	462	466	467
INDONESIA	5940	4750*	4711*	4711	10	10	10	10	59	48	47	47F
IRAN	7107	7800	7430	7430	14	14	14	14	100	109	104	104F
IRAQ	561	680	690	700	12	12	12	12	7	8F	8F	8F
ISRAEL	70	52	49	49	16	16	16	16	1	1*	1*	1F
JORDAN	74	164	155	153	28	23	22	22	2	4	3	3
KAZAKHSTAN		327	300*	347F		15	17	15		5	5*	5*
KOREA D P RP	195	452	600	660	15	15	15	15	3	7	9	10
KOREA REP	72	220	206	206	15	15	15	15	1	3	3	3
KUWAIT			39	43			13	13			1	1
KYRGYZSTAN		212F	209F	113F		16	16	25		3	3	3
LEBANON	172	400	405	408	18	18	18	18	3	7	7	7
MONGOLIA	1541	2208	2300	1950	14	13	13	13	22	28	30F	25F
MYANMAR	350	444	455	588	15	15	15	15	5	7	7	9
NEPAL	2624	3141	3200	3400	11	11	11	11	29	36	36	37
OMAN	178	113	115	118	25	25	25	25	4	3	3	3
PAKISTAN	19152	18100	18550	19000	15	17	17	17	297	308*	315*	323*
PHILIPPINES	1992	2400*	2450*	2450	13	13	13	13	26	31*	32*	32F
QATAR		47	48	48		14	14	14		1	1	1
SAUDI ARABIA	1436	1420	1500	1500	14	14	14	14	20	20	21	21F
SRI LANKA	86	81*	83*	83	19	20	20	21	2	2	2	2
SYRIA	343	357	321	360	17	17	16	17	6	6	5	6F
THAILAND	36	38	35	35	15	15	15	15	1	1	1	1
TURKEY	4204	3700*	3500*	3500	16	15	16	16	66	57*	55*	55F
TURKMENISTAN		194F	213F	205F		16	15	16		3*	3*	3F
UNTD ARAB EM	270	463	495	495	16	16	16	16	4	7	8	8
VIET NAM	179	310*	311*	320	15	15	15	15	3	5	5	5
YEMEN	1699	2170	2220	2220	10	10	10	10	17	22F	22F	22F
EUROPE (FMR)	10891	10791	10170	10523	9	10	10	10	103	110	98	101
EUROPE		12410	11559	11841		11	10	10		135	120	122
ALBANIA	391	800	801	900	11	7	8	8	4	6*	6*	7*
AUSTRIA		67	67	67		9	9	9		1	1F	1F
BULGARIA	287	580	600	600	14	13	12	12	4	7F	7F	7F
FRANCE	1285	1195	832	950	7	8	7	8	9	9	6	8F
GREECE	4655	4617	4621*	4600	11	12	10	10	51	56	47*	47F
ITALY	545	391	424	424	7	9	9	9	4	3	4	4F
NETHERLANDS	56				13				1			
PORTUGAL	481	370	318	320	6	8	8	8	3	3	3	3F
ROMANIA	844	691	471	529	9	8	8	9	8	6*	4	5F
RUSSIAN FED		1282	1162	1000		17	17	17		22	20	17*
SPAIN	2200	1921	1869	1973*	8	9	9	9	17	16	17	18*
SWITZERLAND	44	33	36	33	13	15	14	15	1	1	1	1
UKRAINE		337	227F	318F		11	11	11		4	3	4F
YUGOSLAVIA		41	41	41		18	18	18		1	1	1
OCEANIA	790	551	549	549	20	19	20	20	16	11	11	11
AUSTRALIA	495	319	323	323	25	25	25	25	12	8	8	8
FIJI ISLANDS	59	72	72	72	11	13	13	13	1	1F	1F	1F
NEW ZEALAND	214	148	141	141	12	11	11	11	3	2	2	2F
USSR	1875				16				30			

表 96

豚 肉

	屠殺頭数：1000 頭				平均枝肉重量：KG/1 頭当り				産肉量：1000 MT			
	1989-91	1998	1999	2000	1989-91	1998	1999	2000	1989-91	1998	1999	2000
WORLD	920673	1125416	1159338	1173651	76	78	78	77	69650	87647	89867	90909
AFRICA	12273	12175	12441	12007	47	50	49	48	581	606	613	582
ANGOLA	441	445	440	440	51	65	65	65	22	29F	29F	29F
BENIN	191	213	213	213	28	28	28	28	5	6	6	6
BOTSWANA	13	12	14	15	50	50	50	50	1	1	1	1
BURKINA FASO	255	340	360	360	24	24	24	23	6	8	8	8F
BURUNDI	136	110	106	82	40	40	40	40	5	4	4	3
CAMEROON	539	597	600	600	30	30	30	30	16	18	18	18
CAPE VERDE	73	150	160	160	50	43	44	41	4	6	7F	7
CENT AFR REP	259	373*	375	375	30	32	32	32	8	12F	12F	12*
CONGO, DEM R	754	860	820	820	50	50	50	50	38	43F	41F	41F
CONGO, REP	36	35	36	36	56	56	56	56	2	2	2	2
CÔTE DIVOIRE	288	250	252	252	50	50	50	50	14	13	13	13
EGYPT	58	70	71	71	41	43	43	43	2	3F	3F	3F
ETHIOPIA PDR	21				50				1			
ETHIOPIA		28	29	28		50	50	50		1F	1F	1F
GABON	85	110	110	110	28	28	28	28	2	3	3	3
GHANA	396	285	285	285	28	28	28	28	11	8	8	8
GUINEA	14	35	35	35	48	48	48	48	1	2	2	2
GUINEABISSAU	223	262	266	266	40	40	40	40	9	10	11	11
KENYA	86	160	140	120	65	65	65	65	6	10	9	8
LESOTHO	56	61	64	66	50	50	50	50	3	3	3	3
LIBERIA	102	100	100	100	40	40	40	40	4	4	4	4
MADAGASCAR	838	1030	1050	630	65	70	70	70	54	72	74	44
MALAWI	207	225	235	245	50	50	50	50	10	11	12	12
MALI	47	70	70	70	40	40	40	40	2	3	3	3
MAURITIUS	13	12	14*	14*	64	67	51	57	1	1	1	1
MOROCCO	13	12	12	12	53	47	50	50	1	1	1	1*
MOZAMBIQUE	200	211	214	214	60	60	60	60	12	13	13	13
NAMIBIA	48	31	38	35	55	55	55	54	3	2F	2F	2F
NIGER	30	31	31	31	45	45	45	45	1	1	1	1
NIGERIA	2429	1450	1730	1730	45	45	45	45	109	65	78	78
RÉUNION	82	93	93	93	94	134	134	134	8	13F	13F	13F
RWANDA	64	47	48	48	42	42	42	42	3	2	2	2
SENEGAL	221	247	247	247	30	30	30	30	7	7	7	7
SEYCHELLES	21	22	22	22	50	50	50	50	1	1	1	1
SIERRA LEONE	38	38	40	40	58	58	58	58	2	2	2	2
SOUTH AFRICA	2275	2054	2000	2000	54	60	59	59	123	124	117	117
SWAZILAND	18	31	32	34	50	50	50	50	1	2	2	2
TANZANIA	224	238	242	245	40	40	40	40	9	10	10	10
TOGO	308	445	445	445	28	28	28	28	9	12	12	12
UGANDA	717	884	893	902	60	60	60	60	43	53F	54F	54F
ZAMBIA	215	237	240	244	44	44	44	44	9	10	11	11
ZIMBABWE	205	235	232	235	55	55	55	55	11	13	13	13
N C AMERICA	118771	134879	137832	135984	78	84	84	85	9286	11288	11632	11560
BARBADOS	40	46	46	46	95	95	95	95	4	4	4	4
BELIZE	37	33	34	34	35	35	35	35	1	1	1	1
CANADA	14815	16896	18900	19963	76	82	83	84	1132	1390	1562	1675
COSTA RICA	217	330	354	354	70	75	75	47	15	25	27	16
CUBA	1689	1554	1615	1800	57	63	64	61	94	98	103	110F
DOMINICAN RP	400	985	887	940	66	65	65	65	26	64	58	61
EL SALVADOR	204	200	218	157	52	52	52	52	11	10	11	8
GUADELOUPE	31	18	18	18	58	60	60	60	2	1F	1F	1F
GUATEMALA	288	214	214	215	49	82	82	81	14	18	18F	18F
HAITI	230	448	448	450	60	60	60	62	14	27	27F	28
HONDURAS	387	489	559	560	33	33	30	30	13	16	17	17F
JAMAICA	111	109	110	110	59	63	63	63	7	7	7	7F
MARTINIQUE	37	28	28	28	54	54	54	54	2	2F	2F	2F
MEXICO	11504	11716	12034	12550	67	82	82	82	765	961	992	1035
NICARAGUA	212	140	150	150	52	40	38	40	11	6	6	6
PANAMA	170	290	317	326	66	65	65	63	11	19	21F	21F
PUERTO RICO	630	274	274	274	44	48	48	48	28	13F	13F	13F
ST LUCIA	10	13	13	13	57	57	57	57	1	1	1	1
ST VINCENT	10	10	10	10	60	60	60	60	1	1	1	1
TRINIDAD TOB	45	35	36	36	53	54	53	53	2	2	2	2F
USA	87681	101029	101544	97926	81	85	86	87	7131	8623	8758	8532
SOUTHAMERICA	26616	37713	40157	41327	73	72	71	72	1931	2701	2867	2986
ARGENTINA	1828	2322	2697	2700	83	67	67	70	151	156	181	190F
BOLIVIA	1230	1447	1471	1528	50	50	50	50	61	72	74	76

表 96

豚 肉

	屠殺頭数：1000頭				平均枝肉重量：KG/1頭当り				産肉量：1000 MT			
	1989-91	1998	1999	2000	1989-91	1998	1999	2000	1989-91	1998	1999	2000
BRAZIL	12657	21183*	22285*	22749*	84	78	79	79	1063	1652	1752	1804
CHILE	1646	2839	3009	3250	74	83	81	83	122	235	244	269
COLOMBIA	1944	1980	2210	2240	67	68	68	68	131	135F	150F	152F
ECUADOR	1565	2118	2337	2244	45	47	47	48	70	100	110	108
FR GUIANA	13	8	8	8	63	140	140	140	1	1F	1F	1F
GUYANA	18	10	10	10	53	50	50	50	1	1F	1F	1F
PARAGUAY	1960	1980*	2000*	2474*	60	60	60	60	118	119	120	148
PERU	1393	1619	1843	1843	50	56	50	52	70	91	93	95
SURINAME	26	16	15	25	68	66	67	72	2	1	1	2
URUGUAY	272	340*	370*	356	79	76	73	73	21	26	27	26
VENEZUELA	2067	1849	1901	1900	58	61	60	60	120	113	114	114F
ASIA (FMR)	421688	629708	650570	677779	70	74	74	74	29566	46689	48080	50149
ASIA		632070	653091	680512		74	74	74		46865	48258	50348
ARMENIA		89F	103F	135F		81	81	81		7	8	11
AZERBAIJAN		18F	19F	19F		74	72	81		1	1	2
BHUTAN	31	33	33	33	37	37	37	37	1	1	1	1
BRUNEI DARSM	15				35				1			
CAMBODIA	1281	2000	2050	2100	50	50	50	50	64	100	103	105
CHINA	325323	514464	531165	556314*	74	78	77	77	24062	39899	41048	43058*
CYPRUS	415	588	612	630	74	80	80	78	31	47	49	49
GEORGIA		423F	408F	405F		100	100	100		42	41	41F
INDIA	11900	15500	16000	16000	35	35	35	35	416	543	560	560
INDONESIA	9767	11300	13600	13600	55	55	55	55	537	622	748	748
ISRAEL	119	160*	160*	160	76	76	76	76	9	12	12	12F
JAPAN	20719	17077	16872	16980*	75	75	76	75	1544	1286	1277	1270
KAZAKHSTAN		1319	1470	1650F		60	56	61		79	83	101
KOREA D P RP	4533	2230	2675	2675	50	50	50	50	227	112	134	134
KOREA REP	8828	12631	12565	12565	59	74	75	75	520	939	941	941F
KYRGYZSTAN		260	250	248		117	115	115		30	29	29
LAOS	1055	1100	800	825	20	29	40	40	21	31	32	33
LEBANON	68	150	155	158	55	55	55	55	4	8	9	9
MALAYSIA	3991	4789*	4562	4562	55	55	55	55	219	262	250F	250
MONGOLIA	104	18	22	15	55	45	45	40	6	1	1F	1F
MYANMAR	1150	1661	2420	1890*	55	55	55	55	63	91	133	104
NEPAL	285	400	430	450	35	33	32	33	10	13	14	15
PHILIPPINES	12052	16657	17368	17961	56	56	56	54	675	933	973	973F
SINGAPORE	1173	1292	1292	1292	66	65	39	39	77	84	50	50F
SRI LANKA	24	27	23	23	71	72	72	83	2	2	2	2
THAILAND	7159	9492	8517	8517	50	50	50	50	358	475	426	426
TURKMENISTAN		9F	12F	11F		57	58	60		1	1	1F
UZBEKISTAN		240F	254F	260F		63	63	63		15	16*	17*
VIET NAM	11690	18132*	19242	21021	62	68	69	67	719	1228	1318	1409
EUROPE (FMR)	255487	267291	274906	267564	84	86	85	85	21435	23002	23350	22625
EUROPE		300846	308023	296148		85	84	84		25717	26015	24960
ALBANIA	178	100*	95*	105	64	65	65	65	11	7*	6*	7*
AUSTRIA	5260	5359	5476	5476	98	111	91	91	517	592*	499*	499F
BELARUS		4130F	3935F	2993F		77	78	75		320	305*	223*
BEL-LUX	9445	11653	10640	11000	89	93	94	90	843	1085	1005	987
BOSNIA HERZG		165	163	163		70	72	72		12F	12F	12F
BULGARIA	5347	3000*	3450*	3000	73	82	75	77	393	247*	258*	230F
CROATIA		835	880	880		72	73	73		60*	64*	64F
CZECHOSLOVAK	8359				107				891			
CZECH REP		5812	5900	4356		82	77	83		476	452	361
DENMARK	16484	20971	21307	21100*	74	78	77	78	1215	1629	1642	1650*
ESTONIA		453	446	430F		72	70	74		32	31	32
FINLAND	2282	2194	2170	2146	79	84	84	82	181	185	182	176
FRANCE	21347	26740	27305	26600*	83	87	87	87	1781	2328	2377	2315*
GERMANY	47443	41352	44300	44300	89	93	93	87	4249	3834	4113	3850
GREECE	2464	2241	2186	2222	57	64	63	64	140	143	138	143
HUNGARY	10392	6011*	7006*	7006	95	95	95	95	988	570	664F	664F
ICELAND	46	57	67	74	56	68	68	68	3	4	5	5
IRELAND	2430	3355	3524	3500*	66	71	71	71	160	239	251	250*
ITALY	12098	12571	12992	13050*	109	112	113	113	1320	1412	1472	1475*
LATVIA		449	475	410		81	73	77		36	35	32
LITHUANIA		1176	1062	852		81	86	88		96	91	75
MACEDONIA		93*	93	93		95	95	95		9	9F	9F
MALTA	108	132	130	131	75	79	79	69	8	10	10	9
MOLDOVA REP		693	731	542F		83	83	89		58	61	48F
NETHERLANDS	19448	19277	19554*	18800*	83	89	88	87	1619	1715	1711*	1643*
NORWAY	1124	1329	1380	1380	75	80	79	77	84	106	109	106
POLAND	20907	23220*	24472*	21600*	90	87	83	88	1885	2026	2043	1900F

表 96

豚 肉

	屠殺頭数：1000頭				平均枝肉重量：KG/1頭当り				産肉量：1000 MT			
	1989-91	1998	1999	2000	1989-91	1998	1999	2000	1989-91	1998	1999	2000
PORTUGAL	3282	4991	5220	5171*	76	67	66	66	251	332	346	343*
ROMANIA	9711	7950	8250	8400	83	78	74	75	807	620	610	626F
RUSSIAN FED		18869	18788	15508F		80	79	81		1505	1485	1250*
SLOVAKIA		2175	2343	2238		104	75	73		227	176	164
SLOVENIA		719	857	857		84	79	79		61	67	67F
SPAIN	23628	34397	35670	36525	76	80	81	81	1790	2744	2893	2962
SWEDEN	3589	3873	3798	3798	80	85	86	84	288	330	325	320
SWITZERLAND	3297	2737	2685	2640	82	85	84	85	272	232	226	225
UK	14161	16089	14729	12691	67	71	71	73	955	1142	1047	923
UKRAINE		7785	7680F	7849F		86	85	86		668	656	675*
YUGOSLAV SFR	12657				62				783			
YUGOSLAVIA		7893	8262	8262		79	77	77		625*	640*	640F
OCEANIA	7038	7733	7794	7672	57	61	62	62	401	470	482	473
AUSTRALIA	4938	5091	5176	5025	63	70	71	72	312	358	370	363
COOK IS		20	20	20		30	30	30		1	1	1
FIJI ISLANDS	71	77	80	80	45	45	45	45	3	3	4	4
FR POLYNESIA	22	21	23	23	53	53	53	53	1	1	1F	1F
KIRIBATI	16	17	17	33*	40	40	40	40	1	1	1	1
MICRONESIA		29	29	29		30	30	30		1	1	1
NEWCALEDONIA	15	17*	16	16	72	87	87	87	1	1	1	1F
NEW ZEALAND	777	780	751	764*	57	64	67	63	44	50	50	48*
PACIFIC IS	28				30				1			
PAPUA N GUIN	900	1450	1450	1450	30	30	30	30	27	44	44	44
SAMOA	112	103	103	103	35	35	35	35	4	4F	4F	4F
SOLOMON IS	44	48	49	50	40	40	40	40	2	2	2	2
TONGA	35	34	34	34	44	44	44	44	2	1F	1F	1F
VANUATU	49	55	55	55	46	51	51	51	2	3	3	3
USSR	78800				82				6450			

表 97

	馬肉				家禽肉				食肉合計			

産肉量：1000 MT

	1989-91	1998	1999	2000	1989-91	1998	1999	2000	1989-91	1998	1999	2000
WORLD	517	659	676	673	40848	61688	64820	66510	179019	222476	229025	233218
AFRICA	12	13	14	14	1881	2591	2618	2636	8578	10273	10442	10544
ALGERIA	1	1F	1F	1F	185	220	220	200	428	513	523	510
ANGOLA					7	7	8	8	99	138	139	139
BENIN					26	33	22	22	58	72	61	61
BOTSWANA					4	7	6	7	59	63	64	65
BURKINA FASO					18	24	26	26	98	126	130	130
BURUNDI					6	6	6	5	29	25	24	21
CAMEROON					18	23	24	24	177	208	209	209
CAPE VERDE						1F	1		5	8	8	8
CENT AFR REP					2	3*	3	3*	64	83	83	95
CHAD					4	5	5	5	98	118	117	117
COMOROS						1			2	2	2	2
CONGO, DEM R					22	20F	19F	19F	221	244	241	239
CONGO, REP					5	6	6	6	21	26	27	27
CÔTE DIVOIRE					43	51	53	53	125	140	143	143
DJIBOUTI									7	9	9	9
EGYPT					278	535	537	564	754	1295	1337	1391
ETHIOPIA PDR					76				599			
ERITREA						2	2	1		29	32	28
ETHIOPIA						73F	74F	74F		627	644	634
GABON					3	4	4	4	27	31	32	32
GAMBIA					1	1	1	1F	6	7	7	7
GHANA					9	16	16	16F	141	141	141	141
GUINEA					2	3	3	3	19	29	29	29
GUINEABISSAU					1	1	1	1	14	17	17	17
KENYA					46	60	56	54	381	409	412	408
LESOTHO					1	2	2	2	27	25	24	25
LIBERIA					5	6	6	6	17	18	18	18
LIBYA					63	98F	98F	98F	132	232	150F	151F
MADAGASCAR					40	57	60	63	250	291	295	270
MALAWI					12	15	15	15	42	48	49	50
MALI					24	29	29	29	164	205	205	205
MAURITANIA					4	4	4	4	62	58	57	57
MAURITIUS					12	18	21	21	16	23	26	26
MOROCCO	2	2F	2	2F	143	230	230	220	447	522	539	540
MOZAMBIQUE					27	34	36	36	81	87	90	90
NAMIBIA					2	3	3	3	67	58	59	60
NIGER		1	1	1	21	23	23	23	98	123	125	125
NIGERIA					169	172	172	172F	753	874	894	894
RÉUNION					10	17	17	17	23	34	34	34
RWANDA					1	1	1	2	31	32	34	35
SAO TOME PRN									1	1	1	1
SENEGAL	5	7	7	7	30	64	64	64	112	162	162	162
SEYCHELLES					1	1	1	1	2	2	2	2
SIERRA LEONE					8	9	9	9	19	21	22	22
SOMALIA					3	3	3	3	163	173	168	174
SOUTH AFRICA	1	1	1	1	372	445	452	461	1328	1230	1286	1333
SUDAN					22	29	30	30	420	632	649	671
SWAZILAND					1	3	5	7	17	22	24	26
TANZANIA					26	39	42	42	274	316	324	326
TOGO					7	9	9	9	32	37	37	37
TUNISIA					52	89	98	104	146	209	222	219
UGANDA					30	36F	40F	41F	189	225F	233F	234F
ZAMBIA					19	32	34	35	95	106	111	116
ZIMBABWE					17	23	24	24	137	147	170	177
N C AMERICA	193	128	127	127	12779	18575	19669	20355	35936	45273	47124	47959
ANTIGUA BARB									1	1	1	1
BAHAMAS					6	11	9	10	6	11	10	10
BARBADOS					10	12	12	12F	15	17	17	17
BELIZE					5	7	7	7	8	10	10	10
CANADA	28	18F	18F	18F	721	971	1021	1065	2799	3540	3853	4033
COSTA RICA					43	72	77	65	148	179	179	165
CUBA	2	1	1	1	93	60	60	65F	312	229	239	253
DOMINICA									1	1	1	1
DOMINICAN RP					110	158	177	254	221	303	318	385
EL SALVADOR					35	48	46	48	72	92	91	90
GREENLAND									1	1F	1F	1F
GRENADA						1F	1F	1F	1	1F	1F	1F
GUADELOUPE					1	1	1	1	6	5	5	5
GUATEMALA	2	2	2	2	67	120	129*	129F	148	197	199	197

表 97

	馬肉				家禽肉				食肉合計			
	1989-91	1998	1999	2000	1989-91	1998	1999	2000	1989-91	1998	1999	2000
HAITI	5	5	5	6	7	8	8	8	59	80	80	92
HONDURAS		1	1	1	27	54	59	65	86	99	97	104
JAMAICA					48	63	73	73F	71	86	96	96
MARTINIQUE					1	1	1	1	6	5	5	5
MEXICO	72	79F	79F	79F	780	1633	1767	1896	2839	4126	4312	4501
MONTSERRAT									1	1	1	1
NETHANTILLES									1	1	1	1
NICARAGUA	2	2F	2F	2F	8	32	37	39	72	85	92	95
PANAMA					29	59F	59F	59	101	141	139	136
PUERTO RICO					54	60F	60F	60F	102	89	89	89
ST KITTS NEV									1	1	1	1
ST LUCIA					1	1	1	1	2	2	2	2
ST VINCENT									1	1	1	1
TRINIDAD TOB					24	26	26F	26F	28	29	30	30
US VIRGIN IS									1	1	1	1
USA	82	19	19	19	10708	15178	16039	16471	28827	35937	37251	37636
SOUTHAMERICA	74	89	95	95	3978	8041	8920	9333	15747	22050	23651	24752
ARGENTINA	44	50F	55F	55F	387	896	953	937	3549	3664	3951	4197
BOLIVIA					43	136	145	139	263	387	403	405
BRAZIL	9	14F	15F	15F	2424	4969	5647	6020	7895	12534	13708	14412
CHILE	11	11	11F	11F	125	339	344	344F	507	858	843	895
COLOMBIA	5	5	5	5	321	507	504	520F	1186	1432	1403	1451
ECUADOR					69	108	146	148	255	381	439	447
FALKLAND IS									1	1	1	1
FR GUIANA					1	1	1	1	2	2	2	2
GUYANA					2	11	12	12F	6	15	17	17
PARAGUAY		1	1	1	23	38	38	58	337	391	408	449
PERU					248	490	554	580	497	767	847	881
SURINAME					11	3	4	4	15	6	7	8
URUGUAY	5	7F	7F	7F	28	53	58	53	456	591	601	591
VENEZUELA					297	491	516	516F	777	1019	1021	998F
ASIA (FMR)	98	204	211	215	10152	20011	21137	21866	51587	85400	88502	91781
ASIA		287	296	293		20093	21220	21958		87160	90275	93586
AFGHANISTAN					13	14	14	14	237	369	400	400
ARMENIA						4	4	6		52	50	54
AZERBAIJAN						17	17	17		100	103	107
BAHRAIN					4	5	5	5F	11	13	13	13
BANGLADESH					79	110	112	112	305	412	424	424
BHUTAN									7	8	8	8
BRUNEI DARSM					3	7	6	6	5	9	11	11
CAMBODIA					17	24	25	25	120	179	183	187
CHINA	55	151	163	166	3855	11349	11943	12500	30635	59155	61401	64445
CYPRUS					21	33	35	35	66	95	100	100
GAZA STRIP					11	14F	14F	14F	13	16F	16F	16F
GEORGIA						10	11	11F		104	101	105
INDIA					330	540	559	575	3852	4683	4777	4827
INDONESIA	2	2	1	1F	512	621	700	702F	1446	1715	1933	1934
IRAN					409	716	745	745	984	1466	1453	1453
IRAQ					156	28F	49F	50F	231	104	125	127
ISRAEL					184	269	281	286	236	332	344	349
JAPAN	5	8	7	7F	1390	1212	1185	1200	3499	3037	3013	3015
JORDAN					51	93	111	112	65	115	132	132
KAZAKHSTAN		65	65	59		24	22	30		639	638	644
KOREA D P RP					48	20	23	23	314	159	187	189
KOREA REP					272	358	400	410	925	1681	1655	1626
KUWAIT					21	36	38	43	42	77	78	78
KYRGYZSTAN		18	20	19*		4	5	4*		191	195	194
LAOS					7	11	11	12	45	74	81	79
LEBANON					56	69F	71F	71F	85	116	121	123
MALAYSIA					399	789F	810F	810F	634	1073	1084	1084
MALDIVES									1	1F	1F	1F
MONGOLIA	32	38*	34F	35F					257	246	253F	230F
MYANMAR					82	154	177	209	259	375	439	446
NEPAL					8	12	12	13	186	229	233	237
OMAN					3	4	4	4	25	27	28	28
PAKISTAN					164	289	315	327	1327	1646	1705	1752
PHILIPPINES	1	1	1	1F	250	511	521	521	1091	1700	1762	1774
QATAR					3	3	3	3F	15	12	12	13
SAUDI ARABIA					264	396	419	419F	411	553	579	579F
SINGAPORE					66	70	70	70	144	154	120	120
SRI LANKA					24	59	57	58	54	92	88	91

表 97

| | 馬 肉 | | | | 家禽肉 | | | | 食肉合計 | | | |

産肉量：1000 MT

	1989-91	1998	1999	2000	1989-91	1998	1999	2000	1989-91	1998	1999	2000
SYRIA					64	105	112	120	219	310	342	350
TAJIKISTAN						2*	2*	2F		30	30	31
THAILAND					722	1190	1190	1220	1399	1940	1861	1871
TURKEY	3	2	2	2	406	509	660	660	1148	1251	1386	1386
TURKMENISTAN						4	5	5F		129	134	134F
UNTD ARAB EM					16	26	29	30	55	83	88	89
UZBEKISTAN						17*	18*	18*		516	522	536
VIET NAM	2	2	2	3	161	260	324	351	1059	1678	1841	1968
YEMEN					45	61	63	67	123	154	159	163
EUROPE (FMR)	111	109	111	111	8353	10690	10617	10456	43330	45196	45463	44333
EUROPE		120	122	122		11700	11681	11483		52715	52538	51272
ALBANIA					7	5	5	6*	51	60	63	68*
AUSTRIA					88	106	102	102F	842	909	818	818F
BELARUS						74	70	65*		673	646	536
BEL-LUX	3	5	5	5F	190	375	369	385	1405	1801	1690	1668
BOSNIA HERZG						9F	9F	5		36	36F	32
BULGARIA					157	107	100*	100*	740	468	469	445
CROATIA		3F	3F	3F		33	32	32F		124	125	125
CZECHOSLOVAK					236				1562			
CZECH REP						198	200	202		850	830	715
DENMARK	1	1	1	1F	133	190	202	202F	1559	1987	2006	2017
ESTONIA						8	8	8		60	61	59
FAEROE IS									1	1	1	1
FINLAND	1				33	61	66	65	340	343	342	334
FRANCE	14	10	10	10F	1627	2293	2188	2022	5767	6692	6608	6360
GERMANY	6	5	5	5	554	790	807	830	6987	6164	6539	6217
GREECE	3	3	3	3	158	148	153	154	528	518	494	499
HUNGARY					413	452	400F	400F	1547	1092	1131	1131
ICELAND	1	1	1	1	1	3	3	3	19	21	23	24
IRELAND		1	1F	1F	91	110	111	112	831	1023	1089	1017
ITALY	56	50	50	50F	1092	1154	1177*	1140*	3923	4044	4183	4146
LATVIA						8	6	7		71	62	61
LITHUANIA						24	23	26		203	194	176
MACEDONIA						12F	12F	12F		34	34F	34F
MALTA					4	5	5	6	15	19	19	18
MOLDOVA REP						16	16	15		103	104	88
NETHERLANDS	1	1	1F	1F	506	709	718	713	2685	2976	2954	2858
NORWAY	1	1	1	1	20	25	30	32	215	251	259	261
POLAND	6	7	9	9F	346	523	576	580	2960	3003	3030	2847
PORTUGAL	1	1		1F	140	280*	268	268F	556	744	747	744
ROMANIA	7	8	9	9	352	258	280	290F	1135	1130	1171	
RUSSIAN FED						681	737	705*		4704	4313	4299
SLOVAKIA						84	83	90		376	314	303
SLOVENIA						72	68	68F		178	179	179F
SPAIN	5	7	6	6F	849	900*	897*	891	3459	4688	4855	4939
SWEDEN	2	2	2	2F	50	89	94	97	507	586	586	581
SWITZERLAND	1	1	1	1	34	44	46	49	480	433	428	415
UK	2	2	2	2	1000	1552	1523	1508	3340	3752	3618	3507
UKRAINE		10	11	11F		200	204	200*		1706	1695	1720
YUGOSLAV SFR					271				1448			
YUGOSLAVIA						105	94	94F		888	862	862
OCEANIA	21	23	22	22	480	687	711	745	4310	5004	4996	5104
AUSTRALIA	20	21	21	21	408	573	593	622	3009	3532	3617	3650
COOK IS										1	1	1
FIJI ISLANDS					6	8	8	8	20	22	22	22
FR POLYNESIA					1	1	1	1	2	2	2	2
KIRIBATI										1	1	2
NEWCALEDONIA					1	1	1	1F	4	6	6	6
NEW ZEALAND	1	2	1	1	59	98	101	107	1204	1354	1259	1333
PACIFIC IS									1			
PAPUA N GUIN					4	5	5	5	51	69	69	69
SAMOA										5	5F	5F
SOLOMON IS									2	3	3	3
TONGA										2	2	2
VANUATU							1	1	6	7	7	7
USSR	8				3226				19531			

表 98

	牛肉および水牛肉（国内産の動物から）				羊肉および山羊肉（国内産の動物から）				豚 肉（国内産の動物から）			
産肉量：1000 MT												
	1989-91	1998	1999	2000	1989-91	1998	1999	2000	1989-91	1998	1999	2000
WORLD	55503	58314	59163	60510	9715	10928	11102	11251	69953	87632	90052	91314
AFRICA	3500	3910	4035	4103	1559	1975	1973	1955	578	602	609	579
ALGERIA	89	101	113	113F	143	179	175	175				
ANGOLA	59	85	85	85F	5	9	10	11	22	29	29	29
BENIN	14	18	19	19F	6	7	6	6F	5	6	6	6
BOTSWANA	40	35	35	36	7	7	7	8	1			
BURKINA FASO	46	65	66	66F	29	37	38	38F	6	8	8	8F
BURUNDI	12	11	9	9	5	3	4	3	5	4	4	3
CAMEROON	72	89	89	89	26	31	31	31	16	18	18	18
CAPE VERDE		1F				1	1	1	4	6F	7F	7F
CENT AFR REP	42	48	49	57	5	8	8	9	8	12	12	12
CHAD	79	92	92	92F	20	27	28	28F				
COMOROS	1	1	1	1								
CONGO, DEM R	23	14	13	12	19	24	22	21	38	43	41	41F
CONGO, REP	1	2	2	2	1	1	1	1	2	2	2	2
CÔTE DIVOIRE	18	23	24	24	6	8	8	8	14	13	13	13
DJIBOUTI	9	7	7	7	4	4	4	4				
EGYPT	311	544F	535F	535F	79	95F	113F	98F	2	3F	3F	3F
ETHIOPIA PDR	243				149				1			
ERITREA		16	18	15		11	12	11				
ETHIOPIA		274	290	285		144	145	141		1	1	1
GABON	1	1	1	1	1	1	1	1	2	3	3	3
GAMBIA	3	3	3	3	1	2	2	2				
GHANA	20	14	14	14	11	13	13	13	11	8	8	8
GUINEA	12	17	17	17	3	5	5	5	1	2	2	2
GUINEABISSAU	3	4	4	4	1	2	2	2	9	10	11	11
KENYA	243	243	252	255	56	60	59	55	6	10	9	8
LESOTHO	12	11	9	10	6	4	4	4	3	3	3	3
LIBERIA	1	1	1	1	1	1	1	1	4	4	4	4
LIBYA	9	5	6	5	28	87	34	35				
MADAGASCAR	144	148	148	148	9	10	10	10	54	72	74	44
MALAWI	17	17	17	17	4	5	5	5	10	11	12	12
MALI	98	117	120	120F	50	64	62	62F	2	3	3	3
MAURITANIA	27	16	16	16	27	29	27	27				
MAURITIUS	1		1						1	1F	1F	1F
MOROCCO	147	115	127	125	117	135	141	141	1	1	1	1
MOZAMBIQUE	40	36	37	37	3	3	3	3	12	13	13	13
NAMIBIA	75	71	69	71	28	26	27	26	1	1	2	2
NIGER	35	51	52	52	36	42	43	43F	1	1	1	1
NIGERIA	167	243	244	244F	160	231	237	237F	107	64	76	76
RÉUNION	1	1	1	1F					8	11	11	11F
RWANDA	14	16	18	18	5	5	5	6	3	2	2	2
SENEGAL	42	47	47	47	18	25	25	24	7	7	7	7
SEYCHELLES									1	1	1	1
SIERRA LEONE	3	4	4	4	1	1	1	1	2	2	2	2
SOMALIA	48	62	58	59	91	84	85	88				
SOUTH AFRICA	615	490F	525F	560F	156	115	133	134	123	124	117	117
SUDAN	222	266	277	297	118	286	288	290				
SWAZILAND	13	10	8	9	4	3	3	3	1	1	1	2
TANZANIA	195	218	223	224	31	36	37	37	9	10	10	10
TOGO	4	7	7	7	7	5	5	5	9	12	12	12
TUNISIA	38	52	57	54	46	58	58	58				
UGANDA	79	93	96	97	20	25	25	25	43	53	54	54
ZAMBIA	36	27	29	32	2	4	4	5	9	10	11	11
ZIMBABWE	80	78	98	104	11	13	13	13	11	13	13	13
N C AMERICA	13364	15098	15482	15832	254	221	213	204	9286	11273	11616	11474
ANTIGUA BARB	1	1	1	1								
BARBADOS	1	1	1	1F					4	4	4	4
BELIZE	1	1	1	1F					1	1	1	1
CANADA	1113	1560	1495	1650F	9	11	12	12F	1213	1729	1904	1980F
COSTA RICA	89	82F	76F	87F					15	25	27	27F
CUBA	122	69	73	75	2	2	2	2	94	98	103	110
DOMINICA		1	1	1								
DOMINICAN RP	83	80	83	69	2	2	1	1	26	64F	58F	61F
EL SALVADOR	26	31F	28F	28F					11	10	11	8
GUADELOUPE	3	4F	4F	4F					2	1F	1F	1F
GUATEMALA	63	55	47	47F	2	3	3	3	14	17	18	18F
HAITI	25	31	31F	40F	4	6	6	6	14	27	27	27
HONDURAS	46	28	21	21					13	16	17	17
JAMAICA	15	14	15	15F	2	2	2	2	7	7	7	7F
MARTINIQUE	3	2F	2F	2F					2	1	1	1

表 98

	牛肉および水牛肉 (国内産の動物から)				羊肉および山羊肉 (国内産の動物から)				豚　肉 (国内産の動物から)			
産肉量：1000 MT												
	1989-91	1998	1999	2000	1989-91	1998	1999	2000	1989-91	1998	1999	2000
MEXICO	1359	1481F	1567F	1567F	53	61	60	60F	755	940	976	976F
MONTSERRAT	1	1	1	1								
NICARAGUA	51	51	97	99					11	6F	6F	6F
PANAMA	61	64	61	61F					11	19F	20F	20F
PUERTO RICO	20	16F	16F	16F					28	13F	13F	13F
ST LUCIA	1	1	1	1					1	1	1	1
ST VINCENT									1	1	1	1
TRINIDAD TOB	1	1	1	1F					2	2	2	2F
US VIRGIN IS		1F	1F	1F								
USA	10280	11525*	11862*	12045F	176	132*	124*	115F	7061	8290*	8417*	8191F
SOUTHAMERICA	9304	10818	11344	11874	364	315	330	329	1931	2701	2867	2957
ARGENTINA	2828	2449	2656	2903*	91	57	54	54	151	155	182	191F
BOLIVIA	149	152	156	160	19	21	21	22	61	72	74	76
BRAZIL	4268	5787	6181	6456	111	101	108	108	1063	1652	1752	1804
CHILE	231	257	227	227F	19	17	18	18	122	235	244	244F
COLOMBIA	720	793	725	755	12	16	16	16F	127	135	150	150F
ECUADOR	104	158	164	174	5	7	9	8	70	100	110	108
FALKLAND IS					1	1	1	1				
FR GUIANA	1								1			
GUYANA	3	3	3	3	1	1	1	1	1	1	1	1
PARAGUAY	193	233	249	241	3	3	3	3	118	119	120	148
PERU	113	123*	133F	133F	30	29	37	37F	70	91*	93F	93F
SURINAME	2	2	2	2					2	1	1	2
URUGUAY	349	479	464	459	64	55*	54*	54*	21	26*	27*	26*
VENEZUELA	343	381	383	360	8	9	8	8	123	113	114	114
ASIA (FMR)	7349	12057	12295	12610	3711	5173	5459	5634	29618	46701	48108	50017
ASIA		13107	13346	13675		5535	5826	5993		46877	48287	50217
AFGHANISTAN	81	171	187	187F	132	172	187	199				
ARMENIA		35	32	32		5	5	5		7	8	11
AZERBAIJAN		50	52	53		32	33	36		1	1	2
BAHRAIN	1	1	1	1	1	1	1	1				
BANGLADESH	142	164	174	174F	75	129	130	130F				
BHUTAN	5	4	4	4					1	1	1	1
BRUNEI DARSM									1			
CAMBODIA	39	55	58	60					64	100	103	105
CHINA	1319	4814	5069	5386	1071	2252	2501	2655	24102	39901	41077	43003
CYPRUS	4	5	4	4	8	10	11	11	31	47	50	50
GEORGIA		43	41	48		8	7	6		42	41	41
INDIA	2368	2780	2831	2863	610	688	694	696	417	542	560	560
INDONESIA	301	368	348	348F	93	82	84	84	546	636	764	764
IRAN	219	326	306	306	333	425	405	405				
IRAQ	44	47	47	48	30	28	28	29				
ISRAEL	37	24	34	34F	6	6	5	5F	9	12	12	12F
JAPAN	543	522	535	529					1544	1286	1277	1270
JORDAN		2	2	2	7	28	19	18				
KAZAKHSTAN		350	349	343		117	116	103		79	83	101
KOREA D P RP	34	20	20	21	6	8	10	11	227	112	134	134
KOREA REP	128	376	305	266	1	3	3	3	520	940	941	941F
KUWAIT	1	1	1	1	3	3	3	4				
KYRGYZSTAN		95	95	98		43	47	43		30	29	29
LAOS	22	33	43	37					21	33	34	18
LEBANON	3	4	4	4	3	4	4	4	4	8	9	9
MALAYSIA	13	16	10	10					264	321	262	262
MONGOLIA	78	86	94	80	137	114	118	107	6	1	1	1
MYANMAR	107	129	134	136	7	9	9	11	63	91	133	104
NEPAL	134	165	167	169	33	39	39	40	10	13	14	15
OMAN	3	3	3	3	4	1	1	1				
PAKISTAN	665	853	875	897	486	488	501	513				
PHILIPPINES	124	171	174	186	26	31	32	32	675	933	972	1006
QATAR					2	2	4	4				
SAUDI ARABIA	20	18	19	19F	52	53	54	54F				
SINGAPORE									37	16F	16F	16F
SRI LANKA	27	29	28	28	2	2	2	2	2	2	2	2F
SYRIA	32	44	47	47	131	165	186	186				
TAJIKISTAN		15	15	13		13	13	17				
THAILAND	313	255	202	182	1	1	1	1	358	475	426	426
TURKEY	351	364	354	354F	412	376	369	369F				
TURKMENISTAN		61	63	65		61	63	62		1	1	1
UNTD ARAB EM	2	3	3	4	6	10	10	10				
UZBEKISTAN		400	403	415		82	84	87		15	16	17
VIET NAM	163	167	176	185	3	5	5	5	719	1230	1320	1320F

表 98

	牛肉および水牛肉 (国内産の動物から)				羊肉および山羊肉 (国内産の動物から)				豚 肉 (国内産の動物から)			
産肉量:1000 MT												
	1989-91	1998	1999	2000	1989-91	1998	1999	2000	1989-91	1998	1999	2000
YEMEN	26	37	38	38F	30	40	41	41				
EUROPE (FMR)	11168	9099	8990	8818	1551	1393	1342	1342	21730	22996	23526	23270
EUROPE		12560	12055	12125		1601	1513	1523		25710	26191	25606
ALBANIA	21	32	34	36	12	17	18	20	11	6	6	7
AUSTRIA	241	226	240	240F	6	8	7	7F	518	588	477	477F
BELARUS		270	262	241		3	3	3		320	306	225
BEL-LUX	351	322	305	302F	4	4	4	4F	849	1104	1038	1050F
BOSNIA HERZG		6	7	7		1	3	3		7	7	7
BULGARIA	123	57	53	56F	79	53	53F	53F	394	247*	258*	230F
CROATIA		22	20	18		2	2	2		60	64	64F
CZECHOSLOVAK	413				11				894			
CZECH REP		146	145	79		3	3	3		487	455	334
DENMARK	206	164	175*	175F	2	2	2	2F	1215	1698	1709	1709F
ESTONIA		19	22	20						32	32	33
FAEROE IS					1	1F	1F	1F				
FINLAND	117	94	90	90F	1	1	1	1F	181	185	182	182F
FRANCE	1927	1881	1845	1850F	169	145	140	140	1819	2333	2374	2360F
GERMANY	2176	1449	1374	1374F	55	45	44	44F	4309	3746	3980	3980F
GREECE	66	50	39	38	138	146	121F	120F	139	142	138	142
HUNGARY	149	57	57F	57F	17	8*	8*	8F	1023	576*	675F	675F
ICELAND	3	3	4	4	9	8	9	9	3	4	5	5
IRELAND	550	627	738	668	82	86	90	87	158	257	268	267
ITALY	897	873	925	925F	56	49*	50*	50F	1207	1323	1382*	1385*
LATVIA		26	20	22						36	34	31
LITHUANIA		81	78	75		1	1	1		96	91	75
MACEDONIA		7	7	7		6	6	6F		9	9	9F
MALTA	2	2	2	2					8	10	10	10
MOLDOVA REP		25	24	22		4	4	3		57	61	48
NETHERLANDS	481	467*	395*	395F	29	20F	21F	21F	1882	1833F	1956*	1956F
NORWAY	80	91	91	91F	24	24	25	25F	84	106	109*	109F
POLAND	762	473	420*	376F	43	4*	4F	4F	1868	2029	2043F	1900F
PORTUGAL	121	94	95	96	30	24	24	24	249	316	311	308
ROMANIA	287	209	205	217	104	70	65	67	799	619	609	626
RUSSIAN FED		2247	1868	2126		178	144	156		1504	1486	1250
SLOVAKIA		67	62	56		3	3	3		226	293	276
SLOVENIA		40	36	34		1	1	1F		60	62	53
SPAIN	454	532	551	553	222	248	238	239	1727	2699	2865	2918
SWEDEN	140	144	146	146F	5	3	4	4F	288	331	327	321
SWITZERLAND	167	147	150	132	5	6	6	6	272	232	226	222
UK	1070	693	677*	677F	385	378	369*	369F	963	1137	1047*	1047F
UKRAINE		793	792	803		21	18	18		668	657	675
YUGOSLAV SFR	364				63				868			
YUGOSLAVIA		127	104	119		30	23	23		625	640	640F
OCEANIA	2217	2821	2900	2900	1303	1280	1247	1247	401	469	481	482
AUSTRALIA	1669	2166	2317	2317F	717	728	724	724	313	358	370	370F
COOK IS										1	1	1
FIJI ISLANDS	10	9	10	10	1	1	1	1F	3	3	4	4
FR POLYNESIA										1	1	1F
KIRIBATI									1	1	1	1
MICRONESIA										1	1	1
NEWCALEDONIA	3	4	4	4F					1	2	1	1F
NEW ZEALAND	528	635	562	562F	585	551	522	522	44	50	50	50F
PACIFIC IS									1			
PAPUA N GUIN	2	2	2	2					27	43	43	43
SAMOA	1	1F	1F	1F					4	4	4	4
SOLOMON IS	1			1					2	2	2	2
TONGA									2	1	1	1
VANUATU	3	4	4	4					2	3	3	3
USSR	8600				973				6409			

表 99

牛乳

	搾乳牛頭数:1000頭				搾乳量:KG/1頭当り				牛乳生産量:1000 MT			
	1989-91	1998	1999	2000	1989-91	1998	1999	2000	1989-91	1998	1999	2000
WORLD	227113	224093	223161	221198	2091	2156	2192	2192	474974	483060	489099	484895
AFRICA	33063	37774	38311	38458	455	485	487	486	15045	18313	18650	18687
ALGERIA	633	740	800	800F	940	1330	1300	1250	595	984	1040	1000F
ANGOLA	312	390F	390F	404F	483	487	490	473	151	190F	191F	191F
BENIN	115	149F	160F	160F	130	130	130	130	15	19	21	21F
BOTSWANA	322	270F	280F	290F	350	350	350	350	113	95	98	102
BURKINA FASO	647	900F	950F	950F	156	178	172	172	101	160	163	163F
BURUNDI	95	76F	70F	65F	350	350	328	285	33	27	23	19
CAMEROON	233	250F	250F	250F	500	500	500	500	116	125	125	125
CAPE VERDE	4	8F	8	8	447	703	703	638	2	6	6	5
CENT AFR REP	207	230F	235F	235F	224	261	264	264	46	60F	62F	62F
CHAD	430	560F	560F	560F	270	270	270	270	116	151	151	151
COMOROS	8	9F	9F	9F	500	500	500	500	4	4	4	4
CONGO, DEM R	9	6F	6F	6F	851	828	825	825	8	5F	5F	5F
CONGO, REP	2	2F	2F	2F	500	500	500	500	1	1	1	1
CÔTE DIVOIRE	118	141F	143F	143F	150	168	168	168	18	24	24	24F
DJIBOUTI	20	22F	22F	23F	350	350	350	350	7	8	8	8
EGYPT	1097	1247	1460F	1510F	890	1084	1094	1089	974	1352	1597	1645F
ETHIOPIA PDR	3573				207				738			
ERITREA		243F	252F	216F		198	194	190		48F	49F	41F
ETHIOPIA		4600F	4700F	4550F		206	204	204		949	961	930F
GABON	4	6F	6F	6F	250	250	250	250	1	2	2	2
GAMBIA	34	40F	41F	41F	175	175	175	175	6	7	7	7
GHANA	173	255	257F	257F	130	130	130	130	22	33	33	33
GUINEA	230	319F	335F	335F	185	185	185	185	42	59	62	62
GUINEABISSAU	70	77F	78F	78F	170	170	170	170	12	13	13	13
KENYA	4572	4420F	4550F	4690F	499	509	510	480	2280	2250F	2320F	2250F
LESOTHO	82	90F	92F	95F	290	290	250	250	24	26	23	24
LIBERIA	6	6F	6F	6F	130	130	130	130	1	1	1	1
LIBYA	83	112F	112F	112F	1197	1148	1205	1205	99	128F	135F	135F
MADAGASCAR	1748	1880F	1890F	1900F	273	279	280	282	477	525F	530F	535F
MALAWI	83	74F	75F	76F	460	446	453	461	38	33F	34F	35F
MALI	501	606	620F	620F	245	245	245	245	123	148	152	152
MAURITANIA	277	315F	290F	290F	350	350	350	350	97	110	102	102
MAURITIUS	6	3*	4*	4*	1878	1833	1429	1175	12	6	5	5
MOROCCO	1783	1300	1300F	1308	521	808	869	879	929	1051	1130	1150
MOZAMBIQUE	371	351F	354F	354F	170	170	170	170	63	60	60	60
NAMIBIA	189	197F	206F	186F	401	401	400	403	76	79F	83F	75F
NIGER	355	420F	420F	420F	393	400	400	400	140	168F	168F	168F
NIGERIA	1465	1515F	1585F	1585F	239	243	243	243	350	368	386	386F
RÉUNION	11	14F	14F	14F	627	964	964	964	7	14F	14F	14F
RWANDA	146	115F	116	115F	579	739	741	739	85	85F	86F	85F
SENEGAL	273	292F	292F	292F	360	360	360	360	98	105	105	105F
SIERRA LEONE	69	83F	85F	85F	250	250	250	250	17	21	21	21
SOMALIA	1066	1378F	1300F	1326F	398	399	400	400	425	550F	520F	530F
SOUTH AFRICA	920	1000F	1000F	1000F	2637	2968	2667	2667	2426	2968	2667	2667
SUDAN	4691	6250F	6400F	6400F	480	480	480	480	2252	3000F	3072F	3072F
SWAZILAND	155	125F	114F	116F	274	301	298	302	42	38	34F	35F
TANZANIA	3050	3290F	3300F	3310F	169	204	206	207	516	670	680F	685F
TOGO	32	32F	31F	31F	225	225	225	225	7	7	7	7
TUNISIA	277	460F	490F	550F	1449	1609	1633	1618	401	740	800	890*
UGANDA	1204	1410F	1455F	1460F	350	350	350	350	421	494	509	511
ZAMBIA	256	196F	205F	214F	300	300	300	300	77	59	62	64
ZIMBABWE	1057	1300	990F	1000F	417	223	303	310	440	290F	300	310F
N C AMERICA	20478	20278	20376	20370	4109	4533	4665	4808	84146	91923	95053	97936
ANTIGUA BARB	6	6F	6F	6F	935	968	968	968	6	6F	6F	6F
BAHAMAS	1	1F	1F	1F	1000	1000	1000	1000	1	1F	1F	1F
BARBADOS	8	5F	5F	5F	1784	1820	1688	1688	14	9	8	8F
BELIZE	6	7F	7F	7F	1159	1045	1059	1059	7	7F	7F	7F
BERMUDA	1				2901	3857	3857	3857	1	1F	1F	1F
CANADA	1365	1202	1180	1105	5800	6822	6919	7324	7915	8200	8164	8090
COSTA RICA	330	460F	460F	460F	1308	1270	1459	1537	431	584	671	707
CUBA	556	549	515	515F	1782	1193	1200	1200	995	655	618	618F
DOMINICA	7	7F	7F	7F	902	910	910	910	7	6F	6F	6F
DOMINICAN RP	203	239	246*	240*	1701	1499	1671	1657	345	358	411	398
EL SALVADOR	269	330	349	349F	999	1034	1001	1148	268	341	349	401
GRENADA		1F	1F	1F		800	800	800		1F	1F	1F
GUADELOUPE	2				506				1			
GUATEMALA	370	450F	450F	450F	680	711	711	711	251	320F	320F	320F
HAITI	161	150F	150F	165	250	249	250	250	40	37F	38F	41
HONDURAS	380	600F	630F	630F	911	1008	1070	1157	346	605	674	729

表 99

牛 乳

	搾乳牛頭数：1000頭				搾乳量：KG/1頭当り				牛乳生産量：1000 MT			
	1989-91	1998	1999	2000	1989-91	1998	1999	2000	1989-91	1998	1999	2000
JAMAICA	51	53F	53F	53F	1000	1000	1000	1000	51	53F	53F	53F
MARTINIQUE	3	3F	3F	3F	756	763	763	763	2	2F	2F	2F
MEXICO	6383	6600*	6700*	6800*	992	1299	1369	1393	6336	8574	9171	9474
MONTSERRAT	3	3F	3F	3F	750	750	750	750	2	2	2	2
NICARAGUA	203	235F	235F	235F	797	928	953	981	162	218	224	231
PANAMA	111	120F	120F	140	1162	1309	1250	1245	129	157	150F	174
PUERTO RICO	94	91F	91F	91F	4233	3933	3933	3933	396	357F	357F	357F
ST LUCIA	1	1F	1F	1F	1396	1250	1389	1389	1	1F	1F	1F
ST VINCENT	1	1F	1F	1F	1351	1374	1374	1370	1	1F	1F	1F
TRINIDAD TOB	7	6F	7F	7F	1593	1559	1552	1552	11	10	10	10F
US VIRGIN IS	1	1F	1F	1F	2725	2703	2703	2703	2	2F	2F	2F
USA	9955	9158	9156	9096	6673	7798	8061	8388	66423	71414	73804	76294
SOUTHAMERICA	30085	30828	29632	29539	1063	1410	1571	1564	31986	43452	46564	46200
ARGENTINA	2433	2500*	2500*	2450*	2621	3933	4253	4000	6375	9833	10632	9800*
BOLIVIA	81	146	150F	137F	1399	1324	1348	1689	113	193	202	231
BRAZIL	19237	17281	16194*	16040*	780	1115	1340	1380	15004	19273	21700*	22134*
CHILE	870	1530	1465	1600F	1559	1359	1399	1350	1353	2080	2050	2160*
COLOMBIA	4170	5670	5734	5800F	963	1007	996	990	4017	5712	5710F	5740F
ECUADOR	736	988	993	993F	2092	2007	2007	2009	1529	1983	1994	1996
FALKLAND IS	2	2F	2F	2F	1000	1078	1078	1078	2	2F	2F	2F
GUYANA	22	16F	16F	16F	840	828	828	828	19	13F	13F	13F
PARAGUAY	118	185F	185F	138F	1904	2405	2405	2399	224	445F	445F	330
PERU	597	517	520	520F	1323	1930	1948	2015	788	998	1013	1048
SURINAME	9	7	7F	7F	1832	1857	1857	1857	17	13	13	13
URUGUAY	627	860F	840F	810F	1562	1707	1761	1755	980	1468	1479	1422
VENEZUELA	1183	1127	1026	1026F	1322	1278	1278	1278	1564	1440	1311	1311F
ASIA (FMR)	57300	68004	69350	67849	989	1243	1223	1182	56663	84527	84820	80178
ASIA		75178	76633	75387		1268	1254	1220		95305	96100	91968
AFGHANISTAN	800	1587F	1740F	1740F	633	1150	1207	1207	507	1825F	2100F	2100F
ARMENIA		256	256	262		1736	1765	1793		445	452	470
AZERBAIJAN		847*	892	912		1117	1111	1108		947	991	1011
BAHRAIN	7	7	7F	7F	2602	1970	1970	1970	19	14	14F	14F
BANGLADESH	3602	3650	3670F	3670F	206	206	206	206	741	751F	755F	755F
BHUTAN	111	113F	113F	113F	257	257	257	257	29	29	29	29
CAMBODIA	100	118F	120F	120F	170	170	170	170	17	20	20	20
CHINA	2821	4533F	4632F	4782F	1562	1535	1622	1639	4411	6960	7514	7838F
CYPRUS	21	25	24	24F	4746	5257	5562	5583	98	134	133	133
GAZA STRIP	2	2F	2F	2F	4000	4000	4000	4000	7	8F	8F	8F
GEORGIA		551	575	580F		1104	1126	1243		608	648	721*
INDIA	30433	35000*	35500*	33700F	731	1014	1014	917	22259	35500*	36000*	30900F
INDONESIA	296	322	334	334F	1176	1166	1151	1151	348	375	384	384F
IRAN	2446	3400F	3543	3543F	1014	1204	1243	1243	2480	4095	4403	4403F
IRAQ	405	420F	422F	425F	730	750	750	750	297	315F	317F	319F
ISRAEL	110	122	122	122F	8783	9812	9787	9787	964	1197	1194	1194F
JAPAN	1402	1301	1279	1280F	5825	6589	6614	6641	8169	8572	8460	8500
JORDAN	24	40	45F	47F	2425	3066	3125	3085	60	123	141	145
KAZAKHSTAN		1890	1826	1969		1775	1913	1829		3355	3493*	3600
KOREA D P RP	37	36F	37F	39F	2379	2361	2324	2308	88	85F	86F	90F
KOREA REP	295	281	305	305F	5944	7214	7357	7357	1752	2027	2244	2244F
KUWAIT	5	6	7	7F	3226	5786	4859	5916	21	32	34	41
KYRGYZSTAN		450F	480F	490F		2132	2170	2225		959	1042	1090
LAOS	24	29	29F	30F	200	200	200	200	5	6	6	6
LEBANON	33	60	61F	63F	2826	3333	3295	3254	94	200	201F	205F
MALAYSIA	60	82F	86*	88*	486	482	477	477	29	40F	41*	42*
MONGOLIA	770	980	990F	890F	348	356	374	320	268	349	370F	285F
MYANMAR	1076	1217	1246	1476	392	392	392	415	422	477	488	612
NEPAL	689	826	828	828F	366	386	397	407	252	319	329	337
OMAN	43	46F	46F	46F	420	420	420	420	18	19	19	19
PAKISTAN	4186	6564	6818	6818F	842	1475	1179	1179	3525	9682	8039	8039F
PHILIPPINES	15	9F	10F	10F	1034	1027	1037	1037	15	9	10	10F
QATAR	6	7	7	7F	1592	1261	1506	1600	10	9	11	11F
SAUDI ARABIA	44	74F	75F	75F	6254	7854	8035	8035	274	581F	601F	601F
SRI LANKA	642	690F	690F	690F	271	314	319	319	172	217	220	220
SYRIA	338	448	446	450F	2314	2433	2565	2556	782	1090F	1143	1150F
TAJIKISTAN		495*	504F	515F		485	556	593		240*	280*	306*
THAILAND	73	127	210F	210F	1886	3060	2165	2231	137	388	455	469
TURKEY	6055	5489	5500F	5500F	1352	1609	1600	1600	8183	8832	8800F	8800F
TURKMENISTAN		485F	500F	510F		1578	1751	1765		765	875	900F
UNTD ARAB EM	24	50	55	55F	210	173	157	157	5	9*	9F	9F
UZBEKISTAN		2200F	2250F	2300F		1572	1555	1605		3459	3499*	3692*
VIET NAM	45	56F	50F	52	800	800	800	800	36	45	40	42

表 99

牛乳

	搾乳牛頭数：1000頭				搾乳量：KG/1頭当り				牛乳生産量：1000 MT			
	1989-91	1998	1999	2000	1989-91	1998	1999	2000	1989-91	1998	1999	2000
YEMEN	253	280F	294F	294F	600	601	601	602	152	168	177	177
EUROPE (FMR)	40051	31237	30859	30601	4177	5025	5109	5066	167227	156974	157672	155026
EUROPE		54451	52659	51879		3910	4012	3987		212889	211292	206839
ALBANIA	291	423	432F	479F	1384	1707	1762	1701	403	722	761	815
AUSTRIA	879	716	710	710F	3805	4548	4716	4716	3344	3256	3350	3350F
BELARUS		1946	1885	1850F		2689	2514	2335		5232	4741	4320*
BEL-LUX	899	683	685	650F	4313	5391	5328	5538	3875	3682	3650*	3600F
BOSNIA HERZG		293*	296*	303*		1761	1921	892		517*	569*	270*
BULGARIA	592	409*	429*	429F	3370	3247	3240	2799	1999	1327	1389	1200F
CROATIA		270	265	265F		2347	2424	2424		635	641	641F
CZECHOSLOVAK	1724				3832				6619			
CZECH REP		562	545	547		4837	5022	4946		2716	2736	2708
DENMARK	756	669	640	614	6227	6977	7078	7271	4710	4668	4530	4465*
ESTONIA		164	150	160F		4454	4173	3750		729	626	600
FINLAND	479	380	372	388F	5666	6435	6653	6452	2712	2447	2478	2500
FRANCE	5492	4391	4376	4421	4797	5656	5688	5630	26334	24834	24892	24890
GERMANY	6301	4964	4795	4833*	4931	5717	5909	5880	30976	28378	28334	28420
GREECE	246	172	168	175	2523	4471	4702	4400	622	769	790*	770F
HUNGARY	549	379	378*	378F	4977	5558	5491	5532	2733	2107	2073	2091*
ICELAND	32	29	28	27	3509	3618	3789	3972	112	106	107	107
IRELAND	1350	1275	1261	1261	3967	3993	4061	4320	5355	5091	5121	5448*
ITALY	2928	2110	2135*	2135*	3733	5608	5497	5499	10926	11833	11736*	11741*
LATVIA		263	242	206		3607	3292	4003		948	797	823
LIECHTENSTEN	3	3F	3F	3F	4645	4444	4444	4444	13	12F	12F	12F
LITHUANIA		582	538	494		3316	3188	3156		1930	1714	1560
MACEDONIA		96	98F	98F		1864	1837	1837		179	180F	180F
MALTA	6	10F	10F	9	3850	4895	4868	5535	24	48	49	48
MOLDOVA REP		324	247*	237*		1819	2304	2321		589	569	550*
NETHERLANDS	1854	1611*	1590*	1500F	6040	6952	7384	7200	11198	11200*	11740*	10800*
NORWAY	332	319	324*	324F	5854	5652	5657	5429	1944	1804	1833	1759
POLAND	4771	3202	3077	3016*	3260	3933	3988	3890	15560	12596	12272	11731
PORTUGAL	402	355*	355*	352*	3734	5055	5489	5256	1500	1794	1948	1850F
ROMANIA	1852	1452	1600	1650F	1867	3059	2781	2727	3450	4441	4450	4500F
RUSSIAN FED		13837	13139	12900F		2382	2433	2447		32955	31973	31560*
SLOVAKIA		288	262	246		4089	4219	4467		1176	1105	1099
SLOVENIA		203*	203F	203F		2961	3132	3132		600	634	634F
SPAIN	1645	1308	1350	1224	3728	4665	4667	4820	6100	6104	6300	5900*
SWEDEN	558	449	449*	428	6097	7298	7347	7717	3401	3277	3299	3300
SWITZERLAND	786	727	715	730	4954	5356	5388	5356	3892	3894	3852	3910
UK	2878	2439	2440	2336	5206	5999	6153	6190	14976	14632	15014	14461
UKRAINE		6098	5598	5431*		2219	2358	2283		13532	13200	12400*
YUGOSLAV SFR	2444				1821				4451			
YUGOSLAVIA		1050	869	869F		2030	2100	2100		2131	1825	1825F
OCEANIA	4371	5585	5551	5566	3233	3792	3862	4180	14126	21178	21439	23265
AUSTRALIA	1651	2060	2155	2170	3945	4724	4868	5153	6514	9731	10490	11183
FIJI ISLANDS	34	32	32F	32F	1705	1795	1800	1800	58	57F	58F	58F
FR POLYNESIA	1		1F	1F	2207	1987	2000	2000	2	1	1F	1F
NEWCALEDONIA	6	6F	6F	6F	600	600	600	600	4	4	4	4
NEW ZEALAND	2662	3467	3337	3337F	2835	3282	3261	3600	7544	11380	10881	12014*
SAMOA	1	1F	1F	1F	1000	1000	1000	1000	1	1F	1F	1F
SOLOMON IS	2	2F	2F	2F	650	650	650	650	1	1	1	1
VANUATU	12	14F	15F	15F	202	203	203	203	2	3	3F	3F
USSR	41765				2533				105779			

表 100

	水牛乳				羊乳				山羊乳			
					生産量：1000 MT							
	1989-91	1998	1999	2000	1989-91	1998	1999	2000	1989-91	1998	1999	2000
WORLD	44296	58201	60820	61913	7908	8067	8118	8172	9576	12032	12145	12200
AFRICA	1261	2022	2018	2079	1426	1560	1619	1629	1994	2526	2671	2679
ALGERIA					209	180	220	220F	120	160	143	150F
BENIN									5	6	6	6
BOTSWANA									3	4	4	4
BURKINA FASO									20	52	52	52
BURUNDI					1	1	1	1	9	8	8	5
CAMEROON					16	17	17	17	39	42	42	42
CAPE VERDE									4	5F	5	5
CHAD					7	9	9	9	17	30	30	30
EGYPT	1261	2022	2018	2079F	53	93F	93F	93F	15	15F	15F	15F
ETHIOPIA PDR					58				98			
ERITREA						4	4	4		8	9	8
ETHIOPIA						55	55	53		94	94	93
GUINEA					1	2	2	2	4	5	5	5
GUINEABISSAU					1	1	1	1	2	3	3	3
KENYA					41	35	33	31	100	106	102	96
LIBYA					37	40F	54F	56F	13	15F	15F	15F
MALI					73	89	89	89	141	175	176	176
MAURITANIA					69	84	84	84	80	99	101	101
MOROCCO					26	27	27	27F	36	35	35	35F
MOZAMBIQUE									8	8	8	8
NIGER					12	15	15	15	82	97	97	97
RÉUNION									1	1F	1F	1F
RWANDA					1	1	1	1	13	14	14	14
SENEGAL					12	15	15	15F	11	15	15	15F
SOMALIA					345	440F	420F	430F	520	390F	380F	390F
SUDAN					448	436	461	465F	555	1028	1197	1200F
TANZANIA									82	95	95	96
TUNISIA					14	17	17F	17F	11	12	12F	12F
N C AMERICA									145	149	152	159
BAHAMAS									1	1F	1F	1F
HAITI									17	20	20	24
MEXICO									127	128	131	134
SOUTHAMERICA					33	35	35	35	186	184	184	184
BOLIVIA					29	29	29F	29F	11	11	11F	11F
BRAZIL									143	141	141	141
CHILE									10	10F	10F	10F
ECUADOR					4	6	6	6	3	2	2	2
PERU									19	19F	20F	20F
ASIA (FMR)	42954	56011	58633	59665	3432	3497	3507	3570	5177	6727	6799	6837
ASIA		56011	58633	59665		3578	3596	3631		6776	6862	6904
AFGHANISTAN					199	246	266	266	52	120F	135F	135F
ARMENIA						13*	14*	12		1*	1*	1F
BANGLADESH	22	22F	22F	22F	17	22	22	22	806	1280	1296	1296
BHUTAN	3	3	3	3								
CHINA	1907	2450F	2450F	2450F	579	824	893	925F	163	218F	222F	232F
CYPRUS					20	18	17	17	21	26	29	30
GAZA STRIP					1	1F	1F	1F	1	1F	1F	1F
INDIA	29226	35850*	38000*	39000F					2072	3150*	3180*	3200F
INDONESIA					72	86	90	90	180	232	232	232
IRAN	121	169	176	176F	537	463	549	549F	641	398	396	396F
IRAQ	24	26F	26F	27F	163	156	157	158	48	53	54	54
ISRAEL					18	19	19	19F	16	14	14	14F
JORDAN					30	31	20	20	17	16	12	11
KAZAKHSTAN						32	32*	35*		9	10*	10*
KOREA REP									3	5	5	5
KUWAIT									1	3	4	5
LEBANON					14	34	34F	35F	25	37	38F	39F
MALAYSIA	10	7	7	7								
MONGOLIA					16	20	22F	22F	13	32	34F	34F
MYANMAR	93	106	109	125	1	2	2	2	5	7	7	7
NEPAL	601	729	744	760	13	13	13	13	50	58	59	61
OMAN					1	2	2	2	56	62	62	62
PAKISTAN	10672	16456	16910	16910F	38	30	31	31F	501	546	586	586F
PHILIPPINES	16	18F	18F	18F								
QATAR					3	5	5	5F	3	6	6	6F

表 100

	水牛乳				羊 乳				山羊乳			
	1989-91	1998	1999	2000	1989-91	1998	1999	2000	1989-91	1998	1999	2000
SAUDI ARABIA					45	74F	75F	75F	56	72F	71F	71F
SRI LANKA	61	69	70	70					5	6	5	5
SYRIA	1	1	1	1F	483	582	446	475F	60	79	66	70F
TAJIKISTAN										20*	22*	25*
TURKEY	175	80	66F	66F	1134	813	785F	785F	338	246	225F	225F
UNTD ARAB EM					5	9	9	9	15	26	28	27
UZBEKISTAN						36*	44*	15*		20*	30*	32*
VIET NAM	24	25	30	30								
YEMEN					12	15	16	16	15	20	20	20
EUROPE (FMR)	82	167	169	169	2920	2858	2837	2845	1748	1889	1823	1824
EUROPE		167	169	169		2894	2868	2876		2397	2276	2273
ALBANIA					44	71	73	75	54	67	73	80
AUSTRIA					5	8	8F	8F	10	16	16	16F
BOSNIA HERZG						10*	10*	10F				
BULGARIA	19	11	11	11F	261	109	106	106F	65	191	200	200F
CROATIA						6	7*	7F				
CZECHOSLOVAK					37				19			
CZECH REP						1	1F	1F		16F	16F	16F
FRANCE					217	243	244	247	436	492	496	483
GERMANY									34	22	22	22
GREECE					676	630*	670*	670F	499	448*	450*	450F
HUNGARY					49	25	25F	25F	4	10	10F	10F
ITALY	62	156*	158*	158F	658	867*	850F	850F	128	141*	140*	140F
LATVIA										2	2	2
MACEDONIA						48	48F	48F				
MALTA					1	2F	2F	2F	2	3F	3F	3F
MOLDOVA REP						16	16	17F		5	4	4F
NORWAY									28	22	22	22
POLAND					7	1	1	1				
PORTUGAL					91	97	98	98F	44	41	34	35F
ROMANIA					422	343	345	348F				
RUSSIAN FED										299	299	295*
SLOVAKIA						10	11	10		10	13	17
SPAIN					310	342	305	306F	405	400	317	320F
SWITZERLAND									19	10	10	11
UKRAINE						19	14*	14F		202	148*	148*
YUGOSLAV SFR					140							
YUGOSLAVIA						45	34	34F				
USSR						98				327		

生産量：1000 MT

表 101

	チーズ（全種類）				バターおよびギー（ghee）				練乳および濃縮乳			
	\- 生産量：1000 MT \-											
	1989-91	1998	1999	2000	1989-91	1998	1999	2000	1989-91	1998	1999	2000
WORLD	14512	15504	15721	16046	7556	6881	7058	7049	4169	3873	3883	3869
AFRICA	430	637	699	701	176	198	205	205	43	47	48	48
ALGERIA	1	1	1	1	1	1	1	1				
ANGOLA	1	1	1	1								
BOTSWANA	2	2	2	2	1	1	1	1				
BURKINA FASO					1	1	1	1				
EGYPT	268	427	464	464	79	91	96	96F				
ETHIOPIA PDR	3				10							
ERITREA						1	1	1				
ETHIOPIA		4	4	4		12	12	12				
KENYA					4	2F	2F	2F				
MADAGASCAR									1	2	2	2
MAURITANIA	2	2	2	2	1	1	1	1				
MOROCCO	7	8	8	8	15	16	18	18				
NIGER	11	14	14	14	4	5	5	5				
NIGERIA	7	7	7	7	8	8	9	9				
SOMALIA					9	11	10	11				
SOUTH AFRICA	41	38	36F	36F	18	18	19	19	33	40	41	41
SUDAN	75	122	148	150	14	15	16	16				
TANZANIA	1	2	2	2	5	5	5	5				
TUNISIA	5	6	6	6	2	5	5	5				
ZAMBIA	1	1	1	1								
ZIMBABWE	3	2	2	2	4	2	2	2	8	5	5	5
N C AMERICA	3519	4272	4488	4623	762	694	753	753	1283	1178	1206	1203
CANADA	286	352	353	351	103	91	92	92F	85	95	80	80F
COSTA RICA	6	5	6	6F	4	4	4	4F				
CUBA	16	15F	15F	15F	9	8F	8F	8F	59	43F	43F	43F
DOMINICAN RP	3	3F	3F	3F	2	2F	2F	2F				
EL SALVADOR	2	3	3	3F								
GUATEMALA	11	11F	11F	11F		1F	1F	1F				
HONDURAS	8	9	9	9F	4	4	8	8F				
JAMAICA									24	18	16	14F
MEXICO	115	130	138	148	31	55*	60*	60F	135	137F	137F	137F
NICARAGUA	5	8	11	11F	1	1	1	1				
PANAMA	4	9	10F	9					24	35	29	26
USA	3062	3729	3931	4057	609	530	578	578F	956	850	901	903F
SOUTHAMERICA	529	711	703	712	154	174	181	184	187	233	250	286
ARGENTINA	258	420	425*	432*	37	52*	55*	55F	10	11	10	10
BOLIVIA	7	7	7	7	1	1	1F	1F				
BRAZIL	60	39	39	39	75	68*	69*	72*	36	25F	25F	25F
CHILE	32	53	53	53	6	11	11	11F	9	14	16	16F
COLOMBIA	51	51	51	51F	15	18	18	18	6	6F	6F	6F
ECUADOR	7	7	7	7	5	5	5	5F				
PERU	16	6	6F	6F	2	1	1F	1F	119	166	181	217
URUGUAY	18	29	27	29	12	16	19F	19F		1	1	1
VENEZUELA	79	100	89	89F	2	2	2	2F	7	11	11	11F
ASIA (FMR)	812	948	968	990	1750	2629	2804	2811	333	364	375	379
ASIA		994	1019	1036		2641	2815	2823		422	432	437
AFGHANISTAN	17	26	28	28	15	42	48	48				
ARMENIA		10	10	9								
AZERBAIJAN		1	1	1								
BANGLADESH	1	1F	1F	1F	14	15F	15F	15F				
CHINA	157	174	185	196	65	79	79	81	69	90	94	98
CYPRUS	5	4	4	4F								
GEORGIA							1	1F				
INDIA					983	1600*	1750*	1750F				
INDONESIA									8	9	10	10
IRAN	184	199	213	213	86	128	139	139				
IRAQ	30	30	30	31	8	8	8	8				
ISRAEL	76	95	97	97	6	8	8	8F				
JAPAN	85	124	124	126	77	89	85	88	66	44	43	43
JORDAN	3	4	2	2								
KAZAKHSTAN		6	6	7F		5	4	5F		46	47	47
KOREA REP					42	49	50	50F	3	4	3	3F
KYRGYZSTAN		3	3	3		1	1	1				
LEBANON	10	21	21	22					2	4	4	4
MALAYSIA									165	176	184	184F

表 101

	チーズ（全種類）				バターおよびギー（ghee）				練乳および濃縮乳			

生産量：1000 MT

	1989-91	1998	1999	2000	1989-91	1998	1999	2000	1989-91	1998	1999	2000
MONGOLIA	1	1	1	1	4	1F	1F	1F				
MYANMAR	26	30	31	38	9	10	11	13				
NEPAL					16	18	19	19				
PAKISTAN					284	439	451	451				
SAUDI ARABIA					1	3	4	4				
SRI LANKA						1			4	4	4	4F
SYRIA	68	97	88	89F	15	17	14	14F				
TAJIKISTAN		6	6	7						1	1	1
THAILAND									15	33	32	32
TURKEY	139	132	131	131	121	118	117	117				
TURKMENISTAN		2	2	2		1F	1F	1F				
UZBEKISTAN		19	23	17		4F	3F	3F		11	10	11
YEMEN	9	11	11	11	4	4	4	5				
EUROPE (FMR)	6978	7738	7735	7836	2679	2146	2110	2070	1634	1517	1460	1422
EUROPE		8330	8290	8406		2668	2582	2562		1903	1835	1783
ALBANIA	12	11F	11F	11F	3	2F	2F	2F				
AUSTRIA	113	135	137	137	41	42	37	37F	17	16	16	16
BELARUS		62	57	55		74	63	64F		33	37	41
BEL-LUX	68	75*	65*	65F	88	112	117	115F	26	76*	64*	64F
BOSNIA HERZG		14F	11F	9*								
BULGARIA	185	72	58	58F	19	2	1	1				
CROATIA		19	19	19		2	2	2F				
CZECHOSLOVAK	204				149				134			
CZECH REP		143	145	146		63	68	68F		89	94	94
DENMARK	286	289	290	295*	85	49	48	48*	11	6	9	9
ESTONIA		17	16	16		11	10*	10F		29	25	25
FINLAND	90	93	93	93F	61	50	52	52F				
FRANCE	1463	1653	1676	1668	511	463	448	440*	76	70	58	58
GERMANY	1305	1569	1563	1656	637	426	427	425	559	547	523	513
GREECE	224	231	242	240	4	5	4	5F				
HUNGARY	90	89	93	93	35	16	15*	15F	8	9	9F	9F
ICELAND	3	4	4F	4	2	2	2	2				
IRELAND	74	98	109	92	142	131	135	146*	16		5	5
ITALY	836	1012	982	1011	96	136	105*	101*	19	71	76	76
LATVIA		11	11	10		9	7	8F		17	6	4
LITHUANIA		49	39	54		36	26	21		24	28	11
MACEDONIA		2	2F	2F		9F	9F	9F				
MOLDOVA REP		5	5	5		3	2	3F		11	11	10
NETHERLANDS	583	638	646	690	174	149	140	126	411	309	297	276
NORWAY	85	91	86	86	22	13F	13F	13F	36	17	17F	17F
POLAND	360	473	476	445	282	174	166	160*	16	15	15	15
PORTUGAL	59	70	73	73F	15	20	25	25F	6	9	9	9F
ROMANIA	95	48	49	51F	34	6	9	10F				
RUSSIAN FED		385	363	364		276	257	268F		186	179	191
SLOVAKIA		54	55	54		15	16	16		7	6	5
SLOVENIA		21	21	21F		4	4	4F		1	1	1
SPAIN	166	186	175	175	38	22*	30*	30F	50	66	62	57
SWEDEN	115	131	133	133F	66	53	50	50F	10	11	11	11
SWITZERLAND	134	135	136	155	39	41	38	34	3	1	1F	1F
UK	297	366	376	343	127	137	144	133	236	198	187	187F
UKRAINE		63	63	67		113	108	120*		85	87	79
YUGOSLAV SFR	131				12							
YUGOSLAVIA		14	12F	12F		2	2F	2F				
OCEANIA	305	561	522	568	348	506	522	522	94	90	112	112
AUSTRALIA	182	295	308	308F	102	161	200F	200F	92	88F	105F	105F
FIJI ISLANDS					1	2	2F	2F				
NEW ZEALAND	124	266	214	260*	245	344	320	320F	1	2	7	7F
USSR	1938				1686				597			

表 102

	全粉乳				全脂粉乳およびバターミルク粉				ホエー粉			
	1989-91	1998	1999	2000	1989-91	1998	1999	2000	1989-91	1998	1999	2000
WORLD	2198	2454	2411	2504	4000	3358	3500	3546	1570	1861	1922	1868
AFRICA	21	19	22	23	26	25	25	25	1	1	1	1
KENYA	1	1F	1F	1F	3	3F	3F	3F				
SOUTH AFRICA	11	11	14F	15F	21	22	22F	22F	1	1	1	1
ZIMBABWE	9	7	7	7	2							
N C AMERICA	143	170	160	167	535	643	763	814	575	588	586	586
CANADA	10	3*	4*	4F	92	75	83	71	64	60	51	51F
COSTA RICA	3	5	5	5F	1	1	1	1F				
CUBA	2	2F	2F	2F								
GUATEMALA					1	1	1	1				
MEXICO	57	91F	91F	91F	9	25F	25F	25F				
PANAMA	2	5	5	5F								
USA	69	65	54	60	432	540	652	714	511	528	534	534F
SOUTHAMERICA	374	618	648	636	50	69	79	80				
ARGENTINA	92	203*	224*	204*	35	40*	46*	47*				
BOLIVIA	6	6F	9F	9F	1	1F	1F	1F				
BRAZIL	145	240*	244*	256*								
CHILE	42	71	70	64*	5	8	10	10				
COLOMBIA	15	38*	39*	39F								
ECUADOR	5	4	4	4F								
URUGUAY	5	16	20F	20F	8	18	22F	22F				
VENEZUELA	65	41	38	40*	2	2						
ASIA (FMR)	106	67	67	67	230	257	242	242				
ASIA		81	81	82		262	247	247				
ISRAEL					9	11	11	11F				
JAPAN	92	53	54	54F	179	202	191	191F				
JORDAN					2							
KAZAKHSTAN		14	14	15		4	4	4				
KOREA REP	10	5*	4*	4F	39	44*	40*	40F				
SRI LANKA	4	9	10	10F								
UZBEKISTAN						2	1	2				
EUROPE (FMR)	989	908	874	853	2104	1369	1380	1369	962	1184	1222	1168
EUROPE		1025	988	996		1865	1862	1839		1195	1233	1179
AUSTRIA	11	3	4	4F	24	14	13	13F		9	9	9
BELARUS		12	11	33		36	29	22				
BEL-LUX	39	74	60	61F	90	63	93	94F	4	4F	4F	4F
BULGARIA					8	1	1	1				
CROATIA		4	1	1F						2	2	2
CZECHOSLOVAK					139							
CZECH REP		20	20	20		60F	60F	60F		1	3	3
DENMARK	99	107	98	100*	23	22	35	30*	20	33	34	34F
ESTONIA			1F	1F		11F	14F	14F				
FINLAND	14	4	3	3F	23	21	26	26F	19	5F	8	8F
FRANCE	247	263	265	260F	505	356	331	326	434	556	584	530*
GERMANY	174	89	84	84F	558	326	331	331F	145	203	196	196F
HUNGARY	9	8F	8F	8F	24	13F	13F	13F	4	1F	2F	2F
ICELAND					1				1	2	2	2
IRELAND	21	41*	46*	46F	173	91*	84*	96*	24	33	26	26
ITALY	3								7	3F	3F	3F
LATVIA		1F	1F	1F		5	4	6				
LITHUANIA		6	6	5		66	66	66		3	3	3
MOLDOVA REP		1	1	1		1F	3F	3F				
NETHERLANDS	178	115	110	89	68	61	59	48	247	246*	246F	246F
NORWAY	1	2*	2*	2F	11	5*	11*	11F	1	1	1	1F
POLAND	50	37*	32*	31*	168	123*	109*	100*		11	14	14
PORTUGAL	7	8	9	9F	12	10	12	12F			2	2
ROMANIA					26	7F	7	7F				
RUSSIAN FED		89F	85F	91F		261	252	248				
SLOVAKIA		2	3	3		15F	14F	14F		12	13	13
SLOVENIA		2F	2F	2F		3	4	4				
SPAIN	14	13*	7*	9F	35	9*	13*	13F				
SWEDEN	7	7	7	7F	43	31	33	33F	5	1	1	1F
SWITZERLAND	12	8	8F	8F	27	30	28F	28F	3	4	10F	10F
UK	79	99	102*	104*	144	110	103*	109*	45	59*	64*	64F
UKRAINE		8	9*	11*		117	115	112		7	8	8

生産量：1000 MT

表 102

	全粉乳				全脂粉乳およびバターミルク粉				ホエー粉			
	1989-91	1998	1999	2000	1989-91	1998	1999	2000	1989-91	1998	1999	2000
YUGOSLAV SFR	23								3			
YUGOSLAVIA		2	2F	2F								
OCEANIA	270	541	512	601	326	494	523	540	32	78	102	102
AUSTRALIA	61	140F	171F	171F	139	245	257	257F	21	56	60	60
NEW ZEALAND	209	401	341	430*	187	249	266	283	12	22	42	42F
USSR	296				730							

生産量：1000 MT

表 103

	鶏　卵				鶏卵以外の鳥卵				蜂　蜜			

生産量：1000 MT

	1989-91	1998	1999	2000	1989-91	1998	1999	2000	1989-91	1998	1999	2000
WORLD	35384	48000	49704	50678	2309	3747	3920	4050	1183	1178	1224	1241
AFRICA	1509	1894	1956	1971	5	7	7	7	116	139	141	142
ALGERIA	122	112F	123F	120F					1	2	2	2F
ANGOLA	4	4F	4F	4F					19	22F	22F	22F
BENIN	17	21	17	17								
BOTSWANA	2	2	3	3								
BURKINA FASO	15	17F	18F	18F								
BURUNDI	3	3	3	3								
CAMEROON	12	14	14	14					3	3F	3F	3F
CAPE VERDE	1	2F	2	2								
CENT AFR REP	1	1	1	1					9	12F	13F	13F
CHAD	4	4	4	4					1	1F	1F	1F
COMOROS	1	1	1	1								
CONGO, DEM R	8	7F	7F	7F								
CONGO, REP	1	1	1	1								
CÔTE DIVOIRE	13	16F	18F	18F								
EGYPT	144	168	168	170F					10	8	8	8F
ETHIOPIA PDR	79								23			
ERITREA		2	2	1								
ETHIOPIA		75F	75F	75F						28	29	29F
GABON	2	2F	2F	2F								
GAMBIA	1	1	1	1F								
GHANA	10	19	19	19F								
GUINEA	6	9	9	9								
GUINEABISSAU	1	1	1	1								
KENYA	41	50	49	50					20	25F	25F	25
LESOTHO	1	1	1	2								
LIBERIA	4	4	4	4								
LIBYA	34	56*	58F	59F					1	1F	1F	1F
MADAGASCAR	10	13F	14F	15F	3	4	4	5	4	4F	4F	4F
MALAWI	15	19F	19F	20F								
MALI	12	12	12	12								
MAURITANIA	4	5	5	5								
MAURITIUS	4	5F	5F	5F								
MOROCCO	171	180	180	180*					3	3	3	2*
MOZAMBIQUE	11	14F	14F	14F								
NAMIBIA	1	2F	2F	2F		1F	1F	1F				
NIGER	9	9	9	9								
NIGERIA	313	419	435	435F								
RÉUNION	4	5F	5F	5F								
RWANDA	2	2F	2F	2F								
SENEGAL	15	33F	33F	33F								
SEYCHELLES	1	2F	2F	2F								
SIERRA LEONE	7	7	7	8					1	1F	1F	
SOMALIA	2	2F	2F	3F								
SOUTH AFRICA	213	314	334	339F					1	1F	1F	1F
SUDAN	33	42F	44F	45F					1	1F	1F	1F
SWAZILAND		1F	1F	1F								
TANZANIA	41	54	56	58	1	2	2	2	18	25F	26F	26F
TOGO	6	6	6	6F								
TUNISIA	52	75F	80F	80F					1	2F	2F	3*
UGANDA	15	18F	20F	20F								
ZAMBIA	26	43	45	46								
ZIMBABWE	16	19F	20F	21F								
N C AMERICA	5850	6983	7367	7511	1	1	1	1	207	218	201	199
BAHAMAS	1	1	1	1F								
BARBADOS	2	1F	1F	1F								
BELIZE	1	2	2F	2F								
CANADA	319	339	349	357*					30	46	35	32
COSTA RICA	19	27	27	27F					1	1F	1F	1F
CUBA	120	59	74	74F					9	6	7	6F
DOMINICAN RP	35	49	54	61					1	1	1	1
EL SALVADOR	46	51	52	53					3	4F	4F	4F
GRENADA	1	1F	1F	1F								
GUADELOUPE	1	2F	2F	2F								
GUATEMALA	68	109F	109F	109F					3	2F	2F	2F
HAITI	4	4F	4F	4	1	1F	1F	1F	1	1F	1F	1
HONDURAS	28	41F	41F	41F					1			
JAMAICA	26	28F	28F	28F					1	1F	1F	1F
MARTINIQUE	1	2F	2F	2F								
MEXICO	1066	1461	1635	1666*					66	55	55	57

表 103

	鶏　卵				鶏卵以外の鳥卵				蜂　蜜			

生産量：1000 MT

	1989-91	1998	1999	2000	1989-91	1998	1999	2000	1989-91	1998	1999	2000
NETHANTILLES		1F	1F	1F								
NICARAGUA	26	30	30F	30F								
PANAMA	11	19F	17F	14								
PUERTO RICO	17	15F	15F	15F								
ST LUCIA		1F	1F	1F								
ST VINCENT	1	1F	1F	1F								
TRINIDAD TOB	9	9F	9F	9F								
USA	4048	4731	4912	5011					90	100	94	94F
SOUTHAMERICA	2262	2586	2639	2672	26	45	45	45	79	99	130	134
ARGENTINA	298	278	286	286F					47	65	91	95F
BOLIVIA	47	40	41	37								
BRAZIL	1244	1390*	1400F	1400F	25	45F	44F	44F	17	18	18F	18F
CHILE	96	95F	95F	95F					5	5F	5F	5F
COLOMBIA	237	323	339	350F					3	2	2	2F
ECUADOR	51	60	55	57					1	1F	1F	1
GUYANA	1	7F	7F	7F								
PARAGUAY	35	45F	45F	68	1	1F	1F	1F	1	2F	2F	2
PERU	104	154	161	163								
SURINAME	3	3	5	5								
URUGUAY	26	33	37	37					5	6F	11F	11F
VENEZUELA	119	158	168	168F					1			
ASIA (FMR)	13913	26589	27741	28563	2147	3613	3795	3924	336	382	414	435
ASIA		26819	27990	28817		3616	3799	3928		401	433	453
AFGHANISTAN	14	18F	18F	18F					3	3F	3F	3F
ARMENIA		12*	18*	18*						1F	1F	1
AZERBAIJAN		29*	28*	29*							1	1
BAHRAIN	3	3	3	3F								
BANGLADESH	57	130	132F	132F	23	26F	26F	26F				
BRUNEI DARSM	3	4F	4F	4F								
CAMBODIA	9	12F	12F	12F	3	3	3	3				
CHINA	6701	17531	18510	19235*	1650	3060	3230	3358*	201	211	236	256F
CYPRUS	8	11	11	11							1	1F
GAZA STRIP	5	8F	8F	8F								
GEORGIA		21*	22*	24F						1	2	2F
INDIA	1161	1658*	1733*	1782*					50	51F	51F	51F
INDONESIA	366	393	406	406F	117	137	140	140F				
IRAN	310	498	538	538F					10	25	25	25F
IRAQ	64	1F	9F	14F								
ISRAEL	105	87	92	92F					2	3	3	3F
JAPAN	2446	2527	2518	2508*					5	3	3	3F
JORDAN	32	51	48	50								
KAZAKHSTAN		78	86*	86		1	1*	2F		1	1	1
KOREA D P RP	146	83F	95F	95F								
KOREA REP	399	455	465	465F	2	10	16F	16F	9	8	9F	9F
KUWAIT	6	15	18	20								
KYRGYZSTAN		10	11	12*						1	1	2F
LAOS	4	8	9	8								
LEBANON	35	44	42F	42F					1	1	1F	1F
MALAYSIA	287	390F	398F	413F	10	14F	14F	14F				
MONGOLIA	2											
MYANMAR	35	61	70	83	6	9	10	10				
NEPAL	16	21*	22F	22	1	1	1F	1				
OMAN	6	6F	6F	6F								
PAKISTAN	211	270*	324*	331*	5	7F	7F	7F	1	1F	1F	1F
PHILIPPINES	297	528F	539F	539F	54	66F	68F	68F				
QATAR	3	3	4	4F								
SAUDI ARABIA	113	136	136	136F								
SINGAPORE	17	16	16	16F	1							
SRI LANKA	46	50	51	51								
SYRIA	75	116*	124	120F					1	1	1	2F
TAJIKISTAN		1	1	1*						1F	1F	1F
THAILAND	430	536	496	515	276	280F	280F	280F	2	3F	3F	3F
TURKEY	369	694*	660*	660F					49	67	71F	71F
TURKMENISTAN		15*	16*	16F						10	10	10F
UNTD ARAB EM	10	14	13	13								
UZBEKISTAN		64*	68*	69*		1*	1*	2*		2F	2F	2F
VIET NAM	97	165*	165*	165F					1	5	5F	6
YEMEN	18	31*	31*	31F								
EUROPE (FMR)	7031	6911	6904	6800	67	59	45	46	182	175	177	175
EUROPE		9514	9539	9443		75	66	67		291	291	284

表 103

	鶏　卵				鶏卵以外の鳥卵				蜂　蜜			
					生産量：1000 MT							
	1989-91	1998	1999	2000	1989-91	1998	1999	2000	1989-91	1998	1999	2000
ALBANIA	15	19	20	21						1	1	1
AUSTRIA	94	99	92	92F					6	8	7F	7F
BELARUS		193*	190*	187*		2*	2*	2*		3	3	3F
BEL-LUX	168	238	226	220F					1	1	1	1F
BOSNIA HERZG		16	16F	3						1	1*	1
BULGARIA	129	93*	90*	90*	3	2*	2F	2F	8	5	6	6F
CROATIA		49	49	49F						1	1	1F
CZECHOSLOVAK	277				30				11			
CZECH REP		207	190	176						8	7	8
DENMARK	83	84	78	78F								
ESTONIA		19	17	17								
FINLAND	73	64	59	59					2	1	2	1
FRANCE	903	1023	1053	1050*					17	17	18	18F
GERMANY	989	854	866	880					30	16	20	18F
GREECE	123	119	119	110*					12	14	14	15F
HUNGARY	254	188	177	177F	4	3	3F	3F	16	17	16	16F
ICELAND	3	2	2	2								
IRELAND	33	33	32	32F								
ITALY	687	741*	768*	768F					10	11	10	10F
LATVIA		25*	23*	26								
LITHUANIA		44	40	37						1	1	1
MACEDONIA		22	22F	22F						1	1F	1F
MALTA	7	8	7	8								
MOLDOVA REP		19	19	32*						3	2	2F
NETHERLANDS	644	642*	646*	660*								
NORWAY	51	47	49	49					2	2	2	2
POLAND	410	405	419	425					14	9	9	9
PORTUGAL	85	112	110	110F					3	4	4	5F
ROMANIA	354	248	277	300F	24	26	13	14F	10	10	10	10F
RUSSIAN FED		1828	1846	1867*		7*	11*	11*		50	51	50*
SLOVAKIA		86	65	65F		10F	10F	10F		3	3	3
SLOVENIA		24	23	23F						2	1	1F
SPAIN	649	631	640	522*	1	2	2	2F	24	33	32	32F
SWEDEN	116	106	107	107F					3	1	1	1
SWITZERLAND	38	40	38	38					4	4	3	3
UK	616	621	586	588	6	16	15	15	3	4	4	4F
UKRAINE		475	500	477*		7	8*	8*		59	55	52F
YUGOSLAV SFR	228								5			
YUGOSLAVIA		91	76	76F						2	2	2F
OCEANIA	234	204	212	264	2	3	3	3	29	31	29	29
AUSTRALIA	179	148*	148*	200F					21	22	19	19F
FIJI ISLANDS	2	4	4F	4F								
FR POLYNESIA	1	2*	2F	2F								
GUAM		1F	1F	1F								
NEWCALEDONIA	1	1*	2*	2F								
NEW ZEALAND	46	42	51	51F	2	2	2	2F	7	8	9	9F
PAPUA N GUIN	3	4	4	4								
USSR	4586				61				234			

表 104

	生糸およびくず				羊毛（脂付き）				羊毛（洗毛済み）			

生産量：1000 MT

	1989-91	1998	1999	2000	1989-91	1998	1999	2000	1989-91	1998	1999	2000
WORLD	86	102	105	110	3267	2371	2329	2327	1943	1388	1342	1343
AFRICA					227	204	211	210	112	105	109	107
ALGERIA					25	22	23	23F	13	11F	12F	12F
EGYPT					5	7	7	7F	3	3F	3F	3F
ETHIOPIA PDR					12				6			
ERITREA						1F	1F	1F				
ETHIOPIA						12F	12F	11F		6F	6F	6F
KENYA					2	2F	2F	2	1	1F	1F	1F
LESOTHO					3	2F	2F	3F	2	1	1F	1F
LIBYA					8	8F	9F	9F	2	2F	2F	2F
MOROCCO					35	38	38	40*	17	17F	17F	17F
NAMIBIA					2	2F	2F	2F	1	1F	1F	1F
SOUTH AFRICA					98	53	56	53	49	32F	34F	32F
SUDAN					21	44F	45F	46F	11	22F	23F	23F
TANZANIA					4	4F	4F	4F	2	2F	2F	2F
TUNISIA					12	9F	9F	9F	5	6F	6F	6F
ZIMBABWE					1	1F	1F	1F	1	1F	1F	1F
N C AMERICA					47	28	28	28	25	15	15	15
CANADA					1	1F	2F	2F	1	1F	1F	1F
MEXICO					5	4	4	4F	3	2	2F	2F
USA					40	22	22F	22F	21	12	12F	12F
SOUTHAMERICA	2	2	2	2	302	197	186	179	167	107	102	104
ARGENTINA					143	62	65	68F	78	34*	36*	37F
BOLIVIA					8	8	9	3	4	3	4	4F
BRAZIL	2	2F	2F	2F	29	15	15F	15F	18	9F	9F	9F
CHILE					17	15	17F	17F	8	8	8F	9F
COLOMBIA					2	3	3	3F	1	2F	2F	2F
ECUADOR					1	2F	2F	2	1	1F	1F	1F
FALKLAND IS					3	2	2F	2F	2	2F	2F	2F
PARAGUAY					1	1F	1F	1				
PERU					10	13	12	13	5	6*	7*	7F
URUGUAY					90	76	60	55	50	42*	34*	34F
ASIA (FMR)	80	92	94	100	560	598	615	622	261	269	271	276
ASIA		100	102	108		685	703	710		321	324	329
AFGHANISTAN					15	21F	23F	23F	8	12F	13F	13F
ARMENIA						1F	1F	1		1F	1F	1F
AZERBAIJAN						10	11	12		6	7	7
BANGLADESH					1	1F	1F	1F	1	1F	1F	1F
CHINA	55	68	70	76F	239	277	283	290F	122	141	144	148F
GEORGIA						2	2F	2F		1	1F	1F
INDIA	12	16F	16F	16F	42	44F	44F	44F	28	30F	30F	30F
INDONESIA					18	24	24	24				
IRAN		1F	1F	1F	45	63	74	74F				
IRAQ					21	13F	13F	13F	11	6F	6F	6F
ISRAEL					1	1	1	1F				
JAPAN	6	1	1	1								
JORDAN					3	4	4	4	2	2F	2F	2F
KAZAKHSTAN						25	22	22		15	13	13
KOREA D P RP	4	5F	5F	5F								
KOREA REP	1											
KYRGYZTAN		1F	1F	1F		11	12	12		7	7	7
LEBANON					1	2	2F	2F		1F	1F	1F
MONGOLIA					21	19	20F	20F	12	12	12F	12F
NEPAL					1	1	1	1				
PAKISTAN					47	39	39	39	28	23*	23*	23F
SAUDI ARABIA					7	10F	10F	10F	4	6F	6F	6F
SYRIA					31	30F	27F	26F	16	15	13	13F
TAJIKISTAN						2F	2F	2F		1F	1F	1F
THAILAND	1	1*	1*	1F								
TURKEY					64	44	44F	44F	26	18	18F	18F
TURKMENISTAN		5F	5F	5F		19	22	22F		11	13	13F
UZBEKISTAN		2F	2F	2F		16	16	16F		9	9	9F
VIET NAM		1F	1F	1F								
YEMEN					4	4*	4*	4F	2	2	2	2F
EUROPE (FMR)					307	232	230	228	179	137	137	135
EUROPE						288	277	272		169	164	162

表 104

	生糸およびくず				羊毛（脂付き）				羊毛（洗毛済み）			
	1989-91	1998	1999	2000	1989-91	1998	1999	2000	1989-91	1998	1999	2000
ALBANIA					3	3	3	4	2	1	2	2F
AUSTRIA					1	1F	1F	1F				
BOSNIA HERZG						1F	1F	1F				
BULGARIA					27	8	8	8F	13	4*	4*	4F
CZECHOSLOVAK					5				3			
FRANCE					22	22*	22F	22F	12	12*	12F	12F
GERMANY					20	15F	15F	15F	10	7F	7F	7F
GREECE					10	10	10	10F	5	6	6	6F
HUNGARY					7	3	3	3F	3	1*	1*	1F
ICELAND					1	1	1	1	1		1F	1F
IRELAND					17	12	12	12F	9	7F	7F	7F
ITALY					14	11	11F	11F	7	5	5F	5F
MACEDONIA						2	2F	2F		1	1F	1F
MOLDOVA REP						2	2	2F		1	1	1F
NETHERLANDS					4	2F	2F	2F	1	1F	1F	1F
NORWAY					5	5	5	5	3	3	3	3
POLAND					14	1	1	1	8	1	1	1
PORTUGAL					9	9	8	9F	4	4	3	3F
ROMANIA					35	20	22	22F	21	12	13	13F
RUSSIAN FED						48	40	38F		29	24	23F
SLOVAKIA						1	1	1		1		
SPAIN					30	31	31	31F	17	18	18F	18F
SWEDEN					1	1F	1F	1F		1F	1F	1F
SWITZERLAND					1	1	1					
UK					73	69	66	64	53	48	47	46
UKRAINE						5	4	4F		2	2	2F
YUGOSLAV SFR					10				6			
YUGOSLAVIA						3	3	3F		2	2F	2F
OCEANIA					1361	970	925	928	921	671	628	628
AUSTRALIA					1042	704	673	672	683	452*	437*	437F
NEW ZEALAND					318	266	252	256	238	219	191	191F
USSR					463				278			

生産量：1000 MT

表 105

	牛および水牛の皮（原皮）				羊皮（原皮）				山羊皮（原皮）			

生産量：1000 MT

	1989-91	1998	1999	2000	1989-91	1998	1999	2000	1989-91	1998	1999	2000
WORLD	6897	7950	8054	8198	1274	1522	1513	1507	566	770	804	808
AFRICA	512	582	590	614	154	181	179	179	113	142	143	143
ALGERIA	12	11	13	13	24	22	24	24	2	2	2	2
ANGOLA	9	13	13	13					1	1	1	1
BENIN	2	3	3	3		1			1	1	1	1
BOTSWANA	5	5	5	5					1	1	1	1
BURKINA FASO	6	8	8	8	3	3	3	3	5	6	6	6
BURUNDI	2	2	2	2					1	1	1	1
CAMEROON	10	13	13	13	2	3	3	3	1	1	1	1
CENT AFR REP	7	8	8	8					1	1	1	1
CHAD	10	13	13	13	2	2	2	2	2	3	3	3
CONGO, DEM R	4	2	2	2	1	1	1	1	3	4	3	3
CÔTE DIVOIRE	4	5	5	5	1	1	1	1	1	1	1	1
DJIBOUTI		1	1	1								
EGYPT	36	49	50	69	6	8	10	10	4	4	4	4
ETHIOPIA PDR	46				15				14			
ERITREA		3	4	3		1	1	1		1	1	1
ETHIOPIA		54	56	55		15	15	14		13	13	13
GHANA	3	2	2	2	1	1	1	1	1	1	1	1
GUINEA	2	3	3	3								
GUINEABISSAU	1	1	1	1								
KENYA	39	36	38	39	5	5	5	5	9	11	11	10
LESOTHO	2	2	2	2	1	1	1	1	1			
LIBYA	4	7F	3F	3F	6	14F	6F	6F	1	2F	2F	2F
MADAGASCAR	20	21	21	21					1	1	1	1
MALAWI	2	2	2	2					1	1	1	1
MALI	11	14	14	14	5	6	6	6	3	5	5	5
MAURITANIA	2	2	2	2	2	2	2	2	1	1	1	1
MOROCCO	17	17	18	18F	11	12	13	13	3	3	3	3
MOZAMBIQUE	5	5	5	5								
NAMIBIA	5	4	5	4	1	1	1	1	1	1	1	1
NIGER	5	6	6	6	1	2	2	2	3	4	4	4
NIGERIA	29	36	37	37	8	16	17	17	19	24	24	24
RWANDA	2	2	3	3					1	1	1	1
SENEGAL	9	10	10	10	2	3	3	3	2	3	3	3
SIERRA LEONE	1	2	2	2								
SOMALIA	8	11	11	11	6	7	7	7	8	6	6	6
SOUTH AFRICA	87	83	83	84	25	17F	18F	18F	2	1F	1F	1F
SUDAN	34	50	53	55	10	22	22	22	8	24	24	24
SWAZILAND	1	2	2	2								
TANZANIA	40	43	44	44	2	3	3	3	4	5	5	5
TOGO	1	1	1	1								
TUNISIA	4	5	5	5	6	8	8	8	1	2	2	2
UGANDA	11	13	13	14	1	2	2	2	3	3	3	3
ZAMBIA	5	4	4	4						1	1	1
ZIMBABWE	8	7	9	9					2	2	2	2
N C AMERICA	1312	1411	1442	1463	24	19	19	18	10	9	9	9
CANADA	84	94	99	94	2	2	2	2				
COSTA RICA	14	11F	12F	12F								
CUBA	18	10	11	11								
DOMINICAN RP	8	9	9	8								
EL SALVADOR	5	7F	7F	7F								
GUADELOUPE	1	1F	1F	1F								
GUATEMALA	9	8F	8F	8F								
HAITI	4	5	5	6						1	1	1
HONDURAS	8	8F	4F	4F								
JAMAICA	2	1	1	1								
MEXICO	186	170*	170*	175*	4	5	5	5	8	7	7	7
NICARAGUA	8	7F	7F	7F								
PANAMA	7	8F	8F	8F								
PUERTO RICO	2	2	2	2								
USA	956	1070	1099	1120	17	12	11	11				
SOUTHAMERICA	1113	1302	1360	1397	79	75	75	75	13	13	14	14
ARGENTINA	395	338	364	399	25	22	23	23	2	3	3	3
BOLIVIA	15	18	18	19	5	5	6	6	1	1	1	1
BRAZIL	427	637*	667*	667F	14	15F	15F	15F	6	5	5	5
CHILE	35	38	36	37	3	3	3	4	1	1	1	1
COLOMBIA	85	81	85	83	1	2	2	2	1	1	1	1
ECUADOR	20	32	33	35	1	1	1	1				

表　105

| | 牛および水牛の皮（原皮） | | | | 羊皮（原皮） | | | | 山羊皮（原皮） | | | |

生産量：1000 MT

	1989-91	1998	1999	2000	1989-91	1998	1999	2000	1989-91	1998	1999	2000
GUYANA		1	1	1								
PARAGUAY	30	36	38	39								
PERU	16	15	15	15	7	8	8	8	2	1	1	1
URUGUAY	49	60	58	60	21	19	16	15				
VENEZUELA	41	47	44	41								
ASIA (FMR)	1698	2814	2882	2895	434	578	595	591	405	577	611	615
ASIA		2939	2998	3019		620	638	633		578	613	616
AFGHANISTAN	10	19	21	21	18	21	23	23	4	7	8	8
ARMENIA		5	4	4		1	1	1				
AZERBAIJAN		8	9	9		4	4	4				
BAHRAIN					1	1	1	1				
BANGLADESH	31	31	32	32F		1	1	1F	24	38	38	38F
BHUTAN	1	1	1	1								
BRUNEI DARSM			1	1								
CAMBODIA	9	13	13	14								
CHINA	290	1210	1270	1268	129	243	257	257F	118	233	262	262F
CYPRUS	1	1*	1*	1F	1	1	1	1F	1	1	1	1F
GEORGIA		5	4	5		1	1	1				
INDIA	852	942	954	971	44	51	52	52	107	127	128	128
INDONESIA	43	56	57	57	8	8	8	8	14	11	11	11
IRAN	37	47	44	45	44	58	55	55	18	20	19	19
IRAQ	5	5	5	5	4	4	4	4	1	2	2	2
ISRAEL	4	5F	5F	5F	1	1	1	1				
JAPAN	44	33*	34F	34F								
JORDAN		1F	1F	1F	3	5	4					
KAZAKHSTAN		44	38	43		13	13	11		1	1	1
KOREA D P RP	5	3	3	3	1					1	1	1
KOREA REP	18	62	50	44						1	1	1
KUWAIT					7	13	13	13				
KYRGYZSTAN		12	9	10		5	6	6				
LAOS	2	4	4	4								
LEBANON	2	3	3	4	1	1	1	1	1	1	1	1
MALAYSIA	2	3	4	4								
MONGOLIA	16	21	22	19	34	25	26	24	6	9	9	8
MYANMAR	23	25	25	25F						1	1	1
NEPAL	31	37	37	37F	1	1	1	1	5	6	6	7
OMAN					1	1	1	1				
PAKISTAN	100	128	130	134	44	40	41	42	81	94	97	101
PHILIPPINES	15	22	23	25					6	7	7	7
QATAR					1	1	1	1				
SAUDI ARABIA	4	3	3	3F	11	11	12	12	4	4	4	4
SRI LANKA	5	5	5	5								
SYRIA	5	7	7	7	20	26	29	29	1	1	1	1
TAJIKISTAN		1	1	1		2	2	2				
THAILAND	53	48	47	46								
TURKEY	50	38	36	36	54	57	55	55	8	7	7	7
TURKMENISTAN		6	7	7		8	8	8				
UNTD ARAB EM		1	1	1	4	4	4	4	1	1	1	1
UZBEKISTAN		44	44	45		9	9	10				
VIET NAM	30	31	32	33						1	1	1
YEMEN	7	8	9	9	4	5	5	5	3	4	4	4
EUROPE (FMR)	1207	981	982	960	277	244	240	240	19	19	18	19
EUROPE		1427	1379	1420		380	365	359		24	23	23
ALBANIA	4	7	7	7	2	3	3	3	1	2	2	2
AUSTRIA	24	22F	22F	22F	1	1	1	1F				
BELARUS		30	29	26		100	96	83				
BEL-LUX	31	28F	26F	24F	2	1F	1F	2F				
BOSNIA HERZG		2	2	2		1	1	1				
BULGARIA	18	9F	9F	9F	26	18F	18F	18F	1	3F	3F	3F
CROATIA		2	2	2		1	1	1				
CZECHOSLOVAK	51				1							
CZECH REP		22	22	14								
DENMARK	20	20	19	16								
ESTONIA		3	3	3								
FINLAND	13	10F	11F	11F								
FRANCE	166	154F	151F	150F	21	16F	16F	15F				
GERMANY	245	161F	161F	161F	10	10F	10F	10F				
GREECE	15	13	13	12	19	18F	17F	17F	11	10	10	10
HUNGARY	12	3F	4F	4F	1	1	1	1				
ICELAND					2	2F	2F	2F				
IRELAND	62	68F	74F	66F	18	17F	17F	17F				

表　105

		牛および水牛の皮（原皮）				羊皮（原皮）				山羊皮（原皮）		
	1989-91	1998	1999	2000	1989-91	1998	1999	2000	1989-91	1998	1999	2000
ITALY	148	142	148	148	18	16F	16F	16F	1	1F	1F	1F
LATVIA		3	3	3		11	9	14				
LITHUANIA		10	9	8								
MACEDONIA		1	1	1		1F	1F	1F				
MOLDOVA REP		3	3	3		2	1	2				
NETHERLANDS	49	53F	53F	53F	1	1F	1F	1F				
NORWAY	5	5	5	5	7	7	7	7				
POLAND	70	45F	43F	43F	7							
PORTUGAL	14	11	11	11	5	5F	4F	4F	1	1F	1F	1F
ROMANIA	43	29	29	31	21	15	14	15	2	1	1	1
RUSSIAN FED		275	229	296		18	14	16		3	3	2
SLOVAKIA		8F	5F									
SLOVENIA		6	6	6								
SPAIN	43	48F	51F	53F	22	22F	21F	21F	1	1F	1F	1F
SWEDEN	11	11F	11F	11F	3	2F	2F	2F				
SWITZERLAND	21	20F	19F	19F	1	1F	1F	1F				
UK	99	67F	67F	67F	85	78F	78F	78F				
UKRAINE		122F	121F	121F		5	4F	4F		3	2F	2F
YUGOSLAV SFR	42				4							
YUGOSLAVIA		15	12	12		6	4	4				
OCEANIA	256	288	284	284	261	247	237	243	4	3	3	3
AUSTRALIA	197	230F	230F	230F	144	141	137	143	4	2	2	2
FIJI ISLANDS	2	1	1	1								
NEW ZEALAND	56	55F	51F	51F	117	106F	100F	100F				
VANUATU		1	1	1F								
USSR	799				43				2			

生産量：1000 MT

MEANS OF PRODUCTION

MOYENS DE PRODUCTION

MEDIOS DE PRODUCCIÓN

生産資材

وسائل الإنتاج

表 106

	農業用トラクター合計				収穫機／脱穀機				搾乳機			
					現在使用中							
	1985	1990	1995	1999	1985	1990	1995	1999	1985	1990	1995	1999
WORLD	24735732	26525873	26349376	26424262	3997690	4054752	4297916	4242117				
AFRICA	507995	532420	575195	527621	49833	42780	38929	38295				
ALGERIA	75310	91426	91204	93000F	7012	9300F	8962	9200F				
ANGOLA	10250F	10290F	10300F	10300F								
BENIN	130F	155F	172F	185F								
BOTSWANA	2870F	5900	6000F	6000F	83F	92F	95F	95F				
BURKINA FASO	120F	840F	1933	1995F								
BURUNDI	130F	163	170F	170F	1F	2	2F	2F		1	3F	3F
CAMEROON	600F	508	500F	500F								
CAPE VERDE	16F	16F	16F	16F								
CENT AFR REP	60F	65F	65F	65F	12F	16F	25F	25	15F	20F	25F	50
CHAD	160F	165F	170F	170F	17F	18F	17F	17F				
CONGO, DEM R	2250F	2400F	2430F	2430F								
CONGO, REP	685F	700F	700F	700F	43F	55F	85F	85F				
CÔTE DIVOIRE	3300F	3550F	3800F	3800F	50F	62F	70F	70F				
DJIBOUTI	6F	8F	6F	6F								
EGYPT	51856	57000F	89080	86000F	2173	2340F	2370F	2370F				
EQ GUINEA	98F	100F	100F	100F								
ETHIOPIA PDR	3900F	3900F			150F	150F						
ERITREA			300F	560F			15F	100F				
ETHIOPIA			3000F	3000F			100F	100F			275F	287F
GABON	1350F	1460F	1500F	1500F								
GAMBIA	43F	43F	45F	45F	4F	5F	5F	5F				
GHANA	4120F	4120	3700F	3570F	156	156	40F	19F				
GUINEA	220F	350F	500	542								
GUINEABISSAU	18F	19F	19F	19F								
KENYA	10000F	14000F	14300F	14400F	440	650F	750F	750F	95F	100F	100F	100F
LESOTHO	1600F	1830F	2000	2000F	30F	34F	14	14F				
LIBERIA	315F	330F	325F	325F								
LIBYA	27100F	33272	34000F	34000F	3100F	3410	3410F	3410F				
MADAGASCAR	2780F	2900F	3500F	3550F	135F	147F	150F	150F				
MALAWI	1330F	1400F	1420F	1420F								
MALI	1400F	2100F	2515	2600F	280F	430F	580F	650F				
MAURITANIA	320F	335F	330F	380F	7F	10F	20F	40				
MAURITIUS	342F	355F	370F	370F								
MOROCCO	32000F	39155	41000F	43226F	4270F	4585	3600F	3763F				
MOZAMBIQUE	5750F	5750F	5750F	5750F								
NAMIBIA	2800F	3050F	3150F	3150F								
NIGER	150	170F	145F	128F								
NIGERIA	18000F	23000F	28500F	30000F								
RÉUNION	1250F	1538	1750	2500F					6F	7F	7F	7F
RWANDA	85F	90F	90F	90F								
ST HELENA	6F	8	11	12F	2F	2	2	3F				
SAO TOME PRN	124F	124F	125F	125F								
SENEGAL	460F	490F	550F	550F	145F	152F	155F	155F				
SEYCHELLES	38F	40F	40F	40F								
SIERRA LEONE	470F	200	100F	81F	5F	6F	6F	6F				
SOMALIA	1990F	2130F	1910F	1840F								
SOUTH AFRICA	169500F	145000F	130193	75500	27000F	16000F	12878	11700				
SUDAN	10100F	9182	10500F	10500F	1000F	1129	1600F	1600F				
SWAZILAND	3500F	4120	3000F	2920F								
TANZANIA	8000F	6800F	7525	7600F								
TOGO	92F	100F	85F	80F								
TUNISIA	26100F	23982	35090	35100F	2770F	3010	2860	2850F				
UGANDA	3650F	4500F	4700F	4700F	12F	15F	15F	15F	13F	14F	15F	15F
ZAMBIA	5340F	5900F	6000F	6000F	275F	285F	300F	300F				
ZIMBABWE	15900F	17380F	20500F	24000F	660F	718	802	800F				
N C AMERICA	5649946	5840586	5809999	5807885	856923	851335	829613	827066				
ANTIGUA BARB	236F	238F	240F	240F								
BAHAMAS	98F	113F	128	115F								
BARBADOS	540F	580F	580F	585F								
BELIZE	940	1090F	1150F	1150F	35F	44F	47F	47F	4F	5F	7F	7F
BERMUDA	40	47F	45	45F								
BR VIRGIN IS	3F	3F	3F	3F								
CANADA	714000F	750000F	715000F	711335F	158600	155500F	135000F	132453F				
COSTA RICA	6200F	6450F	7000F	7000F	1080F	1160F	1190F	1190F				
CUBA	68585	77800F	78000F	78000F	6822	7320F	7400F	7400F				
DOMINICA	90F	90F	90F	90F					6F	7F	7F	7F
DOMINICAN RP	2250F	2330F	2350F	2350F								
EL SALVADOR	3390F	3420F	3430F	3430F	360F	395F	420F	420F	42F	48F	50F	50F
GREENLAND	85F	88F	85F	85F								
GRENADA	20F	16F	13F	12F								

表 106

	農業用トラクター合計				収穫機／脱穀機				搾乳機			
					現在使用中							
	1985	1990	1995	1999	1985	1990	1995	1999	1985	1990	1995	1999
GUADELOUPE	1390	860	810	950					17F	20F	50F	50F
GUATEMALA	4100F	4200F	4300F	4300F	2850F	3020F	3050F	3050F				
HAITI	200F	200F	140F	140F								
HONDURAS	3918F	4520F	4985F	5200								
JAMAICA	2970F	3060F	3080F	3080F					744F	752F	755F	755F
MARTINIQUE	980F	901	968	1521					27F	25F	25F	25F
MEXICO	157000F	170000F	172000F	172000F	17300F	18800F	19500F	19500F				
MONTSERRAT	12F	12F	12F	12F								
NETHANTILLES	20F	20F	20F	20F								
NICARAGUA	2430F	2600F	2700F	2700F								
PANAMA	5270F	5090F	5000F	5000F	1270F	1090F	1000F	1000F	200F	260F	280F	280F
PUERTO RICO	2234	3853	4816	5337F								
ST KITTS NEV	130F	105F	80	155					5F	4F	4	1
ST LUCIA	85F	120F	146	146F					4F	8F	11F	12
ST VINCENT	76F	78F	80F	80F					1	1F	1F	1F
TRINIDAD TOB	2580F	2620F	2650F	2700F								
US VIRGIN IS	74F	82F	98F	104F	6F	6F	6F	6F	8F	6F	6F	6F
USA	4670000	4800000F	4800000F	4800000F	668600F	664000F	662000F	662000F				
SOUTHAMERICA	1057027	1185572	1267745	1292736	108360	117720	124835	127935				
ARGENTINA	204000F	270000F	280000F	280000F	46000F	48500F	50000F	50000F	7050F	8150F	8200F	8200F
BOLIVIA	4750F	5200	5500	5700	125F	115F	130F	130F	75F	330F	180F	130F
BRAZIL	666309	720000	790000	806000F	41000F	46000F	51000F	54000F				
CHILE	34340	35750	43201	54000F	8450F	8680F	8800F	8900F				
COLOMBIA	33450	32000F	23000	21000F	2350F	2700F	2900F	2900F				
ECUADOR	7800F	8700F	8900F	8900F	670F	760F	780F	780F	260F	285F	295F	295F
FALKLAND IS	117*	125F	131	123F								
FR GUIANA	209	303	362	362F	7F	10	10F	10F	26F	36	40F	40F
GUYANA	3550F	3600F	3630F	3630F	418F	430F	440F	440F				
PARAGUAY	11200F	15100F	16500F	16500F								
PERU	12000F	12700F	13191	13191F								
SURINAME	1202	1290F	1330F	1330F	240	265F	275F	275F				
URUGUAY	34600F	32804	33000F	33000F	4600F	4660F	4700F	4700F	3230F	3290F	3450F	3450F
VENEZUELA	43500F	48000F	49000F	49000F	4500F	5600F	5800F	5800F				
ASIA (FMR)	4570620	5599448	6255289	6883673	1285191	1502368	1915736	2080616				
ASIA	4570620	5599448	6764276	7284103	1285191	1502368	2011883	2137866				
AFGHANISTAN	820F	850F	840F	840F								
ARMENIA			17400	17500F			2500	2500F			780F	780F
AZERBAIJAN			30000F	33000F			4150F	4100F				
BAHRAIN	8F	9	14	12F								
BANGLADESH	4900F	5200F	5300F	5450F								
BRUNEI DARSM	72	72	72F	72F	8F	10F	10F	10F				
CAMBODIA	1233F	1200F	1190	1855	20F	20F	20F	20F				
CHINA	861364	824113	685202	798286	34573	38719	75441	195000F	150	58	12	12
CYPRUS	13316	14500F	16600	17100	519	580F	650	660	755	790F	840	875F
EAST TIMOR	115F	115F	115F	115F								
GAZA STRIP	620F	720F	642	600F	1F	1F	3	1F				
GEORGIA			16600	10000F			1100	850F				
INDIA	607773	988070	1354864	1520000	2960	2950F	3550	4200F				
INDONESIA	12033	27955	59991	70000F	65524	127509	300141	330000F				
IRAN	150000F	215000F	228600F	230500F	3550F	4925F	5450F	5300F				
IRAQ	38000F	38186	49640	49600F	2600F	2500F	3984	4000F				
ISRAEL	26254	27400	24900	24500F	321	270	245F	238F	2750F	2000F	1700	1600F
JAPAN	1853600	2142210	2123000	2120000	1109500	1214900	1203292	1120000	148000F	157000F	160000F	160000F
JORDAN	4914	6100F	6500	4800F	65	70F	78	79F				
KAZAKHSTAN			170185	64000F			61868	24000F			12600	2000F
KOREA D P RP	68000F	73000F	75000F	75000F								
KOREA REP	12389	41203	100412	176146	11667	43594	72268	84002				
KUWAIT	60	88F	78F	89								
KYRGYZSTAN			24802	25930			3529	2800F				
LAOS	780F	890F	1030F	1070F								
LEBANON	3000F	3200F	4500F	5610	95F	95F	110F	134				
MALAYSIA	12000F	26000F	43295	43300F								
MONGOLIA	11100	11000F	7321	7000F	2710	2300F	1903	1550F				
MYANMAR	10026	13000	7818	10209	2500F	3500F	7158	11253				
NEPAL	2783*	4400F	4600F	4600F								
OMAN	125	144	150F	150F	19	41	45F	45F				
PAKISTAN	156633	265728	304992	320500F	800F	1500F	1600F	1600F				
PHILIPPINES	8050F	10700F	11500F	11500F	570F	660F	700F	700F				
QATAR	82F	84	69	80F	2F	2	2F	1F				
SAUDI ARABIA	3400F	6500F	9469	9500F	800F	1500F	2452	2450F	30F	38F	60F	60F
SINGAPORE	55F	62F	65F	65F								

表 106

	農業用トラクター合計				収穫機／脱穀機				搾乳機			
						現在使用中						
	1985	1990	1995	1999	1985	1990	1995	1999	1985	1990	1995	1999
SRI LANKA	8500F	6500F	7417	8000F	4F	6F	6F	10F				
SYRIA	43959	62557	86141	95649	2976	3032	5295	5038	138F	148F	160F	160F
TAJIKISTAN			30000F	30000F			1000F	1000F			500F	500F
THAILAND	31415	57739	148841	220000F	29735	41876	68527	69500F	450F	540F	620F	620F
TURKEY	582291	689650	776863	905000F	13615	11741	12706	12700F	2621	9636	35593	75100F
TURKMENISTAN			50000F	50000F			15000F	15000F			520F	520F
UNTD ARAB EM	170F	180F	271	275	5	7F	18F	20F				
UZBEKISTAN			170000F	170000F			7000F	7000F				
VIET NAM	31620	25086	97817	135000F			150000F	232000F				
YEMEN	5600F	5937	5800F	5800F	45F	50	55F	55F				
EUROPE (FMR)	9707591	10355900	9656211	9649561	832236	825362	799925	729682				
EUROPE	9707591	10355900	11530757	11110568	832236	825362	1232570	1050870				
ALBANIA	9950*	12300*	8938	8200	1410F	1400F	817	760				
AUSTRIA	326060	338482	356018	352375F	30314	27048	24000F	24000F	106790	99711	95875	95875F
BELARUS			115943	78200			22643	18300				
BEL-LUX	117700F	116684	109327	104971	9328	7806	7500F	6072	43507	33333	24271	27000F
BOSNIA HERZG			29000	29000			1250	1250F				
BULGARIA	55161	52375	24293	25000F	8492	8358	5124	5500F	5152	4894	4246F	4246F
CROATIA			3515	2325			867	783			201	634
CZECHOSLOVAK	137054	138634			19533	21329			27286	23063		
CZECH REP			86081	84500F			14592	12500F			15000F	15000F
DENMARK	166314	162555	151080	129377	34632	33594	27986	22961	62000F	59000F	58000F	58000F
ESTONIA			49387	50726			6192F	6036			10130F	10302
FINLAND	240000	244000	194772	194000F	47000	41000	37758	38000F	61000*	49000	32000*	28000F
FRANCE	1491200	1440000	1311700	1270000F	149349	153000F	154000F	111000F	327200	220000F	200000F	200000F
GERMANY	1641625	1567500	1215700	1030775	171838	155000F	135000F	135000F	406358	287000F	250000F	250000F
GREECE	183410	215755	236197	243500F	6566	6247	5818	5500F	6180	12366	14155	14000F
HUNGARY	55317	49400	92200F	92300F	12016	10000	9600F	9500F	5499	4800F	4000F	4000F
ICELAND	13200	11467	10519	10449	5F	4F	2	15	1950F	1700F	1405	1074
IRELAND	158000F	169000F	176500F	169123	5000F	4750F	4500F	4377	52000F	39500F	35000F	32309
ITALY	1227134	1429756	1530000F	1700000F	40616	46985	50300F	51500F	138000F	147000F	150000F	150000F
LATVIA			50500	54919			5600	6051			4600F	5505
LIECHTENSTEN	432	446	450F	450F					141	153	155F	155F
LITHUANIA			87344	101000			5580	5200F			4100F	4500
MACEDONIA			53977	54000			1776	1700			280	150
MALTA	445F	448F	510	496F	10F	10F	20	15F	80F	115F	110	210F
MOLDOVA REP			49966	42132			6134	5415			2208	896
NETHERLANDS	183373	182228	172596	149530	5754	5600F	5600F	5600F	44000	39000F	37500F	37500F
NORWAY	150000F	153000F	147000F	137300	17850F	16600F	15800F	15400	35130F	29000F	27000F	27000
POLAND	924642	1185000	1319390	1305510	56136	80000F	99500F	97000F	186600	340000F	400000F	294000F
PORTUGAL	111400F	132000F	150087	168495	5730F	6500F	3944	3400F				
ROMANIA	184408	132882	163370	167700	49084	46264	42856	31300				
RUSSIAN FED			1052105	786783			295000F	210107				
SLOVAKIA			27746	23913			5499	4233			3504	2165
SLOVENIA			89283	104751F			1390	1695F				
SPAIN	633210	740830	805593	882000F	45103	48246	49221	51000F	118596	140106	132618	132000F
SWEDEN	185000F	171000F	172470	172000	47470F	42200F	39456	35000				
SWITZERLAND	105314	113158	114000	112000	4593	4003	4000	3880	54643	60741	60000	56000
UK	525549	505000F	500000F	500000F	54507	49000F	47000F	47000F	155000F	158000F	157000F	157000F
UKRAINE			469301	347247			91496	70079			64168	40310
YUGOSLAV SFR	881693	1092000			9900	10418			4778	4180F		
YUGOSLAVIA			403899	425521			4749	3741				
OCEANIA	413553	402947	401404	401349	61147	60187	60086	60085				
AMER SAMOA	11F	11	11F	11								
AUSTRALIA	322000F	317000F	315000F	315000F	57200F	56700F	56500F	56500F	210000F	210000F	200000F	200000F
COOK IS	159F	171	185	165F	5F	4F	3F	2F				
FIJI ISLANDS	5500F	6700F	7000F	7000F					730F	900F	1000F	1000F
FR POLYNESIA	140F	140F	140F	140F					6F	7F	7F	7F
GUAM	80F	80F	80F	80F					3F	3F	3F	3F
KIRIBATI	17F	18F	18F	18F								
MICRONESIA			10F	10F								
N MARIANAS			40F	40F								
NEWCALEDONIA	1260F	1330F	1400F	1400F	9F	10F	10F	10F				
NEW ZEALAND	82900F	76000F	76000F	76000F	3490F	3000F	3100F	3100F	14000F	18000F	20000	20000F
NIUE	10F	10F	10F	10F								
NORFOLK IS	12F	12F	12F	12F	3F	3F	3F	3F	3F	4F	4F	4F
PACIFIC IS	53F	53F										
PALAU			5F	5F								
PAPUA N GUIN	1180F	1140F	1140F	1160F	440F	470F	470F	470F				
SAMOA	50F	76F	76F	76F					4F	4F	5F	7F

表 106

	農業用トラクター合計				収穫機／脱穀機				搾乳機			
	\multicolumn{12}{c}{現在使用中}
	1985	1990	1995	1999	1985	1990	1995	1999	1985	1990	1995	1999
TONGA	115	130F	146	146F					2F	3F	4	4F
TUVALU	1	1F	1F	1F								
VANUATU	65F	75F	75F	75F								
USSR	2829000	2609000			804000	655000			395000	410000		

2002年版　FAO農業生産年報

平成15年4月1日　第1刷発行

編　集	国際連合食糧農業機関（FAO）
翻　訳 発　行	社団法人 国際食糧農業協会（FAO協会）

東京都千代田区神田駿河台1－2
馬事畜産会館　　　（〒101－0062）
電　話：03（3294）2425
ＦＡＸ：03（3294）2427
HPアドレス：http://www.fao-kyokai.or.jp
E-mail：jpnfao@mb.infoweb.ne.jp

発　売　社団法人 農山漁村文化協会

東京都港区赤坂7－6－1
　　　　　　　　　（〒107－8668）
電　話：03（3585）1141(代)
ＦＡＸ：03（3589）1387
振替口座：00120－3－144478

ISBN4-540-02256-3
（検印廃止）
ⓒ2003
Printed in Japan

印刷・製本　大東印刷工業(株)